U0269213

教育部高等学校电子信息类专业教学指导委员会规划教材
高等学校电子信息类专业系列教材·新形态教材

数字信号处理原理及实现

（第4版）

王艳芬 张晓光 王刚 刘卫东 编著

清華大学出版社
北京

内容简介

本书系统阐述了数字信号处理的基本原理、算法分析和实现，共包括绪论和9章内容，即离散时间信号与系统的时域分析、离散时间信号与系统的频域分析、离散傅里叶变换、快速傅里叶变换、IIR数字滤波器的设计、FIR数字滤波器的设计、数字滤波器结构与有限字长效应、多采样率数字信号处理及数字信号处理实验。

本书概念清楚、理论分析透彻，特别是自始至终运用MATLAB来阐述基本概念和基本原理，将经典理论与现代技术相结合，使知识点的叙述更加清楚易懂。本书还结合实际给出了工程应用实例、MATLAB上机实验及探究性实验案例等内容，并配有上机习题及探究性实验课题，以期让学生了解课程相关知识在实际工程背景下的应用，并为学生进行课程实验练习、上机考试及探究性学习提供参考和帮助。

本书为高等院校信息工程、电子信息工程、通信工程、电子科学与技术、电气工程及其自动化、自动化、计算机科学等专业本科生教材，也可供从事信息处理、通信、电子技术等方面的工程技术人员及有关科研、教学人员参考使用。

图书在版编目(CIP)数据

数字信号处理原理及实现/王艳芬等编著. —4版. —北京：清华大学出版社，2023.4(2025.1重印)
高等学校电子信息类专业系列教材·新形态教材
ISBN 978-7-302-62786-9

Ⅰ. ①数… Ⅱ. ①王… Ⅲ. ①数字信号处理—高等学校—教材 Ⅳ. ①TN911.72

中国国家版本馆CIP数据核字(2023)第032662号

策划编辑：盛东亮
责任编辑：钟志芳
封面设计：李召霞
责任校对：李建庄
责任印制：曹婉颖

出版发行：清华大学出版社
网　址：https://www.tup.com.cn，https://www.wqxuetang.com
地　址：北京清华大学学研大厦A座　**邮　编**：100084
社 总 机：010-83470000　**邮　购**：010-62786544
投稿与读者服务：010-62776969，c-service@tup.tsinghua.edu.cn
质量反馈：010-62772015，zhiliang@tup.tsinghua.edu.cn
课件下载：https://www.tup.com.cn，010-83470236
印 装 者：三河市人民印务有限公司
经　销：全国新华书店
开　本：185mm×260mm　**印　张**：23.5　**字　数**：578千字
版　次：2008年3月第1版　2023年4月第4版　**印　次**：2025年1月第5次印刷
印　数：4401～6400
定　价：69.00元

产品编号：090174-01

第4版前言

PREFACE

《数字信号处理原理及实现》(第3版)于2017年8月由清华大学出版社出版,为"十三五"江苏省高等学校重点教材,至今已使用五年多,在使用过程中得到了广大读者的普遍好评,于2020年获评江苏省优秀培育教材。本书是第4版,为新形态教材,在进一步强化基本概念及应用的基础上,配合新时代课堂教学方法改革,利用本课程的中国大学MOOC在线开放课程资源,添加可视性强的微课视频,并结合学科专业特点,有机融入工程应用实例、探究性实验案例、思政元素等相关内容,强化育人功能。

第4版修改、调整和扩充的内容如下:

(1) 绪论中,在0.6节数字信号处理的应用领域中补充了中国北斗、中国天眼等我国自主研发系统的例子。

(2) 第2章中,在2.2节对序列的傅里叶变换的定义进行重新梳理,特别是对DTFT存在的条件进行更全面、更深层的阐述,并增加了相关问题的习题;在2.3.5节讲解帕斯瓦尔定理后,补充了一个相关例题;将2.4.4节例2-23和例2-24两个典型例题的介绍移至2.4.5节,从而更加顺畅地引出IIR和FIR系统的概念,同时与微课视频讲解相统一。

(3) 第3章3.3.2节DFS的性质"移位特性"中补充了频移特性及其证明;对3.4.3节DFT的性质中的共轭对称性进行进一步梳理。

(4) 在第4章4.3.3节算法特点中,将"旋转因子的变化规律"不再单独作为一个特点,调整为按照算法的三个特点(原位运算、蝶形运算和倒位序)分别叙述。

(5) 在第5章中对脉冲响应不变法的映射原理重新进行梳理,补充了模拟域和数字域频率响应映射关系曲线。

(6) 在第6章6.3.2节中,对加窗带来的截断效应的表现和如何改善做了进一步深入分析,相应地增加了图6-20。

(7) 在第9章中,将9.7节扩充为两小节,即9.7.1节探究性实验课题和9.7.2节探究性实验案例——趣味图像解密,增加探究性实验案例,以期为同学们进行探究性实验提供参考和帮助。

(8) 绪论中增加了思考题与习题,其他部分章节增加了习题。

(9) 在基础知识、频谱分析、数字滤波器三个知识模块中各增加了一个应用实例,以期让同学们了解课程相关知识在实际工程背景下的应用,并自然融入思政元素。

(10) 新增微课视频84个,时长约683分钟。视频资料来源于本课程团队自己录制并在中国大学MOOC平台开放的课程资源。读者可以在学习理论的同时,通过移动教学平台扫描二维码观看相应的课程视频。

(11) 提供程序源代码下载。教材中的全部MATLAB源代码均可以到清华大学出版社网站本书页面下载。

(12) 改正了第 3 版在使用中发现的个别问题。

本书仍然立足大学本科生“数字信号处理”课程的教材。全书共包括绪论和 9 章内容，即离散时间信号与系统的时域分析、离散时间信号与系统的频域分析、离散傅里叶变换、快速傅里叶变换、IIR 数字滤波器的设计、FIR 数字滤波器的设计、数字滤波器结构与有限字长效应、多采样率数字信号处理及数字信号处理实验。

为便于读者学习，对于第 4 版新增加的内容，我们将尽快出版与第 4 版教材配套的学习指导书。

本书由王艳芬教授和张晓光教授承担主要编写工作。绪论及第 1、2、3、4、8 章由王艳芬教授编写，其中王刚副教授补充了 3.7.6 节，第 6 章由张晓光教授编写，第 5、9 章由王刚副教授编写，其中张晓光教授编写了 9.7.2 节，第 7 章由刘卫东副教授编写。其中的微课视频录制分工为：绪论及第 2～4 章微课视频由王艳芬教授完成，第 1、6 章微课视频由张晓光教授完成，第 5 章微课视频由王刚副教授完成，第 7 章微课视频由张林教授完成。

本书第 4 版得到了清华大学出版社的大力支持，同时也得到了中国矿业大学教材出版基金的资助，课程组的张林教授、云霄副教授、周玉副教授提出了许多宝贵意见，部分图片和内容来源于网络，在此一并表示衷心的感谢！

限于编者水平，第 4 版肯定还会有许多不足之处，诚挚希望广大读者批评指正，以便今后不断改进。

编　者

2023 年 3 月

第3版前言

PREFACE

《数字信号处理原理及实现》(第2版)于2013年10月由清华大学出版社出版，被评为“‘十二五’江苏省高等学校重点教材”，在使用中得到了广大读者的好评，至今已使用三年多。本书是第3版，进一步强化了基本概念的物理意义及应用。第3版修改、调整和扩充的内容如下：

(1) 对绪论中信号分类及数字信号处理系统的基本组成的内容叙述进行了完善和扩充，并补充了两幅图。

(2) 第1章1.1节根据绪论的变化重新整理了信号的分类；1.2.3节增加了卷积和、相关函数，并增加了相关运算实例的习题；对1.3.5节系统的因果性和稳定性内容重新进行了梳理和扩充，以期更易理解；对1.4.2节差分方程的求解进行了完善，并补充了利用差分方程判断是否为线性时不变系统的例题。

(3) 第2章增加了2.1节引言标题，使得全书结构比较统一；补充了离散时间信号的傅里叶反变换，即式(2-2)的推导过程；在2.2.3节对频移特性的意义进行了补充；在2.2.5节补充了性质3和性质11的证明和意义。

(4) 第3章对DFS、DFT的某些性质(DFS性质2和性质3、DFT性质3)增加了证明；在3.5.2节补充了频率响应内插公式[式(3-58)]的详细推导过程；第3.7节增加了“3.7.4 对DFT计算结果的解读”，完善了相应的例题，以期更加理论联系实际。

(5) 第4章对线性调频Z变换的表达式(4-38)进行了补充，在4.8.4节MATLAB实现中，增加了线性调频Z变换(CZT)的应用实例及实现分析。

(6) 第5章将一些本章必须掌握的模拟滤波器内容从5.3节中抽出并入5.2.4节，并将5.2.4题目修改为“数字滤波器的设计方法与常用模拟滤波器”，其余作为选读内容仍放在5.3节，对5.3节进行了删减。

(7) 6.3.4节增加了窗函数法设计数字微分器的一个例题；6.4.5节增加一个基于MATLAB实现的带通滤波器例题；6.7节增加了一个IIR和FIR数字带通滤波器的MATLAB实例，对文字做了梳理。

(8) 第9章增加了9.7节“探究性实验”，以期为同学们进行探究性学习提供参考和帮助。

(9) 每章都增加了部分习题。

(10) 改正了第2版在使用中发现的问题。

本书仍然立足大学本科生“数字信号处理”课程的教材。全书共有9章，即绪论、离散时间信号与系统的时域分析、离散时间信号与系统的频域分析、离散傅里叶变换(DFT)、快速傅里叶变换(FFT)、IIR数字滤波器的设计、FIR数字滤波器的设计、数字滤波器结构、多采样率数字信号处理及数字信号处理实验等。

为便于读者学习，对于第 3 版新增加的内容，我们将尽快修订出版与第 3 版教材配套的学习指导书。

本书由王艳芬教授担任主编。绪论及第 1、2、3、4、8 章由王艳芬教授编写，第 5、9 章及附录由王刚副教授编写，第 6 章由张晓光副教授编写，第 7 章由刘卫东副教授编写。

限于编者水平，第 3 版肯定还会有许多不足之处，诚挚希望广大读者批评指正，以便今后不断改进。

编　者

2017 年 1 月

第2版前言

PREFACE

《数字信号处理原理及实现》教材自 2008 年 3 月由清华大学出版社出版以来，至今已近 5 年。本书在使用中得到了读者的好评，并于 2009 年 7 月荣获江苏省精品教材奖。

本书是《数字信号处理原理及实现》的第 2 版。和第 1 版相比，本书有以下改进：

(1) 第 1 章和第 2 章分别对奈奎斯特采样定理和频率响应的物理意义等内容的阐述进行了补充和完善。

(2) 第 3 章 3.6 节增加了“用 DFT 计算线性卷积和线性相关”及相应的例题等内容；3.7.1 节强调了频域抽样和截断的概念；改写了 3.7.2 节中的截断效应和栅栏效应的基本概念，叙述更加完善。

(3) 第 4 章增加了 4.7 节“N 为复合数的混合基 FFT 算法”；对 4.3.2 节内容进行了补充。

(4) 第 5 章将原书 5.1 节引言拆分成了两节“5.1 引言”和“5.2 数字滤波器的基本概念”，并在 5.2 节新增“数字滤波器原理”内容，重新改写了“数字滤波器的技术指标”内容。对“双线性变换法中的频率失真和预畸变”内容重新进行了梳理，以期更易理解。在“数字滤波器的频率变换”部分增加了不同类型滤波器之间相互转换的判断方法内容和例题。增加了 IIR 数字滤波器直接设计法中的“零极点累试法”内容及 5.8 节“IIR 数字滤波器的相位均衡”。

(5) 第 6 章对幅度函数特点、窗函数设计法、频率采样法等内容重新进行了梳理和扩充，增加了多幅插图，将 6.3 节和 6.4 节中相同参数理论求解和 MATLAB 实现部分例题进行了合并，以使内容编排更加合理。对 6.5.1 节“等波纹逼近准则”进行了优化，新增 6.6 节“简单整系数法设计 FIR 数字滤波器”。

(6) 第 7 章增加了后续课及实际应用中涉及较多的 7.5 节“数字滤波器的格型结构”及 7.6 节“有限字长效应”，并将本章名改为“数字滤波器结构与有限字长效应”。

(7) 各章均增加了“本章小结”，并且每章都增加了部分习题。

(8) 新增第 8 章“多采样率数字信号处理”，以适应学科的发展。本章分析了序列的整数倍抽取与插值和有理倍数改变抽样率的基本概念、理论和方法及它们的高效结构等。

(9) 将原来的第 8 章“MATLAB 上机实验”改为第 9 章“数字信号处理实验”，重新编写了 9.1 节 MATLAB 语言简介部分，以使内容叙述更具有条理性。调整了原章节体系结构，将基础实验部分按节重新排列为 9.2 节～9.5 节，删除了交互式工具应用实验部分。重点突出和充实了基于 MATLAB 编程的基础实验内容，为了突出数字信号处理在实际中的应用，增加了 9.6 节实验五“立体声延时音效处理”，使教材理论与实际结合更加紧密。

(10) 取消原书中的附录“本书用到的 MATLAB 特殊函数”部分，同时把相关内容按原书出现的顺序调整到各章节当中，增强了内容的可读性。

(11) 除做了上述扩充和修改，使教材内容更加完整外，每一章都对部分语句进行了优化，使问题的叙述更加完善，层次更加清晰，更利于教和学，这里不再一一列出。

(12) 解决了第1版在使用中发现的问题，改正了个别错误。

本书仍然立足大学本科生"数字信号处理"课程的教材。全书共有9章，即绪论、离散时间信号与系统的时域分析、离散时间信号与系统的频域分析、离散傅里叶变换(DFT)、快速傅里叶变换(FFT)、IIR数字滤波器的设计、FIR数字滤波器的设计、数字滤波器结构与有限字长效应、多采样率数字信号处理及数字信号处理实验等。为便于读者学习，本书第1版已配套出版《数字信号处理原理及实现学习指导》一书，对于第2版新增加的内容，将尽快出版与第2版教材配套的学习指导书。

本书中所注明的MATLAB特殊函数均来源于Vinary K. Ingle和John G. Proakis开发的PWS_DSP工具箱，文中不再一一注明。

本书由王艳芬教授担任主编。绪论及第1、2、3、4、8章由王艳芬教授编写，第5、9章及附录由王刚副教授编写，第6章由张晓光副教授编写，第7章由刘卫东副教授编写。

限于编者水平，虽对第1版进行了修订，但肯定还会有许多不足之处，诚挚希望广大读者批评指正，以便今后不断改进。

编 者

2013年1月

第1版前言

PREFACE

随着信息技术的飞速发展，数字信号处理理论和技术日益成熟，已成为一门重要的学科，并在各个领域得到广泛应用。“数字信号处理”基础知识已成为信息工程、电子科学与技术、电气自动化及其他电类专业必须掌握的专业基础知识和必修内容。

本书主要包括三部分8章内容，第一部分包括第1～4章，是数字信号处理的基础理论部分。鉴于离散时间信号与离散时间系统是数字信号处理中的两个最重要的概念，本书用两章内容分别从时域和频域两个方面对离散时间信号与系统进行了较详细的讨论。第1章介绍了离散时间信号与系统的时域分析方法、常系数线性差分方程和模拟信号数字处理方法。第2章对离散时间信号与系统进行了频域分析，介绍了序列的傅里叶变换(DTFT)和序列的Z变换等频域分析数学工具，讨论了系统函数、频率响应和零极点分布等概念，并引出两类重要的数字滤波器系统。离散傅里叶变换(DFT)是数字信号处理中的核心内容，本书在第3章用较大篇幅讨论了DFT的定义、性质和物理意义，在此基础上引出了重要的频域采样理论，并且进一步讨论了DFT在实际中的典型应用。快速傅里叶变换(FFT)是DFT的一种快速算法，它在数字信号处理发展史上起到了里程碑的作用，本书第4章重点讨论了FFT的典型算法原理，包括按时间、频率抽取的基2FFT和IFFT的高效算法，结合DFT的对称性讨论了实序列的FFT算法，最后介绍了线性调频Z变换(CZT)。数字滤波器是数字信号处理研究的重要内容，本书第二部分包括第5～7章，主要学习数字滤波器的基本理论和设计方法，包括无限脉冲响应(IIR)数字滤波器、有限脉冲响应(FIR)数字滤波器及其滤波器的网络结构等。第5章重点介绍了利用模拟滤波器设计IIR数字滤波器的原理、思路和方法，包括脉冲响应不变法和双线性变换法。第6章主要讨论了FIR滤波器具有线性相位的条件和特性及常用的设计方法，包括窗函数设计法、频率采样设计法和等波纹逼近法等。第7章介绍了这两类滤波器的基本网络结构和特点。第三部分包括第8章及附录，是本书的上机实验内容，包括必须掌握的基础实验和扩展掌握的交互式工具应用实验。

本书以数字信号处理基础知识、基本理论为主线，同时将学习和应用数字信号处理的极好工具MATLAB引入本书。为了突出基础知识并使基本概念通俗易懂，本书通过例题求解的方式引入MATLAB这一工具，在每一个重要概念讨论之后，都给出了MATLAB实现内容，以帮助读者较好地掌握MATLAB工具，并结合实际应用更好地掌握“数字信号处理”的知识点。本书列举了大量的例题和习题，并专门编写了上机实验一章，突出了理论和实践相结合的环节，并配有上机习题，它可以作为课程实验练习和上机考试的复习习题。

本书主要作为工科信息通信类本科高年级相关课程的教材，着重基本概念、基本原理的阐述及各概念之间的相互联系，并且针对课程抽象难学的特点，以MATLAB为主线来阐述重要概念和基本原理，并提供了 MATLAB 演示程序及与实际结合密切的综合性例题。

本书由王艳芬担任主编。绪论及第 1～4 章由王艳芬编写，第 5 章由王刚编写，第 6 章由张晓光编写，第 7 章由刘卫东编写，第 8 章由王艳芬和王刚共同编写。

限于编者水平，加上时间紧张，书中肯定存在不少问题和错误，诚挚希望广大读者批评指正。

编　者

2007 年 9 月

教学建议

SUGGESTION

教学内容	学习要点及教学要求	课时安排	
		全部讲授	部分选讲
绪论	(1) 了解信号和系统的分类和特点,理解数字信号处理(DSP)的基本概念和处理的实质;了解数字信号处理系统的基本组成和特点;掌握数字信号处理基本学科分支,理解数字信号处理的两层含义;了解数字信号处理的4种实现方法及应用领域; (2) 掌握本课程所要讲授的主要内容和知识模块:基础模块(第1、2章)、数字频谱分析模块(第3、4章);数字滤波器模块(第5～7章)、实验模块(第9章)	1～2	1
第1章 离散时间信号与系统的时域分析	(1) 掌握常用基本序列的含义和表示方法; (2) 掌握线性时不变系统的特性及因果性和稳定性的判断,掌握线性卷积的计算; (3) 了解线性常系数差分方程的解法; (4) 掌握模拟信号的数字处理方法	4～5	4
第2章 离散时间信号与系统的频域分析	(1) 理解序列的傅里叶变换(DTFT)的定义和基本性质; (2) 了解序列的Z变换的定义、收敛域和基本性质; (3) 掌握系统函数的定义和计算、与差分方程的关系、收敛域和系统的因果稳定性判别; (4) 掌握频率响应的物理意义、计算及几何确定法	5～6	5
第3章 离散傅里叶变换	(1) 理解傅里叶变换的4种形式的意义; (2) 了解离散傅里叶级数(DFS)的定义、基本性质; (3) 掌握离散傅里叶变换(DFT)的定义、基本性质及与Z变换和DTFT的关系,理解隐含周期性的意义,掌握圆周卷积的计算; (4) 掌握频域采样理论的意义、分析过程和结论; (5) 掌握DFT在计算线性卷积、线性相关和谱分析等方面的应用,了解重叠相加法和重叠保留法	8～10	8
第4章 快速傅里叶变换	(1) 了解直接计算DFT的问题及改进途径; (2) 掌握基2-FFT算法,包括按时间抽取法(DIT-FFT)和按频率抽取法(DIF-FFT)的基本思路和算法特点; (3) 了解IDFT的高效算法,理解实序列的FFT算法; (4) 了解N为复合数的混合基FFT算法; (5) 了解线性调频Z变换(Chirp-Z变换)的基本原理、特点和实现过程	4～6	4

续表

教学内容	学习要点及教学要求	课时安排	
		全部讲授	部分选讲
第5章 IIR数字滤波器的设计	（1）了解数字滤波器的基本概念、分类和技术指标； （2）了解模拟滤波器的设计方法； （3）掌握利用模拟滤波器设计数字滤波器的基本方法，包括脉冲响应不变法和双线性变换法设计； （4）了解IIR数字高通、带通和带阻滤波器的设计方法； （5）了解IIR数字滤波器的相位均衡概念	6～8	6
第6章 FIR数字滤波器的设计	（1）了解两类线性相位的概念，掌握FIR数字滤波器线性相位条件的推导与证明； （2）掌握相位条件FIR滤波器的幅度特点和零点特点； （3）掌握窗函数法和频率采样法设计FIR数字低通滤波器的基本原理、步骤和实现； （4）了解等波纹逼近法、简单整系数法设计FIR数字滤波器的方法； （5）掌握IIR及FIR数字滤波器的异同	6～8	6
第7章 数字滤波器结构与有限字长效应	（1）了解数字滤波器的基本结构单元、信号流图； （2）掌握IIR滤波器的基本网络结构，包括直接型、级联型和并联型； （3）掌握FIR滤波器的基本网络结构，包括直接型、级联型、频率采样型和线性相位型； （4）了解数字滤波器的格型结构； （5）了解有限字长效应的概念和基本处理方法	4～6	4
第8章 多采样率数字信号处理	（1）了解多采样率转换的意义； （2）掌握序列的整数倍抽取与插值和有理倍数改变采样率的基本概念、理论和方法； （3）了解多采样转换滤波器的高效结构等	2～3	2
第9章 数字信号处理实验	（1）掌握实验1、实验2和实验3的实验原理、方法、步骤和编程实现； （2）了解实验4和实验5的实验原理、方法、步骤和编程实现； （3）掌握探究性实验的实验原理、方法、编程实现及结论分析	8～10	8
	教学总学时建议	48～64	48

说明：（1）本教材为信息工程、电子信息工程、通信工程、电子科学与技术、电气工程及其自动化、自动化、计算机科学等专业的课程教材，总学时数为48～64学时（含8～10学时实验），不同专业根据不同的教学要求酌情对内容进行适当取舍。

（2）本教材理论授课学时数中包含习题课、课堂讨论等必要的课内教学环节。

目录
CONTENTS

视频目录

VIDEO CONTENTS

微课视频名称	时　长	二维码位置	备　注
微课视频 1　信号、系统与信号处理	11′31″	0.1 节节首	绪论 视频 3 个 时长 21′19″
微课视频 2　基本组成	6′27″	0.2 节节首	
微课视频 3　基本学科分支	3′21″	0.4 节节首	
微课视频 4　正弦型序列	2′30″	1.2.2-5 节节首	第 1 章 视频 12 个 时长 51′17″
微课视频 5　周期序列	3′28″	1.2.2-7 节节首	
微课视频 6　线性系统	2′19″	1.3.1 节节首	
微课视频 7　时不变系统	2′15″	1.3.2 节节首	
微课视频 8　线性时不变系统	2′27″	1.3.3 节节首	
微课视频 9　线性卷积的计算	3′25″	1.3.4 节节首	
微课视频 10　系统的因果性和稳定性	6′19″	1.3.5 节节首	
微课视频 11　例 1-10	6′12″	1.4.2-例 1-10 节首	
微课视频 12　例 1-11	6′11″	1.4.2-例 1-11 节首	
微课视频 13　理想采样及其频谱	6′35″	1.5.2 节节首	
微课视频 14　简单余弦信号情况下频谱混叠现象(图 1-26 讲解)	3′41″	1.5.3-图 1-26 图标右侧	
微课视频 15　采样的恢复	5′55″	1.5.4 节节首	
微课视频 16　常用序列的傅里叶变换	4′57″	2.2.2 节节首	第 2 章 视频 10 个 时长 110′54″
微课视频 17　对称性	11′40″	2.2.3-4 节节首	
微课视频 18　Z 变换定义	4′19″	2.3.1 节节首	
微课视频 19　序列形式与其收敛域的关系	12′54″	2.3.2 节节首	
微课视频 20　Z 反变换	10′21″	2.3.3 节节首	
微课视频 21　系统函数的收敛域与系统的稳定性	9′40″	2.4.3 节节首	
微课视频 22　系统频率响应的意义(含例题)	12′26″	2.4.4-1 节节首	
微课视频 23　频率响应的几何确定法(含例题)	18′16″	2.4.4-2 节节首	
微课视频 24　IIR 和 FIR 系统(含例题)	15′36″	2.4.5 节节首	
微课视频 25　例 2-27	10′45″	2.4.6-例 2-27 节首	

续表

微课视频名称	时　长	二维码位置	备　注
微课视频 26　傅里叶变换的几种形式	9′56″	3.2 节节首	第 3 章 视频 15 个 时长 162′24″
微课视频 27　DFS 定义	12′46″	3.3.1 节节首	
微课视频 28　周期卷积	5′51″	3.3.2-3 节节首	
微课视频 29　DFT 定义	8′54″	3.4.1 节节首	
微课视频 30　DFT 与 Z 变换关系	5′35″	3.4.2 节节首	
微课视频 31　圆周移位	6′06″	3.4.3-2 节节首	
微课视频 32　圆周卷积	10′20″	3.4.3-3 节节首	
微课视频 33　共轭对称性	23′34″	3.4.3-4 节节首	
微课视频 34　频域采样(含例题)	11′09″	3.5.1 节节首	
微课视频 35　频域恢复	11′37″	3.5.2 节节首	
微课视频 36　用 DFT 计算线性卷积	13′37″	3.6.1 节节首	
微课视频 37　用 DFT 进行频谱分析	13′48″	3.7.1 节节首	
微课视频 38　用 DFT 进行频谱分析的误差问题	14′18″	3.7.2 节节首	
微课视频 39　谱分析参数考虑	3′32″	3.7.3 节节首	
微课视频 40　例 3-11 和例 3-12	11′21″	3.7.5 节节首	
微课视频 41　直接计算 DFT 的运算量问题	3′53″	4.2.1 节节首	第 4 章 视频 14 个 时长 123′44″
微课视频 42　改善途径	10′10″	4.2.2 节节首	
微课视频 43　DIT 算法原理	14′32″	4.3.1 节节首	
微课视频 44　运算量比较	4′41″	4.3.2 节节首	
微课视频 45　算法特点(DIT)	20′30″	4.3.3 节节首	
微课视频 46　DIF 算法原理	7′26″	4.4.1 节节首	
微课视频 47　算法特点(DIF)	2′49″	4.4.2 节节首	
微课视频 48　IDFT 高效算法	7′31″	4.5 节节首	
微课视频 49　实序列的 FFT	9′49″	4.6 节节首	
微课视频 50　线性调频 Z 变换引入	3′59″	4.8 节第一段段首	
微课视频 51　线性调频 Z 变换算法原理	11′32″	4.8.1 节节首	
微课视频 52　线性调频 Z 变换的实现	12′16″	4.8.2 节节首	
微课视频 53　例 4-3	6′26″	4.8.4-例 4-3 节首	
微课视频 54　例 4-4	8′10″	4.8.4-例 4-4 节首	
微课视频 55　数字滤波器的分类	4′52″	5.2.2 节节首	第 5 章 视频 11 个 时长 64′40″
微课视频 56　数字滤波器的设计方法与常用模拟滤波器	11′38″	5.2.4 节节首	
微课视频 57　变换原理	3′2″	5.4.1 节节首	
微课视频 58　s 平面和 z 平面的映射关系(采用脉冲响应不变法)	3′7″	5.4.2 节节首	

续表

微课视频名称	时　长	二维码位置	备　注
微课视频 59　混叠失真	5′11″	5.4.3 节节首	第 5 章 视频 11 个 时长 64′40″
微课视频 60　例 5-10	4′08″	5.4.5 节例 5-10 前	
微课视频 61　变换原理	5′15″	5.5.1 节节首	
微课视频 62　s 平面与 z 平面的映射关系(采用双线性变换法)	3′50″	5.5.2 节节首	
微课视频 63　双线性变换法中的频率失真和预畸变	8′06″	5.5.3 节节首	
微课视频 64　MATLAB 实现	2′56″	5.5.6 节节首	
微课视频 65　IIR 数字滤波器的频率变换及 MATLAB 实现	11′59″	5.6.1 节节首	
微课视频 66　线性相位条件	7′13″	6.2.1 节节首	第 6 章 视频 12 个 时长 99′49″
微课视频 67　幅度函数特点	18′44″	6.2.2 节节首	
微课视频 68　线性相位 FIR 数字滤波器的零点位置	6′48″	6.2.3 节节首	
微课视频 69　设计方法	5′39″	6.3.1 节节首	
微课视频 70　加窗对 FIR 数字滤波器幅度特性的影响	11′47″	6.3.2 节节首	
微课视频 71　常用窗函数	8′01″	6.3.3 节节首	
微课视频 72　一般设计步骤及 MATLAB 实现	10′38″	6.3.4 节节首	
微课视频 73　设计方法	2′05″	6.4.1 节节首	
微课视频 74　线性相位滤波器的约束条件	5′44″	6.4.2 节节首	
微课视频 75　逼近误差	3′00″	6.4.3 节节首	
微课视频 76　例 6-7	13′34″	6.4.5-例 6-7 节首	
微课视频 77　FIR 和 IIR 数字滤波器的比较	6′36″	6.7 节节首	
微课视频 78　引言	3′20″	7.1 节节首	第 7 章 视频 7 个 时长 48′24″
微课视频 79　直接型	5′44″	7.3.1 节节首	
微课视频 80　级联型	5′43″	7.3.2 节节首	
微课视频 81　并联型	4′19″	7.3.3 节节首	
微课视频 82　直接型(卷积型)	2′33″	7.4.1 节节首	
微课视频 83　频率采样型	16′35″	7.4.3 节节首	
微课视频 84　线性相位型	10′10″	7.4.4 节节首	

小计：微课视频 84 个；时长：682′31″。

绪　论

20 世纪 60 年代以来，随着计算机和信息学科的快速发展，数字信号处理技术应运而生并迅速发展，现已形成一门独立的学科并应用于众多领域。简单地说，数字信号处理是利用计算机或专用处理设备，以数值计算的方法对信号进行滤波、变换、压缩、识别、增强等加工处理以达到提取有用信息便于应用的目的。信号处理几乎涉及所有的工程技术领域。

0.1　信号、系统与信号处理

0.1
微课视频

1. 信号

信号是信息的一种物理体现，是信息的载体。信号可以是多种多样的，如根据载体的不同，信号可以是电的、磁的、光的、声的、机械的、热的等。但在各种信号中，电信号是最便于传输、处理和重现的，因此也是应用最广泛的，许多非电信号，如温度、压力都可通过适当的传感器变换成电信号，因此对电信号的研究具有普遍的意义。

信号以某种函数的形式传递信息。这个函数可以是时间域、频率域或其他域。但最基础的域是时间域（时域）。对于时域信号 $x(t)$，按照自变量 t 是连续的或离散的，可以把信号分成连续时间信号和离散时间信号两大类。

连续时间信号的振幅可以是连续的，也可以是离散的。振幅离散的连续时间信号，它在时间上是连续的，而振幅只在有限个量化值中取值，故称为量化信号，它具有阶梯形状的波形。振幅连续的连续时间信号称为模拟信号，模拟信号可看作连续时间信号的特例。在实际应用中，当“模拟信号”不与“数字信号”并用时，常与“连续时间信号”通用，它们经常指的是同一类信号。

离散时间信号的振幅只在离散时间点即离散瞬间有值，因此，它实际上就是一个数值序列（简称序列）。离散时间信号的每个振幅值可以是未被量化的连续变量（因而是无限精度的），也可以是量化了的离散变量（实际上它是一组量化值，因而是有限精度的）。前者（振幅连续取值的离散时间信号）称为采样信号，可以理解为在离散时间对模拟信号的采样；后者（振幅离散取值的离散时间信号）称为数字信号。在实际应用中，只有在同时涉及量化前后的信号表示时，才需要区分离散时间信号的振幅是否被量化，而在大多数情况下，“离散时间信号”与“数字信号”通常指的是同一类信号，而且关于离散时间信号的理论也适用于数字信号，所以这两个名词也无须严格区分。习惯上，“离散时间信号”多用于理论问题的分析讨论，“数字信号”多用于工程设计和软、硬件实现等方面。本书将统一采用 $x(n)$ 表示离散时间信号或数字信号。

2. 系统

系统定义为处理(或变换)信号的物理设备,或者说,凡是能将信号加以变换以达到人们要求的各种设备都称为系统。实际上系统是完成某种运算的,因而还可以把软件编程也看成一种系统的实现方法。按照所处理的信号分类,一般只讨论下面3种系统。

(1) 模拟系统:处理模拟信号的系统,即系统的输入、输出均为模拟信号。通常由电容、电感、电阻、半导体器件以及模拟集成电路组成的网络和设备是模拟系统。

(2) 离散时间系统:处理离散时间信号的系统,即系统的输入、输出均为离散时间信号。比如用电荷耦合器件(CCD)以及开关电容网络组成的系统。

(3) 数字系统:处理数字信号的系统,即系统的输入、输出均为数字信号。由数字运算单元、存储单元、逻辑控制单元以及CPU等组成的系统都是数字系统。

3. 信号处理

所谓信号处理即是用系统对信号进行某种加工,包括滤波、分析、变换、谱分析、参数估计、综合、压缩、估计、识别等。

数字信号处理——凡是利用数字计算机或专用数字硬件对数字信号所进行的一切变换或按预定规则所进行的一切加工处理运算,例如滤波、检测、参数提取、频谱分析等。或者说数字信号处理是用数值计算的方法,完成对信号的处理。

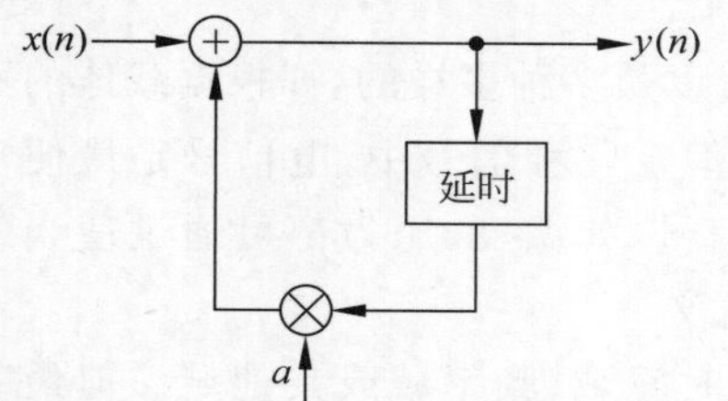

图0-1　简单的数字滤波器方框图

图0-1就是一个简单的数字滤波器方框图,由一个加法器、一个延时器和一个乘法器组成。因此处理的实质是“运算”,运算的基本单元是延时器、加法器和乘法器。

从技术观点看,信号处理有两种基本方法:一是滤波,滤除信号中不需要的分量,例如在单边带通信系统中,应用滤波的方法抑制带外的频率分量;二是分析或变换,对信号进行各种方法的分析,估计某些特征参数,或者用变换方法对信号进行频谱分析,从而确定信号中有效信息的分布。

数字信号处理是以PC或专用DSP装置为硬件平台,以数值分析、信号处理算法为基本工具,实现信号有用信息的提取,以达到认识信号、利用信号,并将其用于实际的目的。

0.2
微课视频

0.2　数字信号处理系统的基本组成

以下讨论模拟信号的数字信号处理系统。该系统首先将模拟信号变换为数字信号,然后用数字技术进行处理,最后还原成模拟信号。系统框图如图0-2所示。

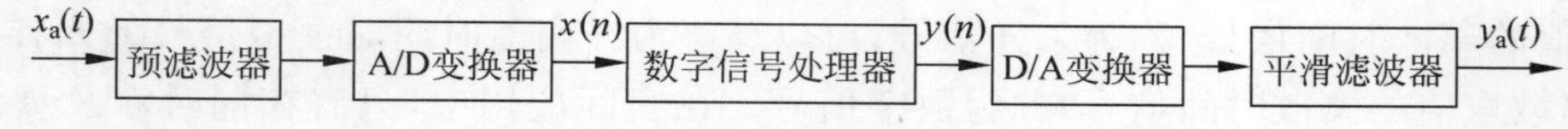

图0-2　模拟信号的数字信号处理系统框图

图0-2中,预滤波器的作用是对模拟信号进行预处理,将输入信号 $x_a(t)$ 中高于某一频率(称折叠频率,等于采样频率的一半)的分量加以滤除,改善信号的带限性能,有利于后面的采样,具有抗混叠作用。在A/D变换器中,每隔 T 秒(采样周期)取出一次 $x_a(t)$ 的幅度,

采样后的信号称为离散信号 $x_a(nT)$，随之由 A/D 变换器中的保持电路进一步将采样信号变换为数字信号序列 $x(n)$。模拟信号到数字信号转换中的各种信号关系如图 0-3 所示。由于 A/D 变换器采用有限的二进制位，它所能表示的信号幅度也是有限的，这些幅度称为量化电平，图中，假设用 3 位二进制表示离散信号幅度的 8 个量化电平（对应的二进制码也在图中示出），当离散信号幅度与量化电平不相同时，就要以最接近的一个量化电平来近似它。所以经 A/D 变换器后，不仅时间离散化了，而且幅度也量化了，这种信号被称为数字信号，它是数的序列，每个数用有限个二进制码来表示。随后，数字信号序列 $x(n)$ 通过图 0-2 所示系统的核心部分，即数字信号处理器，按照预定的要求，将信号序列 $x(n)$ 进行加工处理得到输出信号序列 $y(n)$。

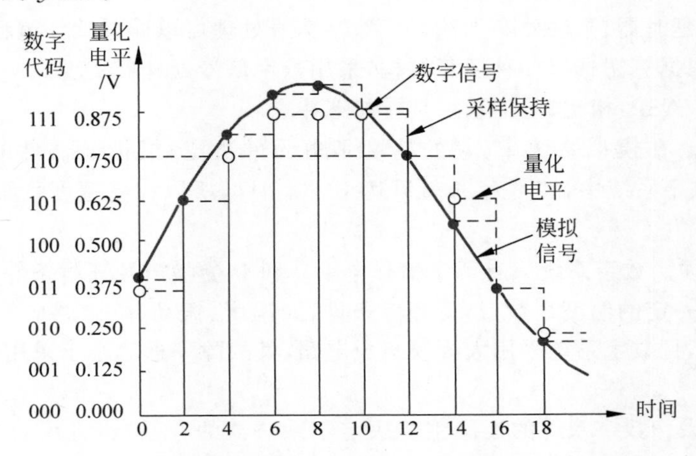

图 0-3　模拟信号到数字信号转换中的各种信号关系

$y(n)$ 送入 D/A 变换器，经过一个取样保持电路将二进制数值序列变换为连续时间脉冲序列（保持电路把脉冲幅度在相邻脉冲之间的空隙中保持下来），其波形是一个阶梯信号。该阶梯波经模拟低通滤波器进一步平滑，滤去不需要的高频跳变，得到平滑的所需的模拟信号 $y_a(t)$。图 0-4 是 D/A 变换器的输入数字信号、零阶保持信号（量化阶梯信号）和平滑滤波后的模拟信号的波形示意图。

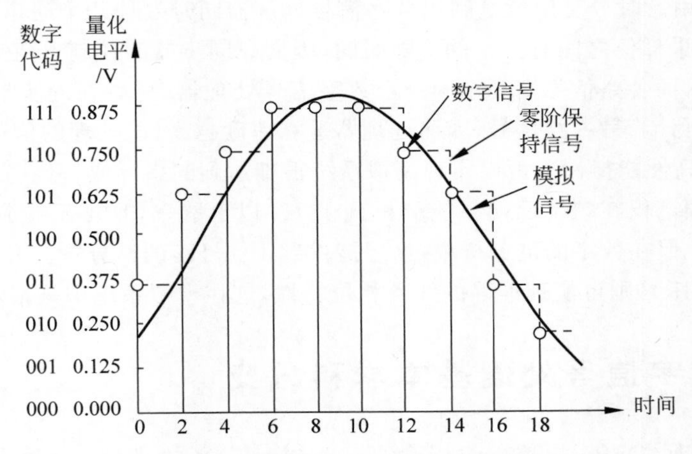

图 0-4　数字信号到模拟信号转换中的各种信号关系

需要注意的是，图 0-2 仅表示模拟信号的数字信号处理系统框图，实际中的系统并不一定包括图中的所有框。有的系统的输入已经是数字信号，这种情况就不需要 A/D 变换器和前面的预滤波器；有的系统不要求输出模拟信号，处理得到的数字信号直接加以利用，这种情况就不需要 D/A 变换器和后置的平滑滤波器；而对于纯数字系统只需要核心部分——数字信号处理器就可以了。

0.3 数字信号处理的特点

数字信号处理是用数值计算的方法，完成对信号的处理。因此处理的实质是“运算”，运算的基本单元是延时器、乘法器和加法器。数字信号处理可以通过软件编程，在通用计算机上完成，也可以根据算法选择一种运算结构，采用数字信号处理器实现。

与模拟系统（ASP）相比，数字系统具有如下特点：

（1）精度高。在模拟系统中，它的精度是由元件决定，模拟元器件的精度很难达到 10^{-3} 以上。而数字系统中，17 位字长就可达 10^{-5} 精度，所以在高精度系统中，有时只能采用数字系统。

（2）可靠性强。数字系统只有两个信号电平 0 和 1，受噪声及环境条件等影响小。模拟系统各参数都有一定的温度系数，易受环境条件，如温度、振动、电磁感应等影响，产生杂散效应甚至振荡等，且数字系统采用大规模集成电路，其故障率远远小于采用众多分立元件构成的模拟系统。

（3）灵活性大。数字系统的性能主要决定于乘法器的各系数，且系数存放于系数存储器内，只需改变存储的系数，就可得到不同的系统，比改变模拟系统方便得多。例如，改变图 0-1 中的 a 参数，可以构成数字低通或高通滤波器。

（4）易于大规模集成。数字部件具有高度规范性，便于大规模集成和大规模生产，对电路参数要求不严，故产品成品率高。尤其是对于低频信号，如地震波分析，需要过滤几赫兹至几十赫兹的信号，用模拟系统处理时，电感器和电容器的数值、体积、重量非常大，且性能也不能达到要求，而数字信号处理系统在这个频率处却非常具有优势。

（5）时分复用。时分复用就是利用数字信号处理器同时处理几个通道的信号。由于数字信号的相邻两采样值之间有一定的空隙时间，因而在同步器的控制下，在此时间空隙中送入其他路的信号，而各路信号则利用同一个数字信号处理器，后者在同步器的控制下，计算完一路信号后，再计算另一路信号，因而处理器运算速度越高，能处理的信道数目也就越多。

（6）可获得高性能指标。可以实现模拟系统很难达到的指标或特性。例如对信号进行频谱分析，模拟频谱仪在频率低端只能分析到 10Hz 以上频率，且难于做到高分辨率（也即足够窄的带宽）。但在数字的谱分析中，已经能做到 10^{-3} Hz 的谱分析。又如有限长冲激响应数字滤波器（FIR），则可实现准确的线性相位特性，这在模拟系统中是很难达到的。

0.4
微课视频

0.4 数字信号处理基本学科分支

数字信号处理（DSP）一般有两层含义：一层是广义的理解，为数字信号处理技术（Digital Signal Processing）；另一层是狭义的理解，为数字信号处理器（Digital Signal

Processor)。

数字信号处理涉及的内容非常丰富和广泛,本书作为专业基础课教材,主要学习DSP的第一层含义(广义的理解),即数字信号处理的基本理论和基本方法,而且主要讨论DSP的经典内容,即数字信号滤波和数字信号频谱分析。其中离散时间信号和系统的基本概念以及时域、频域分析方法是数字信号处理理论的基础内容。

0.5 数字信号处理系统的实现方法

数字信号处理的主要对象是数字信号,且是采用运算的方法达到处理的目的。所以基本的处理方法分为软件实现和硬件实现:软件实现是通过自己编写程序或采用现成的程序在通用的计算机上实现;硬件实现是按照具体的要求和算法,设计硬件结构图,用加法器、乘法器等硬件电路来实现,具体有以下方法。

(1) 采用通用计算机软件实现。软件采用高级语言编写,也可利用商品化的各种DSP软件如MATLAB、SYSTEMVIEW等。该方法实现简单、灵活,但实时性较差,很少用于实时系统,主要用于教学和科研的前期研制阶段。

(2) 用单片机。由于单片机发展已经很久,价格便宜,且功能很强。可根据不同环境配备不同的单片机,能实现实时控制,但数据运算量不能太大,即单片机不能用于复杂的信号处理。

(3) 利用通用DSP芯片。DSP芯片较之单片机有着更为突出的优点,如内部带有乘法器、累加器,采用流水线工作方式及并行结构,多总线,速度快,配有适于信号处理的指令(如FFT指令)等。

(4) 利用特殊用途的DSP芯片。市场上推出的专门用于FFT、FIR滤波器、卷积、相关运算等专用数字芯片,其软件算法已固化在芯片内部,使用非常方便。这种方式比通用DSP芯片速度更高,但功能比较单一,灵活性较差。

目前世界上生产DSP芯片的主要厂家有TI公司(TMS320CX系列)、AT&T公司(DSP16、DSP32系列)、Motorola公司(DSP56x、DSP96x系列)、AD公司(ADSP21X、ADSP210X系列)等。

0.6 数字信号处理的应用领域

20世纪60年代以来,数字信号处理的应用已成为一种明显的趋势,这与它的突出优点是分不开的。数字信号处理广泛应用于通信、雷达、语音和图像处理、生物医学、仪器仪表、机械振动、地质勘探和故障检测等领域,有效地推动了众多工程技术领域的技术改造和学科发展。可以说,只要使用计算机和数据打交道,几乎都要用到数字信号处理技术。数字信号处理的应用领域概括起来主要有以下几个方面。

(1) 滤波和变换——包括数字滤波和卷积、相关运算、快速傅里叶变换、希尔伯特变换、自适应滤波和频谱分析等。

(2) 通信——包括自适应差分编码调制、增量调制、自适应均衡、移动通信、卫星通信、扩频技术、回波抵消和软件无线电等。

(3) 语音、语言——包括语音邮件、语音声码器、语音压缩、数字录音系统、语音识别、语音合成、语音增强、文本语音变换和神经网络等。

(4) 图像、图形——包括图像压缩、图像增强、图像重建、图像变换、图像分割、模式识别、计算机视觉、电子地图和动画等。

(5) 消费电子——包括数字音频、数字电视、CD/VCD/DVD 播放器、数字留言/应答机、电子玩具和游戏、数字照相机等。

(6) 仪器仪表——包括频谱分析仪、函数发生器、地震信号处理器、瞬态分析仪等。

(7) 工业控制与自动化——包括机器人控制、激光打印机控制、伺服控制、计算机辅助制造和自适应驾驶控制等。

(8) 医疗——包括超声仪器、诊断工具、CT 扫描、核磁共振和助听器等。

(9) 军事——包括雷达处理、声呐处理、自适应波束形成、阵列天线信号处理、导航、射频调制解调、卫星导航定位系统、侦察卫星和航空航天测试等。

特别介绍一下其中的北斗卫星导航和“中国天眼”工程，这是两个我国自主研发的系统。

北斗卫星导航系统(BDS)是中国自行研制的全球卫星导航系统，它和美国的全球定位系统(GPS)、欧洲伽利略(GALILEO)、俄罗斯格洛纳斯(GLONASS)被联合国确定为全球四大卫星导航系统。2020 年 7 月 31 日上午，北斗三号全球卫星导航系统建成暨开通仪式在北京举行，标志着北斗三号全球卫星导航系统正式开通，我国成为世界上第三个独立拥有全球卫星导航系统的国家，全球已有 120 多个国家和地区使用北斗系统。北斗卫星导航系统可在全球范围内全天候、全天时为各类用户提供高精度、高可靠定位、导航、授时服务，并具有短报文通信能力。北斗卫星导航系统的原理是基准站接收卫星导航信号后，会通过数据处理系统形成相应的信息，再由卫星、广播、移动通信等手段将信息实时发送至应用终端，实现定位服务。这其中会涉及大量的数据处理和算法，都会用到数字信号处理的基本理论及硬件实现。

全球知名的“中国天眼”[500 米口径球面射电望远镜(Five hundred meter Aperture Spherical radio Telescope)，简称 FAST]是当今世界最大单口径、最灵敏的射电望远镜。“中国天眼”是一项创新工程，离不开自强不息的中国天文人的不懈努力，凝聚了中国科研团队的超前梦想，整个工程由已逝的南仁东教授设计、选址并主持建造，历时 22 年。期间南仁东主持攻克了一系列技术难题，为 FAST 重大科学工程的顺利落成发挥了关键作用。“中国天眼”工程于 2016 年 9 月 25 日落成启用，开始接收来自宇宙深处的电磁脉冲信号，捕捉宇宙中更微弱的信号，探测到更暗弱的天体。截至 2022 年 7 月底，“中国天眼”已发现 660 余颗新脉冲星。那么“天眼”是如何工作的呢？我们知道，平行电磁波遇到抛物面反射后会汇聚到焦点的位置，对射电望远镜来说，把反射面做成抛物面的形状，在焦点位置放置一台接收机，就可以汇集天体发出的电磁波信号，从而进行天文观测。抛物面的面积越大，汇集的信号就越多，也就越能探测到更暗弱、更遥远的天体。其中接收机接收到的天体电磁脉冲信号是利用地面上的数字信号处理系统进行分析和处理的。

除了以上应用外，还有许多领域，例如人工智能、大数据等都可以用数字信号处理技术促进它们的发展，要完全列出数字信号处理技术的所有应用领域几乎是不可能的。总之，数字信号处理在各个学科领域都获得日益广泛的应用，可以说数字信号处理的理论和技术是目前最新理论和技术的强有力的基础。

习题

0-1　什么是信号？什么是系统？

0-2　信号处理的目的是什么？

0-3　什么是数字信号处理？

0-4　请说出数字信号处理系统的一般组成部分，画出框图，并解释每部分的功能。

0-5　数字信号处理有哪些特点？

0-6　在实际中，数字信号处理的实现方法有几种？各有什么特点？

0-7　举例说明数字信号处理的实际应用。

第1章 离散时间信号与系统的时域分析

CHAPTER 1

1.1 引言

绪论中已经阐述过，信号是信息的一种物理体现，它以某种函数的形式传递信息。一般将信号分成连续时间信号和离散时间信号两大类。其中，对于离散时间信号，当振幅连续取值时也称为采样信号，振幅离散取值时称为数字信号。采样信号的特点是时间上是离散的，幅度上是具有无限精度的连续量。为了对信号进行数字化处理，必须对其幅度按要求的精度进行有限位的量化。这种时间上离散、幅度上被量化的信号被称为数字信号。数字信号能用数字系统进行各种处理，以达到分析、识别或使用的目的。在大多数情况下，“离散时间信号”与“数字信号”通常指的是同一类信号。习惯上，“离散时间信号”多用于理论问题的分析讨论，“数字信号”多用于工程设计和软件、硬件实现等方面。本章将统一采用 $x(n)$ 表示离散时间信号或数字信号。

本章作为数字信号处理的基础，主要介绍离散时间信号和系统的基本概念、基本分析方法。具体有离散时间信号的表示方法，典型信号、线性时不变系统的因果性和稳定性，系统的输入输出描述法，线性常系数差分方程的解法，模拟信号数字处理方法。

1.2 离散时间信号

1.2.1 序列的定义

表示离散信号的时间函数只是在某些离散瞬间给出函数值，因此它是时间上不连续的序列。通常，给出函数值的离散时刻间隔是均匀的，若此间隔为 T，以 $x(nT)$ 表示此离散时间信号，这里 n 取整数($n=0,\pm1,\pm2,\cdots$)。在离散信号传输与处理中，有时将信号寄放在存储器中，以便随时取用。离散时间信号的处理也可能是先记录、后分析，即所谓“非实时的”。因此，考虑这些因素，对于离散时间信号来说，往往不必要以 nT 为变量，可以直接以 $x(n)$ 表示此序列。这里，n 表示各函数值出现的序号，可以说，一个离散时间信号就是一组序列值的集合。因为 $x(n)$ 对于非整数值 n 是没有定义的，所以一个实值离散时间信号——序列可以用图形描述，如图 1-1 所示。横轴只在 n 为整数时才有意义，纵轴线段的长短代表各序列值的大小。

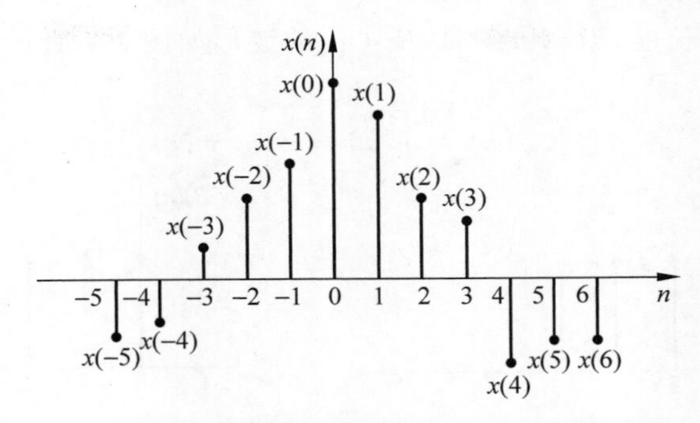

图 1-1　离散时间信号 $x(n)$的图形表示

1.2.2　常用基本序列

1. 单位脉冲序列 $\boldsymbol{\delta}(\boldsymbol{n})$

单位脉冲序列也称为单位采样序列或单位冲激序列，其定义如下：

$$\delta(n)=\begin{cases}1, & n=0\\0, & n\neq 0\end{cases}\tag{1-1}$$

单位脉冲序列的特点是仅在 $n=0$ 时取值为 1，其他均为 0。它类似于模拟信号和系统中的单位冲激函数 $\delta(t)$，但不同的是，$\delta(t)$在 $t=0$ 时，取值无穷大，$t\neq 0$ 时，取值为 0，对时间 t 的积分为 1。单位脉冲序列和单位冲激信号如图 1-2 所示。

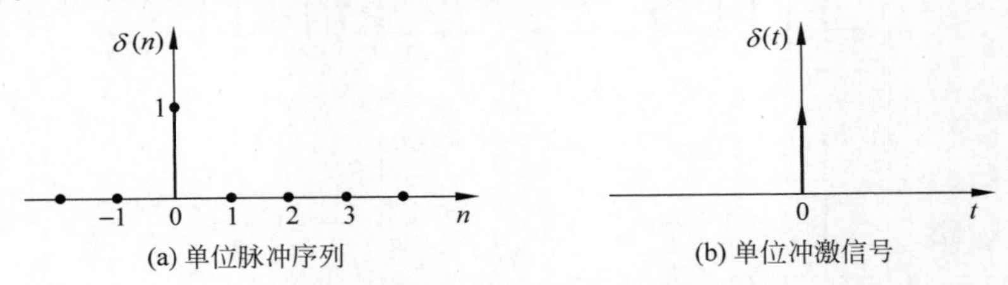

图 1-2　单位脉冲序列和单位冲激信号

2. 单位阶跃序列 $\boldsymbol{u}(\boldsymbol{n})$

单位阶跃序列定义如下：

$$u(n)=\begin{cases}1, & n\geqslant 0\\0, & n<0\end{cases}\tag{1-2}$$

单位阶跃序列如图 1-3 所示。它类似于模拟信号中的单位阶跃函数 $u(t)$。$\delta(n)$与 $u(n)$之间的关系如下式所示：

$$\delta(n)=u(n)-u(n-1)\tag{1-3}$$

$$u(n)=\sum_{k=0}^{\infty}\delta(n-k)\tag{1-4}$$

3. 矩形序列 $\boldsymbol{R_N}(\boldsymbol{n})$

矩形序列定义如下：

$$R_N(n)=\begin{cases}1, & 0\leqslant n\leqslant N-1\\0, & 其他\end{cases}\tag{1-5}$$

式中，N 为矩形序列的长度，当 $N=4$ 时，$R_4(n)$ 的波形如图 1-4 所示。矩形序列可用单位阶跃序列表示如下：

$$R_N(n)=u(n)-u(n-N) \tag{1-6}$$

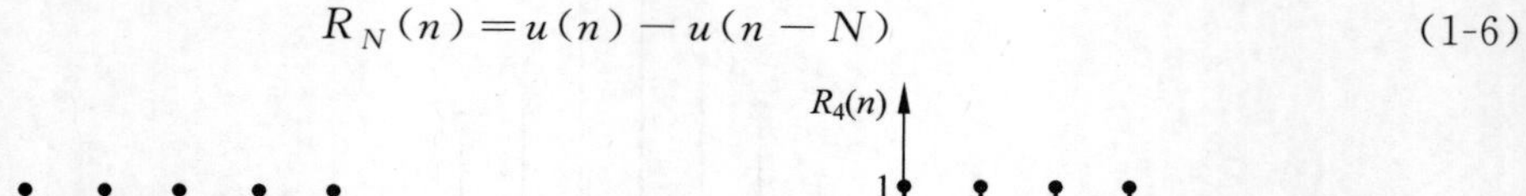

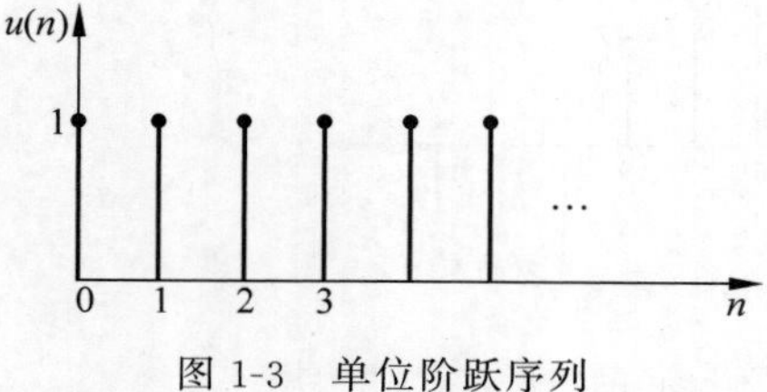

图 1-3 单位阶跃序列

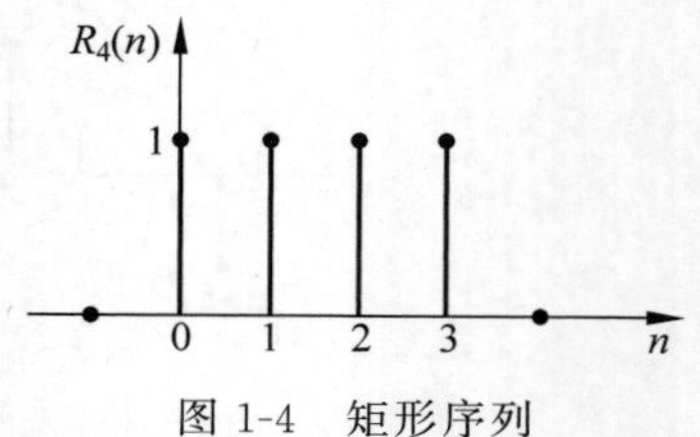

图 1-4 矩形序列

4. 实指数序列

实指数序列定义如下：

$$x(n)=a^n u(n), \quad a \text{ 为实数} \tag{1-7}$$

如果 $|a|<1$，$x(n)$ 的幅度随 n 的增大而减小，称 $x(n)$ 为收敛序列；如果 $|a|>1$，则称为发散序列；如果 $a<0$，则序列正、负摆动，其波形如图 1-5 所示。

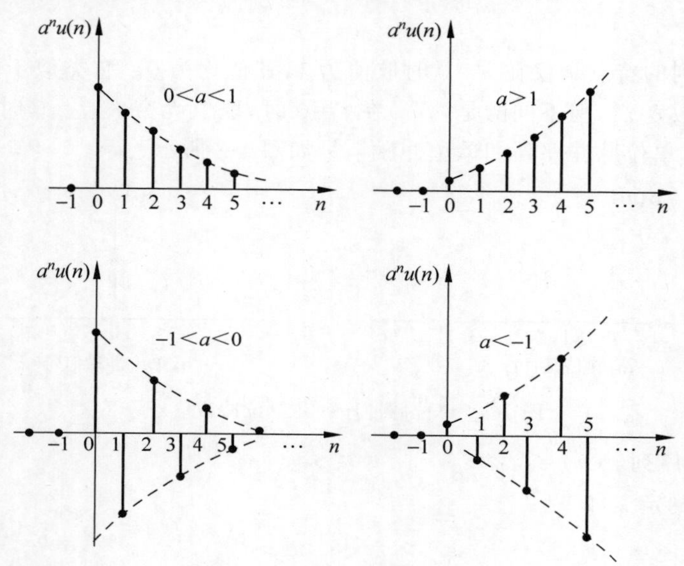

图 1-5 实指数序列

1.2.2-5
微课视频

5. 正弦型序列

正弦型序列是包络为正弦、余弦变化的序列。例如：

$$x(n)=\sin(\omega n) \tag{1-8}$$

式中，ω 是正弦型序列数字域的频率，它反映了序列变化快慢的速率，或相邻两个样点的弧度数。正弦型序列如图 1-6 所示。

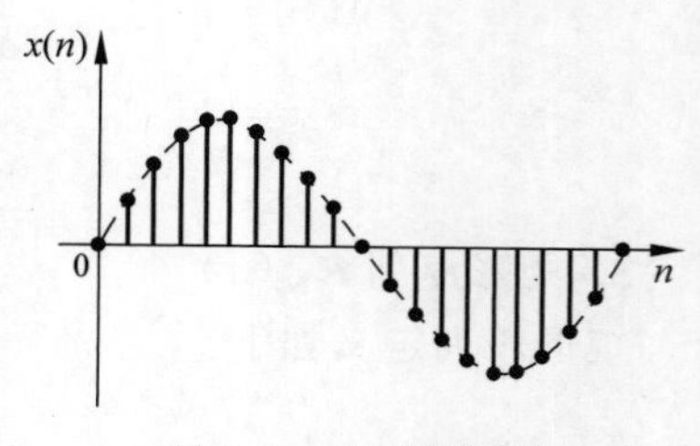

图 1-6 正弦型序列

对连续信号中的正弦信号进行采样，可得正弦型序列。例如，连续信号为

$$x_a(t)=\sin(\Omega t)$$

它的采样值为

$$x_a(t)\big|_{t=nT}=\sin(\Omega nT)=\sin(\omega n)=x(n)$$

因为在数值上，序列值与采样信号值相等，因此得到数字频率 ω 与模拟角频率 Ω 之间的关系为

$$\omega=\Omega T \tag{1-9}$$

式(1-9)具有普遍意义，它表示凡是由模拟信号采样得到的序列，模拟角频率 Ω 与序列的数字域频率 ω 呈线性关系。由于采样频率 f_s 与采样周期 T 互为倒数，也可以表示如下：

$$\omega=\frac{\Omega}{f_s}=2\pi\frac{f}{f_s} \tag{1-10}$$

即数字域频率相当于模拟域频率对采样频率的归一化值。以后都一律以 ω 表示数字域频率，而以 Ω 及 f 表示模拟域频率。

例如，当 $f=f_s/2$，即 $\Omega=\pi/T$ 时，所对应的数字域频率为 $\omega=\pi$。反过来说，数字域 $\omega=2\pi$ 所对应的信号的实际频率为 f_s 或 Ω_s。这个对应关系在本课程学习中经常用到。

6. 复指数序列

复指数序列的定义为：

$$x(n)=e^{(\sigma+j\omega)n} \tag{1-11}$$

式中，ω 为数字域频率。若 $\sigma=0$，可得

$$x(n)=e^{j\omega n}=\cos(\omega n)+j\sin(\omega n) \tag{1-12}$$

上式即欧拉恒等式，$x(n)=e^{j\omega n}$ 也称为复正弦序列。该序列在数字信号处理中有着重要的应用，它不但是离散信号作傅里叶变换时的基函数，同时可作为离散系统的特征函数，在以后的讨论中，会经常用到它。

7. 周期序列

1.2.2-7
微课视频

如果对所有 n 存在一个最小的正整数 N，使下面的等式成立：

$$x(n)=x(n+N),\quad -\infty<n<\infty \tag{1-13}$$

则称序列 $x(n)$ 为周期性序列，周期为 N，注意 N 要取整数。下面讨论一般正弦型序列的周期性。

设

$$x(n)=A\sin(\omega n+\varphi)$$

那么

$$x(n+N)=A\sin(\omega(n+N)+\varphi)=A\sin(\omega n+\omega N+\varphi)$$

要满足 $x(n+N)=x(n)$，则要求 $N=\frac{2\pi}{\omega}k$，式中 k 与 N 均取整数，且 k 的取值要保证 N 是最小的正整数，满足这些条件，正弦序列才是以 N 为周期的周期序列。具体有以下3种情况：

(1) 当 $\frac{2\pi}{\omega}=N$ 为最小正整数时(此时 $k=1$)，则正弦序列 $x(n)$ 是周期序列，周期为 N。

(2) 当 $\frac{2\pi}{\omega}=\frac{P}{Q}$ 为有理数时，P、Q 为互素的整数，此时要使 $N=\frac{2\pi}{\omega}k=\frac{P}{Q}k$ 为最小正整

数，只有 $k=Q$，则正弦序列 $x(n)$ 是以 P 为周期的周期序列，且周期 $N=P>\frac{2\pi}{\omega}$。

（3）当 $\frac{2\pi}{\omega}$ 是无理数时，任何整数 k 都不能使 N 为正整数，因此，此时的正弦型序列 $x(n)$ 不是周期序列。

1.2.3 序列的基本运算

数字信号处理归结为算法，任何复杂的算法都由基本运算组成。序列有下面几种运算，它们是加法、乘法、移位、翻转及尺度变换、卷积和、相关运算等。

1. 加法和乘法

序列之间的加法和乘法，是指它的同序号的序列值逐项对应相加和相乘，如图 1-7 所示。

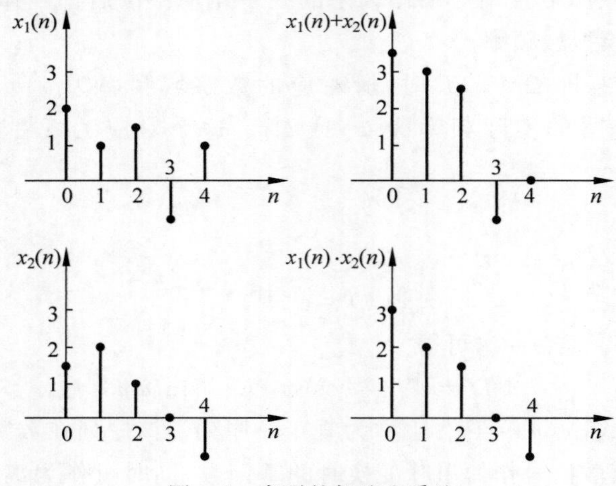

图 1-7 序列的加法和乘法

2. 移位

设某一序列 $x(n)$，m 为正整数，则 $x(n-m)$ 表示序列右移（延时）；$x(n+m)$ 表示序列左移（超前），这种超前运算在物理上是不可能实现的，只能非实时应用。序列的移位如图 1-8 所示。

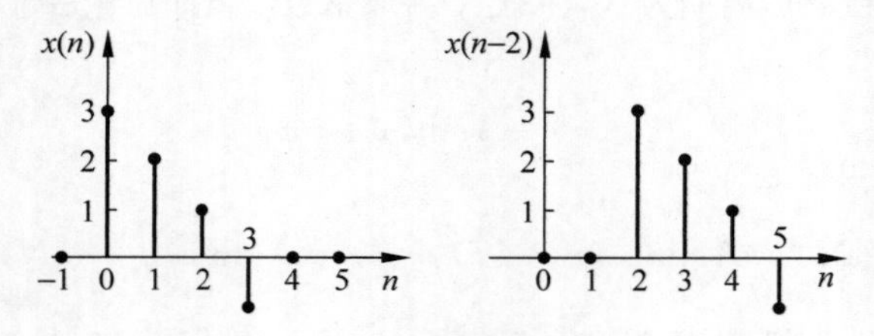

图 1-8 序列的移位

3. 翻转及尺度变换

当 $y(n)=x(-n)$ 时，称 $y(n)$ 是 $x(n)$ 的翻转序列，它是以 $n=0$ 的纵轴为对称轴左右翻转而得到的，如图 1-9 所示。

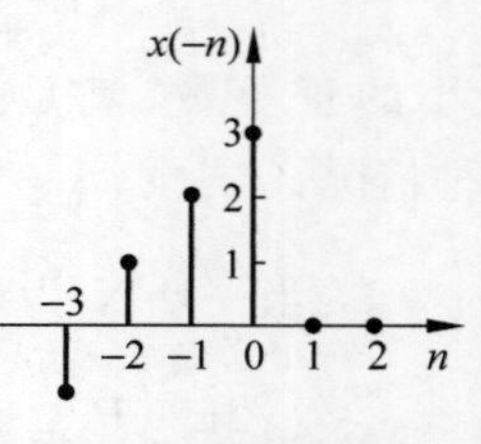

图 1-9 序列的翻转

$x(mn)$ 表示序列每 m 点（或每隔 $m-1$ 点）取一点，称为序列的压缩或抽取。$x\left(\frac{n}{m}\right)$ 表示在原序列两相邻值之间插入 $m-1$ 个零值，称为序列的伸展或内插零值。当取 $m=2$ 时，序列的尺度变换（压缩与伸展）如图 1-10 所示。

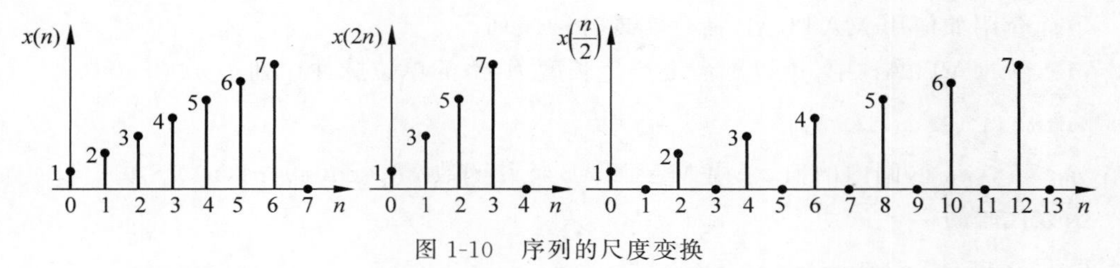

图 1-10　序列的尺度变换

4. 卷积和

两个序列 $x(n)$ 和 $y(n)$ 的卷积和（或称线性卷积）定义为

$$g(n)=\sum_{m=-\infty}^{\infty}x(m)y(n-m)=\sum_{m=-\infty}^{\infty}x(n-m)y(m)=x(n)*y(n)$$

卷积和（或称线性卷积）是离散线性时不变系统中非常重要的运算，运算过程包括翻转（翻褶）、移位、相乘、求和四个步骤。关于卷积和的意义和计算详见 1.3.3 节和 1.3.4 节。

5. 相关运算

设两个序列 $x(n)$ 和 $y(n)$ 已知，且均为实序列，则线性相关函数的定义为

$$r_{xy}(m)=\sum_{n=-\infty}^{\infty}x(n)y(n+m)=\sum_{n=-\infty}^{\infty}x(n-m)y(n)$$

若 $y(n)=x(n)$，则上面的互相关函数就变成自相关函数 $r_{xx}(n)$，即

$$r_{xx}(m)=\sum_{n=-\infty}^{\infty}x(n)x(n+m)$$

相关函数的应用很广泛，例如噪声中信号的检测、信号中隐含周期性的检测、信号时延长度的测量等。利用自相关函数检测信号序列中隐含周期性的问题放入习题 1-20 中，请读者利用 MATLAB 软件进行分析。

序列的相关运算过程与序列的卷积和运算有类似之处，但只包括移位、相乘、求和三个步骤，没有翻转这一步。另外这两个运算物理概念不同，它们的区别详见 3.6.2 节。

1.2.4　任意序列的单位脉冲序列表示

$\delta(n)$ 序列是一种最基本的序列，通过上面的基本运算，任何一个序列可以由 $\delta(n)$ 构造，即任意序列都可以表示成单位脉冲序列的移位加权和，由式(1-14)表示。

$$x(n)=\sum_{m=-\infty}^{\infty}x(m)\delta(n-m)\qquad(1\text{-}14)$$

这种任意序列的表示方法具有普遍意义，在分析线性时不变系统中是一个很有用的公式。例如，$x(n)$ 的波形如图 1-11 所示，可以用式(1-14)表示如下：

图 1-11　$x(n)$ 的波形（用单位脉冲序列移位加权和表示序列）

$$x(n)=-2\delta(n+2)+3\delta(n+1)+2\delta(n)+3\delta(n-1)+1.5\delta(n-2)-\delta(n-3)+2\delta(n-4)$$

1.2.5 MATLAB 实现

下面介绍如何用MATLAB命令实现各种序列。

(1) 在MATLAB中,用以下命令产生长度为 N 的单位脉冲序列 $\delta(n)$:

```
delta = [1,zeros(1,N - 1)]
```

或在 $n_1 \leqslant n \leqslant n_2$ 区间内的值,采用MATLAB特殊函数impseq(n0,n1,n2)。

函数代码为

```
function[x, n] = impseq(n0,n1,n2)
% n1 为序列起始位置,n2 为序列终止位置,n0 为脉冲位置
n = [n1: n2]; x = [(n - n0) == 0];
```

(2) 在MATLAB中,用以下命令产生长度为 N 的单位阶跃序列 $u(n)$:

```
u = [ones(1,N)]
```

或在 $n_1 \leqslant n \leqslant n_2$ 区间内的值,采用MATLAB特殊函数stepseq(n0,n1,n2)。

函数代码为

```
function [x,n] = stepseq(n0,n1,n2)
%产生 x(n) = u(n - n0); n1 <= n,n0 <= n2
% n1 为序列起始位置,n2 为序列终止位置,n0 为脉冲起始位置
if ((n0 < n1) | (n0 > n2) | (n1 > n2))
error('参数必须满足 n1 <= n0 <= n2')
end
n = [n1: n2]; x = [(n - n0) >= 0];
```

(3) 在MATLAB中,用数组运算符"·^"实现一个实指数序列。

(4) 在MATLAB中,用以下函数产生白噪声序列:

```
rand(N)      产生均值为 0.5、幅度在 0~1 之间均匀分布的白噪声序列
randn(N)     产生均值为 0、方差为 1、服从高斯分布的白噪声序列
```

例 1-1 画出以下各序列在给定区间的波形图。

(1) $x(n)=3\delta(n+2)+2\delta(n-2)-\delta(n-4)$, $-5 \leqslant n \leqslant 5$。

(2) $x(n)=n[u(n)-u(n-10)]+5e^{-0.3(n-10)}[u(n-10)-u(n-20)]$, $0 \leqslant n \leqslant 20$。

(3) $x(n)=\cos(0.04\pi n)+0.3w(n)$, $0 \leqslant n \leqslant 50$,其中 $w(n)$ 为具有零均值及单位方差的高斯随机序列。

解 MATLAB实现程序如下:

```
n = [ - 5: 5];
x = 3 * impseq( - 2, - 5,5) + 2 * impseq(2, - 5,5) - impseq(4, - 5,5);
subplot(1,3,1); stem(n,x,'.'); title('例 1 - 1(1) 的序列图')
ylabel('x(n)'); axis([ - 5,5, - 2,3]); text(5.5, - 2,'n')
% b) x(n) = n[u(n) - u(n - 10)] + 5 * exp( - 0.3(n - 10))(u(n - 10) - u(n - 20)); 0 <= n <= 20
n = [0: 20];
x1 = n. * (stepseq(0,0,20) - stepseq(10,0,20));
x2 = 5 * exp( - 0.3 * (n - 10)). * (stepseq(10,0,20) - stepseq(20,0,20));
x = x1 + x2;
subplot(1,3,2); stem(n,x,'.'); title('例 1 - 1(2)的序列图')
ylabel('x(n)'); axis([0,20, - 1,11]); text(21, - 1,'n')
% c) x(n) = cos(0.04 * pi * n) + 0.3 * w(n); 0 <= n <= 50, w(n): Gaussian (0,1)
```

```
n = [0: 50];
x = cos(0.04 * pi * n) + 0.3 * randn(size(n));
subplot(1,3,3); stem(n,x,'.'); title('例 1 - 1(3)的序列图')
ylabel('x(n)'); axis([0,50, - 1.4,1.4]); text(53, - 1.4,'n')
```

程序运行结果如图 1-12 所示。

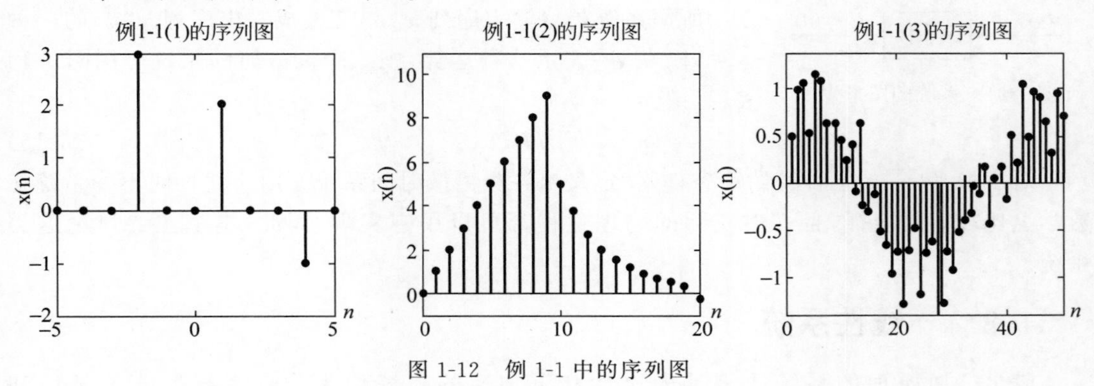

图 1-12　例 1-1 中的序列图

例 1-2　若(1) $x(n)=2\cos\left(\frac{\pi}{8}n\right)$；(2) $x(n)=2\cos\left(\frac{4\pi}{11}n\right)$；(3) $x(n)=2\sin\left(\frac{1}{4}n\right)$；试判断它们的周期性，画出相应的波形。

解　(1) 因为 $\omega=\frac{\pi}{8},\frac{2\pi}{\omega}=16$，所以该序列为周期序列，周期为 $N=16$。

(2) 因为 $\omega=\frac{4\pi}{11},\frac{2\pi}{\omega}=\frac{11}{2},k=2$，所以该序列为周期序列，周期为 $N=11$。

(3) 因为 $\omega=\frac{1}{4},\frac{2\pi}{\omega}=8\pi$ 是无理数，所以该序列不是周期序列。

MATLAB 实现程序如下：

```
n = [0: 20]; x = 2 * cos(pi/8 * n);
stem(n,x); axis([0,20, - 2.2,2.2]); title('正弦序列(周期为 16)');
hold on; n = 0: 0.01: 20; x = 2 * cos(pi/8 * n);
plot(n,x,': '); hold off;
figure;
n = [0: 20]; x = 2 * cos(4 * pi/11 * n);
stem(n,x); axis([0,20, - 2,2]); title('正弦序列(周期为 11)');
hold on; n = 0: 0.01: 20; x = 2 * cos(4 * pi/11 * n); plot(n,x,': '); hold off
```

程序运行结果如图 1-13 所示。

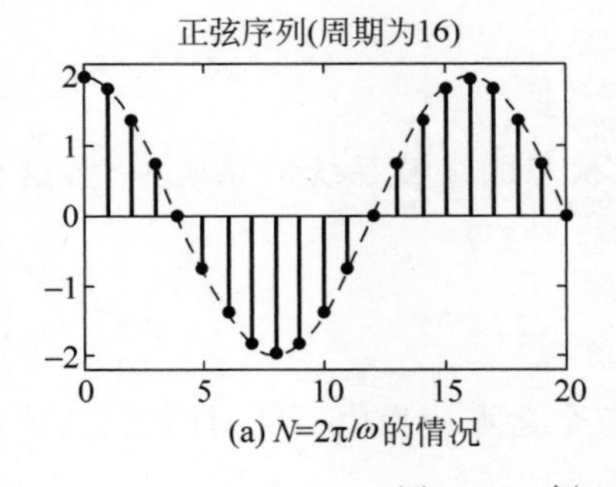

(a) $N=2\pi/\omega$的情况

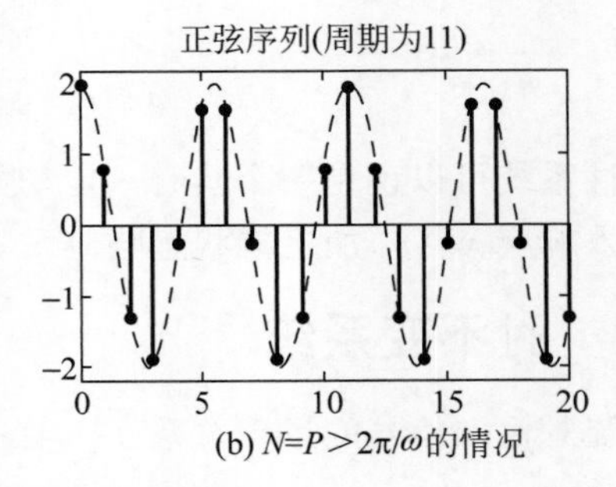

(b) $N=P>2\pi/\omega$的情况

图 1-13　例 1-2 中的正弦序列

1.3 离散时间系统

数字信号的任何处理都是依靠系统完成的,所以系统是数字信号处理的核心。

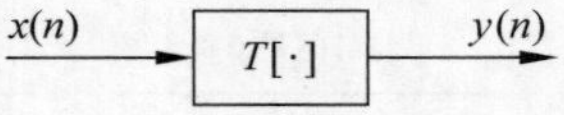

$x(n)$ → $T[\cdot]$ → $y(n)$

图 1-14 系统的图形表示

所谓系统是将输入序列 $x(n)$ 变换成输出序列 $y(n)$ 的一种运算,以 $T[\cdot]$ 表示这种运算,则一个离散时间系统可用图 1-14 表示,记为

$$y(n)=T[x(n)] \tag{1-15}$$

对变换 $T[\cdot]$ 加上种种约束条件,就定义出各类离散时间系统。由于线性时不变系统在数学上比较容易表征,且许多实际的物理过程都可以用它实现,因此,本节主要讨论这类系统。

1.3.1
微课视频

1.3.1 线性系统

满足叠加原理的系统或满足齐次性和可加性的系统称为线性系统。设 $x_1(n)$ 和 $x_2(n)$ 分别作为系统的输入序列,其输出分别用 $y_1(n)$ 和 $y_2(n)$ 表示,即

$$y_1(n)=T[x_1(n)],\quad y_2(n)=T[x_2(n)]$$

对任意常数 a 和 b,若有

$$T[ax_1(n)+bx_2(n)]=T[ax_1(n)]+T[bx_2(n)]=ay_1(n)+by_2(n) \tag{1-16}$$

则此系统为线性系统,否则为非线性系统。

例 1-3 判别系统 $y(n)=T[x(n)]=5x(n)+3$ 是否为线性系统。

解 因为 $y_1(n)=T[x_1(n)]=5x_1(n)+3$,$y_2(n)=T[x_2(n)]=5x_2(n)+3$

$$ay_1(n)+by_2(n)=5ax_1(n)+5bx_2(n)+3(a+b)$$

而 $T[ax_1(n)+bx_2(n)]=5ax_1(n)+5bx_2(n)+3$,可见 $T[ax_1(n)+bx_2(n)]\neq ay_1(n)+by_2(n)$,故此系统不是线性系统。

系统 $y(n)=ax(n)+b$ 是线性方程,却不是线性系统,其原因在于输出中的常数项 b 始终与输入没有关系,可以证明,$y_2(n)-y_1(n)$ 与 $x_2(n)-x_1(n)$ 呈线性关系,即系统输出的增量和输入的增量呈线性关系,这种系统称为增量线性系统。

任何增量线性系统的输出 $y(n)$ 都可以表示成一个线性系统的输出 $z(n)$ 加上一个与输入无关的信号 $y_0(n)$(反映该系统初始储能的零输入响应信号),如图 1-15 所示。

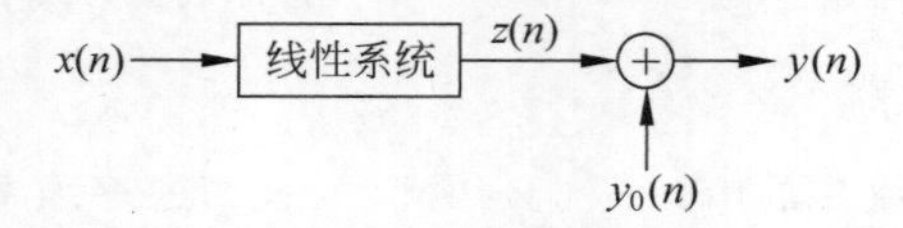

图 1-15 增量线性系统

增量线性系统可以说是一个具有一定初始状态的线性系统的系统模型,这种系统的全响应是零输入响应 $y_0(n)$ 加上零状态响应 $z(n)$。

1.3.2
微课视频

1.3.2 时不变系统

如果系统对输入信号的运算关系 $T[\cdot]$ 在整个运算过程中不随时间变化,或者说系统对

于输入信号的响应与信号加于系统的时刻无关,则这种系统称为时不变系统。

设

$$y(n)=T[x(n)]$$

对任意整数 k,若

$$y(n-k)=T[x(n-k)] \tag{1-17}$$

则称该系统为时不变系统。式(1-17)说明,若一个离散时间系统对 $x(n)$的响应为 $y(n)$,则将 $x(n)$延迟 k 个单元,输出也将相应延迟 k 个单元,则称该系统具有移不变性,所以时不变系统又称为移不变系统。图 1-16 形象说明了系统时不变的概念,不管输入信号作用的时间先后,输出信号响应的波形形状均相同,仅是出现的时间不同。

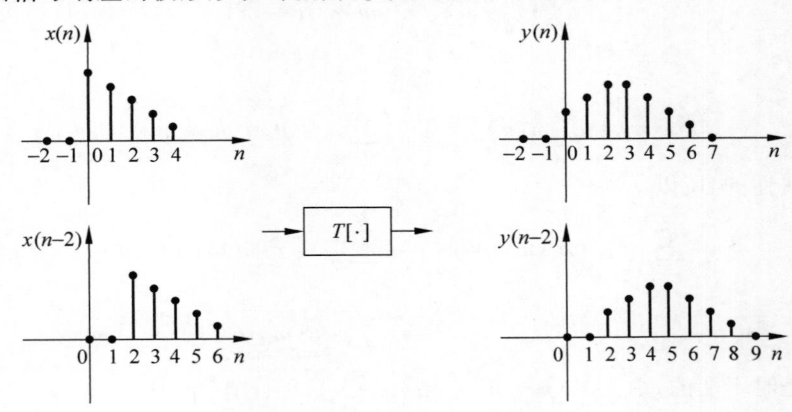

图 1-16　系统时不变概念的示意图

例 1-4　证明 $y(n)=\sum_{m=-\infty}^{n} x(m)$ 是时不变系统。

证明　因为

$$y(n-k)=\sum_{m=-\infty}^{n-k} x(m)$$

$$T[x(n-k)]=\sum_{m=-\infty}^{n} x(m-k)=\sum_{m=-\infty}^{n-k} x(m) \quad (m-k=m',\ \ m' \text{记为} m)$$

可见 $y(n-k)=T[x(n-k)]$,因此该系统是时不变系统。

同样可以证明 $y(n)=T[x(n)]=ax(n)+b$ 也是时不变系统。

例 1-5　判别 $y(n)=nx(n)$所代表的系统是否是时不变系统。

解　因为　$y(n-k)=(n-k)x(n-k)$

$$T[x(n-k)]=nx(n-k)$$

可见 $y(n-k)\neq T[x(n-k)]$,因此该系统不是时不变系统。

同样可以判别 $y(n)=g(n)x(n)$也不是时不变系统。

1.3.3　线性时不变离散系统

同时满足线性和时不变条件的离散系统称为线性时不变(Linear Time-Invariant, LTI)离散系统或线性移不变(Linear Shift-Invariant, LSI)离散系统。这种系统是应用最广

泛的系统,它的重要意义体现在,系统的处理过程可以统一采用系统的特征描述之一即单位脉冲响应,以一种相同的运算方式——卷积运算,进行统一的表示。该系统有许多优良的性能,除特别说明外,在本书中,系统一般指的是线性时不变离散系统。

单位脉冲响应是指输入为单位脉冲序列时的系统输出,一般记为 $h(n)$,即

$$h(n)=T[\delta(n)] \tag{1-18}$$

由 $h(n)$ 可以确定任意输入时的系统输出,从而推出线性时不变离散系统是一个非常重要的描述关系式。

由前所述,任意序列都可以表示成单位脉冲序列的移位加权和,即式(1-14):

$$x(n)=\sum_{m=-\infty}^{\infty} x(m)\delta(n-m)$$

系统输出为

$$y(n)=T[x(n)]=T\left[\sum_{m=-\infty}^{\infty} x(m)\delta(n-m)\right]$$

由于系统是线性的,所以

$$\begin{aligned} T\left[\sum_{m=-\infty}^{\infty} x(m)\delta(n-m)\right] &= \sum_{m=-\infty}^{\infty} T[x(m)\delta(n-m)] \\ &= \sum_{m=-\infty}^{\infty} x(m)\cdot T[\delta(n-m)] \end{aligned}$$

又由于系统是时不变的,则 $T[\delta(n-m)]=h(n-m)$,因此有

$$y(n)=\sum_{m=-\infty}^{\infty} x(m)h(n-m)=x(n)*h(n) \tag{1-19}$$

这就是线性时不变离散系统的卷积和表示。该式表明,线性时不变系统的输出序列等于输入序列和系统单位脉冲响应的线性卷积。

线性卷积又称作“离散卷积”或“卷积和”。卷积运算有明确的物理意义,就是在一般意义上描述了线性时不变离散时间系统对输入序列的作用或处理作用。

1.3.4
微课视频

1.3.4 线性卷积的计算

线性卷积是一种非常重要的计算,它在数字信号处理过程中起着举足轻重的作用。常在已知系统的单位脉冲响应时,用它来计算相应输入序列下的输出序列。

卷积的计算过程包括翻转(翻褶)、移位、相乘、求和 4 个步骤。

按照式(1-19),卷积的具体计算过程为:

① 将 $x(n)$ 和 $h(n)$ 用 $x(m)$ 和 $h(m)$ 表示,并将 $h(m)$ 进行翻转,形成 $h(-m)$。

② 将 $h(-m)$ 移位 n,得到 $h(n-m)$,当 $n>0$ 时,序列右移;$n<0$ 时,序列左移。

③ 将 $x(m)$ 和 $h(n-m)$ 相同 m 的序列值对应相乘。

④ 将相乘结果再相加。

按照以上 4 个步骤可得到卷积结果 $y(n)$。

下面通过两个例题分别用图解法和列表法进行线性卷积的计算。

例 1-6　设 $x(n)=R_4(n)$，$h(n)=R_4(n)$，求 $y(n)=x(n)*h(n)$。

解　采用图解法。由式(1-19)得

$$y(n)=\sum_{m=-\infty}^{\infty}R_4(m)R_4(n-m)$$

按照以上所述线性卷积具体的 4 个计算步骤，分别画出长度为 4 的矩形序列 $R_4(m)$ 和 $R_4(-m)$，将 $R_4(-m)$ 移位 n，n 分别等于 $0,1,2,\cdots$，得到 $R_4(-m)$，$R_4(1-m)$，$R_4(2-m)$，$\cdots$，然后分别与 $x(m)=R_4(m)$ 相同 m 的序列值对应相乘后再相加，即可得到 $y(n)$。求解过程如图 1-17 所示。

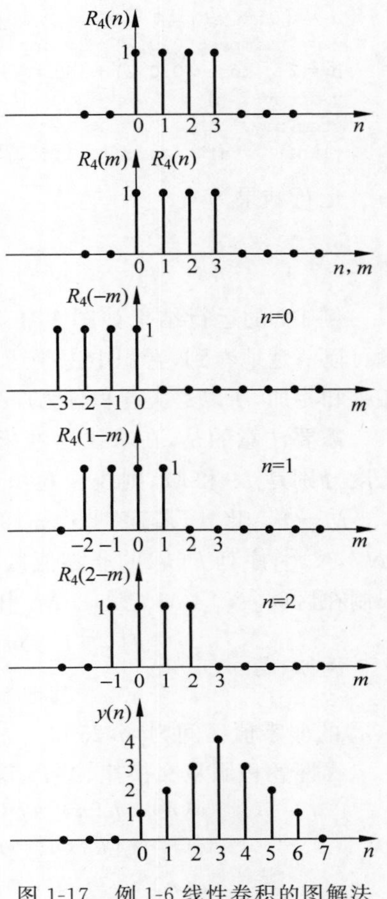

图 1-17　例 1-6 线性卷积的图解法过程

例 1-7　已知序列 $x(n)=3\delta(n)+2\delta(n-1)+\delta(n-2)$，$h(n)=2\delta(n)+\delta(n-1)+\delta(n-2)$，求 $y(n)=x(n)*h(n)$。

解　由式(1-19)知

$$y(n)=x(n)*h(n)=\sum_{m=-\infty}^{\infty}x(m)h(n-m)$$

该运算过程也可以用图解法，在这里采用列表法，如表 1-1 所示。

由此可得

$$y(n)=6\delta(n)+7\delta(n-1)+7\delta(n-2)+3\delta(n-3)+\delta(n-4)$$

或写成

$$y(n)=\{6,7,7,3,1\},\quad 0\leqslant n\leqslant 4$$

表 1-1　例 1-7 列表法

m	…	−3	−2	−1	0	1	2	3	4	5	…	$y(n)$
$x(m)$					3	2	1					
$h(m)$					2	1	1					
$h(-m)$			1	1	2							$y(0)=2\times3=6$
$h(1-m)$				1	1	2						$y(1)=1\times3+2\times2=7$
$h(2-m)$					1	1	2					$y(2)=1\times3+1\times2+2\times1=7$
$h(3-m)$						1	1	2				$y(3)=1\times2+1\times1=3$
$h(4-m)$							1	1	2			$y(4)=1\times1=1$
$h(5-m)$								1	1	2		$y(5)=0$

在 MATLAB 中提供了一个内部函数 conv 计算两个有限长度序列的卷积。conv 函数假定两个序列都从 $n=0$ 开始，调用方式为

```
y = conv(x,h)
```

例如，例 1-7 的 MATLAB 实现如下：

```
n = [0: 5 - 1];
x = 3 * impseq(0,0,2) + 2 * impseq(1,0,2) + impseq(2,0,2);
h = 2 * impseq(0,0,2) + impseq(1,0,2) + impseq(2,0,2);
y = conv(x,h);
stem(n,y,'.');
ylabel('y(n)'); axis([ - 1,5,0,8]); text(1.95, - 0.6,'n')
```

运行结果为

```
y =
     6     7     7     3     1
```

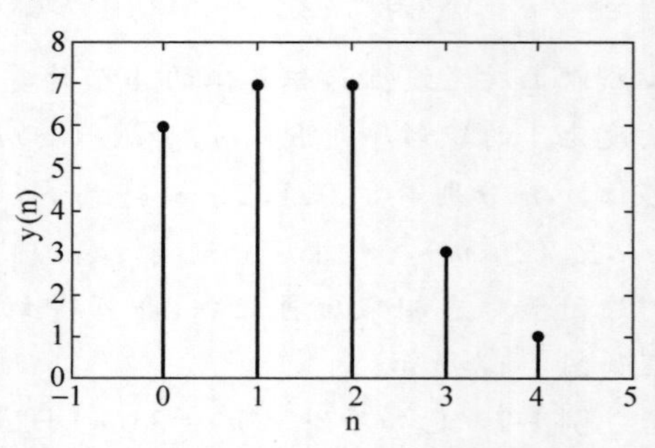

图 1-18　例 1-7 的 MATLAB 实现

例 1-7 的运行结果如图 1-18 所示。由以上例题可以清楚地看到,卷积中主要运算是翻转、移位、相乘和相加,所以这类卷积称为序列的线性卷积。

需要注意的是,在求线性卷积时,若两序列的长度分别是 N 和 M,则线性卷积后的序列长度为 $N+M-1$。此外,若序列 $x(n)$ 的非零值区间为 $[N_1,N_2]$,序列 $h(n)$ 的非零值区间为 $[M_1,M_2]$,则 $y(n)=x(n)*h(n)$ 的非零值将会被限制在区间 $[N_1+M_1,N_2+M_2]$ 内。

例如,若 $x(n)=\begin{cases}1, & 10\leqslant n\leqslant 20\\ 0, & \text{其他}\end{cases}$,$h(n)=\begin{cases}n, & -5\leqslant n\leqslant 5\\ 0, & \text{其他}\end{cases}$,则卷积 $y(n)=x(n)*h(n)$ 的非零值区间为 $[5,25]$。

线性卷积服从交换律、结合律和分配律。它们分别用公式表示如下:

$$x(n)*h(n)=h(n)*x(n) \tag{1-20}$$

$$x(n)*[h_1(n)*h_2(n)]=[x(n)*h_1(n)]*h_2(n) \tag{1-21}$$

$$x(n)*[h_1(n)+h_2(n)]=x(n)*h_1(n)+x(n)*h_2(n) \tag{1-22}$$

线性卷积的结合律和分配律分别如图 1-19(a)和图 1-19(b)所示。

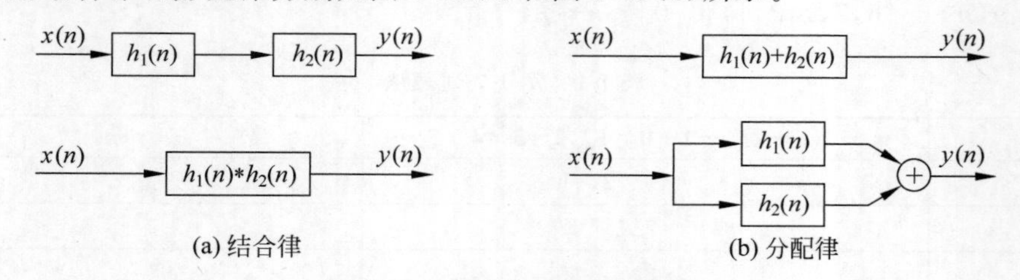

图 1-19　线性卷积的结合律和分配律

此外,线性卷积还具有两个特性:

① 与 $\delta(n)$ 卷积的不变性,即 $x(n)*\delta(n)=x(n)$,其物理意义为输入信号通过一个零相位的全通系统;

② 与 $\delta(n-k)$ 卷积的移位性,即 $x(n)*\delta(n-k)=x(n-k)$,其物理意义为输入信号通过一个线性相位的全通系统。

1.3.5　系统的因果性和稳定性

1.3.5 微课视频

1. 因果系统

所谓因果系统是指系统某时刻的输出只取决于此时刻和此时刻以前时刻的输入,而与

此时刻以后的输入无关的系统(注意这一定义对任何系统都适用,并不专指线性时不变系统),即 $n=n_0$ 的输出 $y(n_0)$ 只取决于 $n\leqslant n_0$ 的输入 $x(n)\big|_{n\leqslant n_0}$。在数学上因果系统满足如下方程:

$$y(n)=f[x(n),x(n-1),x(n-2),\cdots] \tag{1-23}$$

因果系统的因果性是指系统物理上的可实现性。如果现在的输出与将来的输入有关,这样在时间上就违背了因果关系,系统物理上无法实现,则称为非因果系统。

考察任意系统的因果性时,只看输入 $x(n)$ 和输出 $y(n)$ 的关系,而不讨论其他以 n 为变量的函数的影响,例如 $y(n)=(n+2)x(n)$ 和 $y(n)=x(n)\sin(n+4)$ 都是因果系统,而 $y(n)=x(n-1)+ax(n+2)$ 则是一个非因果系统,因为当 $n=n_0$ 时,$y(n_0)$ 不仅与输入的过去值 $x(n_0-1)$ 有关,而且和输入的将来值 $x(n_0+2)$ 有关。此外,$y(n)=x(n^2)$ 也是一个非因果系统,因为当 $n=n_0(|n_0|>1)$ 时,$y(n_0)$ 与输入的将来值 $x(n_0^2)$ 有关,例如 $y(2)=x(4)$。

对于线性时不变系统,具有因果性的充分必要条件是

$$h(n)=0,\quad n<0 \tag{1-24}$$

因果系统的条件式(1-24)从概念上比较容易理解,因为单位脉冲响应是输入为 $\delta(n)$ 的零状态响应,在 $n=0$ 以前即 $n<0$ 时,没有加入信号,输出只能为零,因此得到因果性条件式(1-24)。

满足式(1-24)的序列称为因果序列,因此因果系统的单位脉冲响应必然是因果序列。

在实际中,利用数字信号处理系统作非实时处理时,可以用具有很大延时的因果系统去逼近非因果系统,即对于某一个输出 $y(n)$ 来说,有大量的"未来"输入 $x(n+1),x(n+2),\cdots$,记录在存储器中可以被调用,因而可以很接近于实现一些非因果系统(如理想低通滤波器、理想微分器等)。这个概念在以后讲有限长单位脉冲响应滤波器设计时要常用到,这也是数字系统优于模拟系统的特点之一,因而数字系统可以比模拟系统更能获得接近理想的特性。

2. 稳定系统

稳定系统是指有界输入产生有界输出的系统,即如果 $|x(n)|\leqslant M$(M 为正常数),有 $|y(n)|<+\infty$,则该系统被称为稳定系统。该稳定性条件对任何系统都是普遍适用的,不是专对某一特定系统。例如 $y(n)=nx(n)$ 是不稳定系统,因为若 $x(n)$ 有界,$|x(n)|\leqslant M$,则 $|y(n)|=M|n|$,它是随 n 增加而线性增长的,因而是无界的。

对于线性时不变系统,具有稳定性的充分必要条件是系统的单位脉冲响应绝对可和,用公式表示为

$$\sum_{n=-\infty}^{\infty}|h(n)|<\infty \tag{1-25}$$

证明　先证明充分性:

$$|y(n)|=\left|\sum_{k=-\infty}^{\infty}h(k)x(n-k)\right|\leqslant\sum_{k=-\infty}^{\infty}|h(k)|\cdot|x(n-k)|$$

因为输入序列 $x(n)$ 有界,即

$$|x(n)|<B,\quad -\infty<n<\infty,\quad B\text{ 为正常数}$$

$$|y(n)|\leqslant B\sum_{k=-\infty}^{\infty}|h(k)|$$

如果系统的单位脉冲响应 $h(n)$ 满足式(1-25)，那么输出 $y(n)$ 一定也是有界的，即

$$|y(n)| < \infty$$

下面用反证法证明其必要性：

如果 $h(n)$ 不满足式(1-25)，即 $\sum_{n=-\infty}^{\infty} |h(n)| = \infty$，那么总可以找到一个或若干个有界的输入引起无界的输出，例如，

$$x(n) = \begin{cases} \dfrac{h^*(-n)}{|h(-n)|}, & h(-n) \neq 0 \\ 0, & h(-n) = 0 \end{cases}$$

$$y(0) = \sum_{k=-\infty}^{\infty} h(k)x(0-k) = \sum_{k=-\infty}^{\infty} h(k)\frac{h^*(k)}{|h(k)|} = \sum_{k=-\infty}^{\infty} |h(k)| = \infty$$

上式说明，$n=0$ 时的输出 $y(0)$ 是无界的，这不符合稳定的条件，因而假设不成立。必要性得证。

例 1-8 设线性时不变系统的单位脉冲响应 $h(n)=a^n u(n)$，式中 a 是实常数，试分析该系统的因果稳定性。

解 由于 $n<0$ 时，$h(0)=0$，所以系统是因果系统。

$$\sum_{n=-\infty}^{\infty} |h(n)| = \sum_{n=0}^{\infty} |a|^n = \lim_{N\to\infty} \sum_{n=0}^{N-1} |a|^n = \lim_{N\to\infty} \frac{1-|a|^N}{1-|a|}$$

只有当 $|a|<1$ 时，

$$\sum_{n=-\infty}^{\infty} |h(n)| = \frac{1}{1-|a|}$$

因此系统稳定的条件是 $|a|<1$；否则，$|a|\geqslant 1$ 时，系统不稳定。系统稳定时，$|h(n)|$ 随 n 增大而减小，此时序列 $h(n)$ 称为收敛序列。如果系统不稳定，$|h(n)|$ 随 n 增大而增大，则称为发散序列。

例 1-9 判别系统 $y(n)=T[x(n)]=x(n)\cos(\omega n+\varphi)$ 的因果稳定性。

解 因果性：因为 $y(n)=T[x(n)]=x(n)\cos(\omega n+\varphi)$ 只与 $x(n)$ 的当前值有关，而与 $x(n+1)$，$x(n+2)$，…未来值无关，故系统是因果的。

稳定性：当 $|x(n)|\leqslant M$ 时，有 $T[x(n)]\leqslant M\cos(\omega n+\varphi)$，由于 $\cos(\omega n+\varphi)\leqslant 1$ 是有界的，所以 $y(n)=T[x(n)]$ 也是有界的，故系统是稳定的。

1.4 离散时间系统的时域描述——差分方程

连续时间系统的输入/输出关系常用微分方程描述，而在离散时间系统中，由于它的变量 n 是离散的整型变量，则用差分方程描述。对于线性时不变系统，常用的是常系数线性差分方程，因此主要讨论这类差分方程及解法。

1.4.1 常系数线性差分方程的一般表达式

一个 N 阶常系数线性差分方程，其一般形式为

$$y(n) = \sum_{r=0}^{M} b_r x(n-r) - \sum_{k=1}^{N} a_k y(n-k) \tag{1-26}$$

或者

$$\sum_{k=0}^{N} a_k y(n-k) = \sum_{r=0}^{M} b_r x(n-r), \quad a_0 = 1 \tag{1-27}$$

式中，$x(n)$ 和 $y(n)$ 分别是系统的输入序列和输出序列，a_k 和 b_r 均为常数，式中 $y(n-k)$ 和 $x(n-r)$ 项只有一次幂，也没有相互交叉项，故称为线性常系数差分方程。差分方程的阶数是用方程 $y(n-k)$ 项中 k 的取值最大与最小之差确定的。在式(1-27)中，$y(n-k)$ 项 k 最大的取值为 N，k 的最小取值为零，因此称为 N 阶的差分方程。

差分方程具有以下特点：①采用差分方程描述系统简便、直观，易于计算机实现；②容易得到系统的运算结构；③便于求解系统的瞬态响应。

但差分方程不能直接反映系统的频率特性和稳定性等。实际上用来描述系统的，多数还是采用系统函数。

1.4.2 差分方程的求解

常系数差分方程的求解方法有迭代法、时域经典法、卷积法和变换域法。迭代法比较简单，但不能直接给出一个完整的解析式作为解答(也称闭合形式解答)。时域经典法类似于解微分方程，过程烦琐，应用很少，但物理概念比较清楚。卷积法适用于系统起始状态为零时(所谓松弛系统)的求解。变换域方法类似于连续时间系统的拉普拉斯变换，这里采用Z变换法求解差分方程，这在实际使用上是最简单有效的方法。

在后面的讨论中，我们会知道数字滤波器就是一个离散时间系统，在本书的讨论范围内，数字滤波器系统都是所谓松弛系统，即起始状态为零，系统无初始储能。所以单位脉冲序列 $\delta(n)$ 作用下的系统响应 $h(n)$(零状态解)就完全能代表系统，而知道了单位脉冲响应 $h(n)$，则任意输入下的系统输出就可以利用卷积法求出，这在前面已经讨论过了。

变换域法在下一章中讨论，这里仅通过举例说明如何用迭代法求解差分方程。

1.4.2
微课视频

例 1-10 若某系统的输入 $x(n)$ 和输出 $y(n)$ 满足下列差分方程

$$y(n) = ay(n-1) + x(n)$$

求起始条件分别为 (1) $h(n)=0, n<0$；(2) $h(n)=0, n>0$ 时的单位脉冲响应。

解 (1) 令 $x(n)=\delta(n)$，根据起始条件，可递推如下：

$$y(0) = \delta(0) = 1$$
$$y(1) = ay(0) = a$$
$$\vdots$$
$$y(n) = ay(n-1) = a^n$$

因此

$$h(n) = y(n) = a^n u(n)$$

(2) 将差分方程改写成

$$y(n-1) = a^{-1}[y(n) - x(n)]$$
$$n \to n+1, \quad y(n) = a^{-1}[y(n+1) - x(n+1)]$$

根据起始条件，可递推如下：

$$y(0) = a^{-1}[y(1) - \delta(1)] = 0$$
$$y(-1) = a^{-1}[y(0) - \delta(0)] = -a^{-1}$$

$$\vdots$$

$$y(n)=ay(n-1)=-a^n$$

因此
$$h(n)=y(n)=-a^n u(-n-1)$$

以上结果说明：

(1) 一个常系数线性差分方程不一定代表一个因果系统，取决于起始条件。例如，上例第一个解相当于一个因果滤波器，如果$|a|<1$，则此滤波器是稳定的，第二个解是非因果的，并且只有当$|a|>1$时，才是稳定的。

(2) 因为单位脉冲响应是指输入为单位脉冲序列时系统的零状态响应，所以用差分方程求系统的单位脉冲响应时，只要令差分方程的输入为单位脉冲序列$\delta(n)$，N个初始条件都为零，其解就是系统的单位脉冲响应$h(n)$。上面例1-10中题目(1)中求出的$y(n)$就是该系统的单位脉冲响应$h(n)$，而题目(2)中求出的$y(n)$则是一个非因果系统的单位脉冲响应。

同样，一个常系数线性差分方程，如果没有附加的起始条件，不能唯一地确定一个系统的输入输出关系，并且只有当起始条件选择合适时，才相当于一个线性时不变系统。

1.4.2 微课视频

例 1-11 常系数线性差分方程为

$$y(n)=ay(n-1)+x(n)$$

起始条件为$y(0)=1$，试说明它是否为线性时不变系统。

解 (1) 先讨论时不变性。

令$x_1(n)=\delta(n)$，$y_1(0)=1$，则

$$y_1(1)=ay_1(0)+x_1(1)=a$$

$$y_1(2)=ay_1(1)+x_1(2)=a^2$$

$$\vdots$$

$$y_1(n)=a^n$$

利用$y(n-1)=\dfrac{1}{a}[y(n)-x(n)]$，可递推求得

$$y_1(n)=0,\quad n\leqslant -1$$

所以

$$y_1(n)=a^n u(n)$$

令$x_2(n)=\delta(n-1)$，$y_2(0)=1$，则

$$y_2(1)=ay_2(0)+x_2(1)=a+1$$

$$y_2(2)=ay_2(1)+x_2(2)=a^2+a$$

$$\vdots$$

$$y_2(n)=ay_2(n-1)+x_2(n)=a^n+a^{n-1}$$

同样可递推求得

$$y_2(n)=a^n,\quad n\leqslant -1$$

所以

$$y_2(n)=a^n u(n)+a^{n-1}u(n-1)+a^n u(-n-1)$$

$x_1(n)$和$x_2(n)$为移位关系，但$y_1(n)$和$y_2(n)$不是移位关系，因而系统不是时不变

系统。

(2) 讨论线性问题。前面已经得出

$$x_1(n)=\delta(n) \quad \Rightarrow y_1(n)=a^n u(n)$$

$$x_2(n)=\delta(n-1) \Rightarrow y_2(n)=a^n u(n)+a^{n-1}u(n-1)+a^n u(-n-1)$$

令

$$x_3(n)=x_1(n)+x_2(n)=\delta(n)+\delta(n-1), y_3(0)=1$$

则得

$$y_3(1)=ay_3(0)+x_3(1)=a+1$$

$$y_3(2)=ay_3(1)+x_2(2)=a^2+a$$

$$\vdots$$

$$y_3(n)=ay_3(n-1)+x_3(n)=a^n+a^{n-1}$$

同样可递推求得

$$y_3(n)=0, n\leqslant -1$$

所以

$$y_3(n)=a^n u(n)+a^{n-1}u(n-1)$$

又

$$y_1(n)+y_2(n)=2a^n u(n)+a^{n-1}u(n-1)+a^n u(-n-1)$$

可见 $y_3(n)\neq y_1(n)+y_2(n)$，因此，该系统不是线性系统。

用同样的方法可以证明，当起始条件改为 $y(0)=0$ 时，系统为线性系统，但不是时不变系统，而只有当起始条件为 $y(-1)=0$ 时，该系统才为线性时不变系统。读者可以自行证明。

在后面的讨论中，除非另外声明，都假设不附起始条件的常系数线性差分方程所表示的系统都是指线性时不变系统，并且多数是指因果系统。

1.4.3 MATLAB 实现

在 MATLAB 中，可用一个 filter 函数求在给定输入和差分方程系数时的差分方程的数值解。函数调用的简单形式为

```
y = filter(b,a,x)
```

其中，b、a 是由差分方程或系统函数给出的系数组；而 x 是输入序列数组。

例 1-12　给出如下差分方程：

$$y(n)-y(n-1)+0.9y(n-2)=x(n); \quad \forall n$$

(1) 计算并画出单位脉冲响应 $h(n)$；$n=-20,\cdots,120$。

(2) 由此判断 $h(n)$规定的系统是否稳定？

解　(1) MATLAB 实现程序如下：

```
a = [1, - 1,0.9]; b = [1];
x = impseq(0, - 20,120);                    % 输入 x 为单位脉冲序列
n = [ - 20: 120];
h = filter(b,a,x);                          % 系统输出为单位脉冲响应
```

```
stem(n,h,'.'); axis([-20,120,-1.1,1.1])
title('脉冲响应'); text(125,-1.1,'n'); ylabel('h(n)')
```

程序运行结果如图 1-20 所示。

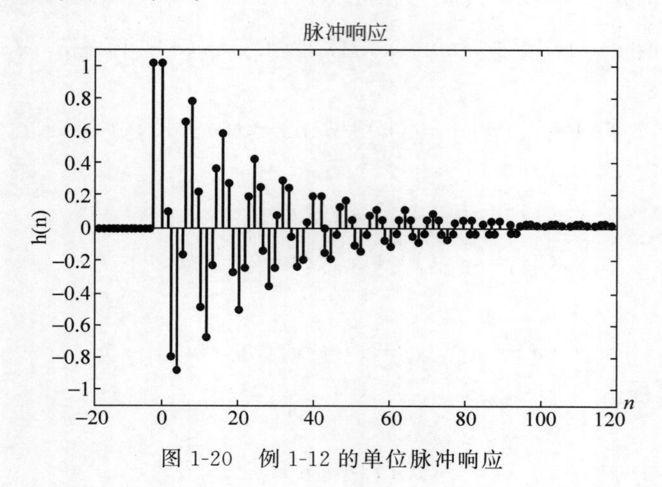

图 1-20 例 1-12 的单位脉冲响应

(2) 根据系统的稳定条件 $\sum_{-\infty}^{+\infty} |h(n)| < \infty$，MATLAB 实现程序如下：

```
sum(abs(h))                              % 对单位脉冲响应的模值求和
```

运行结果：

```
ans =
              14.8785
```

这意味着系统是稳定的。

1.5 模拟信号数字处理方法

绪论已介绍了数字信号处理技术相对于模拟信号处理技术的许多优点，本节讨论如何把模拟信号转变成数字信号。

前面指出了离散时间和连续时间信号与系统在一些重要理论概念之间的相似处，但回避了它们之间的联系。然而离散时间信号往往是从连续时间信号通过等间隔采样得到的，因此，弄清采样得到的信号与原始信号有何关系是必要的。这主要包括两方面的内容：首先，信号经过采样后，将发生一些什么变化？例如，信号频谱将发生怎样的变化，信号内容会不会有丢失？其次，从采样信号无失真地恢复出原始信号应该具备哪些条件？

1.5.1 采样的基本概念

所谓“采样”就是利用采样脉冲序列 $p(t)$ 从连续时间信号 $x_a(t)$ 中抽取一系列的离散样值，由此得到的离散时间信号通常称为采样信号，以 $\hat{x}_a(t)$ 表示，下标 a 表示连续时间信号，而它的顶部符号(^)表示它的采样信号。图 1-21 为实现采样的原理框图。

采样器可以看成一个电子开关，设开关每隔 T 秒短暂地闭合一次，将连续信号接通，实现一次采样。如果开关每次闭合的时间为 τ 秒，那么采样器的输出将是一串周期为 T、宽度

连续信号 $x_a(t)$　采样器　采样信号 $\hat{x}_a(t)$　采样脉冲 $p(t)$　　$x_a(t)$　T　$\hat{x}_a(t)$

图 1-21　采样的原理框图

为 τ 的脉冲，而脉冲的幅度却是重复着在这段 τ 时间内信号的幅度，这个过程可以看作一个脉冲调幅过程。被调制的脉冲载波是一串周期为 T、宽度为 τ 的矩形脉冲信号，即采样脉冲序列 $p(t)$，而调制信号就是输入的连续信号，该采样过程可用图 1-22 表示。因而有

$$\hat{x}_a(t)=x_a(t)\cdot p(t) \tag{1-28}$$

当采样脉冲序列为脉宽为 τ 的矩形脉冲时，称为矩形脉冲采样，也是实际采样，如图 1-22(a)所示；当脉冲宽度 $\tau\to 0$ 时，得到的是理想采样，如图 1-22(b)所示。本节讨论理想采样。

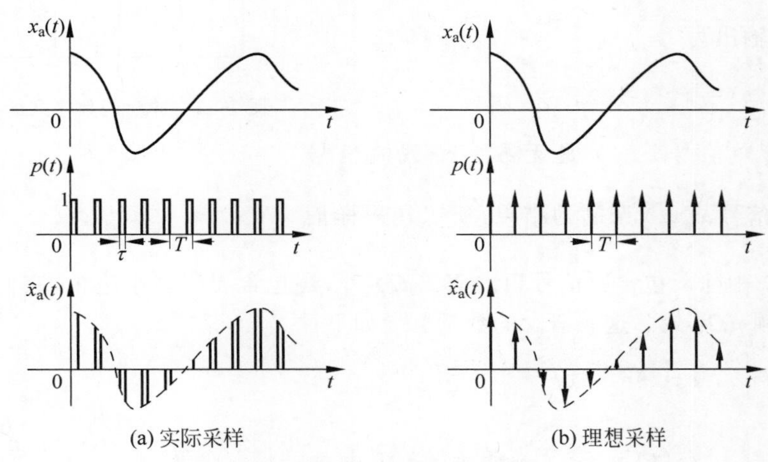

(a) 实际采样　　(b) 理想采样

图 1-22　对模拟信号进行采样

1.5.2　理想采样及其频谱

1.5.2
微课视频

理想采样就是假设采样开关闭合时间无限短，即 $\tau\to 0$ 的极限情况。此时，采样脉冲序列 $p(t)$ 为冲激函数序列 $\delta_T(t)$，这些冲激函数准确地出现在采样瞬间，而面积(积分幅度)为 1，采样后理想采样信号的面积则准确地等于输入信号在采样瞬间的幅度。

冲激函数序列(也称为周期单位冲激序列)为

$$\delta_T(t)=\sum_{n=-\infty}^{\infty}\delta(t-nT) \tag{1-29}$$

理想采样输出

$$\begin{aligned}\hat{x}_a(t)=x_a(t)\cdot\delta_T(t)&=\sum_{n=-\infty}^{\infty}x_a(t)\delta(t-nT)\\&=\sum_{n=-\infty}^{\infty}x_a(nT)\delta(t-nT)\end{aligned} \tag{1-30}$$

下面讨论理想采样后，信号频谱发生的变化。

考虑到周期信号可以用傅里叶级数展开，因此，冲激函数序列 $\delta_T(t)$ 可用傅里叶级数表示为

$$\delta_T(t)=\sum_{n=-\infty}^{\infty} A_n \cdot \mathrm{e}^{\mathrm{j}n\Omega_s t} \tag{1-31}$$

其中，傅里叶级数的系数为

$$A_n=\frac{1}{T}\int_{-T/2}^{T/2}\delta_T(t)\mathrm{e}^{-\mathrm{j}n\Omega_s t}\mathrm{d}t=\frac{1}{T}\int_{-T/2}^{T/2}\delta(t)\mathrm{e}^{-\mathrm{j}n\Omega_s t}\mathrm{d}t=\frac{1}{T}\int_{-T/2}^{T/2}\delta(t)\mathrm{d}t=\frac{1}{T}$$

则

$$\delta_T(t)=\frac{1}{T}\sum_{n=-\infty}^{\infty}\mathrm{e}^{\mathrm{j}n\Omega_s t},\quad n=0,\pm1,\pm2,\cdots$$

上式表明冲激函数序列具有梳状谱结构，即它的各次谐波都具有相等的幅度 $\frac{1}{T}$，如图 1-23 所示。

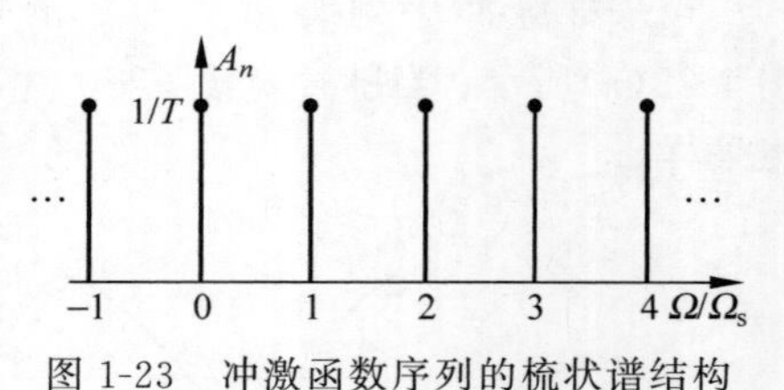

图 1-23 冲激函数序列的梳状谱结构

理想采样输出为

$$\hat{x}_a(t)=x_a(t)\cdot\frac{1}{T}\sum_{n=-\infty}^{\infty}\mathrm{e}^{\mathrm{j}n\Omega_s t}$$

因此，采样信号 $\hat{x}_a(t)$ 是无数多个载波信号 $\sum_{n=-\infty}^{\infty}\mathrm{e}^{\mathrm{j}n\Omega_s t}$ 被信号 $x_a(t)$ 调制的结果，所以在采样信号频谱 $\hat{X}_a(\mathrm{j}\Omega)$ 中除了包含原信号频谱 $X_a(\mathrm{j}\Omega)$ 外，还包含无穷多个边带，它们分布在采样频率 Ω_s 的倍频 $n\Omega_s$ 处。这一概念的数学推导如下：

$$\begin{aligned}\hat{X}_a(\mathrm{j}\Omega)&=\int_{-\infty}^{\infty}\hat{x}_a(t)\mathrm{e}^{-\mathrm{j}\Omega t}\mathrm{d}t\\&=\int_{-\infty}^{\infty}x_a(t)\cdot\frac{1}{T}\sum_{n=-\infty}^{\infty}\mathrm{e}^{\mathrm{j}n\Omega_s t}\cdot\mathrm{e}^{-\mathrm{j}\Omega t}\mathrm{d}t=\frac{1}{T}\int_{-\infty}^{\infty}x_a(t)\cdot\sum_{n=-\infty}^{\infty}\mathrm{e}^{-\mathrm{j}(\Omega-n\Omega_s)t}\mathrm{d}t\\&=\frac{1}{T}\sum_{n=-\infty}^{\infty}\int_{-\infty}^{\infty}x_a(t)\cdot\mathrm{e}^{-\mathrm{j}(\Omega-n\Omega_s)t}\mathrm{d}t=\frac{1}{T}\sum_{n=-\infty}^{\infty}X_a(\mathrm{j}\Omega-\mathrm{j}n\Omega_s)\end{aligned} \tag{1-32}$$

式(1-32)表明，一个连续时间信号经过理想采样后，其频谱将沿着频率轴以采样频率 Ω_s 为间隔而重复，即频谱产生了周期延拓，如图 1-24 所示。图 1-24(a) 中 $X_a(\mathrm{j}\Omega)$ 是带限信号 $x_a(t)$ 的频谱，Ω_c 为最高截止频率，图 1-24(b) 中 $P_\delta(\mathrm{j}\Omega)=FT[\delta_T(t)]=\frac{2\pi}{T}\sum_{n=-\infty}^{\infty}\delta(\Omega-n\Omega_s)$，是冲激函数序列 $\delta_T(t)$ 的频谱，图 1-24(c) 中 $\hat{X}_a(\mathrm{j}\Omega)$ 则是采样信号 $\hat{x}_a(t)$ 的频谱。可见，理想采样信号的频谱 $\hat{X}_a(\mathrm{j}\Omega)$ 是原信号频谱 $X_a(\mathrm{j}\Omega)$ 的周期延拓函数，其周期为 Ω_s，而频谱的幅度则受 $\frac{1}{T}$ 加权，由于 T 是常数，所以除了一个常数因子外，每一个延拓的谱分量都和原频谱分量相同。

1.5.3 时域采样定理

采样信号的频谱是频率的周期函数。如果信号 $x_a(t)$ 是带限信号，并且其最高频率不

超过 $\Omega_s/2$，即

$$X_a(j\Omega)=\begin{cases}X_a(j\Omega), & |\Omega|<\Omega_s/2\\ 0, & |\Omega|\geqslant\Omega_s/2\end{cases} \tag{1-33}$$

那么采样频谱中，基带频谱以及各次谐波调制频谱彼此是不重叠的。如果用一个带宽为 $\Omega_s/2(\pi/T)$ 的理想低通滤波器，如图 1-25 所示，就可以将它的各次调制频谱滤掉，从而只保留不失真的基带频谱。也就是说，可以不失真地还原出原来的连续信号。

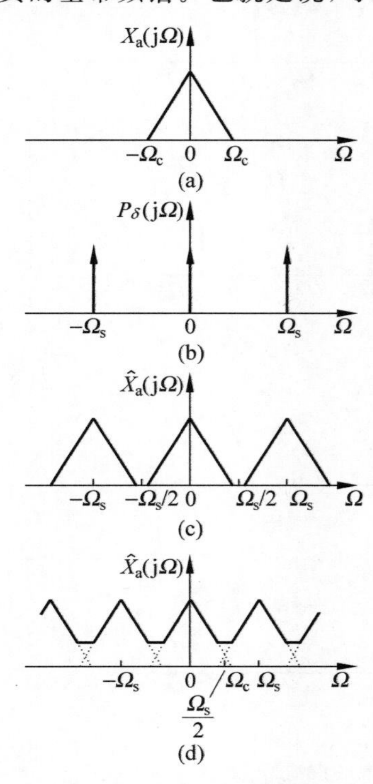

图 1-24　采样信号的频谱

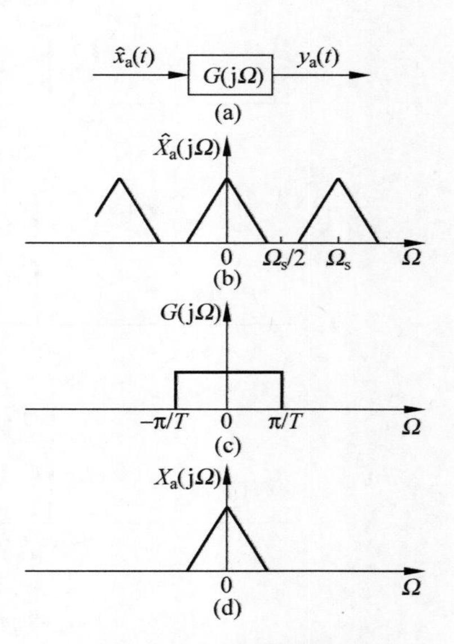

图 1-25　采样信号的恢复

但是，如果信号最高频谱超过 $\Omega_s/2$，那么在采样频谱中，各次调制频谱就会相互交叠起来，这就是频谱“混叠”现象，如图 1-24(d)所示。

因此，采样频率的一半，即 $\Omega_s/2$ 或 $f_s/2$，也称作折叠频率，因为它好像一面镜子，信号频谱超过它时，就会被折叠回来，造成频谱的混叠。

图 1-26 说明了在简单余弦信号情况下频谱混叠的现象。图 1-26(a)是余弦信号 $x_a(t)=\cos\Omega_0 t$ 的傅里叶变换 $X_a(j\Omega)$，图 1-26(b)是在 $\Omega_0<\Omega_s/2$ 时，$\hat{x}_a(t)$ 的傅里叶变换，它是图 1-26(a)的周期延拓信号。图 1-26(c)是在 $\Omega_0>\Omega_s/2$ 时，$\hat{x}_a(t)$ 的傅里叶变换，它同样是图 1-26(a)的周期延拓信号，图 1-26(d)和图 1-26(e)则分别对应于 $\Omega_0<\Omega_s/2=\pi/T$ 和 $\Omega_0>\Omega_s/2=\pi/T$ 时低通滤波器输出的傅里叶变换。

由图 1-26(b)和图 1-26(d)可知，在 $\Omega_0<\Omega_s/2$ 情况下没有产生混叠现象，恢复出的输出 $y_a(t)$ 为

$$y_a(t)=\cos\Omega_0 t$$

而图 1-26 (c)和图 1-26(e)说明在 $\Omega_0>\Omega_s/2$ 情况下产生了混叠现象，其输出是

$$y_a(t)=\cos(\Omega_s-\Omega_0)t$$

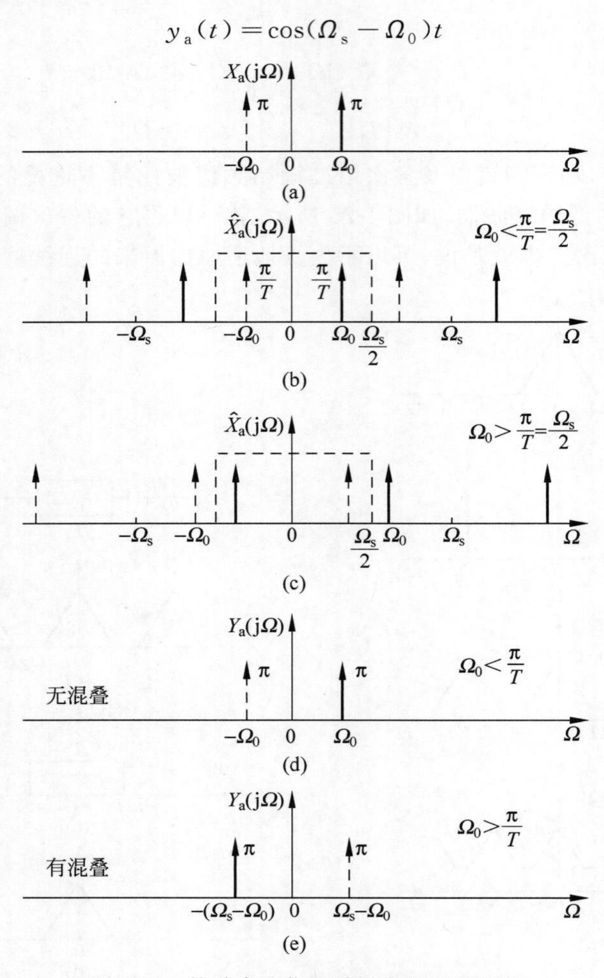

图 1-26　简单余弦信号采样中的混叠现象

1.5.3
微课视频

由此得出结论：为使采样后能不失真地还原出原信号，采样频率 f_s 必须大于等于 2 倍信号最高频率 f_c，即 $f_s\geqslant 2f_c$，这就是奈奎斯特采样定理。这里 $2f_c$ 是最小采样频率，称为奈奎斯特采样频率。但要注意，对于单一频率 f_0 的情况，条件为 $f_s>2f_0$。

一般在实际工作中，为了避免频谱混叠现象发生，采样频率总是选的比两倍信号最高频谱更大些，例如选到 3～4 倍。同时为了避免高于折叠频率的杂散频谱进入采样器造成频谱混叠，在采样器前常常加一个保护性的前置低通滤波器，阻止一切高于 $\Omega_s/2$ 的频率分量进入。所以这个模拟低通滤波器也称为“抗混叠滤波器”。

1.5.4
微课视频

1.5.4　采样的恢复

如果采样满足奈奎斯特采样定理，即信号最高频谱不超过折叠频率，则可以将采样信号通过一个理想的低通滤波器 $G(\mathrm{j}\Omega)$，这个理想低通滤波器应该只让基带频谱通过，因而其带宽应该等于折叠频率，即

$$G(\mathrm{j}\Omega)=\begin{cases}T, & |\Omega|<\Omega_s/2\\ 0, & |\Omega|\geqslant\Omega_s/2\end{cases}\tag{1-34}$$

采样信号通过这个低通滤波器，就可得到原信号频谱，即

$$Y(\mathrm{j}\Omega)=\hat{X}_{\mathrm{a}}(\mathrm{j}\Omega)\cdot G(\mathrm{j}\Omega)=\frac{1}{T}X_{\mathrm{a}}(\mathrm{j}\Omega)\cdot G(\mathrm{j}\Omega)=X_{\mathrm{a}}(\mathrm{j}\Omega) \tag{1-35}$$

因此在输出端可以得到恢复的原模拟信号

$$y(t)=x_{\mathrm{a}}(t)$$

当然，一个理想的低通滤波器是不可实现的，但是总可以在一定精度范围内，用一个可实现的网络去逼近它。

1.5.5 采样内插公式

理想低通 $G(\mathrm{j}\Omega)$ 的冲激响应为

$$g(t)=\frac{1}{2\pi}\int_{-\infty}^{\infty}G(\mathrm{j}\Omega)\mathrm{e}^{\mathrm{j}\Omega t}\mathrm{d}\Omega=\frac{T}{2\pi}\int_{-\Omega_{\mathrm{s}}/2}^{\Omega_{\mathrm{s}}/2}\mathrm{e}^{\mathrm{j}\Omega t}\mathrm{d}\Omega=\frac{\sin\frac{\Omega_{\mathrm{s}}}{2}t}{\frac{\Omega_{\mathrm{s}}}{2}t}=\frac{\sin\frac{\pi}{T}t}{\frac{\pi}{T}t} \tag{1-36}$$

根据卷积公式，低通滤波器的输出

$$\begin{aligned}
y(t)=x_{\mathrm{a}}(t)&=\int_{-\infty}^{\infty}\hat{x}_{\mathrm{a}}(\tau)g(t-\tau)\mathrm{d}\tau\\
&=\int_{-\infty}^{\infty}\left[\sum_{n=-\infty}^{\infty}x_{\mathrm{a}}(\tau)\delta(\tau-nT)\right]g(t-\tau)\mathrm{d}\tau\\
&=\sum_{n=-\infty}^{\infty}\int_{-\infty}^{\infty}x_{\mathrm{a}}(\tau)g(t-\tau)\delta(\tau-nT)\mathrm{d}\tau\\
&=\sum_{n=-\infty}^{\infty}x_{\mathrm{a}}(nT)g(t-nT)=\sum_{n=-\infty}^{\infty}x_{\mathrm{a}}(nT)\frac{\sin\left[\frac{\pi}{T}(t-nT)\right]}{\frac{\pi}{T}(t-nT)}
\end{aligned}$$

即

$$x_{\mathrm{a}}(t)=\sum_{n=-\infty}^{\infty}x_{\mathrm{a}}(nT)\frac{\sin\left[\frac{\pi}{T}(t-nT)\right]}{\frac{\pi}{T}(t-nT)} \tag{1-37}$$

其中，

$$g(t-nT)=\frac{\sin\left[\frac{\pi}{T}(t-nT)\right]}{\frac{\pi}{T}(t-nT)} \tag{1-38}$$

式(1-38)称为内插函数，它的波形如图1-27所示，其波形特点为：在采样点 nT 上函数值为1，其余采样点上函数值为0。

式(1-37)称为采样内插公式，它表明了连续信号 $x_{\mathrm{a}}(t)$ 如何由它的采样值 $x_{\mathrm{a}}(nT)$ 表达，即 $x_{\mathrm{a}}(t)$ 等于 $x_{\mathrm{a}}(nT)$ 乘上对应的内插函数的总和。内插结果使得被恢复的信号在采样

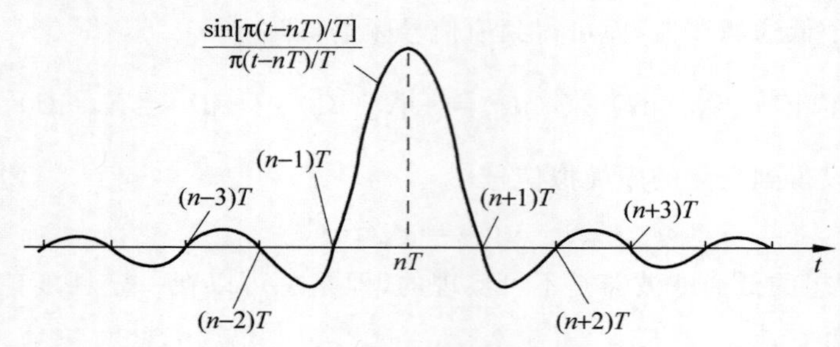

图 1-27 内插函数

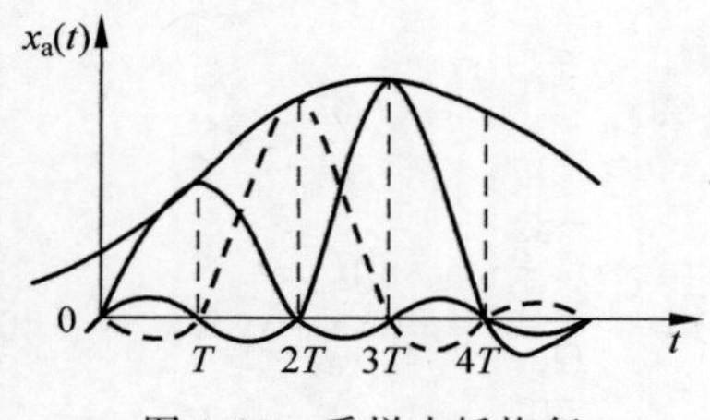

图 1-28 采样内插恢复

点的值就等于 $x_a(nT)$，采样点之间的信号则是由各采样值内插函数的波形延伸叠加而成的，这种采用内插恢复的过程如图 1-28 所示。这也正是连续低通滤波器 $G(\mathrm{j}\Omega)$ 中的响应过程。

采样内插公式说明，只要采样频率高于或等于 2 倍信号最高频率，则整个连续信号就可以完全用它的采样值代表，而不会丢掉任何信息。这就是奈奎斯特定理的意义。

1.5.6 MATLAB 实现

例 1-13 已知某模拟信号 $x_a(t)=\mathrm{e}^{-1000|t|}$，将它分别用不同的采样频率进行采样得到离散时间信号，试分析在以下两种采样频率情况下对信号频谱的影响。

(1) 采样频率 $f_s=5000\mathrm{Hz}$；(2) 采样频率 $f_s=1000\mathrm{Hz}$。

解 首先确定模拟信号的带宽，可以通过求信号的傅里叶变换 $X_a(\mathrm{j}\Omega)$ 得到。图 1-29 给出了该模拟信号及其傅里叶变换的 MATLAB 波形（程序略），由图可以看出，$x_a(t)$ 的带宽为 2kHz。

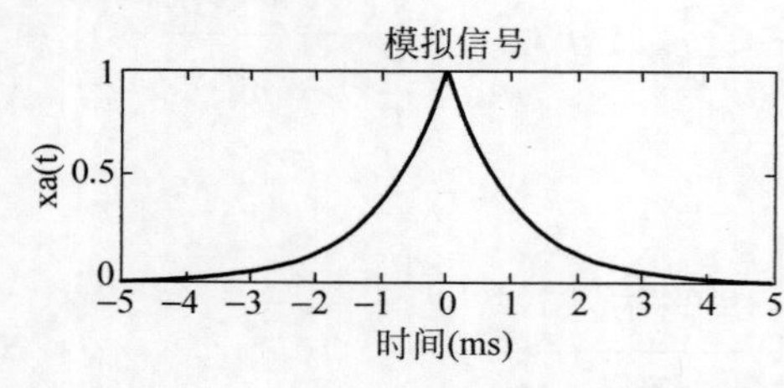

图 1-29 模拟信号及其傅里叶变换的波形

(1) 因为 $x_a(t)$ 的带宽是 2000Hz，采样频率 $f_s=5000\mathrm{Hz}$，满足采样定理，即 $f_s\geqslant 2f_c$，所以不会产生频谱混叠现象，如图 1-30 所示。

(2) 当采样频率 $f_s=1000\mathrm{Hz}$ 时，很明显，此时不满足采样定理，即 $f_s<2f_c$，所以会产生频谱混叠现象，如图 1-31 所示，其频谱形状与信号采样前的频谱 $X_a(\mathrm{j}\Omega)$（见图 1-29）有较大的不同，这是由于在折叠频率 $f_s/2$ 或 $\omega=\pi$（图中频率已对 π 归一化）处频谱交叠相加的结果。

MATLAB 实现程序如下：

```
% 模拟信号
dt = 0.00005; t = - 0.005: dt: 0.005;
xa = exp( - 1000 * abs(t));
% 离散时间信号
```

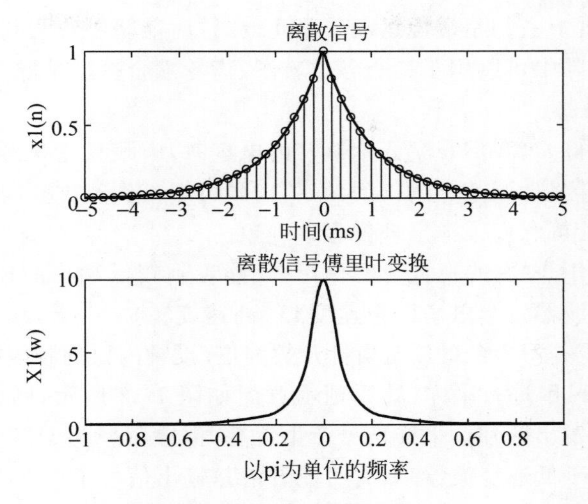

图 1-30 满足采样定理

```
fs = 5000,Ts = 1/fs; n = - 25: 1: 25;
x = exp( - 1000 * abs(n * Ts));
% 离散时间傅里叶变换
N = 500; k = 0: 1: N; w = pi * k/N;
X = x * exp( - j * n' * w); X = real(X);
w = [ - fliplr(w), w(2: N + 1)]; X = [fliplr(X), X(2: N + 1)];
subplot(2,1,1); plot(t * 1000,xa); xlabel('时间(ms)'); ylabel('x1(n)')
title('离散信号'); hold on
stem(n * Ts * 1000,x); hold off
subplot(2,1,2); plot(w/pi,X); xlabel('以 pi 为单位的频率'); ylabel('X1(w)'); title('离散信号
傅里叶变换')
```

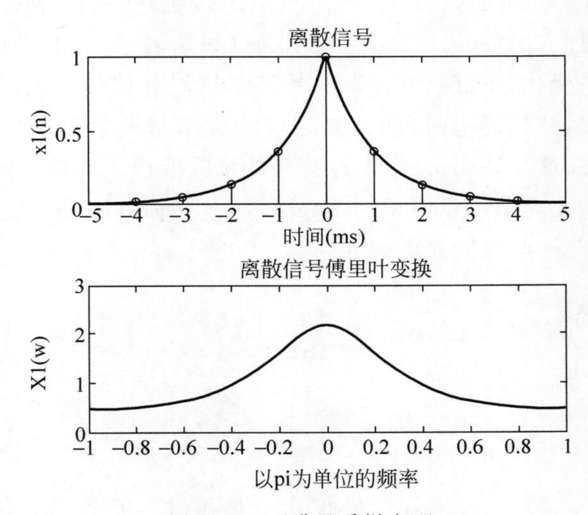

图 1-31 不满足采样定理

1.5.7 时域采样定理的应用实例——利用频闪仪探伤与测速

频闪仪是指可以产生快速闪动光源的测量仪器。频闪仪可以发出短暂又频密的闪光，当闪光频率与被测物体的转动或运动速度接近或同步时，利用眼睛的视觉暂留，被测物体虽

然在高速运动着，但看上去却是缓慢运动或静止的，这时能轻易观测到高速运动物体的表面质量或运行状况。实际中可以用于检查各类转子、齿轮啮合振动情况、皮带损伤或高速物体表面缺陷（探伤）等。

以旋转的风扇为例，当我们观察高速旋转的电扇时，肉眼只能观察到模糊的连续旋转的原始图像。若打开频闪仪，调整频闪仪的频率，肉眼可观察到经过频闪仪混叠后的较清晰的图像，这是为什么呢？可利用采样定理解释该现象。

因为人眼具有0.1s左右的视觉暂留作用，只能看到较低频率的动态过程，所以人的眼睛相当于一个低通滤波器。当电扇以角速度Ω_0高速旋转时，由于Ω_0处于低通滤波器通带之外，此时的频率肉眼是看不到的；而当打开频闪仪（设频闪仪的频闪拍摄速度为Ω_s，$\Omega_s<2\Omega_0$，相当于以Ω_s对风扇进行采样，其原理示意图如图1-32所示，图中的光脉冲就是由频闪仪快速闪动的光源发出的）时，采样信号产生混叠，混叠频率为$\Omega_s-\Omega_0$，显然比原频率变低了，经过人眼（相当于低通滤波器）就有可能看清楚输出信号了。

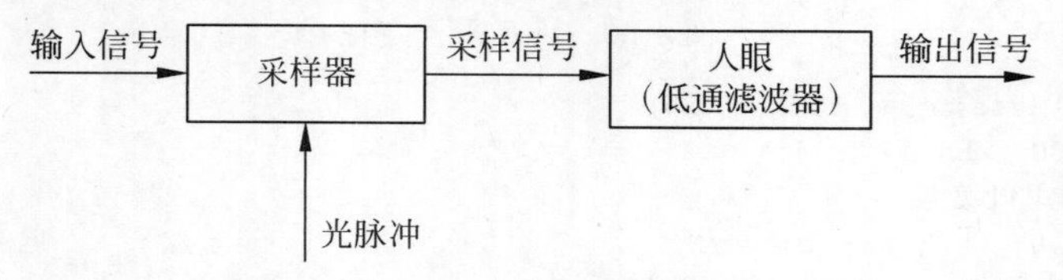

图1-32 频闪仪采样的原理示意图

频闪仪同样可以用于旋转物体测速。对于以角速度Ω_0顺时针旋转的电扇，设其中一个扇叶上有一标记位置（箭头）。调整频闪拍摄速度Ω_s（或者频闪仪速度Ω_s固定，改变风扇速度Ω_0），当$\Omega_s=4\Omega_0$，$\Omega_s=2\Omega_0$和$\Omega_s=\Omega_0$时，在第1、2、3、4次测量得到的电扇上的箭头标记位置如图1-33所示。例如当$\Omega_s=4\Omega_0$时（风扇转动一周，频闪仪采样4次），可观察到风扇上的标记以顺时针方向旋转。当$\Omega_s=2\Omega_0$时（风扇转动一周，频闪仪采样2次），扇叶上的标记看起来左、右变化，不好判断是顺时针还是逆时针旋转。继续调整频闪仪的频率，当仅能观察到一个风扇叶的标记时，此时频闪仪的频率与风扇基本相等，即$\Omega_s=\Omega_0$，电扇看起来是相对静止的。这样，就将一个高速旋转的扇叶变成了准静止状态，从而可以观察到旋转物体的表面细节，工业中可以用于物体表面探伤。因此，通过观察不同的频闪频率和拍摄结果关系可以判断电扇的旋转速度。

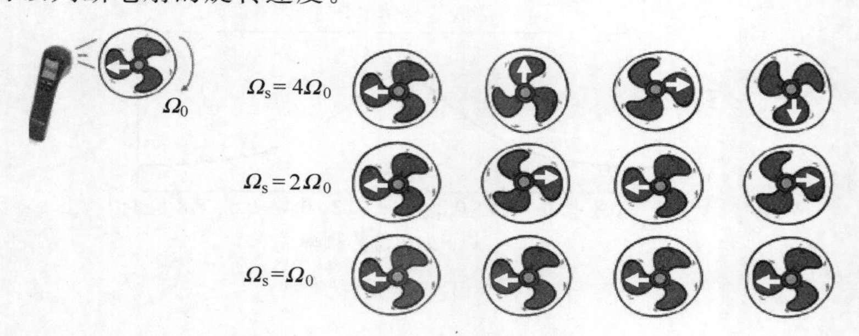

图1-33 频闪仪测速示意图

如果进一步降低Ω_s，会出现电扇看起来逆时针旋转，称为相位逆向现象，这可以用前面的图1-26解释。注意观察图1-26(e)，因为混叠频率为$\Omega_s-\Omega_0$，当Ω_s进一步减小（或者Ω_0进一步增大），则混叠频率出现负值，图1-26(e)中纵坐标左、右两侧的脉冲会交换位置，出现相位反转。

结论：为使采样后能不失真地还原出原信号，采样频率 f_s 必须大于等于 2 倍信号最高频率 f_c，即 $f_s \geqslant 2f_c$，这就是奈奎斯特采样定理。采样定理说明为使采样后能不失真地重建原信号，应避免混叠现象的发生。但在某些实际应用中，比如以上介绍的应用案例，却是利用了混叠的产生降低频率，把高速旋转的肉眼看不到的频率降低到可以看到或可以测量的频率范围。这说明，事物都具有两面性，看待问题要一分为二，不好的现象在另外的场景可能会是有益的。

本章小结

(1) 信号分析中，常用的基本序列有单位脉冲序列、单位阶跃序列、矩形序列、实指数序列、正弦型序列、复指数序列和周期序列等；序列的基本运算包括加法和乘法、移位、翻转及尺度变换等。

(2) 任何一个序列可以由 $\delta(n)$ 构造，即任意序列都可以表示成单位脉冲序列的移位加权和：$x(n)=\sum_{m=-\infty}^{\infty}x(m)\delta(n-m)$。

(3) 线性系统、时不变系统、线性时不变离散系统。设 $y(n)=T[x(n)]$，则：

线性系统的条件为

$$T[ax_1(n)+bx_2(n)]=T[ax_1(n)]+T[bx_2(n)]=ay_1(n)+by_2(n)$$

时不变系统条件为

$$y(n-k)=T[x(n-k)]$$

同时满足线性和时不变条件的离散系统称为线性时不变离散系统。

(4) 线性时不变离散系统的卷积和表示为

$$y(n)=\sum_{m=-\infty}^{\infty}x(m)h(n-m)=x(n)*h(n)$$

即线性时不变系统的输出序列等于输入序列和系统单位脉冲响应的线性卷积，这是线性时不变系统的重要特性。

(5) 线性时不变系统因果性、稳定性的时域充分必要条件。

系统具有因果性的充分必要条件为

$$h(n)=0,\quad n<0$$

系统具有稳定性的充分必要条件为

$$\sum_{n=-\infty}^{\infty}|h(n)|<\infty$$

(6) 一个 N 阶常系数线性差分方程，其一般形式为

$$y(n)=\sum_{r=0}^{M}b_r x(n-r)-\sum_{k=1}^{N}a_k y(n-k)$$

常系数差分方程的求解方法有迭代法、时域经典法、卷积法和变换域法。

(7) 采样定理是用数字信号处理技术处理模拟信号的理论基础。信号采样后的频谱和原信号频谱是不同的(周期延拓关系)，只有满足采样定理的要求，即 $f_s \geqslant 2f_c$，才能避免采

样信号中的频谱混叠现象，才有可能不失真地恢复原来的信号。因此，在实际的数字系统中，采样前常常加一个保护性的前置低通滤波器（也称为"抗混叠滤波器"），阻止高于折叠频率（$f_s/2$）的频率分量进入，以保证采样时满足采样定理的要求。

习题

1-1　用单位脉冲响应序列及其加权和写出如图题 1-1 所示图形的表示式。

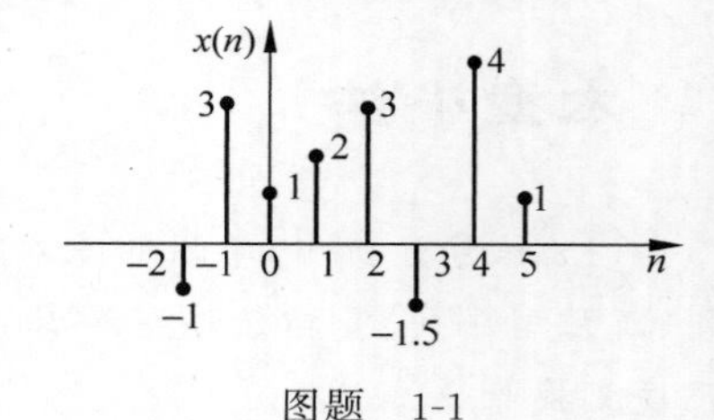

图题 1-1

1-2　分别绘出以下各序列的图形。

(1) $x_1(n)=2^n u(n)$；

(2) $x_2(n)=\left(\frac{1}{2}\right)^n u(n)$；

(3) $x_3(n)=(-2)^n u(n)$；

(4) $x_4(n)=\left(-\frac{1}{2}\right)^n u(n)$。

1-3　判断下列序列是否是周期序列，若是周期序列，确定其周期。

(1) $x(n)=5\cos\left(\frac{3}{7}\pi n-\frac{\pi}{8}\right)$；

(2) $x(n)=5\cos\left(\frac{2}{7}\pi n-\frac{\pi}{8}\right)$；

(3) $x(n)=\mathrm{e}^{\mathrm{j}\left(\frac{n}{8}-\pi\right)}$。

1-4　设系统分别用下面的差分方程描述，$x(n)$与$y(n)$分别表示系统输入和输出，判断系统是否是线性系统？是否是时不变系统？

(1) $y(n)=x(n)+2x(n-1)+3x(n-2)$；

(2) $y(n)=3x(n)+5$；

(3) $y(n)=x(n-n_0)$，n_0 为整常数；

(4) $y(n)=x(-n)$；

(5) $y(n)=x^2(n)$；

(6) $y(n)=x(n^2)$；

(7) $y(n)=\sum_{m=0}^{n}x(m)$；

(8) $y(n)=x(n)\sin(\omega n)$；

(9) $y(n)=x(n)\sin\left(\frac{2\pi}{9}n+\frac{\pi}{7}\right)$；

(10) $y(n)=x(2n)$。

1-5　设系统分别用下面的差分方程描述，判断系统是否是因果稳定系统，并说明理由。

(1) $y(n)=\frac{1}{N}\sum_{k=0}^{N-1}x(n-k)$；　(2) $y(n)=x(n)+x(n+1)$；

(3) $y(n)=\sum_{k=n-n_0}^{n+n_0}x(k)$；　(4) $y(n)=x(n-n_0)$；

（5）$y(n)=\mathrm{e}^{x(n)}$；　　（6）$y(n)=x(2n)$；

（7）$y(n)=g(n)x(n)$；　　（8）$y(n)=\frac{1}{n}x(n)$。

1-6　以下序列是系统的单位脉冲响应 $h(n)$，试指出系统的因果性和稳定性。

（1）$u(n)$；　　（2）$0.5^n u(n)$；

（3）$2^n u(n)$；　　（4）$0.5^n u(-n)$；

（5）$\frac{1}{n}u(n)$；　　（6）$\frac{1}{n^2}u(n)$；

（7）$\frac{1}{n!}u(n)$；　　（8）$\delta(n+3)$。

1-7　设线性时不变系统的单位脉冲响应 $h(n)$ 和输入序列 $x(n)$ 如图题 1-7 所示，要求分别用图解法和列表法求输出 $y(n)$，并画出波形。

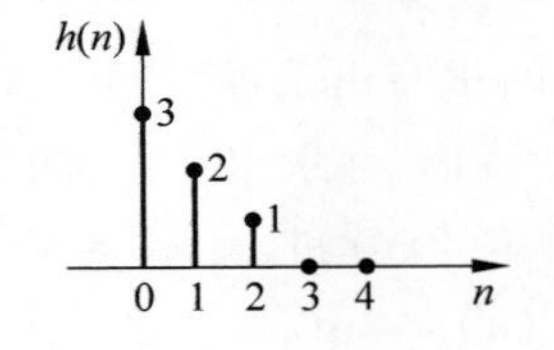

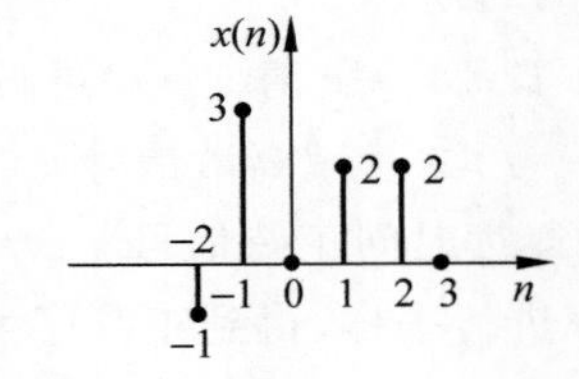

图题　1-7

1-8　设线性时不变系统的单位脉冲响应 $h(n)$ 和输入序列 $x(n)$ 分别有以下 3 种情况，求输出 $y(n)$，并画出波形。

（1）$h(n)=R_4(n)$，　$x(n)=R_5(n)$；

（2）$h(n)=2R_4(n)$，　$x(n)=\delta(n)-\delta(n-2)$；

（3）$h(n)=0.5^n u(n)$，　$x(n)=R_5(n)$。

1-9　已知某离散线性时不变系统的差分方程为 $2y(n)-3y(n-1)+y(n-2)=x(n-1)$，且 $x(n)=2^n u(n)$，$y(0)=1$，$y(1)=1$，求 $n\geqslant 0$ 时的输出 $y(n)$。

1-10　列出图题 1-10 所示系统的差分方程，并在初始条件 $y(n)=0, n\geqslant 0$ 下，求输入序列 $x(n)=\delta(n)$ 时的输出 $y(n)$，并画出波形（提示：首先判断 $y(n)$ 是左边序列还是右边序列）。

1-11　列出图题 1-11 所示系统的差分方程，并在初始条件 $y(0)=0, n<0$ 下，求输入序列 $x(n)=u(n)$ 时的输出 $y(n)$，并画出波形。

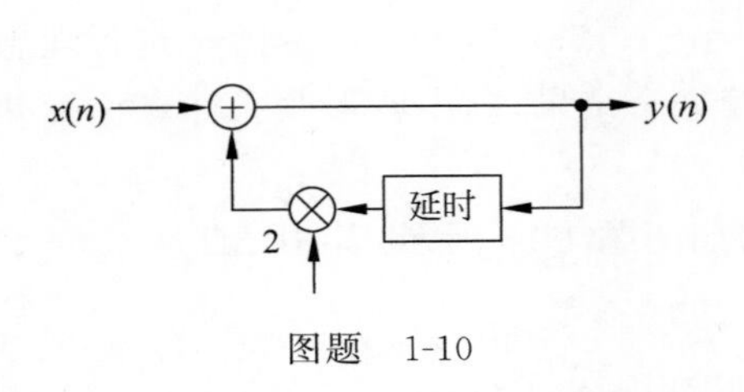

图题　1-10

图题　1-11

1-12　求图题 1-12 所示系统的冲激响应 $h(n)$。已知 $h_1(n)=\delta(n)+\delta(n-1)$，$h_2(n)=2\delta(n)+3\delta(n-1)$，$h_3(n)=0.5\delta(n)-\delta(n-1)$ 和 $h_4(n)=\delta(n+1)$，它们都是 LTI

系统。

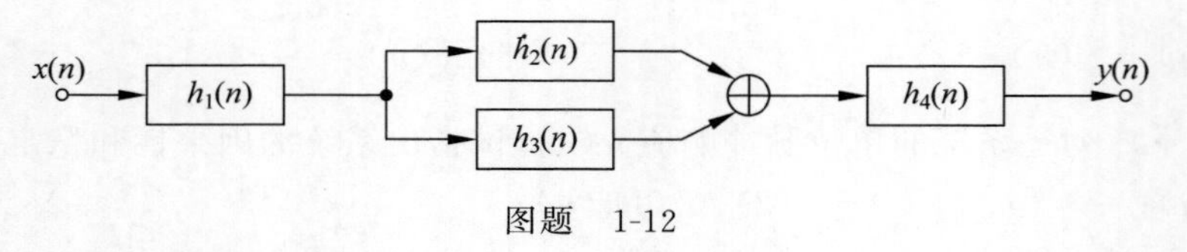

图题 1-12

1-13 设有一连续时间信号

$$x_a(t)=2\cos(1000\pi t+0.2\pi)+\sin(1500\pi t-0.3\pi)-3\cos(2500\pi t+0.1\pi)$$

以 $f_s=3000\text{Hz}$ 进行采样。求信号中每个频率成分的角频率、频率、周期和数字频率，并注明单位。

1-14 有一连续信号 $x_a(t)=\cos(2\pi ft+\varphi)$，式中，$f=20\text{Hz}$，$\varphi=\frac{\pi}{2}$。

(1) 求出 $x_a(t)$ 的周期；

(2) 用采样间隔 $T=0.02\text{s}$ 对 $x_a(t)$ 进行采样，试写出采样信号 $\hat{x}_a(t)$ 的表达式；

(3) 画出对应 $\hat{x}_a(t)$ 的时域离散信号 $x(n)$ 的波形，并求出 $x(n)$ 的周期。

1-15 已知两个连续时间正弦信号 $x_1(t)=\sin(2\pi t)$ 和 $x_2(t)=\sin(6\pi t)$，现对它们以 $f_s=8$(次/秒)的速率进行采样，得到正弦序列 $x_1(n)=\sin(\omega_1 n)$ 和 $x_2(n)=\sin(\omega_2 n)$。

(1) 求 $x_1(t)$ 和 $x_2(t)$ 的频率、角频率和周期；

(2) 求 $x_1(n)$ 和 $x_2(n)$ 的数字频率和周期；

(3) 比较以下每对信号的周期：$x_1(t)$ 与 $x_2(t)$，$x_1(n)$ 与 $x_2(n)$，$x_1(t)$ 与 $x_1(n)$，$x_2(t)$ 与 $x_2(n)$。

1-16 一个理想采样及恢复系统如图题 1-16(a)所示，采样频率为 $\Omega_s=8\pi$，采样后经如图题 1-16(b)所示的理想低通 $G(\mathrm{j}\Omega)$ 还原。现有输入 $x_a(t)=\cos 2\pi t+\cos 5\pi t$。

(1) 写出 $\hat{x}_a(t)$ 的表达式；

(2) 求输出信号 $y_a(t)$。

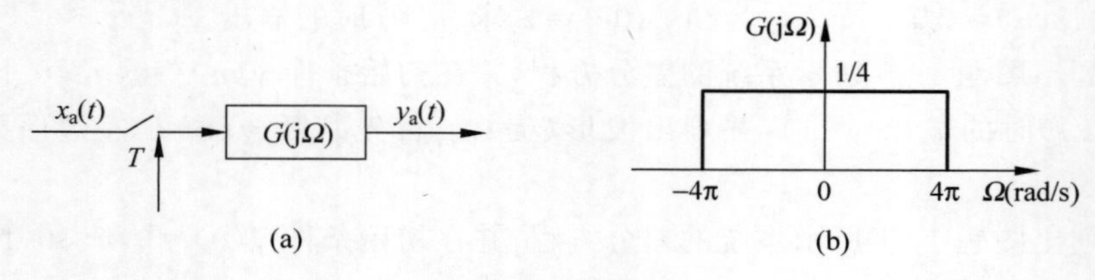

图题 1-16

1-17 对 3 个正弦信号 $x_1(t)=\cos 2\pi t$，$x_2(t)=-\cos 6\pi t$，$x_3(t)=\cos 10\pi t$ 进行理想采样，采样频率为 $\Omega_s=8\pi$，求 3 个采样输出序列，比较这个结果，画出波形及采样点位置并解释频谱混叠现象。

1-18 设一个复值带通模拟信号 $x_a(t)$ 的频谱如图题 1-18 所示，其中 $\Delta\Omega_c=\Omega_2-\Omega_1$，对该信号进行采样，得到采样序列 $\hat{x}_a(t)$。

(1) 当 $T=\pi/\Omega_2$，画出采样序列 $\hat{x}_a(t)$ 的傅里叶变换 $\hat{X}_a(\mathrm{j}\Omega)$；

(2) 求不发生混叠失真的最低采样频率；

(3) 如果采样频率大于或等于由题(2)确定的采样率，试画出由 $\hat{x}_a(t)$ 恢复 $x_a(t)$ 的系统框图。假设有(复数的)理想低通滤波器可以使用。

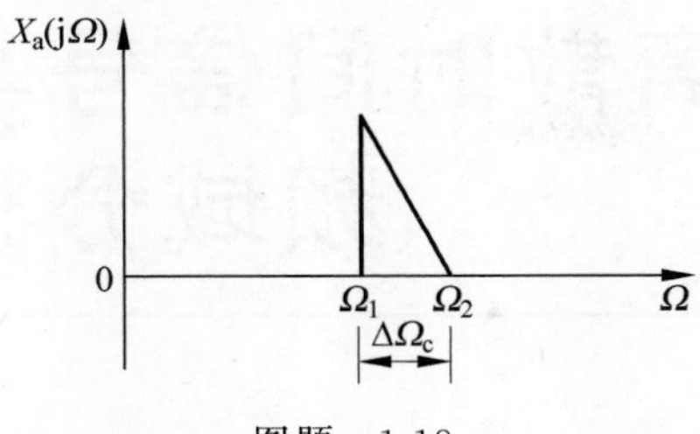

图题　1-18

1-19　对连续时间信号 $x_a(t)$ 滤波除去在 5kHz<f<10kHz 范围内的频率成分，$x_a(t)$ 中的最大频率是 20kHz。滤波是通过采样、滤波采样信号，然后用一个理想 D/A 变换器重构模拟信号来完成的。求可用来避免混叠的最小采样频率，并对该最小采样频率求从 $x_a(t)$ 中滤除 5～10kHz 频率的理想数字滤波器 $H(e^{j\omega})$ 的频率响应幅度频谱。

1-20　设信号 $x(n)$ 由幅度为 A、频率为 f 的正弦信号和均值为零、方差为 1 的白噪声 $N(n)$ 组成，即 $x(n)=A\sin(2\pi fn)+N(n)$，其信噪比为 -3dB。试利用 MATLAB 软件求 $x(n)$ 的自相关函数，并绘出相应波形，当信噪比提高为 5dB 时，波形如何变化？试解释利用自相关函数是如何检测信号序列中隐含周期性的。

第 2 章 离散时间信号与系统的频域分析

CHAPTER 2

2.1 引言

信号和系统的分析方法有两种：时域分析方法和频域分析方法。对于连续时间系统，时域分析方法采用微分方程描述，频域分析方法则采用拉普拉斯变换和傅里叶变换。而对于离散时间系统，时域分析方法采用差分方程描述，频域分析方法则用 Z 变换和傅里叶变换这一数学工具。其中傅里叶变换指的是序列的傅里叶变换，它和模拟域中的傅里叶变换是不一样的，但都是线性变换，很多性质是类似的。Z 变换在离散时间系统中的作用同拉普拉斯变换在连续时间系统中的作用一样，它可把描述离散时间系统的差分方程转化为简单的代数方程，使其求解大大简化。

本章学习序列的傅里叶变换和 Z 变换，以及利用 Z 变换分析信号和系统的频域特性。本章学习内容是数字信号处理这一领域的基础内容。

2.2 序列的傅里叶变换

2.2.1 序列的傅里叶变换的定义

对于一般的序列 $x(n)$，傅里叶变换的定义为

$$X(\mathrm{e}^{\mathrm{j}\omega})=\sum_{n=-\infty}^{\infty}x(n)\mathrm{e}^{-\mathrm{j}\omega n} \tag{2-1}$$

从物理意义上讲，$X(\mathrm{e}^{\mathrm{j}\omega})$表示序列 $x(n)$中不同频率的正弦信号所占比重的相对大小，即表示序列 $x(n)$的频谱，它一般为复数，ω 为数字域频率。$X(\mathrm{e}^{\mathrm{j}\omega})$是以 2π 为周期的 ω 的连续函数，由于 $X(\mathrm{e}^{\mathrm{j}\omega})$的周期性，因此式(2-1)可以看作周期函数 $X(\mathrm{e}^{\mathrm{j}\omega})$的傅里叶级数表示，其傅里叶级数的系数就是时域信号 $x(n)$。

为了从 $X(\mathrm{e}^{\mathrm{j}\omega})$求出 $x(n)$，将式(2-1)的两边同乘 $\mathrm{e}^{\mathrm{j}\omega m}$，并在 ω 的一个周期内积分，可得

$$\int_{-\pi}^{\pi}X(\mathrm{e}^{\mathrm{j}\omega})\mathrm{e}^{\mathrm{j}\omega m}\mathrm{d}\omega=\int_{-\pi}^{\pi}\left[\sum_{n=-\infty}^{\infty}x(n)\mathrm{e}^{-\mathrm{j}\omega n}\right]\mathrm{e}^{\mathrm{j}\omega m}\mathrm{d}\omega=\sum_{n=-\infty}^{\infty}x(n)\int_{-\pi}^{\pi}\mathrm{e}^{\mathrm{j}\omega(m-n)}\mathrm{d}\omega$$

式中的积分项$\int_{-\pi}^{\pi}\mathrm{e}^{\mathrm{j}\omega(m-n)}\mathrm{d}\omega$ 是复正弦信号在$(-\pi,\pi)$内的积分，且 m、n 为整数，所以不论 m、n 怎样取值，只有 $m=n$ 时，该积分才不为零，且积分值为 2π，即

$$\int_{-\pi}^{\pi}\mathrm{e}^{\mathrm{j}\omega(m-n)}\mathrm{d}\omega=2\pi\delta(m-n)$$

因此可得到

$$x(n)=\frac{1}{2\pi}\int_{-\pi}^{\pi}X(\mathrm{e}^{\mathrm{j}\omega})\mathrm{e}^{\mathrm{j}\omega n}\mathrm{d}\omega \tag{2-2}$$

这就是序列傅里叶变换的逆变换公式。序列傅里叶变换也称为离散时间傅里叶变换(Discrete Time Fourier Transform, DTFT)，则式(2-1)和式(2-2)分别称为离散时间傅里叶变换(DTFT)和离散时间傅里叶反变换(IDTFT)。从物理意义上讲，式(2-2)表示序列$x(n)$是由不同频率的正弦信号线性叠加构成的。

值得注意的是，式(2-1)中右边的级数并不总是收敛的，当序列$x(n)$绝对可和时，即

$$\left|\sum_{n=-\infty}^{\infty}x(n)\mathrm{e}^{-\mathrm{j}\omega n}\right|\leqslant\sum_{n=-\infty}^{\infty}|x(n)||\mathrm{e}^{-\mathrm{j}\omega n}|\leqslant\sum_{n=-\infty}^{\infty}|x(n)|<\infty \tag{2-3a}$$

式(2-1)中的级数是绝对收敛的($|X(\mathrm{e}^{\mathrm{j}\omega})|<\infty$，对全部$\omega$)，或者说$x(n)$的傅里叶变换存在。因此序列$x(n)$绝对可和是傅里叶变换存在的充分条件。

还有一种情况要注意，就是当序列$x(n)$不满足绝对可和条件，而是满足以下的平方可和条件：

$$\sum_{n=-\infty}^{\infty}|x(n)|^2<\infty \tag{2-3b}$$

也就是序列$x(n)$是能量有限的，此时式(2-1)右端的展开式是均方收敛于$X(\mathrm{e}^{\mathrm{j}\omega})$，所以序列$x(n)$满足平方可和条件也是傅里叶变换存在的充分条件。

由于$\left[\sum_{n=-\infty}^{\infty}|x(n)|\right]^2\geqslant\sum_{n=-\infty}^{\infty}|x(n)|^2$，说明绝对可和的序列一定是平方可和的，但反过来却不一定成立，即平方可和的序列不一定满足绝对可和。绝对可和的序列使离散时间傅里叶变换(DTFT)定义的无限级数均匀收敛(一致收敛)，平方可和的序列使DTFT定义的无限级数以均方误差为零的方式收敛(均方收敛)，所以这两类序列的傅里叶变换都是存在的。例如，理想低通滤波器、理想线性微分器等，它们的单位冲激响应$\left(\text{比如理想低通的单位冲激响应为}\frac{\sin(\omega_c n)}{\pi n}\right)$都是和$\frac{1}{n}$成比例的，因而都不是绝对可和，而是平方可和的，它们的傅里叶变换也都是在均方误差为零的意义上均方收敛。关于理想低通滤波器单位冲激响应的傅里叶变换的均方收敛情况的详细讨论可以参考第4版教材的配套学习指导书中的习题2-24的解答。在第6章，也可以看到利用理想低通滤波器设计稳定且因果的FIR滤波器时会遇到傅里叶级数的均方收敛问题。

对于既不满足绝对可和也不满足平方可和这两个条件的某些序列，在引入冲激函数(奇异函数)δ后，则可以得到它们的傅里叶变换。例如复指数序列$x(n)=\mathrm{e}^{\mathrm{j}\omega_0 n}(-\pi<\omega_0\leqslant\pi)$，它既不是绝对可和的，也不是平方可和的，可借助冲激函数$\delta(\omega)$定义它的DTFT。将复指数序列写成$x(n)=\mathrm{e}^{\mathrm{j}\omega_0 n}=\frac{1}{2\pi}\int_{-\pi}^{\pi}2\pi\delta(\omega-\omega_0)\mathrm{e}^{\mathrm{j}\omega n}\mathrm{d}\omega$，并与式(2-2)对照，可得出$X(\mathrm{e}^{\mathrm{j}\omega})=\mathrm{DTFT}[\mathrm{e}^{\mathrm{j}\omega_0 n}]=2\pi\delta(\omega-\omega_0)$，其中$-\pi<\omega,\omega_0\leqslant\pi$，注意这里只写出了一个周期。考虑到DTFT的周期性，则$\mathrm{DTFT}\left[\mathrm{e}^{\mathrm{j}\omega_0 n}\right]=\sum_{r=-\infty}^{\infty}2\pi\delta(\omega-\omega_0+2\pi r)$，其中$-\pi<\omega_0\leqslant\pi$。

2.2.2
微课视频

2.2.2 常用序列的傅里叶变换

1. 单位脉冲序列 $\boldsymbol{\delta(n)}$

单位脉冲序列$\delta(n)$的傅里叶变换为

$$X(\mathrm{e}^{\mathrm{j}\omega})=\sum_{n=-\infty}^{\infty}\delta(n)\mathrm{e}^{-\mathrm{j}\omega n}=1 \tag{2-4}$$

由于单位脉冲序列的频谱为1，这表明单位脉冲信号包含了所有频率分量，而且这些分量的幅度和相位都相同。因此，将这样的信号输入线性时不变系统时，系统的输出响应就完全反映了系统本身的特性。这就是用单位脉冲响应能够表征线性时不变系统的原因。

2. 矩形序列

矩形序列为

$$R_N(n)=\begin{cases}1, & 0\leqslant n\leqslant N-1\\ 0, & 其他\end{cases}$$

其傅里叶变换为

$$\begin{aligned}X(\mathrm{e}^{\mathrm{j}\omega})&=\sum_{n=-\infty}^{\infty}R_N(n)\mathrm{e}^{-\mathrm{j}\omega n}=\sum_{n=0}^{N-1}\mathrm{e}^{-\mathrm{j}\omega n}=\frac{1-\mathrm{e}^{-\mathrm{j}\omega N}}{1-\mathrm{e}^{-\mathrm{j}\omega}}\\&=\frac{\mathrm{e}^{-\mathrm{j}\omega N/2}(\mathrm{e}^{\mathrm{j}\omega N/2}-\mathrm{e}^{-\mathrm{j}\omega N/2})}{\mathrm{e}^{-\mathrm{j}\omega/2}(\mathrm{e}^{\mathrm{j}\omega/2}-\mathrm{e}^{-\mathrm{j}\omega/2})}\\&=\mathrm{e}^{-\mathrm{j}\left(\frac{N-1}{2}\right)\omega}\frac{\sin\omega N/2}{\sin\omega/2}\end{aligned} \tag{2-5}$$

设$N=5$，幅度与相位随ω变化的曲线如图2-1所示。

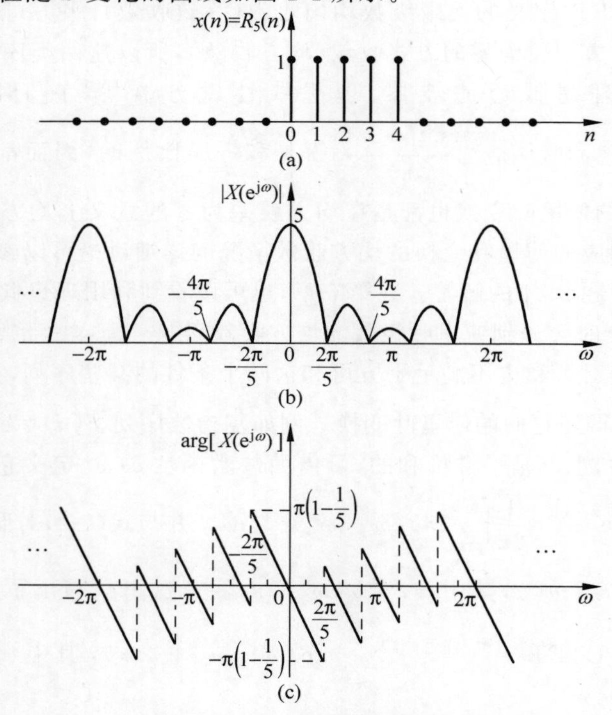

图2-1 $R_N(n)$的幅度与相位曲线

3. 实指数序列

实指数序列为

$$x(n)=a^n u(n),\quad a\text{ 为实数且 }0<a<1$$

其傅里叶变换为

$$X(\mathrm{e}^{\mathrm{j}\omega})=\sum_{n=0}^{\infty}a^n \mathrm{e}^{-\mathrm{j}\omega n}=\sum_{n=0}^{\infty}(a\,\mathrm{e}^{-\mathrm{j}\omega})^n=\frac{1}{1-a\,\mathrm{e}^{-\mathrm{j}\omega}} \tag{2-6}$$

设 $a=0.6$，幅度与相位随 ω 变化的曲线如图 2-2 所示。

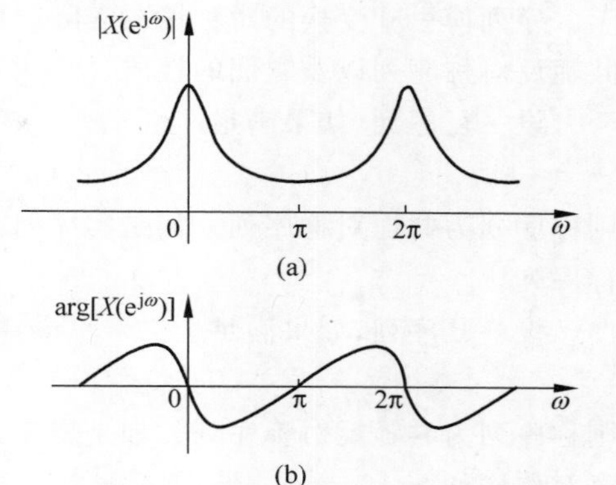

图 2-2　实指数序列的幅度与相位曲线

从图 2-1 和图 2-2 可以看到，**离散时间信号的傅里叶变换**具有两个重要特点。

① $X(\mathrm{e}^{\mathrm{j}\omega})$是以 2π 为周期的 ω 的连续函数；

② 当 $x(n)$为实序列时，幅值$|X(\mathrm{e}^{\mathrm{j}\omega})|$在 $0\leqslant\omega\leqslant 2\pi$ 区间内是偶对称函数，相位 $\arg[X(\mathrm{e}^{\mathrm{j}\omega})]$是奇对称函数。

DTFT 的这两个特性在下面性质的讨论中会加以证明。

2.2.3　序列的傅里叶变换的性质

1. 线性

设 $\mathrm{DTFT}[x_1(n)]=X_1(\mathrm{e}^{\mathrm{j}\omega})$，$\mathrm{DTFT}[x_2(n)]=X_2(\mathrm{e}^{\mathrm{j}\omega})$，则

$$\mathrm{DTFT}[a x_1(n)+b x_2(n)]=aX_1(\mathrm{e}^{\mathrm{j}\omega})+bX_2(\mathrm{e}^{\mathrm{j}\omega}) \tag{2-7}$$

式中 a、b 为常数。

2. 时移特性与频移特性

设 $\mathrm{DTFT}[x(n)]=X(\mathrm{e}^{\mathrm{j}\omega})$，则：

时移特性

$$\mathrm{DTFT}[x(n-n_0)]=\mathrm{e}^{-\mathrm{j}\omega n_0}X(\mathrm{e}^{\mathrm{j}\omega}) \tag{2-8a}$$

频移特性

$$\mathrm{DTFT}[\mathrm{e}^{\mathrm{j}\omega_0 n}x(n)]=X(\mathrm{e}^{\mathrm{j}(\omega-\omega_0)}) \tag{2-8b}$$

即时域的移位对应于频域有一个相位移，而时域的调制（相乘）对应频域的频移。

例如，利用频移特性（也称调制特性）可以实现将一个低频信号的高低频位置互换而得到一个高频信号。设 $x(n)$是一个低频信号序列，在式(2-8b)中代入 $\omega_0=\pi$，得到 $\mathrm{DTFT}[\mathrm{e}^{\mathrm{j}\pi n}x(n)]=X(\mathrm{e}^{\mathrm{j}(\omega-\pi)})$，即将低频信号序列 $x(n)$乘以 $\mathrm{e}^{\mathrm{j}\pi n}=(-1)^n$，就是将 $x(n)$中 n 为奇数的序列值加以变号（乘以-1），则频域中频谱就会平移 $\omega=\pi$，则可造成信号的低频段与高频段的位置互换。

3. 周期性

在定义式(2-1)中，n 取整数，因此下式成立：

$$X(\mathrm{e}^{\mathrm{j}(\omega+2\pi M)})=\sum_{n=-\infty}^{\infty}x(n)\mathrm{e}^{-\mathrm{j}(\omega+2\pi M)n}=\sum_{n=-\infty}^{\infty}x(n)\mathrm{e}^{-\mathrm{j}\omega n}\mathrm{e}^{-\mathrm{j}2\pi M n}=X(\mathrm{e}^{\mathrm{j}\omega}) \tag{2-9}$$

因此序列的傅里叶变换是频率 ω 的周期函数，周期是 2π。这样 $X(e^{j\omega})$ 可以展成傅里叶级数的形式，其实式(2-2)已经是傅里叶级数的形式，$x(n)$ 是其系数。

2.2.3-4
微课视频

4. 对称性

序列傅里叶变换的对称性在实际应用中是很有用的。在此，首先介绍共轭对称序列与共轭反对称序列以及它们的性质。

设一复序列，如果满足

$$x_e(n)=x_e^*(-n) \tag{2-10}$$

则称序列为共轭对称序列。如是实序列，这一条件变为 $x_e(n)=x_e(-n)$，即 $x_e(n)$ 为偶对称序列。

设一复序列，如果满足

$$x_o(n)=-x_o^*(-n) \tag{2-11}$$

则称序列为共轭反对称序列。如是实序列，这一条件变为 $x_o(n)=-x_o(-n)$，即 $x_o(n)$ 为奇对称序列。

任一序列可表示为共轭对称序列与共轭反对称序列之和（如是实序列，就是偶对称序列和奇对称序列之和），即

$$x(n)=x_e(n)+x_o(n) \tag{2-12}$$

只需 $x_e(n)$ 和 $x_o(n)$ 满足以下等式：

$$x_e(n)=\frac{1}{2}[x(n)+x^*(-n)] \tag{2-13a}$$

$$x_o(n)=\frac{1}{2}[x(n)-x^*(-n)] \tag{2-13b}$$

这样得到的 $x_e(n)$ 和 $x_o(n)$ 分别满足共轭对称序列和共轭反对称序列的定义。

类似地，序列的傅里叶变换 $X(e^{j\omega})$ 可以被分解成共轭对称与共轭反对称两部分之和，即

$$X(e^{j\omega})=X_e(e^{j\omega})+X_o(e^{j\omega}) \tag{2-14}$$

其中，

$$X_e(e^{j\omega})=\frac{1}{2}[X(e^{j\omega})+X^*(e^{-j\omega})]$$

$$X_o(e^{j\omega})=\frac{1}{2}[X(e^{j\omega})-X^*(e^{-j\omega})]$$

下面研究 DTFT 的对称性，从两个方面进行分析。

(1) 将序列表示为共轭对称序列与共轭反对称序列之和（见式(2-12)），即

$$x(n)=x_e(n)+x_o(n)$$

其中 $x_e(n)$ 和 $x_o(n)$ 分别由式(2-13a)和式(2-13b)表示。

先分别对这两个式子进行傅里叶变换，得到

$$\text{DTFT}[x_e(n)]=\frac{1}{2}[X(e^{j\omega})+X^*(e^{j\omega})]=\text{Re}[X(e^{j\omega})]=X_R(e^{j\omega}) \tag{2-15a}$$

$$\text{DTFT}[x_o(n)]=\frac{1}{2}[X(e^{j\omega})-X^*(e^{j\omega})]=\text{jIm}[X(e^{j\omega})]=\text{j}X_I(e^{j\omega}) \tag{2-15b}$$

则对式(2-12)作傅里叶变换，得到

$$X(e^{j\omega})=X_R(e^{j\omega})+jX_I(e^{j\omega})$$

即序列的共轭对称分量和共轭反对称分量的傅里叶变换分别等于序列傅里叶变换的实部与虚部乘 j。

(2) 将序列表示为实部序列与虚部乘 j 序列之和，即

$$x(n)=x_r(n)+jx_i(n)$$

其中

$$x_r(n)=\frac{1}{2}[x(n)+x^*(n)] \tag{2-16a}$$

$$jx_i(n)=\frac{1}{2}[x(n)-x^*(n)] \tag{2-16b}$$

分别对这两个式子进行傅里叶变换，得到

$$\text{DTFT}[x_r(n)]=\text{DTFT}\left[\frac{1}{2}[x(n)+x^*(n)]\right]=\frac{1}{2}[X(e^{j\omega})+X^*(e^{-j\omega})]=X_e(e^{j\omega}) \tag{2-17a}$$

$$\text{DTFT}[jx_i(n)]=\text{DTFT}\left[\frac{1}{2}[x(n)-x^*(n)]\right]=\frac{1}{2}[X(e^{j\omega})-X^*(e^{-j\omega})]=X_o(e^{j\omega}) \tag{2-17b}$$

即序列实部的傅里叶变换等于序列傅里叶变换的共轭对称分量，序列虚部乘 j 后的傅里叶变换等于序列傅里叶变换的共轭反对称分量。

综上所述，序列的两种表示与其 DTFT 的对应关系可用图 2-3 清楚地表示出来。

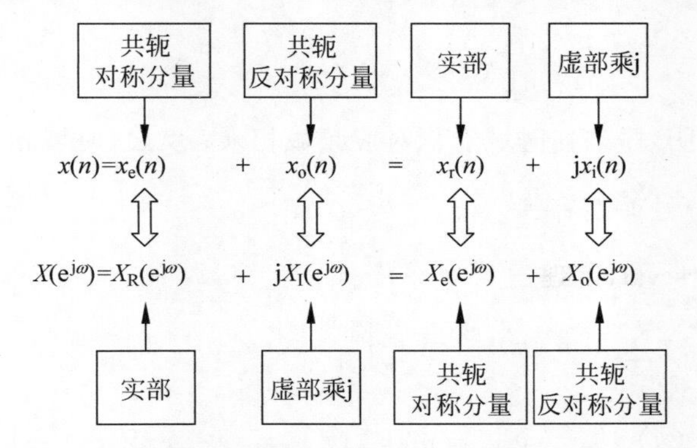

图 2-3　序列的两种表示与其 DTFT 的对应关系示意图

若 $x(n)$ 为实序列，则其傅里叶变换只有共轭对称分量 $X(e^{j\omega})=X_e(e^{j\omega})$，满足共轭对称性 $X(e^{j\omega})=X^*(e^{-j\omega})$，即

$$\begin{cases}\text{Re}[X(e^{j\omega})]=\text{Re}[X(e^{-j\omega})]\\ \text{Im}[X(e^{j\omega})]=-\text{Im}[X(e^{-j\omega})]\end{cases} \tag{2-18a}$$

所以实序列傅里叶变换的实部是 ω 的偶函数，而虚部是 ω 的奇函数。极坐标形式为

$$\begin{cases}|X(e^{j\omega})|=|X(e^{-j\omega})|\\ \arg[X(e^{j\omega})]=-\arg[X(e^{-j\omega})]\end{cases} \tag{2-18b}$$

5. 时域卷积定理

若 $\mathrm{DTFT}[x(n)]=X(\mathrm{e}^{\mathrm{j}\omega})$，$\mathrm{DTFT}[y(n)]=Y(\mathrm{e}^{\mathrm{j}\omega})$，$w(n)=x(n)*y(n)$，则

$$W(\mathrm{e}^{\mathrm{j}\omega})=\mathrm{DTFT}[x(n)*y(n)]=X(\mathrm{e}^{\mathrm{j}\omega})Y(\mathrm{e}^{\mathrm{j}\omega}) \tag{2-19}$$

证明 $W(\mathrm{e}^{\mathrm{j}\omega})=\mathrm{DTFT}[x(n)*y(n)]=\sum\limits_{n=-\infty}^{\infty}[x(n)*y(n)]\mathrm{e}^{-\mathrm{j}\omega n}$

$$=\sum_{n=-\infty}^{\infty}\sum_{m=-\infty}^{\infty}x(m)y(n-m)\mathrm{e}^{-\mathrm{j}\omega n}=\sum_{m=-\infty}^{\infty}x(m)\left[\sum_{n=-\infty}^{\infty}y(n-m)\mathrm{e}^{-\mathrm{j}\omega n}\right]$$

$$=\sum_{m=-\infty}^{\infty}x(m)\mathrm{e}^{-\mathrm{j}\omega m}Y(\mathrm{e}^{\mathrm{j}\omega})=X(\mathrm{e}^{\mathrm{j}\omega})Y(\mathrm{e}^{\mathrm{j}\omega})$$

6. 频域卷积定理(复卷积定理)

若 $\mathrm{DTFT}[x(n)]=X(\mathrm{e}^{\mathrm{j}\omega})$，$\mathrm{DTFT}[y(n)]=Y(\mathrm{e}^{\mathrm{j}\omega})$，$w(n)=x(n)\cdot y(n)$，则

$$\mathrm{DTFT}[x(n)\cdot y(n)]=\frac{1}{2\pi}X(\mathrm{e}^{\mathrm{j}\omega})*Y(\mathrm{e}^{\mathrm{j}\omega})=\frac{1}{2\pi}\int_{-\pi}^{\pi}X(\mathrm{e}^{\mathrm{j}\theta})Y(\mathrm{e}^{\mathrm{j}(\omega-\theta)})\mathrm{d}\theta \tag{2-20}$$

证明 $W(\mathrm{e}^{\mathrm{j}\omega})=\sum\limits_{n=-\infty}^{\infty}x(n)y(n)\mathrm{e}^{-\mathrm{j}\omega n}=\sum\limits_{n=-\infty}^{\infty}x(n)\left[\frac{1}{2\pi}\int_{-\pi}^{\pi}Y(\mathrm{e}^{\mathrm{j}\theta})\mathrm{e}^{\mathrm{j}\theta n}\mathrm{d}\theta\right]\mathrm{e}^{-\mathrm{j}\omega n}$

交换积分与求和的次序，有

$$W(\mathrm{e}^{\mathrm{j}\omega})=\frac{1}{2\pi}\int_{-\pi}^{\pi}Y(\mathrm{e}^{\mathrm{j}\theta})\left[\sum_{n=-\infty}^{\infty}x(n)\mathrm{e}^{-\mathrm{j}(\omega-\theta)n}\right]\mathrm{d}\theta$$

$$=\frac{1}{2\pi}\int_{-\pi}^{\pi}Y(\mathrm{e}^{\mathrm{j}\theta})X(\mathrm{e}^{\mathrm{j}(\omega-\theta)})\mathrm{d}\theta$$

$$=\frac{1}{2\pi}X(\mathrm{e}^{\mathrm{j}\omega})*Y(\mathrm{e}^{\mathrm{j}\omega})$$

上面两个性质说明，序列在时域卷积对应频域相乘；反之，时域相乘对应频域卷积。需注意，频域卷积的积分号前面有$\frac{1}{2\pi}$。

7. 帕斯瓦尔(Parseval)定理

$$\sum_{n=-\infty}^{\infty}|x(n)|^2=\frac{1}{2\pi}\int_{-\pi}^{\pi}|X(\mathrm{e}^{\mathrm{j}\omega})|^2\mathrm{d}\omega \tag{2-21}$$

证明 $\sum\limits_{n=-\infty}^{\infty}|x(n)|^2=\sum\limits_{n=-\infty}^{\infty}x(n)x^*(n)=\sum\limits_{n=-\infty}^{\infty}x^*(n)\left[\frac{1}{2\pi}\int_{-\pi}^{\pi}X(\mathrm{e}^{\mathrm{j}\omega})\mathrm{e}^{\mathrm{j}\omega n}\mathrm{d}\omega\right]$

$$=\frac{1}{2\pi}\int_{-\pi}^{\pi}X(\mathrm{e}^{\mathrm{j}\omega})\left[\sum_{n=-\infty}^{\infty}x^*(n)\mathrm{e}^{\mathrm{j}\omega n}\right]\mathrm{d}\omega=\frac{1}{2\pi}\int_{-\pi}^{\pi}X(\mathrm{e}^{\mathrm{j}\omega})X^*(\mathrm{e}^{\mathrm{j}\omega})\mathrm{d}\omega$$

$$=\frac{1}{2\pi}\int_{-\pi}^{\pi}|X(\mathrm{e}^{\mathrm{j}\omega})|^2\mathrm{d}\omega$$

帕斯瓦尔定理表明，信号时域的总能量与频域的总能量是一样的。频域的总能量等于 $|X(\mathrm{e}^{\mathrm{j}\omega})|^2$ 在一个周期内的积分。所以，$|X(\mathrm{e}^{\mathrm{j}\omega})|^2$ 代表信号的能量谱，$|X(\mathrm{e}^{\mathrm{j}\omega})|^2\mathrm{d}\omega$ 是信号在 $\mathrm{d}\omega$ 这一极小频带内的能量。

表 2-1 列出了序列傅里叶变换的主要性质，这些性质在实际应用中是很有用的。

表 2-1　序列傅里叶变换的主要性质

序号	序列	傅里叶变换
1	$ax(n)+by(n)$	$aX(e^{j\omega})+bY(e^{j\omega})$
2	$x(n-m)$	$e^{-j\omega m}X(e^{j\omega})$
3	$e^{j\omega_0 n}x(n)$	$X[e^{j(\omega-\omega_0)}]$
4	$nx(n)$	$j\dfrac{dX(e^{j\omega})}{d\omega}$
5	$x^*(n)$	$X^*(e^{-j\omega})$
6	$x(-n)$	$X(e^{-j\omega})$
7	$x^*(-n)$	$X^*(e^{j\omega})$
8	$x(n)*y(n)$	$X(e^{j\omega})Y(e^{j\omega})$
9	$x(n)\cdot y(n)$	$\dfrac{1}{2\pi}\int_{-\pi}^{\pi}X(e^{j\theta})Y[e^{j(\omega-\theta)}]d\theta$
10	$\mathrm{Re}[x(n)]$	$X_e(e^{j\omega})=\dfrac{X(e^{j\omega})+X^*(e^{-j\omega})}{2}$
11	$j\mathrm{Im}[x(n)]$	$X_o(e^{j\omega})=\dfrac{X(e^{j\omega})-X^*(e^{-j\omega})}{2}$
12	$x_e(n)=\dfrac{x(n)+x^*(-n)}{2}$	$\mathrm{Re}[X(e^{j\omega})]$
13	$x_o(n)=\dfrac{x(n)-x^*(-n)}{2}$	$j\mathrm{Im}[X(e^{j\omega})]$
14	$x(n)$为实序列	$X(e^{j\omega})=X^*(e^{-j\omega})$
		$\mathrm{Re}[X(e^{j\omega})]=\mathrm{Re}[X(e^{-j\omega})]$ 实部是偶函数
		$\mathrm{Im}[X(e^{j\omega})]=-\mathrm{Im}[X(e^{-j\omega})]$ 虚部是奇函数
		$\lvert X(e^{j\omega})\rvert=\lvert X(e^{-j\omega})\rvert$ 幅度是偶函数
		$\arg[X(e^{j\omega})]=-\arg[X(e^{-j\omega})]$ 相位是奇函数
15	$\sum_{n=-\infty}^{\infty}x(n)y^*(n)=\dfrac{1}{2\pi}\int_{-\pi}^{\pi}X(e^{j\omega})Y^*(e^{j\omega})d\omega$	帕斯瓦尔定理
16	$\sum_{n=-\infty}^{\infty}\lvert x(n)\rvert^2=\dfrac{1}{2\pi}\int_{-\pi}^{\pi}\lvert X(e^{j\omega})\rvert^2 d\omega$	帕斯瓦尔定理

注：设 $x(n)$ 的傅里叶变换为 $X(e^{j\omega})$，$y(n)$ 的傅里叶变换为 $Y(e^{j\omega})$。

2.2.4 MATLAB 实现

下面用两个 MATLAB 例题说明离散时间傅里叶变换的两个重要性质。

1. 周期性

离散时间傅里叶变换 $X(e^{j\omega})$ 是 ω 的周期函数，其周期为 2π，即

$$X(e^{j\omega})=X[e^{j(\omega+2\pi)}]$$

2. 对称性

对于实值的 $x(n)$，$X(e^{j\omega})$ 是共轭对称的，即

$$X(e^{j\omega})=X^*(e^{-j\omega})$$

例 2-1　$x(n)=(0.9)^n e^{jn\pi/3}, 0\leqslant n\leqslant 10$，求离散时间傅里叶变换 $X(e^{j\omega})$，并探讨其周期性。

解　因为 $x(n)$ 是复值的，它只满足周期性，被唯一地定义在一个 2π 周期上。以下程序是在 $[-2\pi,2\pi]$ 区间的两个周期中的 401 个频点上作计算观察其周期性。

MATLAB 实现程序如下：

```
n = 0: 10; x = (0.9 * exp(j * pi/3)).^n;
k = - 200: 200; w = (pi/100) * k;
X = x * (exp( - j * pi/100)) .^(n' * k);                    % 用矩阵 - 向量乘法求 DTFT
magX = abs(X); angX = angle(X);
subplot(2,1,1); plot(w/pi,magX); axis([ - 2,2,0,8]); ylabel('幅度'); xlabel(' w/pi ')
subplot(2,1,2); plot(w/pi,angX/pi); axis([ - 2,2, - 1,1]); xlabel(' w/pi '); ylabel('相角')
```

仿真曲线如图 2-4 所示。由图可以看出，$X(e^{j\omega})$ 对 ω 是周期的，但不是共轭对称的。

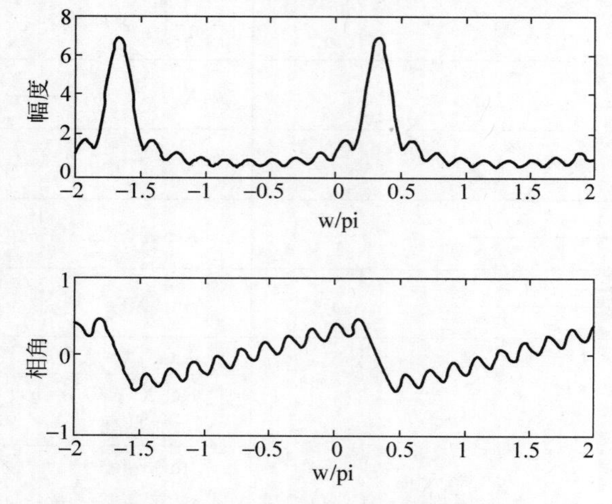

图 2-4　例 2-1 序列的幅度和相位曲线

（注：为了与代码一致，图中用 w 表示频率 ω，用 pi 表示 π。）

例 2-2　$x(n)=(-0.9)^n, -5\leqslant n\leqslant 5$，求离散时间傅里叶变换 $X(e^{j\omega})$，并讨论其共轭对称性。

解　同例 2-1，也是计算两个周期的值以研究它的对称性。

程序略，仿真曲线如图 2-5 所示。

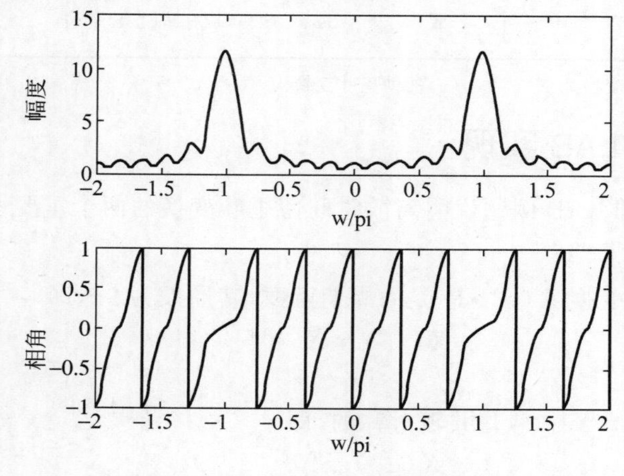

图 2-5　例 2-2 序列的幅度和相位曲线

从以上曲线可以看出，$X(e^{j\omega})$不仅对ω是周期的，而且是共轭对称的。因此，对实序列只需画出它们在$0\sim\pi$的傅里叶变换的模和相角曲线。

2.3 序列的Z变换

在连续时间信号与系统中，拉普拉斯变换可以看作傅里叶变换的一种推广。在离散时间信号与系统中，也可按类似的方法将傅里叶变换加以推广，即Z变换。Z变换在分析和表示离散时间系统中起着重要的作用，它可把描述离散时间系统的差分方程转化为简单的代数方程，使其求解大幅简化。

2.3.1 Z变换的定义及其收敛域

2.3.1 微课视频

序列$x(n)$的Z变换定义为

$$X(z)=\sum_{n=-\infty}^{\infty}x(n)z^{-n} \tag{2-22}$$

其中，z是复变量，也可将$x(n)$的Z变换表示为$Z[x(n)]=X(z)$。

根据级数理论，级数收敛的充分必要条件是满足绝对可和条件，即

$$\sum_{n=-\infty}^{\infty}|x(n)z^{-n}|<\infty \tag{2-23}$$

Z变换并不是对所有序列或所有z值都是收敛的。对于任意给定的序列，使Z变换收敛的z值集合称作收敛区域。一般来说，Z变换将在z平面上的一个环形区域中收敛，即

$$R_{x-}<|z|<R_{x+} \tag{2-24}$$

式中，R_{x-}和R_{x+}称为收敛半径。一般R_{x-}可以小到零，R_{x+}可以大到无穷大。

Z变换收敛域的概念很重要。不同序列可能有相同的Z变换表达式，但收敛域却不同。

例2-3 求序列$x_1(n)=a^nu(n)$和$x_2(n)=-a^nu(-n-1)$的Z变换。

解

$$X_1(z)=\sum_{n=0}^{\infty}a^nz^{-n}=\frac{1}{1-az^{-1}},\quad |z|>|a|$$

$$X_2(z)=\sum_{n=-1}^{-\infty}-a^nz^{-n}=\frac{1}{1-az^{-1}},\quad |z|<|a|$$

由此可以看出，虽然$X_1(z)$和$X_2(z)$的表达式相同，但由于收敛域不同而对应于不同的序列。因此，当给出Z变换函数表达式的同时，必须说明它的收敛域后，才能单值地确定它所对应的序列。

2.3.2 序列特性对Z变换收敛域的影响

2.3.2 微课视频

序列$x(n)$的形式决定了$X(z)$的收敛区域。为了弄清楚收敛域和序列有何关系，先讨论一些特殊情况。

1. 有限长序列

这类序列只在有限的区间($n_1\leqslant n\leqslant n_2$)具有非零的有限值，如图2-6(a)所示。

其Z变换为

$$X(z)=\sum_{n=n_1}^{n_2}x(n)z^{-n} \tag{2-25}$$

因为$X(z)$是有限项级数之和，故只需级数的每一项有界，则级数就收敛，即要求

$$|x(n)z^{-n}|<\infty$$

由于$x(n)$有界，故要求

$$|z^{-n}|<\infty$$

显然，在$0<|z|<\infty$上都满足此条件。

在n_1、n_2满足特殊条件下，如图2-6(b)和图2-6(c)所示，收敛域还可能包括$z=0$(若$n_2\leqslant 0$)或$z=\infty$(若$n_1\geqslant 0$)。

$$0<|z|\leqslant\infty,\quad n_1\geqslant 0$$
$$0\leqslant|z|<\infty,\quad n_2\leqslant 0$$

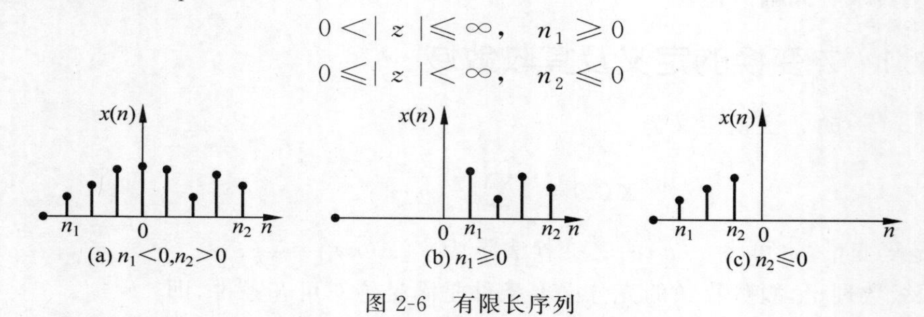

图 2-6 有限长序列

例 2-4 $x(n)=\delta(n)$，求此序列的Z变换及收敛域。

解 这是$n_1=n_2=0$时有限长序列的特例，由于

$$Z[\delta(n)]=\sum_{n=-\infty}^{\infty}\delta(n)z^{-n}=1,\quad 0\leqslant|z|\leqslant\infty$$

所以收敛域应是整个z的闭平面($0\leqslant|z|\leqslant\infty$)。

例 2-5 求矩形序列$x(n)=R_N(n)$的Z变换及其收敛域。

解 $X(z)=\sum_{n=-\infty}^{\infty}R_N(n)z^{-n}=\sum_{n=0}^{N-1}z^{-n}=1+z^{-1}+z^{-2}+\cdots+z^{-(N-1)}=\dfrac{1-z^{-N}}{1-z^{-1}}$

这是一个因果的有限长序列，属于$n_1\geqslant 0$的有限长序列，因此收敛域为$0<|z|\leqslant\infty$。

2. 右边序列

这类序列是有始无终的序列，即当$n\geqslant n_1$时，$x(n)$有值，当$n<n_1$时，$x(n)=0$，其Z变换为

$$X(z)=\sum_{n=n_1}^{\infty}x(n)z^{-n}=\sum_{n=n_1}^{-1}x(n)z^{-n}+\sum_{n=0}^{\infty}x(n)z^{-n} \tag{2-26}$$

此式右端第一项为有限长序列的Z变换，按上面讨论可知，它的收敛域为有限z平面；而第二项是z的负幂级数，按照级数收敛的阿贝尔(N. Abel)定理可推知，存在一个收敛半径R_{x-}，级数在以原点为中心，以R_{x-}为半径的圆外任何点都绝对收敛。因此，综合此两项，只有两项都收敛时，级数才收敛。所以，如果R_{x-}是收敛域的最小半径，则右边序列Z变换的收敛域为

$$R_{x-}<|z|<\infty \tag{2-27}$$

即右边序列的收敛域是半径为R_{x-}的圆外部分，如图2-7所示。如果$n_1\geqslant 0$，即序列是因果序列，Z变换在$z=\infty$处收敛。反之，如果$n_1<0$，则它在$z=\infty$处不收敛。因此，如果序列

的 Z 变换收敛区域是一个圆的外部，那么它就是一个右边序列，而且，如果收敛区域还包括 $z=\infty$，则它还是一个因果序列。

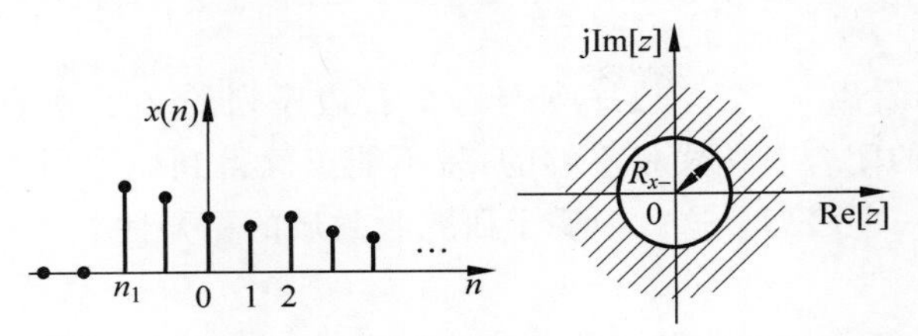

图 2-7　右边序列及其收敛域（$n_1<0$，$|z|=\infty$除外）

因果序列是最重要的一种右边序列，即 $n_1=0$ 的右边序列。Z 变换收敛域包括 $|z|=\infty$，则它是因果序列的特征。

例 2-6　$x(n)=a^n u(n)$，求其 Z 变换及收敛域。

解　这是一个因果序列，其 Z 变换为

$$X(z)=\sum_{n=-\infty}^{\infty} a^n u(n) z^{-n}=\sum_{n=0}^{\infty} a^n z^{-n}=\sum_{n=0}^{\infty}(a z^{-1})^n=\frac{1}{1-a z^{-1}}$$

这是一个无穷项的等比级数求和，只有在 $|az^{-1}|<1$，即 $|z|>|a|$ 处收敛。在 $z=a$ 处有一个极点（用×表示），在 $z=0$ 处有一个零点（用 o 表示），收敛域为极点所在圆 $|z|=|a|$ 的外部。

3. 左边序列

这类序列是无始有终的序列，即当 $n\leqslant n_2$ 时，$x(n)$有值，当 $n>n_2$ 时，$x(n)=0$，其 Z 变换为

$$X(z)=\sum_{n=-\infty}^{n_2} x(n) z^{-n}=\sum_{n=-\infty}^{0} x(n) z^{-n}+\sum_{n=1}^{n_2} x(n) z^{-n} \tag{2-28}$$

等式第二项是有限长序列的 Z 变换，收敛域为有限 z 平面；第一项是正幂级数，按阿贝尔定理，必存在收敛半径 R_{x+}，级数在以原点为中心，以 R_{x+} 为半径的圆内任何点都绝对收敛。如果 R_{x+} 为收敛域的最大半径，则综合以上两项，左边序列 Z 变换的收敛域为

$$0<|z|<R_{x+} \tag{2-29}$$

即左边序列的收敛域是半径为 R_{x+} 的圆内部分，如图 2-8 所示。如果 $n_2\leqslant 0$，即序列是反因果序列，则式(2-28)右端不存在第二项，则收敛域包括在 $z=0$，即 $0\leqslant|z|<R_{x+}$。

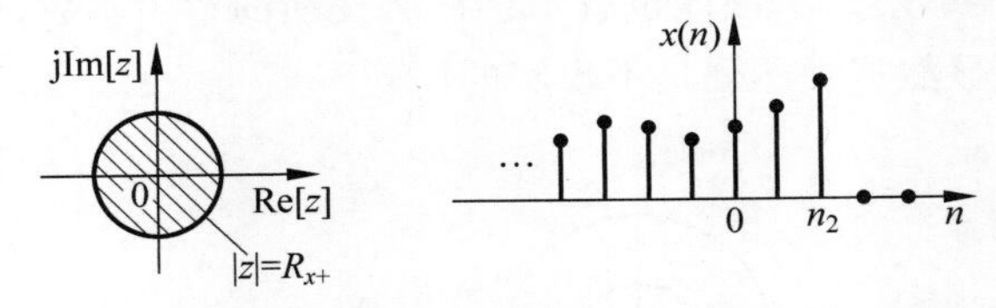

图 2-8　左边序列及其收敛域（$n_2>0$，$|z|=0$ 除外）

例 2-7　$x(n)=-a^n u(-n-1)$，求其 Z 变换及收敛域。

解　这是一个左边序列，其 Z 变换为

$$X(z)=\sum_{n=-\infty}^{\infty}-a^n u(-n-1) z^{-n}=\sum_{n=-\infty}^{-1}-a^n z^{-n}=\sum_{n=1}^{\infty}-a^{-n} z^n$$

此等比级数在$|a^{-1}z|<1$，即$|z|<|a|$处收敛，因此

$$X(z)=\frac{-a^{-1}z}{1-a^{-1}z}=\frac{z}{z-a}=\frac{1}{1-az^{-1}},\quad |z|<|a|$$

由以上两例可以看出，一个左边序列与一个右边序列的Z变换表达式是完全一样的。所以，只给出Z变换的闭合表达式是不够的，是不能正确得到原序列的，必须同时给出收敛域，才能唯一地确定一个序列。这就说明了研究收敛域的重要性。

4. 双边序列

双边序列是从$n=-\infty$延伸到$n=+\infty$的序列。一般可以写成

$$X(z)=\sum_{n=-\infty}^{\infty}x(n)z^{-n}=\sum_{n=0}^{\infty}x(n)z^{-n}+\sum_{n=-\infty}^{-1}x(n)z^{-n} \tag{2-30}$$

显然，可以把它看成右边序列和左边序列的Z变换叠加。如果$R_{x-}<R_{x+}$，则存在一个如下的公共收敛区域：

$$R_{x-}<|z|<R_{x+} \tag{2-31}$$

所以，双边序列的收敛域通常是环形区域。如果$R_{x-}>R_{x+}$，则没有公共收敛区域，因此级数不收敛，即在z平面的任何地方都没有有界的$X(z)$值，因此就不存在Z变换的解析式，这种Z变换就没有什么意义。

例 2-8 $x(n)=a^{|n|}$，a为实数，求其Z变换及收敛域。

解 这是一个双边序列，其Z变换为

$$X(z)=\sum_{n=-\infty}^{\infty}x(n)z^{-n}=\sum_{n=0}^{\infty}a^{n}z^{-n}+\sum_{n=-\infty}^{-1}a^{-n}z^{-n}$$

设

$$X_1(z)=\sum_{n=0}^{\infty}a^{n}z^{-n}=\frac{1}{1-az^{-1}},\quad |z|>|a|$$

$$X_2(z)=\sum_{n=-\infty}^{-1}a^{-n}z^{-n}=\frac{az}{1-az},\quad |z|<1/|a|$$

若$|a|<1$，则存在公共收敛域

$$X(z)=X_1(z)+X_2(z)=\frac{1}{1-az^{-1}}+\frac{az}{1-az}=\frac{(1-a^2)z}{(z-a)(1-az)},\quad |a|<|z|<1/|a|$$

其序列及收敛域如图2-9所示。

若$|a|\geqslant 1$，则无公共收敛域，因此也就不存在Z变换的封闭函数，这种序列如图2-10所示。序列两端都发散，显然这种序列是不现实的序列。

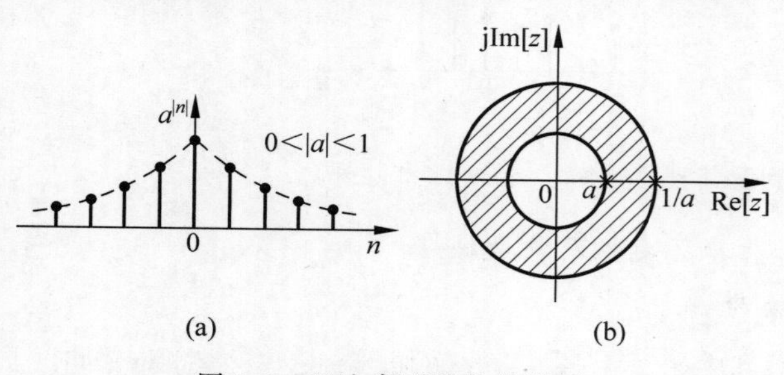

图2-9 双边序列及收敛域图

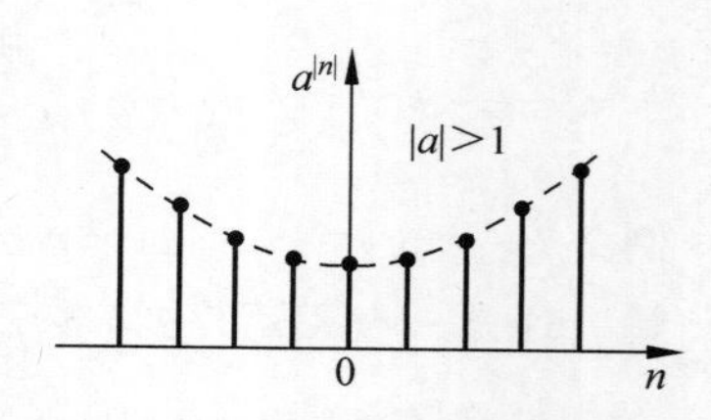

图2-10 Z变换无收敛域的序列

常用序列的Z变换列于表2-2中。

表 2-2 常用序列的Z变换

序 列	Z 变 换	收 敛 域
$\delta(n)$	1	所有 z
$u(n)$	$\frac{1}{1-z^{-1}}$	$\lvert z\rvert>1$
$-u(-n-1)$	$\frac{1}{1-z^{-1}}$	$\lvert z\rvert<1$
$\delta(n-m)$	z^{-m}	全部 z,除去 $\begin{cases}0, & m>0\\ \infty, & m<0\end{cases}$
$a^n u(n)$	$\frac{1}{1-az^{-1}}$	$\lvert z\rvert>\lvert a\rvert$
$-a^n u(-n-1)$	$\frac{1}{1-az^{-1}}$	$\lvert z\rvert<\lvert a\rvert$
$na^n u(n)$	$\frac{az^{-1}}{(1-az^{-1})^2}$	$\lvert z\rvert>\lvert a\rvert$
$-na^n u(-n-1)$	$\frac{az^{-1}}{(1-az^{-1})^2}$	$\lvert z\rvert<\lvert a\rvert$
$e^{-jn\omega_0}u(n)$	$\frac{1}{1-e^{-j\omega_0}z^{-1}}$	$\lvert z\rvert>1$
$\sin(n\omega_0)u(n)$	$\frac{z^{-1}\sin\omega_0}{1-2z^{-1}\cos\omega_0+z^{-2}}$	$\lvert z\rvert>1$
$\cos(n\omega_0)u(n)$	$\frac{1-z^{-1}\cos\omega_0}{1-2z^{-1}\cos\omega_0+z^{-2}}$	$\lvert z\rvert>1$
$e^{-an}\sin(n\omega_0)u(n)$	$\frac{z^{-1}e^{-a}\sin\omega_0}{1-2z^{-1}e^{-a}\cos\omega_0+z^{-2}e^{-2a}}$	$\lvert z\rvert>e^{-a}$
$e^{-an}\cos(n\omega_0)u(n)$	$\frac{1-z^{-1}e^{-a}\cos\omega_0}{1-2z^{-1}e^{-a}\cos\omega_0+z^{-2}e^{-2a}}$	$\lvert z\rvert>e^{-a}$
$a^n R_N(n)$	$\frac{1-a^N z^{-N}}{1-az^{-1}}$	$\lvert z\rvert>0$

2.3.3 Z反变换

2.3.3
微课视频

1. Z反变换的表达式

已知函数 $X(z)$ 及其收敛域,反过来求序列的变换称为Z反变换,常用 $x(n)=Z^{-1}[X(z)]$ 表示Z反变换。

若Z变换为 $X(z)=\sum_{n=-\infty}^{\infty}x(n)z^{-n}\ (R_{x-}<|z|<R_{x+})$,则由柯西积分定理可以推得Z反变换的表达式为

$$x(n)=\frac{1}{2\pi j}\oint_c X(z)z^{n-1}dz,\quad c\in(R_{x-},R_{x+}) \tag{2-32}$$

式(2-32)是对 $X(z)z^{n-1}$ 作围线积分,其中 c 是 $X(z)$ 的收敛域内一条按逆时针方向绕原点的围线,如图2-11所示。

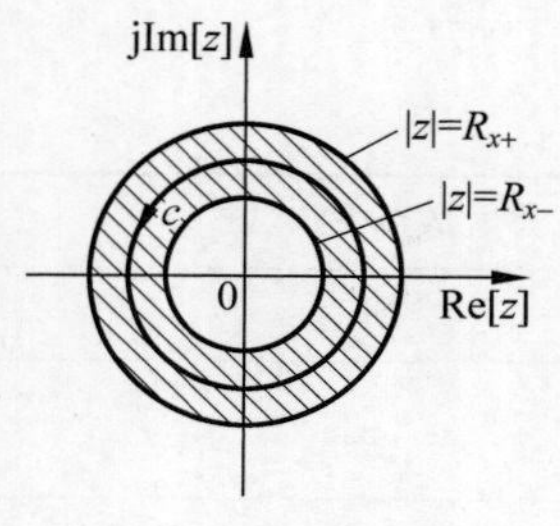

图 2-11 积分路径

2. Z 反变换的计算方法

求 Z 反变换的方法通常有 3 种：围线积分法(留数法)、部分分式展开法和长除法。

1) 围线积分法

若 $X(z)z^{n-1}$ 在围线 c 以内的所有极点集合为$\{z_i\}$，则根据留数定理，有

$$\frac{1}{2\pi \mathrm{j}}\oint_c X(z)z^{n-1}\mathrm{d}z=\sum_i \mathrm{Res}[X(z)z^{n-1},z_i] \tag{2-33}$$

式中，$\mathrm{Res}[X(z)z^{n-1},z_i]$ 表示函数 $X(z)z^{n-1}$ 在极点 z_i 上的留数，$\sum$ 表示对所有极点处留数的求和。

上式表明，$x(n)$等于 $X(z)z^{n-1}$ 在围线 c 内所有极点上留数的总和。

当 z_i 为单阶极点时，有

$$\mathrm{Res}[X(z)z^{n-1},z_i]=(z-z_i)\cdot X(z)z^{n-1}\Big|_{z=z_i} \tag{2-34}$$

当 z_i 为 k 阶极点时，有

$$\mathrm{Res}[X(z)z^{n-1},z_i]=\frac{1}{(k-1)!}\frac{\mathrm{d}^{k-1}}{\mathrm{d}z^{k-1}}[(z-z_i)^k\cdot X(z)z^{n-1}]\Big|_{z=z_i} \tag{2-35}$$

2) 部分分式展开法

在实际应用中，序列的 Z 变换通常是 z 的有理函数，一般可以表示成有理分式形式

$$X(z)=\frac{\sum_{r=0}^{M}b_r z^{-r}}{\sum_{k=0}^{N}a_k z^{-k}} \tag{2-36}$$

部分分式展开法，就是将 $X(z)$展开成一些简单而常用的部分分式之和，然后分别求出各部分分式的 Z 反变换，原序列 $x(n)$就是各分式 Z 变换之和。

考虑到 Z 变换最基本的形式是 1 和$\frac{z}{z-a}$，因此，通常是先将$\frac{X(z)}{z}$展开成部分分式，然后在展开式两边分别乘以 z，于是 $X(z)$便展开成$\frac{z}{z-a}$形式。

如果 $X(z)$只含有一阶极点，则$\frac{X(z)}{z}$可以展开为

$$\frac{X(z)}{z}=\sum_{m=0}^{N}\frac{A_m}{z-z_m} \tag{2-37}$$

式(2-37)中，z_m 是$\frac{X(z)}{z}$的一阶极点，A_m 是$\frac{X(z)}{z}$在 $z=z_m$ 处的留数，即

$$A_m=\mathrm{Res}\left[\frac{X(z)}{z},z_m\right]=(z-z_m)\cdot\frac{X(z)}{z}\Big|_{z=z_m}$$

例 2-9 求 $X(z)=\frac{1}{(1-z^{-1})(1-2z^{-1})}$，$1<|z|<2$ 的 Z 反变换。

解

$$X(z)=\frac{z^2}{(z-1)(z-2)}$$

$$\frac{X(z)}{z}=\frac{z}{(z-1)(z-2)}=\frac{A_1}{z-1}+\frac{A_2}{z-2}$$

$X(z)$全为一阶极点，故极点上的留数为

$$A_1=(z-1)\cdot\frac{X(z)}{z}\bigg|_{z=1}=-1$$

$$A_2=(z-2)\cdot\frac{X(z)}{z}\bigg|_{z=2}=2$$

所以，$X(z)=\frac{-z}{z-1}+\frac{2z}{z-2}$。

根据给定的收敛域，可知第一项对应于因果序列，第二项对应于左边序列，因此

$$x(n)=-u(n)-2\cdot 2^n u(-n-1)=-u(n)-2^{n+1}u(-n-1)$$

3）长除法(幂级数展开法)

因为 $x(n)$的 Z 变换为 z^{-1} 的幂级数，即

$$\begin{aligned}X(z)&=\sum_{n=-\infty}^{\infty}x(n)z^{-n}\\&=\cdots+x(-2)z^2+x(-1)z+x(0)z^0+x(1)z^{-1}+x(2)z^{-2}+\cdots\end{aligned}$$

所以在给定的收敛域内，把 $X(z)$展开为幂级数，其系数就是序列 $x(n)$。如收敛域为$|z|>R_{x+}$，$x(n)$为因果序列，则 $X(z)$展开成 z 的负幂级数。若收敛域$|z|<R_{x-}$，$x(n)$必为左边序列，主要展开成 z 的正幂级数。

例 2-10 若 $X(z)$为

$$X(z)=\frac{1}{1+az^{-1}},\quad |z|>|a|$$

求 Z 反变换。

解 $X(z)$在 $z=-a$ 处有一极点，收敛域在极点所在圆以外，序列应该是因果序列，$X(z)$应展开成 z 的降幂次级数，所以可按降幂顺序长除：

$$\begin{array}{r}1-az^{-1}+a^2z^{-2}+\cdots+(-a)^nz^{-n}+\cdots\\ 1+az^{-1}\,\big)\overline{\;1\qquad\qquad\qquad\qquad\qquad\qquad\qquad}\\ \underline{1+az^{-1}\qquad\qquad\qquad}\\ -az^{-1}\qquad\qquad\quad\\ \underline{-az^{-1}-a^2z^{-2}}\qquad\quad\\ a^2z^{-2}\qquad\\ \underline{a^2z^{-2}+a^3z^{-3}}\\ -a^3z^{-3}\\ \vdots\quad\end{array}$$

所以，$X(z)=1-az^{-1}+a^2z^{-2}+\cdots=\sum_{n=0}^{\infty}(-a)^nz^{-n}$，则 $x(n)=(-a)^nu(n)$。

例 2-11 若 $X(z)$为

$$X(z)=\frac{1}{1-az^{-1}},\quad |z|<|a|$$

求Z反变换。

解 $X(z)$在$z=a$处有一极点，收敛域在极点所在圆以内，序列应该是左边序列，$X(z)$应展开成z的升幂次级数，所以可按升幂顺序长除。

$$\begin{array}{r|l} & -a^{-1}z-a^{-2}z^2-a^{-3}z^3-\cdots \\ \hline -az^{-1}+1 & 1 \\ & 1-a^{-1}z \\ \hline & a^{-1}z \\ & a^{-1}z-a^{-2}z^2 \\ \hline & a^{-2}z^2 \\ & a^{-2}z^2-a^{-3}z^3 \\ \hline & a^{-3}z^3 \\ & \vdots \end{array}$$

所以，$X(z)=-a^{-1}z-a^{-2}z^2-a^{-3}z^3-\cdots=\sum_{n=1}^{\infty}-a^{-n}z^n=\sum_{n=-\infty}^{-1}-a^nz^{-n}$，则

$$x(n)=-a^nu(-n-1)$$

长除法的主要缺点是在复杂的情况下，很难得到$x(n)$的封闭解形式。

2.3.4 MATLAB实现

在MATLAB中，可用residuez函数计算出有理函数的留数部分和直接(或多项式)项。设有多项式如下：

$$X(z)=\frac{b_0+b_1z^{-1}+\cdots+b_Mz^{-M}}{a_0+a_1z^{-1}+\cdots+a_Nz^{-N}}=\frac{B(z)}{A(z)}=\sum_{k=1}^{N}\frac{R_k}{1-p_kz^{-1}}+\sum_{k=0}^{M-N}C_kz^{-k} \tag{2-38}$$

其分母、分子都按z^{-1}的递增顺序排列。

用语句[R,p,C]= residuez(b,a)可求得$X(z)$的留数、极点和直接项，分母、分子多项式$A(z)$、$B(z)$分别由矢量$\boldsymbol{a}$、$\boldsymbol{b}$给定。求得的列向量$\boldsymbol{R}$包含着留数，列向量$\boldsymbol{p}$包含着极点的位置，C包含着直接项。

类似地，函数[b,a]=residuez(R,p,C)，有三个输入变量和两个输出变量，它把部分分式变换成多项式的系数行向量$\boldsymbol{b}$和$\boldsymbol{a}$。

例2-12 将$X(z)=\dfrac{z}{3z^2-4z+1}$展开成部分分式形式。

解 首先将$X(z)$按z^{-1}的升幂排列

$$X(z)=\frac{z^{-1}}{3-4z^{-1}+z^{-2}}=\frac{0+z^{-1}}{3-4z^{-1}+z^{-2}}$$

MATLAB程序如下：

```
b = [0,1]; a = [3, - 4,1];
```

```
[R,p,C] = residuez(b,a)
```

运行结果：

```
R =[ 0.5000   -0.5000],p =[1.0000   0.3333],C =[ ]
```

则得到因式分解后的 $X(z)$ 为

$$X(z)=\frac{1/2}{1-z^{-1}}-\frac{1/2}{1-\frac{1}{3}z^{-1}}$$

类似地，可将其变成有理方程。

MATLAB 程序如下：

```
[b,a] = residuez(R,p,C)
```

运行结果：

```
b =[ -0.0000   0.3333],a =[1.0000   -1.3333   0.3333]
```

可得到原来的有理函数形式：

$$X(z)=\frac{0+\frac{1}{3}z^{-1}}{1-\frac{4}{3}z^{-1}+\frac{1}{3}z^{-2}}=\frac{z^{-1}}{3-4z^{-1}+z^{-2}}=\frac{z}{3z^{2}-4z+1}$$

2.3.5　Z 变换的性质

1. 线性

若

$$Z[x(n)]=X(z),\quad R_{x-}<|z|<R_{x+}$$

$$Z[y(n)]=Y(z),\quad R_{y-}<|z|<R_{y+}$$

则

$$Z[ax(n)+by(n)]=aX(z)+bY(z),\quad \max(R_{x-},R_{y-})<|z|<\min(R_{x+},R_{y+}) \tag{2-39}$$

相加后序列 Z 变换的收敛域一般为两个相加序列收敛域的重叠部分。如果线性组合中某些零点与极点相互抵消，则收敛域可能扩大。

例 2-13　已知 $x(n)=\cos(\omega_0 n)u(n)$，求其 Z 变换。

解　因为

$$\cos(\omega_0 n)u(n)=\frac{1}{2}[\mathrm{e}^{\mathrm{j}\omega_0 n}+\mathrm{e}^{-\mathrm{j}\omega_0 n}]u(n)$$

$$Z[a^n u(n)]=\frac{1}{1-az^{-1}},\quad |z|>|a|$$

所以

$$Z[\mathrm{e}^{\mathrm{j}\omega_0 n}u(n)]=\frac{1}{1-\mathrm{e}^{\mathrm{j}\omega_0}z^{-1}},\quad |z|>|\mathrm{e}^{\mathrm{j}\omega_0}|=1$$

$$Z[\mathrm{e}^{-\mathrm{j}\omega_0 n}u(n)]=\frac{1}{1-\mathrm{e}^{-\mathrm{j}\omega_0}z^{-1}},\quad |z|>|\mathrm{e}^{-\mathrm{j}\omega_0}|=1$$

因此

$$Z[\cos(\omega_0 n)u(n)]=\frac{1}{2}\left[\frac{1}{1-\mathrm{e}^{\mathrm{j}\omega_0}z^{-1}}+\frac{1}{1-\mathrm{e}^{-\mathrm{j}\omega_0}z^{-1}}\right],\quad |z|>1$$

2. 移位特性

若 $Z[x(n)]=X(z), R_{x-}<|z|<R_{x+}$,则

$$Z[x(n-m)]=z^{-m}X(z), \quad R_{x-}<|z|<R_{x+} \tag{2-40}$$

位移 m 可以为正(右移),也可以为负(左移)。$Z[x(n)]$ 和 $Z[x(n-m)]$ 的收敛域相同,但 $z=0$ 或 $z=\infty$ 可能是例外。

证明 $Z[x(n-m)]=\sum_{n=-\infty}^{\infty}x(n-m)z^{-n}=z^{-m}\sum_{k=-\infty}^{\infty}x(k)z^{-k}=z^{-m}X(z)$

例 2-14 求序列 $x(n)=u(n)-u(n-3)$ 的 Z 变换。

解 因为

$$Z[u(n)]=\frac{z}{z-1}, \quad |z|>1$$

$$Z[u(n-3)]=z^{-3}\frac{z}{z-1}=\frac{z^{-2}}{z-1}, \quad |z|>1$$

所以

$$Z[x(n)]=\frac{z}{z-1}-\frac{z^{-2}}{z-1}=\frac{z^2+z+1}{z^2}, \quad |z|>0$$

3. 乘以指数序列(Z 域尺度变换)

若 $Z[x(n)]=X(z), R_{x-}<|z|<R_{x+}$,则

$$Z[a^n x(n)]=X\left(\frac{z}{a}\right), \quad |a|R_{x-}<|z|<|a|R_{x+} \tag{2-41}$$

证明 按定义

$$Z[a^n x(n)]=\sum_{n=-\infty}^{\infty}a^n x(n)z^{-n}=\sum_{n=-\infty}^{\infty}x(n)\left(\frac{z}{a}\right)^{-n}=X\left(\frac{z}{a}\right), R_{x-}<\left|\frac{z}{a}\right|<R_{x+}$$

由式(2-41)可以看出,非零的 a 是 z 平面的尺度变换因子。具体讨论如下:

如果 $X(z)$ 在 $z=z_1$ 处为极点,则 $X\left(\frac{z}{a}\right)$ 将在 $\frac{z}{a}=z_1$,即 $z=az_1$ 处为极点。若 a 为实数,则表示在 z 平面缩小或扩大,即极点在 z 平面沿径向移动;若 a 为复数,当 $|a|=1$ 时,则表示在 z 平面上有角度旋转,即极点沿着以原点为圆心、以 $|z_1|$ 为半径的圆周变化,当 $|a|\neq 1$ 时,则表示在 z 平面上极点既有幅度伸缩,又有角度旋转。

4. 序列的线性加权(z 域求导数或 $X(z)$ 的微分)

若 $Z[x(n)]=X(z), R_{x-}<|z|<R_{x+}$,则

$$Z[nx(n)]=-z\frac{\mathrm{d}X(z)}{\mathrm{d}z}, \quad R_{x-}<|z|<R_{x+} \tag{2-42}$$

证明

$$\frac{\mathrm{d}X(z)}{\mathrm{d}z}=\frac{\mathrm{d}}{\mathrm{d}z}\left[\sum_{n=-\infty}^{\infty}x(n)z^{-n}\right], R_{x-}<|z|<R_{x+}$$

交换求和与求导的次序,则得

$$\frac{\mathrm{d}X(z)}{\mathrm{d}z}=\sum_{n=-\infty}^{\infty}x(n)\frac{\mathrm{d}}{\mathrm{d}z}(z^{-n})=-z^{-1}\sum_{n=-\infty}^{\infty}nx(n)z^{-n}=-z^{-1}Z[nx(n)]$$

所以

$$Z[nx(n)]=-z\frac{\mathrm{d}X(z)}{\mathrm{d}z}, \quad R_{x-}<|z|<R_{x+}$$

上式表明序列 $x(n)$ 的 Z 变换的导数乘以 $-z$ 等于 $x(n)$ 经线性加权后的 Z 变换，收敛域不变。

5. 复序列的共轭

若 $Z[x(n)]=X(z), R_{x-}<|z|<R_{x+}$，则

$$Z[x^*(n)]=X^*(z^*),\quad R_{x-}<|z|<R_{x+} \tag{2-43}$$

式中，符号 * 表示取共轭复数。

证明 $Z[x^*(n)]=\sum_{n=-\infty}^{\infty}x^*(n)z^{-n}=\sum_{n=-\infty}^{\infty}[x(n)(z^*)^{-n}]^*$

$$=\left[\sum_{n=-\infty}^{\infty}x(n)(z^*)^{-n}\right]^*=X^*(z^*),\quad R_{x-}<|z|<R_{x+}$$

6. 翻褶序列

若 $Z[x(n)]=X(z), R_{x-}<|z|<R_{x+}$，则

$$Z[x(-n)]=X\left(\frac{1}{z}\right),\quad \frac{1}{R_{x+}}<|z|<\frac{1}{R_{x-}} \tag{2-44}$$

证明 $Z[x(-n)]=\sum_{n=-\infty}^{\infty}x(-n)z^{-n}=\sum_{n=-\infty}^{\infty}x(n)z^{n}=\sum_{n=-\infty}^{\infty}x(n)(z^{-1})^{-n}=X\left(\frac{1}{z}\right)$

而收敛域为 $R_{x-}<|z^{-1}|<R_{x+}$，故可写成 $\frac{1}{R_{x+}}<|z|<\frac{1}{R_{x-}}$。

7. 初值定理

对于因果序列 $x(n)$，有

$$x(0)=\lim_{z\to\infty}X(z) \tag{2-45}$$

8. 终值定理

设 $x(n)$ 为因果序列，且 $X(z)$ 除在 $z=1$ 处可以有一阶极点外，其他极点都在 $|z|=1$ 的单位圆内，则有

$$\lim_{n\to\infty}x(n)=\lim_{z\to 1}[(z-1)\cdot X(z)]=\mathrm{Res}[X(z)]\big|_{z=1} \tag{2-46}$$

9. 时域卷积定理

若 $Z[x(n)]=X(z), Z[y(n)]=Y(z), w(n)=x(n)*y(n)$，则

$$W(z)=Z[x(n)*y(n)]=X(z)Y(z),\quad \max(R_{x-},R_{y-})<|z|<\min(R_{x+},R_{y+}) \tag{2-47}$$

证明 $W(z)=Z[x(n)*y(n)]=\sum_{n=-\infty}^{\infty}[x(n)*y(n)]z^{-n}$

$$=\sum_{n=-\infty}^{\infty}\sum_{m=-\infty}^{\infty}x(m)y(n-m)z^{-n}=\sum_{m=-\infty}^{\infty}x(m)\left[\sum_{n=-\infty}^{\infty}y(n-m)z^{-n}\right]$$

$$=\sum_{m=-\infty}^{\infty}x(m)z^{-m}Y(z)=X(z)Y(z)$$

$W(z)$ 的收敛域就是 $X(z)$ 和 $Y(z)$ 收敛域的重叠部分。若有极点被抵消，收敛域可扩大。

例 2-15 已知 $x(n)=a^nu(n), h(n)=b^nu(n)-ab^{n-1}u(n-1), |b|<|a|$，求 $y(n)=$

$x(n)*h(n)$。

解 $X(z)=Z[x(n)]=\dfrac{z}{z-a},\quad |z|>|a|$

$$H(z)=Z[h(n)]=\frac{z}{z-b}-\frac{a}{z-b}=\frac{z-a}{z-b},\quad |z|>|b|$$

所以，

$$Y(z)=X(z)H(z)=\frac{z}{z-b},\quad |z|>|b|$$

其Z反变换为

$$y(n)=x(n)*h(n)=Z^{-1}[Y(z)]=b^n u(n)$$

显然，在 $z=a$ 处，$X(z)$的极点与 $H(z)$的零点重合，如果$|b|<|a|$，则 $Y(z)$的收敛域比 $X(z)$与 $H(z)$收敛域的重叠部分要大，如图 2-12 所示。

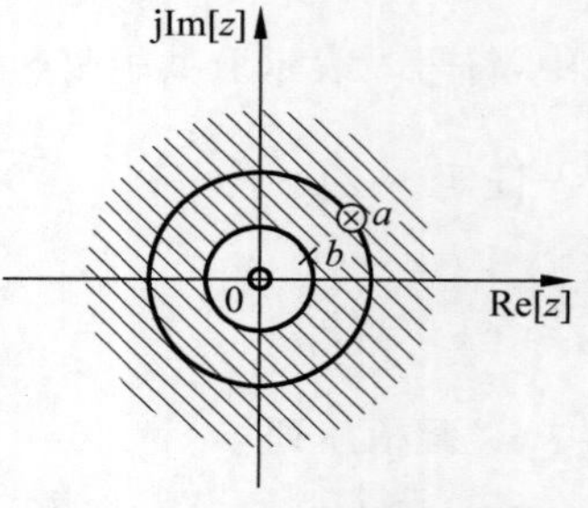

图 2-12 Y(z)的零极点及收敛域

10. 复卷积定理

若 $Z[x(n)]=X(z)$，$Z[y(n)]=Y(z)$，则

$$Z[x(n)\cdot y(n)]=\frac{1}{2\pi j}\oint_c X(v)Y\left(\frac{z}{v}\right)v^{-1}dv,\quad R_{x-}R_{y-}<|z|<R_{x+}R_{y+} \tag{2-48}$$

v 平面收敛域为

$$\max\left[R_{x-},\frac{|z|}{R_{y+}}\right]<|v|<\min\left[R_{x+},\frac{|z|}{R_{y-}}\right] \tag{2-49}$$

其中，c 是 v 平面上 $X(v)$和 $Y\left(\frac{z}{v}\right)$收敛域重叠部分内环绕原点的一条逆时针旋转的闭合曲线。

证明 $Z[x(n)\cdot y(n)]=\displaystyle\sum_{n=-\infty}^{\infty}x(n)\cdot y(n)z^{-n}=\sum_{n=-\infty}^{\infty}\left[\frac{1}{2\pi j}\oint_c X(v)v^{n-1}dv\right]y(n)z^{-n}$

$$=\frac{1}{2\pi j}\oint_c X(v)\sum_{n=-\infty}^{\infty}y(n)\left(\frac{z}{v}\right)^{-n}\frac{dv}{v}=\frac{1}{2\pi j}\oint_c X(v)Y\left(\frac{z}{v}\right)\frac{dv}{v}$$

由 $X(z)$和 $Y(z)$的收敛域得到

$$R_{x-}<|v|<R_{x+},\quad R_{y-}<\left|\frac{z}{v}\right|<R_{y+}$$

因此

$$R_{x-}R_{y-}<|z|<R_{x+}R_{y+}$$

$$\max\left[R_{x-},\frac{|z|}{R_{y+}}\right]<|v|<\min\left[R_{x+},\frac{|z|}{R_{y-}}\right]$$

复卷积定理在用窗函数法设计数字滤波器时很有用。复卷积公式可用留数定理求解，其关键在于确定围线所在的收敛域。

$$\frac{1}{2\pi j}\oint_c X(v)Y\left(\frac{z}{v}\right)v^{-1}dv=\sum_k \mathrm{Res}\left[X(v)Y\left(\frac{z}{v}\right)v^{-1},d_k\right] \tag{2-50}$$

式中，$\{d_k\}$为 $X(v)Y\left(\frac{z}{v}\right)v^{-1}$ 在围线 c 内的全部极点。

例 2-16 已知 $x(n)=\left(\frac{1}{3}\right)^n u(n)$，$y(n)=\left(\frac{1}{2}\right)^n u(n)$，应用复卷积定理求两序列的乘积，即 $w(n)=x(n)y(n)$。

解 $$X(z)=Z[x(n)]=Z\left[\left(\frac{1}{3}\right)^n u(n)\right]=\frac{1}{1-\frac{1}{3}z^{-1}}=\frac{z}{z-\frac{1}{3}},\quad |z|>\frac{1}{3}$$

$$Y(z)=Z[y(n)]=Z\left[\left(\frac{1}{2}\right)^n u(n)\right]=\frac{1}{1-\frac{1}{2}z^{-1}}=\frac{z}{z-\frac{1}{2}},\quad |z|>\frac{1}{2}$$

利用复卷积公式

$$\begin{aligned}W(z)=Z[x(n)y(n)]&=\frac{1}{2\pi \mathrm{j}}\oint_c \frac{v}{v-(1/3)}\cdot\frac{z/v}{(z/v)-(1/2)}\cdot v^{-1}\mathrm{d}v\\&=\frac{1}{2\pi \mathrm{j}}\oint_c \frac{-2z}{\left(v-\frac{1}{3}\right)(v-2z)}\mathrm{d}v\end{aligned}$$

根据式(2-49)，围线 c 所在的收敛域为 $\max[1/3,0]<|v|<\min[\infty,2|z|]$ 或 $1/3<|v|<2|z|$。被积函数有两个极点，$v=1/3$，$v=2z$，如图 2-13 所示。但只有极点 $v=1/3$ 在围线 c 内，而极点 $v=2z$ 在围线 c 外，利用式(2-50)可得

$$\begin{aligned}W(z)&=\mathrm{Res}\left[\frac{-2z}{\left(v-\frac{1}{3}\right)(v-2z)},\frac{1}{3}\right]\\&=\left(v-\frac{1}{3}\right)\frac{-2z}{\left(v-\frac{1}{3}\right)(v-2z)}\Bigg|_{v=\frac{1}{3}}\\&=\frac{-2z}{\frac{1}{3}-2z}=\frac{1}{1-\frac{1}{6}z^{-1}}\end{aligned}$$

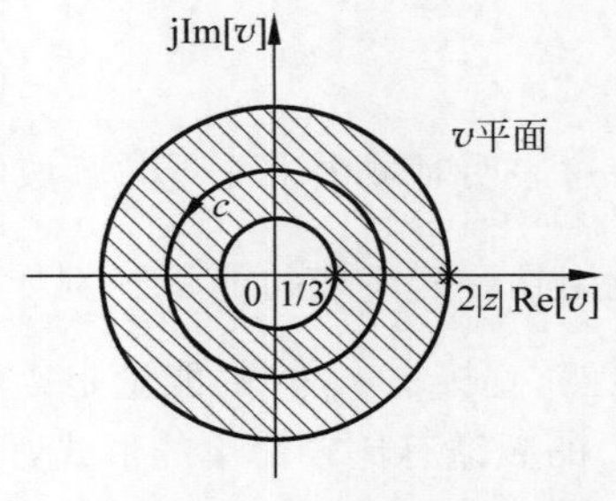

图 2-13 例 2-16 被积函数的极点及积分围线 c

由式(2-48)可得，$W(z)$ 的收敛域为 $|z|>1/6$，则

$$w(n)=Z^{-1}[W(z)]=\left(\frac{1}{6}\right)^n u(n)$$

11. 帕斯瓦尔定理

利用复卷积定理可以得到重要的帕斯瓦尔定理。若有两序列 $x(n)$、$y(n)$，设

$$X(z)=Z[x(n)],\quad R_{x-}<|z|<R_{x+}$$
$$Y(z)=Z[y(n)],\quad R_{y-}<|z|<R_{y+}$$

且 $R_{x-}R_{y-}<1<R_{x+}R_{y+}$，则

$$\sum_{n=-\infty}^{\infty}x(n)y^*(n)=\frac{1}{2\pi \mathrm{j}}\oint_c X(v)Y^*\left(\frac{1}{v^*}\right)v^{-1}\mathrm{d}v \tag{2-51}$$

式中，* 表示取复共轭，积分闭合围线 c 应在 $X(v)$ 和 $Y^*(1/v)$ 的公共收敛域内，即

$$\max\left[R_{x-},\frac{1}{R_{y+}}\right]<|v|<\min\left[R_{x+},\frac{1}{R_{y-}}\right]$$

证明 利用复卷积定理可得

$$W(z)=Z[x(n)\cdot y^{*}(n)]=\sum_{n=-\infty}^{\infty}x(n)\cdot y^{*}(n)z^{-n}$$

$$=\frac{1}{2\pi j}\oint_{c}X(v)Y^{*}\left(\frac{z^{*}}{v^{*}}\right)v^{-1}dv,\quad R_{x-}R_{y-}<|z|<R_{x+}R_{y+}$$

其中，也利用了复序列的共轭性质 $Z[y^{*}(n)]=Y^{*}(z^{*})$。

由于 $R_{x-}R_{y-}<1<R_{x+}R_{y+}$，故 $|z|=1$ 在 $W(z)$ 的收敛域内，也就是 $W(z)$ 在单位圆上收敛，则有

$$W(z)|_{z=1}=\sum_{n=-\infty}^{\infty}x(n)\cdot y^{*}(n)=\frac{1}{2\pi j}\oint_{c}X(v)Y^{*}\left(\frac{1}{v^{*}}\right)v^{-1}dv$$

几点说明：

(1) 当 $y(n)$ 为实序列时，则

$$\sum_{n=-\infty}^{\infty}x(n)y(n)=\frac{1}{2\pi j}\oint_{c}X(v)Y\left(\frac{1}{v}\right)v^{-1}dv$$

(2) 当围线取单位圆 $|v|=1$ 时，因为 $v=1/v^{*}=e^{j\omega}$，则

$$\sum_{n=-\infty}^{\infty}x(n)y^{*}(n)=\frac{1}{2\pi}\int_{-\pi}^{\pi}X(e^{j\omega})Y^{*}(e^{j\omega})d\omega$$

(3) 当 $y(n)=x(n)$ 时，则

$$\sum_{n=-\infty}^{\infty}|x(n)|^{2}=\frac{1}{2\pi}\int_{-\pi}^{\pi}|X(e^{j\omega})|^{2}d\omega$$

这表明时域中求能量与频域中求能量是一致的，这就是帕斯瓦尔定理，它的一个很重要的应用是计算序列的能量。例如，求序列 $x(n)=\dfrac{\sin(\omega_{c}n)}{\pi n}$（其中，$-\infty\leqslant n\leqslant\infty$）的能量。很显然，直接求 $x(n)$ 的能量是比较困难的，可以利用帕斯瓦尔定理变换到频域求得。因为 $x(n)$ 的频谱有比较简单的形式，即 $X(e^{j\omega})=1,|\omega|<\omega_{c}$，则

$$E=\sum_{n=-\infty}^{\infty}|x(n)|^{2}=\frac{1}{2\pi}\int_{-\pi}^{\pi}|X(e^{j\omega})|^{2}d\omega=\frac{1}{2\pi}\int_{-\omega_{c}}^{\omega_{c}}d\omega=\frac{\omega_{c}}{\pi}$$

2.4 系统函数与频率响应

2.4.1 系统函数的定义

我们知道，一个线性时不变系统可以用它的单位脉冲响应的傅里叶变换来表示。单位脉冲响应的傅里叶变换相当于系统的频率响应，频域中输出等于输入的傅里叶变换与系统单位脉冲响应傅里叶变换的乘积。

也可以用单位脉冲响应的 Z 变换描述线性时不变系统。设 $x(n)$、$y(n)$ 和 $h(n)$ 分别表示输入、输出和单位脉冲响应，$X(z)$、$Y(z)$ 和 $H(z)$ 表示它们的 Z 变换。

由于

$$y(n)=x(n)*h(n)$$

对应的 Z 变换为

$$Y(z)=X(z)H(z)$$

则定义线性时不变系统的输出Z变换与输入Z变换之比为系统函数，即

$$H(z)=\frac{Y(z)}{X(z)}=\sum_{n=-\infty}^{\infty}h(n)z^{-n} \tag{2-52}$$

它也是单位脉冲响应 $h(n)$ 的Z变换。在单位圆上（$|z|=1$）的系统函数就是系统的频率响应。

$$H(e^{j\omega})=H(z)\big|_{z=e^{j\omega}}=\sum_{n=-\infty}^{\infty}h(n)e^{-jn\omega} \tag{2-53}$$

2.4.2 系统函数和差分方程

一个线性时不变系统，可用常系数线性差分方程描述。考虑一个 N 阶差分方程

$$\sum_{k=0}^{N}a_k y(n-k)=\sum_{r=0}^{M}b_r x(n-r)$$

对上式两边求Z变换，利用Z变换的线性性质和时不变性质，得

$$\sum_{k=0}^{N}a_k z^{-k}Y(z)=\sum_{r=0}^{M}b_r z^{-r}X(z)$$

于是

$$H(z)=\frac{Y(z)}{X(z)}=\frac{\sum_{r=0}^{M}b_r z^{-r}}{\sum_{k=0}^{N}a_k z^{-k}}=\frac{\sum_{r=0}^{M}b_r z^{-r}}{1+\sum_{k=1}^{N}a_k z^{-k}}\quad(令\ a_0=1) \tag{2-54}$$

式中，系统函数 $H(z)$ 的分子、分母均为 z^{-1} 的多项式，故 $H(z)$ 为 z 的有理函数，它的系数也正是差分方程的系数。

对式(2-54)进行因式分解，得

$$H(z)=A\frac{\prod_{r=1}^{M}(1-c_r z^{-1})}{\prod_{k=1}^{N}(1-d_k z^{-1})} \tag{2-55}$$

式中，$\{c_r\}$ 是 $H(z)$ 在 z 平面的零点，$\{d_k\}$ 是 $H(z)$ 在 z 平面的极点，它们都由差分方程的系数 a_k 和 b_r 决定。因此，除了比例常数 A 以外，系统函数可以由它的零极点唯一确定，特别是极点的位置将对 $H(z)$ 的性质起着重要影响。

上式并没有指明系统函数的收敛域，这和我们在第1章的结论一致，即差分方程不能唯一地确定一个线性时不变系统的单位脉冲响应。同一系统函数，收敛域不同，所代表的系统就不同，所以必须同时给定系统的收敛域才行。假设系统是稳定的，则应选择包括单位圆的环状区域，假设系统是因果的，则应选择收敛域为某一个圆的外部，该圆经过 $H(z)$ 的离原点最远的极点。如果系统是因果且稳定的，则所有极点均在单位圆的内部，收敛区域包括单位圆。因此，当用 z 平面上的零极点图描述系统函数时，通常在图中画出单位圆，以便指示极点位于单位圆之内还是单位圆之外。

例 2-17 根据系统函数求差分方程

$$H(z)=\frac{(1+z^{-1})^2}{\left(1-\frac{1}{2}z^{-1}\right)\left(1+\frac{3}{4}z^{-1}\right)}$$

解 为了求满足该系统输入输出的差分方程，可以将 $H(z)$ 的分子和分母各因式乘开，即

$$H(z)=\frac{1+2z^{-1}+z^{-2}}{1+\frac{1}{4}z^{-1}-\frac{3}{8}z^{-2}}=\frac{Y(z)}{X(z)}$$

由此可进一步得到

$$(1+2z^{-1}+z^{-2})X(z)=\left(1+\frac{1}{4}z^{-1}-\frac{3}{8}z^{-2}\right)Y(z)$$

因此，相应的差分方程为

$$y(n)+\frac{1}{4}y(n-1)-\frac{3}{8}y(n-2)=x(n)+2x(n-1)+x(n-2)$$

2.4.3 微课视频

2.4.3 系统函数的收敛域与系统的因果稳定性

因为系统函数为 $H(z)=\sum_{n=-\infty}^{\infty}h(n)z^{-n}$，由Z变换收敛域的定义 $\sum_{n=-\infty}^{\infty}|h(n)z^{-n}|<\infty$ 可知，当 $|z|=1$ 时，上式变成

$$\sum_{n=-\infty}^{\infty}|h(n)|<\infty$$

这就是系统稳定的充要条件(时域条件)。因此，若系统函数在单位圆上收敛，则系统是稳定的。这也意味着，如果系统函数 $H(z)$ 的收敛域包括单位圆，则系统是稳定的。反之，如果系统稳定，则系统函数 $H(z)$ 的收敛域一定也包括单位圆。

因果系统的单位脉冲响应是因果序列，而因果序列的收敛域为 $R_{x-}<|z|\leqslant+\infty$，则因果系统的收敛域是半径为 R_{x-} 的圆的外部，且必须包括 $z=+\infty$，所以，一个稳定的因果系统的系统函数的收敛域应该是

$$\begin{cases}R_{x-}<|z|\leqslant+\infty\\0<R_{x-}<1\end{cases}\tag{2-56}$$

即对于一个因果稳定系统，收敛域必须包括单位圆和单位圆外的整个 z 平面，也就是说系统函数的全部极点必须在单位圆内。

不同的极点位置对应着不同的系统脉冲响应，图 2-14 分别显示了极点为实数(实极点)和复数(复极点)情况下的对应关系，由图可见，不管实极点还是复极点，一致的规律为：

① 若极点位于单位圆内，则当 $n\to\infty$ 时，脉冲响应趋向于零；

② 若极点位于单位圆外，则当 $n\to\infty$ 时，脉冲响应趋向于无穷大；

③ 若极点在单位圆上，则当 $n\to\infty$ 时，脉冲响应趋向于常数或等幅振荡。

所以只有当系统的极点位于单位圆内，即收敛域包括单位圆时，系统的脉冲响应才会在 $n\to\infty$ 时趋向于零，此时的系统才是稳定的系统。

例 2-18 已知 $H(z)=\frac{1-a^2}{(1-az^{-1})(1-az)}$，$0<|a|<1$，分析其因果性和稳定性。

解 $H(z)$ 的极点为 $z_1=a$，$z_2=a^{-1}$，讨论：

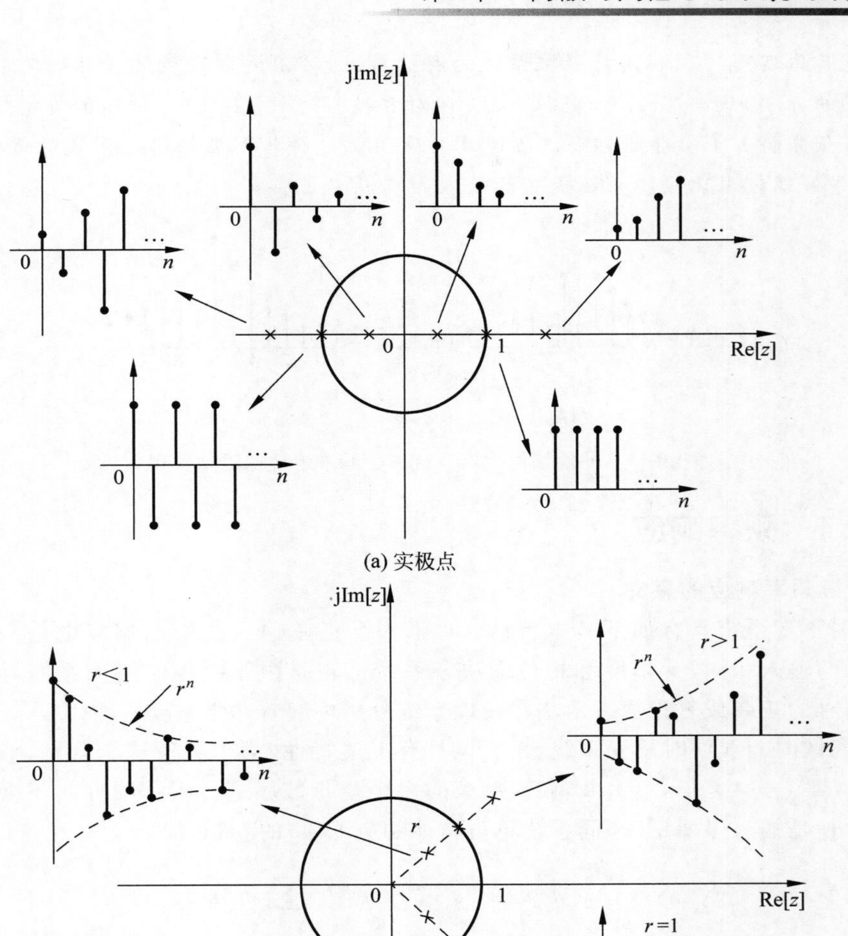

(a) 实极点

(b) 复极点

图 2-14　不同位置的极点对系统脉冲响应的影响

(1) 当收敛域为$|a|^{-1}<|z|\leqslant\infty$时，对应的系统是因果系统，但收敛域不包含单位圆，因此是不稳定系统。单位脉冲响应为

$$h(n)=(a^n-a^{-n})u(n)$$

(2) 当收敛域为$0\leqslant|z|<|a|$时，对应的系统是非因果且不稳定系统。单位脉冲响应为

$$h(n)=(a^{-n}-a^n)u(-n-1)$$

(3) 当收敛域为$|a|<|z|<|a|^{-1}$时，对应的系统是非因果系统，但收敛域包含单位圆，因此是稳定系统。单位脉冲响应$h(n)=a^{|n|}$，这是一个收敛的双边序列，如图 2-15(a)所示。

在本题$H(z)$的这三种收敛域中，前两种系统不稳定，不能选用；后一种是非因果系统，也不能具体实现。但利用计算机系统的存储特性，可以近似实现第 3 种情况。方法是将图 2-15(a)的 $h(n)$从$-N$ 到 N 截取一段，再向右移，形成图 2-15(b)所示的 $h'(n)$系统。实际实现时，预先将 $h'(n)$存储起来以备运算时使用。这种非因果但稳定系统的近似实现性，体现了数字处理技术比模拟系统优越的特点。

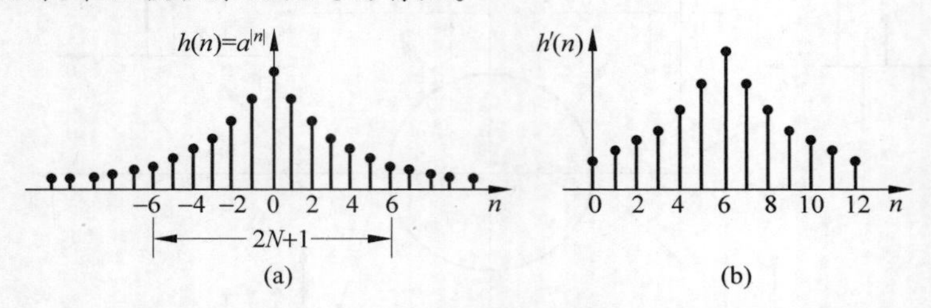

图 2-15 非因果但稳定系统单位脉冲响应的近似实现

2.4.4-1 微课视频

2.4.4 频率响应

1. 系统频率响应的意义

线性时不变系统具有如下基本特性：对于一个正弦输入的稳态响应也是一个正弦信号，其频率与输入相同，其幅度和相位取决于系统。正是由于线性时不变系统具有这种特性，使得信号的正弦或复指数表示法在线性系统分析中起着非常重要的作用。

对于离散时间线性时不变系统，是否也具有上述特性，为了弄清这个问题，假设输入序列 $x(n)=e^{j\omega n}(-\infty<n<\infty)$，即频率为 ω 的一个复指数序列。根据线性时不变系统的输出序列 $y(n)$是输入序列 $x(n)$同系统单位脉冲响应 $h(n)$的卷积，即

$$y(n)=\sum_{m=-\infty}^{\infty}h(m)e^{j\omega(n-m)}=e^{j\omega n}\sum_{m=-\infty}^{\infty}h(m)e^{-j\omega m}$$

可表示成

$$y(n)=e^{j\omega n}H(e^{j\omega}) \tag{2-57}$$

由式(2-57)可以看出，在稳态情况下，当输入为复指数序列 $e^{j\omega n}$ 时，输出 $y(n)$仍是与输入序列同频率的复指数序列，只是它被复函数 $H(e^{j\omega})$加权，即输出幅度为输入的 $|H(e^{j\omega})|$倍，而相位变化了 $\arg[H(e^{j\omega})]$。复函数 $H(e^{j\omega})$的表达式为

$$H(e^{j\omega})=\sum_{n=-\infty}^{\infty}h(n)e^{-j\omega n} \tag{2-58}$$

与式(2-1)相比较，可以看出，$H(e^{j\omega})$是 $h(n)$的傅里叶变换，称为系统的频率响应。与单位脉冲响应 $h(n)$相对应，它表征了离散时间系统在频域中的特性，即 $H(e^{j\omega})$描述了复指数序列通过线性时不变系统后，复振幅(包括幅度和相位)的变化。

例 2-19 设有一系统，其输入输出关系由以下差分方程确定：

$$y(n)-\frac{1}{2}y(n-1)=x(n)+\frac{1}{2}x(n-1)$$

若系统是因果的，试求：

(1) 该系统的单位脉冲响应。

(2) 当输入 $x(n)=e^{j\pi n}$ 时的系统频率响应和输出响应。

解 (1) 对差分方程两端分别进行 Z 变换可得

$$Y(z)-\frac{1}{2}z^{-1}Y(z)=X(z)+\frac{1}{2}z^{-1}X(z)$$

则系统函数为

$$H(z)=\frac{Y(z)}{X(z)}=\frac{1+\frac{1}{2}z^{-1}}{1-\frac{1}{2}z^{-1}}=\frac{2}{1-\frac{1}{2}z^{-1}}-1$$

系统函数 $H(z)$ 仅有一个极点，$z_1=\frac{1}{2}$，因为系统是因果的，故 $H(z)$ 的收敛域必须包含 ∞，所以收敛域为 $|z|>\frac{1}{2}$。而收敛域又包括单位圆，所以系统也是稳定的。

对系统函数 $H(z)$ 进行Z反变换，可得单位脉冲响应为

$$h(n)=Z^{-1}[H(z)]=2\cdot\left(\frac{1}{2}\right)^n u(n)-\delta(n)$$

或者

$$h(n)=\left(\frac{1}{2}\right)^n u(n)+\left(\frac{1}{2}\right)^n u(n-1)=\delta(n)+\left(\frac{1}{2}\right)^{n-1} u(n-1)$$

(2) 系统的频率响应

$$H(e^{j\omega})=H(z)\Big|_{z=e^{j\omega}}=\frac{1+\frac{1}{2}e^{-j\omega}}{1-\frac{1}{2}e^{-j\omega}}$$

由于系统是线性时不变且因果稳定的，故当输入 $x(n)=e^{j\pi n}$ 时，应用式(2-57)，可得输出响应为

$$y(n)=x(n)H(e^{j\pi})=e^{j\pi n}\cdot\frac{1+\frac{1}{2}e^{-j\pi}}{1-\frac{1}{2}e^{-j\pi}}=\frac{1}{3}e^{j\pi n}$$

或者

$$y(n)=x(n)*h(n)=\sum_{m=-\infty}^{\infty}h(m)e^{j\pi(n-m)}=e^{j\pi n}\sum_{m=-\infty}^{\infty}h(m)e^{-j\pi m}$$

$$=e^{j\pi n}H(e^{j\pi})=e^{j\pi n}\cdot\frac{1+\frac{1}{2}e^{-j\pi}}{1-\frac{1}{2}e^{-j\pi}}=\frac{1}{3}e^{j\pi n}$$

例 2-20 设某一线性时不变系统的单位脉冲响应 $h(n)=a^n u(n)$，$|a|<1$，求系统的频率响应。

解 频率响应 $H(e^{j\omega})=\sum_{n=-\infty}^{\infty}h(n)e^{-j\omega n}=\sum_{n=0}^{\infty}a^n e^{-j\omega n}=\sum_{n=0}^{\infty}(ae^{-j\omega})^n=\frac{1}{1-ae^{-j\omega}}$

取 $a=0.6$，作图得幅频响应如图2-16所示。

频率响应与序列的傅里叶变换(DTFT)一样，也具有以下特点：

(1) 周期性。离散时间系统的频率响应是以 2π 为周期的 ω 的周期函数，这是因为

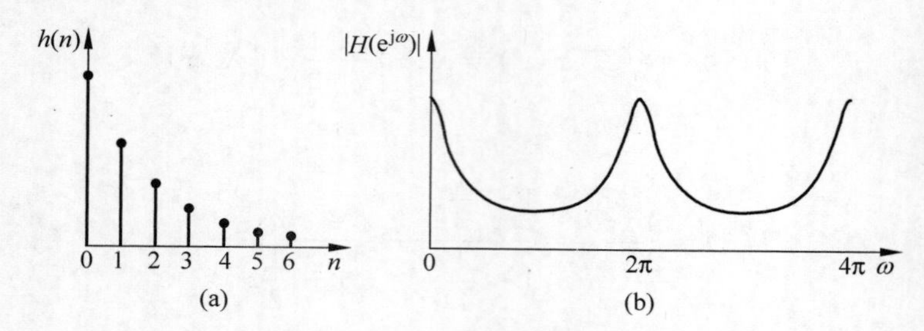

图 2-16　例 2-20 中的单位脉冲响应和幅频响应

$$H(e^{j(\omega+2k\pi)})=\sum_{n=-\infty}^{\infty}h(n)e^{-j(\omega+2k\pi)n}=\sum_{n=-\infty}^{\infty}h(n)e^{-j\omega n}=H(e^{j\omega})$$

(2) 对称性。考虑单位脉冲响应 $h(n)$为实函数的情况,由于

$$H(e^{j\omega})=\sum_{n=-\infty}^{\infty}h(n)e^{-j\omega n}=\sum_{n=-\infty}^{\infty}h(n)\cos\omega n-j\sum_{n=-\infty}^{\infty}h(n)\sin\omega n=H_R(e^{j\omega})+jH_I(e^{j\omega})$$

故实部偶对称,虚部奇对称。

2.4.4-2
微课视频

2. 频率响应的几何确定法

一个 N 阶的系统函数 $H(z)$完全可以用它在 z 平面上的零极点确定。由于 $H(z)$在单位圆上的 Z 变换即是系统的频率响应,因此系统的频率响应也完全可以由 $H(z)$的零极点确定。频率响应的几何确定法实际上就是利用 $H(z)$在 z 平面上的零极点,采用几何方法直观、定性地求出系统的频率响应。将式

$$H(z)=A\frac{\prod_{r=1}^{M}(1-c_r z^{-1})}{\prod_{k=1}^{N}(1-d_k z^{-1})}$$

改写成

$$H(z)=Az^{N-M}\frac{\prod_{r=1}^{M}(z-c_r)}{\prod_{k=1}^{N}(z-d_k)} \tag{2-59}$$

设系统稳定,$H(z)$收敛域包含单位圆,则傅里叶变换存在,将 $z=e^{j\omega}$ 代入式(2-59),得系统的频率响应为

$$H(e^{j\omega})=Ae^{j\omega(N-M)}\frac{\prod_{r=1}^{M}(e^{j\omega}-c_r)}{\prod_{k=1}^{N}(e^{j\omega}-d_k)} \tag{2-60}$$

设 $N=M$,则

$$H(e^{j\omega})=A\frac{\prod_{r=1}^{N}(e^{j\omega}-c_r)}{\prod_{k=1}^{N}(e^{j\omega}-d_k)} \tag{2-61}$$

在 z 平面上，$e^{j\omega}-c_r$ 可用由零点 c_r 指向单位圆上 $e^{j\omega}$ 点的向量 $\boldsymbol{c}_r$ 表示，即

$$\boldsymbol{c}_r = e^{j\omega} - c_r$$

同样，$e^{j\omega}-d_k$ 可用由极点 d_k 指向单位圆上 $e^{j\omega}$ 的向量 $\boldsymbol{d}_k$ 表示，即

$$\boldsymbol{d}_k = e^{j\omega} - d_k$$

因此

$$H(e^{j\omega}) = A\frac{\prod_{r=1}^{N}\boldsymbol{c}_r}{\prod_{k=1}^{N}\boldsymbol{d}_k} = |H(e^{j\omega})|e^{j\varphi(\omega)} \tag{2-62}$$

式中，频率响应的模 $|H(e^{j\omega})|$ 叫作幅频响应，频率响应的相位 $\arg[H(e^{j\omega})]$，即 $\varphi(\omega)$ 叫作系统的相频响应。它们可分别表示为

$$|H(e^{j\omega})| = A\frac{\prod_{r=1}^{N}c_r}{\prod_{k=1}^{N}d_k} \tag{2-63}$$

$$\varphi(\omega) = \sum_{r=1}^{N}\alpha_r - \sum_{k=1}^{N}\beta_k \tag{2-64}$$

这样，频率响应的模函数就可以从各零极点指向 $e^{j\omega}$ 点的向量幅度确定，而频率响应的相位函数则由这些向量的幅角所确定。当频率 ω 由 0 到 2π 时，这些向量的终点沿单位圆逆时针方向旋转一周，从而可以估算出整个系统的频率响应来。

例如，图 2-17 表示了具有两个极点一个零点的系统以及它的频率响应，这个频率响应不难用几何法加以验证。

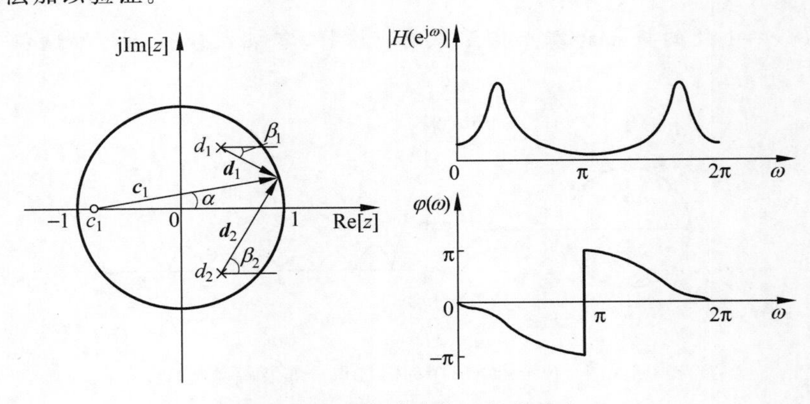

图 2-17　频率响应的几何表示法

根据极点和零点的向量特性，容易得出：

(1) 原点处的极点和零点对频率响应的幅度并无影响，它们只是在相位中引入一个线性分量；

(2) 极点主要影响频率响应的峰值，极点越靠近单位圆，峰值就越尖锐，当极点处于单位圆上，该点的频率响应就出现∞，这相当于该频率处出现无耗谐振；

(3) 零点主要影响频率响应的谷值，零点越靠近单位圆，谷值越小，当处于单位圆上时，

幅度为 0。

例 2-21 已知 $H(z)=1-z^{-N}$，利用几何法分析系统的幅频特性。

解 $H(z)=1-z^{-N}=\dfrac{z^N-1}{z^N}$

$H(z)$的极点为 $z=0$，这是一个 N 阶极点，它不影响系统的幅频特性。零点有 N 个，令 $z^N-1=0$，则

$$z=\mathrm{e}^{\mathrm{j}\frac{2\pi}{N}k},\quad k=0,1,2,\cdots,N-1$$

N 个零点等间隔分布在单位圆上。当频率 ω 从 0 变化到 2π 时，每遇到一个零点，幅度为 0，在两个零点的中间幅度最大，形成峰值。取 $N=8$ 时，零极点分布和幅频特性如图 2-18 所示。通常将如图 2-18 所示幅频特性的滤波器称为梳状滤波器。

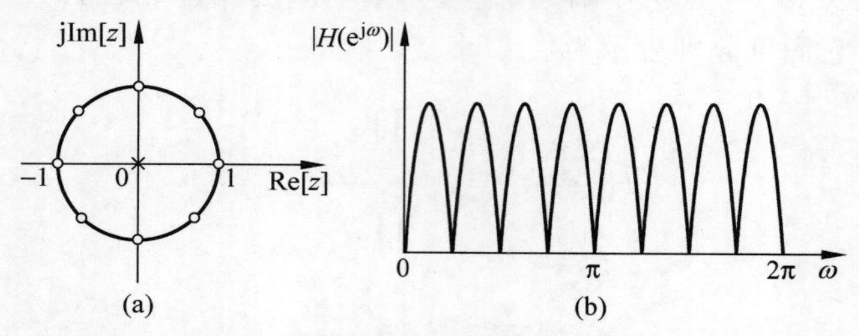

图 2-18 梳状滤波器的零极点分布及幅频特性（$N=8$）

例 2-22 利用几何法分析矩形序列的幅频特性。

解 $Z[R_N(n)]=\sum\limits_{n=-\infty}^{\infty}R_N(n)z^{-n}=\sum\limits_{n=0}^{N-1}z^{-n}=\dfrac{1-z^{-N}}{1-z^{-1}}=\dfrac{z^N-1}{z^{N-1}(z-1)}$

零点：$z=\mathrm{e}^{\mathrm{j}\frac{2\pi}{N}k}$， $k=0,1,2,\cdots,N-1$

极点：$z=0(N-1$ 阶$)$，$z=1$

设 $N=8$，$z=1$ 处的极点和零点相互抵消。这样，零极点分布及其幅频特性如图 2-19 所示。

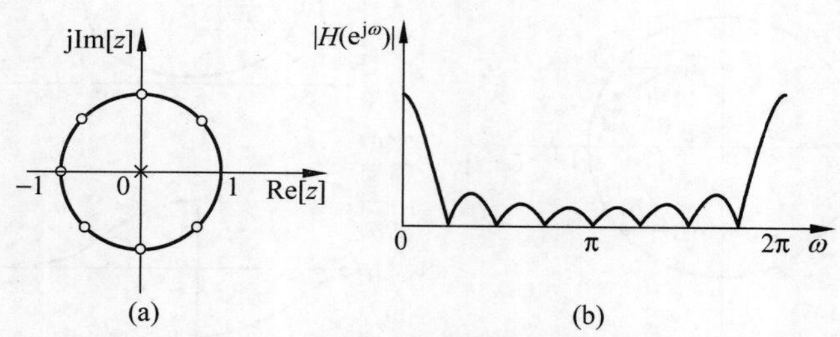

图 2-19 $N=8$ 矩形序列零极点分布及幅频特性

2.4.5
微课视频

2.4.5 IIR 和 FIR 系统

1. IIR 和 FIR 系统的引出

下面通过例 2-23 和例 2-24 两个典型例题引出 IIR 和 FIR 两个重要系统。

例 2-23 设一个因果系统的差分方程为

$$y(n)=x(n)+ay(n-1),\quad |a|<1, a\text{ 为实数}$$

求系统的频率响应。

解 将差分方程等式两端取Z变换,可求得

$$H(z)=\frac{Y(z)}{X(z)}=\frac{1}{1-az^{-1}},\quad |z|>|a|$$

单位脉冲响应为

$$h(n)=a^n u(n)$$

该系统的频率响应为

$$H(\mathrm{e}^{\mathrm{j}\omega})=H(z)\big|_{z=\mathrm{e}^{\mathrm{j}\omega}}=\frac{1}{1-a\mathrm{e}^{-\mathrm{j}\omega}}=\frac{1}{(1-a\cos\omega)+\mathrm{j}a\sin\omega}$$

幅频响应为

$$|H(\mathrm{e}^{\mathrm{j}\omega})|=(1+a^2-2a\cos\omega)^{-1/2}$$

相频响应为

$$\varphi(\omega)=\arg[H(\mathrm{e}^{\mathrm{j}\omega})]=-\arctan\left(\frac{a\sin\omega}{1-a\cos\omega}\right)$$

该系统的各种特性如图2-20所示,图中$0<a<1$,系统呈低通特性。若$-1<a<0$,则系统呈高通特性。

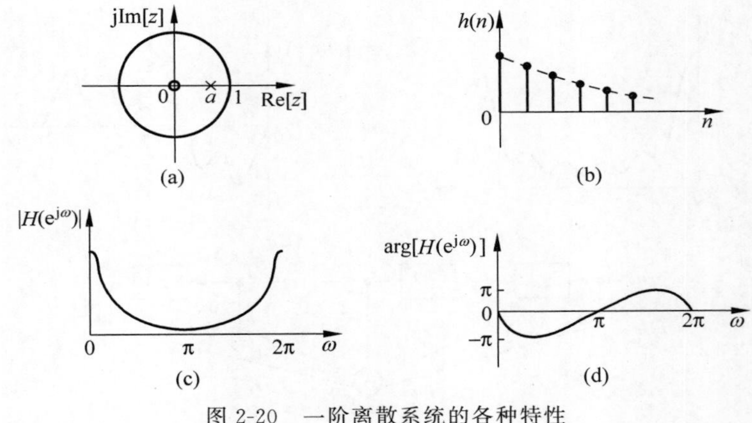

图2-20 一阶离散系统的各种特性

例2-24 设系统的差分方程为

$$y(n)=x(n)+ax(n-1)+a^2x(n-2)+\cdots+a^{M-1}x(n-M+1)=\sum_{k=0}^{M-1}a^k x(n-k)$$

试求其频率响应。

解 这是由$M-1$个单元延时及M个抽头相加所组成的电路,常称为横向滤波器。令$x(n)=\delta(n)$,将所给差分方程等式两端取Z变换,可得系统函数为

$$H(z)=\sum_{k=0}^{M-1}a^k z^{-k}=\frac{1-a^M z^{-M}}{1-az^{-1}}=\frac{z^M-a^M}{z^{M-1}(z-a)},\quad |z|>0$$

零点满足$z^M-a^M=0$,即

$$z_i=a\mathrm{e}^{\mathrm{j}\frac{2\pi}{M}i},\quad i=0,1,2,\cdots,M-1$$

极点

$$\begin{cases}z_{\mathrm{p}}=a, & \text{单极点}\\ z=0, & M-1\text{阶极点}\end{cases}$$

其中，第一个零点 $z_0=a$ 和单极点 $z_p=a$ 相抵消。

当输入 $x(n)=\delta(n)$ 时，系统只延时 $M-1$ 位就不存在了，故 $h(n)$ 只有 M 个值，即

$$h(n)=\begin{cases}a^n, & 0\leqslant n\leqslant M-1\\ 0, & 其他\end{cases}$$

图 2-21 表示 $M=6$ 及 $0<a<1$ 条件下的零点与极点分布、频率响应、单位脉冲响应及结构。频率响应的幅度在 $\omega=0$ 处为峰值，而在 $H(z)$ 的零点附近的频率处，频率响应的幅度为谷值。可以用零极点向量图解释此频率响应。另外，还可看出，单位脉冲响应 $h(n)$ 是有限长的序列。

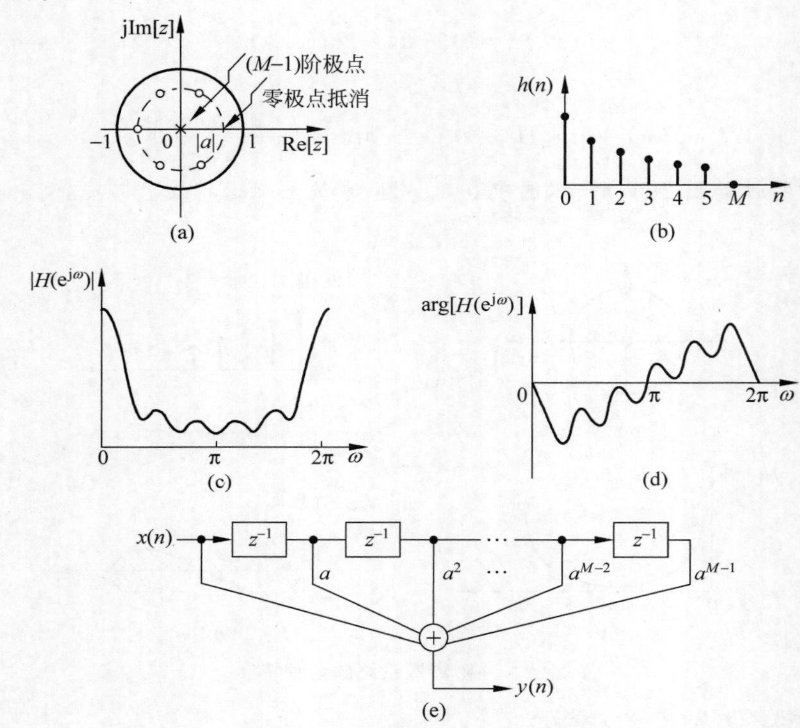

图 2-21 横向滤波器的结构和特性

2. 无限长单位脉冲响应(IIR)系统

如果一个离散时间系统的单位脉冲响应 $h(n)$ 延伸到无限长，即 $n\to\infty$ 时，$h(n)$ 仍有值，这样的系统称为无限长单位脉冲响应(Infinite Impulse Response，IIR)系统。

一个线性时不变系统的系统函数可以表示为

$$H(z)=\frac{\sum_{r=0}^{M}b_r z^{-r}}{\sum_{k=0}^{N}a_k z^{-k}}=\frac{\sum_{r=0}^{M}b_r z^{-r}}{1+\sum_{k=1}^{N}a_k z^{-k}} \tag{2-65}$$

式(2-65)中，只要有一个 a_k 不为零，则序列就是无限长的。此时，描述该系统的差分方程为

$$y(n)=\sum_{r=0}^{M}b_r x(n-r)-\sum_{k=1}^{N}a_k y(n-k) \tag{2-66}$$

式(2-66)表明，在任何时刻系统的输出响应不仅与此时刻和此时刻以前时刻的输入有

关，而且与此时刻以前的输出有关。在由差分方程确定输出时，需要进行迭代运算。因而通常将这种差分方程称为递归方程，这种方程所描述的系统也称为递归系统。

3. 有限长单位脉冲响应（FIR）系统

如果一个离散时间系统的单位脉冲响应 $h(n)$是有限长序列，这样的系统称为有限长单位脉冲响应（Finite Impulse Response，FIR）系统。

式(2-65)中，a_k 全为零，则序列就是有限长的。此时，描述该系统的系统函数和差分方程分别为

$$H(z)=\sum_{r=0}^{M} b_r z^{-r} \tag{2-67}$$

$$y(n)=\sum_{r=0}^{M} b_r x(n-r) \tag{2-68}$$

式(2-68)表明，在任何时刻系统的输出响应只与此时刻和此时刻以前时刻的输入有关，而与此时刻以前的输出无关。在由差分方程确定输出时，不需要进行迭代运算。因而通常将这种差分方程称为非递归方程，这种方程所描述的系统也称为非递归系统。

前面介绍的两个典型例题，其中例 2-23 所描述的系统是 IIR 系统，而例 2-24 描述的系统是 FIR 系统。IIR 和 FIR 系统是非常重要的两大类离散时间时不变系统。在后面的章节中将重点介绍 IIR 数字滤波器和 FIR 数字滤波器。

2.4.6 MATLAB 实现

在 MATLAB 中，可以用 DSP 工具箱中的 zplane(b,a)函数或 pzplotz(b,a)函数，由给定的分子行向量和分母行向量绘制成系统的零极点图，符号“o”表示零点，符号“×”表示极点，图中还给出了用作参考的单位圆。

在 MATLAB 中，可以用 freqz 函数来求系统的频率响应，方法如下：

[H, w]= freqz(b,a,N)在上半单位圆(0～π)等间隔的 N 个点上计算频率响应。

[H, w]= freqz(b,a,N,'whole')在整个单位圆(0～2π)等间隔的 N 个点上计算。

[H]= freqz(b, a, w)计算在矢量 w 中指定的频率处的频率响应。

在 MATLAB 中，可用一个 filter 函数求在给定输入和差分方程系数时的差分方程的数值解。子程序调用的简单形式为

```
y = filter(b,a,x)
```

其中，b、a 是由差分方程或系统函数给出的系数组；而 x 是输入序列数组。

说明：y=filter(b,a,x)是利用给定的 b 和 a(数字滤波器系数)对输入 x 中的数据进行滤波。

例 2-25　已知某系统的系统函数为

$$H(z)=\frac{0.3+0.1z^{-1}+0.3z^{-2}+0.1z^{-3}+0.2z^{-4}}{1-1.2z^{-1}+1.5z^{-2}-0.8z^{-3}+0.3z^{-4}}$$

求其零极点并绘出零极点图。

解　MATLAB 实现程序如下：

```
b = [0.3 0.1 0.3 0.1 0.2]; a = [1 -1.2 1.5 -0.8 0.3];
```

```
r1 = roots(a)                    % 求极点
r2 = roots(b)                    % 求零点
zplane(b,a)
```

运行结果为

```
r1 = [ 0.1976 + 0.8796i  0.1976 - 0.8796i  0.4024 + 0.4552i  0.4024 - 0.4552i]
r2 = [0.3236 + 0.8660i  0.3236 - 0.8660i  -0.4903 + 0.7345i  -0.4903 - 0.7345i]
```

图 2-22 为 MATLAB 仿真的零极点图。

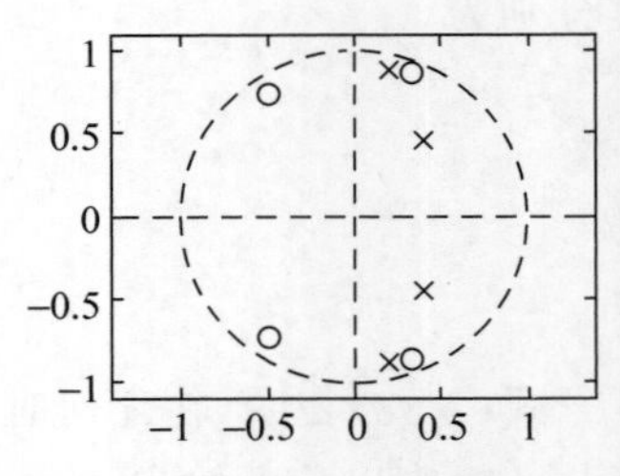

图 2-22 例 2-25 的零极点

例 2-26 已知因果系统 $y(n)=0.9y(n-1)+x(n)$，绘出 $H(e^{j\omega})$的幅频和相频特性曲线。

解 差分方程可以变形为

$$y(n)-0.9y(n-1)=x(n)$$

由此可以得到

$$H(z)=\frac{1}{1-0.9z^{-1}},\quad |z|>0.9$$

MATLAB 实现程序如下：

```
b = [1,0]; a = [1, -0.9];
[H,w] = freqz(b,a,100,'whole'); magH = abs(H); phaH = angle(H);
subplot(2,1,1), plot(w/pi,magH); grid
xlabel(''); ylabel('幅度'); title('幅频响应')
subplot(2,1,2); plot(w/pi,phaH/pi); grid
xlabel('频率 (单位: pi)'); ylabel('相位 (单位: pi)'); title('相频响应')
```

图 2-23 为 MATLAB 仿真的频率响应图。

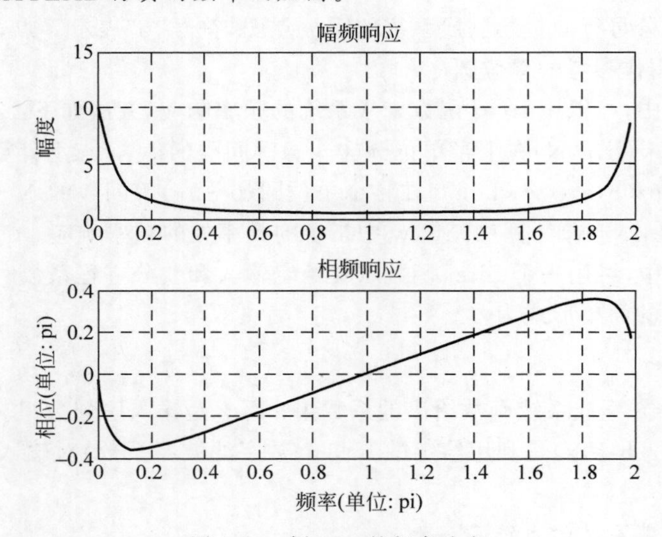

图 2-23 例 2-26 的频率响应

2.4.6
微课视频

例 2-27 一个线性时不变系统，描述它的差分方程为

$$y(n)-0.5y(n-1)+0.25y(n-2)=x(n)+2x(n-1)+x(n-2)$$

(1) 在 $0\leqslant n\leqslant 100$ 之间求得并画出系统的脉冲响应，从脉冲响应确定系统的稳定性；

(2) 画出该系统的幅频、相频特性；

(3) 如果此系统的输入为 $x_1(n)=[5+3\cos(0.2\pi n)+4\sin(0.3\pi n)]u(n)$，在 $0\leqslant n\leqslant 200$ 间求系统的输出 $y(n)$；

(4) 讨论当输入改为 $x_2(n)=[5+3\cos(0.2\pi n)+4\sin(0.8\pi n)]u(n)$时，输出波形如何变化？为什么？试根据系统的幅频特性解释。

解　这是本章的综合性例题，重点把握离散时间系统的作用。实际上，从 MATLAB 仿真的幅频特性曲线(图 2-24(b))来看，该离散时间系统是一个低通滤波器，当输入是一个由不同频率组成的信号时，在低通滤波器通频带内的信号(例如 $x_1(n)$)全部由系统输出，如图 2-24(c)所示。而在低通滤波器通频带外的信号(例如 $x_2(n)$中的一部分信号)被滤掉，如图 2-24(d)所示。可见该离散时间系统起到滤波的功能。

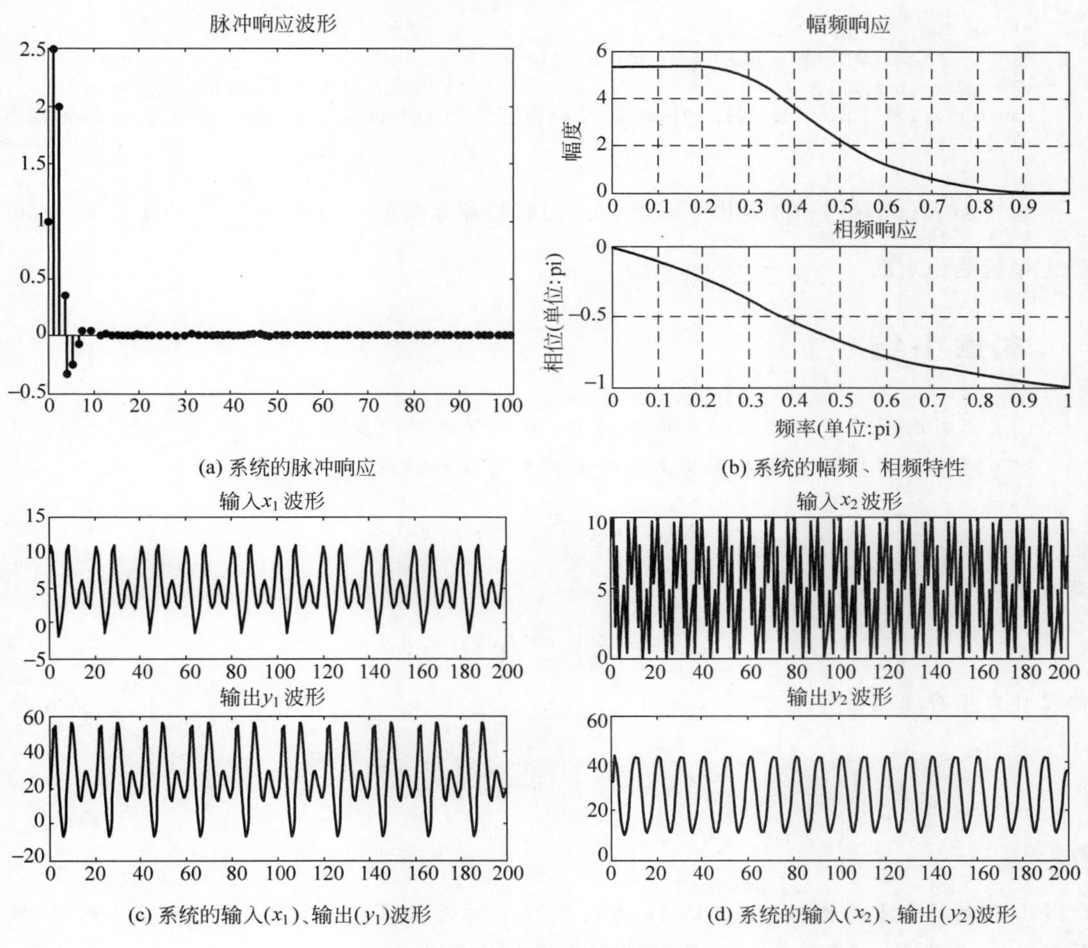

(a) 系统的脉冲响应　　(b) 系统的幅频、相频特性

(c) 系统的输入(x_1)、输出(y_1)波形　　(d) 系统的输入(x_2)、输出(y_2)波形

图 2-24　例 2-27 的波形

MATLAB 实现程序如下：

```
b = [1,2,1]; a = [1, - 0.5,0.25];
x = impseq(0,0,100); n = 0: 100;
h = filter(b,a,x);
stem(n,h,'.'); title('脉冲响应波形');                    % 画出系统的脉冲响应
sum(abs(h))                                              % 从脉冲响应确定系统的稳定性
figure;
```

```
[H,w] = freqz(b,a,200);
magH = abs(H); phaH = angle(H);
subplot(2,1,1),plot(w/pi,magH); grid;                    % 画出该系统的幅频特性
xlabel(''); ylabel('幅度'); title('幅频响应')
subplot(2,1,2); plot(w/pi,phaH/pi); grid;                % 画出该系统的相频特性
xlabel('频率 (单位: pi)'); ylabel('相位 (单位: pi)'); title('相频响应');
figure;
n1 = 0: 200;
x1 = 5 + 3 * cos(0.2 * pi * n1) + 4 * sin(0.3 * pi * n1);
y1 = filter(b,a,x1); % 当输入为 x1 时,系统的响应 y1
subplot(2,1,1); plot(n1,x1); title('输入 x1 波形'); subplot(2,1,2); plot(n1,y1); title('输出
y1 波形');
figure;
n1 = 0: 200;
x2 = 5 + 3 * cos(0.2 * pi * n1) + 4 * sin(0.8 * pi * n1);
y2 = filter(b,a,x2);                                     % 当输入为 x2 时,系统的响应 y2
subplot(2,1,1); plot(n1,x2); title('输入 x2 波形'); subplot(2,1,2); plot(n1,y2); title('输出
y2 波形')
```

运行 sum(abs(h)) 的结果为 ans $=6.5714$,根据系统的稳定条件 $\sum_{-\infty}^{+\infty}|h(n)|<\infty$,可确定系统是稳定的。

本章小结

(1) 离散时间信号与系统的频域分析有:序列的傅里叶变换、Z 变换(复频域)。

(2) 序列的傅里叶变换也称为离散时间傅里叶变换(DTFT),其定义为

$$X(\mathrm{e}^{\mathrm{j}\omega})=\sum_{n=-\infty}^{\infty}x(n)\mathrm{e}^{-\mathrm{j}\omega n}$$

其反变换为

$$x(n)=\frac{1}{2\pi}\int_{-\pi}^{\pi}X(\mathrm{e}^{\mathrm{j}\omega})\mathrm{e}^{\mathrm{j}\omega n}\,\mathrm{d}\omega$$

傅里叶变换存在的条件是

$$\sum_{n=-\infty}^{\infty}|x(n)|<\infty \quad \text{绝对可和}$$

或

$$\sum_{n=-\infty}^{\infty}|x(n)|^{2}<\infty \quad \text{平方可和}$$

DTFT 具有两个重要特点:①是以 2π 为周期的 ω 的连续函数;②当 $x(n)$ 为实序列时,幅值在 $0\leqslant\omega\leqslant2\pi$ 区间内是偶对称函数,相位是奇对称函数。

(3) 序列的傅里叶变换主要性质和定理有线性、时移特性与频移特性、周期性、对称性质、时域卷积定理、频域卷积定理以及帕斯瓦尔(Parseval)定理。

(4) 序列 $x(n)$ 的 Z 变换定义为

$$X(z)=\sum_{n=-\infty}^{\infty}x(n)z^{-n}$$

Z 反变换的表达式为

$$x(n)=\frac{1}{2\pi j}\oint_c X(z)z^{n-1}dz \quad c\in(R_{x-},R_{x+})$$

Z变换存在的条件是

$$\sum_{n=-\infty}^{\infty}|x(n)z^{-n}|<\infty$$

(5) 对于任意给定的序列，使Z变换收敛的 z 值集合称作收敛区域。Z变换收敛域的概念很重要，相同的Z变换表达式，若收敛域不同，则对应于不同的序列，或者说序列 $x(n)$ 的形式决定了 $X(z)$ 的收敛区域。例如：

① 有限长序列的收敛域是：$0<|z|<\infty$；

② 右边序列的收敛域是：$R_{x-}<|z|<\infty$，其中因果序列是最重要的一种右边序列，其收敛域包括 $|z|=\infty$；

③ 左边序列的收敛域是：$0<|z|<R_{x+}$；

④ 双边序列的收敛域是：$R_{x-}<|z|<R_{x+}$。

(6) 求Z反变换的方法通常有3种：围线积分法(留数法)、部分分式展开法和长除法。

(7) Z变换的主要性质和定理有线性、移位特性、z 域尺度变换、序列的线性加权、复序列的共轭性质、时域卷积定理、复卷积定理和帕斯瓦尔定理等。

(8) 利用Z变换可以分析系统的频率特性。系统函数定义为线性时不变系统的输出Z变换与输入Z变换之比，即

$$H(z)=\frac{Y(z)}{X(z)}=\sum_{n=-\infty}^{\infty}h(n)z^{-n} \quad \text{（它也是单位脉冲响应 } h(n) \text{ 的Z变换）}$$

在单位圆上($|z|=1$)的系统函数就是系统的频率响应，其关系为

$$H(e^{j\omega})=H(z)\Big|_{z=e^{j\omega}}=\sum_{n=-\infty}^{\infty}h(n)e^{-jn\omega}$$

(9) 系统函数的收敛域与系统的因果稳定性。

系统稳定的频域充要条件：系统函数在单位圆上收敛，即 $H(z)$ 的收敛域包括单位圆。

系统因果的频域充要条件：系统单位脉冲响应是因果序列，即收敛域为 $R_{x-}<|z|\leqslant+\infty$，所以，一个稳定的因果系统的系统函数的收敛域是

$$\begin{cases}R_{x-}<|z|\leqslant+\infty\\0<R_{x-}<1\end{cases}$$

即对于一个因果稳定系统，收敛域必须包括单位圆和单位圆外的整个 z 平面，也就是说，系统函数的全部极点必须在单位圆内。

(10) 频率响应的物理意义：对于稳定的因果系统，如果输入一个频率为 ω 的复正弦序列 $x(n)=e^{j\omega n}$，则其输出为 $y(n)=e^{j\omega n}H(e^{j\omega})$。其中 $H(e^{j\omega})=\sum\limits_{n=-\infty}^{\infty}h(n)e^{-j\omega n}$ 为系统的频率响应，它正是系统对输入序列中 ω 频率成分的响应，这也就是频率响应的物理意义。

(11) 系统的频率响应可以由 $H(z)$ 的零极点确定。频率响应的几何确定法实际上就是利用 $H(z)$ 在 z 平面上的零极点位置，采用几何方法直观、定性地求出系统的频率响应。

习题

2-1　已知序列 $x(n)$ 的傅里叶变换为 $X(e^{j\omega})$，试用 $X(e^{j\omega})$ 表示下列序列的傅里叶变换：

(1) $g(n)=x(2n)$；

(2) $g(n)=x(-n)$；

(3) $g(n)=x^2(n)$；

(4) $g(n)=x(n-n_0)$；

(5) $g(n)=nx(n)$；

(6) $g(n)=\begin{cases} x\left(\dfrac{n}{2}\right), & n \text{ 为偶数} \\ 0, & n \text{ 为奇数} \end{cases}$；

(7) $g(n)=\begin{cases} x(n), & n \text{ 为偶数} \\ 0, & n \text{ 为奇数} \end{cases}$。

2-2　试求如下序列的傅里叶变换：

(1) $x_1(n)=\delta(n-3)$；

(2) $x_2(n)=\dfrac{1}{2}\delta(n+1)+\delta(n)+\dfrac{1}{2}\delta(n-1)$；

(3) $x_3(n)=a^n u(n),\quad 0<a<1$；

(4) $x_4(n)=u(n+3)-u(n-4)$。

2-3　证明序列傅里叶变换的下列性质：

(1) $x^*(n)\rightarrow X^*(e^{-j\omega})$；

(2) $x^*(-n)\rightarrow X^*(e^{j\omega})$；

(3) $\mathrm{Re}[x(n)]\rightarrow X_e(e^{j\omega})$。

2-4　$x_1(n)$、$x_2(n)$ 是因果稳定的实序列，求证

$$\frac{1}{2\pi}\int_{-\pi}^{\pi} X_1(e^{j\omega})X_2(e^{j\omega})\,d\omega=\left[\frac{1}{2\pi}\int_{-\pi}^{\pi} X_1(e^{j\omega})\,d\omega\right]\left[\frac{1}{2\pi}\int_{-\pi}^{\pi} X_2(e^{j\omega})\,d\omega\right]$$

2-5　系统差分方程为 $y(n)+\dfrac{1}{2}y(n-1)=x(n)$，从下列几项中选两个满足上述系统的单位脉冲响应。

(1) $\left(-\dfrac{1}{2}\right)^n u(n)$；　　(2) $\left(\dfrac{1}{2}\right)^n u(n-1)$；

(3) $\left(-\dfrac{1}{2}\right)^n u(-n-1)$；　　(4) $2^n u(n)$；

(5) $(-2)^n u(-n-1)$；　　(6) $\dfrac{1}{2}\left(-\dfrac{1}{2}\right)^{n-1} u(-n-1)$。

2-6　求以下序列的 Z 变换及收敛域：

(1) $2^{-n}u(n)$；　　(2) $-2^{-n}u(-n-1)$；

(3) $2^{-n}u(-n)$；　　(4) $\delta(n)$；

(5) $\delta(n-1)$；　　(6) $2^{-n}[u(n)-u(n-10)]$。

2-7　求以下序列的 Z 变换及收敛域，并在 z 平面上画出零极点分布图。

(1) $x(n)=R_N(n), N=4$；

(2) $x(n)=Ar^n\cos(\omega_0 n+\varphi)u(n)$，　$r=0.9, \omega_0=0.5\pi\text{rad}, \varphi=0.25\pi\text{rad}$；

(3) $x(n)=\begin{cases} n, & 0\leqslant n\leqslant N \\ 2N-n, & N+1\leqslant n\leqslant 2N, \\ 0, & \text{其他} \end{cases}$　式中 $N=4$。

2-8　已知

$$X(z)=\frac{3}{1-\frac{1}{2}z^{-1}}+\frac{2}{1-2z^{-1}}$$

求出对应 $X(z)$ 的各种可能的序列表达式。

2-9　已知 $x(n)=a^n u(n), 0<a<1$，试求：

(1) $x(n)$ 的 Z 变换；

(2) $nx(n)$ 的 Z 变换；

(3) $a^{-n}u(-n)$ 的 Z 变换。

2-10　已知 $X(z)=\dfrac{-3z^{-1}}{2-5z^{-1}+2z^{-2}}$，试求：

(1) 收敛域 $0.5<|z|<2$ 对应的原序列 $x(n)$；

(2) 收敛域 $|z|>2$ 对应的原序列 $x(n)$。

2-11　分别用长除法、部分分式法求以下 $X(z)$ 的 Z 反变换：

(1) $X(z)=\dfrac{1-\frac{1}{3}z^{-1}}{1-\frac{1}{4}z^{-2}}$，　$|z|>\dfrac{1}{2}$；

(2) $X(z)=\dfrac{1-2z^{-1}}{1-\frac{1}{4}z^{-2}}$，　$|z|<\dfrac{1}{2}$。

2-12　设确定性序列 $x(n)$ 的自相关函数表示为

$$r_{xx}(m)=\sum_{n=-\infty}^{\infty}x(n)x(n+m)$$

试用 $x(n)$ 的 Z 变换 $X(z)$ 和傅里叶变换 $X(e^{j\omega})$ 分别表示自相关函数的 Z 变换 $R_{xx}(z)$ 和傅里叶变换 $R_{xx}(e^{j\omega})$。

2-13　用 Z 变换法解下列差分方程：

(1) $y(n)-0.9y(n-1)=0.05u(n), y(n)=0, n\leqslant -1$；

(2) $y(n)-0.9y(n-1)=0.05u(n), y(-1)=1, y(n)=0, n<-1$；

(3) $y(n)-0.8y(n-1)+0.15y(n-2)=\delta(n)$，$y(-1)=0.2, y(-2)=0.5, y(n)=0, n\leqslant -3$。

2-14　设线性时不变系统的系统函数 $H(z)$ 为

$$H(z)=\frac{1-a^{-1}z^{-1}}{1-az^{-1}},\quad a \text{ 为实数}$$

(1) 在 z 平面上用几何法证明该系统是全通网络，即 $|H(e^{j\omega})|=$常数；

(2) 参数 a 如何取值，才能使系统因果稳定？并画出其零极点分布及收敛域。

2-15 设系统由下列差分方程描述：

$$y(n)=y(n-1)+y(n-2)+x(n-1)$$

(1) 求系统的系统函数 $H(z)$，并画出零极点分布图。

(2) 限定系统是因果的，写出 $H(z)$ 的收敛域，并求出其单位脉冲响应 $h(n)$。

(3) 限定系统是稳定的，写出 $H(z)$ 的收敛域，并求出其单位脉冲响应 $h(n)$。

2-16 已知线性因果网络用下面的差分方程描述：

$$y(n)=0.9y(n-1)+x(n)+0.9x(n-1)$$

(1) 求网络的系统函数 $H(z)$ 及单位脉冲响应 $h(n)$；

(2) 写出网络传输函数 $H(e^{j\omega})$ 表达式，并定性画出其幅频特性曲线；

(3) 设输入 $x(n)=e^{j\omega_0 n}$，求输出 $y(n)$。

2-17 研究一个输入为 $x(n)$ 和输出为 $y(n)$ 的时域离散线性时不变系统，已知它满足 $y(n)=0.4y(n-1)+x(n)+0.8x(n-1)$，并已知系统是因果的。

(1) 求系统函数 $H(z)$ 和频率响应 $H(e^{j\omega})$；

(2) 采用几何确定法分析该系统的幅频响应，指出是何种通带滤波器；

(3) 当系统的输入为 $x(n)=(-1)^n$ 时，求系统的输出 $y(n)$。

2-18 一个因果的线性时不变系统，其系统函数在 z 平面有一对共轭极点 $z_{1,2}=\frac{1}{2}e^{\pm j\frac{\pi}{3}}$，在 $z=0$ 处有二阶零点，且有 $H(z)\big|_{z=1}=4$，求系统函数 $H(z)$ 和单位脉冲响应 $h(n)$。

2-19 已知网络的输入和单位脉冲响应分别为 $x(n)=a^n u(n)$，$h(n)=b^n u(n)$，$0<a<1$，$0<b<1$。

(1) 用卷积法求网络输出 $y(n)$；

(2) 用 Z 变换法求网络输出 $y(n)$。

2-20 线性因果系统用下面的差分方程描述：

$$y(n)-2ry(n-1)\cos\theta+r^2y(n-2)=x(n)$$

式中，$x(n)=a^n u(n)$，$0<a<1$；$0<r<1$，$\theta=$常数。试求系统的输出 $y(n)$。

2-21 已知一因果系统的单位脉冲响应为 $h(n)=2(-0.4)^n u(n)$，输入为 $x(n)=u(n)$，用 Z 变换法求系统的输出 $y(n)$。

2-22 已知一个因果系统的系统函数为

$$H(z)=\frac{1+0.6z^{-1}}{1-0.2z^{-1}}$$

写出系统频率响应 $H(e^{j\omega})$ 表达式，画出零极点图，并根据零极点分布画出其幅频特性曲线。

2-23 四阶梳状滤波器的系统函数为 $H(z)=A\,\frac{1+z^{-4}}{1+0.3^4z^{-4}}$。

(1) 画出 $H(z)$的零极点分布图；

(2) 求使滤波器的增益等于 2 时的 A 值。

2-24　已知理想低通滤波器的频率响应 $H_d(e^{j\omega})$为

$$H_d(e^{j\omega})=\begin{cases}1, & |\omega|\leqslant\omega_c\\ 0, & \omega_c<|\omega|\leqslant\pi\end{cases}$$

(1) 求其单位脉冲响应 $h_d(n)$；

(2) 讨论 $h_d(n)$的傅里叶变换的收敛情况。

2-25　已知某线性时不变系统的单位脉冲响应 $h(n)$为实值，输入 $x(n)=\cos(n\omega_0)$，试证明该系统的输出为 $y(n)=|H(e^{j\omega_0})|\cos(n\omega_0+\varphi_h(\omega_0))$，其中 $\varphi_h(\omega_0)=\arctan\dfrac{H_I(e^{j\omega_0})}{H_R(e^{j\omega_0})}$。

2-26　一个线性时不变系统的输入 $x(n)=2\cos\left(\dfrac{\pi}{4}n\right)+3\sin\left(\dfrac{3\pi}{4}n+\dfrac{\pi}{8}\right)$，如果该系统的单位脉冲响应为 $h(n)=2\dfrac{\sin[(n-1)\pi/2]}{(n-1)\pi}$，求系统的输出 $y(n)$。

第3章 离散傅里叶变换

CHAPTER 3

3.1 引言

有限长序列在数字信号处理中占有很重要的地位。计算机只能处理有限长序列，前面讨论的傅里叶变换和Z变换虽然能分析研究有限长序列，但无法利用计算机进行数值计算。在这种情况下，可以推导出另一种傅里叶变换式，称作离散傅里叶变换(DFT)。离散傅里叶变换是有限长序列的傅里叶变换，它相当于把信号的傅里叶变换进行等频率间隔采样。离散傅里叶变换除了在理论上具有重要意义之外，由于存在快速算法，因而在各种数字信号处理的算法中，越来越起到核心的作用。

有限长序列的离散傅里叶变换(DFT)和周期序列的离散傅里叶级数(DFS)本质上是一样的。在讨论离散傅里叶级数与离散傅里叶变换前先来回顾并讨论一下傅里叶变换的几种可能形式。

3.2
微课视频

3.2 傅里叶变换的几种形式

傅里叶变换是建立以时间 t 为自变量的“信号”与以频率 f 为自变量的“频率函数”(频谱)之间的某种变换关系。所以“时间”或“频率”取连续值还是离散值，就形成各种不同形式的傅里叶变换对。

在深入讨论离散傅里叶变换(DFT)之前，先概述4种不同形式的傅里叶变换对，如图3-1所示。

3.2.1 连续时间、连续频率——连续傅里叶变换(FT)

这是非周期连续时间信号 $x(t)$ 的傅里叶变换，其频谱 $X(\mathrm{j}\Omega)$ 是一个连续的非周期函数。这一变换对为

$$X(\mathrm{j}\Omega)=\int_{-\infty}^{\infty}x(t)\mathrm{e}^{-\mathrm{j}\Omega t}\,\mathrm{d}t \tag{3-1}$$

$$x(t)=\frac{1}{2\pi}\int_{-\infty}^{\infty}X(\mathrm{j}\Omega)\mathrm{e}^{\mathrm{j}\Omega t}\,\mathrm{d}\Omega \tag{3-2}$$

这一变换对的示意图如图3-1(a)所示。可以看出时域连续函数对应频域是非周期的谱，而时域的非周期对应频域是连续的谱。

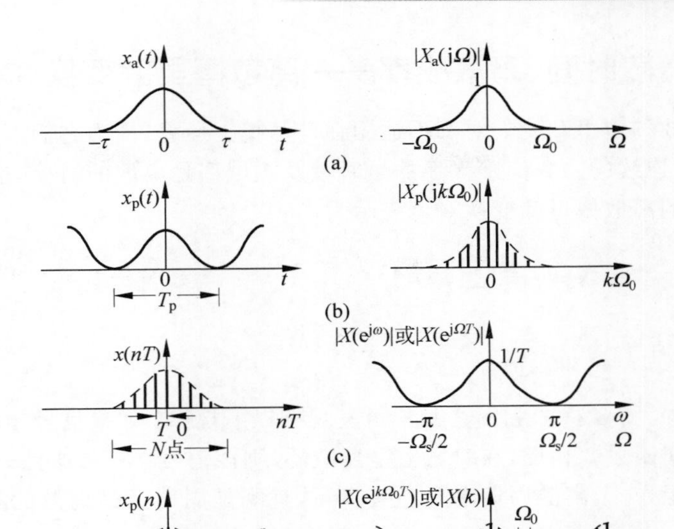

图 3-1　4 种形式的傅里叶变换对示意图

3.2.2　连续时间、离散频率——傅里叶级数(FS)

这是周期(T_p)连续时间信号 $x(t)$ 的傅里叶变换，得到的是非周期离散频谱函数 $X(jk\Omega_0)$，这一变换对为

$$X(jk\Omega_0)=\frac{1}{T_p}\int_{-T_p/2}^{T_p/2}x(t)e^{-jk\Omega_0 t}dt \tag{3-3}$$

$$x(t)=\sum_{k=-\infty}^{\infty}X(jk\Omega_0)e^{jk\Omega_0 t} \tag{3-4}$$

其中，$\Omega_0=2\pi F=\frac{2\pi}{T_p}$为离散频谱相邻两谱线之间的角频率间隔，$k$ 为谐波序号。

这一变换对的示意图如图 3-1(b)所示，可以看出时域的连续函数对应频域是非周期的频谱函数，而频域的离散频谱就与时域的周期时间函数相对应。

3.2.3　离散时间、连续频率——序列傅里叶变换(DTFT)

这是非周期离散时间信号的傅里叶变换，得到的是周期性连续的频率函数。这正是第 2 章介绍的序列(离散时间)傅里叶变换。这一变换对为

$$X(e^{j\omega})=\sum_{n=-\infty}^{\infty}x(n)e^{-j\omega n} \tag{3-5}$$

$$x(n)=\frac{1}{2\pi}\int_{-\pi}^{\pi}X(e^{j\omega})e^{j\omega n}d\omega \tag{3-6}$$

其中，ω 是数字频率，它和模拟角频率 Ω 的关系为 $\omega=\Omega T$。

这一变换对的示意图如图 3-1(c) 所示。可以看出时域的离散对应频域的周期延拓，而时域的非周期对应频域的连续。

3.2.4 离散时间、离散频率——离散傅里叶变换（DFT）

上面讨论的3种傅里叶变换对都不适用在计算机上运算，因为它们至少在一个域（时域或频域）中函数是连续的。我们感兴趣的是时域及频域都是离散的情况，这就是离散傅里叶变换。一种常用的离散傅里叶变换对可表示为

$$X(k)=\sum_{n=0}^{N-1}x(n)\mathrm{e}^{-\mathrm{j}\frac{2\pi}{N}nk},\quad 0\leqslant k\leqslant N-1 \tag{3-7}$$

$$x(n)=\frac{1}{N}\sum_{k=0}^{N-1}X(k)\mathrm{e}^{\mathrm{j}\frac{2\pi}{N}nk},\quad 0\leqslant n\leqslant N-1 \tag{3-8}$$

比较图3-1(a)、图3-1(b)和图3-1(c)可发现有以下规律：如果信号频域是离散的，则表现为周期性的时间函数。相反，在时域上是离散的，则该信号在频域必然表现为周期性的频率函数。不难设想，一个离散周期序列，它一定具有既是周期又是离散的频谱，其示意图如图3-1(d)所示。

由此可以得出一般的规律：一个域的离散对应另一个域的周期延拓，一个域的连续必定对应另一个域的非周期。表3-1对这4种傅里叶变换形式的特点作了简要归纳。

表3-1　4种傅里叶变换形式的归纳

时间函数	频率函数
连续和非周期	非周期和连续
连续和周期(T_p)	非周期和离散$\left(\Omega_0=\frac{2\pi}{T_p}\right)$
离散(T)和非周期	周期$\left(\Omega_s=\frac{2\pi}{T}\right)$和连续
离散(T)和周期(T_p)	周期$\left(\Omega_s=\frac{2\pi}{T}\right)$和离散$\left(\Omega_0=\frac{2\pi}{T_p}\right)$

下面先从周期性序列的离散傅里叶级数开始讨论，然后讨论可作为周期函数一个周期的有限长序列的离散傅里叶变换。

3.3 离散傅里叶级数（DFS）

3.3.1
微课视频

3.3.1 DFS的定义

设$\tilde{x}(n)$是一个周期为N的周期序列，即

$$\tilde{x}(n)=\tilde{x}(n+rN),\quad r\text{为任意整数}$$

由于周期序列的数值随周期N在区间$(-\infty,+\infty)$内周而复始地重复变化，因而在整个z平面内找不到一个合适的衰减因子$|z|$，使周期序列绝对可和，即对于z平面内的任意z值，都有

$$\sum_{n=-\infty}^{\infty}|\tilde{x}(n)z^{-n}|=\sum_{n=-\infty}^{\infty}|\tilde{x}(n)||z|^{-n}=\infty$$

所以，周期序列不能用Z变换表示。

但是，正如连续时间周期信号可以用傅里叶级数表示一样，离散周期序列也可以用离散傅里叶级数表示，也就是用周期为N的复指数序列表示。表3-2表示了连续周期信号与离散周期序列的复指数对比。

表 3-2 连续周期信号与离散周期序列的复指数对比

分类	基频序列	周期	基频	k 次谐波序列
连续周期	$e^{j\Omega_0 t}=e^{j\left(\frac{2\pi}{T_p}\right)t}$	T_p	$\Omega_0=\frac{2\pi}{T_p}$	$e^{j\left(\frac{2\pi}{T_p}\right)tk}$
离散周期	$e^{j\omega_0 n}=e^{j\left(\frac{2\pi}{N}\right)n}$	N	$\omega_0=\frac{2\pi}{N}$	$e^{j\left(\frac{2\pi}{N}\right)nk}$

可见，周期为 N 的复指数序列的基频序列为 $e_1(n)=e^{j\omega_0 n}=e^{j\left(\frac{2\pi}{N}\right)n}$，$k$ 次谐波序列为 $e_k(n)=e^{j\left(\frac{2\pi}{N}\right)nk}$。

由于 $e^{j\frac{2\pi}{N}n(k+rN)}=e^{j\frac{2\pi}{N}nk}$，即 $e_{k+rN}(n)=e_k(n)$，因而，离散傅里叶级数的所有谐波成分中只有 N 个是独立的，这点和连续傅里叶级数不同(后者有无穷多个谐波成分)。因此在展开成离散傅里叶级数时，我们只能取 N 个独立的谐波分量，否则将产生二义性。为方便起见，取 k 为 $0\sim N-1$ 的 N 个独立谐波分量来构成 $\tilde{x}(n)$的离散傅里叶级数，即

$$\tilde{x}(n)=\frac{1}{N}\sum_{k=0}^{N-1}\tilde{X}(k)e^{j\left(\frac{2\pi}{N}\right)nk} \tag{3-9}$$

式中，$1/N$ 是习惯上采用的常数，$\tilde{X}(k)$是 k 次谐波的系数，为求解这个系数要利用以下性质，即

$$\frac{1}{N}\sum_{n=0}^{N-1}e^{j\left(\frac{2\pi}{N}\right)rn}=\frac{1}{N}\cdot\frac{1-e^{j\left(\frac{2\pi}{N}\right)rN}}{1-e^{j\left(\frac{2\pi}{N}\right)r}}=\begin{cases}1, & r=mN,m\ \text{为整数}\\0, & \text{其他}\end{cases} \tag{3-10}$$

将式(3-9)两端同时乘以 $e^{-j\frac{2\pi}{N}rn}$，并对 n 为 $0\sim N-1$ 的一个周期求和，得

$$\sum_{n=0}^{N-1}\tilde{x}(n)e^{-j\left(\frac{2\pi}{N}\right)rn}=\frac{1}{N}\sum_{n=0}^{N-1}\sum_{k=0}^{N-1}\tilde{X}(k)e^{j\frac{2\pi}{N}n(k-r)}=\sum_{k=0}^{N-1}\tilde{X}(k)\left[\frac{1}{N}\sum_{n=0}^{N-1}e^{j\frac{2\pi}{N}n(k-r)}\right]=\tilde{X}(r)$$

将 r 换成 k，可得

$$\tilde{X}(k)=\sum_{n=0}^{N-1}\tilde{x}(n)e^{-j\left(\frac{2\pi}{N}\right)nk} \tag{3-11}$$

这就是求 k 为 $0\sim N-1$ 的 N 个谐波系数 $\tilde{X}(k)$的公式。

由于

$$\tilde{X}(k+rN)=\sum_{n=0}^{N-1}\tilde{x}(n)e^{-j\left(\frac{2\pi}{N}\right)n(k+rN)}=\sum_{n=0}^{N-1}\tilde{x}(n)e^{-j\left(\frac{2\pi}{N}\right)nk}=\tilde{X}(k)$$

所以 $\tilde{X}(k)$也是一个以 N 为周期的周期序列。因此，时域离散周期序列的离散傅里叶级数在频域上仍然是一个周期序列。习惯上采用以下符号

$$W_N=e^{-j\frac{2\pi}{N}}$$

这样，式(3-9)和式(3-11)又可表示为

$$\tilde{X}(k)=\text{DFS}[\tilde{x}(n)]=\sum_{n=0}^{N-1}\tilde{x}(n)e^{-j\left(\frac{2\pi}{N}\right)nk}=\sum_{n=0}^{N-1}\tilde{x}(n)W_N^{nk} \tag{3-12}$$

$$\tilde{x}(n)=\text{IDFS}[\tilde{X}(k)]=\frac{1}{N}\sum_{k=0}^{N-1}\tilde{X}(k)e^{j\left(\frac{2\pi}{N}\right)nk}=\frac{1}{N}\sum_{k=0}^{N-1}\tilde{X}(k)W_N^{-nk} \tag{3-13}$$

其中，符号 DFS[·]表示离散傅里叶级数正变换，IDFS[·]表示离散傅里叶级数反变换。

式(3-12)和式(3-13)中的表达式求和时都只取 N 个序列值，这一事实说明一个周期序

列虽然是无限长序列，但只要研究一个周期的性质，其他周期的性质也就知道了。因此周期序列与有限长序列有着本质的联系。

3.3.2 DFS的性质

1. 线性

设 $\tilde{x}(n)$ 和 $\tilde{y}(n)$ 都是以 N 为周期的序列，并且

$$\text{DFS}[\tilde{x}(n)]=\widetilde{X}(k),\quad \text{DFS}[\tilde{y}(n)]=\widetilde{Y}(k)$$

则

$$\text{DFS}[a\tilde{x}(n)+b\tilde{y}(n)]=a\widetilde{X}(k)+b\widetilde{Y}(k) \tag{3-14}$$

其中，a，b 为任意常数。

2. 移位特性

首先看时移特性，即序列的移位。

设
$$\text{DFS}[\tilde{x}(n)]=\widetilde{X}(k)$$
则

$$\text{DFS}[\tilde{x}(n-m)]=W_N^{mk}\widetilde{X}(k) \tag{3-15a}$$

证明 $\sum\limits_{n=0}^{N-1}\tilde{x}(n-m)W_N^{nk}=\sum\limits_{n'=0}^{N-1}\tilde{x}(n')W_N^{(n'+m)k}=W_N^{mk}\sum\limits_{n'=0}^{N-1}\tilde{x}(n')W_N^{n'k}=W_N^{mk}\widetilde{X}(k)$

再来看一下频移特性，即调制特性。

设
$$\text{DFS}[\tilde{x}(n)]=\widetilde{X}(k)$$
则

$$\text{DFS}[W_N^{nl}\tilde{x}(n)]=\widetilde{X}(k+l) \tag{3-15b}$$

证明 $\sum\limits_{n=0}^{N-1}W_N^{nl}\tilde{x}(n)W_N^{nk}=\sum\limits_{n'=0}^{N-1}\tilde{x}(n)W_N^{n(k+l)}=\widetilde{X}(k+l)$

3.3.2-3
微课视频

3. 周期卷积

设 $\tilde{x}(n)$ 和 $\tilde{y}(n)$ 都是以 N 为周期的序列，它们的离散傅里叶级数分别为 $\widetilde{X}(k)$ 和 $\widetilde{Y}(k)$，若

$$\widetilde{F}(k)=\widetilde{X}(k)\widetilde{Y}(k)$$

则

$$\tilde{f}(n)=\text{IDFS}[\widetilde{F}(k)]=\sum_{m=0}^{N-1}\tilde{x}(m)\tilde{y}(n-m) \tag{3-16}$$

证明

$$\begin{aligned}\tilde{f}(n)&=\text{IDFS}[\widetilde{X}(k)\widetilde{Y}(k)]=\frac{1}{N}\sum_{k=0}^{N-1}\widetilde{X}(k)\widetilde{Y}(k)W_N^{-kn}\\&=\frac{1}{N}\sum_{k=0}^{N-1}\sum_{m=0}^{N-1}\tilde{x}(m)W_N^{mk}\widetilde{Y}(k)W_N^{-kn}=\sum_{m=0}^{N-1}\tilde{x}(m)\left[\frac{1}{N}\sum_{k=0}^{N-1}\widetilde{Y}(k)W_N^{-(n-m)k}\right]\\&=\sum_{m=0}^{N-1}\tilde{x}(m)\tilde{y}(n-m)\end{aligned}$$

这是一个卷积公式，但是和前面所讨论的线性卷积不同，$\tilde{x}(m)$ 和 $\tilde{y}(n-m)$ 都是变量 m 的周期函数，周期为 N，因而乘积也是周期为 N 的周期函数，另外，卷积过程也只是在一个周期内进行，这类卷积通常称为周期卷积。在作这类卷积的过程中，当一个周期移出计算区

间时，下一周期就移入计算区间。

周期卷积的过程可以用图 3-2 说明，这是两个周期 $N=7$ 的卷积。每一个周期里 $\tilde{x}_1(n)$有一个宽度为 4 的矩形脉冲，$\tilde{x}_2(n)$有一个宽度为 3 的矩形脉冲，图中画出了对应于 $n=0,1,2$ 时的 $\tilde{x}_2(n-m)$。周期卷积过程中一个周期的某一序列值移出计算区间时，相邻的同一位置的序列值就移入计算区间。运算在 m 为 $0\sim N-1$ 内进行，即在一个周期内将 $\tilde{x}_2(n-m)$与 $\tilde{x}_1(m)$逐点相乘后求和，先计算出 $n=0,1,\cdots,N-1$ 的结果，然后将所得结果进行周期延拓，就得到所求的整个周期序列 $\tilde{y}(n)$。

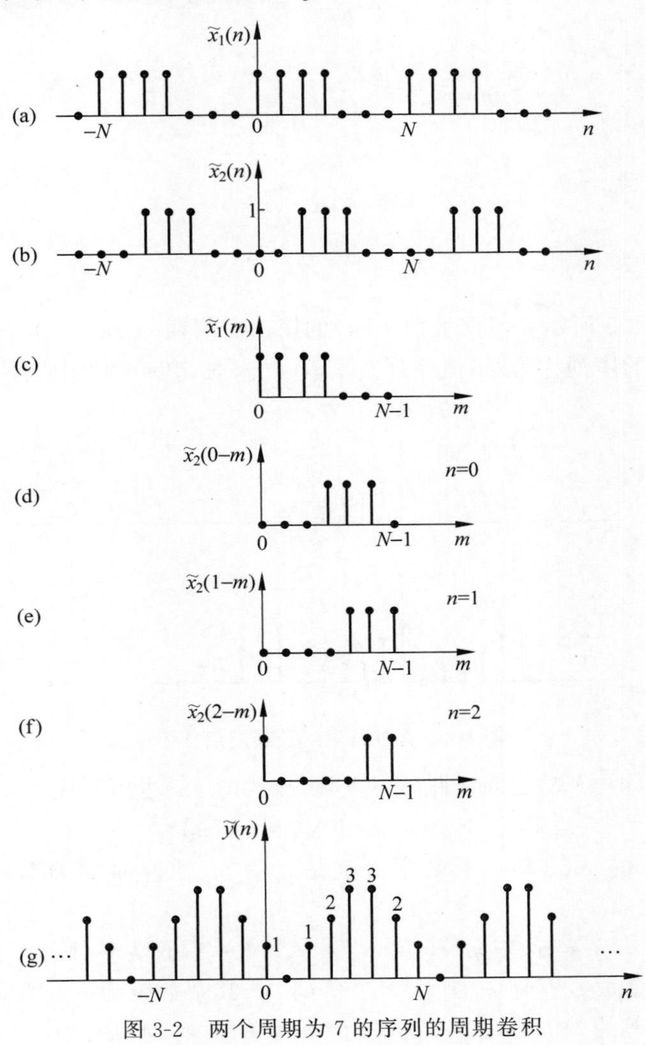

图 3-2 两个周期为 7 的序列的周期卷积

3.4 离散傅里叶变换(DFT)

3.4.1 DFT 的定义

3.4.1
微课视频

由 3.3 节的讨论可知，周期序列实际上只有有限个序列值有意义，因而它和有限长序列有着本质的联系。本节将根据周期序列和有限长序列之间的关系，由周期序列的离散傅里叶级数表示式推导得到有限长序列的离散频域表示，即离散傅里叶变换（DFT）。

1. 有限长序列和周期序列之间的关系

周期序列只有有限个序列值是独立的。对于长度为 N 的有限长序列，可以看成周期为 N 的周期序列的一个周期，这样利用离散傅里叶级数计算周期序列的一个周期，就相当于计算了有限长序列。

设 $x(n)$ 为有限长序列，长度为 N，把它看成周期序列 $\tilde{x}(n)$ 的一个周期，而把 $\tilde{x}(n)$ 看成 $x(n)$ 以 N 为周期的周期延拓，这样就建立了有限长序列 $x(n)$ 和周期序列 $\tilde{x}(n)$ 之间的联系，即

$$x(n)=\begin{cases}\tilde{x}(n), & 0 \leqslant n \leqslant N-1 \\ 0, & \text{其他}\end{cases}$$

或

$$x(n)=\tilde{x}(n)R_N(n) \tag{3-17}$$

$$\tilde{x}(n)=\sum_{r=-\infty}^{\infty} x(n+rN) \tag{3-18}$$

上述关系如图 3-3 所示。习惯上把 $\tilde{x}(n)$ 的第一个周期（n 从 $0\sim N-1$）定义为“主值区间”，而主值区间上的序列称为“主值序列”，所以 $x(n)$ 是 $\tilde{x}(n)$ 的“主值序列”。

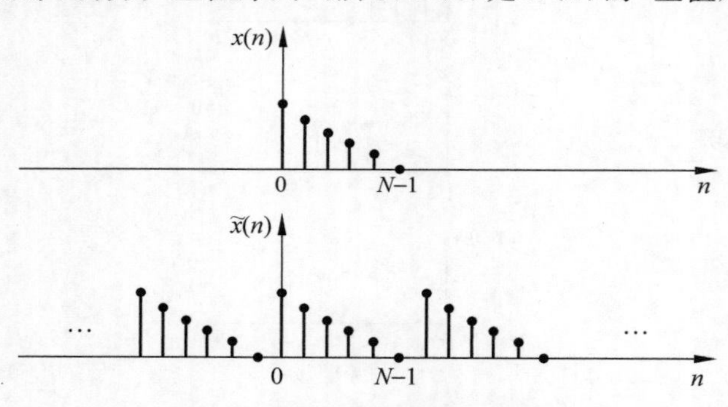

图 3-3 有限长序列及其周期延拓

对不同 r 值，$x(n+rN)$ 之间彼此并不重叠，故式(3-18)也可写成

$$\tilde{x}(n)=x(n \bmod N)=x((n))_N \tag{3-19}$$

用 $((n))_N$ 表示（$n \bmod N$），其数学上就是表示“n 对 N 取余数”，或称“n 对 N 取模值”。令

$$n=n_1+mN,\quad 0 \leqslant n_1 \leqslant N-1, m\ \text{为整数}$$

则 n_1 为 n 对 N 的余数。不管 n_1 加上多少倍的 N，其余数皆为 n_1，即周期性重复出现的 $x((n))_N$ 数值是相等的。例如，$\tilde{x}(n)$ 是周期 $N=8$ 的序列，求 $n=19$ 和 $n=-2$ 两数对 N 的余数。因为

$$n=19=3+2\times 8,\quad n=-2=6+(-1)\times 8$$

所以

$$((19))_8=3,\quad ((-2))_8=6$$

因此 $\tilde{x}(19)=x((19))_8=x(3)$，$\tilde{x}(-2)=x((-2))_8=x(6)$。

同理，频域周期序列 $\tilde{X}(k)$ 也可看成对有限长序列 $X(k)$ 的周期延拓，而有限长序列

$X(k)$看成周期序列 $\widetilde{X}(k)$的主值序列，即

$$\widetilde{X}(k)=X((k))_N \tag{3-20}$$

$$X(k)=\widetilde{X}(k)R_N(k) \tag{3-21}$$

2. 有限长序列的离散傅里叶变换

从 DFS 和 IDFS 的定义可以看出，求和运算只限定在 $n=0$ 到 $N-1$ 和 $k=0$ 到 $N-1$ 的主值区间内进行，因而完全适用于主值序列 $x(n)$与 $X(k)$。因此得到一个新的定义，这就是有限长序列的离散傅里叶变换：长度为 N 的有限长序列 $x(n)$，其离散傅里叶变换 $X(k)$仍然是一个长度为 N 的频域有限长序列，它们的关系为

$$X(k)=\mathrm{DFT}[x(n)]=\sum_{n=0}^{N-1}x(n)W_N^{nk},\quad 0\leqslant k\leqslant N-1 \tag{3-22}$$

$$x(n)=\mathrm{IDFT}[X(k)]=\frac{1}{N}\sum_{k=0}^{N-1}X(k)W_N^{-nk},\quad 0\leqslant n\leqslant N-1 \tag{3-23}$$

长度为 N 的有限长序列和周期为 N 的周期序列，都是由 N 个值定义。但有一点需要记住，凡是谈到傅里叶变换关系之处，有限长序列都是作为周期序列的一个周期来表示的，都隐含有周期性的意思。

例 3-1 已知序列 $x(n)=\delta(n)$，求它的 N 点 DFT。

解 单位脉冲序列的 DFT 很容易由 DFT 的定义式(3-22)得到，即

$$X(k)=\sum_{n=0}^{N-1}\delta(n)W_N^{nk}=W_N^0=1$$

$\delta(n)$的 $X(k)$如图 3-4 所示。这是一个很特殊的例子，它表明对序列 $\delta(n)$来说，不论对它进行多少点的 DFT，所得结果都是一个离散矩形序列。

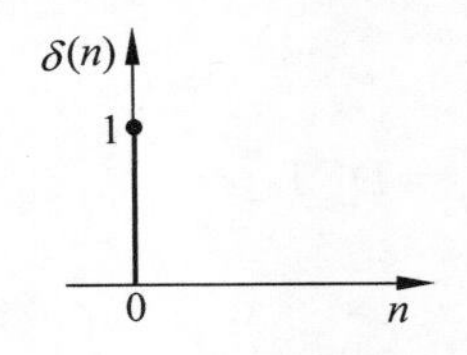

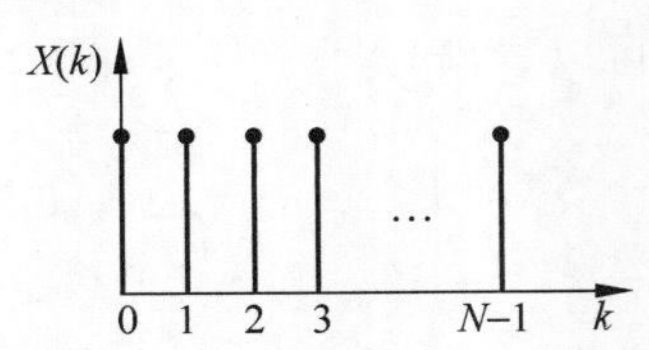

图 3-4 序列 $\delta(n)$及其离散傅里叶变换

在一般情况下，$X(k)$是一个复量，可表示为

$$X(k)=X_R(k)+jX_I(k)$$

或

$$X(k)=|X(k)|e^{j\theta(k)}$$

例 3-2 求有限长序列 $x(n)=\begin{cases}a^n, & 0\leqslant n\leqslant N-1\\ 0, & 其他\end{cases}$ 的 DFT，其中 $a=0.8$，$N=8$。

解 $X(k)=\sum_{n=0}^{8-1}x(n)W_8^{nk}=\sum_{n=0}^{7}a^n e^{-j\frac{2\pi}{8}nk}=\sum_{n=0}^{7}(ae^{-j\frac{2\pi}{8}k})^n=\dfrac{1-a^8}{1-ae^{-j\frac{\pi}{4}k}}$，$0\leqslant k\leqslant 7$

因此得

```
X(0) = 4.16114                    X(1) = 0.71063 - j0.92558
X(2) = 0.50746 - j0.40597         X(3) = 0.47017 - j0.16987
```

```
X(4) = 0.46235                          X(5) =  0.47017 + j0.16987
X(6) = 0.50746 + j0.40597               X(7) = 0.71063 + j0.92558
```

例 3-3 已知序列 $x(n)=R_4(n)$，求 $x(n)$ 的 8 点和 16 点 DFT。

解 设变换区间 $N=8$，则

$$X(k)=\sum_{n=0}^{8-1}x(n)W_8^{nk}=\sum_{n=0}^{3}\mathrm{e}^{-\mathrm{j}\frac{2\pi}{8}nk}$$

$$=\mathrm{e}^{-\mathrm{j}\frac{3\pi}{8}k}\frac{\sin\left(\frac{\pi}{2}k\right)}{\sin\left(\frac{\pi}{8}k\right)},\quad k=0,1,\cdots,7$$

设变换区间 $N=16$，则 $X(k)=\sum_{n=0}^{16-1}x(n)W_{16}^{nk}=\sum_{n=0}^{3}\mathrm{e}^{-\mathrm{j}\frac{2\pi}{16}nk}=\mathrm{e}^{-\mathrm{j}\frac{3\pi}{16}k}\dfrac{\sin\left(\frac{\pi}{4}k\right)}{\sin\left(\frac{\pi}{16}k\right)}$，$k=0,1,\cdots,15$，

由此可以看出，$x(n)$ 的 DFT 结果与变换区间长度 N 的取值有关。讨论完 DFT 与 Z 变换的关系及 DFT 的物理意义后，上述问题就会得到解释。

3.4.2
微课视频

3.4.2 DFT 与 Z 变换、DTFT 的关系

设序列 $x(n)$ 的长度为 N，其 Z 变换和 DFT 分别为

$$X(z)=\mathrm{Z}[x(n)]=\sum_{n=0}^{N-1}x(n)z^{-n}$$

$$X(k)=\mathrm{DFT}[x(n)]=\sum_{n=0}^{N-1}x(n)W_N^{nk},\quad 0\leqslant k\leqslant N-1$$

比较 Z 变换和 DFT，可以看出，当 $z=W_N^{-k}$ 时，有

$$X(z)\Big|_{z=W_N^{-k}}=\sum_{n=0}^{N-1}x(n)W_N^{nk}=\mathrm{DFT}[x(n)]$$

即

$$X(k)=X(z)\Big|_{z=W_N^{-k}},\quad 0\leqslant k\leqslant N-1 \tag{3-24}$$

$z=W_N^{-k}=\mathrm{e}^{\mathrm{j}\left(\frac{2\pi}{N}\right)k}$ 表明 W_N^{-k} 是 z 平面单位圆上幅角为 $\omega=\frac{2\pi}{N}k$ 的点，即将 z 平面单位圆 N 等分后的第 k 点，所以 $X(k)$ 也就是 Z 变换在单位圆上的 N 点等间隔采样。

另外，由于序列的傅里叶变换 $X(\mathrm{e}^{\mathrm{j}\omega})$ 就是单位圆上的 Z 变换，根据式(3-24)，DFT 与序列傅里叶变换 $X(\mathrm{e}^{\mathrm{j}\omega})$ 的关系为

$$X(k)=X(\mathrm{e}^{\mathrm{j}\omega})\Big|_{\omega=\frac{2\pi}{N}k} \tag{3-25}$$

式(3-25)说明，$X(k)$ 也可以看作序列 $x(n)$ 的傅里叶变换 $X(\mathrm{e}^{\mathrm{j}\omega})$ 在区间[0, 2π]上的 N 点等间隔采样，其采样间隔为 $\omega=\frac{2\pi}{N}$，这就是 DFT 的物理意义。显而易见，DFT 的变换区间长度 N 不同，表示对 $X(\mathrm{e}^{\mathrm{j}\omega})$ 在区间[0, 2π]上的采样间隔和采样点数不同，所以 DFT 的变换结果也不同，当 N 足够大时，$X(k)$ 的包络可逼近曲线 $X(\mathrm{e}^{\mathrm{j}\omega})$。DFT 与 Z 变换和序列

傅里叶变换的关系如图 3-5 所示。

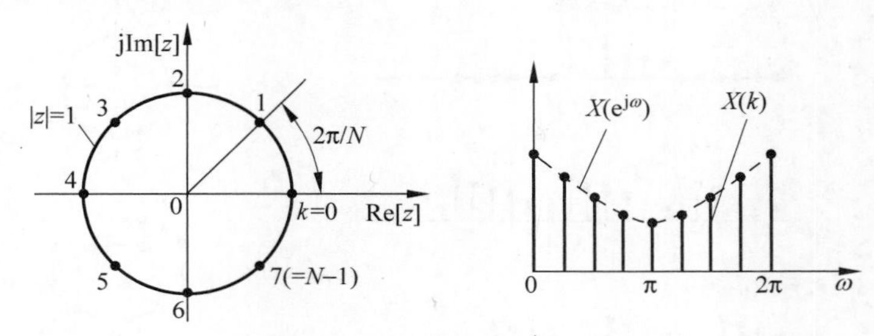

图 3-5 DFT 与 Z 变换和序列傅里叶变换(DTFT)的关系

信号时域采样理论实现了信号时域的离散化,使我们能用数字技术在时域对信号进行处理。而离散傅里叶变换理论实现了频域离散化,因而开辟了用数字技术在频域处理信号的新途径,从而推进了信号的频谱分析技术向更深更广的领域发展。

3.4.3 DFT 的性质

本节讨论 DFT 的一些性质,它们本质上和周期序列的 DFS 概念有关,而且是由有限长序列及其 DFT 表示式隐含的周期性得出的。以下讨论的序列都是 N 点有限长序列,用 DFT[·]表示 N 点 DFT,且设

$$\mathrm{DFT}[x_1(n)]=X_1(k),\quad \mathrm{DFT}[x_2(n)]=X_2(k)$$

1. 线性

$$\mathrm{DFT}[ax_1(n)+bx_2(n)]=aX_1(k)+bX_2(k) \tag{3-26}$$

式中,a、b 为任意常数。该式可根据 DFT 定义证明。若两个序列长度不等,取长度最大者,将短的序列通过补零加长,注意此时 DFT 与未补零的 DFT 不相等。

2. 圆周移位

1) 圆周移位定义

3.4.3-2
微课视频

一个有限长序列 $x(n)$的圆周移位是指用它的长度 N 为周期,将其延拓成周期序列 $\tilde{x}(n)$,将周期序列 $\tilde{x}(n)$移位,然后取主值区间($n=0\sim N-1$)上的序列值,即一个有限长序列 $x(n)$的圆周移位定义为

$$y(n)=x((n+m))_N\cdot R_N(n) \tag{3-27}$$

一个有限长序列 $x(n)$的圆周移位序列 $y(n)$仍然是一个长度为 N 的有限长序列,圆周移位的过程可用图 3-6 描述。

从图 3-6(c)可以看出,由于是周期序列的移位,当只观察 $0\leqslant n\leqslant N-1$ 这一主值区间时,某一采样从该区间的一端移出时,与其相同值的采样又从该区间的另一端循环移进。因而,可以想象 $x(n)$是排列在一个 N 等分的圆周上,序列 $x(n)$的圆周移位,就相当于 $x(n)$在此圆周上旋转,如图 3-6(e)~图 3-6(g)所示,因而称为圆周移位。若将 $x(n)$向左圆周移位时,此圆是顺时针旋转;将 $x(n)$向右圆周移位时,此圆是逆时针旋转。此外,如果围绕圆周观察几圈,那么看到的就是周期序列 $\tilde{x}(n)$。

2) 时域圆周移位定理

有限长序列圆周移位后的 DFT 为

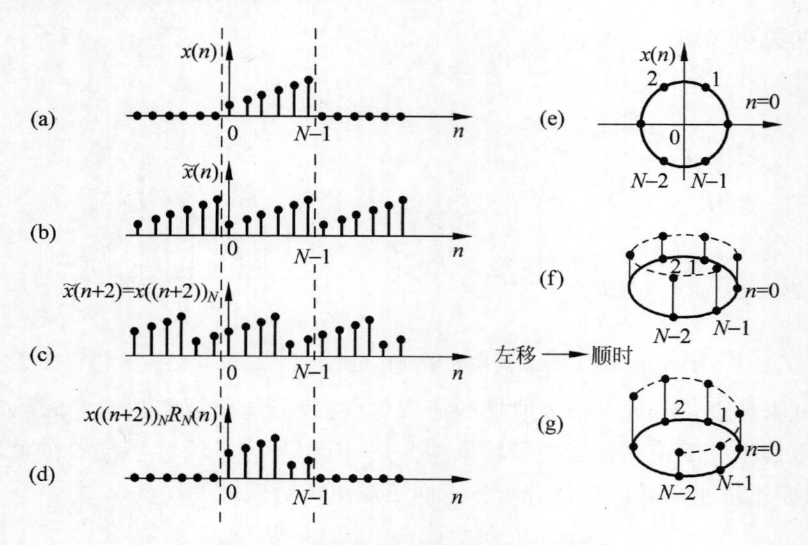

图 3-6　圆周移位过程示意图($N=6$)

$$Y(k)=\mathrm{DFT}[x((n+m))_N R_N(n)]=W_N^{-mk}X(k) \tag{3-28}$$

证明　利用周期序列的移位特性

$$\mathrm{DFS}[x((n+m))_N]=\mathrm{DFS}[\tilde{x}(n+m)]=W_N^{-mk}\widetilde{X}(k)$$

序列取主值区间，变换也取主值区间，可得

$$\mathrm{DFT}[x((n+m))_N R_N(n)]=\mathrm{DFT}[\tilde{x}(n+m)R_N(n)]$$

$$=W_N^{-mk}\widetilde{X}(k)R_N(k)=W_N^{-mk}X(k)$$

这表明，有限长序列的圆周移位，在离散频域中只引入一个和频率成正比的线性相移 W_N^{-mk}，对频谱的幅度是没有影响的。

3）频域圆周移位定理

对于频域有限长序列 $X(k)$，也可看成分布在一个 N 等分的圆周上，所以对于 $X(k)$的圆周移位，利用频域与时域的对偶关系，可以证明以下性质：

若 $Y(k)=X((k+l))_N\cdot R_N(k)$，则

$$\mathrm{IDFT}[X((k+l))_N R_N(k)]=W_N^{nl}x(n)=\mathrm{e}^{-\mathrm{j}\frac{2\pi}{N}nl}x(n) \tag{3-29}$$

3. 圆周卷积

3.4.3-3
微课视频

设 $x_1(n)$和 $x_2(n)$都是长度为 N 的有限长序列($0\leqslant n\leqslant N-1$)，且有 $\mathrm{DFT}[x_1(n)]=X_1(k)$，$\mathrm{DFT}[x_2(n)]=X_2(k)$。

若 $Y(k)=X_1(k)X_2(k)$，则

$$y(n)=\mathrm{IDFT}[Y(k)]$$

$$=\sum_{m=0}^{N-1}x_1(m)x_2((n-m))_N R_N(n) \tag{3-30}$$

或

$$y(n)=\mathrm{IDFT}[Y(k)]$$

$$=\sum_{m=0}^{N-1}x_2(m)x_1((n-m))_N R_N(n)$$

上式所表示的运算称为圆周卷积(也叫循环卷积),通常简记为 $y(n)=x_1(n)⊛x_2(n)$。

证明 这个卷积式子相当于周期序列 $\tilde{x}_1(n)$、$\tilde{x}_2(n)$ 作周期卷积后取主值序列。先将 $Y(k)$ 周期延拓,即

$$\tilde{Y}(k)=\tilde{X}_1(k)\tilde{X}_2(k)$$

按照 DFS 的周期卷积公式

$$\tilde{y}(n)=\text{IDFS}[\tilde{Y}(k)]=\sum_{m=0}^{N-1}\tilde{x}_1(m)\tilde{x}_2(n-m)$$

$$=\sum_{m=0}^{N-1}x_1((m))_N x_2((n-m))_N$$

因为 $0\leqslant m\leqslant N-1$,为主值区间,故式中 $x_1((m))_N$ 等于 $x_1(m)$,因此

$$y(n)=\tilde{y}(n)R_N(n)=\sum_{m=0}^{N-1}x_1(m)x_2((n-m))_N R_N(n)$$

将 $\tilde{y}(n)$ 作简单的换元,也可证明

$$y(n)=\sum_{m=0}^{N-1}x_2(m)x_1((n-m))_N R_N(n)$$

圆周卷积过程可以用图 3-7 表示,求和变量为 m,而 n 为参变量。先将 $x_2(m)$ 周期化,形成 $x_2((m))_N$,再翻转形成 $x_2((-m))_N$,取主值序列则得到 $x_2((-m))_N R_N(m)$,通常称为 $x_2(m)$ 的圆周翻转。对 $x_2(m)$ 的圆周翻转序列圆周右移 n,形成 $x_2((n-m))_N R_N(m)$,当 $n=0,1,2,\cdots,N-1$ 时,分别将 $x_1(m)$ 与 $x_2((n-m))_N R_N(m)$ 相乘,并在 m 从 0 到 $N-1$ 区间内求和,便得到圆周卷积 $y(n)$。

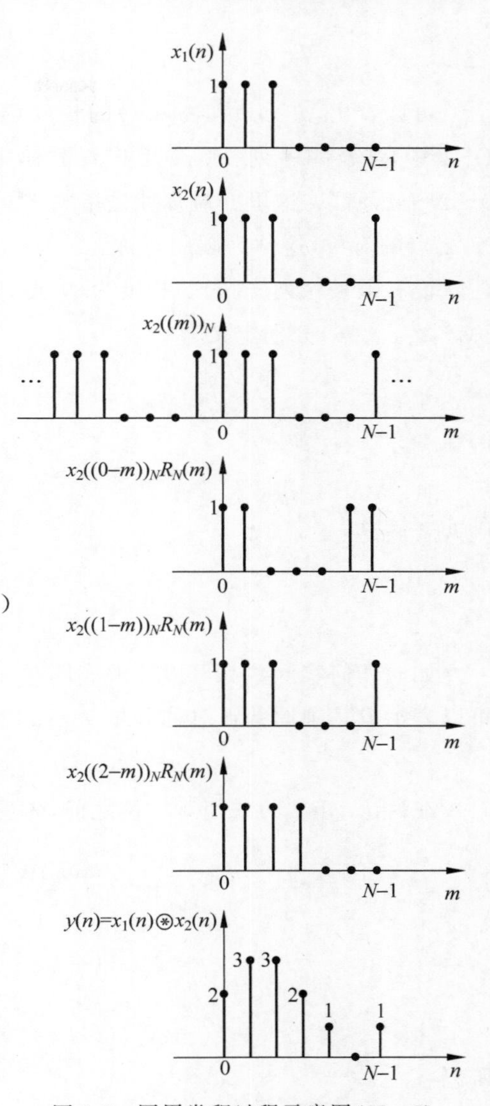

图 3-7 圆周卷积过程示意图($N=7$)

可见圆周卷积和周期卷积的过程是一样的,只不过圆周卷积要取周期卷积结果的主值序列。特别要注意,两个长度小于等于 N 的序列的 N 点圆周卷积长度仍为 N,这与一般的线性卷积不同,线性卷积的结果是一个长度为 $2N-1$ 的序列。圆周卷积是周期卷积取主值,在一定条件下可与线性卷积相等。该问题将在 3.6 节详细讨论。

4. 共轭对称性

3.4.3-4
微课视频

在第 2 章讨论了序列傅里叶变换(DTFT)的一些对称性质,且定义了共轭对称序列与共轭反对称序列的概念。在那里,对称性是指关于坐标原点的纵坐标的对称性。若 $x(n)$ 的长度为 N,其共轭对称序列 $x_e(n)$ 与共轭反对称序列 $x_o(n)$ 分别为

$$x_e(n)=\frac{1}{2}[x(n)+x^*(-n)]$$

$$x_{o}(n)=\frac{1}{2}[x(n)-x^{*}(-n)]$$

可以看出，$x_{e}(n)$和$x_{o}(n)$的长度均为$2N-1$，超出了$x(n)$的主值区间N。因为在DFT中，涉及的序列$x(n)$及其离散傅里叶变换$X(k)$均为有限长序列，且定义区间从$0\sim N-1$，所以，这里的对称性是指关于$N/2$点的对称性。为此引入新的长度为N且关于$N/2$点的对称，这称为圆周对称。

设有限长序列$x(n)$的长度为N点，则它的圆周共轭对称分量$x_{ep}(n)$和圆周共轭反对称分量$x_{op}(n)$分别定义为

$$x_{ep}(n)=\frac{1}{2}[x(n)+x^{*}(N-n)] \tag{3-31}$$

$$x_{op}(n)=\frac{1}{2}[x(n)-x^{*}(N-n)] \tag{3-32}$$

则两者满足

$$x_{ep}(n)=x_{ep}^{*}(N-n) \tag{3-33a}$$

$$x_{op}(n)=-x_{op}^{*}(N-n) \tag{3-33b}$$

如同任何实函数都可以分解成偶对称分量和奇对称分量一样，任何有限长序列$x(n)$都可以表示成其圆周共轭对称分量$x_{ep}(n)$和圆周共轭反对称分量$x_{op}(n)$之和，即

$$x(n)=x_{ep}(n)+x_{op}(n),\quad 0\leqslant n\leqslant N-1 \tag{3-34}$$

在讨论DFT的共轭对称性之前，先看一下$x(n)$的共轭复序列$x^{*}(n)$的DFT。因为

$$\begin{aligned}\mathrm{DFT}[x^{*}(n)]&=\sum_{n=0}^{N-1}x^{*}(n)W_{N}^{nk}R_{N}(k)=\left[\sum_{n=0}^{N-1}x(n)W_{N}^{-nk}\right]^{*}R_{N}(k)\\&=X^{*}((-k))_{N}R_{N}(k)=\left[\sum_{n=0}^{N-1}x(n)W_{N}^{(N-k)n}\right]^{*}R_{N}(k)\\&=X^{*}((N-k))_{N}R_{N}(k)=X^{*}(N-k)\end{aligned}$$

所以

$$\mathrm{DFT}[x^{*}(n)]=X^{*}(N-k),\quad 0\leqslant k\leqslant N-1 \tag{3-35}$$

且

$$X(N)=X(0)$$

即认为$X(k)$是等间隔地分布在单位圆上，它们的终点就是起点。式(3-35)说明共轭序列的离散傅里叶变换等于原序列的离散傅里叶变换的反序列的共轭。

同理，可证明共轭翻褶序列的DFT为

$$\mathrm{DFT}[x^{*}(N-n)]=X^{*}(k) \tag{3-36}$$

下面利用式(3-35)和式(3-36)讨论DFT的共轭对称性。

(1) 将有限长序列$x(n)$表示成圆周共轭对称分量$x_{ep}(n)$和圆周共轭反对称分量$x_{op}(n)$之和，见式(3-34)，即

$$x(n)=x_{ep}(n)+x_{op}(n),\quad 0\leqslant n\leqslant N-1$$

其中，$x_{ep}(n)$和$x_{op}(n)$分别由式(3-31)和式(3-32)表示。

因为

$$\begin{aligned}\mathrm{DFT}[x_{ep}(n)] &= \mathrm{DFT}\left\{\frac{1}{2}[x(n)+x^*(N-n)]\right\} \\ &= \frac{1}{2}\mathrm{DFT}[x(n)]+\frac{1}{2}\mathrm{DFT}[x^*(N-n)]\end{aligned}$$

利用式(3-36),可得

$$\mathrm{DFT}[x_{ep}(n)] = \frac{1}{2}[X(k)+X^*(k)] = \mathrm{Re}[X(k)] = X_R(k) \tag{3-37}$$

同理,可得

$$\mathrm{DFT}[x_{op}(n)] = \frac{1}{2}[X(k)-X^*(k)] = \mathrm{jIm}[X(k)] = \mathrm{j}X_I(k) \tag{3-38}$$

由式(3-34)并利用 DFT 的线性性质可得

$$X(k) = \mathrm{DFT}[x(n)] = \mathrm{DFT}[x_{ep}(n)] + \mathrm{DFT}[x_{op}(n)] = X_R(k)+\mathrm{j}X_I(k) \tag{3-39}$$

式(3-37)和式(3-38)分别说明序列的圆周共轭对称分量的 DFT 等于原序列的 DFT 的实部分量,序列的圆周共轭反对称分量的 DFT 等于原序列的 DFT 的虚部分量乘以 j。

(2) 将有限长序列 $x(n)$表示成实部 $x_r(n)$和虚部 $x_i(n)$乘 j 之和,即

$$x(n) = x_r(n) + \mathrm{j}x_i(n) \tag{3-40}$$

式中,

$$x_r(n) = \frac{1}{2}[x(n)+x^*(n)]$$

$$\mathrm{j}x_i(n) = \frac{1}{2}[x(n)-x^*(n)]$$

分别对 $x_r(n)$和 $\mathrm{j}x_i(n)$求 DFT,并利用式(3-35),可得

$$\mathrm{DFT}[x_r(n)] = \frac{1}{2}[X(k)+X^*(N-k)] = X_{ep}(k) \tag{3-41}$$

$$\mathrm{DFT}[\mathrm{j}x_i(n)] = \frac{1}{2}[X(k)-X^*(N-k)] = X_{op}(k) \tag{3-42}$$

由式(3-40)并利用 DFT 的线性性质可得

$$X(k) = \mathrm{DFT}[x(n)] = X_{ep}(k) + X_{op}(k) \tag{3-43}$$

可以证明

$$X_{ep}(k) = X_{ep}^*(N-k) \tag{3-44}$$

$X_{ep}(k)$称为 $X(k)$的圆周共轭对称分量或共轭偶部,即将 $X_{ep}(k)$认为是分布在 N 等分圆周上,则以 $k=0$ 为原点,其左半圆上与右半圆上的序列是共扼对称的。

同理,可以证明

$$X_{op}(k) = -X_{op}^*(N-k) \tag{3-45}$$

$X_{op}(k)$称为 $X(k)$的圆周共轭反对称分量或共轭奇部,即将 $X_{op}(k)$认为是分布在 N 等分圆周上,则以 $k=0$ 为原点,其左半圆上与右半圆上的序列是共扼反对称的。

式(3-41)和式(3-42)分别说明复序列实部的 DFT 等于序列 DFT 的圆周共轭对称分量,复序列虚部乘以 j 的 DFT 等于序列 DFT 的圆周共轭反对称分量。

式(3-37)和式(3-38)以及式(3-41)和式(3-42)的概念和对应关系,可用图 3-8 说明。比

较第2章图2-3，可见序列与其DTFT的对应关系和序列与其DFT的对应关系是一样的。因为实质上$X(k)$可以看作序列$x(n)$的傅里叶变换$X(e^{j\omega})$在区间$[0, 2\pi]$上的N点等间隔采样，所以不难理解它们有类似的对称特性，但要注意DFT是关于$N/2$点的对称，它是一种圆周对称。

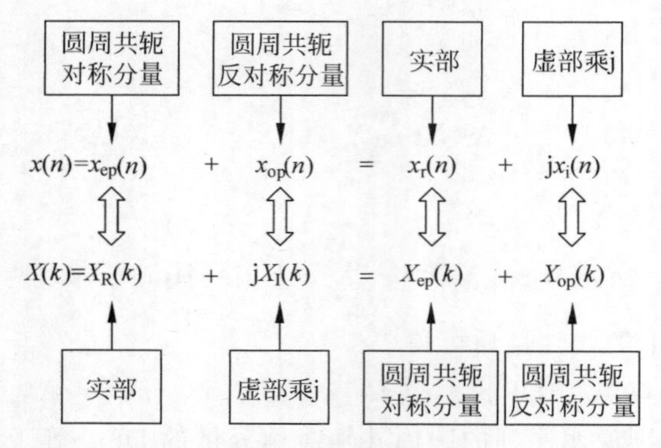

图3-8 序列的两种表示与其DFT的对应关系示意图

此外，根据上述共轭对称特性可以证明有限长实序列和纯虚序列DFT的共轭对称特性。若$x(n)$是实序列，这时$x(n)=x^*(n)$，两边进行离散傅里叶变换并利用式(3-35)，有

$$X(k)=X^*(N-k) \tag{3-46}$$

由上式可看出，实序列的$X(k)$只有圆周共轭对称分量。

若$x(n)$是纯虚序列，则显然只有圆周共轭反对称分量，即满足

$$X(k)=-X^*(N-k) \tag{3-47}$$

结论：以上这两种情况，只要知道一半数目的$X(k)$就可以了，另一半可利用对称性求得。

关于DFT共轭对称特性的应用，在4.6节可以充分体现出来。

3.4.4 MATLAB实现

在MATLAB中，可用特殊函数dft计算离散傅里叶变换。函数代码如下：

```
function [Xk] = dft(xn,N)
% xn = N点有限长度序列, N = DFT的长度
n = [0: 1: N-1]; k = [0: 1: N-1]; WN = exp(-j*2*pi/N);
nk = n'*k; % 产生一个含nk值的N乘N维矩阵
WNnk = WN .^ nk; % DFT矩阵
Xk = xn * WNnk; % DFT系数的行向量
```

例3-4 $x(n)$是一4点序列：

$$x(n)=\begin{cases}1, & 0\leqslant n\leqslant 3\\ 0, & \text{其他}\end{cases}$$

(1) 计算离散时间傅里叶变换(DTFT)，即$X(e^{j\omega})$，并且画出它的幅度和相位。

(2) 计算$x(n)$的4点DFT。

解 MATLAB实现程序如下。

(1) 4点序列的DTFT：

```
x = [1,1,1,1]; w = [0: 1: 500]*2*pi/500;
```

```
[H] = freqz(x,1,w);
magH = abs(H); phaH = angle(H);
subplot(2,1,1); plot(w/pi,magH); grid
xlabel(''); ylabel('|X|'); title('DTFT 的幅度')
subplot(2,1,2); plot(w/pi,phaH/pi*180); grid
xlabel('以 pi 为单位的频率'); ylabel('度'); title('DTFT 的相角')
```

(2) 4 点序列的 DFT：

```
N = 4; k = 0: N-1;
X = dft(x,N);
magX = abs(X), phaX = angle(X)*180/pi
subplot(2,1,1); plot(w*N/(2*pi),magH,'--');
axis([-0.1,4.1,0,5]); hold on
stem(k,magX);
ylabel('|X(k)|'); title('DFT 的幅度: N=4'); text(4.3,-1,'k')
hold off
subplot(2,1,2); plot(w*N/(2*pi),phaH*180/pi,'--');
axis([-0.1,4.1,-200,200]); hold on
stem(k,phaX);
ylabel('度'); title('DFT 相角: N=4'); text(4.3,-200,'k')
```

运行结果如图 3-9 所示。

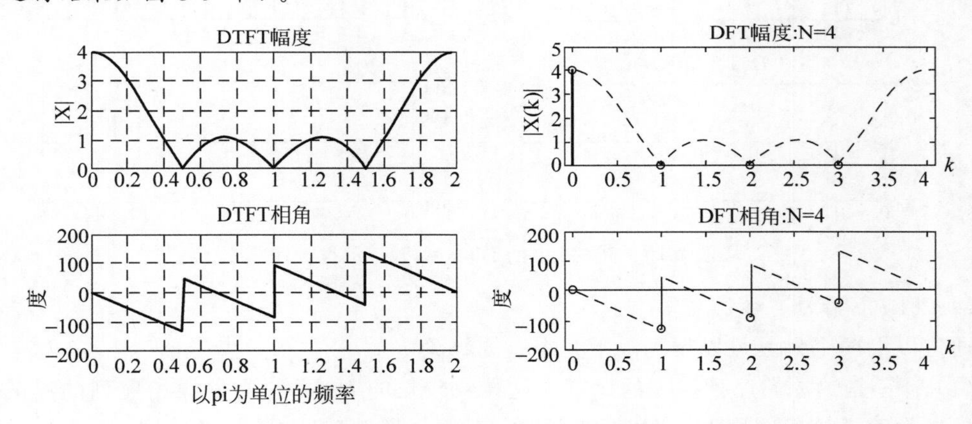

图 3-9 例 3-4 中的 4 点 DTFT 和 DFT 图

设 $X_4(k)$为 4 点 DFT，从图中可以看出，$X_4(k)$正确给出了 $X(\mathrm{e}^{\mathrm{j}\omega})$的 4 个样本，但它只有一个非零样本。为什么？考察一个全 1 的 4 点 $x(n)$，它的周期性延伸为

$$\tilde{x}(n)=1,\quad \forall n$$

它是一恒定(或 DC)信号。这正是由 DFT，即 $X_4(k)$推知的，它在 $k=0$(或 $\omega=0$)上有一非零样本，而在其他频率上为零。

例 3-5 在例 3-4 的基础上，如何得到 $X(\mathrm{e}^{\mathrm{j}\omega})$的其他样本？

解 显然，可以取采样频率更小一些，也就是说，应增加 N。现将点数增加一倍，即 $N=8$。可以在 $x(n)$后附上 4 个零得到一个 8 点序列。

$$x(n)=\{1,1,1,1,0,0,0,0\}$$

这是一个很重要的运算，叫作补零运算。在实际应用中，为了得到一个较密的频谱，这种运算是非常必要的。设 $X_8(k)$为 8 点 DFT，则

$$X_8(k)=\sum_{n=0}^{7}x(n)W_8^{nk},\quad k=0,1,\cdots,7;\quad W_8=\mathrm{e}^{-\mathrm{j}\pi/4}$$

此时，8 点序列的 DFT 的频率分辨率为 $\omega=2\pi/N=2\pi/8=\pi/4$。

MATLAB 主要程序如下：

```
N = 8; w1 = 2 * pi/N; k = 0: N-1;
x = [x, zeros(1,4)];
X = dft(x,N);
magX = abs(X), phaX = angle(X) * 180/pi
% 绘图语句略
```

更进一步，给 $x(n)$ 补 12 个零，成为 16 点序列，即

$$x(n)=\{1,1,1,1,0,0,0,0,0,0,0,0,0,0,0,0\}$$

则其频率分辨率为 $\omega=2\pi/N=2\pi/16=\pi/8$，$W_{16}=\mathrm{e}^{-\mathrm{j}\pi/8}$。因此得到频谱样本间隔为 $\pi/8$ 的更密的频谱，称为高密度谱，如图 3-10 所示。

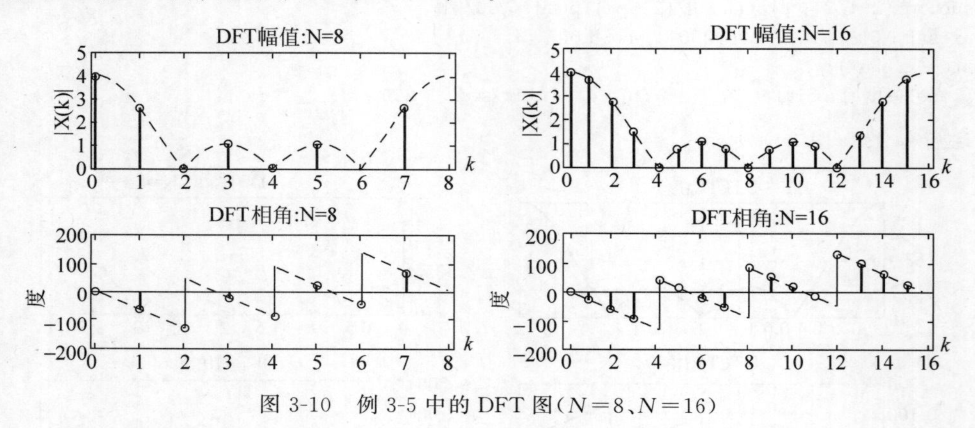

图 3-10　例 3-5 中的 DFT 图（$N=8$、$N=16$）

MATLAB 程序：略。

通过以上两个例题可以得到以下几个重要结论：

（1）补零是给原始序列填零的运算。这导致较长的 DFT，它会给原始序列的离散傅里叶变换提供间隔较近的样本。在 MATLAB 中，用 zeros 函数实现补零运算。

（2）补零运算提供了一个较密的频谱和较好的图示形式。但因为在信号中只是附加了零，而没有增加任何新的信息，因此它不能提供高分辨率的频谱。

（3）为得到高分辨率的频谱，需从实验或观察中取得更多的数据。

关于对高密度频谱与高分辨率频谱的研究，详见 3.7.3 节和第 9 章的数字信号处理实验。

例 3-6　设

$$x_1(n)=\{1,2,2,1\},\quad x_2(n)=\{1,-1,1,-1\}$$

（1）确定它们的线性卷积 $x_3(n)$；

（2）计算圆周卷积 $x_4(n)$。

解　（1）MATLAB 实现程序如下：

```
x1 = [1,2,2,1]; x2 = [1, -1,1, -1];
x3 = conv(x1,x2)
```

运行结果：

```
x3 =
        1     1     1     0    -1    -1    -1
```

于是线性卷积 $x_3(n)$ 为 7 点序列：$x_3(n)=\{1,1,1,0,-1,-1,-1\}$。

(2) 圆周卷积的长度为 $N=N_1+N_2-1=4+4-1=7$

```
x4 = circonvt(x1,x2,7)
```

运行结果：

```
x4 =
        1     1     1     0    -1    -1    -1
```

可见此时 $x_3(n)=x_4(n)=\{1,1,1,0,-1,-1,-1\}$，即在一定条件下，圆周卷积与线性卷积可以相等。

注意：函数 circonvt(x1,x2,N)是在 x1 和 x2 之间求 N 点圆周卷积，当 x1 和 x2 的长度小于 N 时，会自动补零。

3.5 频域采样理论——抽样 Z 变换

在上节中，可看到离散傅里叶变换相当于序列傅里叶变换的等间隔采样，也就是说实现了频域的采样，便于计算机计算。那么是否任一序列都能用频域采样的方法去逼近呢？

3.5.1 频域采样

3.5.1
微课视频

考虑一个任意的绝对可和的序列 $x(n)$，它的 Z 变换为

$$X(z)=\sum_{n=-\infty}^{\infty}x(n)z^{-n}$$

如果对 $X(z)$ 在单位圆上进行等间隔采样，得到

$$X(k)=X(z)\Big|_{z=W_N^{-k}}=\sum_{n=-\infty}^{\infty}x(n)W_N^{nk}\tag{3-48}$$

现在的问题是，这样采样以后，信息有没有损失？或者说，频域采样后从 $X(k)$ 的反变换中所获得的有限长序列，即 $x_N(n)=\mathrm{IDFT}[X(k)]$，能不能代表原序列 $x(n)$？为此，先来分析 $X(k)$ 的周期延拓序列 $\widetilde{X}(k)$ 的离散傅里叶级数的反变换。为了弄清这个问题，首先从周期序列 $\tilde{x}_N(n)$ 开始：

$$\tilde{x}_N(n)=\mathrm{IDFS}[\widetilde{X}(k)]=\frac{1}{N}\sum_{k=0}^{N-1}\widetilde{X}(k)W_N^{-nk}=\frac{1}{N}\sum_{k=0}^{N-1}X(k)W_N^{-nk}$$

将式(3-48)代入上式，可得

$$\tilde{x}_N(n)=\frac{1}{N}\sum_{k=0}^{N-1}\left[\sum_{m=-\infty}^{\infty}x(m)W_N^{mk}\right]W_N^{-nk}=\sum_{m=-\infty}^{\infty}x(m)\left[\sum_{k=0}^{N-1}\frac{1}{N}W_N^{(m-n)k}\right]$$

由于

$$\frac{1}{N}\sum_{k=0}^{N-1}W_N^{(m-n)k}=\begin{cases}1, & m=n+rN,r\text{ 为任意整数}\\0, & \text{其他}\end{cases}$$

所以

$$\tilde{x}_N(n)=\sum_{r=-\infty}^{\infty}x(n+rN) \tag{3-49}$$

即 $\tilde{x}_N(n)$ 是原非周期序列 $x(n)$ 的周期延拓序列，其时域周期为频域采样点数 N。在第1章中，时域的采样造成频域的周期延拓，这里又对称地看到，频域采样同样造成时域的周期延拓。实际中，根据序列 $x(n)$ 长度的不同，可分为下列几种情况讨论：

(1) 如果 $x(n)$ 是有限长序列，点数为 M，则当频域采样不够密，即当 $N<M$ 时，$x(n)$ 以 N 为周期进行延拓，就会造成混叠。这时，从 $\tilde{x}_N(n)$ 就不能不失真地恢复出原信号 $x(n)$。因此，对于 M 点的有限长序列 $x(n)$，频域采样不失真的条件是频域采样点数 N 要大于或等于时域序列长度 M（时域采样点数），即满足

$$N\geqslant M \tag{3-50}$$

此时可得到

$$x_N(n)=\tilde{x}_N(n)R_N(n)=\sum_{r=-\infty}^{\infty}x(n+rN)R_N(n)=x(n),\quad N\geqslant M \tag{3-51}$$

也就是说，点数为 N（或小于 N）的有限长序列，可以利用它的 Z 变换在单位圆上的 N 个等间隔点上的采样值精确地表示。

(2) 如果 $x(n)$ 不是有限长序列（无限长序列），则时域周期延拓后，必然造成混叠现象，因而一定会产生误差；当 n 增加时信号衰减得越快，或频域采样越密（采样点数 N 越大），则误差越小，即 $\tilde{x}_N(n)$ 越接近 $x(n)$。

概括起来，对于 M 点的有限长序列 $x(n)$，如果频域采样点数 $N\geqslant M$，则可由频域采样值 $X(k)$ 恢复出原序列 $x(n)$，否则产生时域混叠现象，这就是所谓的频域采样定理。

例 3-7 一个长度 $M=5$ 的矩形序列，其波形和频谱图如图 3-11 所示，若在频域上进行采样处理，使其频域也离散化，试比较采样点数分别取 5 和 4 时的结果。

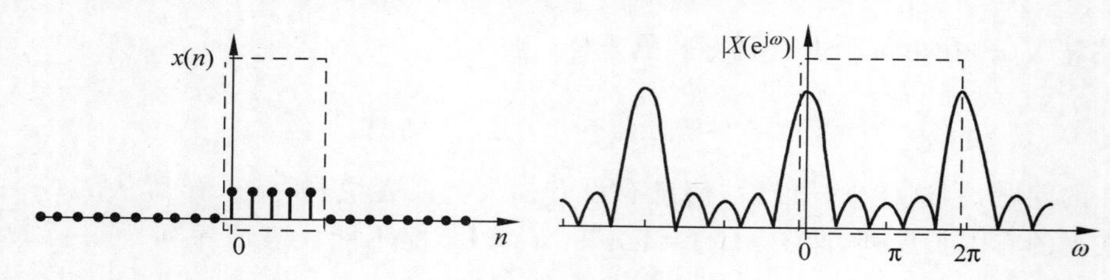

图 3-11 例 3-7 图

解 (1) 取 $N=5$ 点，频域采样，时域延拓相加，时域延拓的周期个数等于频域的采样点数 $N=5$，由于 $N=M$，所以时域延拓后，与原序列相比，无混叠现象，如图 3-12(a)所示。

(2) 取 $N=4$ 时进行采样，由于 $N=4$，而序列长度 $M=5$，$N<M$，时域延拓后，与原序列相比，产生混叠现象，如图 3-12(b)所示。

3.5.2 微课视频

3.5.2 频域恢复——频域内插公式

对于长度为 N 的有限长序列 $x(n)$，既然其 N 个频域采样 $X(k)$ 就足以不失真地代表序列的特性，那么由此 N 个采样值 $X(k)$ 就应该能够完整地表达整个 $X(z)$ 函数及其频率响应 $X(e^{j\omega})$，即由 N 点 $X(k)$ 可内插恢复出 $X(z)$ 或 $X(e^{j\omega})$。讨论如下：

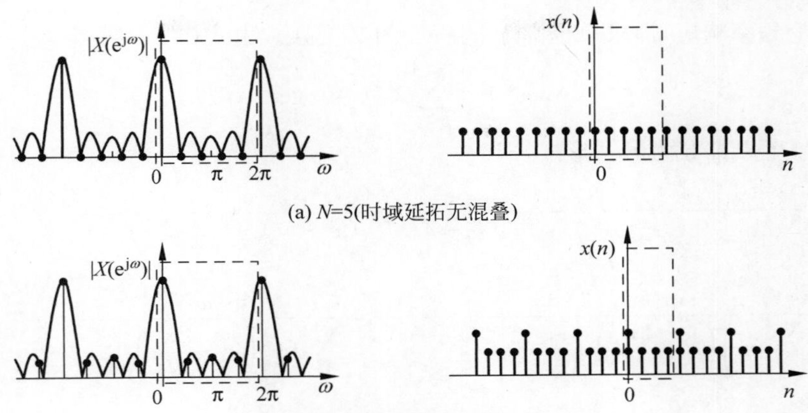

图 3-12　频域采样点数 N 取不同值时的结果

有限长序列 $x(n)(0\leqslant n\leqslant N-1)$的 Z 变换为

$$X(z)=\sum_{n=0}^{N-1}x(n)z^{-n}$$

由于

$$x(n)=\frac{1}{N}\sum_{k=0}^{N-1}X(k)W_N^{-nk}$$

将上式代入 $X(z)$，得

$$\begin{aligned}X(z)&=\sum_{n=0}^{N-1}\left[\frac{1}{N}\sum_{k=0}^{N-1}X(k)W_N^{-nk}\right]z^{-n}=\frac{1}{N}\sum_{k=0}^{N-1}X(k)\left[\sum_{n=0}^{N-1}W_N^{-nk}z^{-n}\right]\\&=\frac{1}{N}\sum_{k=0}^{N-1}X(k)\cdot\frac{1-W_N^{-Nk}z^{-N}}{1-W_N^{-k}z^{-1}}=\frac{1-z^{-N}}{N}\sum_{k=0}^{N-1}\frac{X(k)}{1-W_N^{-k}z^{-1}}\end{aligned}\tag{3-52}$$

这就是用 N 个频域采样恢复 $X(z)$的内插公式。它可以表示为

$$X(z)=\sum_{k=0}^{N-1}X(k)\Phi_k(z)\tag{3-53}$$

其中，

$$\Phi_k(z)=\frac{1}{N}\frac{1-z^{-N}}{1-W_N^{-k}z^{-1}}\tag{3-54}$$

称为内插函数。

下面讨论 $\Phi_k(z)$的零极点特性。

令 $1-W_N^{-k}z^{-1}=0$，得 $z=W_N^{-k}=e^{j(2\pi/N)k}$，$\Phi_k(z)$有一个极点。

令 $1-z^{-N}=0$，得 $z=e^{j(2\pi/N)r}$，$r=0,1,\cdots,N-1$，$\Phi_k(z)$有 N 个零点。

$\Phi_k(z)$的 N 个零点都在单位圆上，但极点和第 k 个零点相抵消，因而内插函数 $\Phi_k(z)$只在本采样点 $e^{j(2\pi/N)k}$ 处不为零，在其他$(N-1)$个采样点 $i(i\neq k)$上都是零值。另外，$\Phi_k(z)$在 $z=0$ 处有$(N-1)$阶极点。内插函数的零极点分布如图 3-13 所示。

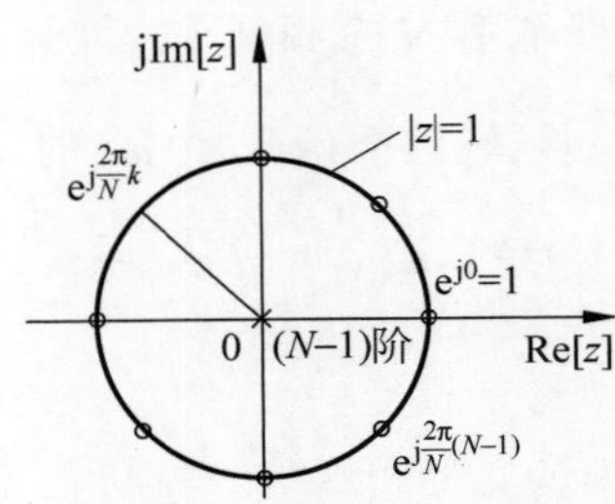

图 3-13　内插函数的零极点

现在讨论频率响应，即求单位圆上 $z=\mathrm{e}^{\mathrm{j}\omega}$ 的 Z 变换。由式(3-53)可得

$$X(\mathrm{e}^{\mathrm{j}\omega})=\sum_{k=0}^{N-1}X(k)\Phi_k(\mathrm{e}^{\mathrm{j}\omega}) \tag{3-55}$$

式中，$\Phi_k(\mathrm{e}^{\mathrm{j}\omega})$可以推导为另一形式，即

$$\begin{aligned}\Phi_k(\mathrm{e}^{\mathrm{j}\omega})&=\frac{1}{N}\frac{1-\mathrm{e}^{-\mathrm{j}\omega N}}{1-\mathrm{e}^{-\mathrm{j}\left(\omega-\frac{2\pi}{N}k\right)}}=\frac{1}{N}\frac{\mathrm{e}^{-\mathrm{j}\omega N/2}(\mathrm{e}^{\mathrm{j}\omega N/2}-\mathrm{e}^{-\mathrm{j}\omega N/2})}{\mathrm{e}^{-\mathrm{j}\left(\omega-\frac{2\pi}{N}k\right)/2}\left[\mathrm{e}^{\mathrm{j}\left(\omega-\frac{2\pi}{N}k\right)/2}-\mathrm{e}^{-\mathrm{j}\left(\omega-\frac{2\pi}{N}k\right)/2}\right]}\\&=\frac{1}{N}\frac{\sin(\omega N/2)\cdot\mathrm{e}^{-\mathrm{j}\omega N/2}}{\sin\left[\left(\omega-\frac{2\pi}{N}k\right)\Big/2\right]\cdot\mathrm{e}^{-\mathrm{j}\left(\omega-\frac{2\pi}{N}k\right)/2}}=\frac{1}{N}\frac{\sin(\omega N/2)}{\sin\left[\left(\omega-\frac{2\pi}{N}k\right)\Big/2\right]}\cdot\mathrm{e}^{-\mathrm{j}\left[\frac{(N-1)}{2}\omega+\frac{\pi}{N}k\right]}\\&=\frac{1}{N}\frac{\sin\left(\frac{\omega'N}{2}+k\pi\right)}{\sin\frac{\omega'}{2}}\cdot\mathrm{e}^{-\mathrm{j}\left[\frac{(N-1)}{2}\omega'+k\pi\right]}=\frac{1}{N}\frac{\sin\left(\frac{\omega'N}{2}\right)}{\sin\frac{\omega'}{2}}\cdot\mathrm{e}^{-\mathrm{j}\frac{(N-1)}{2}\omega'}\end{aligned}$$

其中，$\omega-\frac{2\pi}{N}k=\omega'$，并且利用了

$$\sin\left(\frac{\omega'N}{2}+k\pi\right)=\begin{cases}\sin\left(\frac{\omega'N}{2}\right), & k=\text{偶数}\\-\sin\left(\frac{\omega'N}{2}\right), & k=\text{奇数}\end{cases}$$

$$\mathrm{e}^{-\mathrm{j}k\pi}=\begin{cases}1, & k=\text{偶数}\\-1, & k=\text{奇数}\end{cases}$$

令

$$\Phi(\omega)=\frac{1}{N}\frac{\sin\left(\frac{\omega N}{2}\right)}{\sin\left(\frac{\omega}{2}\right)}\mathrm{e}^{-\mathrm{j}\left(\frac{N-1}{2}\right)\omega} \tag{3-56}$$

则得

$$\Phi_k(\mathrm{e}^{\mathrm{j}\omega})=\frac{1}{N}\frac{\sin\left(\frac{\omega'N}{2}\right)}{\sin\frac{\omega'}{2}}\cdot\mathrm{e}^{-\mathrm{j}\frac{(N-1)}{2}\omega'}=\Phi\left(\omega-\frac{2\pi}{N}k\right) \tag{3-57}$$

所以频率响应可以表示为下面更方便的形式：

$$X(\mathrm{e}^{\mathrm{j}\omega})=\sum_{k=0}^{N-1}X(k)\Phi\left(\omega-\frac{2\pi}{N}k\right) \tag{3-58}$$

这就是用 N 个频域采样恢复频率响应的内插公式，其中 $\Phi\left(\omega-\frac{2\pi}{N}k\right)$ 或 $\Phi(\omega)$ 称为内插函数。

频域内插函数 $\Phi(\omega)$ 的幅度特性和相位特性如图 3-14 所示。可以看出，当 $\omega=0$ 时，$\Phi(\omega)=1$，当 $\omega=\frac{2\pi}{N}i\ (i=1,2,\cdots,N-1)$ 时，$\Phi(\omega)=0$。因而有

$$\Phi\left(\omega-\frac{2\pi}{N}k\right)=\begin{cases}1, & \omega=\frac{2\pi}{N}k\\0, & \omega=\frac{2\pi}{N}i, i\neq k\end{cases} \tag{3-59}$$

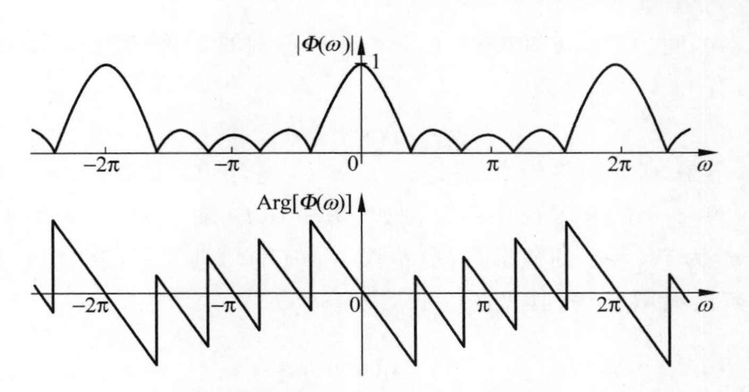

图 3-14 内插函数幅度特性与相位特性($N=5$)

也就是说，函数 $\Phi\left(\omega-\frac{2\pi}{N}k\right)$ 在本采样点 $\left(\omega=\frac{2\pi}{N}k\right)$ 上值为 1，而在其他采样点 $\left(\omega=\frac{2\pi}{N}i, i\neq k\right)$ 上值为 0。整个 $X(\mathrm{e}^{\mathrm{j}\omega})$ 就是由 N 个 $\Phi\left(\omega-\frac{2\pi}{N}k\right)$ 函数被 N 个 $X(k)$ 加权求和构成。很明显，在每个采样点上 $X(\mathrm{e}^{\mathrm{j}\omega})$ 的值精确等于 $X(k)$，即

$$X(\mathrm{e}^{\mathrm{j}\omega})\Big|_{\omega=\frac{2\pi}{N}k}=X(k),\quad k=0,1,\cdots,N-1$$

而各采样点之间的 $X(\mathrm{e}^{\mathrm{j}\omega})$ 值，则由各采样点的加权内插函数 $X(k)\Phi\left(\omega-\frac{2\pi}{N}k\right)$ 在所求 ω 点上的值的叠加而得，如图 3-15 所示。

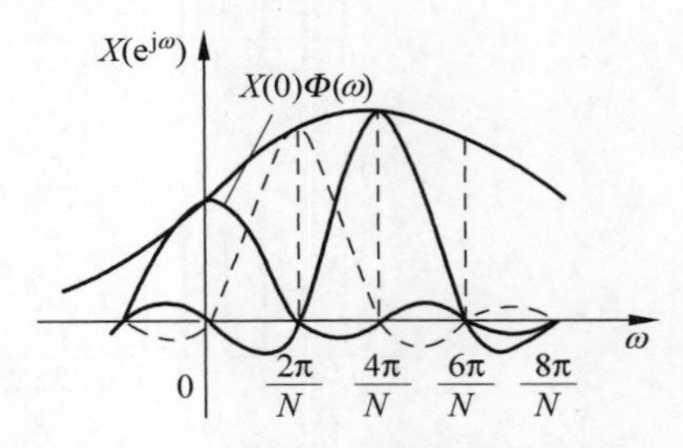

图 3-15 由内插函数求频率响应的示意图

内插函数的另一重要特点是具有分段线性相位特性。

在以后章节中将会看到，频率采样理论为 FIR 滤波器系统函数的逼近以及 FIR 滤波器的结构设计提供了一个有力的工具。

3.6 用 DFT 计算线性卷积和线性相关

3.6.1 线性卷积的 DFT 算法

3.6.1 微课视频

对于有限长序列，存在两种形式的卷积：线性卷积与圆周卷积。由于圆周卷积可以采用 DFT 的快速算法——快速傅里叶变换(FFT)进行运算，运算速度上有很大的优越性。然而实际问题一般都是线性卷积运算。例如信号通过线性时不变系统，系统的输出 $y(n)$ 是输入 $x(n)$ 与单位脉冲响应 $h(n)$ 的线性卷积，即 $y(n)=x(n)*h(n)$。若 $x(n)$、$h(n)$ 均为有限长序列，那么能否用圆周卷积来代替线性卷积呢？

1. 用圆周卷积计算线性卷积的条件

设 $x_1(n)$ 是长度为 N_1 的有限长序列($0\leqslant n\leqslant N_1-1$)，$x_2(n)$ 是长度为 N_2 的有限长序列($0\leqslant n\leqslant N_2-1$)。

1) 线性卷积

$$y_l(n)=\sum_{m=-\infty}^{\infty}x_1(m)x_2(n-m)=\sum_{m=0}^{N_1-1}x_1(m)x_2(n-m)\tag{3-60}$$

$x_1(m)$的非零区间为$0\leqslant m\leqslant N_1-1$，$x_2(n-m)$的非零区间为$0\leqslant n-m\leqslant N_2-1$，将两个不等式相加，有

$$0\leqslant n\leqslant N_1+N_2-2$$

在这个区间以外，不是$x_1(m)$等于0，就是$x_2(n-m)$等于0，因而$y_l(n)=0$，所以$y_l(n)$是一个长度为N_1+N_2-1的有限长序列。例如，图3-16中，$x_1(n)$为$N_1=4$的矩形序列（见图3-16(a)），$x_2(n)$为$N_2=5$的矩形序列（见图3-16(b)），则它们的线性卷积$y_l(n)$为$N=N_1+N_2-1=8$点的有限长序列（见图3-16(c)）。

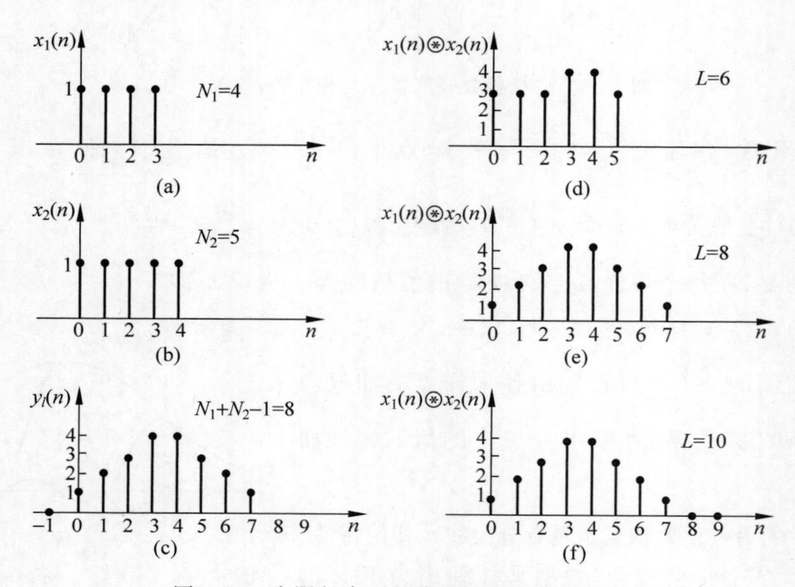

图3-16 有限长序列的线性卷积与圆周卷积

2）圆周卷积

圆周卷积运算要求两个有限长序列是等长度的。先一般性地假设是长度为L点的圆周卷积，再讨论L取何值时，圆周卷积和线性卷积相等。

设$y_c(n)=x_1(n)\circledast x_2(n)$是两个序列的$L$点圆周卷积。首先，序列$x_1(n)$和$x_2(n)$末尾补零，构成$L$点序列，即

$$x_1(n)=\begin{cases}x_1(n), & 0\leqslant n\leqslant N_1-1\\ 0, & N_1\leqslant n\leqslant L-1\end{cases}$$

$$x_2(n)=\begin{cases}x_2(n), & 0\leqslant n\leqslant N_2-1\\ 0, & N_2\leqslant n\leqslant L-1\end{cases}$$

即$x_1(n)$补$L-N_1$个零点值，$x_2(n)$补$L-N_2$个零点值，则

$$y_c(n)=\left[\sum_{m=0}^{L-1}x_1(m)x_2((n-m))_L\right]R_L(n)\tag{3-61}$$

将$x_2(n)$变成周期延拓序列，即

$$\tilde{x}_2(n)=x_2((n))_L=\sum_{r=-\infty}^{\infty}x_2(n+rL)$$

代入 $y_c(n)$表达式，并考虑到式(3-60)的线性卷积，有

$$\begin{aligned} y_c(n) &= \left[\sum_{m=0}^{L-1} x_1(m) \sum_{r=-\infty}^{\infty} x_2(n+rL-m)\right] R_L(n) \\ &= \left[\sum_{r=-\infty}^{\infty} \sum_{m=0}^{L-1} x_1(m) x_2(n+rL-m)\right] R_L(n) \\ &= \left[\sum_{r=-\infty}^{\infty} y_l(n+rL)\right] R_L(n) \end{aligned} \tag{3-62}$$

所以 L 点圆周卷积 $y_c(n)$是线性卷积 $y_l(n)$以 L 为周期的周期延拓序列的主值序列。因为 $y_l(n)$有 N_1+N_2-1 个非零值，所以只有当 $L \geqslant N_1+N_2-1$ 时，各延拓周期才不会混叠，即要使圆周卷积等于线性卷积而不产生混叠失真的充要条件是

$$L \geqslant N_1+N_2-1 \tag{3-63}$$

满足此条件后就有

$$y_c(n)=x_1(n) \circledast x_2(n)=x_1(n) * x_2(n)=y_l(n)$$

图 3-16(d)、图 3-16(e)、图 3-16(f)反映了式(3-62)的圆周卷积与线性卷积的关系。在图 3-16(d)中，$L=6$ 小于 $N_1+N_2-1=8$，这时产生混叠现象，其圆周卷积不等于线性卷积；而在图 3-16(e)、图 3-16(f)中，$L=8$ 和 $L=10$，这时圆周卷积结果与线性卷积相同，所得 $y_c(n)$的前 8 点序列值正好代表线性卷积结果，所以只要 $L \geqslant N_1+N_2-1$，圆周卷积结果就能完全代表线性卷积。

2. 用圆周卷积计算线性卷积的方法

用圆周卷积计算线性卷积的实现框图如图 3-17 所示。

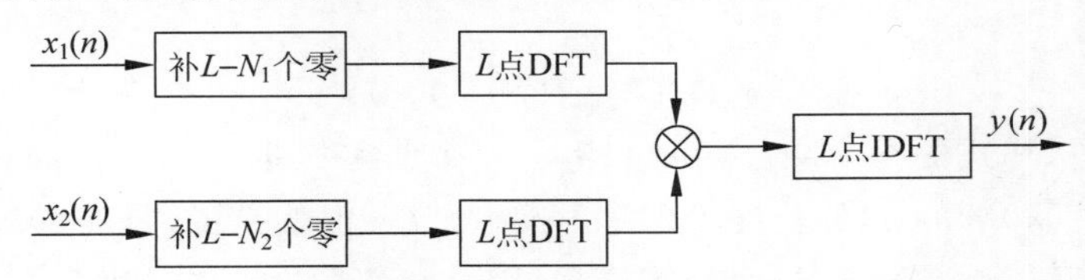

图 3-17　用圆周卷积代替线性卷积的实现框图

图中，$L \geqslant N_1+N_2-1$，并且 DFT 与 IDFT 子程序可以共用，而且通常用 DFT 的快速算法(FFT)实现，故圆周卷积也称为快速卷积。

若 $x_1(n)=h(n)$是系统的单位脉冲响应，$x_2(n)=x(n)$是系统的输入序列，则输入序列通过线性时不变系统的响应(线性卷积结果)可以通过如图 3-17 所示的方法得到，即

$$y(n)=x(n) * h(n)=x(n) \circledast h(n), \quad L \geqslant N_1+N_2-1$$

在实际上，会遇到 $x(n)$的长度远大于 $h(n)$的长度的情况。若用上述快速卷积法计算线性卷积，则要求对短序列补充很多零值，长序列必须全部输入完才能进行快速计算，因此要求存储容量大，且这种方法运算时间长，运算效率降低，很难进行实时处理。为解决这一问题，可以对长序列分段计算，具体方法有重叠相加法和重叠保留法。下面简单介绍这两种方法。

1) 重叠相加法

设系统单位脉冲响应 $h(n)$是 N_1 点的有限长序列，而输入序列 $x(n)$的长度较长且不确定，如图 3-18 所示。

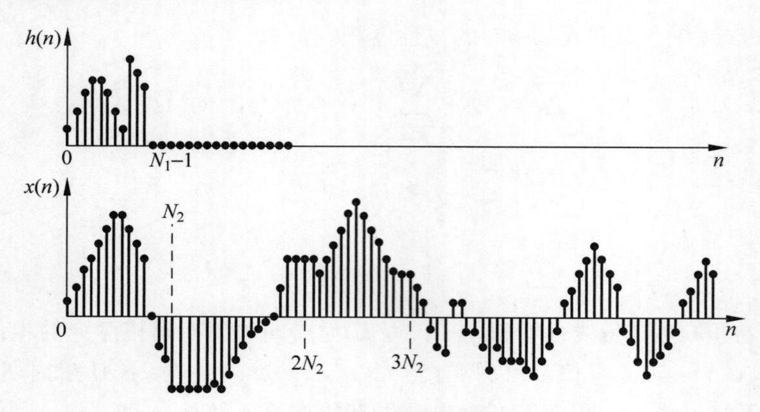

图 3-18 长序列分段滤波

假定 $x_i(n)$表示图 3-18 中第 i 段 $x(n)$序列，即

$$x_i(n)=\begin{cases}x(n), & iN_2 \leqslant n \leqslant (i+1)N_2-1 \\ 0, & \text{其他}\end{cases} \tag{3-64}$$

显然，输入序列 $x(n)$可表示为

$$x(n)=\sum_{i=-\infty}^{\infty} x_i(n) \tag{3-65}$$

这样，$x(n)$和 $h(n)$的卷积就可以表示为

$$y(n)=x(n)*h(n)=\sum_{i=-\infty}^{\infty} x_i(n)*h(n)=\sum_{i=-\infty}^{\infty} y_i(n) \tag{3-66}$$

式中，

$$y_i(n)=x_i(n)*h(n)$$

在式(3-65)中，和式的每一项 $x_i(n)$只有 N_2 个非零样本，而 $h(n)$的长度为 N_1，显而易见，线性卷积 $x_i(n)*h(n)$的长度为(N_1+N_2-1)。也就是说，具有(N_1+N_2-1)个非零样本，即 $y_i(n)$有(N_1+N_2-1)个非零样本，因此相邻两段 $y_i(n)$序列必然有(N_1-1)点的部分要发生重叠，如图 3-19 所示。根据式(3-66)，这个重叠部分应该相加起来才能构成最后的输出序列 $y(n)$。这种由分段卷积的各段相加构成的卷积输出的方法就称为重叠相加法。

注意，为了采用基 2-FFT 算法，$x(n)$的分段长度 N_2 应按 $N_1+N_2-1=N=2^M$ 来选定。

2）重叠保留法

重叠保留法是将上面的分段序列中补零的部分不补零，而是保留原来的输入序列，于是重叠了输入信号段，就可以省掉输出段的重叠相加。输入段的长度为 $N=N_1+N_2-1$，如图 3-20 所示，其中的(N_1-1)点与相邻段发生重叠。由于输入段 $x_i(n)$和 $h(n)$进行圆周卷积，要去掉 $y_i(n)$中的混淆部分，保留线性卷积部分，这个混淆只发生在 $y_i(n)$的起始段。因此，每一输出段 $y_i(n)$的前(N_1-1)点就是要去掉的部分，把各相邻段留下来的点衔接起来，就构成了最终的输出。

重叠保留法与重叠相加法的工作量差不多，但可以省去重叠相加法的最后一道相加运算。

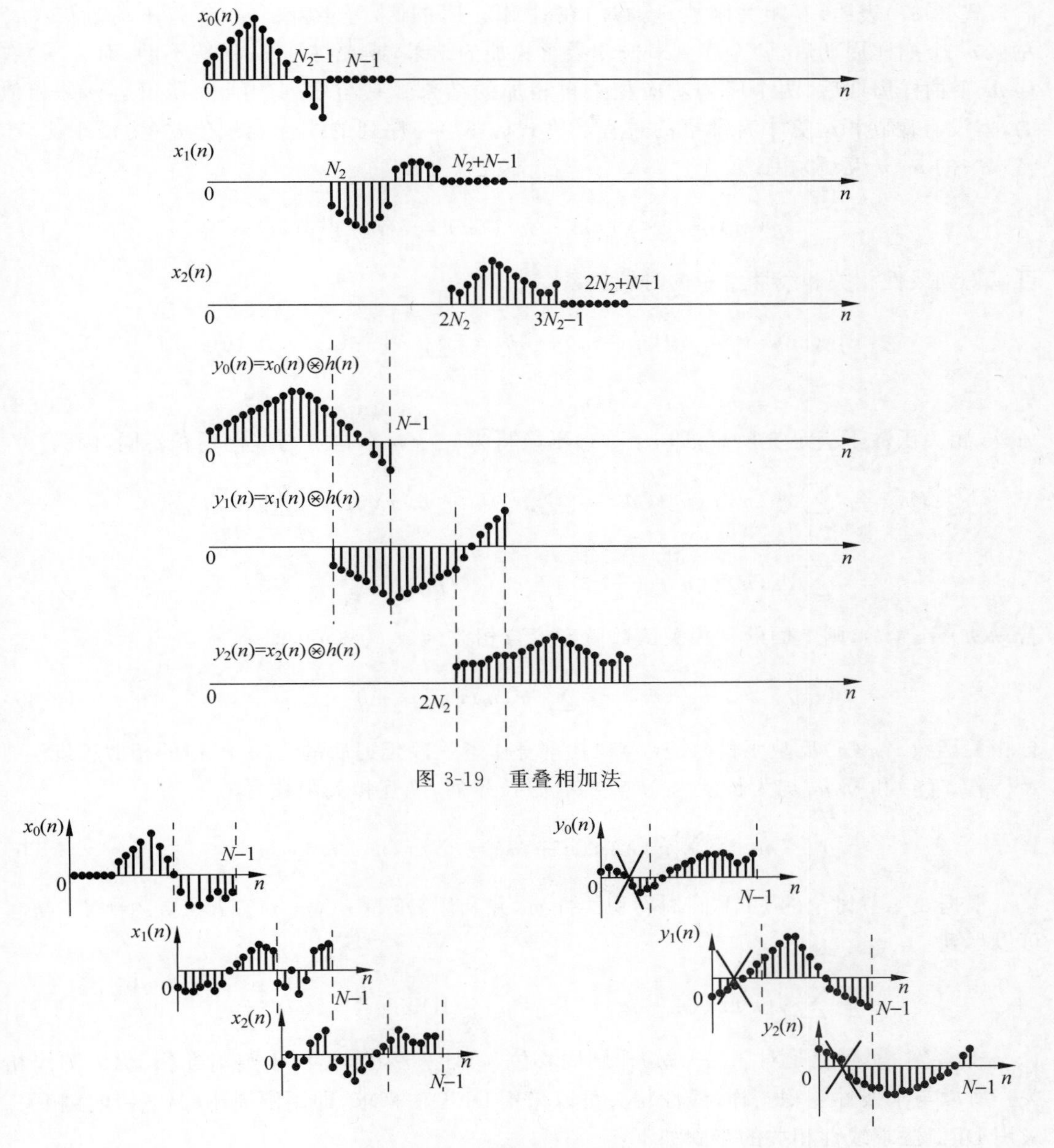

图 3-19　重叠相加法

图 3-20　重叠保留法

3.6.2　线性相关的 DFT 算法

互相关和自相关的运算广泛应用于信号分析与统计分析。相关和卷积的物理概念完全不同，卷积反映了线性时不变系统输入和输出的关系，而相关只是反映两个信号的相似程度，和系统本身的特性无关。但在数学计算上相关和卷积确实有类似的地方。

设两个序列 $x(n)$ 和 $y(n)$ 已知，且均为实序列，则线性相关函数的定义为

$$r_{xy}(m)=\sum_{n=-\infty}^{\infty} x(n)y(n+m)=\sum_{n=-\infty}^{\infty} x(n-m)y(n) \tag{3-67}$$

式(3-67)表明，互相关函数 $r_{xy}(m)$ 在时刻 m 时的值，等于将 $x(n)$ 保持不动，而 $y(n)$ 左移 m 个抽样周期后，两个序列对应相乘再相加的结果，或者将 $y(n)$ 保持不动，而 $x(n)$ 右移 m 个抽样周期后，两个序列对应相乘再相加的结果。它与序列的线性卷积运算是相似的，但没有像卷积运算中有翻褶的过程。将式(3-67)与序列的线性卷积公式（为便于比较，将式中的 m、n 互调）相比较：

$$g(m)=\sum_{n=-\infty}^{\infty} x(m-n)y(n)=x(m)*y(m)$$

可以得到线性相关和线性卷积的时域关系

$$\begin{aligned} r_{xy}(m) &= \sum_{n=-\infty}^{\infty} x(n-m)y(n)=\sum_{n=-\infty}^{\infty} x[-(m-n)]y(n) \\ &= x(-m)*y(m) \end{aligned} \tag{3-68}$$

另外，相关函数不满足交换律，即 $r_{xy}(m)$ 不能写为 $r_{yx}(m)$，这点与线性卷积不同，因为

$$\begin{aligned} r_{yx}(m) &= \sum_{n=-\infty}^{\infty} y(n)x(n+m)=\sum_{j=-\infty}^{\infty} y(j-m)x(j)=\sum_{n=-\infty}^{\infty} x(n)y(n-m) \\ &= \sum_{n=-\infty}^{\infty} x(n)y[n+(-m)]=r_{xy}(-m) \end{aligned}$$

若 $y(n)=x(n)$，则上面的互相关函数就变成自相关函数 $r_{xx}(n)$，即

$$r_{xx}(m)=\sum_{n=-\infty}^{\infty} x(n)x(n+m) \tag{3-69}$$

自相关函数 $r_{xx}(n)$ 反映了信号 $x(n)$ 和其自身作了一段延迟后的 $x(n+m)$ 的相似程度。

若 $x(n)$ 和 $y(n)$ 均为长度为 N 点的有限长序列，则互相关函数写为

$$r_{xy}(m)=\sum_{n=0}^{N-1} x(n)y(n+m)=\sum_{n=0}^{N-1} x(n-m)y(n) \tag{3-70}$$

根据3.4节讨论的DFT圆周卷积的性质，并利用 $\mathrm{DFT}[x((-n))_N R_N(n)]=X^*(k)$，可以得到

$$\sum_{n=0}^{N-1} y(n)x((n-m))_N R_N(m)=\mathrm{IDFT}[X^*(k)Y(k)] \tag{3-71}$$

式(3-71)实际上是对 $x(n-m)$ 作圆周移位，再计算相关，类似于圆周卷积，称为圆周相关。所以与求线性卷积一样，线性相关可以采用DFT法来求，即用圆周相关代替线性相关。采用DFT法求线性相关的步骤如下：

(1) 对 N 点序列 $x(n)$ 和 $y(n)$ 补零至长度为 L，选择 $L\geqslant 2N-1$，且 $L=2^r$（r 为整数）。

(2) 分别计算 $x(n)$ 和 $y(n)$ 的 L 点DFT：

$$X(k)=\mathrm{DFT}[x(n)],\quad Y(k)=\mathrm{DFT}[y(n)]$$

(3) 将 $X(k)$ 的虚部 $\mathrm{Im}[X(k)]$ 改变符号，求得其共轭 $X^*(k)$。

(4) 计算 $\mathrm{IDFT}[X^*(k)Y(k)]$；取后 $L/2$ 项，得 $r_{xy}(m)$，$-L/2\leqslant m\leqslant -1$；取前 $L/2$ 项，得 $r_{xy}(m)$，$0\leqslant m\leqslant L/2-1$。

例3-8 已知两个序列：$x(n)=[\,2\ 4\ -1\ 1\ 7\ 3\ 1\ -3\,]$ 和 $y(n)=x(n-5)$，$y(n)$ 是 $x(n)$ 的延迟序列。试求这两个序列的互相关函数和延迟序列的自相关函数。

解 按照上述DFT法求线性相关的步骤，编制的MATLAB程序如下：

```
L = 16;                                    % 选取长度为 2 的整数次方
x = [2 4 -1 1 7 3 1 -3 0 0 0 0 0 0 0 0];  % 补零到 L 长度
y = [0 0 0 0 0 2 4 -1 1 7 3 1 -3 0 0 0];  % 右移 5 位后补零到 L 长度
xk = dft(x,L)
yk = dft(y,L);
rxy = real(idft(conj(xk). * yk,L));
rxy = [rxy(L/2 + 1: L) rxy(1: L/2)];
m = ( - L/2): (L/2 - 1) ;
rxx = real(idft(conj(yk). * yk,L));
rxx = [rxx(L/2 + 1: L) rxx(1: L/2)];
m = ( - L/2): (L/2 - 1);
subplot(121); stem(m,rxy,'.'); xlabel('m'); ylabel('幅度');
subplot(122); stem(m,rxx,'.'); xlabel('m'); ylabel('幅度');
```

运行结果如图 3-21 所示。由图 3-21(a)可以看到,两个序列的互相关函数最大值出现在 $m=5$ 处,正好是 $y(n)$ 对于 $x(n)$ 的延迟。图 3-21(b)是延迟序列的自相关函数,在 $m=0$ 处出现最大值,且波形具有偶对称特点,即自相关函数是实偶函数。

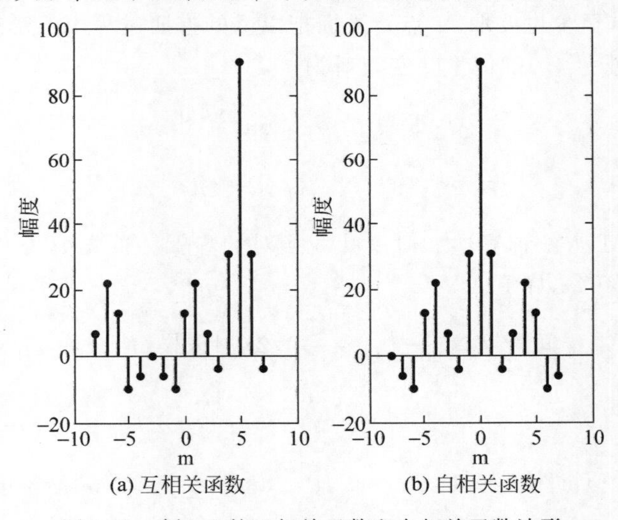

(a) 互相关函数　　(b) 自相关函数

图 3-21　例 3-8 的互相关函数和自相关函数波形

3.7　用 DFT 进行谱分析

DFT 实现了频域采样,同时 DFT 存在快速算法,所以在实际应用中,可以利用计算机,用 DFT 逼近连续时间信号的傅里叶变换,进而分析连续时间信号的频谱。连续时间信号 DFT 分析的基本步骤如图 3-22 所示。

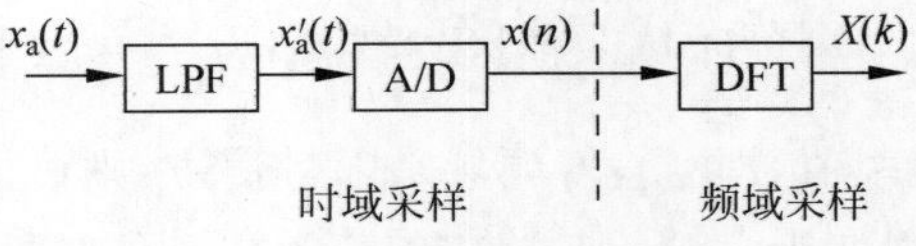

$x_a(t)$ → LPF → $x_a'(t)$ → A/D → $x(n)$ → DFT → $X(k)$

时域采样　　频域采样

图 3-22　连续时间信号 DFT 分析的基本步骤

连续时间信号 $x_a(t)$ 首先通过抗混叠低通滤波器进行限带处理,然后用 A/D 变换进行采样、保持、量化,得到数字信号 $x(n)$,最后利用 DFT 处理信号 $x(n)$,就实现了连续时间信号的频谱分析。

3.7.1
微课视频

3.7.1 利用 DFT 对连续非周期信号进行谱分析

所谓信号的谱分析就是计算信号的傅里叶变换。连续信号与系统的傅里叶分析显然不便于直接用计算机进行计算，使其应用受到限制。而 DFT 是一种时域和频域均离散化的变换，适合数值运算，成为分析离散信号和系统的有力工具。

工程实际中，经常遇到的连续信号 $x_a(t)$，其频谱函数 $X_a(j\Omega)$ 也是连续函数。数字计算机难于处理，因而采用 DFT 对其进行逼近。

设对连续非周期信号进行时域采样，采样间隔为 T（时域），对其连续非周期性的频谱函数进行频域采样，频域采样间隔为 F（频域）。时域采样，频域必然周期延拓，且延拓周期为时域采样的频率值，即频域周期 $f_s=\frac{1}{T}$；频域采样，对应时域按频域采样间隔的倒数周期延拓，即 $T_p=\frac{1}{F}$。对无限长的信号，计算机是不能处理的，必须对时域与频域做截断，若时域取 N 点，则频域至少也要取 N 点。下面把以上的推演过程用严密的数学公式表示。

连续非周期信号 $x_a(t)$ 的傅里叶变换对为

$$X_a(jf)=\int_{-\infty}^{\infty}x_a(t)e^{-j2\pi ft}dt \tag{3-72}$$

$$x_a(t)=\int_{-\infty}^{\infty}X_a(jf)e^{j2\pi ft}df \tag{3-73}$$

下面介绍用 DFT 方法计算这一傅里叶变换对的步骤。首先由式(3-72)推出连续非周期信号的傅里叶变换的采样值。

(1) 对 $x_a(t)$ 以采样间隔 $T\leqslant\frac{1}{2f_c}\left(f_s=\frac{1}{T}\geqslant 2f_c\right)$ 采样得

$$x(n)=x_a(nT)=x_a(t)\big|_{t=nT} \tag{3-74}$$

对 $X_a(jf)$ 作零阶近似，即 $t\to nT$，$dt\to T$，$\int_{-\infty}^{+\infty}dt\to\sum_{-\infty}^{+\infty}T$，得频谱密度的近似值为

$$X(jf)\approx T\sum_{n=-\infty}^{+\infty}x_a(nT)e^{-j2\pi fnT} \tag{3-75}$$

(2) 将序列 $x(n)=x_a(nT)$ 截断为从 $t=0$ 到 $t=T_p$ 的有限长序列，包含有 N 个采样（即时域取 N 个采样点），则上式成为

$$X(jf)\approx T\sum_{n=0}^{N-1}x_a(nT)e^{-j2\pi fnT} \tag{3-76}$$

因为时域采样$\left(\text{采样频率为 } f_s=\frac{1}{T}\right)$，则频域必然周期延拓，且延拓周期为时域采样的频率值，即 f_s，若频域是限带信号，则可能不产生混叠，则 $X(jf)$ 是频率 f 的连续周期函数（周期为 f_s），$x_a(t)$ 和 $X_a(jf)$ 的波形如图 3-23(a)所示，$x_a(nT)$ 和 $X(jf)$ 的波形如图 3-23(b)所示。

(3) 为了数值计算，在频域上也要离散化（采样），即对 $X(jf)$ 在区间$[0,f_s]$上等间隔采样 N 点，采样间隔为 F，如图 3-23(c)所示。参数 f_s、T_p、N 和 F 满足如下关系式：

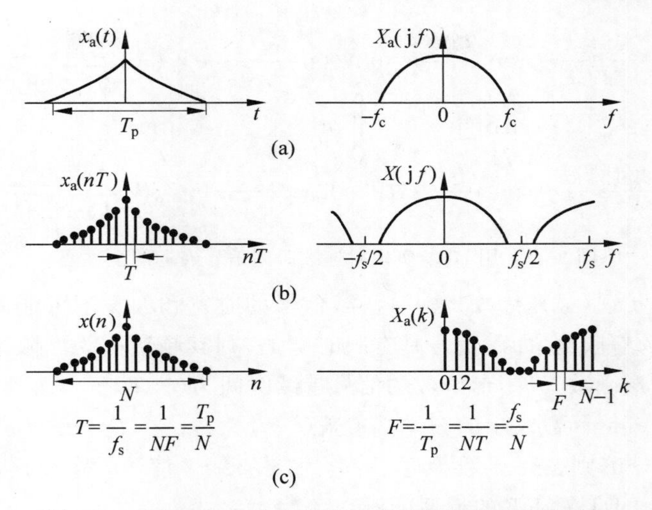

图 3-23 用 DFT 方法分析连续信号频谱的原理示意图

$$F=\frac{f_s}{N}=\frac{1}{NT}=\frac{1}{T_p} \tag{3-77}$$

式中，$NT=T_p$，T_p 是时域连续信号的持续时间或称记录长度。

需要强调的是，频域采样、截断就是将连续函数 f 离散化，且取有限个采样值，即

$$f=kF,\quad 0\leqslant k\leqslant N-1 \tag{3-78}$$

将式(3-78)和式(3-77)代入 $X(jf)$中，可得 $X(jf)$的采样为

$$X(jkF)=X(jf)\Big|_{f=kF}=T\sum_{n=0}^{N-1}x_a(nT)e^{-j\frac{2\pi}{N}nk},\quad 0\leqslant k\leqslant N-1$$

将 $X(jkF)\to X_a(k)$，$x_a(nT)\to x(n)$，则

$$X_a(k)=T\sum_{n=0}^{N-1}x(n)e^{-j\frac{2\pi}{N}nk}=T\cdot \mathrm{DFT}[x(n)] \tag{3-79}$$

同理，由式(3-73)可推出由傅里叶变换的采样值得到连续非周期信号的表达式。

即由 $x_a(t)=\int_{-\infty}^{\infty}X_a(jf)e^{j2\pi ft}\,df$，得

$$x(n)=x_a(nT)=F\sum_{k=0}^{N-1}X_a(k)e^{j\frac{2\pi}{N}nk}=\mathrm{FN}\left[\frac{1}{N}\sum_{k=0}^{N-1}X(k)e^{j\frac{2\pi}{N}nk}\right]=\frac{1}{T}\mathrm{IDFT}[X_a(k)] \tag{3-80}$$

式(3-79)和式(3-80)分别说明连续非周期信号的频谱可以通过对连续信号采样后进行 DFT 并乘以系数 T 的方法近似得到，而对该 DFT 值作反变换并乘以系数$\frac{1}{T}$就得到时域采样信号。

上面用数学表达式分析了利用 DFT 对连续非周期信号进行谱分析的逼近过程和原理，现在用图 3-24 全面概括整个过程。进一步讨论的问题是：第一，最后得到的 $x_N(n)$是否为模拟信号 $x_a(t)$的准确采样(是否包含了 $x_a(t)$的全部信息)？第二，$x_N(n)$的 DFT 系数 $X_N(k)$是否是 $x_a(t)$的频谱 $X_a(j\Omega)$的准确采样(是否包含了 $X_a(j\Omega)$的全部信息)？

根据连续时间信号傅里叶变换的尺度变换性质，若 $x(t)$的 FT 为 $X(j\Omega)$，则 $x(at)$的 FT 为 $\frac{1}{|a|}X\left(j\frac{\Omega}{a}\right)$，式中 a 为常数。这说明若信号 $x(t)$沿时间轴压缩(或扩展)了 a 倍，其

$x_a(t) \xrightarrow[t=nT]{\text{采样}} x(n) \xrightarrow{\text{截断}} x(n)R_N(n) \longrightarrow x_N(n) \underset{\text{取一个周期}}{\overset{\text{周期延拓}}{\rightleftarrows}} \tilde{x}_N(n)$

FT　DTFT　DTFT　DFT　DFS

$X_a(j\Omega) \xrightarrow[\Omega_s=2\pi/T]{\text{周期延拓}} X(e^{j\omega}) \xrightarrow{\text{卷积}} X(e^{j\omega}) * W_R(e^{j\omega}) \xrightarrow[\omega=2\pi k/N]{\text{采样}} X_N(k) \underset{\text{取一个周期}}{\overset{\text{周期延拓}}{\rightleftarrows}} \tilde{X}_N(k)$

图 3-24　用 DFT 实现对连续时间信号逼近的全过程

频谱将在频率轴上扩展(或压缩)a 倍。这样，信号的时宽和频宽不可能同时缩小或同时扩大，也不可能同时为有限值，即若信号是有限时宽的，则其频谱必为无限带宽的，反之亦然。最典型的例子是矩形函数，设矩形函数的信号持续时间为$(-T,T)$，而其频谱为 sinc 函数。若 T 为有限值，则 sinc 函数表示的频谱必覆盖$(-\infty,\infty)$；若 $T\to\pm\infty$，则 sinc 函数趋近于 $\delta(\cdot)$；反之，若 $T\to 0$，则 sinc 函数趋近于一条水平直线。信号时宽和频宽的这种制约关系可以帮助我们理解 DFT 对 FT 的近似问题。

若 $X_a(j\Omega)$是有限带宽的，且满足在$|\Omega|\geqslant\Omega_s/2$ 时为零，那么时域采样后的频谱将不会产生频谱混叠现象，则 $X(e^{j\omega})$的一个周期就等于 $X_a(j\Omega)$。此种情况，$x_a(t)$和 $x(n)$必是无限长的，当用窗函数，例如矩形序列 $R_N(n)$对 $x(n)$加窗截断时，因为 $X_N(e^{j\omega})=X(e^{j\omega})*W_R(e^{j\omega})$，所以 $x_N(n)$的 DTFT $X_N(e^{j\omega})$受窗函数的影响已不再等于 $X_a(j\Omega)$，然后对 $X_N(e^{j\omega})$进行频域采样时，其一个周期的 $X_N(k)$当然也不完全等于 $X_a(j\Omega)$的采样，这时，$X_N(k)$只是对 $X_a(j\Omega)$的近似，则由 $X_N(k)$做反变换得到的 $x_N(n)$也将是对原 $x_a(t)$的近似。由于原 $x(n)$为无限长，因此，频域采样时域周期延拓将发生时域混叠失真。这样，$\tilde{x}_N(n)$的一个周期只是 $x(n)$或 $x_a(t)$的近似。

若 $x_a(t)$是有限长，那么 $X_a(j\Omega)$必不是有限带宽的，对 $x_a(t)$采样时将无法满足采样定理。这样，采样后的 $X(e^{j\omega})$将会发生混叠，$x(n)$也只是 $x_a(t)$的近似。而 $X_N(k)$是 $X(e^{j\omega})$在一个周期内的采样，则 $x_N(n)$和 $X_N(k)$分别是 $x_a(t)$和 $X_a(j\Omega)$的近似。

下面具体讨论用 DFT 实现对连续时间信号进行谱分析的误差问题。

3.7.2 微课视频

3.7.2　用 DFT 进行谱分析的误差问题

在用 DFT 逼近连续非周期信号的傅里叶变换过程中，除了对幅度的线性加权外，由于用到了采样与截断的方法，因此也可能会带来一些产生的问题，使谱分析产生误差，例如混叠效应、截断效应、栅栏效应等。

1. 混叠效应

利用 DFT 逼近连续时间信号的傅里叶变换，为避免混叠失真，要求满足采样定理，即奈奎斯特定理

$$f_s \geqslant 2f_c \tag{3-81}$$

其中，f_s 为采样频率，f_c 为信号最高频率(谱分析范围)。但此条件只规定出 f_s 的下限为 $2f_c$，其上限要受采样间隔 F 的约束。

采样间隔 F 即频率分辨率，它是记录长度的倒数，即

$$F=\frac{1}{T_p}=\frac{f_s}{N}=\frac{1}{NT}$$

若采样点数为 N，则采样间隔 F 与 f_s 的关系为

$$F=\frac{f_s}{N}\geqslant 2\frac{f_c}{N} \tag{3-82}$$

在 N 给定时，为避免混叠失真而一味提高采样频率 f_s，必然导致 F 增加，即频率分辨率下降；反之，若要提高频率分辨率，即减小 F，则导致 f_s 减小，最终必须减小信号的最高频率 f_c。

以上两点结论都是 N 给定的条件下得到的。所以在参数 f_c 与 F 中，保持其中一个不变而使另一个性能得以提高的唯一办法就是增加记录长度内的点数 N。

T_p 和 N 可以按照以下两式进行选择：

$$N>2\frac{f_c}{F} \tag{3-83}$$

$$T_p\geqslant\frac{1}{F} \tag{3-84}$$

例 3-9 对实信号进行谱分析，要求谱分辨率 $F\leqslant 10\text{Hz}$，信号最高频率 $f_c=2.5\text{kHz}$，试确定最小记录时间 T_{pmin}，最大的采样间隔 T_{max}，最少的采样点数 N_{min}。如果 f_c 不变，要求谱分辨率增加一倍，最少的采样点数和最小的记录时间是多少？

解

$$T_p\geqslant\frac{1}{F}=\frac{1}{10}=0.1\text{s}$$

因此

$$T_{pmin}=0.1\text{s}$$

因为要求 $f_s\geqslant 2f_c$，所以

$$T_{max}=\frac{1}{2f_c}=\frac{1}{2\times 2500}=0.2\times 10^{-3}\text{s}$$

$$N_{min}=\frac{2f_c}{F}=\frac{2\times 2500}{10}=500$$

为使频率分辨率提高一倍，$F=5\text{Hz}$，要求

$$N_{min}=\frac{2f_c}{F}=\frac{2\times 2500}{5}=1000$$

$$T_{pmin}=\frac{1}{F}=\frac{1}{5}=0.2\text{s}$$

2. 截断效应

在实际中，要把观测的信号 $x(n)$ 限制在一定的时间间隔之内，需要采取截断数据的过程。

时域的截断在数学上的意义为原无限长时间信号乘上一个窗函数，使原时间函数成为两端突然截断，中间为原信号与窗函数相乘的结果。时域两函数相乘，在频域是其频谱的卷积。由于窗函数不可能取无限宽，即其频谱不可能为一冲激函数，信号的频谱与窗函数的卷积必然产生展宽和拖尾现象，造成频谱的泄漏现象。具体的数学描述为：

设原信号为 $x(n)$，序列截断的过程相当于给该序列乘上一个矩形窗函数 $R_N(n)$，即截断后的序列为 $y(n)=x(n)R_N(n)$。如果原来序列的频谱为 $X(e^{j\omega})$，矩形窗函数的频谱为

$W_R(e^{j\omega})$，则截断后有限长序列的频谱为

$$Y(e^{j\omega})=\text{DTFT}[y(n)]$$
$$=\frac{1}{2\pi}X(e^{j\omega})*W_R(e^{j\omega})$$
$$=\frac{1}{2\pi}\int_{-\pi}^{\pi}X(e^{j\theta})W_R(e^{j(\omega-\theta)})d\theta$$

其中，$X(e^{j\omega})=\text{DTFT}[x(n)]$。

$$W_R(e^{j\omega})=\text{DTFT}[R_N(n)]$$
$$=\frac{\sin(\omega N/2)}{\sin(\omega/2)}e^{-j\omega\frac{N-1}{2}}$$
$$=W_R(\omega)e^{j\varphi(\omega)}$$

图 3-25　矩形窗函数的幅度谱曲线

幅度谱 $W_R(\omega)\sim\omega$ 曲线如图 3-25 所示。注意 $W_R(\omega)$以 2π 为周期，图中只画出了低频部分。图中，$|\omega|<\frac{2\pi}{N}$的部分称为主瓣，其余部分称为旁瓣。

例 3-10　已知 $x(n)=\cos\left(\frac{\pi}{4}n\right)$，比较截断前后的频谱。

解　截断前序列 $x(n)$的频谱为

$$X(e^{j\omega})=\pi\sum_{m=-\infty}^{\infty}\left[\delta\left(\omega-\frac{\pi}{4}-2\pi m\right)+\delta\left(\omega+\frac{\pi}{4}-2\pi m\right)\right]$$

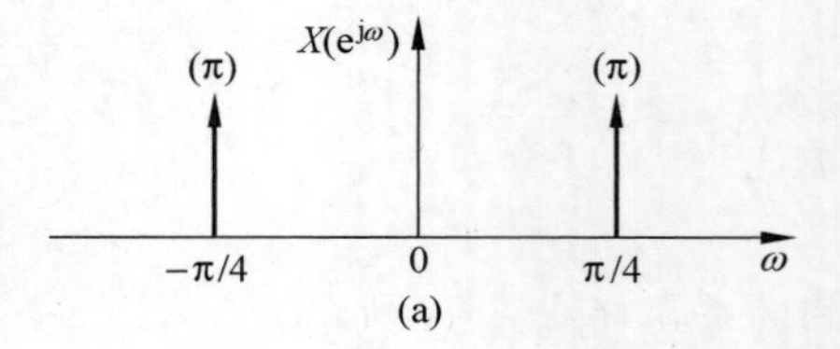

截断后的序列为

$$y(n)=x(n)R_N(n)\quad\leftrightarrow\quad\frac{1}{2\pi}X(e^{j\omega})*W_R(e^{j\omega})$$

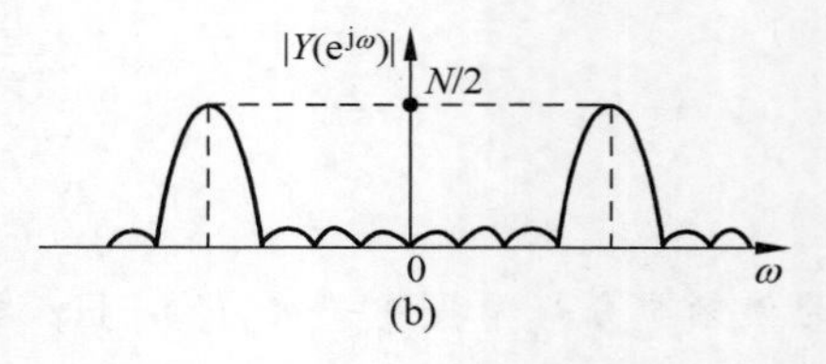

图 3-26　$\cos\left(\frac{\pi}{4}n\right)$加矩形窗前、后的频谱

截断前后的频谱图如图 3-26 所示，可见，由于矩形窗函数频谱的引入，使卷积后的频谱 $Y(e^{j\omega})$与原序列频谱 $X(e^{j\omega})$不一样了，主要表现在两个方面：

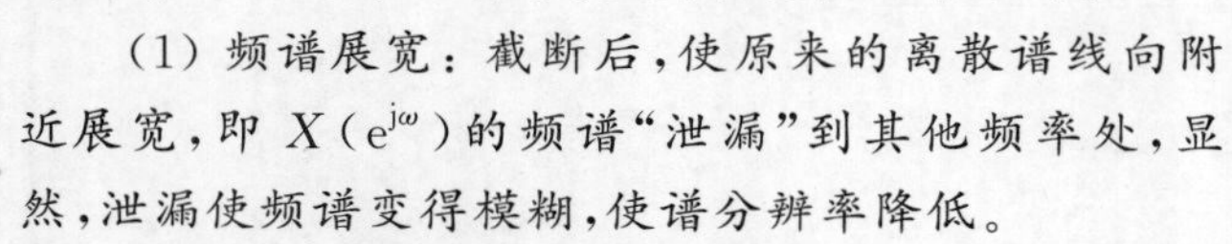

（1）频谱展宽：截断后，使原来的离散谱线向附近展宽，即 $X(e^{j\omega})$的频谱“泄漏”到其他频率处，显然，泄漏使频谱变得模糊，使谱分辨率降低。

（2）频谱拖尾：在主谱线两端形成许多旁瓣，即频谱产生拖尾，引起不同频率分量间的干扰，这种谱间干扰同样会影响频谱分辨率。

在进行 DFT 时，由于取无限个数据是不可能的，所以序列的时域截断是必然的，泄漏是难以避免的。为了尽量减少泄漏的影响，截断时要根据具体的情况，数据不要突然截断，也就是不要加矩形窗，而是要缓慢截断，即选择适当形状的各种缓变的窗函数，例如升余弦窗（汉宁窗或海明窗）等，使得窗谱的旁瓣能量更小，卷积后造成的频谱泄漏减小。该问题还会在第 6 章 FIR 滤波器设计中进一步讨论。

3. 栅栏效应

由于 DFT 是有限长序列的频谱等间隔采样所得到的样本值，这就相当于透过一个栅栏

去观察原来信号的频谱，因此必然有一些地方被栅栏所遮挡，这些被遮挡的部分就是未被采样到的部分，这种现象称为“栅栏效应”，如图 3-27 所示。由于栅栏效应总是存在的，因而可能会使信号频率中某些较大的频率分量由于被“遮挡”而无法得到反映。

减小栅栏效应的一个方法就是要使频域采样更密，即增加频域采样点数 N，在不改变时域数据的情况下，必然是在时域数据末端，即在有限长序列的尾部增补若干个零值，借以改变原序列的长度，但并不改变原有的记录数据。这样对加长的序列作 DFT 时，由于点数增加，就相当于调整了原来栅栏的间隙(频率间隔)，谱线更密，可以使原来得不到反映的那些较大的频率分量落在采样点上而得到反映。

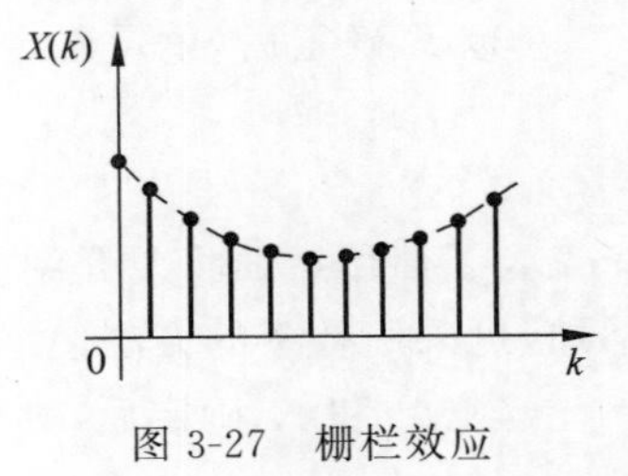

图 3-27　栅栏效应

但要注意，由于栅栏效应，使得被分析的频谱变得较为稀疏，为此，在采样样本序列 $x(n)$后面补零，在数据长度 T_p 不变的情况，可以改变频谱的频率取样密度，这样得到的是高密度频谱。但因在 $x(n)$后面补零并没有增加新的信息量，改善的仅是栅栏效应。所以补零是不能提高频率分辨率的，即得不到高分辨率谱。

3.7.3　用 DFT 进行谱分析的参数考虑

3.7.3
微课视频

用 DFT 对连续信号进行谱分析时，一般要考虑两方面的问题：第一，频谱分析范围；第二，频率分辨率。

频谱分析范围由采样频率 f_s 决定。前面已经叙述，为减小混叠失真，通常要求 $f_s > 2f_c$。但采样频率 f_s 越高，频谱分析范围越宽，在单位时间内采样点增多，要存储的数据量加大，计算量也越大。所以应结合实际的具体情况，确定频谱分析范围。

频率分辨率在信号谱分析中是一个非常重要的概念。它反映了将两个相邻谱峰分开的能力，是分辨两个不同频率分量的最小间隔。因此将频域采样间隔 $F=\frac{f_s}{N}=\frac{1}{NT}=\frac{1}{T_p}$定义为频率分辨率。但要注意，由于对连续信号进行谱分析时要进行截断处理，所以频率分辨率实际上还与截断窗函数及时宽相关。因此有文献将 $F=\frac{f_s}{N}$称为“计算分辨率”，即该分辨率是靠计算得出的，但它并不能反映真实的频率分辨能力。而另一方面将 $F=\frac{1}{T_p}$称为“物理分辨率”，数据的有效长度越小，频率分辨能力越差。前面提到，补零是改善栅栏效应的一个方法，但不能提高频率分辨率，即得不到高分辨率谱。这说明，补零仅仅是提高了计算分辨率，得到的是高密度频谱，而要得到高分辨率谱，则要通过增加数据的记录长度 T_p 提高物理分辨率。在实际工作中，当数据的实际长度 T_p 或 N 不能再增加时，通过发展新的信号处理算法也可能提高频率分辨率。

通过前面的讨论可知，频率分辨率的概念和 DFT 紧密相连，频率分辨率的大小反比于数据的实际长度。在数据长度相同的情况下，使用不同的窗函数将在频谱的分辨率和频谱的泄漏之间有着不同的取舍。窗函数的主瓣宽度主要影响分辨率，而旁瓣的大小影响了频谱的泄漏。

综上所述，DFT 参数选择的一般原则是：

(1) 确定信号的最高频率 f_c 后,为防止混叠,采样频率 $f_s \geqslant (3\sim6)f_c$。

(2) 根据实际需要,即根据频谱的"计算分辨率"需要确定频率采样两点之间的间隔 F,F 越小频谱越密,计算量也越大。

(3) F 确定后,就可确定作 DFT 所需的点数 N,即

$$N=\frac{f_s}{F}$$

为了使用后面将要介绍的基 2-FFT 算法,一般取 $N=2^M$,若点数 N 已给定且不能再增加,可采用补零的方法使 N 为 2 的整次幂。

(4) f_s 和 N 确定后,则可确定所需的数据长度,即

$$T_p=\frac{N}{f_s}=NT$$

3.7.4 对 DFT 计算结果的解读

DFT 的计算结果是 $X(k)$,$0\leqslant k\leqslant N-1$,在解读结果时需要注意两点问题。

1. 幅度问题

DFT 的计算结果一般是复数序列 $X(k)=X_R(k)+jX_I(k)$,因此 DFT 的输出幅度为

$$|X(k)|=\sqrt{X_R^2(k)+X_I^2(k)} \tag{3-85}$$

当根据 DFT 的计算结果确定输入时间序列的幅度时,需要注意,$X(k)$的模是正比于频谱分量的幅度,但并不等于幅度的实际大小,下面具体讨论。

首先讨论正弦序列。设 $x(t)=A_1\sin(2\pi f_1 t)$,在一个周期内对其等间隔采样 N 个采样点,得到正弦序列

$$\begin{aligned}x(n)=x(t)\Big|_{t=nT}&=A_1\sin(2\pi f_1 nT)\\&=A_1\sin(2\pi nT/T_1)=A_1\sin(2\pi n/N),\quad 0\leqslant n\leqslant N-1\end{aligned}$$

式中,A_1 是正弦信号的幅度,$T_1=1/f_1$ 是正弦信号的周期,$T=1/f_s$ 是采样间隔。

序列 $x(n)$的 N 点 DFT 为

$$\begin{aligned}X(k)&=\sum_{n=0}^{N-1}x(n)\mathrm{e}^{-\mathrm{j}\frac{2\pi}{N}nk}=\sum_{n=0}^{N-1}A_1\sin(2\pi n/N)\mathrm{e}^{-\mathrm{j}\frac{2\pi}{N}nk}\\&=\mathrm{j}\frac{A_1}{2}\sum_{n=0}^{N-1}\left[\mathrm{e}^{-\mathrm{j}\frac{2\pi n}{N}}-\mathrm{e}^{\mathrm{j}\frac{2\pi n}{N}}\right]\mathrm{e}^{-\mathrm{j}\frac{2\pi}{N}nk}\end{aligned}$$

当 $k=1$,即在分析频率 f_1 上,DFT 的值为

$$\begin{aligned}X(1)&=\mathrm{j}\frac{A_1}{2}\sum_{n=0}^{N-1}\left[\mathrm{e}^{-\mathrm{j}\frac{2\pi}{N}n}-\mathrm{e}^{\mathrm{j}\frac{2\pi}{N}n}\right]\mathrm{e}^{-\mathrm{j}\frac{2\pi}{N}n}=\mathrm{j}\frac{A_1}{2}\sum_{n=0}^{N-1}\left[\mathrm{e}^{-\mathrm{j}\frac{4\pi}{N}n}-1\right]\\&=\mathrm{j}\frac{A_1}{2}\left[\frac{1-\mathrm{e}^{-\mathrm{j}\frac{4\pi}{N}N}}{1-\mathrm{e}^{-\mathrm{j}\frac{4\pi}{N}}}-\sum_{n=0}^{N-1}1\right]=-\mathrm{j}\frac{N}{2}A_1\end{aligned}$$

则有

$$|X(1)|=\frac{N}{2}A_1 \tag{3-86}$$

即正弦序列的 DFT 在分析频率 f_1 上的值等于正弦幅度的 $N/2$ 倍。

再讨论复指数序列。设 $x(t)=A_1\mathrm{e}^{\mathrm{j}2\pi f_1 t}$，在一个周期内对其等间隔采样 N 个采样点，得到复指数序列 $x(n)=A_1\mathrm{e}^{\mathrm{j}2\pi f_1 nT}=A_1\mathrm{e}^{\mathrm{j}2\pi n/N}$，$0\leqslant n\leqslant N-1$，该序列的 DFT 为

$$X(k)=\sum_{n=0}^{N-1}A_1\mathrm{e}^{\mathrm{j}\frac{2\pi n}{N}}\mathrm{e}^{-\mathrm{j}\frac{2\pi}{N}nk}=\sum_{n=0}^{N-1}A_1\mathrm{e}^{\mathrm{j}\frac{2\pi n(1-k)}{N}}$$

由此得到在分析频率 f_1 上的 DFT 值为

$$X(1)=NA_1 \tag{3-87}$$

即复指数序列的 DFT 在分析频率 f_1 上的值等于复指数序列幅度的 N 倍。

因此，在实际中需要根据 DFT 的计算结果确定输入时间序列的幅度时，为了根据 DFT 的计算结果确定时域信号所含正弦分量的正确幅度，需要将 DFT 的输出幅度除以 $N/2$（输入为实序列时）或 N（输入为复序列时）。如果原始时域数据经过了加窗处理，那么还需要考虑窗函数造成的幅度衰减。

2. 频率问题

DFT 的计算结果 $X(k)$，$k=0,1,\cdots,N-1$，其中 k 只是 $X(k)$ 的取样值的序号，并不是实际频率，而且，k 对应于 DFT 的分析频率点，但也不意味着信号中一定包含这些频率成分。

一般解读 DFT 的计算结果时，首先需要算出每个 k 值对应的绝对频率。由于离散频率点间隔等于 f_s/N，所以序号 k 对应的绝对频率 $f=k\cdot f_s/N$（单位：Hz）。实序列 $x(n)$ 的 DFT 具有对称性，只有在 $0\leqslant k\leqslant N/2-1$ 范围内的 $X(k)$ 才是独立的，所以只需要计算这个范围内的绝对频率。如果输入时间序列是复序列，则需计算在 $0\leqslant k\leqslant N-1$ 整个范围内的绝对频率。

3.7.5 MATLAB 实现

3.7.5
微课视频

例 3-11 设 $x(t)=\sin(2\pi f_1 t)+\sin(2\pi f_2 t)+\sin(2\pi f_3 t)$，其中 $f_1=2\mathrm{Hz}$，$f_2=2.02\mathrm{Hz}$，$f_3=2.07\mathrm{Hz}$，现用 $f_s=10\mathrm{Hz}$，即 $T_s=0.1\mathrm{s}$ 对其进行采样。设 $T_p=25.6\mathrm{s}$，即采样得 $x(n)$ 的点数为 256，试分析若对 $x(n)$ 进行 DFT 时，能否分辨出 3 个频率分量？

解 因为信号的最高频率 $f_c\leqslant 3\mathrm{Hz}$，由采样定理可知，不会发生混叠问题。

$F=\dfrac{f_s}{N}=\dfrac{10}{256}=0.0390625\mathrm{Hz}$，对 $x(n)$ 进行 DFT 求其频谱时，幅频特性如图 3-28(a) 所示。

由于 $f_2-f_1=0.02<F$，所以不能分辨出由 f_2 产生的正弦分量；又由于 $f_3-f_1=0.07>F$，所以能分辨出由 f_3 产生的正弦分量。

如果增加点数 N，即增加数据的长度 T_p，如令 $N=1024$，此时 $T_p=1024\times0.1\mathrm{s}=102.4\mathrm{s}$，其幅频特性如图 3-28(b) 所示。可见，此时可以分辨出 3 个频率分量。

MATLAB 实现程序如下：

```
% 观察数据长度 N 的变化对 DTFT 分辨率(物理分辨率)的影响
  f1 = 2; f2 = 2.02; f3 = 2.07; fs = 10;
  w = 2 * pi/fs; N = 256; n = 0: N - 1; F = fs/N;
  x = sin(w * f1 * n) + sin(w * f2 * n) + sin(w * f3 * n);
  X = 2 * dft(x,N)/N; % DFT 的幅度除以 N/2 得到实际幅度
  Y = abs(X); k = 0: N/2 - 1;
```

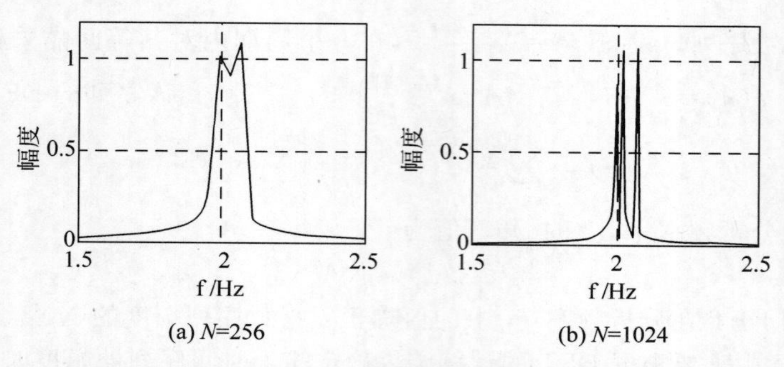

图 3-28 数据长度 N 的变化对 DTFT 分辨率的影响

```
f = k * F; % 将 DFT 的序号 k 转化为绝对频率 f
subplot(221); plot(f,Y(1: N/2)); xlabel('f /Hz'); ylabel('幅度');
axis([1.5 2.5 0 1.2]); grid on;
N = 1024; n = 0: N - 1; F = fs/N;
x = sin(w * f1 * n) + sin(w * f2 * n) + sin(w * f3 * n);
X = 2 * dft(x,N)/N; % DFT 的幅度除以 N/2 得到实际幅度
Y = abs(X); k = 0: N/2 - 1;
f = k * F; % 将 DFT 的序号 k 转化为绝对频率 f
subplot(222); plot(f,Y(1: N/2)); xlabel('f /Hz'); ylabel('幅度');
axis([1.5 2.5 0 1.2]); grid on;
```

例 3-12 $x(n)=\cos(0.48\pi n)+\cos(0.52\pi n)$，利用 MATLAB 程序求如下 $X(e^{j\omega})$、$X(k)$。

（1）取 $x(n)$ 的前 10 点数据，求 $N=10$ 点的 $X(e^{j\omega})$、$X(k)$ 并作图；

（2）将 $x(n)$ 补零至 100 点，求 $N=100$ 点的 $X(e^{j\omega})$、$X(k)$ 并作图；

（3）取 $x(n)$ 的前 100 点数据，求 $N=100$ 点的 $X(e^{j\omega})$、$X(k)$ 并作图；

（4）取 $x(n)$ 的前 128 点数据，求 $N=128$ 点的 $X(e^{j\omega})$、$X(k)$ 并作图；

（5）取 $x(n)$ 的前 90 点数据并补零至 100 点，求 $N=100$ 点的 $X(e^{j\omega})$、$X(k)$ 并作图。

解 $x(n)$ 是由频率分别为 $\omega_1=0.48\pi$、$\omega_2=0.52\pi$ 的周期序列叠加的周期序列，该序列的基本周期可以采用求最小公倍数 $N=\dfrac{N_1N_2}{\gcd(N_1,N_2)}$ 的方法得到，可求得其周期 $N=50$。

（1）求 $x(n)$ 的前 10 点数据对应的 $X(e^{j\omega})$、$X(k)$。

MATLAB 程序如下：

```
n = [0: 1: 9]; x = cos(0.48 * pi * n) + cos(0.52 * pi * n);
w = [0: 1: 500] * 2 * pi/500;
X = x * exp( - j * n' * w) ;                    % 用矩阵-向量乘法求 DTFT
magx = abs(X);
x1 = fft(x); magx1 = abs(x1(1: 1: 10));
k1 = 0: 1: 9; w1 = 2 * pi/10 * k1;
subplot(3,1,1); stem(n,x); title('x(n),0 <= n <= 9'); xlabel('n')
axis([0,10, - 2.5,2.5]); line([0,10],[0,0]);
subplot(3,1,2); plot(w/pi,magx); title('DTFT 幅度'); xlabel('频率(单位: pi)'); axis([0,1,0,10])
subplot(3,1,3); stem(w1/pi,magx1); title('DFT 幅度');
xlabel('频率(单位: pi)'); axis([0,1,0,10])
```

$x(n)$ 的前 10 点数据对应的 $x(n)$、$X(e^{j\omega})$、$X(k)$ 如图 3-29 所示。

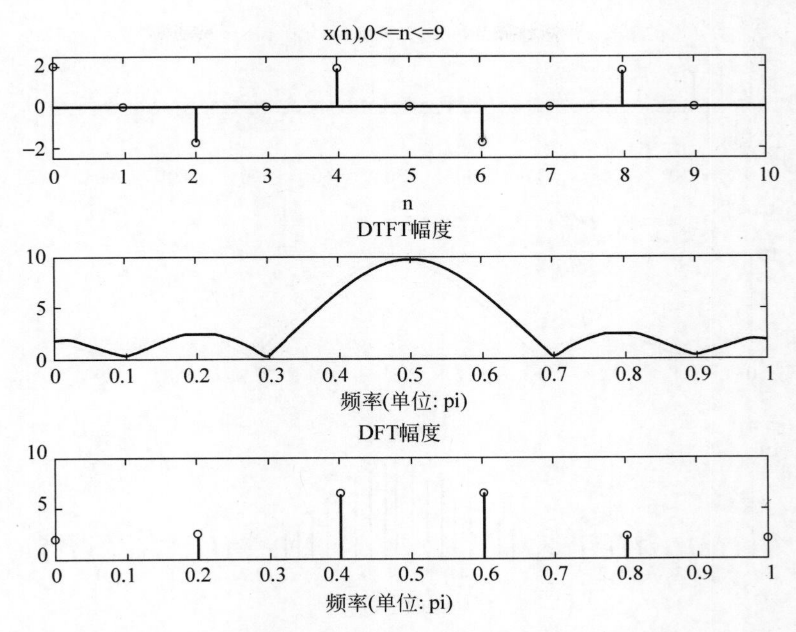

图 3-29　$x(n)$的前 10 点数据对应的 $x(n)$、$X(e^{j\omega})$、$X(k)$

由图 3-29 可见，由于截断函数的频谱混叠作用，$X(k)$不能正确分辨 $\omega_1=0.48\pi$、$\omega_2=0.52\pi$ 这两个频率分量。

(2) 将 $x(n)$补零至 100 点，求 $N=100$ 点的 $X(e^{j\omega})$、$X(k)$。

MATLAB 主要程序如下：

```
n = [0: 1: 9]; y = cos(0.48 * pi * n) + cos(0.52 * pi * n);
n1 = [0: 1: 99]; x = [y(1: 1: 10) zeros(1,90)];
w = [0: 1: 500] * 2 * pi/500;
X = x * exp( - j * n1' * w); magx = abs(X);
x1 = fft(x); magx1 = abs(x1(1: 1: 50));
k1 = 0: 1: 49; w1 = 2 * pi/100 * k1;
%绘图语句略
```

$x(n)$补零至 100 点对应的 $x(n)$、$X(e^{j\omega})$、$X(k)$如图 3-30 所示。由图可见，虽然 $x(n)$补零至 100 点，只是改变 $X(k)$的密度，截断函数的频谱混叠作用没有改变，这时的物理分辨率使 $X(k)$仍不能正确分辨 $\omega_1=0.48\pi$、$\omega_2=0.52\pi$ 这两个频率分量。这说明，补零仅仅是提高了计算分辨率，得到的是高密度频谱，而得不到高分辨率谱。

(3) 取 $x(n)$的前 100 点数据，求 $N=100$ 点的 $X(e^{j\omega})$、$X(k)$。

程序略。

100 点 $x(n)$的数据对应的 $x(n)$、$X(e^{j\omega})$、$X(k)$如图 3-31 所示。

由图可见，截断函数的加宽且为周期序列的整数倍，改变了频谱混叠作用，提高了物理分辨率，使 $X(k)$能正确分辨 $\omega_1=0.48\pi$、$\omega_2=0.52\pi$ 这两个频率分量。这说明通过增加数据的记录长度 T_p 来提高物理分辨率可以得到高分辨率谱。

(4) 取 $x(n)$的前 128 点数据，求 $N=128$ 点的 $X(e^{j\omega})$、$X(k)$。

程序略。

128 点 $x(n)$的数据对应的 $x(n)$、$X(e^{j\omega})$、$X(k)$如图 3-32 所示。

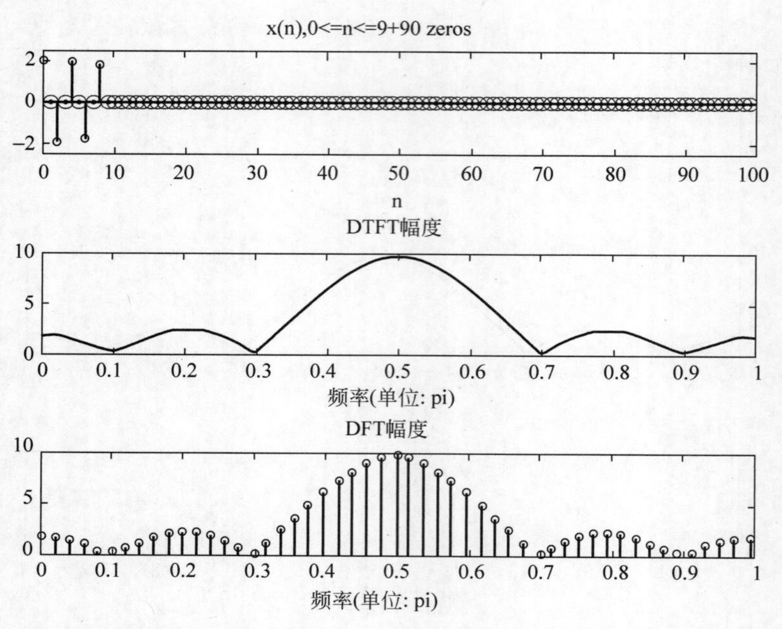

图 3-30 $x(n)$补零至 100 点对应的 $x(n)$、$X(e^{j\omega})$、$X(k)$

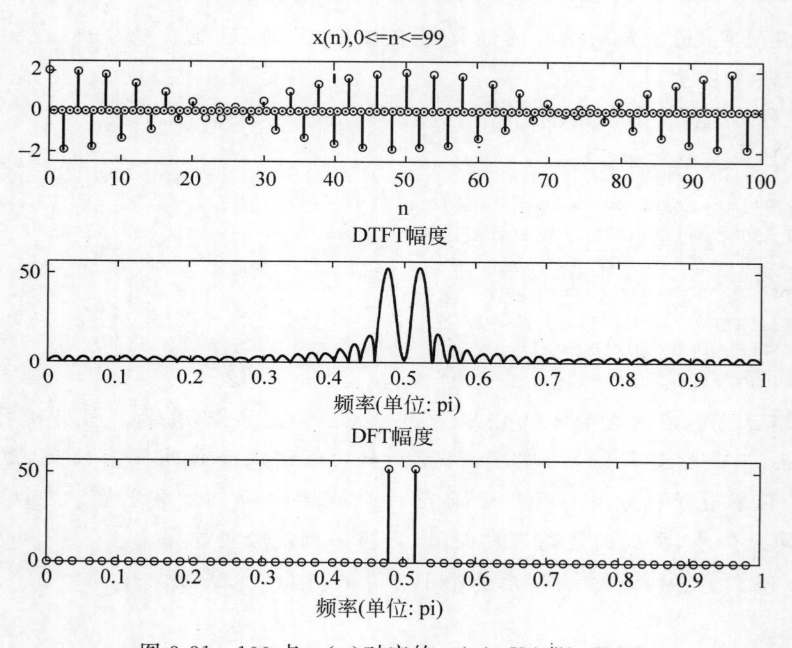

图 3-31 100 点 $x(n)$对应的 $x(n)$、$X(e^{j\omega})$、$X(k)$

由图可见，截断函数虽然进一步加宽，但不是周期序列的整数倍，所以尽管 $X(k)$能正确分辨 $\omega_1=0.48\pi$、$\omega_2=0.52\pi$ 这两个频率分量，但还呈现频谱泄漏。

(5) 取 $x(n)$的前 90 点数据并补零至 100 点，求 $N=100$ 点的 $X(e^{j\omega})$、$X(k)$并作图。

程序略。

取前 90 点数据并补零至 100 点，得 100 点 $x(n)$对应的 $x(n)$、$X(e^{j\omega})$、$X(k)$如图 3-33 所示。

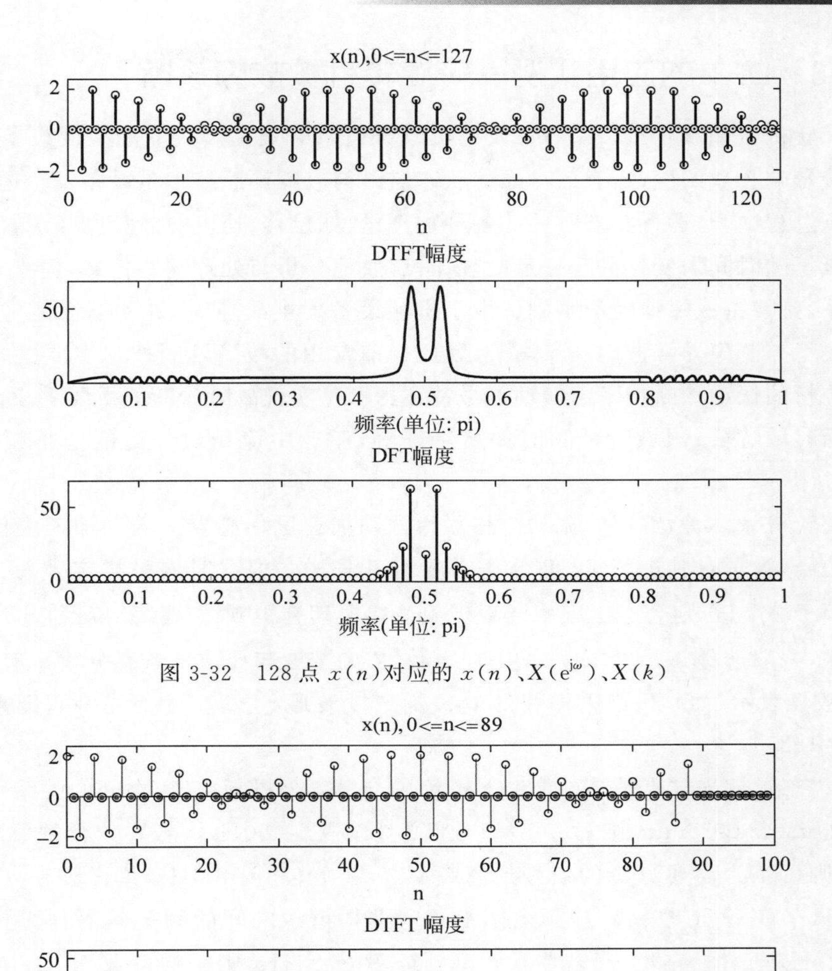

图 3-32 128 点 $x(n)$对应的 $x(n)$、$X(e^{j\omega})$、$X(k)$

图 3-33 取 $x(n)$前 90 点补零至 100 点对应的 $x(n)$、$X(e^{j\omega})$、$X(k)$

由图可见,截断函数虽然是周期序列的整数倍,但因为补了 10 个零值,所以尽管 $X(k)$ 能正确分辨 $\omega_1=0.48\pi$、$\omega_2=0.52\pi$ 这两个频率分量,但也呈现频谱泄漏。

因此对于周期信号利用 DFT 分析频谱时,截断长度必须为采样后的周期序列的一个周期或者为周期的整数倍,并且不能补零值点,否则会产生频谱泄漏。

3.7.6 DFT的应用实例——旋转机械故障诊断

大型旋转机械如汽轮机、压缩机、发电机、风机、泵等是生产企业的关键设备，其运行状况好坏直接影响企业的生产，有效可靠的状态监测与故障诊断技术是设备安全运行的保障。设备在运行过程中，与运行状态有关的各种物理量，如位移、速度、加速度、噪声、温度、压力、电压和电流等随时间的变化呈现一定的规律，有效地分析与处理这些信息，建立它们与设备之间的联系，是设备故障诊断的基础。由于机械设备发生故障时，其动态性能劣化，会出现机器运行失稳与产生异常振动和噪声等，因此目前常用的故障诊断技术主要是基于振动信号测量与分析的振动诊断技术。振动信号特征提取是实现故障诊断的重要手段。常用的信号特征包括时域特征、频域特征和时频域特征等，工业中应用最广泛的还是频域特征，即DFT频谱分析。

对于旋转机械设备，常用的振动传感器为振动加速度传感器。振动加速度传感器产生的是模拟信号，为了对其进行DFT分析需要对其采样。根据时域采样定理，采样频率f_s要大于或等于$2f_c$，否则会产生频率混叠现象。在振动分析领域，考虑到计算机识别二进制的表示方式，一般选择$f_s=2.56f_c$。采样点数N的选取与要求的频率分辨率有关，一般用1024的整数倍表示，如某机组采样获得16K加速度波形，这里K代表1024，即采样点数为$16\times1024=16384$。

这里，再来示例采样点数N、频率分辨率F与最高分析频率f_c之间的关系。假设某电机轴承转速$n=3000\text{r/min}$，则对应工频(或转速频率)$f=50\text{Hz}$。若要分析的故障频率在8倍频以下，则可认为需要分析的信号最高频率$f_c=8\times50=400\text{Hz}$，采样频率$f_s=2.56\times400=1024\text{Hz}$。频率分辨率$F$是频谱图上相邻两根谱线之间的频率间隔，常用的有1Hz、0.5Hz、0.25Hz三种。本例中，若要求频率分辨率$F=1\text{Hz}$，则采样点数$N=f_s/F=1024$。按照DFT定义，在频域可以得到1024点的谱线。考虑到DFT的共轭对称性，只有前512点的谱线具有实际物理含义，因此只要分析这512点的谱线即可。但是，由于频率混叠和截断效应的影响，一般认为401～512谱线的频谱精度不高而不予考虑，这样在具体应用时只需分析前400个点的谱线值。

工业应用中的分析软件定义了谱线数M的概念，M即是工业软件在频率分析中实际显示的频率成分的点的个数。采样点数N和谱线数M的关系为$N=2.56M$。信号分析中常用的采样点数是512、1024、2048和4096等，等效于谱线数为200、400、800和1600。

图3-34(a)所示为某机组驱动端轴承采样得到的加速度波形，轴承型号为斯凯孚公司6205-2RS深沟球轴承，其内圈故障和外圈故障频率分别为转速频率的5.4152和3.5848倍。已知采样频率$f_s=12\text{kHz}$，电机平均转速$n=1796\text{r/min}$，即转速频率$f=29.93\text{Hz}$，则外圈故障频率$f_o=3.5848\times1796/60\approx107.305\text{Hz}$，内圈故障频率$f_i\approx162\text{Hz}$。图3-34(b)和图3-34(c)分别为原始信号频谱和包络谱。由图可见，包络谱获得了信号故障特征频率，其幅值最大频率分量为107.614Hz，与理论计算的外圈故障频率一致，因此可判断测试对象的故障为滚动轴承外圈故障。

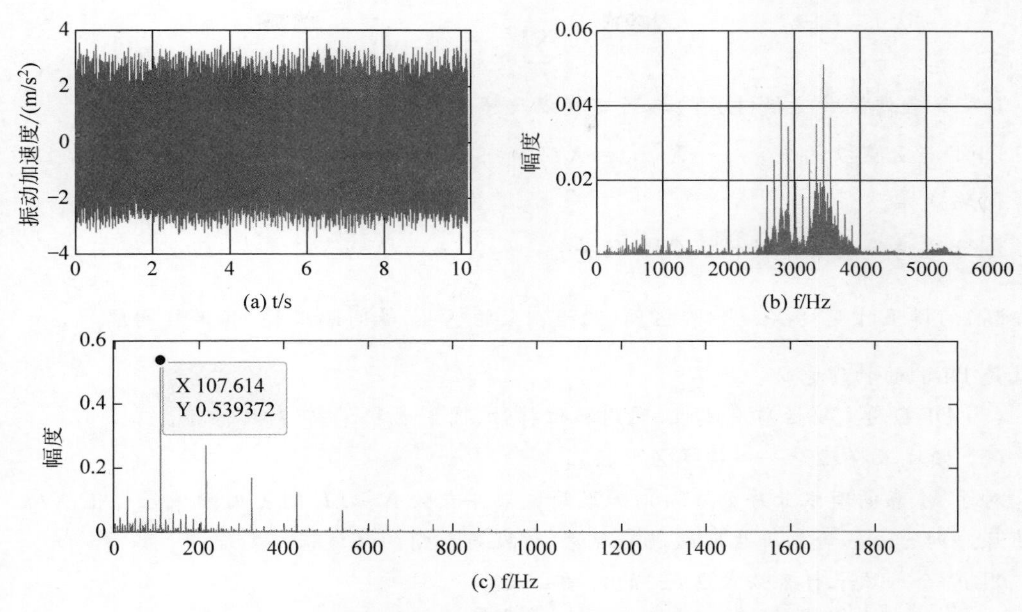

图 3-34　某机组采样得到的时域波形、频谱及包络谱

本章小结

(1) 离散傅里叶变换(DFT)是有限长序列的傅里叶变换,其时域及频域都是离散的信号。这一对变换可表示为

$$X(k)=\sum_{n=0}^{N-1}x(n)\mathrm{e}^{-\mathrm{j}\frac{2\pi}{N}nk},\quad 0\leqslant k\leqslant N-1$$

$$x(n)=\frac{1}{N}\sum_{k=0}^{N-1}X(k)\mathrm{e}^{\mathrm{j}\frac{2\pi}{N}nk},\quad 0\leqslant n\leqslant N-1$$

(2) 归纳 4 种不同形式的傅里叶变换,有以下规律:如果信号频域是离散的,则表现为周期性的时间函数。相反,在时域上是离散的,则该信号在频域必然表现为周期性的频率函数。所以要讨论 DFT,一般要先从周期性序列的离散傅里叶级数开始讨论,然后讨论可作为周期函数一个周期的有限长序列的离散傅里叶变换。

周期序列的离散傅里叶级数(DFS)的一对变换的表达式为

$$\widetilde{X}(k)=\mathrm{DFS}[\tilde{x}(n)]=\sum_{n=0}^{N-1}\tilde{x}(n)W_N^{nk}$$

$$\tilde{x}(n)=\mathrm{IDFS}[\widetilde{X}(k)]=\frac{1}{N}\sum_{k=0}^{N-1}\widetilde{X}(k)W_N^{-nk}$$

(3) 有限长序列 $x(n)$和周期序列之间的联系为

$$x(n)=\begin{cases}\tilde{x}(n), & 0\leqslant n\leqslant N-1\\ 0, & \text{其他}\end{cases}\quad \text{或}\quad x(n)=\tilde{x}(n)R_N(n)$$

$$\tilde{x}(n)=\sum_{r=-\infty}^{\infty}x(n+rN)$$

(4) 离散傅里叶变换(DFT)与Z变换以及序列傅里叶变换(DTFT)的关系：

DFT与Z变换的关系——$X(k)=X(z)\big|_{z=W_N^{-k}}$，即$X(k)$是Z变换在单位圆上的$N$点等间隔采样。

DFT与序列傅里叶变换$X(\mathrm{e}^{\mathrm{j}\omega})$的关系——$X(k)=X(\mathrm{e}^{\mathrm{j}\omega})\big|_{\omega=\frac{2\pi}{N}k}$，即$X(k)$可以看作序列$x(n)$的傅里叶变换$X(\mathrm{e}^{\mathrm{j}\omega})$在区间$[0,2\pi]$上的$N$点等间隔采样，其采样间隔为$\omega=\dfrac{2\pi}{N}$，这就是DFT的物理意义。

(5) DFT的主要性质有线性、圆周移位特性、圆周卷积、共轭对称性等。

(6) 频域采样理论——抽样Z变换：

对于M点的有限长序列$x(n)$，如果频域采样点数$N\geqslant M$，则可由频域采样值$X(k)$恢复出原序列$x(n)$，否则产生时域混叠现象，这就是所谓的频域采样定理。

用N个频域采样来恢复$X(z)$的内插公式为

$$X(z)=\frac{1-z^{-N}}{N}\sum_{k=0}^{N-1}\frac{X(k)}{1-W_N^{-k}z^{-1}}$$

(7) 用DFT计算线性卷积：

设$x_1(n)$是长度为N_1的有限长序列，$x_2(n)$是长度为N_2的有限长序列，它们的线性卷积为

$$y_l(n)=x_1(n)*x_2(n)=\sum_{m=0}^{N_1-1}x_1(m)x_2(n-m)$$

它们的圆周卷积为

$$y_c(n)=x_1(n)\circledast x_2(n)=\left[\sum_{m=0}^{L-1}x_1(m)x_2((n-m))_L\right]R_L(n)$$

线性卷积和圆周卷积的关系为

$$y_c(n)=\left[\sum_{r=-\infty}^{\infty}y_l(n+rL)\right]R_L(n)$$

圆周卷积等于线性卷积而不产生混叠失真的充要条件是

$$L\geqslant N_1+N_2-1$$

(8) 用DFT进行频谱分析：

$$X_a(k)=T\sum_{n=0}^{N-1}x(n)\mathrm{e}^{-\mathrm{j}\frac{2\pi}{N}nk}=T\cdot\mathrm{DFT}[x(n)]$$

$$x(n)=x_a(nT)=\frac{1}{T}\mathrm{IDFT}[X_a(k)]$$

即连续非周期信号的频谱可以通过对连续信号采样后进行DFT并乘以系数T的方法近似得到，而对该DFT值作反变换并除以系数T就得到时域采样信号。

利用DFT对连续非周期信号进行谱分析时，时域与频域都要作采样和截断，所用到的相关公式为

$$T=\frac{1}{f_s}=\frac{1}{NF}=\frac{T_p}{N};\quad F=\frac{1}{T_p}=\frac{1}{NT}=\frac{f_s}{N}$$

要注意的是，在用DFT逼近连续非周期信号的傅里叶变换过程中，除了对幅度的线性加权外，由于用到了采样与截断的方法，因此也可能会带来一些产生的问题，使谱分析产生误差，例如混叠效应、截断效应、栅栏效应等。

习题

3-1 计算以下序列的 N 点离散傅里叶变换。

(1) $x(n)=\delta(n-n_0)$；

(2) $x(n)=R_4(n)$；

(3) $x(n)=e^{j\frac{2\pi}{N}nm}$， $0<m<N$；

(4) $x(n)=e^{j\omega_0 n}R_N(n)$；

(5) $x(n)=\sin(\omega_0 n)R_N(n)$。

3-2 长度为 $N=10$ 的两个有限长序列

$$x_1(n)=\begin{cases}1, & 0\leqslant n\leqslant 4\\ 0, & 5\leqslant n\leqslant 9\end{cases};\quad x_2(n)=\begin{cases}1, & 0\leqslant n\leqslant 4\\ -1, & 5\leqslant n\leqslant 9\end{cases}$$

试分别用图解法和列表法求 $y(n)=x_1(n)\circledast x_2(n)$。

3-3 设 $x(n)=R_4(n)$，$\tilde{x}(n)=x((n))_6$，试求 $\widetilde{X}(k)$，并画出 $\tilde{x}(n)$ 和 $\widetilde{X}(k)$ 的图形。

3-4 证明DFT的对称定理，即假设 $X(k)=\mathrm{DFT}[x(n)]$，试证明：

$$\mathrm{DFT}[X(n)]=Nx(N-k)$$

3-5 证明离散傅里叶变换的下列对称性质。

(1) $x^*(n)\leftrightarrow X^*((-k))_N R_N(k)$；

(2) $x^*((-n))_N R_N(n)\leftrightarrow X^*(k)$；

(3) $\mathrm{Re}[x(n)]\leftrightarrow X_{ep}(k)$；

(4) $\mathrm{jIm}[x(n)]\leftrightarrow X_{op}(k)$。

3-6 证明若 $x(n)$ 实偶对称，即 $x(n)=x(N-n)$，则 $X(k)$ 也是实偶对称；若 $x(n)$ 实奇对称，即 $x(n)=-x(N-n)$，则 $X(k)$ 为纯虚函数并奇对称。(注：$X(k)=\mathrm{DFT}[x(n)]$)

3-7 已知长度为 N 的有限长序列 $x_1(n)$ 和 $x_2(n)$ 的关系为 $x_2(n)=x_1(N-1-n)$。设 $\mathrm{DFT}[x_1(n)]=X_1(k)$，试证明 $\mathrm{DFT}[x_2(n)]=W_N^{-k}X_1(N-k)$。

3-8 已知序列 $x(n)=a^n u(n)$，$0<a<1$，对 $x(n)$ 的Z变换 $X(z)$ 在单位圆上等间隔采样 N 点，采样值为

$$X(k)=X(z)\Big|_{z=W_N^{-k}},\quad k=0,1,\cdots,N-1$$

求有限长序列 $\mathrm{IDFT}[X(k)]$。

3-9 已知序列 $x(n)=a^n R_8(n)$，$X(e^{j\omega})=\mathrm{DTFT}[x(n)]$，对 $X(e^{j\omega})$ 在 ω 的一个周期 $(0\leqslant\omega\leqslant 2\pi)$ 内进行等间隔采样，采样点数为6点，采样值为

$$X(k)=X(e^{j\omega})\Big|_{\omega=2\pi k/6},\quad k=0,1,\cdots,5$$

试根据频率采样定理求有限长序列 $x_6(n)=\mathrm{IDFT}[X(k)],n=0,1,\cdots,5$。

3-10 已知两个序列 $x(n)=\{1,2,3,4,5,0,0\}$，$y(n)=\{1,1,1,1,0,0,0\}$，试求：

(1) 它们的周期卷积(周期长度为 $N=7$)；

(2) 它们的圆周卷积(序列长度为 $N=7$)；

(3) 用圆周卷积定理求这两个序列的线性卷积，它与上述两结果又有何不同(请用 $N_1=5$ 和 $N_2=4$ 来做)？

3-11 已知两个序列 $x(n)=n+1,0\leqslant n\leqslant 3$，$y(n)=(-1)^n,0\leqslant n\leqslant 3$，用圆周卷积法求这两个序列的线性卷积。

3-12 已知两个序列 $x_1(n)=(0.5)^n R_4(n)$，$x_2(n)=R_4(n)$，求它们的线性卷积以及4点、6点和8点的圆周卷积。

3-13 已知 $x(n)$ 是长度为 N 的有限长序列，$X(k)=\mathrm{DFT}[x(n)]$，现将长度扩大 r 倍，得长度为 rN 的有限长序列 $y(n)$ 为

$$y(n)=\begin{cases}x(n), & 0\leqslant n\leqslant N-1\\ 0, & N\leqslant n\leqslant rN-1\end{cases}$$

求 $\mathrm{DFT}[y(n)]$ 与 $X(k)$ 的关系。

3-14 有限宽序列的离散傅里叶变换相当于其Z变换在单位圆上的采样。例如10点序列 $x(n)$ 的离散傅里叶变换相当于 $X(z)$ 在单位圆10个均分点上的采样，如图题3-14(a)所示，希望求出图题3-14(b)所示圆周上 $X(z)$ 的等间隔采样，即 $X(z)\big|_{z=0.5\mathrm{e}^{\mathrm{j}[(2k\pi/10)+(\pi/10)]}}$，如何修改 $x(n)$，才能得到序列 $x_1(n)$，使其离散傅里叶变换相当于上述的 $X(z)$ 采样。

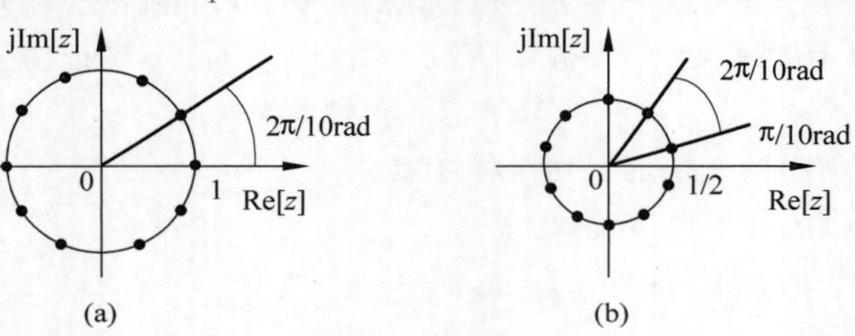

图题 3-14

3-15 (1) 模拟数据以10.24kHz速率采样，且计算了1024个采样的离散傅里叶变换。求频谱采样之间的频率间隔。

(2) 以上数据经处理以后又进行了离散傅里叶反变换，求离散傅里叶反变换后采样点的间隔是多少？整个1024点的时宽为多少？

3-16 若 $x(n)$ 表示长度 $N=8$ 点的有限长序列，$y(n)$ 表示长度 $N=20$ 点的有限长序列，$R(k)$ 为两个序列20点的离散傅里叶变换相乘，求 $r(n)$，并指出 $r(n)$ 的哪些点与 $x(n)$、$y(n)$ 的线性卷积相等。

3-17 两个有限长序列 $x(n)$ 和 $y(n)$ 的零值区间为

$$x(n)=0,\quad n<0,8\leqslant n$$
$$y(n)=0,\quad n<0,20\leqslant n$$

对每个序列作20点DFT，即

$$X(k)=\mathrm{DFT}[x(n)],\quad k=0,1,\cdots,19$$

$$Y(k)=\mathrm{DFT}[y(n)],\quad k=0,1,\cdots,19$$

如果

$$F(k)=X(k)\cdot Y(k)\quad k=0,1,\cdots,19$$

$$f(n)=\mathrm{IDFT}[F(k)],\quad k=0,1,\cdots,19$$

试问在哪些点上 $f(n)=x(n)*y(n)$？为什么？

3-18 已知序列 $x(n)$的长度为 120 点，序列 $y(n)$的长度为 185 点，若计算 $x(n)$和 $y(n)$的 256 点圆周卷积，试分析结果中相当于 $x(n)$与 $y(n)$的线性卷积的范围是多少？

3-19 已知一个有限长序列为

$$x(n)=\delta(n-2)+3\delta(n-4)$$

(1) 求它的 8 点离散傅里叶变换 $X(k)$；

(2) 已知序列 $y(n)$的 8 点离散傅里叶变换为 $Y(k)=W_8^{4k}X(k)$，求序列 $y(n)$。

3-20 已知一个长度为 10 的有限长序列

$$x(n)=5\delta(n-4)+\delta(n-5)+4\delta(n-6)$$

(1) 试求它的 10 点离散傅里叶变换 $X(k)$；

(2) 若序列 $y(n)$的 10 点离散傅里叶变换为 $Y(k)=W_{10}^{5k}X(k)$，求 $\mathrm{IDFT}[Y(k)]$；

(3) 若已知另一长度为 8 的序列 $g(n)$为实序列，其 8 点 DFT 的前 5 点值为{4.161，0.710－j0.926，0.507－j0.406，0.470－j0.171，0.462}，写出 8 点 DFT 的后 3 点值。

3-21 用微处理机对实序列作谱分析，要求谱分辨率 $F\leqslant 50\mathrm{Hz}$，信号最高频率为 1kHz，试确定以下各参数：

(1) 最小记录时间 T_{pmin}；

(2) 最大取样间隔 $T_{\max}$；

(3) 最少采样点数 $N_{\min}$；

(4) 在频带宽度不变的情况下，将频谱分辨率提高一倍的 N 值。

3-22 已知调幅信号的载波频率 $f_c=1\mathrm{kHz}$，调制信号频率 $f_m=100\mathrm{Hz}$，用 FFT 对其进行谱分析，试确定以下各参数：

(1) 最小记录时间 T_p；

(2) 最低采样频率 f_s；

(3) 最少采样点 N。

3-23 若 $x_1(n)$是长度为 50 点的有限长序列，非零区间为 $0\leqslant n\leqslant 49$，$x_2(n)$是长度为 15 点的有限长序列，非零区间为 $5\leqslant n\leqslant 19$，对两序列做 50 点的圆周卷积，即

$$y(n)=\sum_{m=0}^{49}x_1(m)x_2((n-m))_{50}R_{50}(n)$$

指出 $y(n)$的哪些点与 $x_1(n)*x_2(n)$的结果相等。

3-24 以 20kHz 的采样率对最高频率为 10kHz 的带限信号 $x_a(t)$采样，然后计算 $x(n)$的 $N=1000$ 个采样点的 DFT，即

$$X(k)=\sum_{n=0}^{N-1}x(n)\mathrm{e}^{-\mathrm{j}\frac{2\pi}{N}nk},\quad N=1000$$

试求：(1) $k=150$ 对应的模拟频率是多少？$k=800$ 呢？

(2) 频谱采样点之间的间隔是多少？

3-25　假设以8kHz速率对一段长为10s的语音信号采样，现用一个长度$L=64$的FIR滤波器$h(n)$对其进行滤波，若采用DFT为1024点的重叠保留法，那么共需要多少次DFT变换和多少次IDFT变换来进行卷积？

3-26　对一个连续时间信号$x(t)$进行采样，采样频率为8192Hz，共采样500点，得到一个有限长序列$x(n)$，试：

(1) 通过DFT方法分析该序列在800Hz频率处的频率特性，应如何做？

(2) 如果只能一次进行256点数值的FFT运算，用什么办法能实现信号$x(n)$的谱分析？

3-27　研究偶对称序列傅里叶变换的特点。

(1) 令$x(n)=1, n=-N,\cdots,0,\cdots,N$，求$X(e^{j\omega})$；

(2) 令$x_1(n)=1, n=0,1,\cdots,N$，求$X_1(e^{j\omega})$；

(3) 令$x_2(n)=1, n=-N,-N+1,\cdots,-1$，求$X_2(e^{j\omega})$；

(4) 容易看出$x(n)=x_1(n)+x_2(n)$，试分析$X(e^{j\omega})$，$X_1(e^{j\omega})$，$X_2(e^{j\omega})$有何关系。

3-28　已知序列$x(n)=\cos(n\pi/6)$，其中$n=0,1,\cdots,N-1$，而$N=12$。借助MATLAB工具求解下列问题：

(1) 求$x(n)$的DTFT $X(e^{j\omega})$和DFT $X(k)$；

(2) 若在$x(n)$后补N个零，得到$x_1(n)$，即$x_1(n)$为$2N$点序列，再求$x_1(n)$的DFT $X_1(k)$；

(3) 经过上面的求解后，对正弦信号采样及其DFT和DTFT之间的关系，能总结出什么结论？

3-29　给定信号$x(t)=\sin(2\pi f_0 t)$，$f_0=50\text{Hz}$，现对$x(t)$采样，设采样点数$N=16$。因为正弦信号$x(t)$的频谱是在$\pm f_0$处的$\delta()$函数，将$x(t)$采样变成$x(n)$后，若采样频率及数据长度N取得合适，那么$x(n)$的DFT也应是在$\pm 50\text{Hz}$的$\delta()$函数。根据DFT形式下的帕斯瓦尔（Parseval）定理，$\sum_{n=0}^{N-1}x^2(n)=\frac{1}{N}\sum_{k=0}^{N-1}|X(k)|^2$，可以得到$E_t=\sum_{n=0}^{N-1}x^2(n)=\frac{2}{N}|X_{f_0}|^2=E_f$，其中，$X_{f_0}$表示$x(n)$的DFT $X(k)$对应f_0处的谱线，若上式不成立，说明$X(k)$在频域有泄漏。

给定下面三种采样频率：$f_s=100\text{Hz}$；$f_s=150\text{Hz}$；$f_s=200\text{Hz}$。

(1) 分别画出$x(n)$及$X(k)$的MATLAB仿真波形；

(2) 利用题(1)的结果，分别求出$x(n)$及$X(k)$，然后用帕斯瓦尔定理讨论其泄漏情况；

(3) 总结对正弦信号采样应掌握的原则。

第4章 快速傅里叶变换

CHAPTER 4

4.1 引言

由于有限长序列在其频域也可离散化为有限长序列，因此离散傅里叶变换(DFT)在数字信号处理中是非常有用的。例如，在信号的频谱分析，系统的分析、设计和实现中都会用到 DFT 的计算。

但是在相当长的时间里，由于 DFT 的运算量太大，难以实时处理，所以并没有得到真正的应用。直到 1965 年，库利和图基在《计算数学》杂志上发表了著名的“机器计算傅里叶级数的一种算法”(*An algorithm for the machine computation of complex Fourier series*)的文章，提出了离散傅里叶变换(DFT)的一种快速算法，揭开了快速傅里叶变换(FFT)发展史上的第一页，这时情况才发生改变。后来，经过人们对算法的不断改进，又相继出现了一系列高效有效的运算方法，使 DFT 的运算大大简化，运算时间一般可缩短一到二个数量级，从而使 DFT 在实际中得到真正应用。

快速傅里叶变换并不是一种新的变换，它是离散傅里叶变换的一种快速算法。

4.2 直接计算 DFT 的问题及改进的途径

4.2.1 直接计算 DFT 的运算量问题

4.2.1
微课视频

设 $x(n)$ 为 N 点有限长序列，其 DFT 和 DFT 反变换(IDFT)分别为

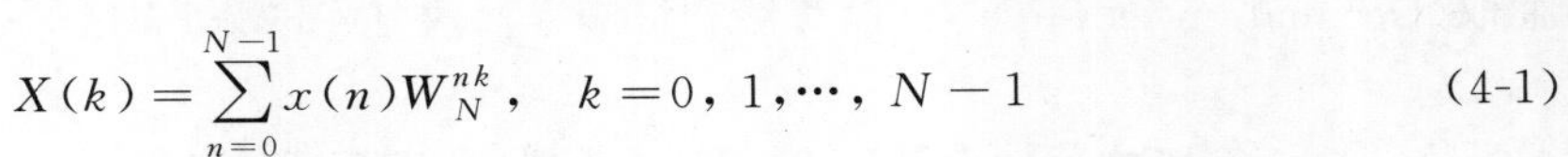

$$X(k)=\sum_{n=0}^{N-1}x(n)W_N^{nk},\quad k=0,1,\cdots,N-1 \tag{4-1}$$

$$x(n)=\frac{1}{N}\sum_{k=0}^{N-1}X(k)W_N^{-nk},\quad n=0,1,\cdots,N-1 \tag{4-2}$$

二者的差别只在于 W_N 的指数符号不同，以及差一个常数因子 $1/N$，所以 IDFT 与 DFT 具有相同的运算工作量。下面只讨论 DFT 的运算量。

一般来说，$x(n)$ 和 W_N^{nk} 都是复数，$X(k)$ 也是复数，因此每计算一个 $X(k)$ 值，需要 N 次复数乘法和 $N-1$ 次复数加法。而 $X(k)$ 一共有 N 个点(k 从 0 取到 $N-1$)，所以完成整个 DFT 运算总共需要 N^2 次复数乘法及 $N(N-1)$ 次复数加法。在这些运算中乘法运算要比加法运算复杂，需要的运算时间也多一些。因为复数运算实际上是由实数运算完成的，这

时 DFT 运算式可写成

$$X(k)=\sum_{n=0}^{N-1}x(n)W_N^{nk}=\sum_{n=0}^{N-1}\{\mathrm{Re}[x(n)]+\mathrm{jIm}[x(n)]\}\{\mathrm{Re}[W_N^{nk}]+\mathrm{jIm}[W_N^{nk}]\}$$

$$=\sum_{n=0}^{N-1}\{\mathrm{Re}[x(n)]\mathrm{Re}[W_N^{nk}]-\mathrm{Im}[x(n)]\mathrm{Im}[W_N^{nk}]+$$

$$\mathrm{j}(\mathrm{Re}[x(n)]\mathrm{Im}[W_N^{nk}]+\mathrm{Im}[x(n)]\mathrm{Re}[W_N^{nk}])\} \tag{4-3}$$

由此可见，一次复数乘法需用四次实数乘法和二次实数加法；一次复数加法需用二次实数加法。因而每运算一个 $X(k)$ 需 $4N$ 次实数乘法和 $2N+2(N-1)=2(2N-1)$ 次实数加法。所以，整个 DFT 运算总共需要 $4N^2$ 次实数乘法和 $2N(2N-1)$ 次实数加法。

从上面的统计可以看到，直接计算离散傅里叶变换，由于计算量近似正比于 N^2，显然对于很大的 N 值，直接计算离散傅里叶变换要求的算术运算量非常大。

例 4-1 根据式(4-1)，对一幅 $N\times N$ 点的二维图像进行 DFT 变换，如用每秒可做 10 万次复数乘法的计算机，当 $N=1024$ 时，问需要多少时间（不考虑加法运算时间）？

解 直接计算 DFT 所需复数乘法的次数为 $(N^2)^2\approx 10^{12}$ 次，因此用每秒可做 10 万次复数乘法的计算机，则需要近 3000 小时。

这对实时性很强的信号处理来说，就得提高计算速度，而这样对计算速度的要求太高了。所以只能通过改进 DFT 的计算方法，以大大减少运算次数。

4.2.2
微课视频

4.2.2 改善途径

如何减少运算量，从而缩短计算时间呢？仔细观察 DFT 的运算就可看出，我们可以利用系数 W_N^{nk} 的特性来改善离散傅里叶变换的计算效率。

1) W_N^{nk} 的对称性

$$(W_N^{nk})^*=W_N^{-nk},\quad W_N^{(nk+N/2)}=-W_N^{nk}$$

2) W_N^{nk} 的周期性

$$W_N^{nk}=W_N^{(n+N)k}=W_N^{n(k+N)}$$

利用 W_N^{nk} 的对称性和周期性，可以将大点数的 DFT 分解成若干小点数的 DFT，快速傅里叶变换正是基于这个基本思路发展起来的。FFT 算法基本上可分为两大类，即按时间抽取(Decimation in Time，DIT)算法和按频率抽取(Decimation in Frequency，DIF)算法。

4.3 按时间抽取(DIT)的基 2-FFT 算法

4.3.1
微课视频

4.3.1 算法原理

设序列 $x(n)$ 的长度为 N，且满足 $N=2^M$，M 为正整数。实际的序列可能不满足此条件，可以人为地在序列尾部加入若干零值点达到这一要求。这种 N 为 2 的整数幂的 FFT，称为基 2-FFT。

将长为 $N=2^M$ 的序列 $x(n)(n=0,1,\cdots,N-1)$ 按 n 的奇偶分解为两个 $N/2$ 点的子序列：

$$\begin{cases} x(2r)=x_1(r) \\ x(2r+1)=x_2(r) \end{cases}, \quad r=0,1,\cdots,N/2-1 \tag{4-4}$$

则 $x(n)$ 的 DFT 可表示为

$$\begin{aligned} X(k) &= \mathrm{DFT}[x(n)] = \sum_{n=0}^{N-1} x(n)W_N^{nk} = \sum_{n\text{为偶数}} x(n)W_N^{nk} + \sum_{n\text{为奇数}} x(n)W_N^{nk} \\ &= \sum_{r=0}^{N/2-1} x(2r)W_N^{2rk} + \sum_{r=0}^{N/2-1} x(2r+1)W_N^{(2r+1)k} \\ &= \sum_{r=0}^{N/2-1} x_1(r)(W_N^2)^{rk} + W_N^k \sum_{r=0}^{N/2-1} x_2(r)(W_N^2)^{rk} \end{aligned}$$

由于 $W_N^2 = \mathrm{e}^{-\mathrm{j}\frac{2\pi}{N}2} = \mathrm{e}^{-\mathrm{j}\frac{2\pi}{N/2}} = W_{N/2}$，故上式可以写成

$$\begin{aligned} X(k) &= \sum_{r=0}^{N/2-1} x_1(r)W_{N/2}^{rk} + W_N^k \sum_{r=0}^{N/2-1} x_2(r)W_{N/2}^{rk} \\ &= X_1(k) + W_N^k X_2(k) \end{aligned} \tag{4-5}$$

式中，$X_1(k)$ 与 $X_2(k)$ 分别是 $x_1(r)$ 及 $x_2(r)$ 的 $N/2$ 点 DFT，即

$$X_1(k) = \sum_{r=0}^{\frac{N}{2}-1} x_1(r)W_{N/2}^{rk} = \sum_{r=0}^{\frac{N}{2}-1} x(2r)W_{N/2}^{rk} \tag{4-6}$$

$$X_2(k) = \sum_{r=0}^{\frac{N}{2}-1} x_2(r)W_{N/2}^{rk} = \sum_{r=0}^{\frac{N}{2}-1} x(2r+1)W_{N/2}^{rk} \tag{4-7}$$

这样，一个 DFT 被分解为两个 $N/2$ 点的 DFT。这两个 $N/2$ 点的 DFT 再按照式(4-5)组合成一个 N 点 DFT。但应该注意，$X_1(k)$、$X_2(k)$ 只有 $N/2$ 个点，即 $k=0, 1, \cdots, N/2-1$。而 $X(k)$ 却有 N 个点，即 $k=0, 1, \cdots, N-1$，故用式(4-5)计算得到的只是 $X(k)$ 的前一半的结果，要用 $X_1(k)$、$X_2(k)$ 表达全部的 $X(k)$ 值，还必须应用系数的周期性，即

$$W_{N/2}^{r\left(k+\frac{N}{2}\right)} = W_{N/2}^{rk}$$

这样可得到

$$X_1\left(\frac{N}{2}+k\right) = \sum_{r=0}^{N/2-1} x_1(r)W_{N/2}^{r(N/2+k)} = \sum_{r=0}^{N/2-1} x_1(r)W_{N/2}^{rk} = X_1(k) \tag{4-8}$$

$$X_2\left(\frac{N}{2}+k\right) = \sum_{r=0}^{N/2-1} x_2(r)W_{N/2}^{r(N/2+k)} = \sum_{r=0}^{N/2-1} x_2(r)W_{N/2}^{rk} = X_2(k) \tag{4-9}$$

式(4-8)、式(4-9)说明了后半部分 k 值($N/2 \leqslant k \leqslant N-1$)所对应的 $X_1(k)$、$X_2(k)$ 分别等于前半部分 k 值($0 \leqslant k \leqslant N/2-1$)所对应的 $X_1(k)$、$X_2(k)$。又因为

$$W_N^{(N/2+k)} = W_N^{N/2}W_N^k = -W_N^k$$

则 $X(k)$ 的后一半的结果为

$$X\left(k+\frac{N}{2}\right) = X_1(k) - W_N^k X_2(k) \tag{4-10}$$

综合式(4-5)和式(4-10)可得 $X(k)$ 前后两部分的值为

$$\begin{cases} X(k)=X_1(k)+W_N^k X_2(k), & k=0,1,\cdots,N/2-1 \\ X\left(k+\dfrac{N}{2}\right)=X_1(k)-W_N^k X_2(k), & k=0,1,\cdots,N/2-1 \end{cases} \tag{4-11}$$

所以只要求出 $0\sim N/2-1$ 区间内的各个整数 k 值所对应的 $X_1(k)$、$X_2(k)$值，即可以求出 $0\sim N-1$ 整个区间内全部 $X(k)$值，这就是 FFT 能大量节省计算的关键。式(4-11)表示的 $X(k)$前、后半部分的表示式可以用蝶形运算流图表示，如图 4-1 所示。

采用这种表示法，可将上述分解过程用图 4-2 表示。图中，$N=8=2^3$，$X(0)\sim X(3)$由式(4-5)得到，而 $X(4)\sim X(7)$由式(4-10)得到。

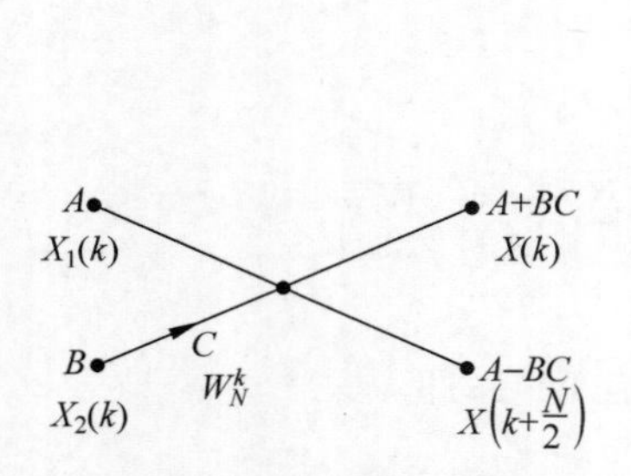

图 4-1　按时间抽取法蝶形运算流图

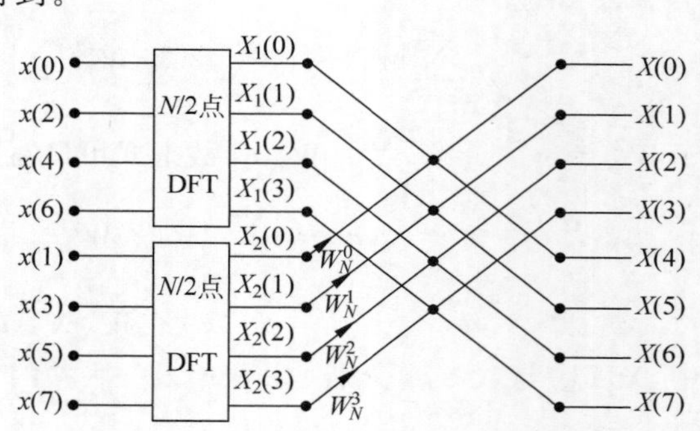

图 4-2　$N=8$ 点 DFT 的一次时域抽取分解图

由图 4-2 可知，一个 N 点 DFT 分解为两个 $N/2$ 点 DFT，每一个 $N/2$ 点 DFT 只需 $(N/2)^2=N^2/4$ 次复数乘法和 $(N/2)(N/2-1)$ 次复数加法。两个 $N/2$ 点 DFT 共需 $2\times(N/2)^2=N^2/2$ 次复数乘法和 $N(N/2-1)$次复数加法。此外，把两个 $N/2$ 点 DFT 合成为 N 点 DFT 时，有 $N/2$ 个蝶形运算，还需要 $N/2$ 次复数乘法及 $2\times N/2=N$ 次复数加法。因而通过第一步分解后，总共需要$(N^2/2)+(N/2)=N(N+1)/2\approx N^2/2$ 次复数乘法和 $N(N/2-1)+N=N^2/2$ 次复数加法。由此可见，通过这样分解后，运算工作量差不多节省了一半。

既然这样分解是有效的，由于 $N=2^M$，因而 $N/2$ 仍是偶数，可以进一步把每个 $N/2$ 点子序列再按其奇偶部分分解为两个 $N/4$ 点的子序列，如图 4-3 所示。比如，对于 $X_1(k)$，与第一次分解相同，将 $x_1(r)$按奇偶分解成两个 $N/4$ 长的子序列 $x_3(l)$和 $x_4(l)$，即

$$\begin{cases} x_3(l)=x_1(2l) \\ x_4(l)=x_1(2l+1) \end{cases}, \quad l=0,1,\cdots,N/4-1 \tag{4-12}$$

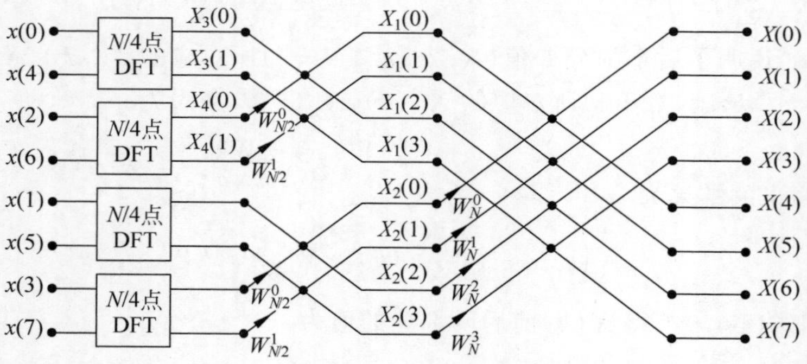

图 4-3　$N=8$ 点 DFT 的第二次时域抽取分解图

那么，$X_1(k)$又可表示为

$$\begin{aligned}X_1(k)&=\sum_{l=0}^{N/4-1}x_1(2l)W_{N/2}^{2lk}+\sum_{l=0}^{N/4-1}x_1(2l+1)W_{N/2}^{(2l+1)k}\\&=\sum_{l=0}^{N/4-1}x_3(l)W_{N/4}^{lk}+W_{N/2}^{k}\sum_{l=0}^{N/4-1}x_4(l)W_{N/4}^{lk}\\&=X_3(k)+W_{N/2}^{k}X_4(k),\quad k=0,1,\cdots,N/2-1\end{aligned}\tag{4-13}$$

其中

$$\begin{cases}X_3(k)=\sum\limits_{l=0}^{N/4-1}x_3(l)W_{N/4}^{kl}=\mathrm{DFT}[x_3(l)]\\X_4(k)=\sum\limits_{l=0}^{N/4-1}x_4(l)W_{N/4}^{kl}=\mathrm{DFT}[x_4(l)]\end{cases}\tag{4-14}$$

同理，由$X_3(k)$和$X_4(k)$的周期性和$W_{N/2}^{m}$的对称性，即$W_{N/2}^{k+N/4}=-W_{N/2}^{k}$，最后得到

$$\begin{cases}X_1(k)=X_3(k)+W_{N/2}^{k}X_4(k)\\X_1(k+N/4)=X_3(k)-W_{N/2}^{k}X_4(k)\end{cases},\quad k=0,1,\cdots,N/4-1\tag{4-15}$$

用同样的方法可计算出

$$\begin{cases}X_2(k)=X_5(k)+W_{N/2}^{k}X_6(k)\\X_2(k+N/4)=X_5(k)-W_{N/2}^{k}X_6(k)\end{cases},\quad k=0,1,\cdots,N/4-1\tag{4-16}$$

其中

$$\begin{cases}X_5(k)=\sum\limits_{l=0}^{N/4-1}x_5(l)W_{N/4}^{lk}=\mathrm{DFT}[x_5(l)]\\X_6(k)=\sum\limits_{l=0}^{N/4-1}x_6(l)W_{N/4}^{lk}=\mathrm{DFT}[x_6(l)]\end{cases}\tag{4-17}$$

$$\begin{cases}x_5(l)=x_2(2l)\\x_6(l)=x_2(2l+1)\end{cases},\quad l=0,1,\cdots,N/4-1\tag{4-18}$$

这样，一个$N/2$点的DFT可进一步分解为两个$N/4$点的DFT。由于$N=2^M$，所以这种二分分解可以一直进行下去，直到最后分解到2点DFT，如图4-4所示。2点DFT可以用一个蝶形运算单元表示。

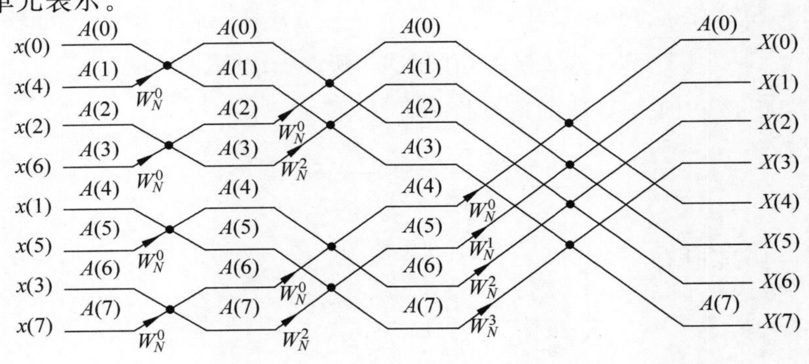

图4-4　N点DIT-FFT运算流图($N=8$)

这种算法的特点是，每一步分解都是按输入序列在时间上的奇偶次序，分解成两个半长的子序列，所以称为“按时间抽取法”。

4.3.2
微课视频

4.3.2 DIT-FFT 算法与直接计算 DFT 运算量的比较

由按时间抽取法 FFT 的运算流图可见，当 $N=2^M$ 时，共有 M 级蝶形，每级都由 $N/2$ 个蝶形运算组成，每个蝶形需要一次复数乘法、二次复数加法，因而每级运算都需 $N/2$ 次复数乘法和 N 次复数加法，这样 M 级运算总共需要复数乘法次数为

$$m_F=\frac{N}{2}M=\frac{N}{2}\log_2 N$$

复数加法次数为

$$a_F=NM=N\log_2 N$$

由于计算机上乘法运算所需的时间比加法运算所需的时间多得多，故以乘法为例，直接 DFT 复数乘法次数是 N^2，FFT 复数乘法次数是 $(N/2)\log_2 N$。FFT 算法与直接计算 DFT 所需乘法次数的比较曲线如图 4-5 所示。其中图 4-5(a)的纵坐标是线性坐标，N 的取值范围是 1～1024，图 4-5(b)的纵坐标是对数坐标，N 的取值范围是 1～32，主要是观察 N 较小时两条曲线的情况。由图 4-5(a)可直观地看出 FFT 算法的优越性，N 越大，优越性越明显。图 4-5(b)表明，当 N 的取值大于 10 以后，利用 FFT 来计算 DFT 可以显著节约运算量。

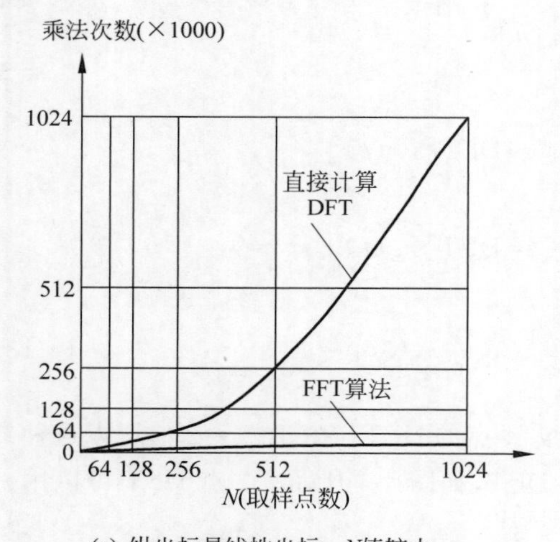

(a) 纵坐标是线性坐标，N值较大

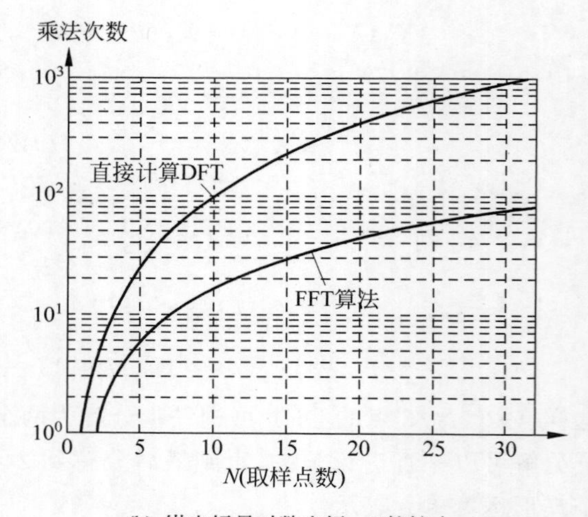

(b) 纵坐标是对数坐标，N值较小

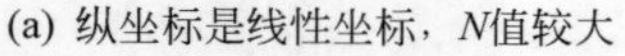

图 4-5 FFT 算法与直接计算 DFT 所需乘法次数的比较曲线

直接计算 DFT 与 FFT 算法的运算量之比为

$$\frac{N^2}{\frac{N}{2}M}=\frac{N^2}{\frac{N}{2}\log_2 N} \tag{4-19}$$

例如，$N=2^{10}=1024$ 时有

$$\frac{N^2}{(N/2)\log_2 N}=\frac{1\,048\,576}{5120}=204.8$$

这样，可使运算效率提高 200 多倍。

4.3.3　算法特点

1．原位运算

从图 4-4 可以看出这种运算是很有规律的，其每级（每列）计算都是由 $N/2$ 个蝶形运算构成的，每一个蝶形结构完成下述基本迭代运算：

$$\begin{aligned} X_m(k) &= X_{m-1}(k) + X_{m-1}(j)W_N^r \\ X_m(j) &= X_{m-1}(k) - X_{m-1}(j)W_N^r \end{aligned} \tag{4-20}$$

式中，m 表示第 m 列迭代，k，j 为数据所在行数。式(4-20)可用蝶形运算单元表示，如图 4-6 所示，由一次复数乘法和两次复数加(减)法组成。

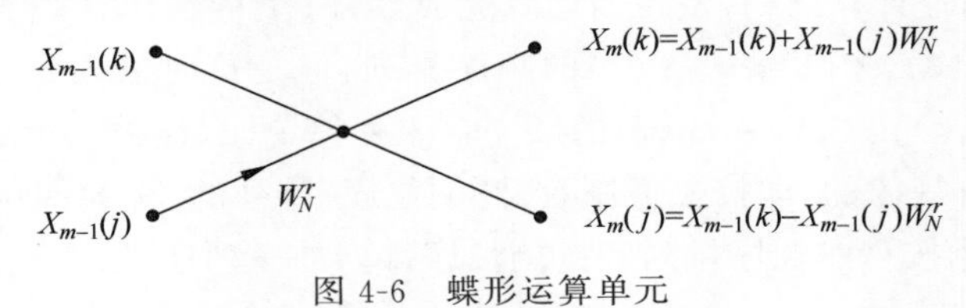

图 4-6　蝶形运算单元

所谓原位运算就是当数据输入存储器以后，每一级运算的结果仍然存储在同一组存储器中，直到最后输出，中间无须其他存储器。

由图 4-4 的运算流图看出，某一列的任何两个节点 k 和 j 的节点变量进行蝶形运算后，得到结果为下一列 k 和 j 两节点的节点变量，而和其他节点变量无关，因而可以采用原位运算，即某一列的 N 个数据送到存储器后，经蝶形运算，其结果为下一列数据，它们以蝶形为单位仍存储在这同一组存储器中，直到最后输出，中间无须其他存储器。也就是蝶形的两个输出值仍放回蝶形的两个输入所在的存储器中。每列的 $N/2$ 个蝶形运算全部完成后，再开始下一列的蝶形运算。这样存储器数据只需 N 个存储单元，下一级的运算仍采用这种原位方式，只不过进入蝶形结构的组合关系有所不同。这种原位运算结构可以节省存储单元，降低设备成本。

2．蝶形运算

在介绍算法第 2 个特点蝶形运算之前，先归纳一下旋转因子的变化规律。

如上所述，N 点 DIT-FFT 运算流图中，每级都有 $N/2$ 个蝶形。每个蝶形都要乘以因子 W_N^p，称其为旋转因子，p 称为旋转因子的指数。观察图 4-4 不难发现，第 L 级共有 2^{L-1} 个不同的旋转因子。$N=2^3=8$ 的各级旋转因子表示如下：

$$L=1,\quad W_N^p=W_{N/4}^J=W_{2^L}^J,\quad J=0$$

$$L=2,\quad W_N^p=W_{N/2}^J=W_{2^L}^J,\quad J=0,1$$

$$L=3,\quad W_N^p=W_N^J=W_{2^L}^J,\quad J=0,1,2,3$$

对 $N=2^M$ 的一般情况，第 L 级的旋转因子指数为

$$p=J\cdot 2^{M-L},\quad J=0,1,2,\cdots,2^{L-1}-1,\quad L=1,2,\cdots,M \tag{4-21}$$

L 为从左到右的运算级数，编程时 L 为循环变量。

下面来看看蝶形运算的特点。以图 4-4 的 8 点 FFT 为例，其输入是倒位序的，输出是自然顺序(正常顺序)的。其第一级(第一列)每个蝶形的两节点间“距离”为 1，第二级每个

蝶形的两节点“距离”为2，第三级每个蝶形的两节点“距离”为4。以此类推，对 $N=2^M$ 点FFT，当输入为倒位序，输出为正常顺序时，其第 L 级运算，每个蝶形的两节点距离 B 为 2^{L-1}。

如果蝶形运算的两个输入数据相距 B 个点，应用原位运算，则

$$\begin{cases} X_L(J) \Leftarrow X_{L-1}(J) + X_{L-1}(J+B)W_N^p \\ X_L(J+B) \Leftarrow X_{L-1}(J) - X_{L-1}(J+B)W_N^p \end{cases} \tag{4-22}$$

式中，$p=J\cdot 2^{M-L}$，$J=0,1,2,\cdots,2^{L-1}-1$，$L=1,2,\cdots,M$，$B=2^{L-1}$。

3. 倒位序

观察图4-4的同址计算结构，发现当运算完成后，FFT的输出 $X(k)$ 按正常顺序排列在存储单元中，即按 $X(0),X(1),\cdots,X(7)$ 的顺序排列，但是这时输入 $x(n)$ 却不是按自然顺序存储的，而是按 $x(0),x(4),\cdots,x(7)$ 的顺序存入存储单元，这种从十进制看好像是“混乱无序”的，实际上是有规律的，即按二进制看是“倒位序”排列的，称为倒位序，如表4-1所示，其中 I 和 J 分别表示按自然顺序排列和按倒位序排列的序列序号。

表4-1 顺序和倒序二进制数对照表

自然顺序		倒位序	
十进制数 I	二进制数	二进制数	十进制数 J
0	000	000	0
1	001	100	4
2	010	010	2
3	011	110	6
4	100	001	1
5	101	101	5
6	110	011	3
7	111	111	7

造成倒位序的原因是输入 $x(n)$ 按时域变量 n 的奇偶不断进行分组产生的。实际运算中，输入序列总是按自然顺序存入连续的存储单元，为了得到倒位序的排列，可以通过变址运算——称为“整序”或“重排”(采用码位倒读)完成，如图4-7所示。

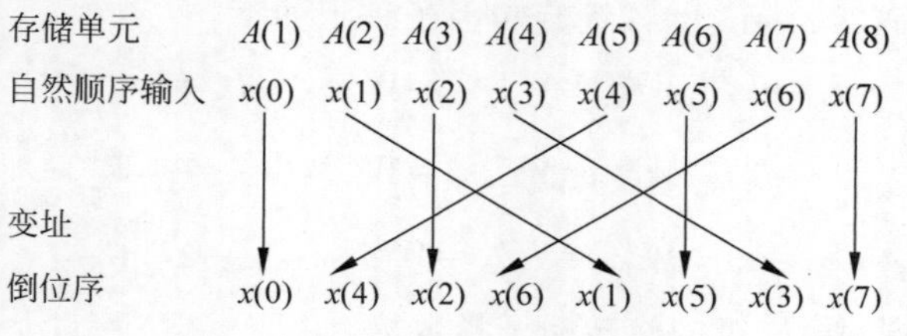

图4-7 倒位序的变址处理($N=8$)

注意：(1) 当 $I=J$ 时，数据不必调换。

(2) 当 $I\neq J$ 时，必须将原来存放数据 $x(I)$ 送入暂存器 R，再将 $x(J)$ 送入 $x(I)$，R 中内容送 $x(J)$ 进行数据对调。

(3) 避免再次调换已调换过的数据，保证调换只进行一次，否则又变回原状。要看 J 是否比 I 小，若 $J<I$，则意味着此 $x(I)$ 在前边已和 $x(J)$ 互相调换过，不必再调换了，只有当 $J>I$ 时，才将原存放 $x(I)$ 及存放 $x(J)$ 的存储单元内的内容互换，这样就得到输入所需的倒位序列的顺序。倒位序的程序流程图如图 4-8 所示。

由此可得 DIT-FFT 运算的程序流程图如图 4-9 所示。

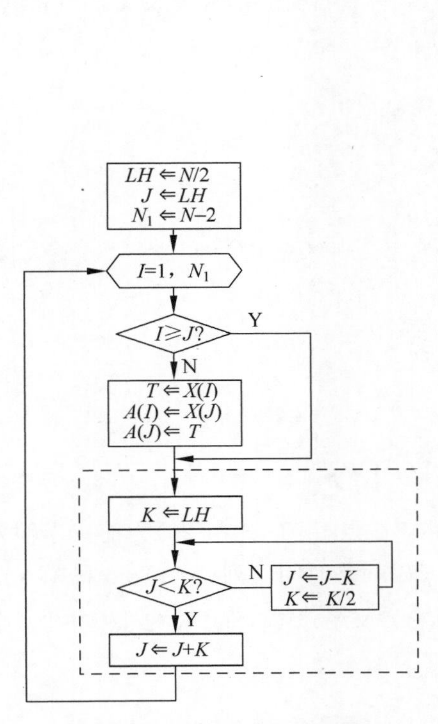

图 4-8　倒位序程序流程图

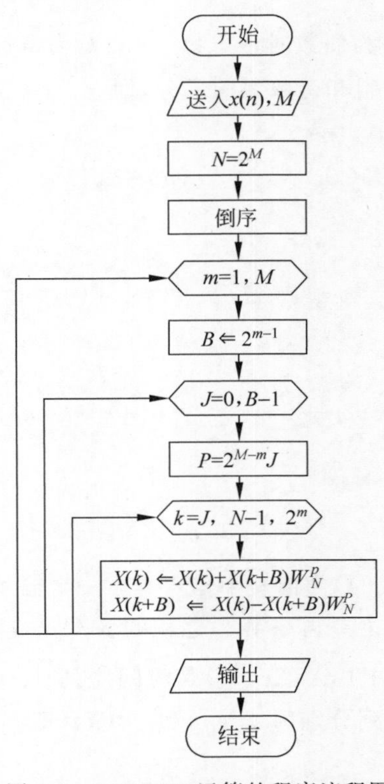

图 4-9　DIT-FFT 运算的程序流程图

4.4　按频率抽取(DIF)的基 2-FFT 算法

按时间抽取的 FFT 算法是把输入序列 $x(n)$ 按 n 奇偶分解成越来越短的序列，还有一种 FFT 算法是把输出序列 $X(k)$ 按 k 奇偶分解成越来越短的序列，称为按频率抽取 FFT 法。

4.4.1　算法原理

4.4.1
微课视频

设序列 $x(n)$ 长度为 $N=2^M$，M 为整数。在把 $X(k)$ 按 k 的奇偶分组之前，先把 $x(n)$ 按 n 的顺序分解为前、后两部分。

$$X(k)=\sum_{n=0}^{N-1}x(n)W_N^{nk}=\sum_{n=0}^{N/2-1}x(n)W_N^{nk}+\sum_{n=N/2}^{N-1}x(n)W_N^{nk}$$

$$=\sum_{n=0}^{N/2-1}x(n)W_N^{nk}+\sum_{n=0}^{N/2-1}x(n+N/2)W_N^{(n+N/2)k}$$

$$= \sum_{n=0}^{N/2-1} [x(n) + W_N^{(N/2)k} x(n+N/2)] W_N^{nk}$$

由于 $W_N^{N/2} = -1$,故 $W_N^{(N/2)k} = (-1)^k$。

$$X(k) = \sum_{n=0}^{N/2-1} [x(n) + (-1)^k x(n+N/2)] W_N^{nk}, \quad k = 0, 1, \cdots, N-1 \tag{4-23}$$

当 k 为偶数时,$(-1)^k = 1$;k 为奇数时,$(-1)^k = -1$。因此,按 k 的奇偶可将 $X(k)$ 分解为偶数组和奇数组两部分,即

$$\begin{aligned} X(2r) &= \sum_{n=0}^{\frac{N}{2}-1} \left[x(n) + x\left(n + \frac{N}{2}\right)\right] W_N^{2nr} \\ &= \sum_{n=0}^{\frac{N}{2}-1} \left[x(n) + x\left(n + \frac{N}{2}\right)\right] W_{N/2}^{nr} \quad r = 0,1,\cdots,N/2-1 \end{aligned} \tag{4-24}$$

$$\begin{aligned} X(2r+1) &= \sum_{n=0}^{\frac{N}{2}-1} \left[x(n) - x\left(n + \frac{N}{2}\right)\right] W_N^{n(2r+1)} \\ &= \sum_{n=0}^{\frac{N}{2}-1} \left\{\left[x(n) - x\left(n + \frac{N}{2}\right)\right] W_N^n\right\} W_{N/2}^{nr} \quad r = 0,1,\cdots,N/2-1 \end{aligned} \tag{4-25}$$

式(4-24)为前一半输入与后一半输入之和的 $N/2$ 点 DFT,式(4-25)为前一半输入与后一半输入之差再与 W_N^n 之积的 $N/2$ 点 DFT,即 $X(2r)$ 是时间序列 $\{x(n)+x(n+N/2)\}$ 的 $N/2$ 点 DFT,$X(2r+1)$ 是时间序列 $\{[x(n)-x(n+N/2)]W_N^n\}$ 的 $N/2$ 点 DFT。令这两个时间序列分别为 $x_1(n)$ 和 $x_2(n)$,即

$$\begin{cases} x_1(n) = x(n) + x\left(n + \frac{N}{2}\right) \\ x_2(n) = \left[x(n) - x\left(n + \frac{N}{2}\right)\right] W_N^n \end{cases}, \quad r = 0,1,\cdots,N/2-1 \tag{4-26}$$

式(4-26)可以用一个蝶形运算单元表示,如图 4-10 所示。

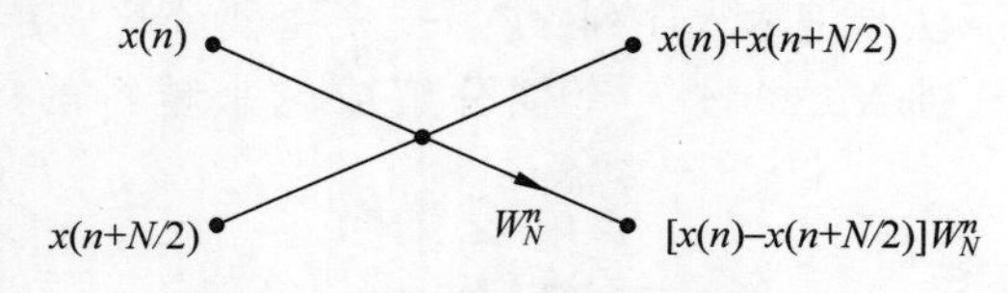

图 4-10 按频率抽取法蝶形运算单元

这样,就把一个 N 点 DFT 按 k 的奇偶分解为两个 $N/2$ 点的 DFT 了。$N=8$ 时,上述一次分解运算流图如图 4-11 所示。

与按时间抽取法的推导过程一样,由于 $N=2^M$,$N/2$ 仍是一个偶数,因而可以将每个 $N/2$ 点 DFT 的输出再分解为偶数组与奇数组,这就将 $N/2$ 点 DFT 进一步分解为两个 $N/4$ 点 DFT。这两个 $N/4$ 点 DFT 的输入也是先将 $N/2$ 点 DFT 的输入上下对半分开后通过蝶形运算而形成的,图 4-12 展示出了这一步分解的过程。这样继续分解下去,经过 $M-1$

图 4-11　DIF-FFT 一次分解运算流图($N=8$)

次分解，最后分解为 2^{M-1} 个两点 DFT，两点 DFT 就是一个基本蝶形运算流图。当 $N=8$ 时，经两次分解，便分解为四个两点 DFT。$N=8$ 的完整 DIF-FFT 运算流图如图 4-13 所示。

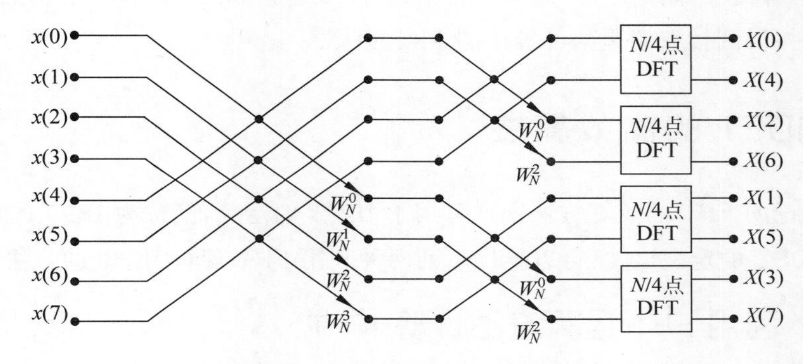

图 4-12　DIF-FFT 二次分解运算流图($N=8$)

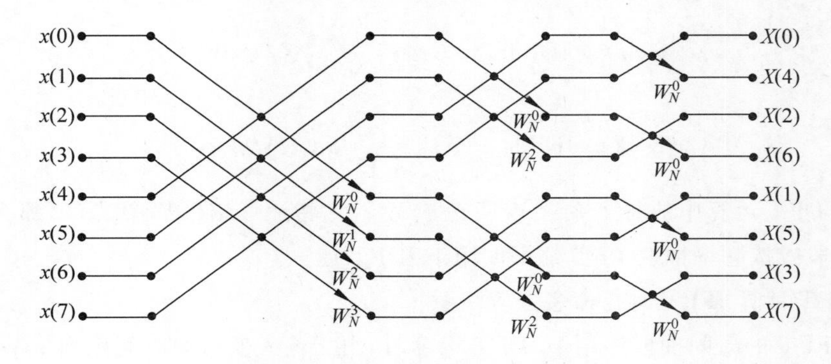

图 4-13　完整 DIF-FFT 运算流图($N=8$)

4.4.2　算法特点

4.4.2
微课视频

按频率抽取法的运算特点与按时间抽取法的运算特点基本相同。首先从图 4-13 可以看出，它也是通过$(N/2)M$ 个蝶形运算单元完成的。所以 DIF 与 DIT 就运算量来说是相同的，即都有 M 级(列)运算，每级运算需 $N/2$ 个蝶形运算单元来完成，总共需要 $m_F=\frac{N}{2}M=$

$\frac{N}{2}\log_2 N$ 次复数乘法与 $a_F = N\log_2 N$ 次复数加法。另外 DIF 法与 DIT 法都可进行原位运算。按频率抽取 FFT 法的输入是自然顺序,输出是倒位序的。因此运算完毕后,要通过变址计算将倒位序转换成自然位序,然后再输出。转换方法与按时间抽取法相同。将图 4-13 与图 4-4 相比较,初看起来,DIF 法与 DIT 法的区别是:图 4-13 的 DIF 输入是自然顺序,输出是倒位序的,这与图 4-4 的 DIT 法正好相反。但这不是实质性的区别,因为输入或输出数据是可以重排的。DIF 法与 DIT 法的根本区别是:DIF 的基本蝶形运算单元(见图 4-10)与 DIT 的基本蝶形运算单元(见图 4-6)有所不同,DIF 的复数乘法只出现在减法之后,DIT 则是先做复数乘法后再做加减法。

按照转置定理,即将运算流图的所有支路方向都反向,并且交换输入与输出,但节点变量值不交换,这样即可从图 4-4 得到图 4-13 或者从图 4-13 得到图 4-4,因而对每一种按时间抽取的 FFT 运算流图都存在一个按频率抽取的 FFT 运算流图,反之亦然。因此,实质上按频率抽取法与按时间抽取法是两种等价的 FFT 运算。

4.5
微课视频

4.5 IDFT 的高效算法

以上所讨论的 FFT 的运算方法同样可用于 IDFT 的运算,简称为 IFFT,即快速傅里叶反变换。从 IDFT 的定义出发,可以导出下列两种利用 FFT 计算 IFFT 的方法。

4.5.1 利用 FFT 运算流图计算 IFFT

比较 DFT 和 IDFT 的运算公式

$$\begin{cases} x(n) = \mathrm{IDFT}[X(k)] = \dfrac{1}{N}\sum_{k=0}^{N-1} X(k) W_N^{-nk} \\ X(k) = \mathrm{DFT}[x(n)] = \sum_{n=0}^{N-1} x(n) W_N^{nk} \end{cases}$$

只要把 DFT 运算中的每个系数 W_N^{nk} 改成 W_N^{-nk},将运算结果都除以 N,那么以上讨论的按时间抽取或按频率抽取 FFT 都可以用于 IDFT 运算。

利用 FFT 计算 IFFT 时在命名上应注意:

(1) 把 FFT 的时间抽取法用于 IDFT 运算时,由于输入变量由时间序列 $x(n)$ 改成频率序列 $X(k)$,原来按 $x(n)$ 的奇偶次序分组的按时间抽取法 FFT,现在就变成了按 $X(k)$ 的奇偶次序抽取。

(2) 同样,按频率抽取的 FFT 运算用于 IDFT 运算时,也应改变为按时间抽取的 IFFT,即当把 DIF-FFT 运算流图用于 IDFT 时,应改称为 DIT-IFFT 运算流图,这种运算流图如图 4-14 所示。

实际中,有时为防止运算过程发生溢出,常常把 $1/N$ 分解为 $(1/2)^M$,则在 M 级运算中每一级运算都分别乘以因子 $1/2$,这种运算结构的蝶形运算流图如图 4-15 所示。

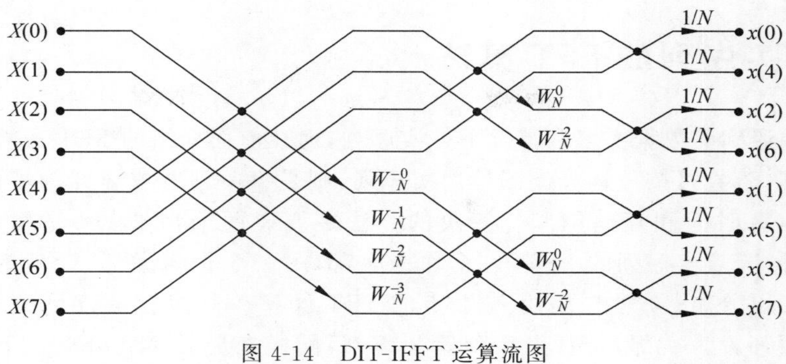

图 4-14　DIT-IFFT 运算流图

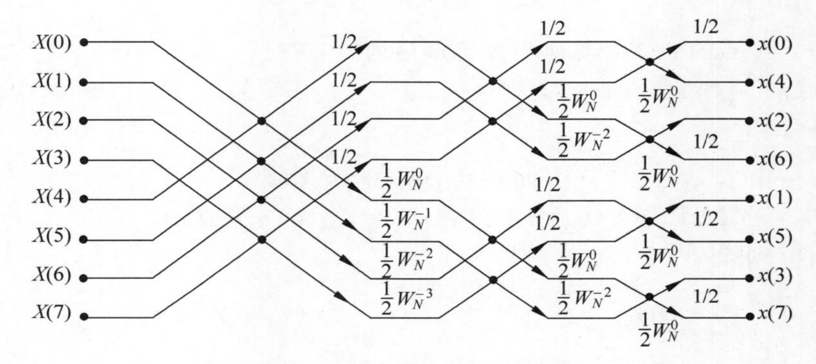

图 4-15　DIT-IFFT 蝶形运算流图(防止溢出)

4.5.2　直接调用 FFT 子程序的方法

前面的 IFFT 算法,排列程序很方便,但要改变 FFT 的程序和参数才能实现。现介绍第二种 IFFT 算法,则可以完全不必改动 FFT 程序。

因为

$$x(n)=\frac{1}{N}\sum_{k=0}^{N-1}X(k)W_N^{-nk}$$

所以

$$x^*(n)=\frac{1}{N}\sum_{k=0}^{N-1}X^*(k)W_N^{nk}$$

对上式两边同时取共轭,得

$$x(n)=\frac{1}{N}\left[\sum_{k=0}^{N-1}X^*(k)W_N^{nk}\right]^*=\frac{1}{N}\{\mathrm{DFT}[X^*(k)]\}^*$$

具体步骤如下:

(1) 将 $X(k)$的虚部乘以-1,即先取 $X(k)$的共轭,得 $X^*(k)$;

(2) 将 $X^*(k)$直接送入 FFT 程序;

(3) 再对运算结果取一次共轭变换,并乘以常数 $1/N$,即可以求出 IFFT 变换的 $x(n)$的值。

这种方法虽然用了两次取共轭运算,但可以与 FFT 共用同一子程序,因而使用起来非常方便。

4.6
微课视频

4.6 实序列的FFT算法

在实际中遇到的数据大多数情况下是实序列，而在前面介绍的FFT运算流图主要针对的是复序列，若直接按该运算流图处理实序列，则是将序列看成虚部为零的复序列，这就浪费许多运算时间和存储空间。解决的方法主要有两个：方法一是用一次 N 点的FFT计算两个 N 点实序列的FFT，一个作为实部，另一个作为虚部，计算后再把输出按共轭对称性加以分离；方法二是用 $N/2$ 点的FFT计算一个 N 点实序列的FFT，将该序列的偶数点序列置为实部，奇数点序列置为虚部，同样在最后将其分离。下面介绍这两种方法的算法原理。

1. 用一个 N 点的FFT计算两个 N 点实序列的DFT

设 $x_1(n)$ 和 $x_2(n)$ 是两个 N 点实序列，以 $x_1(n)$ 作实部，$x_2(n)$ 作虚部，构造一个复序列 $y(n)$，即

$$y(n)=x_1(n)+\mathrm{j}x_2(n)$$

求出 $y(n)$ 的 N 点FFT，即 $Y(k)=\mathrm{DFT}[y(n)]=Y_{\mathrm{ep}}(k)+Y_{\mathrm{op}}(k)$。

由对称性可求得

$$X_1(k)=\mathrm{DFT}[x_1(n)]=Y_{\mathrm{ep}}(k)=\frac{1}{2}[Y(k)+Y^*(N-k)]$$

$$X_2(k)=\mathrm{DFT}[x_2(n)]=-\mathrm{j}Y_{\mathrm{op}}(k)=\frac{1}{2\mathrm{j}}[Y(k)-Y^*(N-k)]$$

可见，该方法仅仅做了一次 N 点FFT求出 $Y(k)$，再分别提取 $Y(k)$ 中的圆周共轭对称分量和圆周共轭反对称分量，则得到了两个 N 点实序列的FFT结果，即 $X_1(k)$ 和 $X_2(k)$，提高了运算效率。

2. 用一个 $N/2$ 点的FFT计算一个 N 点实序列的FFT

设 $x(n)$ 为 N 点实序列，将 $x(n)$ 分解为两个 $N/2$ 点的实序列 $x_1(n)$ 和 $x_2(n)$，其中 $x_1(n)$ 为 $x(n)$ 的偶数点序列，$x_2(n)$ 为 $x(n)$ 的奇数点序列。它们分别作为新构造序列 $y(n)$ 的实部和虚部，即

$$x_1(n)=x(2n),x_2(n)=x(2n+1),\quad n=0,1,\cdots,N/2-1$$

$$y(n)=x_1(n)+\mathrm{j}x_2(n),\quad n=0,1,\cdots,N/2-1$$

对 $y(n)$ 进行 $N/2$ 点FFT，即 $Y(k)=\mathrm{DFT}[y(n)]$，则

$$\begin{cases}X_1(k)=\mathrm{DFT}[x_1(n)]=Y_{\mathrm{ep}}(k)=\dfrac{1}{2}[Y(k)+Y^*(N/2-k)]\\X_2(k)=\mathrm{DFT}[x_2(n)]=-\mathrm{j}Y_{\mathrm{op}}(k)=\dfrac{1}{2\mathrm{j}}[Y(k)-Y^*(N/2-k)]\end{cases},\quad k=0,1,\cdots,N/2-1$$

根据DIT-FFT的思想及蝶形公式，可得

$$X(k)=X_1(k)+W_N^kX_2(k),\quad k=0,1,\cdots,N/2-1$$

由于 $x(n)$ 为实序列，所以 $X(k)$ 的另外 $N/2$ 点的值可由共轭对称性求得，即

$$X(N-k)=X^*(k),\quad k=0,1,\cdots,N/2-1$$

该方法的示意图如图4-16所示。可看出，仅仅做了一次 $N/2$ 点FFT，却得到了一个 N 点

实序列的 FFT 结果，相对一般的 FFT 算法，运算速度提高近一倍。

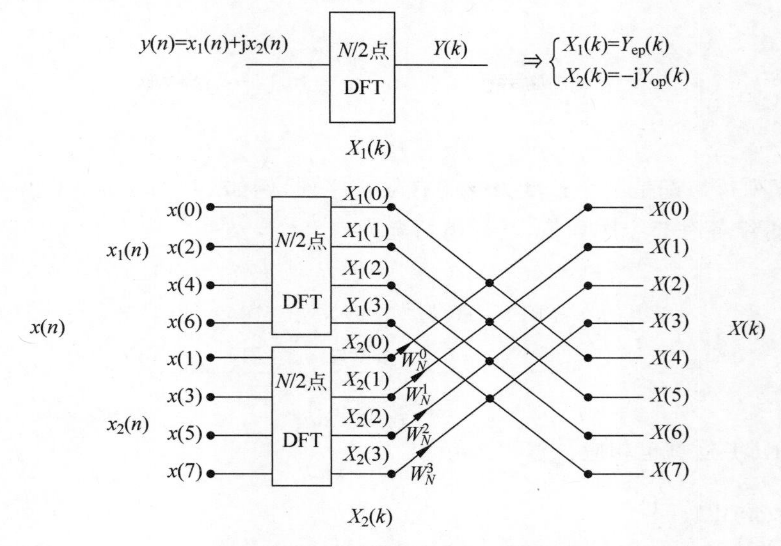

图 4-16 实序列的 FFT 算法示意图

4.7 N 为复合数的混合基 FFT 算法

4.7.1 算法的基本原理

前面讨论的是基 2-FFT 算法，即 $N=2^M$，这种算法在实际应用中使用得最多。因为它的程序简单，效率很高，使用起来非常方便。同时在实际使用中，有限长序列的长度 N 到底是多少在很大程度上是由人为因素决定的，因此在大多数场合人们可以将 N 选为 2^M，从而可以直接使用基 2-FFT 算法程序。

如果长度 N 不能人为确定，而 N 的数值又不满足 $N=2^M$，则有以下几种方法：

(1) 将 $x(n)$用补零的方法延长，使 N 增长到最邻近的一个 2^M 数值。例如 $N=30$，则在 $x(n)$序列中补进 $x(30)=x(31)=0$ 两个零值点，使 N 达到 $N=2^5=32$，这样就可以直接采用基 2-FFT 算法程序了。由 DFT 的性质知道，有限长序列补零后并不影响其频谱 $X(e^{j\omega})$，只是频谱的采样点数增加了，造成的结果是增加了计算量。但是，有时计算量增加太多，造成很大浪费。例如 $x(n)$的点数 $N=300$，则须补到 $N=2^8=512$，要补 212 个零点值，因而人们才研究 $N\neq 2^M$ 时的 FFT 算法。

(2) 如果要求准确的 N 点 DFT，而 N 又是素数，则只能采用直接 DFT 方法，或者采用后面将要介绍的 Chirp-Z 变换方法。

(3) 若 N 是一个复合数，即它可以分解成一些因子的乘积，则可以采用 FFT 的一般算法，即混合基 FFT 算法，基 2-FFT 算法是这种算法的特例。下面就来讨论这种算法的基本原理。

如果 N 可以分解为两个整数 p 与 q 的乘积，像在前面以 2 为基数时一样，快速傅里叶变换的基本思想就是要将 DFT 的运算量尽量分小。因此在 $N=p\cdot q$ 的情况下，也希望将 N 点的 DFT 分解为 p 个 q 点 DFT 或者 q 个 p 点 DFT，这样就可以减小运算量。为此，可

以将 $x(n)$ 首先分成 p 组：

$$p\text{ 组}\begin{cases}x(pr)\\x(pr+1)\\\vdots\\x(pr+p-1)\end{cases},\quad r=0,1,\cdots,q-1$$

这 p 组序列每组都是一个长度为 q 的有限长序列，例如 $N=15,p=3,q=5$，则可以分为 3 组序列，每组各有 5 个序列值，其分组情况为

$$3\text{ 组}(p)\underbrace{\begin{cases}x(0) & x(3) & x(6) & x(9) & x(12)\\x(1) & x(4) & x(7) & x(10) & x(13)\\x(2) & x(5) & x(8) & x(11) & x(14)\end{cases}}_{\text{各长为}5(q)}$$

然后将 N 点 DFT 运算也相应分解为 p 组：

$$\begin{aligned}X(k)&=\sum_{n=0}^{N-1}x(n)W_N^{nk}\\&=\sum_{r=0}^{q-1}x(pr)W_N^{prk}+\sum_{r=0}^{q-1}x(pr+1)W_N^{(pr+1)k}+\cdots+\sum_{r=0}^{q-1}x(pr+p-1)W_N^{(pr+p-1)k}\\&=\sum_{r=0}^{q-1}x(pr)W_N^{prk}+W_N^k\sum_{r=0}^{q-1}x(pr+1)W_N^{prk}+\cdots+W_N^{(p-1)k}\sum_{r=0}^{q-1}x(pr+p-1)W_N^{prk}\\&=\sum_{l=0}^{p-1}W_N^{lk}\sum_{r=0}^{q-1}x(pr+l)W_N^{prk}\end{aligned}\tag{4-27}$$

由于 $W_N^{prk}=W_{N/p}^{rk}=W_q^{rk}$，因此上式中第 2 个 $\sum$ 完全代表一个 q 点的 DFT 运算，即

$$\sum_{r=0}^{q-1}x(pr+l)W_N^{prk}=\sum_{r=0}^{q-1}x(pr+l)W_q^{rk}=\text{DFT}[x(pr+l)]=Q_l(k),\quad k=0,1,\cdots,q-1\tag{4-28}$$

这样，一个 N 点的 DFT 就可以用 p 组的 q 点 DFT 组成，即

$$X(k)=\sum_{l=0}^{p-1}W_N^{lk}Q_l(k),\quad k=0,1,\cdots,N-1\tag{4-29}$$

在求 q 点 DFT 的式(4-28)中，k 的取值为 $0,1,\cdots,q-1$，只有 q 个，而式(4-29)是求 N 点的 DFT，需要有 N 个 $X(k)$。怎样得到 $k=q,q+1,\cdots,N-1$ 的 $Q_l(k)$ 呢？观察式(4-28)，因为系数 W_q^{rk} 具有周期性，所以 $Q_l(k)$ 也具有周期性，即 $Q_l(k+q)=Q_l(k)$，故通过式(4-29)可求出全部 N 点的 $X(k)$，其关系可用图 4-17 表示。

下面举一个简单的例子。设 $N=6$，则有两种分解方法，若按 $N=3\times2$ 分解，就是把 6 点的 DFT 分解为 3 组 2 点的 DFT，即先由式(4-28)求 2 点的 DFT，再由式(4-29)将 3 组 $(l=0,1,2)$ 2 点的 DFT$Q_l(k)$ 组合成 6 点的 $X(k)$。其分解运算流图如图 4-18 所示。

同样，若按 $N=2\times3$ 分解，就是把 6 点的 DFT 分解为 2 组 3 点的 DFT，由 2 组 $(l=0,1)$ 3 点的 DFT$Q_l(k)$ 组合成 6 点的 $X(k)$。其分解的运算流图如图 4-19 所示。

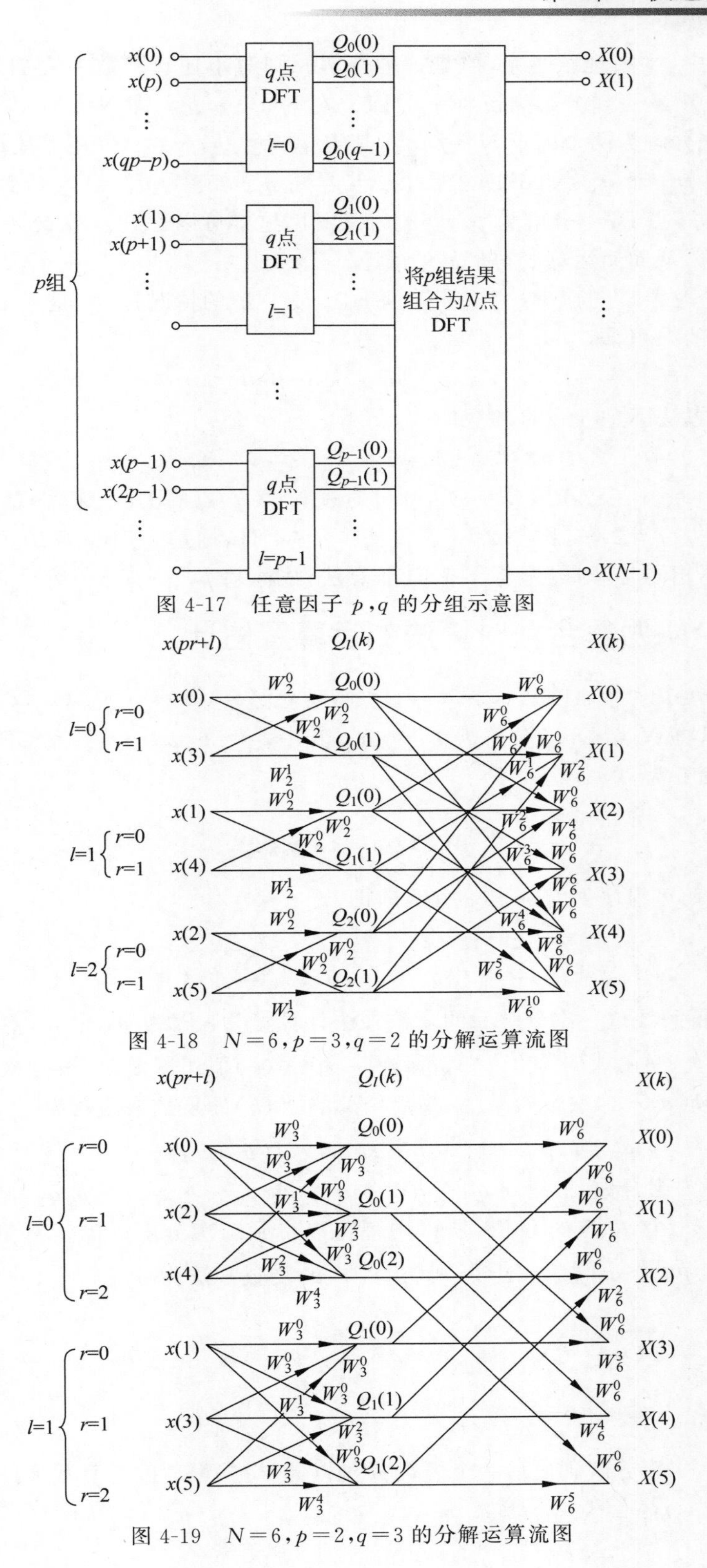

图 4-17　任意因子 p,q 的分组示意图

图 4-18　$N=6$,$p=3$,$q=2$ 的分解运算流图

图 4-19　$N=6$,$p=2$,$q=3$ 的分解运算流图

实际应用中，N 可能很复杂，但是这种分解原则对于任意基数的更加复杂的情况都是适应的。例如当 N 可以分解为 m 个质数因子 $p_1, p_2, \cdots, p_m$，即 $N=p_1 p_2 \cdots p_m$ 时，则第一步可以把 N 先分解为两个因子 $N=p_1 q_1$，其中 $q_1=p_2 p_3 \cdots p_m$，并用上述讨论的方法将 N 点 DFT 分解为 p_1 个 q_1 点 DFT，然后第二步再将 q_1 分解为 $q_1=p_2 q_2$，其中 $q_2=p_3 p_4 \cdots p_m$，将每一个 q_1 点 DFT 分解为 p_2 个 q_2 点 DFT，这样可以通过 m 次分解一直分到最少点数的 DFT 运算，从而使运算获得最高的效率。

前面讲过，$N=2^M$ 的 FFT，称为基 2-FFT。更一般的情况是，N 是一个复合数，可以分解为一些因子的乘积，即

$$N=p_1 p_2 \cdots p_m$$

但是分解方法不是唯一的，例如：

$$30=2\times3\times5=5\times3\times2=5\times6=3\times10$$

当 $p_1=p_2=\cdots=p_m$ 时，$N=p^m$，则可通过 m 级 p 点的 DFT 来实现 N 点 DFT，称为基 p-FFT 算法。$p=2$ 时，称基 2-FFT 算法。$p=4$ 时，称基 4-FFT 算法。当 $N=p_1 p_2 \cdots p_m$，而各 p_i 不相同时，则称为混合基 FFT 算法，或称基 $p_1\times p_2\times\cdots\times p_m$ 算法。

4.7.2 N 为复合数时算法的运算量估计

考虑 $N=p_1 p_2 \cdots p_m$ 的一般情况，$p_i(i=1,2,\cdots,m)$ 为 m 个质数。按照上述的算法原理，第一步可以将 N 点 DFT 分解为 p_1 个 q_1（其中 $q_1=p_2 p_3 \cdots p_m$）点 DFT，得到 $x(n)$ 一次分解后的 DFT 为

$$X(k)=\sum_{l=0}^{p_1-1} W_N^{lk} Q_l(k), \quad k=0,1,\cdots,N-1 \tag{4-30}$$

式中，$Q_l(k)$ 是第 l 组序列的 q_1 点的 DFT，即

$$Q_l(k)=\sum_{r=0}^{q_1-1} x(p_1 r+l) W_N^{p_1 rk}=\sum_{r=0}^{q_1-1} x(p_1 r+l) W_{q_1}^{rk}$$

由此可以得到经过一次分解后的复数乘法计算量为：因为 p_1 个 q_1 点的 DFT 复数乘法有 $p_1(q_1)^2$ 次，又由式(4-30)可知，每计算一个 $X(k)$ 值还需要 (p_1-1) 次复数乘法，则 N 个 $X(k)$ 值有 $N(p_1-1)$ 次复数乘法，最后全部的 $X(k)$ 的复数乘法数为

$$m_F=N(p_1-1)+p_1(q_1)^2=N(p_1+q_1-1)<N^2$$

因为 q_1 仍为组合数，继续对 q_1 分解，令 $q_2=p_3 p_4 \cdots p_m$，$q_1=p_2 q_2$。每个 q_1 点 DFT 又可以分解为 p_2 个 q_2 点的 DFT，所以同理可以得到二次分解后的运算量。因为合成 q_1 点的 DFT 及有 p_2 个 q_2 点的 DFT，则 $(q_1)^2$ 次的复数乘法为 $q_1(p_2-1)+p_2(q_2)^2$，代入上式，得

$$m_F=N(p_1-1)+p_1[q_1(p_2-1)+p_2(q_2)^2]$$

整理，得

$$m_F=N(p_1+p_2-2)+p_1 p_2(q_2)^2$$

经过 m 次分解，一直分解到最后一个因数 p_m，以此类推，最后的总复数乘法的计算量为

$$\begin{aligned} m_F &=N(p_1+p_2+\cdots+p_m-m)+p_1 p_2 \cdots p_m(q_m)^2 \\ &=N(p_1+p_2+\cdots+p_m-m)+N \end{aligned}$$

$$=N[p_1+p_2+\cdots+p_m-m+1]$$

与直接 DFT 计算相比，运算量之比是

$$\frac{N^2}{N[p_1+p_2+\cdots+p_m-m+1]}=\frac{N}{p_1+p_2+\cdots+p_m-m+1}$$

$$=\frac{p_1p_2\cdots p_m}{p_1+p_2+\cdots+p_m-m+1} \tag{4-31}$$

由式(4-31)可以看出，分子是各因数的乘积，而分母近似为各因数之和，则运算量之比肯定是大于 1 的数，所以当 N 是组合数时采用 FFT 算法可以提高运输效率。例如：$N=105=3\times5\times7$ 时，运算量之比是 105/13＝8.08，即直接 DFT 算法是混合基算法的 8 倍工作量。

4.8　线性调频 Z 变换

DFT 实质上是对有限长序列的 Z 变换沿单位圆进行等间隔采样，DFT 可以对信号进行频谱离散化分析。但在实际应用中，这种等间隔均匀采样频谱分析有很大的局限性。例如，实际问题中只对信号的某一频段感兴趣，也就是只需计算单位圆上某一频段上的频谱值，例如窄带信号的分析就是这样，希望在窄带频段内频率采样尽可能密集，以提高分辨率，而带外一般不予考虑。如果用 DFT 算法，则需增加频率采样点数，增加了窄带之外不需要的运算量。此外，有时希望采样不局限于单位圆上，例如在语音信号处理中，就常常需要知道极点处的频率，若极点离单位圆比较远，则沿单位圆采样时，得到的频谱比较平滑而无法识别出所需要的极点处的频率，如图 4-20(a)所示，若使采样点沿一条接近极点的弧线或圆周进行，则采样结果就会在极点所对应的频率上出现明显的峰值，如图 4-20(b)所示，这样就可准确地得到极点处所对应的频率。所以，为增加计算 DFT 和频谱分析的灵活性，希望找到一种沿不完全的单位圆，或者更一般的路径对 Z 变换采样的方法，线性调频 Z 变换算法就能满足这些要求，它可以沿螺线轨迹来采样，同时可以利用 FFT 算法实现快速计算。

4.8.0
微课视频

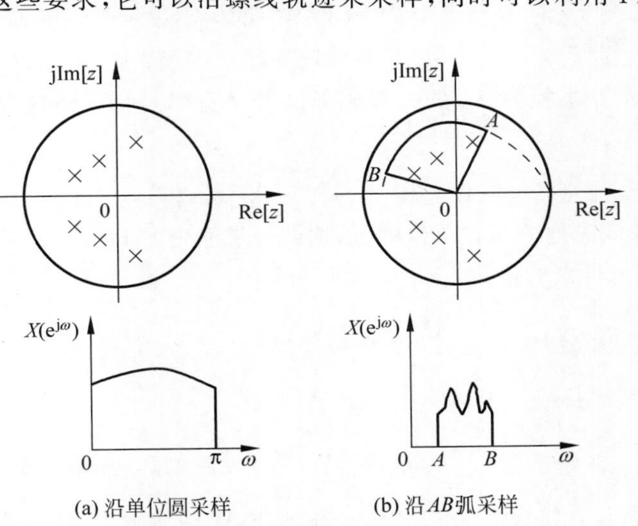

(a) 沿单位圆采样　　(b) 沿AB弧采样

图 4-20　单位圆与非单位圆采样

4.8.1
微课视频

4.8.1 算法基本原理

已知有限长序列 $x(n)(0\leqslant n\leqslant N-1)$ 的 Z 变换为

$$X(z)=\sum_{n=0}^{N-1}x(n)z^{-n} \tag{4-32}$$

为适应 Z 变换可以沿 z 平面更一般的路径取值，现在沿 z 平面的一段螺线作等分角的采样，采样点为 z_k，可表示为

$$z_k=AW^{-k},\quad k=0,1,\cdots,M-1 \tag{4-33}$$

其中，$A=A_0\mathrm{e}^{\mathrm{j}\theta_0}$，$W=W_0\mathrm{e}^{-\mathrm{j}\phi_0}$，代入式(4-33)可以得到

$$z_k=A_0\mathrm{e}^{\mathrm{j}\theta_0}W_0^{-k}\mathrm{e}^{\mathrm{j}k\phi_0}=A_0W_0^{-k}\mathrm{e}^{\mathrm{j}(\theta_0+k\phi_0)},\quad k=0,1,\cdots,M-1 \tag{4-34}$$

M 为采样点的总数，不一定与 $x(n)$ 的长度 N 相等。A 为采样轨迹的起始点位置，由它的半径 A_0 及相角 θ_0 确定。通常 $A_0\leqslant 1$，否则 z_0 将处于单位圆 $|z|=1$ 的外部。W 为螺线参数，W_0 表示螺线的伸展率，$W_0>1$ 时，随着 k 的增加螺线内缩；$W_0<1$ 时，则随 k 的增加螺线外伸。ϕ_0 是采样点间的角度间隔。由于 ϕ_0 是任意的，减小 ϕ_0 就可提高频率分辨率，这对分析具有任意起始频率的高分辨率窄带频谱是很有用的。

采样点在 z 平面上所沿的周线如图 4-21 所示。

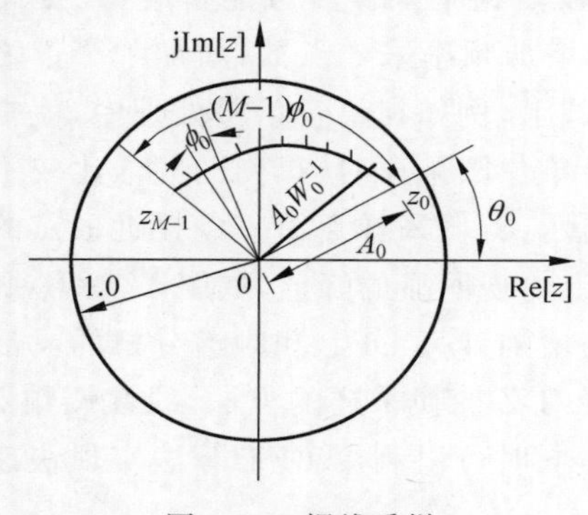

图 4-21　螺线采样

由以上讨论和图 4-21 可以看出：

(1) A_0 表示起始采样点 z_0 的矢量半径长度，通常 $A_0\leqslant 1$；否则 z_0 将处于单位圆 $|z|=1$ 的外部。

(2) θ_0 表示起始采样点 z_0 的相角，它可以是正值或负值。

(3) ϕ_0 表示两相邻采样点之间的角度差。ϕ_0 为正时，表示 z_k 的路径是逆时针旋转的；ϕ_0 为负时，表示 z_k 的路径是顺时针旋转的。

(4) W_0 的大小表示螺线的伸展率。$W_0>1$ 时，随着 k 的增加螺线内缩；$W_0<1$ 时，随 k 的增加螺线外伸；$W_0=1$ 时，表示是半径为 A_0 的一段圆弧。若又有 $A_0=1$，则这段圆弧是单位圆的一部分。

当 $M=N$，$A=A_0\mathrm{e}^{\mathrm{j}\theta_0}=1$，$W=W_0\cdot\mathrm{e}^{-\mathrm{j}\phi_0}=\mathrm{e}^{-\mathrm{j}\frac{2\pi}{N}}$ $(W_0=1,\phi_0=2\pi/N)$ 这一特殊情况时，各 z_k 就均匀等间隔地分布在单位圆上，这就是求序列的 DFT。

Z 变换在这些采样点的值为

$$X(z_k)=\sum_{n=0}^{N-1}x(n)z_k^{-n},\quad k=0,1,\cdots,M-1$$

将 $z_k=AW^{-k}$ 代入，则得

$$X(z_k)=\sum_{n=0}^{N-1}x(n)A^{-n}W^{nk},\quad k=0,1,\cdots,M-1 \tag{4-35}$$

直接计算这一公式，与直接计算 DFT 相似，当 N 和 M 数值很大时，运算量会很大。为了提高运算速度，可对上式作进一步分析处理，首先把 nk 变成求和项，即

$$nk = \frac{1}{2}[n^2 + k^2 - (k-n)^2] \tag{4-36}$$

将式(4-36)代入式(4-35),可得

$$X(z_k) = \sum_{n=0}^{N-1} x(n) A^{-n} W^{\frac{n^2}{2}} W^{-\frac{(k-n)^2}{2}} W^{\frac{k^2}{2}} = W^{\frac{k^2}{2}} \sum_{n=0}^{N-1} [x(n) A^{-n} W^{\frac{n^2}{2}}] W^{-\frac{(k-n)^2}{2}} \tag{4-37}$$

令

$$g(n) = x(n) A^{-n} W^{\frac{n^2}{2}}, \quad n = 0, 1, \cdots, N-1$$

$$h(n) = W^{-\frac{n^2}{2}}$$

则

$$\begin{aligned} X(z_k) &= W^{\frac{k^2}{2}} \sum_{n=0}^{N-1} g(n) h(k-n) \\ &= W^{\frac{k^2}{2}} [g(k) * h(k)] = W^{\frac{k^2}{2}} V(k) \end{aligned} \tag{4-38}$$

式中

$$V(k) = g(k) * h(k) = \sum_{n=0}^{N-1} g(n) W^{-\frac{(k-n)^2}{2}}, \quad k = 0, 1, \cdots, M-1 \tag{4-39}$$

式(4-38)表明,如果对信号先进行一次加权处理,加权系数为 $A^{-n}W^{n^2/2}$;然后,通过一个单位脉冲响应为 $h(n)$的线性系统,即求 $g(n)$与 $h(n)$的线性卷积 $V(n)$,将 n 换为 k,得 $V(k)=g(k)*h(k)$;最后,对该系统的前 M 点输出再作一次加权,这样就得到了全部 M 点螺线采样值 $X(z_k)$ ($k=0, 1, \cdots, M-1$)。这个过程可以用图 4-22 表示。

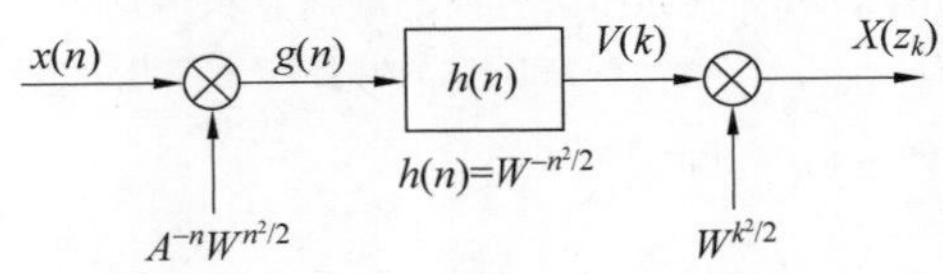

图 4-22 Chirp-Z 变换的线性系统实现过程

从图 4-22 中可以看到,运算的主要部分是由线性系统来完成的。由于系统的单位脉冲响应 $h(n)=W^{-\frac{n^2}{2}}$ 可以想象为频率随时间(n)呈线性增长的复指数序列,在雷达系统中,这种信号称为线性调频信号(Chirp Signal),因此,这里的变换称为线性调频 Z(Chirp-Z)变换,简称 CZT(Chirp-Z Transform)。

4.8.2 线性调频 Z 变换的实现

由于序列 $x(n)$是有限长的,因此 $g(n)$也是有限长序列。但 $h(n)$是一个无限长序列,因此卷积结果的长度是不确定的。由于我们只对 $k=0,1,\cdots,M-1$ 共 M 点的卷积结果感兴趣,也即所需的 $h(n)$仅是从 $-N+1$ 到 $M-1$ 的那一部分,因而卷积可以通过圆周卷积实现,这样可借用 FFT 算法,Chirp-Z 变换的圆周卷积示意图如图 4-23 所示,计算步骤如下:

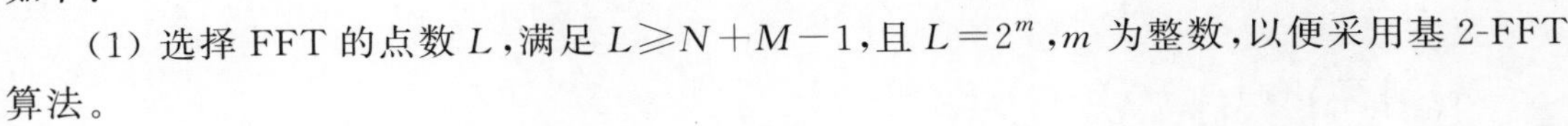

(1) 选择 FFT 的点数 L,满足 $L \geqslant N+M-1$,且 $L=2^m$,m 为整数,以便采用基 2-FFT 算法。

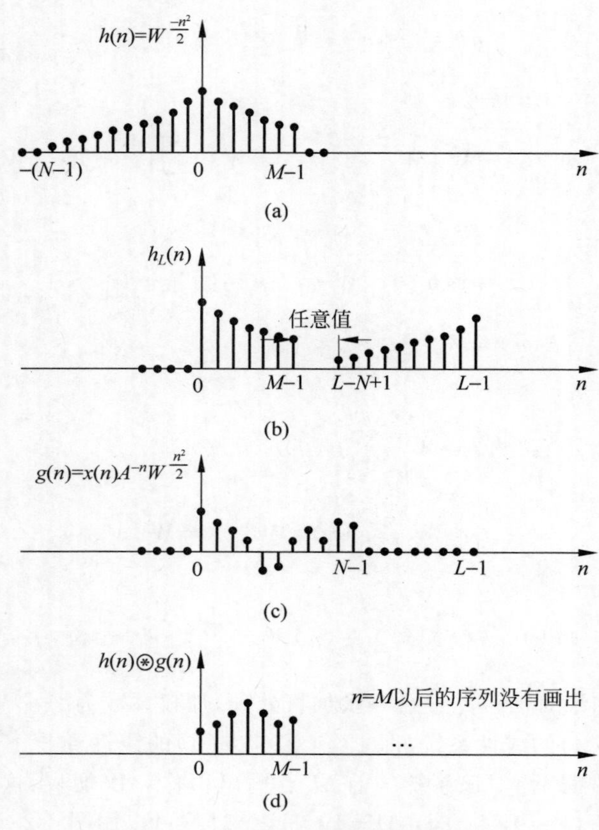

图 4-23　Chirp-Z 变换的圆周卷积示意图

注：$M \leqslant n \leqslant L-1$ 时，$h(n)$和 $g(n)$的圆周卷积不代表线性卷积

（2）构成一个 L 点序列 $g(n)$，即

$$g(n)=\begin{cases} A^{-n}W^{\frac{n^2}{2}}x(n), & 0 \leqslant n \leqslant N-1 \\ 0, & N \leqslant n \leqslant L-1 \end{cases}$$

（3）利用 FFT 算法求 $g(n)$的 L 点离散傅里叶变换 $G(r)$，即

$$G(r)=\sum_{n=0}^{N-1} g(n)\mathrm{e}^{-\mathrm{j}\frac{2\pi}{L}rn}, \quad 0 \leqslant r \leqslant L-1$$

（4）构成一个 L 点序列 $h_L(n)$，即

$$h_L(n)=\begin{cases} W^{-\frac{n^2}{2}}, & 0 \leqslant n \leqslant M-1 \\ W^{-\frac{(n-L)^2}{2}}, & L-N+1 \leqslant n \leqslant L-1 \\ \text{任意值}, & \text{其他} \end{cases}$$

（5）利用 FFT 算法求 $h_L(n)$的 L 点离散傅里叶变换 $H(r)$，即

$$H(r)=\sum_{n=0}^{L-1} h_L(n)\mathrm{e}^{-\mathrm{j}\frac{2\pi}{L}rn}, \quad 0 \leqslant r \leqslant L-1$$

（6）计算 $Y(r)=H(r)G(r)$。

(7) 用 FFT 算法求 $Y(r)$ 的 L 点离散傅里叶反变换，得 $h(n)$ 和 $g(n)$ 的圆周卷积，即

$$q(n)=\mathrm{IDFT}[H(r)G(r)]=\frac{1}{L}\sum_{r=0}^{L-1}H(r)G(r)\mathrm{e}^{\mathrm{j}\frac{2\pi}{L}rn}$$

式中，前 M 个值等于 $h(n)$ 和 $g(n)$ 的线性卷积结果 $[g(n)*h(n)]$；$n\geqslant M$ 的值没有意义，不必去求。$g(n)*h(n)$ 即 $g(n)$ 与 $h(n)$ 圆周卷积的前 M 个值，如图 4-23(d)所示。

(8) 计算 $X(z_k)=W^{k^2/2}q(k)$，$0\leqslant k\leqslant M-1$。

4.8.3 线性调频 Z 变换的特点

与标准 FFT 算法相比，CZT 算法有以下特点：

(1) 输入序列长 N 及输出序列长 M 不需要相等，而且 N 和 M 不一定是 2 的整数幂，即二者均可为合数或素数。

(2) z_k 的角间隔 ϕ_0 是任意的，其频率分辨率也是任意的。

(3) 起始点 z_0 可任意选定，因此可以从任意频率上开始对输入数据进行窄带高分辨率的分析。

(4) 周线不必是 z 平面上的圆，在语音分析中螺旋周线具有某些优点。

(5) 若 $A=1$，$M=N$，可用 CZT 计算 DFT。

总之，CZT 算法具有很大的灵活性，在某种意义上说，它是一个一般化的 DFT，DFT 是 CZT 的特例。

4.8.4 MATLAB 实现

在 MATLAB 信号处理工具箱中，提供了 chirp 和 CZT 函数，分别用于产生线性调频信号和求 CZT。函数用法如下：

```
y = chirp(t,f0,t1,f1)
```

其中，f0 是在 t=0 时刻的起始频率；f1 是在 t=t1 时刻的终止频率。

```
y = czt(x,M,W,A)
```

其中，x 是待变换的时域信号，即输入序列 $x(n)$，其长度为 N；M 是所取 CZT 的长度；W 为变换的步长，即相邻两频点的比，是一个复数，$W=W_0\mathrm{e}^{-\mathrm{j}\phi_0}$；A 为变换的起点，即起始频点，它也是一个复数。

若 $M=N$，$A=1$，则 CZT 变为 DFT。

例 4-2 用 chirp 函数产生线性调频信号，并画出波形。

解 MATLAB 程序如下：

```
t = 0: 0.001: 2;              % 2 secs & 1kHz sample rate
y = chirp(t,0,1,150);         % Start & DC, cross 150Hz at t = 1s
plot(t,y),axis([0 0.5 -1 1])
```

运行结果如图 4-24 所示。

例 4-3 设 $x(t)=\sin(2\pi f_1 t)+\sin(2\pi f_2 t)+\sin(2\pi f_3 t)$，其中 $f_1=78\mathrm{Hz}$，$f_2=82\mathrm{Hz}$，$f_3=100\mathrm{Hz}$，采样频率是 500Hz，$N=128$。试分析该信号的频谱。

4.8.4
微课视频

解 因为 f_1 和 f_2 相隔比较近，直接计算 FFT 得到的频谱不易分辨，而在 70 ～(70+

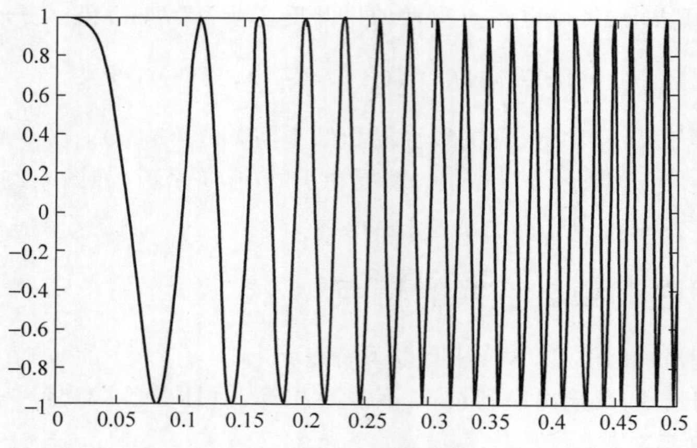

图 4-24 用 chrip 函数产生的线性调频信号波形

$M\times0.4$)Hz 这一段频率范围内计算 CZT 求出的频谱分点较细，所以 3 个频率的谱线都可分辨出来。

MATLAB 程序如下：

```
%构造三个不同频率的正弦信号的叠加
N = 128; f1 = 78; f2 = 82; f3 = 100; fs = 500;
stepf = fs/N; n = 0: N - 1;
t = n/fs; n1 = 0: stepf: fs/2 - stepf;
x = sin(2 * pi * f1 * t) + sin(2 * pi * f2 * t) + sin(2 * pi * f3 * t);
M = N;
W = exp( - j * 2 * pi/M);
% A = 1 时的 CZT 变换
A = 1;
Y1 = czt(x,M,W,A);
subplot(311); plot(n1,abs(Y1(1: N/2))); grid on;
% DTFT
Y2 = abs(fft(x));
subplot(312); plot(n1,abs(Y2(1: N/2))); grid on;
%详细构造 A 后的 CZT
M = 85; f0 = 70; DELf = 0.4;
A = exp(j * 2 * pi * f0/fs);
W = exp( - j * 2 * pi * DELf/fs);
Y3 = czt(x,M,W,A);
n2 = f0: DELf: f0 + (M - 1) * DELf;
subplot(313); plot(n2,abs(Y3)); grid on;
```

用 CZT 和 FFT 分析信号的频谱比较如图 4-25 所示，第一幅图是用 CZT 计算的 DFT，第二幅图是用 FFT 直接计算的 DFT，两个图是一样的。图中 f_1 和 f_2 相隔较近，不易分辨出来。第三幅图是在 70～($70+M\times0.4$)Hz 这一段频率范围内计算 CZT，可分辨出来 3 个频率的谱线。

4.8.4
微课视频

例 4-4 假设某线性时不变系统的系统函数为

$$H(z)=\frac{(z-z_1)(z-z_2)}{(z-p_1)(z-p_2)}$$

其中 z_1、z_2 为系统零点，p_1、p_2 为系统极点。若采样频率为 1000Hz，试分别采用 DFT 和 CZT 分析系统的零极点特性。

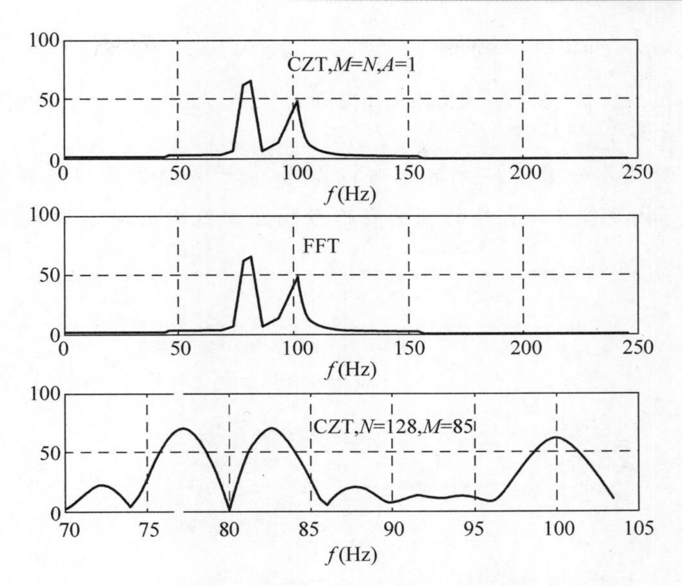

图 4-25 用 CZT 和 FFT 分析信号的频谱比较

解 假设系统的零极点分别在频率为 80Hz 和 300Hz 处的单位圆内，离单位圆较远，如图 4-26 所示。

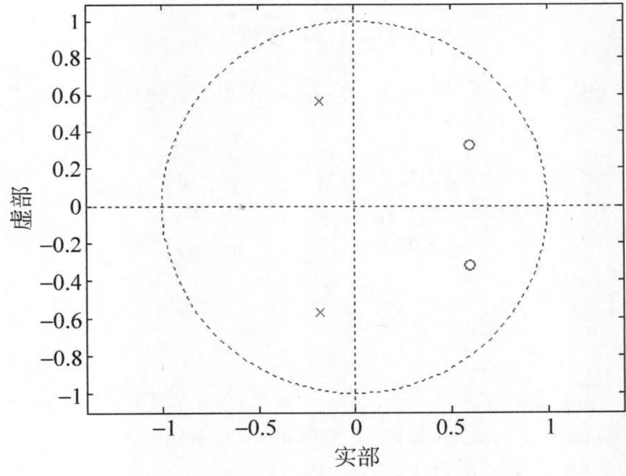

图 4-26 系统的零极点图

采用 DFT 方法进行分析，MATLAB 程序如下：

```
fs = 1000; N = 600; M = 600;
fz1 = 80; z1 = 0.68 * exp( - j * 2 * pi * fz1/fs); z2 = z1'; z = [z1,z2]';
%零点在频率为 80Hz 处半径为 0.68 的单位圆内
fp1 = 300; p1 = 0.6 * exp( - j * 2 * pi * fp1/fs); p2 = p1'; p = [p1,p2]';
%极点在频率为 300Hz 处半径为 0.6 的单位圆内
figure; zplane(z,p);
[b,a] = zp2tf(z,p,1);
[R,p,C] = residuez(b,a); %求 H(z)部分分式展开式中的留数、极点和直接项
hn(1: M) = R(1) * (p(1).^(0: M - 1)) + R(2) * (p(2).^(0: M - 1)); %求系统的单位脉冲响应
hn(1) = hn(1) + C(1);
%或者按下面方法求
x = impseq(0,0,600);
hn = filter(b,a,x); %求系统的单位脉冲响应
```

```
[H,w] = freqz(b,a,N,'whole');
magH = abs(H); Hmax = max(magH);
figure; plot(w(1: N/2) * fs/2/pi,20 * log10(magH(1: N/2)/Hmax) ); title('DFT'); grid;
xlabel('频率/Hz'); ylabel('幅度/dB')
```

采用 DFT 分析结果如图 4-27 所示。可以看出，由于系统的零极点离单位圆较远，沿单位圆采样进行 DFT 分析，零极点处的频率在幅频响应曲线中表现不明显。

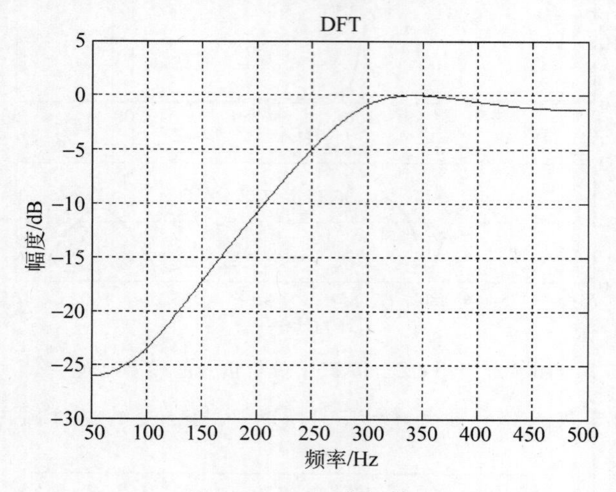

图 4-27　DFT 分析结果

下面采用 CZT 进行分析，其采样螺旋路径如图 4-28 所示，MATLAB 程序如下：

```
f2 = 400; f1 = 60;
W = 1.0 * exp( - j * 2 * pi * (f2 - f1)/(M * fs));
A = 0.69 * exp(j * 2 * pi * f1/fs);   % 采用螺旋半径为 0.69
yz = czt(hn,M,W,A);                   % 求 CZT
zk1 = A * W.^( - (0: M - 1)');
figure; zplane(1,zk1);
magyz = abs(yz);
yzmax = max(magyz);
wz = (0: M - 1) * (f2 - f1)/M + f1;
figure; plot(wz,20 * log10(magyz/yzmax)); title('CZT'); grid
xlabel('频率/Hz'); ylabel('幅度/dB')
```

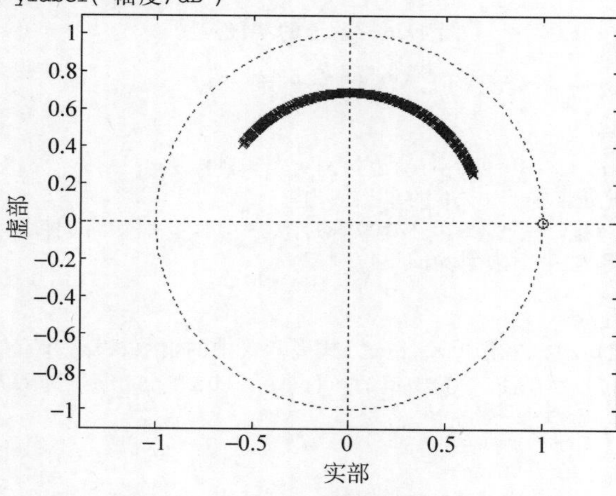

图 4-28　CZT 采样螺旋路径

采用 CZT 分析结果如图 4-29 所示。可以看出，由于 CZT 采样曲线很接近零极点，因此，在频率为 80Hz 和 300Hz 处的频率在幅频响应曲线中表现非常明显。

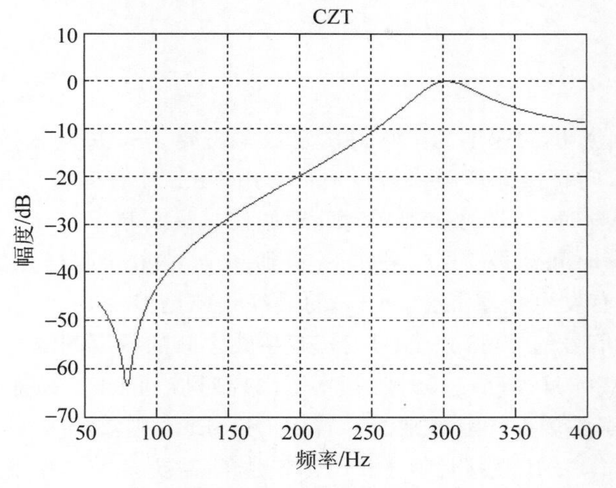

图 4-29 CZT 分析结果

本章小结

(1) FFT 并不是一种新的变换，它是 DFT 的一种快速算法。利用 W_N^{nk} 的对称性和周期性，可以将大点数的 DFT 分解成若干小点数的 DFT，FFT 正是基于这个基本思路发展起来的。FFT 算法基本上可分为两大类，即按时间抽取(DIT)算法和按频率抽取(DIF)算法。

(2) DIT 的基 2-FFT 算法与 DIF 的基 2-FFT 算法。

设序列 $x(n)$ 的长度为 N，且满足 $N=2^M$，M 为正整数。这种 N 为 2 的整数幂的 FFT，称为基 2-FFT。

DIT 的基 2-FFT 算法的特点是，每一步分解都是按输入序列 $x(n)$ 在时间上的奇偶次序进行的；DIF 的基 2-FFT 算法则是把输出序列 $X(k)$ 按 k 的奇偶分解成越来越短的序列。

DIT-FFT 和 DIF-FFT 是两种等价的 FFT 运算，两种算法运算量相同。

(3) 算法流程图有三个特点：原位运算、蝶形运算和倒位序。

(4) 计算快速傅里叶反变换(IFFT)有两种方法：①利用 FFT 运算流图计算 IFFT；②直接调用 FFT 子程序的方法。其中方法②虽然用了两次取共轭运算，但可以与 FFT 共用同一子程序，因而使用起来非常方便、有效。

(5) 实序列的 FFT 算法。

为节省运算时间和存储空间，对于实际中遇到的实序列情况，有两种方法进行高效计算。方法一是用一次 N 点的 FFT 计算两个 N 点实序列的 FFT，一个作为实部，另一个作为虚部，计算后再把输出按共轭对称性加以分离。方法二是用 $N/2$ 点的 FFT 计算一个 N 点实序列的 FFT，将该序列的偶数点序列置为实部，奇数点序列置为虚部，同样在最后将其分离。

(6) 若 N 是一个复合数，即它可以分解成一些因子的乘积，则可以采用 FFT 的一般算法，即混合基 FFT 算法，基 2-FFT 算法是这种算法的特例。

(7) 线性调频 Z 变换(CZT)算法是一个一般化的 DFT，它可以沿螺线轨迹进行等分角采样，起始点任意，同时可以利用 FFT 算法实现快速计算。DFT 是 CZT 的特例。

习题

4-1　如果通用计算机的速度为平均每次复数乘需要 $5\mu s$，每次复数加需要 $1\mu s$，用来计算 $N=1024$ 点 DFT，问直接计算需要多少时间？用 FFT 计算呢？照这样计算，用 FFT 进行快速卷积对信号处理时，估计可实现实时处理的信号最高频率。

4-2　对一个连续时间信号 $x_a(t)$ 采样 1s 得到一个 4096 个采样点的序列：

(1) 若采样后没有发生频谱混叠，$x_a(t)$ 的最高频率是多少？

(2) 若计算采样信号的 4096 点 DFT，DFT 系数之间的频率间隔是多少赫兹？

(3) 假定仅仅对 $200\text{Hz} \leqslant f \leqslant 300\text{Hz}$ 频率范围所对应的 DFT 采样点感兴趣，若直接用 DFT，要计算这些值需要多少次复数乘法？若用 DIT-FFT 则需要多少次？

(4) 为了使 FFT 算法比直接计算 DFT 效率更高，需要多少个频率采样点？

4-3　一个长度为 $N=8192$ 的复序列 $x(n)$ 与一个长度为 $L=512$ 的复序列 $h(n)$ 卷积。试求：

(1) 直接进行卷积所需(复数)乘法次数；

(2) 若用 1024 点按时间抽取的基 2-FFT 重叠相加法计算卷积，重复求解问题(1)。

4-4　设计一个按频率抽取的 8 点 FFT 运算流图，输入是倒位序，而输出是自然顺序。

4-5　已知 $X(k)$ 和 $Y(k)$ 是两个 N 点实序列 $x(n)$ 和 $y(n)$ 的 DFT，若要从 $X(k)$ 和 $Y(k)$ 求 $x(n)$ 和 $y(n)$，为提高运算效率，试设计用一次 N 点 IFFT 来完成。

4-6　设 $x(n)$ 是长度为 $2N$ 的有限长实序列，$X(k)$ 为 $x(n)$ 的 $2N$ 点 DFT。

(1) 试设计用一次 N 点 FFT 完成计算 $X(k)$ 的高效算法。

(2) 若已知 $X(k)$，试设计用一次 N 点 IFFT 实现求 $x(n)$ 的 $2N$ 点 IDFT 运算。

4-7　若已知有限长序列 $x(n)=\{2,-1,1,1\}$，画出其按时间抽取的基 2-FFT 运算流图，并按 FFT 运算流程计算 $X(k)$ 的值。

4-8　证明 $x(n)$ 的 IDFT 有以下算法：

$$x(n)=\text{IDFT}[X(k)]=\frac{1}{N}\{\text{DFT}[X^*(k)]\}^*$$

4-9　设 $x(n)$ 是一个 M 点 $0 \leqslant n \leqslant M-1$ 的有限长序列，其 Z 变换为

$$X(z)=\sum_{n=0}^{M-1} x(n) z^{-n}$$

欲求 $X(z)$ 在单位圆上 N 个等间隔点上的采样值 $X(z_k)$

$$z_k=e^{j\frac{2\pi}{N}k}, \quad k=0,1,\cdots,N-1$$

试问：在 $N \leqslant M$ 和 $N>M$ 两种情况下，应如何用一个 N 点 FFT 算出全部 $X(z_k)$ 值？

4-10　若 $h(n)$ 是按窗口法设计的 FIR 滤波器的 M 点单位脉冲响应，现希望检验设计效果，要观察滤波器的频率响应 $H(e^{j\omega})$。一般可以采用观察 $H(e^{j\omega})$ 的 N 个采样点值代替观察的 $H(e^{j\omega})$ 连续曲线。如果 N 足够大，$H(e^{j\omega})$ 的细节就可以清楚地表现出来。设 N 是 2 的整数次方，且 $N>M$，试用 FFT 运算完成这个工作。

4-11　若 $H(k)$ 是按频率采样法设计的FIR滤波器的 M 点采样值。为检验设计效果，需要观察更密的 N 点频率响应值。若 N、M 都是2的整数次方，且 $N>M$，试用FFT运算完成这个工作。

4-12　在下列说法中选择正确的结论。线性调频Z变换可以用来计算一个有限长序列 $h(n)$ 在 z 平面实轴上诸点 $\{z_k\}$ 的Z变换 $H(z_k)$，使

(1) $z_k=a^k, k=0,1,\cdots,N-1, a$ 为实数，$a\neq 1$；

(2) $z_k=ak, k=0,1,\cdots,N-1, a$ 为实数，$a\neq 1$；

(3) 线性调频Z变换不能计算 $H(z)$ 在 z 平面实轴上的采样值，即命题(1)和(2)都不行。

4-13　$X(e^{j\omega})$ 表示长度为10的有限时宽序列 $x(n)$ 的傅里叶变换。希望计算 $X(e^{j\omega})$ 在频率 $\omega=\left(\frac{2\pi k^2}{100}\right)(k=0,1,\cdots,9)$ 时的10个取样。计算时不能采取先算出比要求数多的取样，然后再丢掉一些的办法。讨论采用下列方法的可能性：

(1) 直接利用10点傅里叶变换算法；

(2) 利用线性调频Z变换算法。

4-14　设 $x(t)=\sin(2\pi f_1 t)+\sin(2\pi f_2 t)+\sin(2\pi f_3 t)$，其中 $f_1=78\text{Hz}, f_2=82\text{Hz}, f_3=100\text{Hz}$，采样频率是500Hz，$N=128$。

(1) 采用FFT分析该信号的频谱，频谱采样点之间的间隔是多少？

(2) 利用MATLAB画出信号的FFT频谱，会产生什么结果？分析其原因。应如何克服？

4-15　给定信号 $x(t)=\sin(2\pi f_1 t)+\sin(2\pi f_2 t)+\sin(2\pi f_3 t)$，其中 $f_1=10.8\text{Hz}, f_2=11.75\text{Hz}, f_3=12.55\text{Hz}$，对 $x(t)$ 采样后得 $x(n)$，采样频率为40Hz，$N=64$。

(1) 采用FFT分析该信号的频谱，分析三个谱峰的分辨情况。

(2) 在 $x(n)$ 后面补 $2N$ 个零、$5N$ 个零，再作DFT，观察补零的效果。

(3) 采用CZT分析该信号的频谱，并与前面的结果进行比较。其中参数选取：M 取60，谱分析起始频率为8Hz，谱分辨率为0.12Hz。

第5章 CHAPTER 5

IIR数字滤波器的设计

5.1 引言

滤波就是滤除信号中不需要的频率分量，同时保留有用的频率分量。许多信息处理过程都要用到滤波器。数字滤波器是数字信号处理中使用最广泛的一种线性系统。根据处理信号的不同，滤波器可分为模拟滤波器和数字滤波器两种。模拟滤波器和数字滤波器的概念相同，只是信号的形式和实现滤波的方法不同。模拟滤波器要用硬件电路实现，即用由模拟元件（比如电阻、电容、电感）组成的电路完成滤波的功能，如常用的有源滤波器、开关电容滤波器等都属于模拟滤波器。而数字滤波器是将一组输入的数字序列通过一定的运算后转变为另一组输出的数字序列。因此，数字滤波器就是一个离散时间系统。在本书中，关于数字滤波器和离散时间系统这两个概念是等效的。

5.2 数字滤波器的基本概念

5.2.1 数字滤波原理

我们知道，一个线性时不变系统的时域输入输出关系为 $y(n)=x(n)*h(n)$。若 $x(n)$、$y(n)$的傅里叶变换存在，则输入输出的频域关系为

$$Y(e^{j\omega})=X(e^{j\omega})H(e^{j\omega}) \tag{5-1}$$

式中，$X(e^{j\omega})$、$Y(e^{j\omega})$分别为系统输入序列 $x(n)$和输出序列 $y(n)$的频谱，$H(e^{j\omega})$为系统单位脉冲响应 $h(n)$的频谱，又称为系统的频率响应，可见，输入序列的频谱经过线性时不变系统处理后变为 $Y(e^{j\omega})=X(e^{j\omega})H(e^{j\omega})$。

假设 $X(e^{j\omega})$、$H(e^{j\omega})$如图5-1(a)和图5-1(b)所示，那么由式(5-1)得到的 $Y(e^{j\omega})$如图5-1(c)所示。

这样，$x(n)$通过系统 $h(n)$的结果是使输出 $y(n)$中不再含有$|\omega|>\omega_c$ 的频率成分，而使$|\omega|<\omega_c$ 的频率成分不失真通过。在某种意义下，$H(e^{j\omega})$相当于对输入信号的不同频率分量的加权函数或者谱成形函数。这个线性时不变系统就是所说的选频滤波器。一个理想滤波器具有能让某些频率成分无失真通过而完全阻碍其他频率成分通过的特性。因此，只要按照输入信号频谱的特点和处理信号的目的，设计出合适的 $H(e^{j\omega})$，就可以得到不同的滤波结果，从而使滤波后的输出 $X(e^{j\omega})H(e^{j\omega})$符合人们的要求，这就是数字滤波器的滤波

原理。

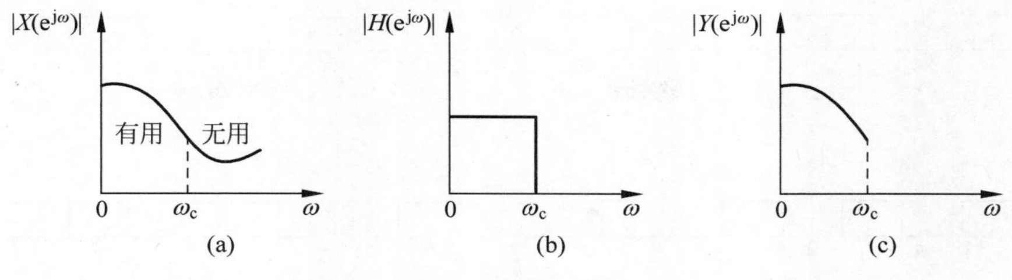

图 5-1 滤波原理

对于随机信号来说，由于其不存在傅里叶变换，因此，需要从相关函数和功率谱的角度研究其通过线性系统的情况。这属于后续课程“现代信号处理”中研究的内容。

5.2.2 数字滤波器的分类

1. 按功能分为经典滤波器和现代滤波器

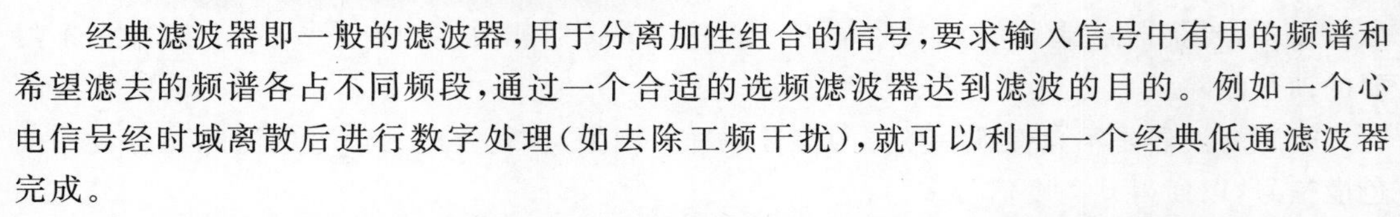

经典滤波器即一般的滤波器，用于分离加性组合的信号，要求输入信号中有用的频谱和希望滤去的频谱各占不同频段，通过一个合适的选频滤波器达到滤波的目的。例如一个心电信号经时域离散后进行数字处理（如去除工频干扰），就可以利用一个经典低通滤波器完成。

当信号和干扰的频带相互重叠时，如胎音监测应用中，经典滤波器不能完成对干扰的有效去除，这时可以采用现代滤波器。现代滤波器理论研究的主要内容是从含有噪声的数据记录中估计出信号的某些特性或信号本身。现代滤波器把信号和噪声都视为随机信号，利用它们的统计特性导出一套最佳的估值算法，从含有噪声的数据记录（又称时间序列）中估计出信号的某些特征或信号本身。一旦信号被估计出来，估计出的信号就会比原信号具有更高的信噪比。维纳滤波器是这一类滤波器的代表，其他的滤波器还有自适应滤波器、卡尔曼滤波器、粒子滤波器等。本书中，只讨论经典滤波器的设计方法。

2. 按单位脉冲响应分为 IIR 和 FIR 滤波器

IIR 滤波器（也称 IIR 数字滤波器）的单位脉冲响应是无限长的，其系统函数是关于 z^{-1} 的有理分式；而 FIR 滤波器（也称 FIR 数字滤波器）的单位脉冲响应延续的长度是有限的，其系统函数是关于 z^{-1} 的多项式。相应内容在本书第 2 章已有详尽阐述。这两类滤波器无论是在性能上还是在设计方法上都有很大的区别。

3. 按幅频特性分为低通、高通、带通、带阻、全通滤波器

常用的数字滤波器是选频滤波器，选频滤波器按其幅频特性来分，可分成低通（Low Pass，LP）、高通（High Pass，HP）、带通（Band Pass，BP）、带阻（Band Stop，BS）和全通（All Pass，AP）几种类型。图 5-2 列出了这些滤波器理想的幅频特性。

低通滤波器只允许低频信号通过而抑制高频信号。例如，可利用低通滤波器消除旧音乐录音带中的背景噪声，因为音乐主要集中在低频、中频频率分量中，因而可用低通滤波器减少高频的噪声分量。

高通滤波器只允许高频信号通过而抑制低频信号。例如，对于声呐系统，可用高通滤波器消除信号中船和海浪的低频噪声，保留目标特征。

带通滤波器只允许某一频带的信号通过。例如，在无线通信系统中，由于空间无线电信

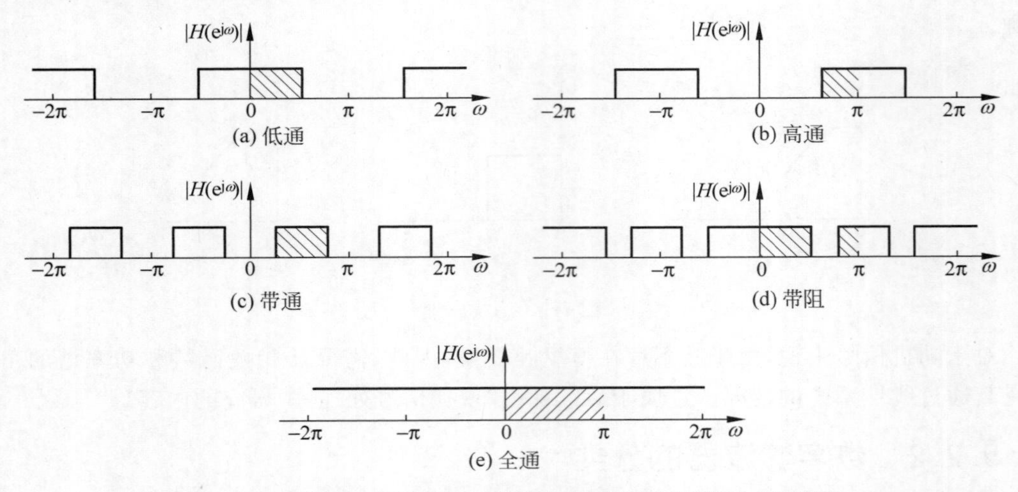

图 5-2 理想低通、高通、带通、带阻和全通数字滤波器的幅频特性

号有很多，要获得需要的信号，接收端可以通过一个带通滤波器选取需要的信号，并把不需要的信号滤除。

带阻滤波器是不允许某一频带的信号通过。例如，从复合电视信号中滤除频分复用的色度信号，以便得到亮度信号。

全通滤波器不衰减任何频率信号，仅对相位谱产生影响，形成纯相位滤波，常用于相位均衡。

特别要注意的是，数字滤波器的频率响应都是以 2π 为周期的，因此低通滤波器的通频带处于 2π 的整数倍处，而高通滤波器的通频带处于 π 的奇数倍附近，这一点和模拟滤波器的频率响应是有区别的。按照奈奎斯特采样定理，信号最高频率 f_c 只能限于 $f_c<f_s/2$（f_s 为采样频率），对应数字频率只能限于 $|\omega|<\pi$，π 为折叠频率。有时为了简化，在绘制数字滤波器幅频特性时，只绘出 ω 为 $[0,\pi]$ 区间的部分特性，这是完全可以的，因为这一部分已经代表了它的全部特性。

这些理想滤波器在通带内的增益为常数，在阻带内的增益为 0，称为分段常数。但这种理想的幅频响应在实际中是不可能实现的，因为它们所对应的单位脉冲响应有过冲和振铃现象，而且是非因果的。在实际使用时，我们设计出的滤波器都是在某些准则下对理想滤波器的近似，但这保证了滤波器是物理可实现的，且是稳定的。

5.2.3 数字滤波器的技术指标

滤波器的技术指标通常在频域给出。数字滤波器的频响 $H(\mathrm{e}^{\mathrm{j}\omega})$ 一般为复函数，表示为

$$H(\mathrm{e}^{\mathrm{j}\omega})=|H(\mathrm{e}^{\mathrm{j}\omega})|\mathrm{e}^{\mathrm{j}\varphi(\omega)} \tag{5-2}$$

其中，$|H(\mathrm{e}^{\mathrm{j}\omega})|$ 称为幅频响应，$\varphi(\omega)$ 称为相频响应。幅频响应表示信号通过该滤波器以后频率成分衰减的情况，而相频响应反映各频率分量通过滤波器后在时间上的延时情况。IIR 数字滤波器通常用幅频响应作为技术指标。

理想滤波器是非因果的，而因果性是物理系统实现的必要条件，因此只能用一个因果系统去逼近它。另外也要考虑（逼近后）系统的易实现和成本问题。

1. 低通滤波器的性能指标

低通滤波器在通带内逼近于1,阻带内逼近于0。实际的滤波器并非是锐截止的通带和阻带两个范围,两者之间总有一个过渡带,如图5-3(a)所示。在设计滤波器时,应事先给定幅频响应的允许误差,通带内幅频响应以误差δ_1逼近于1,阻带内幅频响应以误差δ_2逼近于0。图中,δ_1称为通带的允许误差,δ_2称为阻带的允许误差,ω_p为通带截止频率,ω_s为阻带截止频率,在ω_p与ω_s之间为过渡带,过渡带宽度为$\omega_s-\omega_p$,在过渡带内,幅频响应是单调下降的。

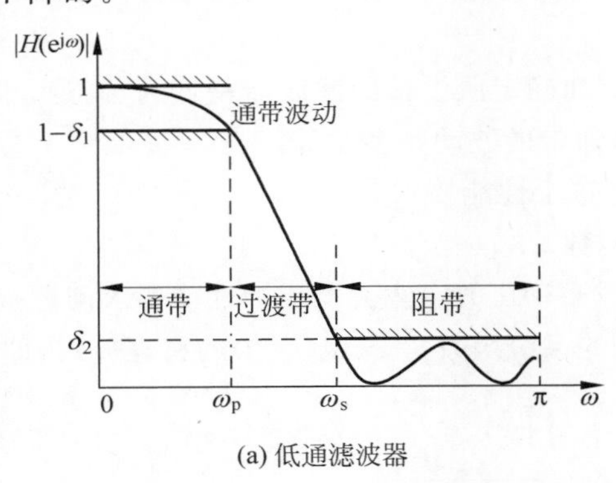

(a) 低通滤波器

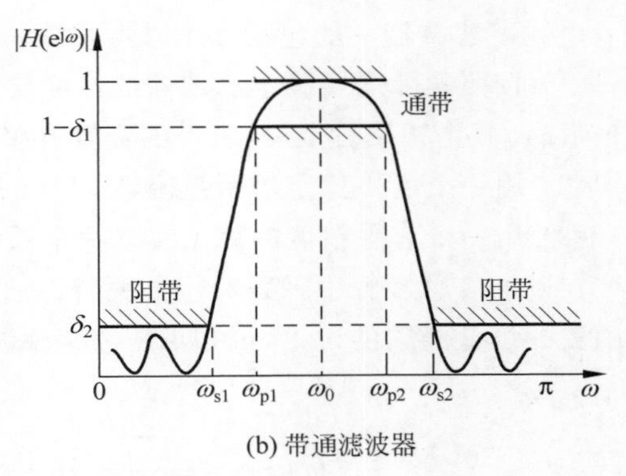

(b) 带通滤波器

图5-3　典型IIR数字滤波器的幅频响应

虽然给出了通带的允许误差δ_1及阻带的允许误差δ_2,但是,在具体技术指标中往往习惯使用分贝(dB)数表示,即通带(允许的)最大衰减α_p及阻带(应达到的)最小衰减α_s。α_p和α_s的定义分别为

$$\alpha_p=20\lg|H(e^{j\omega})|_{\max}-20\lg|H(e^{j\omega_p})|=-20\lg|H(e^{j\omega_p})|=-20\lg(1-\delta_1)\text{dB} \tag{5-3}$$

$$\alpha_s=20\lg|H(e^{j\omega})|_{\max}-20\lg|H(e^{j\omega_s})|=-20\lg|H(e^{j\omega_s})|=-20\lg\delta_2\text{dB} \tag{5-4}$$

式中,假定$|H(e^{j\omega})|_{\max}=1$已被归一化了。例如,在$\omega=\omega_p$处,$|H(e^{j\omega_p})|=0.707$,则

$$\alpha_p=3\text{dB}$$

在$\omega=\omega_s$处,$|H(e^{j\omega_s})|=\dfrac{1}{100}$,则

$$\alpha_s=40\text{dB}$$

当滤波器频率响应的幅频响应下降到最大值的$1/\sqrt{2}$时,滤波器的衰减为3dB,此时所对应的频率记为ω_c,称为滤波器的3dB通带截止频率。一般来说,理想滤波器的锐截止频率即为ω_c,实际滤波器可根据不同的α_p来定义ω_p。ω_p、ω_c和ω_s统称为边界频率,一般来说$\omega_p\leqslant\omega_c<\omega_s$,它们在滤波器的设计中是很重要的。

2. 带通滤波器的性能指标

如果设计带通数字滤波器,则应该知道的性能指标为:①通带下限截止频率ω_{p1};②通带上限截止频率ω_{p2};③$|H(e^{j\omega})|$在ω_{p1}和ω_{p2}处的衰减α_p;④阻带截止频率(ω_{s1}、ω_{s2});⑤在阻带频率处的衰减α_s。如图5-3(b)所示,$\omega_0=\sqrt{\omega_{p1}\omega_{p2}}$称为中心频率。

3. 其他滤波器的性能指标

高通和带阻数字滤波器的性能指标与上述类似。

由于在数字滤波器中，ω 是用弧度表示的，而从实际任务中明确技术要求时是用实际频率（单位为 Hz）表示的，所以必须给定采样频率 f_s（单位为 Hz），这一点将在以后的例题中说明。

5.2.4 微课视频

5.2.4 数字滤波器的设计方法与常用模拟滤波器

1. 数字滤波器的设计方法

就广义而言，数字滤波器是一个用有限精度算法实现的线性时不变离散时间系统。设计一个数字滤波器一般包括 3 个基本步骤：

(1) 按照实际需要确定滤波器的性能要求。如确定所设计的滤波器是低通、高通、带通还是带阻，截止频率是多少，阻带的衰减有多大，通带的波动是多少等。

(2) 用一个因果稳定的系统函数 $H(z)$ 逼近这个性能要求。

(3) 用一个有限精度的算法实现这个系统函数。

在以上 3 个步骤中，第(2)步是关键。通过本章 IIR 数字滤波器逼近性能要求问题或系统函数的设计问题的讨论，可知 IIR 数字滤波器的系统函数是 z（或 z^{-1}）的有理分式，即

$$H(z)=\frac{\sum_{r=0}^{M} b_r z^{-r}}{1+\sum_{k=1}^{N} a_k z^{-k}}=K\frac{\prod_{r=1}^{M}(1-c_r z^{-1})}{\prod_{k=1}^{N}(1-d_k z^{-1})} \tag{5-5}$$

一般满足 $M\leqslant N$，这类系统称为 N 阶系统（滤波器的阶数通常定义为传输函数的极点数），当 $M>N$ 时，$H(z)$ 可看成一个 N 阶 IIR 子系统与一个 $M-N$ 阶的 FIR 子系统的级联。以下讨论都假定 $M\leqslant N$。

IIR 滤波器的逼近问题就是求出滤波器的各系数 a_k、b_r 或者零极点 c_r、d_k，以使滤波器满足给定的性能要求，这就是数学上的逼近问题。如果在 s 平面上去逼近，就得到模拟滤波器，如果在 z 平面上去逼近，则得到数字滤波器。

设计 IIR 数字滤波器一般有以下 3 种方法。

(1) 零极点位置累试法。

根据系统函数在单位圆内的极点处出现峰值，在零点处出现谷值的特点设置零极点以达到性能要求，这种方法只适用于简单滤波器的设计。

(2) 利用模拟滤波器的理论设计数字滤波器。

模拟网络综合理论已发展得相当成熟，产生了很多高效率的设计方法。常用的模拟滤波器不仅有简单而严格的设计公式，而且设计参数已经表格化，设计起来方便准确。而数字滤波器在很多情况下要完成的任务与模拟滤波器是相同的，因此，完全可以借助于模拟滤波器的理论和设计方法设计数字滤波器。

利用模拟滤波器设计数字滤波器，要先根据所给的滤波器性能指标设计出相应的模拟滤波器传输函数 $H_a(s)$，然后由 $H_a(s)$ 经变换得到所需的数字滤波器系统函数 $H(z)$。因此，它归根到底是一个由 s 平面到 z 平面的变换，具体设计流程如图 5-4 所示。

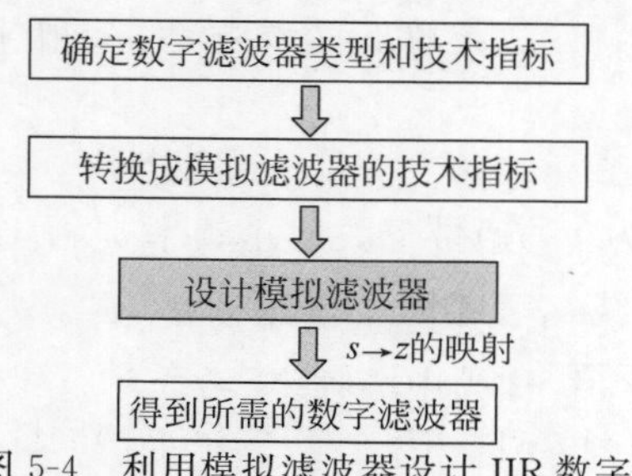

图 5-4 利用模拟滤波器设计 IIR 数字滤波器的设计流程

(3) 最优化设计方法。

最优化设计方法一般分两步来进行：第一步，选择一种最优准则，例如设计出的实际滤波器频率响应的幅频特性$|H(e^{j\omega})|$与所要求的理想频率响应$|H_d(e^{j\omega})|$的均方误差最小准则或最大绝对误差最小准则等；第二步，求在此最佳准则下滤波器系统函数的系数a_k、b_r。一般是通过不断改变滤波器系数a_k、b_r，分别计算误差e，最后，找到使误差e为最小时的一组系数a_k、b_r，从而完成设计。这种设计需要进行大量的迭代运算，要用计算机进行运算，所以最优化方法又称为计算机辅助设计法。

在以上几种方法中，将着重讲解第二种方法，这是因为数字滤波器在很多场合可以看作"模仿"模拟滤波器，在IIR滤波器中采用这种方法是较普遍的。但是，随着计算机的普遍应用，最优化设计方法日益发展。

2. 常用模拟滤波器

模拟滤波器是设计数字滤波器的基础。常用的模拟滤波器有巴特沃思(Butterworth)滤波器、切比雪夫(Chebyshev)滤波器、椭圆(Ellipse)滤波器和贝塞尔(Bessel)滤波器等。

巴特沃思滤波器具有单调下降的幅频特性，通带具有最大平坦度，但从通带到阻带衰减较慢，幅频响应如图5-5所示。

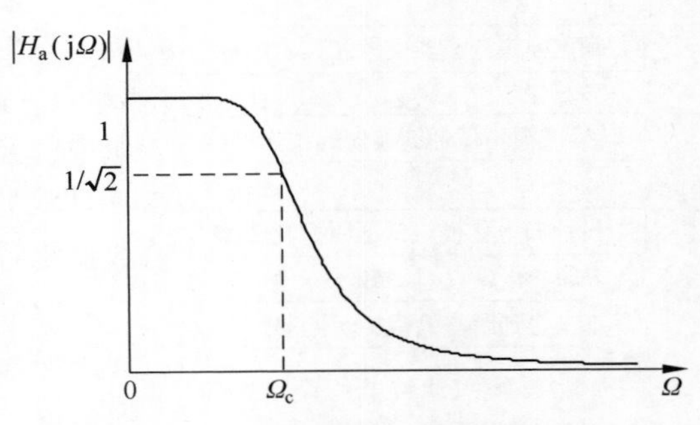

图5-5 巴特沃思滤波器的幅频响应

巴特沃思低通滤波器幅度平方函数为

$$|H_a(j\Omega)|^2=\frac{1}{1+(\Omega/\Omega_c)^{2N}} \tag{5-6}$$

式中，N为正整数，代表滤波器的阶数。Ω_c为3dB截止频率。

切比雪夫滤波器的幅频特性在通带或阻带内具有等波纹特性。如果幅频特性在通带中是等波纹的，在阻带中是单调的，则称为切比雪夫Ⅰ型。相反，如果幅频特性在通带内是单调下降的，在阻带内是等波纹的，则称为切比雪夫Ⅱ型。切比雪夫滤波器的幅频特性如图5-6所示。

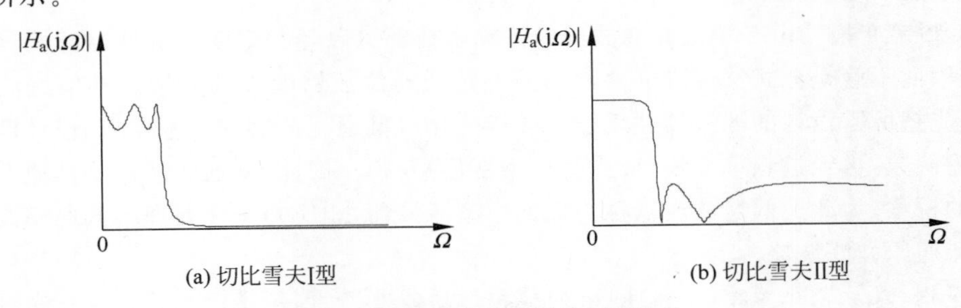

图5-6 切比雪夫滤波器的幅频特性

切比雪夫Ⅰ型滤波器的幅度平方函数为

$$|H_a(j\Omega)|^2=\frac{1}{1+\varepsilon^2C_N^2(\Omega/\Omega_p)} \tag{5-7}$$

式中，ε为小于1的正数，它是表示通带波纹大小的一个参数，$C_N(\Omega/\Omega_p)$是N阶切比雪夫多项式，定义为

$$C_N(x)=\begin{cases}\cos(N\arccos x), & |x|\leqslant 1\\ \cosh(N\operatorname{arcosh} x), & |x|>1\end{cases} \tag{5-8}$$

椭圆滤波器在通带和阻带内均为等波纹幅频特性,而贝塞尔滤波器着重相频响应,通带内有较好的线性相位特性。

模拟滤波器也可以由传输函数进行描述,即

$$H_a(s)=\frac{B(s)}{A(s)}=\frac{\sum_{r=0}^{M}b_r s^r}{\sum_{k=0}^{N}a_k s^k} \tag{5-9}$$

其中,b_r 和 a_k 分别为传输函数分子、分母系数。

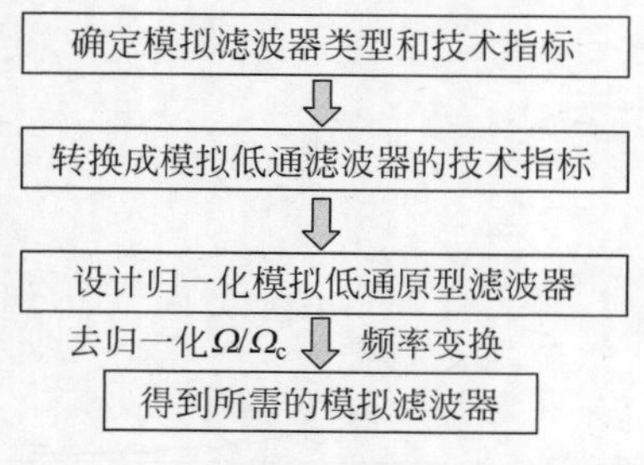

图 5-7 模拟滤波器的设计流程

模拟滤波器的传输函数 $H_a(s)$既可以由幅度平方函数$|H_a(j\Omega)|^2$ 通过计算求得,也可以借助滤波器设计手册中已经设计好的表格和图形通过查表法获得(具体计算过程见 5.3 节)。图 5-7 所示为设计模拟滤波器的一般流程,需要注意以下三个问题。

(1) 原型滤波器。全称为归一化低通原型滤波器。为了简化设计,滤波器设计手册中给出的均是归一化低通滤波器的传输函数,这样可使 $H_a(s)$不因频率的绝对高低而异。所谓归一化即是选择一个参考频率(例如低通滤波器的截止频率 Ω_c),将频率归一化为 1,即令 $p=s/\Omega_c$,实现了模拟频率 s 的归一化。对于巴特沃思滤波器一般是对 3dB 截止频率 Ω_c 进行归一化,而对于切比雪夫滤波器则是对 Ω_p 进行归一化。为了区别,归一化后得到的传输函数可用 $H_a(p)$表示,但有时也不加区别地用 $H_a(s)$表示。因此,在具体计算时,要注意区分是哪一种。

(2) 去归一化。在得到归一化传输函数 $H_a(p)$后,为了使得所设计的滤波器传输函数满足给定的指标要求,还需要去归一化,即用 $p=s/\Omega_c$ 替换 $H_a(p)$中的 p,得到实际的滤波器传输函数 $H_a(s)$。

(3) 频率变换。由于非低通滤波器的传输函数都可以经频率变换从低通滤波器传输函数求得,因此不管是公式法或查表法给出的都是低通滤波器的设计方法。其他滤波器的设计,都是先把所需设计的滤波器技术要求转换为相应低通滤波器的技术要求,设计低通滤波器的传输函数,再经过频率变换(或称为原型变换)获得。因此,低通滤波器是其他类型滤波器设计的桥梁,为此把低通滤波器称为低通原型滤波器,相应归一化处理的低通滤波器称为归一化低通原型滤波器。

例 5-1 设计截止频率 $f_c=1\text{kHz}$ 的模拟低通滤波器,已知模拟低通原型滤波器传输函数为 $H_a(s)=\dfrac{2}{s^2+3s+2}$。

分析 根据题目条件,这里给出的模拟低通原型滤波器传输函数应该是归一化低通原型滤波器,$H_a(s)$的表达式中没有体现出 f_c,因此它应该是归一化后的传输函数。所以,后面要进行去归一化。这里的 $H_a(s)$应为 $H_a(p)$。因此通过去归一化,即得到了满足设计要求的模拟滤波器传输函数。

解 去归一化，即

$$H_a(s)=\frac{2}{\left(\frac{s}{\Omega_c}\right)^2+3\left(\frac{s}{\Omega_c}\right)+2}=\frac{2\Omega_c^2}{s^2+3\Omega_c s+2\Omega_c^2}=\frac{8\pi^2\times10^6}{s^2+6\pi\times10^3 s+8\pi^2\times10^6}$$

在变换中，一般要求所得到的数字滤波器频率响应保留原模拟滤波器频率响应的主要特性。为此，对变换关系提出如下要求：

(1) 因果稳定的模拟滤波器必须变成因果稳定的数字滤波器；

(2) 数字滤波器的频率响应模仿模拟滤波器的频率响应，即要求 s 平面上的虚轴映射到 z 平面的单位圆上。

将传输函数 $H_a(s)$ 从 s 平面变换到 z 平面的方法很多，但工程上常用的是脉冲响应不变法和双线性变换法。

5.3 模拟滤波器的设计

模拟滤波器的设计不属于本书的范畴，但是为了方便起见，这里介绍几种常用模拟滤波器的设计方法。由于高通、带通和带阻滤波器的传输函数都能经过频率变换从低通滤波器传输函数求得，因此先研究低通滤波器的设计方法，然后再研究如何从给定的其他种类滤波器的技术要求转换为原型低通滤波器的技术要求，以及模拟滤波器的频率变换问题。

一个低通滤波器的技术要求包括通带截止频率 Ω_p、通带内所允许的最大衰减 α_p、阻带截止频率 Ω_s 和阻带内所允许的最小衰减 α_s。这里并没有规定在通带内($\Omega=0\sim\Omega_p$)衰减 α 是单调变化的或者是波纹状变化的。定义衰减 α 为

$$\alpha(\Omega)=10\lg\left|\frac{X(j\Omega)}{Y(j\Omega)}\right|^2=10\lg\frac{1}{|H_a(j\Omega)|^2} \tag{5-10}$$

式中，$X(j\Omega)$和 $Y(j\Omega)$为滤波器输入和输出的频率响应。

上面所说的技术要求只提到幅频响应而没有提及相位问题，这是因为数字滤波器的设计中用到的是模拟滤波器的幅频响应而不考虑其相频响应或群时延。下面的讨论都限于幅频响应的逼近。

5.3.1 幅度平方函数

由于 $\alpha(\Omega)=10\lg\frac{1}{|H_a(j\Omega)|^2}$不容易直接用多项式或有理式逼近，所以需要找一个能够用多项式或有理式逼近的函数。这个函数称为特征函数，以 $K(j\Omega)$表示为

$$\left|\frac{X(j\Omega)}{Y(j\Omega)}\right|^2=1+|K(j\Omega)|^2 \tag{5-11}$$

结合式(5-10)，可以得到

$$\alpha(\Omega)=10\lg\frac{1}{|H_a(j\Omega)|^2}=10\lg[1+|K(j\Omega)|^2] \tag{5-12}$$

式中，$|H_a(j\Omega)|^2$ 称为模拟滤波器的幅度平方函数，$|K(j\Omega)|^2$ 等于一个以 Ω^2 为自变量的多项式或有理式。例如：

(1) $|K(j\Omega)|^2=a_0(\Omega^2)^N+a_1(\Omega^2)^{N-1}+\cdots+a_{N-1}(\Omega^2)+a_N$，式中，$a_0,a_1,\cdots,$

a_{N-1}, a_N 都是常数。

(2) $|K(\mathrm{j}\Omega)|^2=\varepsilon^2\cos^2[n\arccos\Omega]$，式中，$\varepsilon^2$ 为一待定的常数，n 为正整数。

当然，$|K(\mathrm{j}\Omega)|^2$ 还有其他的形式。一些学者已经做了很多研究工作，我们只讨论上述两种形式，即巴特沃思逼近和切比雪夫逼近。

$$|H_a(\mathrm{j}\Omega)|^2=H_a(\mathrm{j}\Omega)H_a^*(\mathrm{j}\Omega) \tag{5-13}$$

由于滤波器冲激响应 $h_a(t)$ 是实函数，因而 $H_a(\mathrm{j}\Omega)$ 具有共轭对称性，即

$$H_a^*(\mathrm{j}\Omega)=H_a(-\mathrm{j}\Omega) \tag{5-14}$$

所以

$$|H_a(\mathrm{j}\Omega)|^2=H_a(\mathrm{j}\Omega)H_a(-\mathrm{j}\Omega)=H_a(s)H_a(-s)\Big|_{s=\mathrm{j}\Omega} \tag{5-15}$$

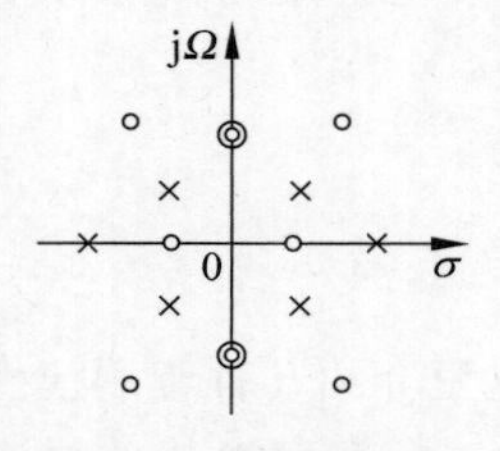

图 5-8 可实现的 $H_a(s)H_a(-s)$ 零极点分布

如何由已知的幅度平方函数 $|H_a(\mathrm{j}\Omega)|^2$ 求得 $H_a(s)$？设 $H_a(s)$ 有一个极点（或零点）位于 $s=s_0$ 处，由于冲激响应 $h_a(t)$ 为实函数，则极点（或零点）必以共轭对形式出现，因而 $s=s_0^*$ 处也一定有一极点（或零点）。与之对应，$H_a(-s)$ 在 $s=-s_0$ 和 $-s_0^*$ 处必有极点（或零点）。这表明，$H_a(s)H_a(-s)$ 的零极点分布成象限对称，如图 5-8 所示。$H_a(s)H_a(-s)$ 在虚轴上的极点或零点一定是二阶的，但对于稳定系统，$H_a(s)H_a(-s)$ 在虚轴上没有极点。

任何实际可实现的滤波器都是稳定的，因此，其传输函数 $H_a(s)$ 的极点一定落在 s 的左半平面，所以左半平面的极点一定属于 $H_a(s)$，而右半平面的极点必属于 $H_a(-s)$。

零点的分布无此限制，它只和滤波器的相位特征有关。如果要求最小的相位延时特性，则 $H_a(s)$ 应取左半平面零点。如无特殊要求，可将对称零点的任一半（应为共轭对）取为 $H_a(s)$ 的零点，则满足 $|H_a(\mathrm{j}\Omega)|^2$ 解的 $H_a(s)$ 就是多个。

最后，按照 $H_a(\mathrm{j}\Omega)$ 与 $H_a(s)$ 的低频特性的对比，即 $H_a(s)\Big|_{s=0}=H_a(\mathrm{j}\Omega)\Big|_{\Omega=0}$，或高频特性的对比，确定出增益常数。由求出的 $H_a(s)$ 零极点及增益常数，则可完全确定传输函数 $H_a(s)$。

例 5-2 给定滤波器的幅度平方函数

$$|H_a(\mathrm{j}\Omega)|^2=\frac{4(1-\Omega^2)^2}{(4+\Omega^2)(9+\Omega^2)}$$

求具有最小相位特性的传输函数 $H_a(s)$。

解 由于 $|H_a(\mathrm{j}\Omega)|^2$ 是非负有理函数，它在 $\mathrm{j}\Omega$ 轴上的零点是偶次的，所以满足幅度平方函数的条件，将 $\Omega=s/\mathrm{j}$ 代入 $|H_a(\mathrm{j}\Omega)|^2$ 的表达式中，可得

$$H_a(s)H_a(-s)=\frac{4(s^2+1)^2}{(4-s^2)(9-s^2)}=\frac{4(s^2+1)^2}{(s+2)(-s+2)(s+3)(-s+3)}$$

其极点为 $s=\pm2, s=\pm3$；零点为 $s=\pm\mathrm{j}$（皆为二阶，位于虚轴上）。

为了系统的稳定，选择左半平面极点 $s=-2, s=-3$ 及一对虚轴共轭零点 $s=\pm\mathrm{j}$ 作为 $H_a(s)$ 的零极点，并设增益常数为 K_0，则 $H_a(s)$ 为

$$H_a(s)=K_0\frac{s^2+1}{(s+2)(s+3)}$$

按照 $H_a(s)$ 和 $H_a(\mathrm{j}\Omega)$ 的低频特性或高频特性的对比可以确定增益常数。在这里我们

采用低频特性，即由 $H_a(s)\big|_{s=0}=H_a(j\Omega)\big|_{\Omega=0}$ 的条件可得增益常数 $K_0=2$，因此

$$H_a(s)=\frac{2s^2+2}{(s+2)(s+3)}$$

5.3.2 巴特沃思低通滤波器

巴特沃思低通滤波器的幅度平方函数为

$$|H_a(j\Omega)|^2=\frac{1}{1+|K(j\Omega)|^2}=\frac{1}{1+(\Omega/\Omega_c)^{2N}}=\frac{1}{1+\varepsilon^2(\Omega/\Omega_p)^{2N}} \tag{5-16}$$

1. 幅度响应的特点

巴特沃思低通滤波器的特点如下：

(1) 当 $\Omega=0$ 时，$|H_a(j0)|^2=1$，即在 $\Omega=0$ 处无衰减。

(2) 当 $\Omega=\Omega_c$ 时，$|H_a(j\Omega)|=1/\sqrt{2}$，$20\lg|H_a(j\Omega_c)|=-3\text{dB}$。并且，当 $\Omega=\Omega_c$ 时，不管 N 为多少，所有的特性曲线都通过 -3dB 点，或者说衰减为 3dB，这就是 3dB 不变性。

(3) 在 $\Omega<\Omega_c$ 的通带内，巴特沃思低通滤波器有最大平坦的幅度特性，即 N 阶巴特沃思低通滤波器在 $\Omega=0$ 处幅度平方函数 $|H_a(j\Omega)|^2$ 的前 $2N-1$ 阶导数为零，因而巴特沃思滤波器又称为最平幅度特性滤波器。随着 Ω 由 0 增大，$|H_a(j\Omega)|^2$ 单调减小，N 越大，通带内特性曲线越平坦。

(4) 当 $\Omega>\Omega_c$，$|H_a(j\Omega)|^2$ 随 Ω 增加而单调减小，N 越大，衰减速度越大。

2. 传输函数 $H_a(s)$ 的推导

首先，根据给定的通带指标 α_p 和 Ω_p，可得

$$\alpha_p=10\lg(1+\varepsilon^2) \tag{5-17}$$

由此解得参数 ε 为

$$\varepsilon=\sqrt{10^{0.1\alpha_p}-1} \tag{5-18}$$

然后，确定滤波器的阶数 N。根据给定的阻带指标 α_s 和 Ω_s，有

$$\alpha_s=10\lg[1+\varepsilon^2(\Omega_s/\Omega_p)^{2N}] \tag{5-19}$$

滤波器的阶数 N 为满足下式的最小整数，即

$$N\geqslant\frac{\lg\left(\dfrac{10^{0.1\alpha_s}-1}{\varepsilon^2}\right)}{2\lg\Omega_s/\Omega_p} \tag{5-20}$$

得到了滤波器的参数 ε 和阶数 N 后，就可以确定零极点形式的传输函数 $H_a(s)$。根据关系式

$$|H_a(j\Omega)|^2=H_a(s)H_a(-s)\big|_{s=j\Omega} \tag{5-21}$$

可得

$$H_a(s)H_a(-s)=\frac{1}{1+\varepsilon^2(\Omega/\Omega_p)^{2N}}\Bigg|_{\Omega=s/j}=\frac{1}{1+\varepsilon^2(-1)^N(s/\Omega_p)^{2N}} \tag{5-22}$$

由此式可求出 $H_a(s)H_a(-s)$ 的极点，其中位于 s 左半平面的极点为 $H_a(s)$ 的极点（系统稳定），而其余极点为 $H_a(-s)$ 的极点。

3. 归一化的巴特沃思滤波器的传输函数

为了简化计算，这里选择 Ω_p 作为归一化的参考频率。令 $p=s/\Omega_p$，则式(5-22)变为

$$H_a(p)H_a(-p)=\frac{1}{1+\varepsilon^2(-1)^N p^{2N}} \tag{5-23}$$

令式(5-23)分母多项式等于零，即

$$1+\varepsilon^2(-1)^N p^{2N}=0 \tag{5-24}$$

得极点

$$p_k=\frac{1}{\sqrt[N]{\varepsilon}}e^{j\frac{\pi}{2}}e^{j\frac{(2k+1)\pi}{2N}},\quad k=0,1,\cdots,2N-1 \tag{5-25}$$

这 $2N$ 个极点均匀分布在以 p 平面的原点为中心，半径为 $1/\sqrt[N]{\varepsilon}$ 的圆上，相距为 π/N 弧度。其中，一半位于 p 平面的左半平面，另一半位于 p 平面的右半平面。为了使系统稳定，取 p_k 在 p 平面左半平面的 N 个根作为 $H_a(p)$的极点，即

$$p_k=\frac{1}{\sqrt[N]{\varepsilon}}e^{j\frac{\pi}{2}}e^{j\frac{(2k+1)\pi}{2N}},\quad k=0,1,\cdots,N-1 \tag{5-26}$$

这样

$$H_a(p)=\frac{1}{(p-p_0)(p-p_1)\cdots(p-p_{N-1})} \tag{5-27}$$

最后，将 $H_a(p)$去归一化，即把 $p=s/\Omega_p$ 代入 $H_a(p)$，得到实际的滤波器传输函数 $H_a(s)$。

例 5-3 设计一个巴特沃思低通滤波器，其技术要求为：通带截止频率 $f_p=5\text{kHz}$，阻带截止频率 $f_s=10\text{kHz}$，通带最大衰减 $\alpha_p=3\text{dB}$，阻带最小衰减 $\alpha_s=20\text{dB}$。

解 由给定的参数可以得到所求滤波器的幅度平方函数为

$$|H_a(j\Omega)|^2=\frac{1}{1+\varepsilon^2(\Omega/\Omega_p)^{2N}}=\frac{1}{1+\varepsilon^2(\Omega/10000\pi)^{2N}}$$

(1) 求 ε。

根据式(5-18)，得 $\varepsilon=\sqrt{10^{0.1\alpha_p}-1}=\sqrt{10^{0.1\times3}-1}=1$。

(2) 求滤波器的阶数 N。

根据式(5-20)，得 $N\geqslant\dfrac{\lg\left(\dfrac{10^{0.1\alpha_s}-1}{\varepsilon^2}\right)}{2\lg\Omega_s/\Omega_p}=\dfrac{\lg\left(\dfrac{10^{0.1\times20}-1}{\varepsilon^2}\right)}{2\lg2}=3.31$，取整后，得 $N=4$。

(3) 求归一化极点 p_k。

根据式(5-25)，得 $p_k=\dfrac{1}{\sqrt[N]{\varepsilon}}e^{j\frac{\pi}{2}}e^{j\frac{(2k+1)\pi}{2N}}=e^{j\frac{\pi}{2}}e^{j\frac{(2k+1)\pi}{8}}$，$k=0,1,2,3$。

(4) 写出归一化传输函数 $H_a(p)$的表达式。

$$H_a(p)=\frac{1}{(p-e^{j5\pi/8})(p-e^{j7\pi/8})(p-e^{j9\pi/8})(p-e^{j11\pi/8})}$$

$$=\frac{1}{(p^2+0.7654p+1)(p^2+1.8478p+1)}$$

(5) 将 $H_a(p)$去归一化，得到滤波器传输函数 $H_a(s)$。

$$H_a(s)=H_a(p)\Big|_{p=s/\Omega_p}=\frac{10^{16}\pi^4}{(s^2+7654\pi s+10^8\pi^2)(s^2+18478\pi s+10^8\pi^2)}$$

4. 巴特沃思滤波器的图表法设计

由于模拟滤波器的理论已相当成熟，很多常用滤波器的设计参数已经表格化和图形化，如表 5-1 和图 5-9 所示。借助这些表格和图形可以很方便地设计一些简单的滤波器。由于一般给出的巴特沃思曲线或表格均是以 3dB 截止频率 Ω_c 为参考频率进行归一化的，因此，在利用图表法设计巴特沃思滤波器时，需要利用给定的指标计算出 Ω_c 来。可以先通过式(5-20)求得滤波器的阶数 N，然后根据式(5-16)，由通带截止频率 Ω_p 处的衰减 α_p，求得 3dB 截止频率

$$\Omega_c = \frac{\Omega_p}{\sqrt[2N]{10^{0.1\alpha_p} - 1}} \tag{5-28}$$

表 5-1 归一化的巴特沃思低通滤波器传输函数分母多项式的系数

(1) 分母多项式 $A(s)=s^N+a_{N-1}s^{N-1}+a_{N-2}s^{N-2}+\cdots+a_0$

N	a_0	a_1	a_2	a_3	a_4	a_5
1	1.00000000					
2	1.00000000	1.41421356				
3	1.00000000	2.00000000	2.00000000			
4	1.00000000	2.61312593	3.41421356	2.61312593		
5	1.00000000	3.23606798	5.23606798	5.23606798	3.23606798	
6	1.00000000	3.86370331	7.46410162	9.14162017	7.46410162	3.86370331

(2) 分母多项式 $A(s)=A_1(s)A_2(s)A_3(s)A_4(s)A_5(s)$

N	$A(s)$
1	$(s+1)$
2	$(s^2+1.41421356s+1)$
3	$(s^2+s+1)(s+1)$
4	$(s^2+0.76536686s+1)(s^2+1.84775907s+1)$
5	$(s^2+0.61803399s+1)(s^2+1.61803399s+1)(s+1)$
6	$(s^2+0.51763809s+1)(s^2+1.41421356s+1)(s^2+1.93185165s+1)$
7	$(s^2+0.44504187s+1)(s^2+1.24697960s+1)(s^2+1.80193774s+1)(s+1)$
8	$(s^2+0.39018064s+1)(s^2+1.11114047s+1)(s^2+1.66293922s+1)(s^2+1.96157056s+1)$
9	$(s^2+0.34729636s+1)(s^2+s+1)(s^2+1.53208889s+1)(s^2+1.87938524s+1)(s+1)$

由式(5-28)确定的滤波器通带处正好满足设计要求，但阻带指标有富裕量。类似地，也可由阻带截止频率 Ω_s 处的衰减 α_s，求得 3dB 截止频率

$$\Omega_c = \frac{\Omega_s}{\sqrt[2N]{10^{0.1\alpha_s} - 1}} \tag{5-29}$$

由式(5-29)确定的滤波器阻带处正好满足设计要求，但通带指标有富裕量。

用图表法设计滤波器的基本步骤如下：

(1) 以 Ω_c 为参考频率，将频率归一化，以便使用归一化后的图表曲线。

(2) 由归一化频率的幅频特性曲线(见图 5-9)，查得阶数 N。

(3) 查表 5-1，得到归一化传输函数 $H_a(p)$ 的分母多项式。

(4) $H_a(p)$ 去归一化，将 $p=s/\Omega_c$ 代入 $H_a(p)$，得到实际滤波器的传输函数 $H_a(s)$。

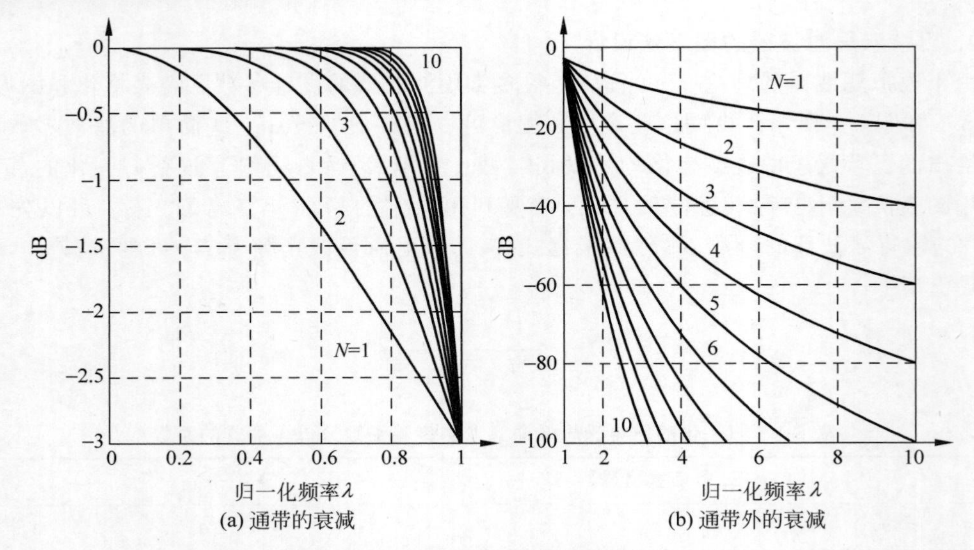

图 5-9　巴特沃思低通滤波器归一化的幅频特性（N 为 1～10）

例 5-4　利用图表法设计例 5-3 所述的巴特沃思滤波器。

解　(1) 以 Ω_c 为参考频率，将各频率参数归一化，求得各归一化频率，即

$$\lambda_p=\Omega_p/\Omega_c=1,\quad \lambda_s=\Omega_s/\Omega_c=2$$

(2) 由图 5-9(b)，得到满足指标要求的滤波器阶数 $N=4$。

(3) 查表 5-1，得 $H_a(p)$ 的分母多项式[见表 5-1 中(2)栏]

$$(p^2+0.76536686p+1)(p^2+1.84775907p+1)$$

(4) 将 $H_a(p)$ 去归一化。

将 $p=\frac{s}{\Omega_c}=\frac{s}{2\pi\times5\times10^3}$ 代入分母多项式，得到对应于真实频率的传输函数

$$H_a(s)=\frac{10^{16}\pi^4}{(s^2+7654\pi s+10^8\pi^2)(s^2+18478\pi s+10^8\pi^2)}$$

结果与例 5-3 相同。

5.3.3　切比雪夫低通滤波器

巴特沃思滤波器的频率特性无论在通带与阻带都随频率单调变化，因而如果在通带边缘满足指标，则在通带内肯定会有富裕量，因而并不经济。所以，更有效的办法是将指标的精度要求均匀地分布在通带内，或均匀地分布在阻带内，或同时均匀地分布在通带与阻带内。这样，在同样通带、阻带性能要求下，就可设计出阶数较低的滤波器。这种精度均匀分布的办法可通过选择具有等波纹特性的逼近函数来实现。切比雪夫滤波器就是具有这种特性的典型例子。

1. 幅度平方函数

以切比雪夫Ⅰ型滤波器为例讨论这种逼近。切比雪夫Ⅰ型滤波器的幅度平方函数为

$$|H_a(j\Omega)|^2=\frac{1}{1+|K(j\Omega)|^2}=\frac{1}{1+\varepsilon^2C_N^2(\Omega/\Omega_p)}\tag{5-30}$$

$C_N(\Omega/\Omega_p)$ 是 N 阶切比雪夫多项式，即

$$C_N(x)=\begin{cases}\cos(N\arccos x), & |x|\leqslant 1\\ \cosh(N\operatorname{arcosh} x), & |x|>1\end{cases} \tag{5-31}$$

其中，$\cosh x=\dfrac{e^x+e^{-x}}{2}$为双曲余弦函数。相应地，$\sinh x=\dfrac{e^x-e^{-x}}{2}$为双曲正弦函数。双曲余弦函数有下列性质：

$$\cosh(x+y)=\cosh x\cosh y+\sinh x\sinh y \tag{5-32}$$

$$C_N(x)=\cos(N\arccos x), \quad |x|\leqslant 1 \tag{5-33}$$

令 $\phi=\arccos x$，则 $x=\cos\phi$。

于是

$$C_N(x)=\cos N\phi$$

$$C_{N+1}(x)=\cos(N+1)\phi=\cos N\phi\cos\phi-\sin N\phi\sin\phi \tag{5-34}$$

$$C_{N-1}(x)=\cos(N-1)\phi=\cos N\phi\cos\phi+\sin N\phi\sin\phi \tag{5-35}$$

以上两式相加，得

$$C_{N+1}(x)+C_{N-1}(x)=2C_N(x)\cdot x$$

或

$$C_{N+1}(x)=2C_N(x)\cdot x-C_{N-1}(x) \tag{5-36}$$

式(5-36)是推导切比雪夫多项式的基本递推公式。根据式(5-33)，有

$$N=0,\quad C_0(x)=\cos 0=1$$

$$N=1,\quad C_1(x)=\cos(\arccos x)=x$$

根据式(5-36)，有

$$C_2(x)=2xC_1(x)-C_0(x)=2x^2-1$$

$$C_3(x)=2xC_2(x)-C_1(x)=4x^3-3x$$

$$C_4(x)=2xC_3(x)-C_2(x)=8x^4-8x^2+1$$

$$\vdots$$

注意：$C_N(x)$多项式中 x^N 的系数为 2^{N-1}。

应再次指出，在 $C_N(x)=\cos(N\arccos x)$中，$|x|$必须小于或等于1，因为 $\cos\phi$ 是不能大于1的。但在设计滤波器的问题中常常出现$|x|>1$的情况。例如在低通滤波器中，以Ω_p为参考频率，则归一化的通带截止频率 $\lambda_p=1$，而归一化的阻带截止频率 $\lambda_s>1$，这时$C_N(\lambda_s)=\cos(N\arccos\lambda_s)$就不成立了。此时，$C_N(x)$需另外定义，将 $C_N(x)$定义为

$$C_N(x)=\cosh(N\operatorname{arcosh} x), \quad |x|\geqslant 1 \tag{5-37}$$

令 $\phi=\operatorname{arcosh} x$，结合式(5-32)，可以得到与式(5-36)相同的递推公式，此处推导过程略。

表5-2列出了对应不同阶次 N 时的切比雪夫多项式。图5-10画出了 $C_2(x)\sim C_5(x)$多项式特性曲线，从这组曲线可以看出：$|x|\leqslant 1$时，$C_N(x)$在± 1之间波动；当$|x|>1$时，$C_N(x)$单调上升。

表5-2 N 为0～7时切比雪夫多项式 $C_N(x)$

N	$C_N(x)$	N	$C_N(x)$
0	1	4	$8x^4-8x^2+1$
1	x	5	$16x^5-20x^3+5x$
2	$2x^2-1$	6	$32x^6-48x^4+18x^2-1$
3	$4x^3-3x$	7	$64x^7-112x^5+56x^3-7x$

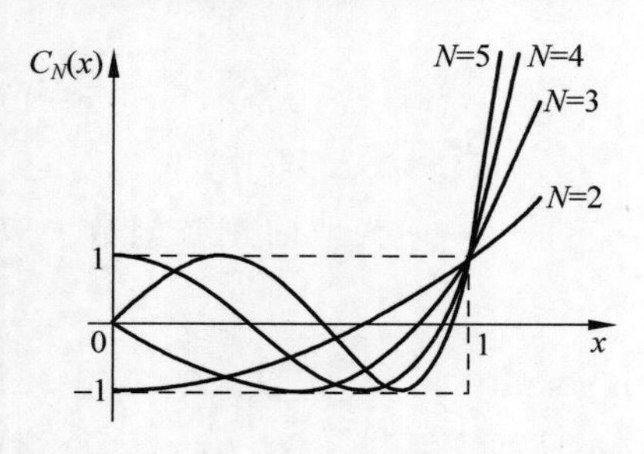

图 5-10 不同 N 值（N 为 2～5）时切比雪夫特性曲线

由于当 $|x|\leqslant 1$ 时，$|C_N(x)|\leqslant 1$，$1+\varepsilon^2 C_N^2(x)$ 的值将在 1 与 $1+\varepsilon^2$ 之间变化。根据式(5-30)，$|x|\leqslant 1$ 即为 $|\Omega/\Omega_p|\leqslant 1$，也就是在通带范围内，此时的 $|H_a(j\Omega)|^2$ 在 1 与 $\frac{1}{1+\varepsilon^2}$ 之间波动。当 $|x|>1$，也就是 $\Omega>\Omega_p$ 时，随着 Ω/Ω_p 的增大，$|H_a(j\Omega)|^2$ 迅速趋于零。图 5-11 是按式(5-30)画出的切比雪夫滤波器的幅度平方特性。由图 5-11 可以看出，当 N 为偶数时，$|H_a(j\Omega)|^2$ 在 $\Omega=0$ 处的值为 $\frac{1}{1+\varepsilon^2}$，是最小值；当 N 为奇数时，$|H_a(j\Omega)|^2$ 在 $\Omega=0$ 处的值为 1，是最大值。

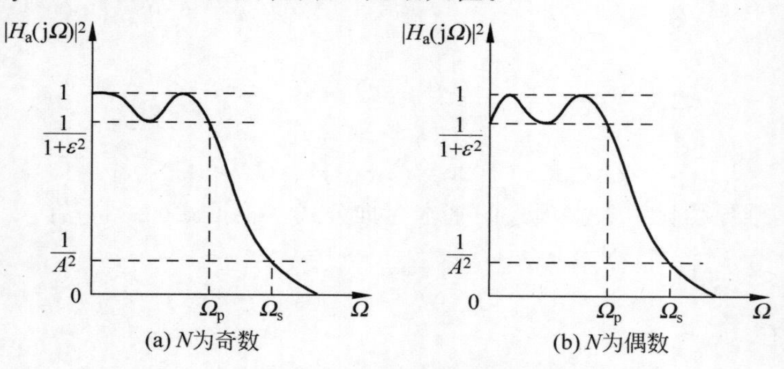

图 5-11 切比雪夫 Ⅰ 型滤波器的幅度平方特性

2. 参数的确定

根据给定的通带截止频率 Ω_p 和通带内最大衰减 α_p，由式(5-30)可得

$$\varepsilon=\sqrt{10^{0.1\alpha_p}-1} \tag{5-38}$$

再根据给定的阻带截止频率 Ω_s 和阻带内最小衰减 α_s，可得

$$\alpha_s=10\lg[1+\varepsilon^2 C_N^2(\Omega_s/\Omega_p)]=10\lg\{1+\varepsilon^2\cosh^2[N\operatorname{arcosh}(\Omega_s/\Omega_p)]\}$$

滤波器的阶数 N 为满足下式的最小整数：

$$N\geqslant\frac{\operatorname{arcosh}\left(\sqrt{10^{0.1\alpha_s}-1}/\varepsilon\right)}{\operatorname{arcosh}(\Omega_s/\Omega_p)} \tag{5-39}$$

在用式(5-39)计算 N 时，通常要用到恒等式 $\operatorname{arcosh}(x)=\ln(x+\sqrt{x^2-1})$。推导过程如下：

令 $\phi=\operatorname{arcosh}x$，则 $x=\cosh\phi=\frac{e^{\phi}+e^{-\phi}}{2}$，解方程即可得 $\phi=\operatorname{arcosh}(x)=\ln(x+\sqrt{x^2-1})$。

根据切比雪夫 Ⅰ 型滤波器的幅度平方函数

$$H_a(s)H_a(-s)=\left.\frac{1}{1+\varepsilon^2 C_N^2(\Omega/\Omega_p)}\right|_{\Omega=s/j}=\frac{1}{1+\varepsilon^2 C_N^2\left(\frac{s}{j\Omega_p}\right)}$$

令 $p=s/\Omega_p$，即将 $H_a(s)$ 表示为归一化形式 $H_a(p)$。令 $H_a(p)$ 的分母多项式为 0，得

$$1+\varepsilon^2 C_N^2(-jp)=0$$

或

$$C_N(-\mathrm{j}p)=\pm\mathrm{j}1/\varepsilon \tag{5-40}$$

考虑到$-\mathrm{j}p$是复变量，为解出切比雪夫多项式，令

$$-\mathrm{j}p=\cos(\alpha+\mathrm{j}\beta)=\cos\alpha\cdot\cos\mathrm{j}\beta-\sin\alpha\cdot\sin\mathrm{j}\beta=\cos\alpha\cdot\cosh\beta-\mathrm{j}\sin\alpha\cdot\sinh\beta$$

则极点

$$p=\sin\alpha\cdot\sinh\beta+\mathrm{j}\cos\alpha\cdot\cosh\beta=\sigma+\mathrm{j}\Omega \tag{5-41}$$

为了导出极点与N、ε的关系，把$-\mathrm{j}p=\cos(\alpha+\mathrm{j}\beta)$代入式(5-40)，并利用$C_N(x)$的定义$C_N(x)=\cos(N\arccos x)$，有

$$\begin{aligned}C_N(-\mathrm{j}p)&=\cos[N\arccos(-\mathrm{j}p)]=\cos[N(\alpha+\mathrm{j}\beta)]\\&=\cos N\alpha\cdot\cosh N\beta-\mathrm{j}\sin N\alpha\cdot\sinh N\beta=\pm\mathrm{j}1/\varepsilon\end{aligned}$$

得

$$\begin{cases}\cos N\alpha\cdot\cosh N\beta=0\\\sin N\alpha\cdot\sinh N\beta=\pm1/\varepsilon\end{cases} \tag{5-42}$$

解得满足上式的α、β为

$$\begin{cases}\alpha=\dfrac{2k-1}{N}\times\dfrac{\pi}{2},\quad k=1,2,\cdots,2N\\\beta=\pm\dfrac{1}{N}\mathrm{arsinh}(1/\varepsilon)\end{cases} \tag{5-43}$$

把α、β值代回式(5-41)，求得极点值

$$p_k=\sigma_k+\mathrm{j}\Omega_k=\pm\sin\left(\frac{2k-1}{2N}\pi\right)\sinh\left(\frac{1}{N}\mathrm{arsinh}\,\frac{1}{\varepsilon}\right)+\mathrm{j}\cos\left(\frac{2k-1}{2N}\pi\right)\cosh\left(\frac{1}{N}\mathrm{arsinh}\,\frac{1}{\varepsilon}\right)$$

$$k=1,2,\cdots,2N \tag{5-44}$$

由式(5-44)实部与虚部的正弦和余弦函数平方约束关系可以看出，此极点分布满足

$$\frac{\sigma_k^2}{\sinh^2\left(\dfrac{1}{N}\mathrm{arsinh}\,\dfrac{1}{\varepsilon}\right)}+\frac{\Omega_k^2}{\cosh^2\left(\dfrac{1}{N}\mathrm{arsinh}\,\dfrac{1}{\varepsilon}\right)}=1 \tag{5-45}$$

这是一个椭圆方程，其短轴和长轴分别为

$$\begin{cases}a=\sinh\left(\dfrac{1}{N}\mathrm{arsinh}\,\dfrac{1}{\varepsilon}\right)\\b=\cosh\left(\dfrac{1}{N}\mathrm{arsinh}\,\dfrac{1}{\varepsilon}\right)\end{cases} \tag{5-46}$$

取左半平面的极点

$$\begin{cases}\sigma_k=-\sinh\left(\dfrac{1}{N}\mathrm{arsinh}\,\dfrac{1}{\varepsilon}\right)\sin\left(\dfrac{2k-1}{2N}\pi\right)=-a\sin\left(\dfrac{2k-1}{2N}\pi\right)\\\Omega_k=\cosh\left(\dfrac{1}{N}\mathrm{arsinh}\,\dfrac{1}{\varepsilon}\right)\cos\left(\dfrac{2k-1}{2N}\pi\right)=b\cos\left(\dfrac{2k-1}{2N}\pi\right)\end{cases},\quad k=1,2,\cdots,N \tag{5-47}$$

则此切比雪夫滤波器归一化的系统函数为

$$H_\mathrm{a}(p)=\frac{A}{\prod\limits_{k=1}^{N}(p-p_k)} \tag{5-48}$$

其中$p_k=\sigma_k+\mathrm{j}\Omega_k$。这里需要确定常数$A$。根据式(5-30)，得

$$|H_a(p)|=\frac{1}{\sqrt{1+\varepsilon^2 C_N^2(-\mathrm{j}p)}}=\frac{A}{\left|\prod_{k=1}^{N}(p-p_k)\right|}$$

考虑到 $C_N(-\mathrm{j}p)$ 是 $-\mathrm{j}p$ 的多项式，最高阶次系数是 2^{N-1}，因此常数 A 满足

$$A=\frac{1}{\varepsilon\cdot 2^{N-1}} \tag{5-49}$$

最后，实际的传输函数 $H_a(s)$ 为

$$H_a(s)=H_a(p)\Big|_{p=s/\Omega_p}=\frac{\Omega_p^N}{\varepsilon\cdot 2^{N-1}\prod_{k=1}^{N}(s-p_k\Omega_p)} \tag{5-50}$$

例 5-5 设计一个切比雪夫低通滤波器，其技术要求为：通带截止频率 $f_p=5\text{kHz}$，阻带截止频率 $f_s=20\text{kHz}$，通带最大衰减 $\alpha_p=0.1\text{dB}$，阻带最小衰减 $\alpha_s=60\text{dB}$。

解 由式(5-38)得滤波器的参数 ε 为

$$\varepsilon=\sqrt{10^{0.1\alpha_p}-1}=0.15262$$

由式(5-39)得滤波器的阶数 N 为

$$N\geqslant\frac{\operatorname{arcosh}\left(\sqrt{10^{0.1\alpha_s}-1}/\varepsilon\right)}{\operatorname{arcosh}(\Omega_s/\Omega_p)}=4.6,\quad 取整数\ N=5$$

由式(5-47)、式(5-48)和式(5-50)，求得滤波器传输函数 $H_a(s)$ 为

$$H_a(s)=\frac{1.25\times10^{22}}{(s+1.693\times10^4)(s^2+1.046\times10^4 s+1.179\times10^9)(s^2+2.739\times10^4 s+6.276\times10^8)}$$

3. 切比雪夫滤波器的图表法设计

切比雪夫滤波器也可以采用图表法进行设计，其步骤如下：

(1) 频率归一化，得到 λ_p 和 λ_s，注意，对于切比雪夫滤波器的表格曲线，没有特指 3dB 频率点。

(2) 根据 λ_p 和 λ_s 查归一化频率的幅频特性曲线(见图 5-12)，查得阶数 N。

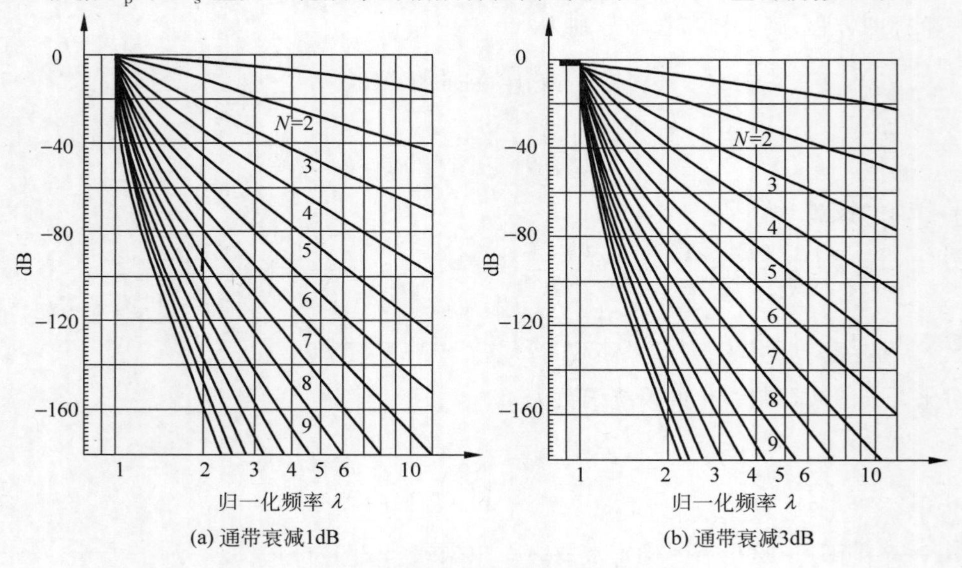

图 5-12 切比雪夫低通滤波器归一化的阻带幅频特性

(3) 根据给定的通带内最大衰减，查表 5-3 得 ε(此值已列于表 5-3 中)。

(4) 查表得到归一化传输函数 $H_a(p)$的分母多项式。

(5) $H_a(p)$去归一化，将 $p=s/\Omega_p$ 代入 $H_a(p)$，得到实际滤波器的传输函数 $H_a(s)$。

表 5-3 切比雪夫Ⅰ型低通原型滤波器分母多项式系数

1dB 波纹，$\varepsilon=0.5088471$

(1) 分母多项式 $A(s)=s^N+a_{N-1}s^{N-1}+a_{N-2}s^{N-2}+\cdots+a_0$

N	a_0	a_1	a_2	a_3	a_4	a_5
1	1.96522673					
2	1.10251033	1.09773433				
3	0.49130668	1.23840917	0.98834121			
4	0.27562758	0.74261937	1.45392476	0.95281138		
5	0.12282667	0.58053415	0.97439607	1.68881598	0.93682013	
6	0.06890690	0.30708064	0.93934553	1.20214039	1.93082492	0.92825096

(2) 分母多项式 $A(s)=A_1(s)A_2(s)A_3(s)$

N	A(s)
1	$(s+1.96522673)$
2	$(s^2+1.09773433s+1.10251033)$
3	$(s^2+0.49417060s+0.99420459)(s+0.49417060)$
4	$(s^2+0.27907199s+0.98650488)(s^2+0.67373939s+0.27939809)$
5	$(s^2+0.17891672s+0.98831489)(s^2+0.46841007s+0.42929790)(s+0.28949334)$
6	$(s^2+0.12436205s+0.99073230)(s^2+0.33976343s+0.55771960)(s^2+0.46412548s+0.12470689)$

3dB 波纹，$\varepsilon=0.9976283$

(1) 分母多项式 $A(s)=s^N+a_{N-1}s^{N-1}+a_{N-2}s^{N-2}+\cdots+a_0$

N	a_0	a_1	a_2	a_3	a_4	a_5
1	1.00237729					
2	0.70794778	0.64489965				
3	0.25059432	0.92834806	0.59724042			
4	0.17698695	0.40476795	1.16911757	0.58157986		
5	0.06264858	0.40796631	0.54893711	1.41502514	0.57450003	
6	0.04424674	0.16342991	0.69909774	0.69060980	1.66284806	0.57069793

(2) 分母多项式 $A(s)=A_1(s)A_2(s)A_3(s)$

N	A(s)
1	$(s+1.00237729)$
2	$(s^2+0.64489965s+0.70794778)$
3	$(s^2+0.29862021s+0.83917403)(s+0.29862021)$
4	$(s^2+0.17034080s+0.90308678)(s^2+0.41123906s+0.19598000)$
5	$(s^2+0.10971974s+0.93602549)(s^2+0.28725001s+0.37700850)(s+0.17753027)$
6	$(s^2+0.07645903s+0.95483021)(s^2+0.20888994s+0.52181750)(s^2+0.28534897s+0.08880480)$

除了上面介绍的巴特沃思滤波器和切比雪夫滤波器的设计方法，目前还有许多计算机软件支持这两种滤波器的设计，例如 MATLAB、Python，因此在实际使用中掌握这些软件的设计方法更有实际意义。

椭圆滤波器是一种通带与阻带都具有等波纹特性的滤波器，椭圆滤波器具有最窄的过渡带，但设计较为复杂，这里不作讨论。

5.3.4 模拟滤波器的频率变换

高通、带通和带阻滤波器的传输函数可以通过频率变换从低通变换到所需要的类型，从而不用对它们的表达式单独设计。我们前面所研究的低通滤波器设计实际上是一个低通原型滤波器，其他形式的滤波器可以由此滤波器通过频率变换得到。所以，不论要设计哪一种滤波器都要先将该滤波器的技术要求转换为低通原型滤波器的要求，然后设计低通原型滤波器，最后再用频率变换的方法转换为所需要的滤波器类型。图 5-13 给出了模拟滤波器设计流程。下面先研究低通原型滤波器与所需的滤波器技术要求之间的关系及它们之间的频率变换关系。

图 5-13　模拟滤波器设计流程

所谓频率变换是指低通原型滤波器与所需要的滤波器的传输函数中频率自变量之间的变换关系，即如果低通滤波器的归一化传输函数为 $G(p)$，所需要的滤波器的归一化传输函数为 $H(q)$，其中，p，q 分别为广义频率自变量，则 $p=f(q)$ 的函数关系叫作滤波器的频率变换。

为了避免符号上的混乱，先将所用符号作如下规定，如表 5-4 所示。

表 5-4　频率变换中符号的规定

变量名称	低通原型滤波器	待求（高通、带通、带阻）滤波器
未归一化的拉普拉斯变量		s
未归一化的传输函数		$H(s)$
未归一化的频率		Ω
归一化的拉普拉斯变量	p	q
归一化的传输函数	$G(p)$	$H(q)$
归一化的频率	$\lambda\ (=p/\mathrm{j})$	$\eta\ (=q/\mathrm{j})$

下面分别讨论低通到高通、低通到带通、低通到带阻各种形式滤波器之间的频率变换关系。

1. 低通到高通的频率变换

设高通滤波器 $H(\mathrm{j}\eta)$ 和低通滤波器 $G(\mathrm{j}\lambda)$ 的幅频特性如图 5-14 所示。图中，λ_p 和 λ_s 分别称为低通的归一化通带截止频率和归一化阻带截止频率，η_p 和 η_s 分别称为高通的归一化通带截止频率和归一化阻带截止频率。归一化频率 $\eta=\Omega/\Omega_r$，这里的 Ω_r 为参考角频率，一般选 $\Omega_r=\Omega_p$（Ω_p 为高通滤波器的通带截止频率）。由于 $|G(\mathrm{j}\lambda)|$ 和 $|H(\mathrm{j}\eta)|$ 都是频率的偶函数，可以把 $|G(\mathrm{j}\lambda)|$ 曲线的右半边与 $|H(\mathrm{j}\eta)|$ 曲线对应起来。低通的 λ 从 ∞ 经过 λ_s

和 λ_p 到 0 时，高通的 η 则从 0 经过 η_s 和 η_p 到∞，因此 λ 和 η 之间的关系为

$$\lambda = 1/\eta \tag{5-51}$$

在选择频率变换式时，为了简化计算，习惯上要使 $\lambda_p = 1$（由于 λ_p 只是一个归一化系数，表示相对大小，因此可以定标为任意值，这里为了简化计算选择为 1，如图 5-14 所示），以下在推导低通到带通或带阻的频率变换式时均隐含要满足这个限定条件，下面不再重复说明。

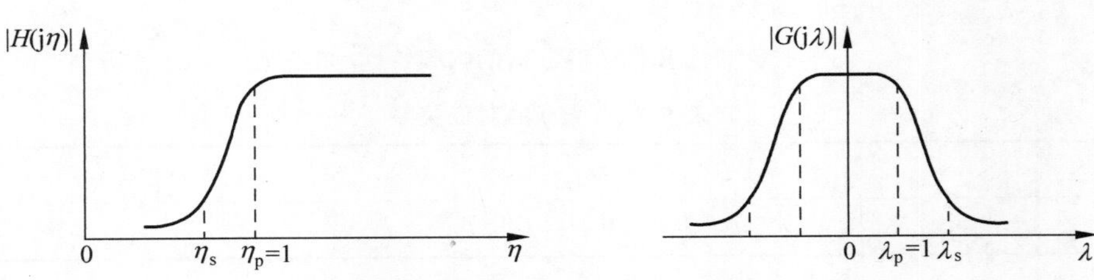

图 5-14 高通和低通滤波器的幅频特性（归一化）

式(5-51)是低通到高通的频率变换公式，如果已知低通 $G(j\lambda)$，高通 $H(j\eta)$则用下式转换：

$$H(j\eta) = G(j\lambda)\Big|_{\lambda=1/\eta} \tag{5-52}$$

低通和高通滤波器的边界频率用式(5-51)转换。

例 5-6 要求设计一个高通滤波器，给定技术要求为：在频率 $f_p = 100\text{Hz}$ 处衰减为 3dB，在 $f_s = 50\text{Hz}$ 以下为阻带，阻带中衰减不小于 30dB，试求相应的低通原型滤波器的技术要求。

解 高通技术要求为

$$f_p = 100\text{Hz}, \quad \alpha_p = 3\text{dB}$$
$$f_s = 50\text{Hz}, \quad \alpha_s = 30\text{dB}$$

令 f_r 为参考频率，$f_r = f_p = 100\text{Hz}$，归一化频率

$$\eta_p = f_p/f_r = 1, \quad \eta_s = f_s/f_r = 0.5$$

根据 $\lambda = 1/\eta$，低通滤波器的技术要求为

$$\lambda_p = 1, \quad \alpha_p = 3\text{dB}$$
$$\lambda_s = 2, \quad \alpha_s = 30\text{dB}$$

注意：在将高通滤波器的边界频率转换为低通滤波器的边界频率时，通带最大衰减 α_p 和阻带最小衰减 α_s 两个指标不变。

2. 低通到带通的频率变换

带通和低通滤波器的幅频特性如图 5-15 所示。图中，Ω_{p1} 和 Ω_{p2} 分别为通带下限截止频率和通带上限截止频率，$\Omega_{p2} - \Omega_{p1}$ 称为带宽，以 B 表示。Ω_{p1} 和 Ω_{p2} 一般是 3dB 处的频率（如果衰减不是 3dB 则要特别说明）。把带宽 B 作为参考频率 Ω_r，即 $\Omega_r = \Omega_{p2} - \Omega_{p1}$。另外，定义 $\Omega_0^2 = \Omega_{p1}\Omega_{p2}$，$\Omega_0$ 称为带通滤波器的中心频率。η_{s1}、η_{p1}、η_0、η_{p2}、η_{s2} 则分别为 Ω_{s1}、Ω_{p1}、Ω_0、Ω_{p2} 和 Ω_{s2} 的归一化频率。

现在将带通和低通的幅频特性对应起来，得到 λ 和 η 的对应关系如表 5-5 所示。

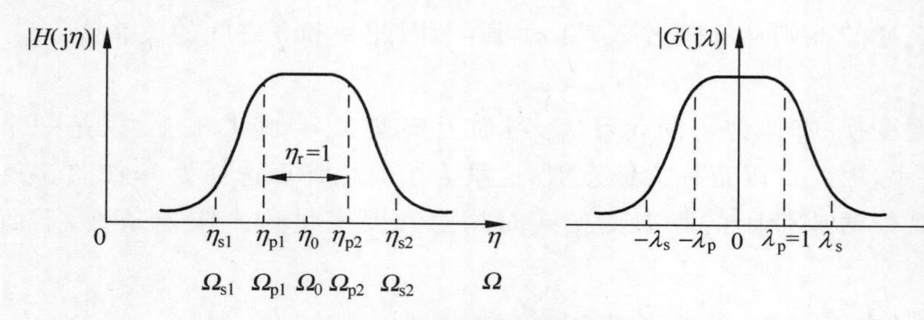

图 5-15 带通和低通滤波器的幅频特性(归一化)

表 5-5 λ 与η 的对应关系

λ	$-\infty$	$-\lambda_s$	$-\lambda_p$	0	λ_p	λ_s	∞
η	0	η_{s1}	η_{p1}	η_0	η_{p2}	η_{s2}	∞

由 λ 和 η 的对应关系，得到

$$\lambda=\frac{\eta^2-\eta_0^2}{\eta} \tag{5-53}$$

式(5-53)就是低通到带通的频率变换公式。下面推导由归一化低通到带通的变换公式，由于

$$p=\mathrm{j}\lambda=\mathrm{j}\frac{\eta^2-\eta_0^2}{\eta}$$

而 $q=\mathrm{j}\eta$，即 $\eta=-\mathrm{j}q$，代入上式，得

$$p=\frac{q^2+\eta_0^2}{q}$$

为去归一化，将 $q=s/B$ 代入上式，得

$$p=\frac{s^2+\Omega_0^2}{sB}=\frac{s^2+\Omega_{p1}\Omega_{p2}}{s(\Omega_{p2}-\Omega_{p1})} \tag{5-54}$$

因此

$$H(s)=G(p)\Big|_{p=\frac{s^2+\Omega_{p1}\Omega_{p2}}{s(\Omega_{p2}-\Omega_{p1})}} \tag{5-55}$$

式(5-55)为低通到带通传输函数之间的频率变换关系。

例 5-7 给定带通滤波器的技术要求为带宽 200Hz，中心频率 $f_0=1\text{kHz}$，在通带范围内衰减不大于 3dB，并要求频率小于 830Hz 或大于 1200Hz 时，衰减不小于 25dB。试设计此带通滤波器。

解 选用切比雪夫滤波器。

首先将频率归一化，取参考频率 $f_r=f_{p_2}-f_{p1}=200\text{Hz}$，则 $\eta_0=5$，$\eta_{s1}=4.15$，$\eta_{s2}=6$。η_{p1} 和 η_{p2} 的具体数值可以用以下方法求得：

因已知 $\eta_{p2}-\eta_{p1}=1$，$\eta_{p2}\eta_{p1}=\eta_0^2=25$，所以可得 $\eta_{p1}=4.525$，$\eta_{p2}=5.525$。

根据 η_{s1}（或 η_{s2}）可求 λ_s 为

$$\lambda_s=\frac{\eta_{s2}^2-\eta_0^2}{\eta_{s2}}=1.833$$

或

$$-\lambda_s=\frac{\eta_{s1}^2-\eta_0^2}{\eta_{s1}}=-1.874$$

由于低通原型滤波器的幅频特性是偶对称的。现在求得的$-\lambda_s$与λ_s的绝对值不相等，这是因为所给的技术要求略有不对称所致。为了使在η_{s1}及η_{s2}处都有不小于25dB的衰减，取两者中较小的数值，即$\lambda_s=1.833$。

下面采用图表法设计低通原型滤波器。

查图5-11及表5-3，得$N=3$，$G(p)=\dfrac{0.2506}{(p^2+0.2986p+0.8392)(p+0.2986)}$。

最后，利用式(5-55)得到所求的对应于真实频率的系统函数为

$$H(s)=G(p)\Big|_{p=\frac{s^2+\Omega_{p1}\Omega_{p2}}{s(\Omega_{p2}-\Omega_{p1})}}=\frac{4.973\times10^8 s^3}{s^2+375.2s+3.9478\times10^7}\cdot$$

$$\frac{1}{s^4+375.2s^3+8.028\times10^6 s^2+1.4814\times10^{10}s+1.5585\times10^{15}}$$

3. 低通到带阻的频率变换

带阻和低通滤波器的幅频特性如图5-16所示。图中，Ω_{p1}和Ω_{p2}分别为通带下限截止频率和通带上限截止频率，Ω_{s1}和Ω_{s2}分别为阻带下限截止频率和阻带上限截止频率。将$\Omega_{p2}-\Omega_{p1}$定义为阻带带宽，以B表示，并以此带宽作为参考频率Ω_r，即$\Omega_r=\Omega_{p2}-\Omega_{p1}$。另外，定义$\Omega_0^2=\Omega_{p1}\Omega_{p2}$，$\Omega_0$称为阻带的中心频率。$\eta_{s1}$、$\eta_{p1}$、$\eta_0$、$\eta_{p2}$、$\eta_{s2}$则分别为$\Omega_{s1}$、$\Omega_{p1}$、$\Omega_0$、$\Omega_{p2}$和$\Omega_{s2}$的归一化频率。

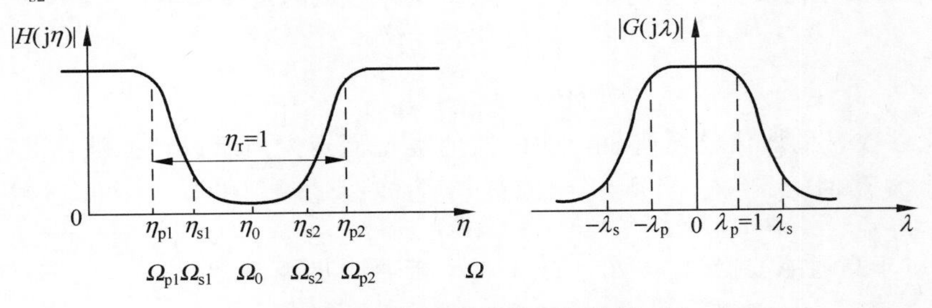

图5-16 带阻和低通滤波器的幅频特性(归一化)

现在将带阻和低通滤波器的幅频特性对应起来，得到λ和η的对应关系如表5-6所示。

表5-6 λ与η的对应关系

λ	$-\infty$	$-\lambda_s$	$-\lambda_p$	0	0	λ_p	λ_s	∞
η	η_0	η_{s2}	η_{p2}	∞	0	η_{p1}	η_{s1}	η_0

由λ和η的对应关系，得

$$\lambda=\frac{\eta}{\eta^2-\eta_0^2}\tag{5-56}$$

式(5-56)就是低通到带阻的频率变换公式。将式(5-56)代入$p=\mathrm{j}\lambda$，并去归一化，可得

$$p=\frac{sB}{s^2+\Omega_0^2}=\frac{s(\Omega_{p2}-\Omega_{p1})}{s^2+\Omega_{p1}\Omega_{p2}}\tag{5-57}$$

因此

$$H(s)=G(p)\Big|_{p=\frac{s(\Omega_{p2}-\Omega_{p1})}{s^2+\Omega_{p1}\Omega_{p2}}} \tag{5-58}$$

式(5-58)为低通到带阻传输函数之间的频率变换关系。

以上讨论了低通到高通滤波器、低通到带通滤波器、低通到带阻滤波器的频率变换关系,现将讨论结果归纳如表5-7所示。

表5-7 模拟滤波器的频率变换

滤波器类型	归一化低通滤波器 $G(p)$ 的技术指标要求	要求设计的滤波器 $H(s)$
低通 $G(p)\to$ 低通 $H(s)$	$\lambda_p=\frac{1}{a},\lambda_s=\frac{1}{a}\frac{\Omega_s}{\Omega_p}$	$p=\frac{1}{a}\frac{s}{\Omega_p}$
低通 $G(p)\to$ 高通 $H(s)$	$\lambda_p=\frac{1}{a},\lambda_s=\frac{1}{a}\frac{\Omega_p}{\Omega_s}$	$p=\frac{1}{a}\frac{\Omega_p}{s}$
低通 $G(p)\to$ 带通 $H(s)$	$\lambda_p=\frac{1}{a},\lambda_s=\frac{1}{a}\frac{\Omega_{s2}-\Omega_{s1}}{\Omega_{p2}-\Omega_{p1}}$	$p=\frac{1}{a}\frac{s^2+\Omega_0^2}{Bs}$
低通 $G(p)\to$ 带阻 $H(s)$	$\lambda_p=\frac{1}{a},\lambda_s=\frac{1}{a}\frac{\Omega_{p2}-\Omega_{p1}}{\Omega_{s2}-\Omega_{s1}}$	$p=\frac{1}{a}\frac{Bs}{s^2+\Omega_0^2}$

表中,Ω_p 表示所要求滤波器的通带截止频率,Ω_{p2} 和 Ω_{p1} 表示所要求滤波器的通带上限和下限截止频率,Ω_s 表示所要求滤波器的阻带截止频率,Ω_{s2} 和 Ω_{s1} 表示所要求滤波器的阻带上限和下限截止频率,Ω_0 是滤波器的通带中心频率,B 是滤波器的通带(或阻带)带宽,a 是一个取决于滤波器类型的归一化参数。这些参数的定义如下:

$$\Omega_0=\sqrt{\Omega_{p1}\Omega_{p2}} \tag{5-59}$$

$$B=\Omega_{p2}-\Omega_{p1} \tag{5-60}$$

归一化参数 a 的取值要视所设计滤波器的类型而定。当所设计滤波器是巴特沃思或切比雪夫滤波器时,$a=1$。当所设计滤波器是椭圆滤波器时,对于低通滤波器,a 取 $\sqrt{\Omega_s/\Omega_p}$;对于高通滤波器,a 取 $\sqrt{\Omega_p/\Omega_s}$;对于带通滤波器,a 取 $\sqrt{\frac{\Omega_{s2}-\Omega_{s1}}{\Omega_{p2}-\Omega_{p1}}}$;对于带阻滤波器,$a$ 取 $\sqrt{\frac{\Omega_{p2}-\Omega_{p1}}{\Omega_{s2}-\Omega_{s1}}}$。

5.4 脉冲响应不变法设计IIR数字滤波器

5.4.1 变换原理

5.4.1
微课视频

利用模拟滤波器设计数字滤波器,也就是使数字滤波器能模仿模拟滤波器的特性,这种模仿可以从不同的角度出发。脉冲响应不变法是从时域出发,使数字滤波器的脉冲响应序列 $h(n)$ 模仿模拟滤波器的冲激响应 $h_a(t)$,即使 $h(n)$ 等于 $h_a(t)$ 的采样值,即

$$h(n)=h_a(t)\Big|_{t=nT}=h_a(nT) \tag{5-61}$$

其中,T 为采样周期。这样,用数字系统代替模拟系统,至少能保证在采样点上的响应是相等的。

数字滤波器的系统函数可由下式求得：

$$H(z)=Z[h(n)]=Z[h_a(nT)] \tag{5-62}$$

下面研究已经获得了满足性能要求的模拟滤波器的传输函数 $H_a(s)$后，怎样根据脉冲响应不变法求与之对应的数字滤波器的系统函数 $H(z)$。

首先，对已知的 $H_a(s)$进行拉普拉斯反变换，求出 $h_a(t)$。

设模拟滤波器的传输函数 $H_a(s)$只有单阶极点，且假定分母的阶数高于分子的阶数(一般都满足这一要求，因为只有这样才相当于一个稳定的模拟系统)，则可将 $H_a(s)$展开成部分分式表示式

$$H_a(s)=\sum_{i=1}^{N}\frac{A_i}{s-s_i} \tag{5-63}$$

其相应的单位冲激响应 $h_a(t)$是 $H_a(s)$的拉普拉斯反变换，即

$$h_a(t)=L^{-1}[H_a(s)]=\sum_{i=1}^{N}A_i\mathrm{e}^{s_it}u(t) \tag{5-64}$$

其次，对 $h_a(t)$采样，得到 $h_a(nT)$，即

$$h_a(nT)=h_a(t)\Big|_{t=nT}=\sum_{i=1}^{N}A_i\mathrm{e}^{s_inT}u(nT)=\sum_{i=1}^{N}A_i(\mathrm{e}^{s_iT})^nu(n) \tag{5-65}$$

然后，令 $h(n)=h_a(nT)$，以求出 $h(n)$。

最后，对 $h(n)$进行Z变换，得到所需的数字滤波器系统函数 $H(z)$

$$H(z)=\sum_{i=1}^{N}\frac{A_i}{1-\mathrm{e}^{s_iT}z^{-1}} \tag{5-66}$$

对比式(5-63)和式(5-66)，可以发现，模拟滤波器的传输函数 $H_a(s)$与数字滤波器的系统函数 $H(z)$具有以下对应关系：

(1) s 平面上的每一个单阶极点 $s=s_i$ 变换到 z 平面上的单阶极点 $z_i=\mathrm{e}^{s_iT}$ 处。

(2) $H_a(s)$与 $H(z)$的部分分式中所有对应系数不变。

(3) 如果模拟滤波器是稳定的，即所有极点 s_i 位于 s 平面的左半平面(极点的实部 $R_e(s_i)<0$)，则变换后的数字滤波器的所有极点位于单位圆内，即模小于1，$|\mathrm{e}^{s_iT}|=\mathrm{e}^{R_e(s_i)T}<1$，因此数字滤波器也必然是稳定的。

值得注意的是，虽然脉冲响应不变法能保证 s 平面极点与 z 平面极点有这种对应关系，但是并不等于整个 s 平面与 z 平面有这种对应关系，特别是两者的零点就没有这种对应关系。因此，不能将关系 $z=\mathrm{e}^{sT}$ 直接代入 $H_a(s)$来获取 $H(z)$。

例 5-8　利用脉冲响应不变法将模拟滤波器的传输函数 $H_a(s)=\dfrac{2s+3}{s^2+3s+2}$ 变换为数字滤波器的系统函数 $H(z)$，采样周期 $T=0.1\mathrm{s}$。

解　模拟滤波器的传输函数

$$H_a(s)=\frac{2s+3}{s^2+3s+2}=\frac{1}{s+1}+\frac{1}{s+2}$$

极点：$s_1=-1, s_2=-2$。

其相应数字滤波器的极点为 $z_1=\mathrm{e}^{-0.1}, z_2=\mathrm{e}^{-0.2}$。

因此，所求数字滤波器的系统函数为

$$H(z)=\frac{1}{1-\mathrm{e}^{-0.1}z^{-1}}+\frac{1}{1-\mathrm{e}^{-0.2}z^{-1}}=\frac{2-1.7236z^{-1}}{1-1.7236z^{-1}+0.7408z^{-2}}$$

5.4.2
微课视频

5.4.2 s 平面与 z 平面的映射关系

1. 采样序列的 Z 变换与模拟信号的拉普拉斯变换的关系

设 $h_a(t)$理想采样 $\hat{h}_a(t)$的表达式为

$$\hat{h}_a(t)=\sum_{n=-\infty}^{\infty}h_a(t)\delta(t-nT) \tag{5-67}$$

两边取拉普拉斯变换得

$$\hat{H}_a(s)=\int_{-\infty}^{\infty}\hat{h}_a(t)\mathrm{e}^{-st}\mathrm{d}t=\int_{-\infty}^{\infty}\left[\sum_{n=-\infty}^{\infty}h_a(t)\delta(t-nT)\right]\mathrm{e}^{-st}\mathrm{d}t=\sum_{n=-\infty}^{\infty}h_a(nT)\mathrm{e}^{-nsT} \tag{5-68}$$

序列 $h(n)$的 Z 变换为

$$H(z)=\sum_{n=-\infty}^{\infty}h(n)z^{-n} \tag{5-69}$$

比较式(5-68)和式(5-69)可以看出，当 $z=\mathrm{e}^{sT}$ 时，序列 $h(n)$的 Z 变换就等于采样信号 $\hat{h}_a(t)$的拉普拉斯变换，即

$$H(z)\Big|_{z=\mathrm{e}^{sT}}=\hat{H}_a(s) \tag{5-70}$$

根据 1.5 节讨论的理想采样的频谱特性

$$\hat{H}_a(\mathrm{j}\Omega)=\frac{1}{T}\sum_{k=-\infty}^{\infty}H_a(\mathrm{j}\Omega-\mathrm{j}k\Omega_s) \tag{5-71}$$

令 $s=\mathrm{j}\Omega$，不难得到 $\hat{h}_a(t)$的拉普拉斯变换与原有模拟信号 $h_a(t)$的拉普拉斯变换存在以下关系：

$$\hat{H}_a(s)=\frac{1}{T}\sum_{k=-\infty}^{\infty}H_a\left(s-\mathrm{j}\frac{2\pi}{T}k\right) \tag{5-72}$$

综合式(5-70)和式(5-72)，可以得到

$$H(z)\Big|_{z=\mathrm{e}^{sT}}=\frac{1}{T}\sum_{k=-\infty}^{\infty}H_a\left(s-\mathrm{j}\frac{2\pi}{T}k\right) \tag{5-73}$$

上式表明，脉冲响应不变法将模拟滤波器变换为数字滤波器时，首先对 $H_a(s)$进行周期延拓，然后再经过 $z=\mathrm{e}^{sT}$ 映射关系。这就是说，$H(z)$与 $H_a(s)$的周期延拓相联系，而不仅仅和 $H_a(s)$相联系。

2. s 平面和 z 平面的映射关系

脉冲响应不变法把 $H_a(s)$从 s 平面映射到 z 平面中的 $H(z)$时，s 与 z 的映射关系是

$$z=\mathrm{e}^{sT} \tag{5-74}$$

现在来讨论这种映射关系。将 s 平面用直角坐标表示为

$$s=\sigma+\mathrm{j}\Omega \tag{5-75}$$

而 z 平面用极坐标表示为

$$z = r\mathrm{e}^{\mathrm{j}\omega} \tag{5-76}$$

将它们都代入式(5-76)中，得

$$r\mathrm{e}^{\mathrm{j}\omega} = \mathrm{e}^{(\sigma+\mathrm{j}\Omega)T} = \mathrm{e}^{\sigma T}\mathrm{e}^{\mathrm{j}\Omega T} \tag{5-77}$$

因此

$$r = \mathrm{e}^{\sigma T} \tag{5-78}$$

$$\omega = \Omega T \tag{5-79}$$

上面两式说明 z 的模 r 只与 s 的实部 σ 相对应，而 z 的相角 ω 只与 s 的虚部 Ω 相对应。

1) r 与 σ 的关系

由式(5-78)可知，当 $\sigma=0$ 时，$r=1$，这表明 s 平面虚轴映射为 z 平面的单位圆。

当 $\sigma<0$ 时，$r<1$，这表明 s 左半平面映射为 z 平面的单位圆内部，这样的映射可以保证稳定的模拟滤波器变换成数字滤波器后仍然是稳定的。

当 $\sigma>0$ 时，$r>1$，这表明 s 右半平面则映射为 z 平面单位圆外部，这样就使得原来不稳定的模拟滤波器变换为数字滤波器后仍是不稳定的。

2) ω 与 Ω 的关系

由于 $\omega=\Omega T$，因此当 Ω 由 $-\pi/T$ 增长到 π/T，对应于 ω 由 $-\pi$ 增长到 π，即 s 平面宽为 $2\pi/T$ 的一个水平条带相当于 z 平面幅角转了一周，也就是覆盖了整个 z 平面。因此 Ω 每增加一个采样角频率 $\Omega_s=2\pi/T$，则 ω 相应地增加一个 2π，也就是说，Ω 是 ω 的周期函数。所以，s 平面到 z 平面的映射是多值映射，s 平面和 z 平面的映射关系如图 5-17 所示。

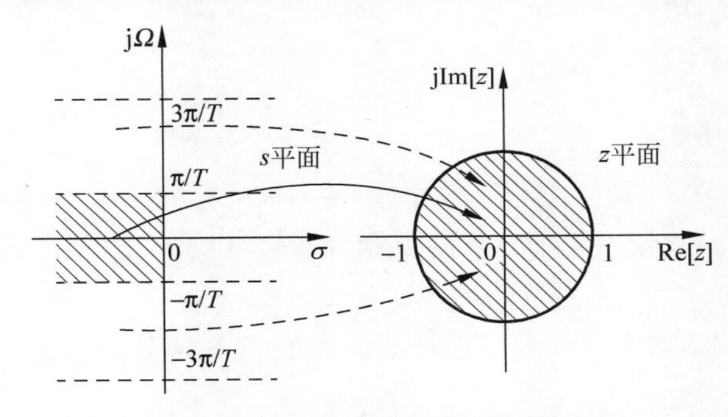

图 5-17　s 平面到 z 平面的映射

脉冲响应不变法不是从 s 平面到 z 平面的单值映射关系，s 平面上每一条宽为 $2\pi/T$ 的横带，都将重复地映射到整个 z 平面上。具体来说，这是反映了 $H_a(s)$的周期延拓与 $H(z)$的关系，而不是 $H_a(s)$本身与 $H(z)$的关系。这正是用脉冲响应不变法设计的数字滤波器的频率响应产生混叠失真的根本原因，关于这一点下面将详细讨论。

5.4.3　混叠失真

由于 s 平面虚轴映射为 z 平面的单位圆，根据式(5-73)和式(5-70)，令 $s=\mathrm{j}\Omega$ 和 $z=\mathrm{e}^{\mathrm{j}\omega}$，则

$$H(\mathrm{e}^{\mathrm{j}\omega})\Big|_{\omega=\Omega T} = \frac{1}{T}\sum_{k=-\infty}^{\infty} H_a\left(\mathrm{j}\Omega - \mathrm{j}\frac{2\pi}{T}k\right) = \hat{H}_a(\mathrm{j}\Omega) \tag{5-80}$$

上式表明，数字滤波器的频率响应是模拟滤波器频率响应的周期延拓，$H(\mathrm{e}^{\mathrm{j}\omega})$只是将

$\hat{H}_a(j\Omega)$做一个尺度变换的结果，这种尺度变换可以认为是一种频率轴的归一化。因为$\hat{h}_a(t)$在样本之间保留一个与采样周期 T 相等的样本间隔，而 $h(n)$序列值之间的间隔总是1，因此可以认为 $h(n)$的时间轴被因子 T 归一化，相应 $H(e^{j\omega})$频率被因子 $1/T$ 归一化，如图 5-18 所示。

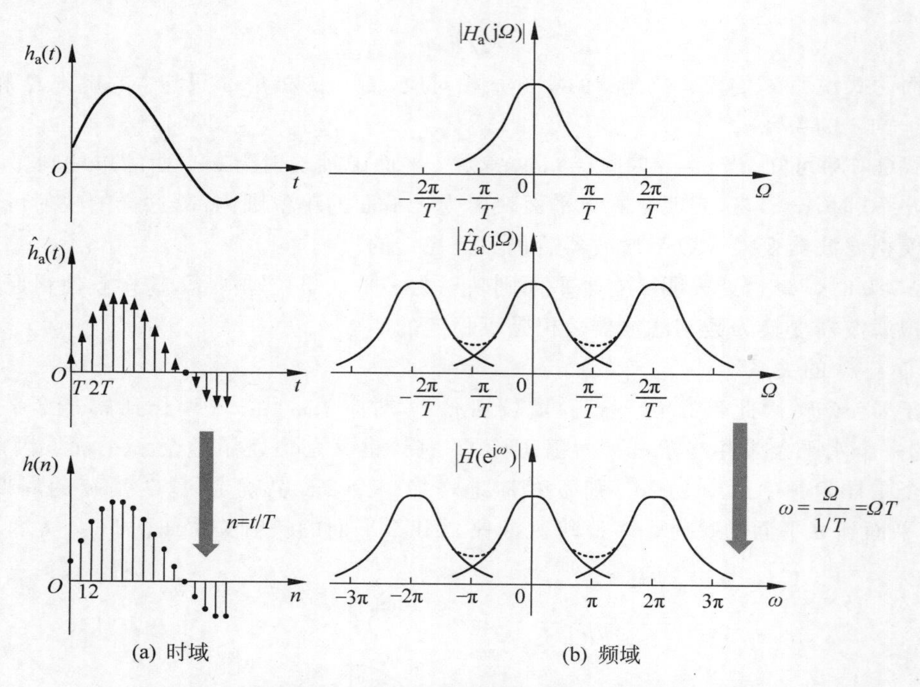

图 5-18 脉冲响应不变法中的时频对应关系与频率混叠现象

如果模拟滤波器频率响应的带宽被限定在折叠频率以内，即

$$H_a(j\Omega)=0, \quad |\Omega| \geqslant \pi/T$$

那么，数字滤波器的频率响应能够重现模拟滤波器的频率响应，即

$$H(e^{j\omega})=\frac{1}{T}H_a\left(j\frac{\omega}{T}\right), \quad |\omega|<\pi \tag{5-81}$$

然而，任何实际的模拟滤波器都不是带限的，因此数字滤波器的频率响应必然产生混叠。但是，如果模拟滤波器在折叠频率以上的频率响应衰减很大，那么这种混叠失真很小，采用脉冲响应不变法设计数字滤波器就能得到很好的效果。所以，利用脉冲响应不变法时一定要把 $H_a(j\Omega)$的最高频率限制在采样角频率 Ω_s 的一半以下，这个要求在高通与带阻滤波器中显然是无法满足的。

为了减小混叠失真，可以增大采样频率 f_s，即令采样周期($T=1/f_s$)减小，则系统频率响应各周期延拓分量之间相距更远，因而可减少混叠失真。但是，当滤波器的指标用数字域频率 ω 给定时，用减小 T 的方法就不能解决混叠问题。

由式(5-81)可知，当采样频率很高时，即 T 很小时，数字滤波器增益会很高，要使数字滤波器的频率响应不受采样频率的影响，可作以下修正，令

$$h(n)=Th_a(nT) \tag{5-82}$$

则有

$$H(z)=\sum_{i=1}^{N}\frac{TA_i}{1-e^{s_iT}z^{-1}} \tag{5-83}$$

及

$$H(e^{j\omega})=\sum_{k=-\infty}^{\infty}H_a\left(j\frac{\omega}{T}-j\frac{2\pi}{T}k\right)\approx H_a\left(j\frac{\omega}{T}\right),\quad |\omega|<\pi \tag{5-84}$$

这样,数字滤波器的增益不随 T 变化。

5.4.4 脉冲响应不变法的优缺点

考察脉冲响应不变法,可以得出以下结论:

脉冲响应不变法使得数字滤波器的单位脉冲响应完全模仿模拟滤波器的冲激响应,所以时域逼近良好。

模拟滤波器频率 Ω 与数字滤波器频率 ω 之间呈线性关系 $\omega=\Omega T$,因而一个线性相位的模拟滤波器(例如贝塞尔滤波器)可以映射成一个线性相位的数字滤波器。

由于频率混叠效应,脉冲响应不变法只适用于带限的模拟滤波器。高通和带阻滤波器不宜采样脉冲响应不变法,否则要加保护滤波器,滤掉高于折叠频率以上的频率分量。对于带通和低通滤波器,需充分的带限,阻带衰减越大,则混叠效应越小。

例 5-9 用脉冲响应不变法设计一个数字低通滤波器,已知模拟低通原型滤波器传输函数为 $H_a(s)=\frac{2}{s^2+4s+3}$,模拟截止频率 $f_c=1\text{kHz}$,采样频率 $f_s=4\text{kHz}$,求数字低通滤波器的系统函数 $H(z)$。

分析 题目给出的是归一化模拟低通传输函数,为了得到满足指标要求的模拟低通传输函数,需要"去归一化",方法是用 s/Ω_c 代替 $H_a(s)$中的 s。

解 $\Omega_c=2\pi f_c=2\pi\times1000=2000\pi\text{rad/s}$,去归一化,则

$$H_a(s)=\frac{2}{\left(\frac{s}{\Omega_c}\right)^2+4\times\left(\frac{s}{\Omega_c}\right)+3}=\frac{1}{s/\Omega_c+1}-\frac{1}{s/\Omega_c+3}=\frac{\Omega_c}{s+\Omega_c}-\frac{\Omega_c}{s+3\Omega_c}$$

极点 $s_1=-\Omega_c, s_2=-3\Omega_c, T=\frac{1}{f_s}=\frac{1}{4000}(s)$。

$$H(z)=\frac{\Omega_c}{1-e^{-\Omega_cT}z^{-1}}-\frac{\Omega_c}{1-e^{-3\Omega_cT}z^{-1}}=\frac{2000\pi}{1-e^{-\pi/2}z^{-1}}-\frac{2000\pi}{1-e^{-3\pi/2}z^{-1}}$$

5.4.5 MATLAB 实现

MATLAB 信号处理工具箱提供了专用函数 impinvar 实现从模拟滤波器到数字滤波器的脉冲响应不变映射,调用格式为:

```
[bz,az] = impinvar(b,a,fs)
```

其中,b 和 a 分别为模拟滤波器的分子和分母多项式系数向量;fs 为采样频率,单位为 Hz,fs 默认为 1Hz;bz 和 az 分别为数字滤波器分子和分母多项式系数向量。

以例 5-8 为例,利用 MATLAB 实现程序如下:

```
b = [2,3]; a = [1,3,2]; T = 0.1;
```

```
[bz,az] = impinvar(b,a,1/T)
```

运行后，bz=[0.2000，−0.1724]，az=[1.0000，−1.7236，0.7408]。因此，所求数字滤波器的系统函数为

$$H(z)=\frac{0.2-0.1724z^{-1}}{1-1.7236z^{-1}+0.7408z^{-2}}$$

请注意，上式 $H(z)$ 的表达式与例 5-8 中变换结果并不完全一致，它们之间差了一个系数 0.1（采样周期 T），这说明 MATLAB 中 impinvar 函数采用的是修正后的变换式。

5.4.5 微课视频

例 5-10 利用脉冲响应不变法设计一个数字巴特沃思低通滤波器，滤波器的技术要求为：通带截止频率 $\Omega_p=200\pi\text{rad/s}$，通带最大衰减 $\alpha_p=3\text{dB}$，阻带截止频率 $\Omega_s=600\pi\text{rad/s}$，阻带最小衰减 $\alpha_s=12\text{dB}$。研究不同采样频率对所设计数字滤波器频率响应的影响，设采样频率 f_s 分别取 1kHz、2kHz 和 4kHz。

解 模拟滤波器的技术要求为

$$\Omega_p=200\pi\text{rad/s},\quad \alpha_p=3\text{dB},\quad \Omega_s=600\pi\text{rad/s},\quad \alpha_s=12\text{dB}$$

参照 5.3.3 节内容，可得满足技术要求的模拟滤波器传输函数为

$$H_a(s)=\frac{-\text{j}141.4\pi}{s+141.4\pi-\text{j}141.4\pi}+\frac{\text{j}141.4\pi}{s+141.4\pi+\text{j}141.4\pi}$$

因此，所求数字滤波器的系统函数为

$$H(z)=\frac{-\text{j}141.4\pi}{1-\text{e}^{(-141.4\pi+\text{j}141.4\pi)T}z^{-1}}+\frac{\text{j}141.4\pi}{1-\text{e}^{(-141.4\pi-\text{j}141.4\pi)T}z^{-1}}$$

显然 $H(z)$ 与采样间隔 T 有关。将 $T=1\times10^{-3}$s、$T=5\times10^{-4}$s、$T=2.5\times10^{-4}$s 分别代入 $H(z)$ 中，再利用 $z=\text{e}^{\text{j}\omega}$ 可得到 $H_1(\text{e}^{\text{j}\omega})$、$H_2(\text{e}^{\text{j}\omega})$ 和 $H_3(\text{e}^{\text{j}\omega})$。将 $H_a(\text{j}\Omega)$、$H_1(\text{e}^{\text{j}\omega})$、$H_2(\text{e}^{\text{j}\omega})$ 和 $H_3(\text{e}^{\text{j}\omega})$ 的幅频特性用它们的最大值归一化后，并在同一张图中绘出，如图 5-19 所示。由图可见，在 $f_s=1\text{kHz}$ 时，模拟和数字滤波器的幅频特性在频率较低处就已经分得很开，拖尾现象较为严重，这是因为采样频率较低，产生了较大的混叠失真。随着采样频率 f_s 的增高，数字滤波器的频率响应 $H(\text{e}^{\text{j}\omega})$ 对模拟滤波器频率响应 $|H_a(\text{j}\Omega)|$ 的逼近也越来越好。当 f_s 足够高时，脉冲响应不变法可给出满意的结果。

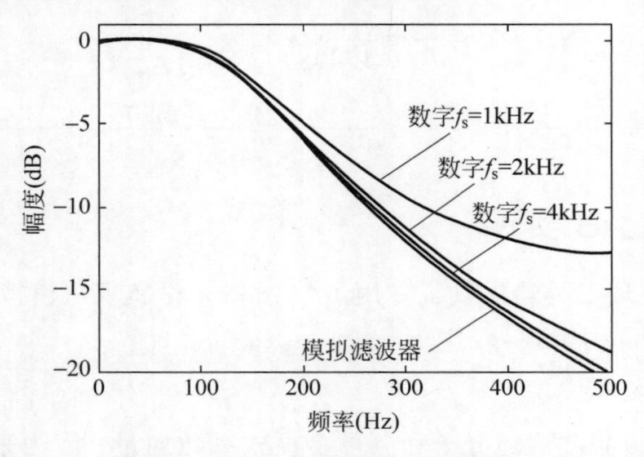

图 5-19 不同采样频率对所设计数字滤波器频率响应的影响

采用 MATLAB 编程，主要程序如下：

```
wp = 200 * pi;ws = 600 * pi;Rp = 3;Rs = 12;
```

```
%求模拟滤波器的系统函数
[n,wn] = buttord(wp,ws,Rp,Rs,'s')
[b,a] = butter(n,wn,'s')
%求模拟滤波器的频率响应,频率显示范围(0～500) Hz
[db,mag,pha,w] = freqs_m(b,a,500 * 2 * pi);
%绘图,横坐标为频率 f(单位为 Hz)
plot(w/(2 * pi),db);axis([0,500, - 20,1]);hold on
%脉冲响应不变法
fs = 1000; [bz,az] = impinvar(b,a,fs);
%求数字滤波器的频率响应
[db,mag,pha,grd,w] = freqz_m(bz,az);
%绘图,将数字频率 w 转换为模拟频率 f,以便将频率响应在同一坐标系中绘出
plot(0.5 * fs * w/pi,db);axis([0,500, - 20,1]);hold off
```

f_s 取 2kHz、4kHz 的编程语句与上面类似,这里不再给出相应代码。

程序中为了画出两种滤波器的频率响应,使用了 freqs_m 和 freqz_m 函数,这两个函数不是 MATLAB 软件自带函数,属于特殊函数。freqs_m 函数为模拟滤波器频率响应计算函数,函数代码如下:

```
function [db,mag,pha,w] = freqs_m(b,a,wmax);
w = [0:1:500] * wmax/500;
H = freqs(b,a,w); mag = abs(H);
db = 20 * log10((mag + eps)/max(mag));pha = angle(H);
```

其中,b 和 a 分别为模拟滤波器 $H_a(s)$的分子和分母多项式系数;wmax 为希望绘制的频率响应最大频率值,单位为 rad/s;db、mag 和 pha 分别为幅度(dB 值)、幅度(绝对值)和相位值。

函数 freqz_m 为数字滤波器频率响应计算函数,函数代码如下:

```
function [db,mag,pha,grd,w] = freqz_m(bz,az);
[H,w] = freqz(bz,az,1000,'whole'); H = (H(1:1:501))'; w = (w(1:1:501))';
mag = abs(H); db = 20 * log10((mag + eps)/max(mag));
pha = angle(H); grd = grpdelay(bz,az,w);
```

其中,bz 和 az 为数字滤波器 $H(z)$的分子和分母多项式系数向量;grd 为滤波器的群时延;w 的取值范围为$[0,\pi]$。

以上两个函数,在涉及利用 MATLAB 求滤波器的频率响应时,会被反复用到。

5.5 双线性变换法设计 IIR 数字滤波器

脉冲响应不变法使数字滤波器在时域上模仿模拟滤波器,但是它的缺点是产生频率响应的混叠失真,这是因为从 s 平面到 z 平面不是一一映射关系。实际上,只要 s 平面上的一个宽度为 $2\pi/T$ 的水平带状区域就足以映射成整个 z 平面了。正是由于 s 平面上许许多多这样的水平带状区域一次次地重叠映射到 z 平面,导致了频率响应的混叠。为了克服这个缺点,可以采用双线性变换法。

5.5.1 变换原理

5.5.1
微课视频

双线性变换法针对 $z=e^{sT}$ 映射关系的多值性,先设法将 s 平面压缩成 s_1 平面上一个

宽度为 $2\pi/T$ 的水平带状区域,进而通过 $z=e^{s_1 T}$ 将这个带状区域映射成 z 平面,即可实现 s 平面到 z 平面的单值映射,也就消除了频率响应混叠现象,双线性变换法的映射关系如图 5-20 所示。

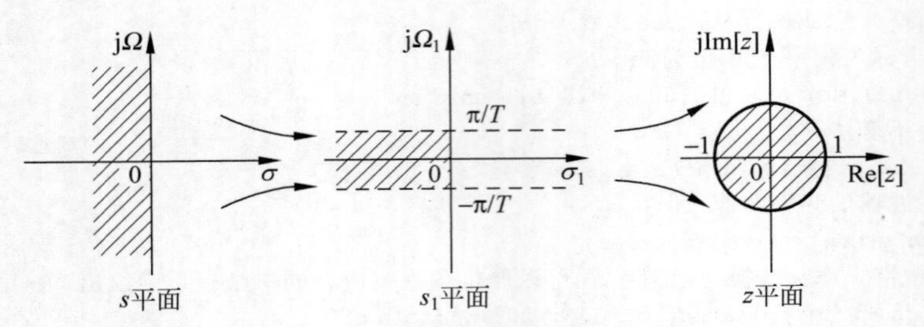

图 5-20 双线性变换法的映射关系

为了将 s 平面上的 $j\Omega$ 轴压缩成 s_1 平面的 $j\Omega_1$ 轴从 $-\pi/T$ 到 π/T 的一段,可以通过如下的正切变换实现:

$$\Omega=c\tan\frac{\Omega_1 T}{2} \tag{5-85}$$

式中,c 是待定常数,一般选 $c=\frac{2}{T}$。当 Ω_1 较小时,有 $\tan\frac{\Omega_1 T}{2}\approx\frac{\Omega_1 T}{2}$,此时 $\Omega=c\tan\frac{\Omega_1 T}{2}\approx\frac{2}{T}\cdot\frac{\Omega_1 T}{2}=\Omega_1$。可见,这种 c 的选择可使模拟原型滤波器的低频特性近似等于数字滤波器的低频特性。

很明显,当 Ω_1 从 $-\pi/T$ 经过原点变化到 π/T 时,Ω 就相应的由 $-\infty$ 经过原点变化到 $+\infty$。也就是说,s 平面的 $j\Omega$ 轴与 s_1 平面的 $j\Omega_1$ 轴从 $-\pi/T$ 到 π/T 的一段互为映射。

将式(5-85)所示关系解析延拓到整个 s 平面和 s_1 平面,令 $s=j\Omega$,$s_1=j\Omega_1$,则得

$$s=\frac{2}{T}\cdot\frac{e^{\frac{s_1 T}{2}}-e^{-\frac{s_1 T}{2}}}{e^{\frac{s_1 T}{2}}+e^{-\frac{s_1 T}{2}}}=\frac{2}{T}\cdot\frac{1-e^{-s_1 T}}{1+e^{-s_1 T}}=\frac{2}{T}\operatorname{th}\frac{s_1 T}{2} \tag{5-86}$$

再将 s_1 平面通过以下标准变换关系映射到 z 平面:

$$z=e^{s_1 T} \tag{5-87}$$

从而得到 s 平面和 z 平面的单值映射关系为

$$s=\frac{2}{T}\cdot\frac{1-z^{-1}}{1+z^{-1}} \tag{5-88}$$

或

$$z=\frac{2/T+s}{2/T-s} \tag{5-89}$$

式(5-88)和式(5-89)中分子与分母都是变量的线性函数,此即双线性变换名称的由来。

用双线性变换法设计数字滤波器时,在得到了相应的模拟滤波器的传输函数 $H_a(s)$ 后,只要将相应的变换关系代入 $H_a(s)$,即可得到数字滤波器的系统函数,即

$$H(z)=H_a(s)\Big|_{s=\frac{2}{T}\cdot\frac{1-z^{-1}}{1+z^{-1}}} \tag{5-90}$$

反过来,在已得到设计后的数字滤波器表达式 $H(z)$后,只要将 $z=\dfrac{2/T+s}{2/T-s}$代入 $H(z)$,即可还原出变换前对应的模拟滤波器的传输函数 $H_a(s)$。

5.5.2 s 平面与 z 平面的映射关系

5.5.2
微课视频

将 $s=\sigma+\mathrm{j}\Omega$ 和 $z=r\mathrm{e}^{\mathrm{j}\omega}$ 代入式(5-89),得

$$r=\left[\frac{(2/T+\sigma)^2+\Omega^2}{(2/T-\sigma)^2+\Omega^2}\right]^{1/2} \tag{5-91}$$

$$\omega=\arctan\frac{\Omega}{2/T+\sigma}+\arctan\frac{\Omega}{2/T-\sigma} \tag{5-92}$$

由此可以得出 s 平面与 z 平面的映射关系,即 s 平面的虚轴确实与 z 平面的单位圆相对应。当 $\sigma<0$ 时,$r<1$;当 $\sigma>0$ 时,$r>1$;当 $\sigma=0$ 时,$r=1$。因此稳定的模拟滤波器经双线性变换法后所得的数字滤波器也一定是稳定的。这些映射关系与脉冲响应不变法类似,不同的是,在双线性变换下,模拟滤波器的复频率 s 与数字滤波器的复频率 z 之间的映射有单值的对应关系,不存在频率混叠现象,但为此付出了非线性的代价。

下面重点讨论双线性变换法中,模拟频率 Ω 与数字频率 ω 之间的关系。考虑 s 平面虚轴上的变换,令式(5-92)中 $\sigma=0$,则得

$$\omega=2\arctan(\Omega T/2) \tag{5-93}$$

或

$$\Omega=\frac{2}{T}\tan\frac{\omega}{2} \tag{5-94}$$

s 平面上 Ω 与 z 平面的 ω 成单值非线性的正切关系,如图 5-21 所示。这种映射关系有什么优点呢?我们学习过信号的尺度变换,例如对于信号 $x(t)$、$x(2t)$ 和 $x(t/2)$分别对应着信号的时域压缩和时域扩张,由图 5-22 可见,信号尺度变换的特点是信号时域发生压缩或扩张,而对应幅值不变。双线性变换法也可以理解为一种滤波器频域的尺度变换,只不过前面举例的信号尺度变换是一种线性压缩或扩张,而双线性变换法则是一种非线性压缩变换。这两种尺度变换可形式化表示为

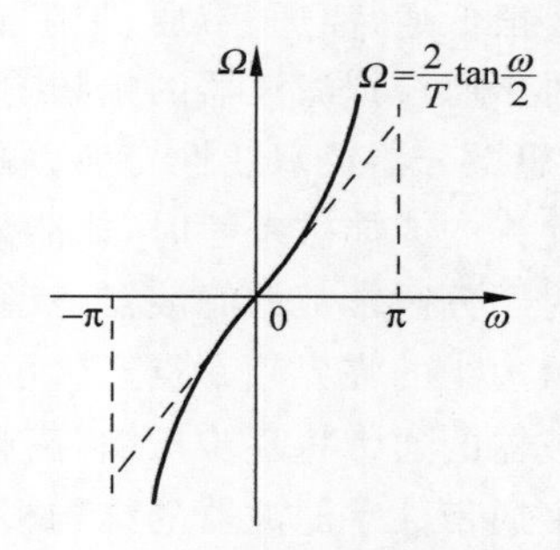

图 5-21　双线性变换法的模拟频率与数字频率之间的关系

$$\begin{cases} x(2t)=x(t)\big|_{t=2t} \\ H(\mathrm{e}^{\mathrm{j}\omega})=H_a(\mathrm{j}\Omega)\big|_{\Omega=\frac{2}{T}\tan\frac{\omega}{2}} \end{cases} \tag{5-95}$$

图 5-22　信号的尺度变换

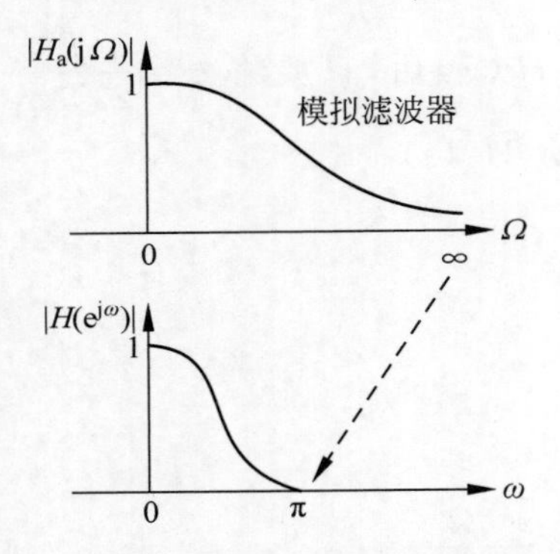

图 5-23 双线性变换法中模拟滤波器与数字滤波器之间的映射示意

由于 Ω 与 ω 成非线性正切映射关系，如图 5-23 所示，当 Ω 从 0 变到 $+\infty$ 时，ω 从 0 变到 π（折叠频率）。这意味着模拟滤波器的全部频率特性被压缩成数字滤波器在 $0<\omega<\pi$ 频率范围内的特性，所以不会有高于折叠频率的分量。因此采用双线性变换法设计数字滤波器不存在频率混叠失真的问题，克服了脉冲响应不变法的缺点。

这种频率标度之间的非线性在高频段较为严重，而在低频段接近于线性，作为线性来看，误差不太大，因此数字滤波器的频率特性能够逼近模拟滤波器的频率特性。

5.5.3 微课视频

5.5.3 双线性变换法中的频率失真和预畸变

1. 双线性变换法中的频率失真

双线性变换法与脉冲响应不变法相比，其主要的优点是避免了频率响应的混叠现象，这是因为 s 平面与 z 平面是单值的一一对应关系。

但是双线性变换的这个特点是靠频率的严重非线性关系而得到的。由于这种频率之间的非线性变换关系，就产生了新的问题。首先，一个线性相位的模拟滤波器经双线性变换后得到非线性相位的数字滤波器，不再保持原有的线性相位了；其次，这种非线性关系要求模拟滤波器的幅频响应必须是分段常数型的，即某一频率段的幅频响应近似等于某一常数（这正是一般低通、高通、带通、带阻滤波器的响应特性），不然变换所产生的数字滤波器幅频响应相对于原模拟滤波器的幅频响应会有畸变，例如一个模拟微分器将不能变换成数字微分器，理想微分器经双线性变换后幅频响应产生畸变，如图 5-24 所示。因此，只有当非线性失真是允许的或能被补偿时，才能采用双线性变换法。

对于分段常数的滤波器，双线性变换后，仍得到幅频特性为分段常数的滤波器，只是各个分段边缘的临界频率点产生了畸变。例如，一个恒定带宽的多通带模拟滤波器，变换后数字滤波器的通带将逐步压缩，高频段被挤在一起，不再是恒定带宽的多通道滤波器，但仍然不失多通带数字滤波器的结构模式，如图 5-25 所示。这说明，用双线性变换法所得出的数字滤波器在性能上与作为原型的模拟滤波器有明显的差异，但结构模式没有改变。这种情况可以用如图 5-26 所示的模拟滤波器与数字滤波器的幅频特性关系来说明。

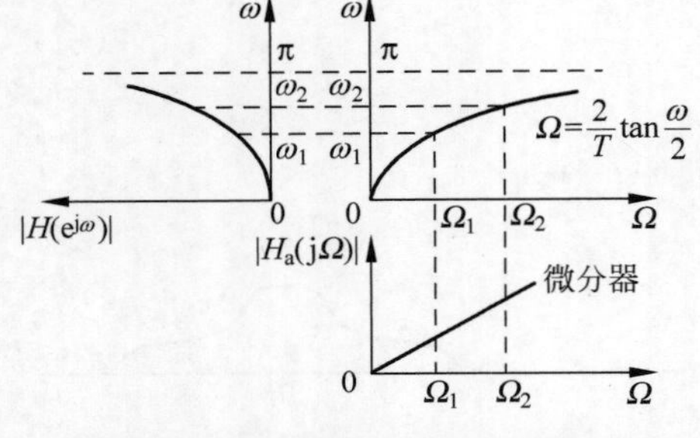

图 5-24 理想微分器经双线性变换后幅频响应产生畸变

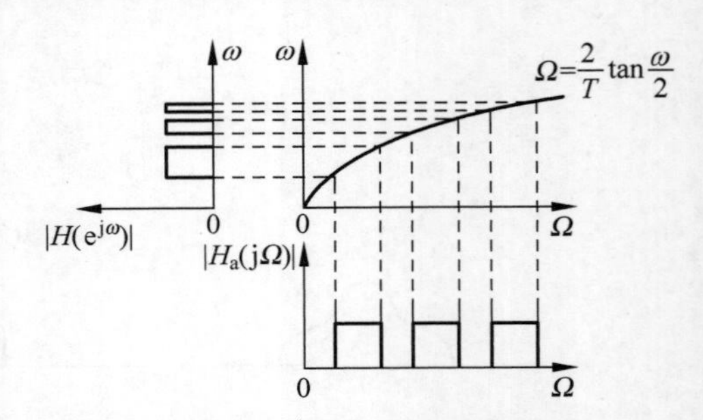

图 5-25 分段常数数字滤波器的频率畸变

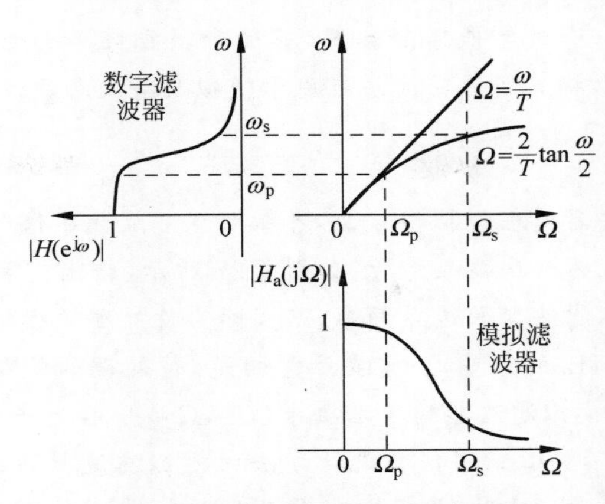

图 5-26　双线性变换法的频率畸变

数字滤波器和模拟滤波器的频率映射关系不是通过线性关系 $\Omega=\omega/T$ 进行的，而是通过非线性关系 $\Omega=\frac{2}{T}\tan\frac{\omega}{2}$ 进行的。因为 ω 与 Ω 的映射通过这条曲线，所以

$$\frac{\omega_{\mathrm{p}}}{\Omega_{\mathrm{p}}}\neq\frac{\omega_{\mathrm{s}}}{\Omega_{\mathrm{s}}}$$

比如说 $\frac{\omega_{\mathrm{s}}}{\omega_{\mathrm{p}}}=2$，经过转换后 $\frac{\Omega_{\mathrm{s}}}{\Omega_{\mathrm{p}}}$ 可能等于 3。这样，如果设计模拟滤波器时，按照 $\frac{\Omega_{\mathrm{s}}}{\Omega_{\mathrm{p}}}=\frac{\omega_{\mathrm{s}}}{\omega_{\mathrm{p}}}=2$ 计算，则设计出来的模拟滤波器原型经双线性变换后得到的数字滤波器的 $\omega_{\mathrm{s}}/\omega_{\mathrm{p}}$ 必然不是 2，而可能是 1.5，于是数字滤波器的性能与原型模拟滤波器的性能就有了失真，这种失真称为频率失真。可以看出，这种失真是双线性变换所固有的，这是双线性变换法的一个很大的缺点。

2. 畸变与预畸变

模拟滤波器的边界频率经双线性变换后，频率间的比例关系被改变，称为畸变。怎样弥补这个缺点呢？一般的做法是，在给定数字滤波器的通带截止频率 ω_{p} 和阻带截止频率 ω_{s} 后，我们并不直接按照这个给定的数据去设计原型模拟滤波器，而是先根据 $\Omega=\frac{2}{T}\tan\frac{\omega}{2}$ 的关系求出相应的 Ω_{p} 和 Ω_{s}，然后根据 Ω_{p} 和 Ω_{s} 设计模拟滤波器原型，求出其传输函数 $H_{\mathrm{a}}(s)$，最后再将 $s=\frac{2}{T}\cdot\frac{1-z^{-1}}{1+z^{-1}}$ 代入求出数字滤波器的系统函数 $H(z)$。比如说数字滤波器的技术要求是 $\frac{\omega_{\mathrm{s}}}{\omega_{\mathrm{p}}}=2$，应先通过作 $\Omega=\frac{2}{T}\tan\frac{\omega}{2}$ 的畸变，得到 Ω_{p} 和 Ω_{s}，这时 $\frac{\Omega_{\mathrm{s}}}{\Omega_{\mathrm{p}}}$ 并不等于 2 而是等于 3（比如说），按 $\Omega_{\mathrm{s}}/\Omega_{\mathrm{p}}=3$ 设计模拟滤波器，再转换到数字滤波器时又经过相反的过程，于是 $\omega_{\mathrm{s}}/\omega_{\mathrm{p}}$ 又能等于 2，这种方法称为预畸变。

因此，预畸变就是将分段常数数字滤波器各个分段边缘的临界模拟频率事先畸变进行校正，然后经变换后正好映射到所需要的数字频率上，此时数字滤波器将满足要求的技术指标。

以上讨论是以已知数字滤波器的边界频率（ω_{p} 和 ω_{s}）为例说明的。若已知模拟滤波器的边界频率 Ω_{p} 和 Ω_{s}，情况则要复杂一些。下面，通过一个例子说明这个方法。

例 5-11 设计一个一阶数字低通滤波器，其通带截止频率为 200Hz，通带最大衰减为 3dB，采样频率为 1000Hz，将双线性变换法应用于模拟巴特沃思滤波器。

$$H_a(s)=\frac{1}{1+s/\Omega_p}$$

分析 利用数字滤波器处理模拟信号，参考本书 0.2 节数字信号处理系统的基本组成，模拟信号先经过采样转化为时域离散信号，如图 5-27 所示，转化前后信号频率以 $\omega=\Omega T$ 关联。题目直接给出了模拟滤波器的边界频率，这实际为待处理的模拟信号的技术指标(保留模拟信号中频率小于 200Hz 的分量)。需要注意的是，待处理的模拟信号的技术要求(Ω_p、Ω_s)和所需要设计的原型模拟滤波器的技术要求(Ω'_p、Ω'_s)并不是一个概念。因为我们需要设计的是数字滤波器，并不关心采用何种设计方法由模拟滤波器得到这个数字滤波器。不同的设计方法因为有不同的频率映射关系，需要不同技术要求的模拟滤波器，因此，作为设计要求而言，不可能给出模拟滤波器的技术要求(因为不知道具体采用何种设计方法)，给出的只能是待处理的模拟信号的技术要求。但是，不管采用何种设计方法，却要求经过变换后能得到相同技术要求的数字滤波器(ω_p、ω_s)，这样才能保证所得到的数字滤波器性能满足需要。基于这样一种考虑，本题中给出的频率指标(200Hz)，只能作为待处理模拟信号的技术要求 Ω_p。这样，先根据其求出所需要设计的数字滤波器技术要求 ω_p，然后再针对选用的变换方法(脉冲响应不变法或双线性变换法)计算出所需要设计的原型模拟滤波器技术要求 Ω'_p，最后根据这个指标再进行模拟滤波器的设计和数字滤波器的转换。

以上我们提到了线性变换关系 $\omega=\Omega T$，这是信号从模拟域映射为数字域频率间的对应关系，而滤波器经双线性变换法产生的频率间对应关系是 $\omega=2\arctan(\Omega T/2)$。为保证相同的数字频率，解决办法即“预畸变”，如图 5-27 所示。

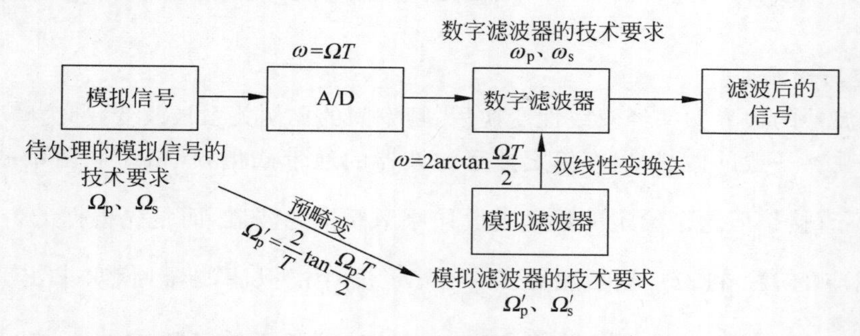

图 5-27 双线性变换法设计数字滤波器时各参数之间的关系

解 本题采用双线性变换法。先求出待设计的数字滤波器的通带截止频率 ω_p，即

$$\omega_p=\Omega_p T=2\pi f_p/f_s=0.4\pi(\text{rad})$$

经过预畸变后，相应的模拟滤波器通带截止频率为

$$\Omega'_p=\frac{2}{T}\tan\frac{\omega_p}{2}=1453(\text{rad/s})$$

即模拟滤波器 3dB 衰减处的通带截止频率为

$$f'_p=\Omega'_p/2\pi=231(\text{Hz})$$

一阶巴特沃思低通滤波器的传输函数为

$$H_a(s)=\frac{\Omega'_p}{s+\Omega'_p}=\frac{1453}{s+1453}$$

所求得数字滤波器的系统函数为

$$H(z)=H_a(s)\Big|_{s=\frac{2}{T}\cdot\frac{1-z^{-1}}{1+z^{-1}}}=\frac{0.421(z+1)}{z-0.1583}$$

如果不预畸变，则

$$\Omega_p=\omega_p/T=2\pi f_p=400\pi(\text{rad/s})$$

一阶巴特沃思低通滤波器的传输函数变为

$$H_a(s)=\frac{\Omega_p}{s+\Omega_p}=\frac{1257}{s+1257}$$

于是

$$H(z)=H_a(s)\Big|_{s=\frac{2}{T}\cdot\frac{1-z^{-1}}{1+z^{-1}}}=\frac{0.386(z+1)}{z-0.2283}$$

由上面可以看出，有无预畸变所得到的结果是不同的。对于预畸变处理，模拟滤波器是按照通带截止频率为231Hz设计的，经过双线性变换后得到的数字滤波器的通带截止频率为要求的200Hz。而不经过预畸变处理设计的模拟滤波器对应的数字滤波器通带截止频率为

$$\omega_p=2\arctan(\Omega_p T/2)=0.357\pi(\text{rad})$$

所以

$$f_p=\frac{\omega_p}{T}\cdot\frac{1}{2\pi}=178(\text{Hz})$$

可见，不经过预畸变，所得的数字滤波器性能不符合给定的200Hz技术要求。

因此，我们得到预畸变方法：在设计模拟低通滤波器时，可以设想，一开始就把目标修正为Ω'_p而不是Ω_p，这样，双线性变换后，Ω'_p正好"畸变"到ω_p。把目标从Ω_p修正为Ω'_p就称为"预畸变"。需要说明的是，预畸变不能消除在整个频率段的非线性失真，只是消除了模拟滤波器和数字滤波器在临界频率上的畸变。具体做法为：

先由Ω_p按线性变换关系求出$\omega_p(\omega=\Omega T)$，再代入式$\Omega=\frac{2}{T}\tan\frac{\omega}{2}$，求出$\Omega'_p=\frac{2}{T}\tan\frac{\omega_p}{2}=\frac{2}{T}\tan\frac{\Omega_p T}{2}$。

5.5.4 双线性变换法的优缺点

考察双线性变换法，可以得出以下结论：

(1) 由于引入了模拟频率的非线性压缩，双线性变换法避免了频率混叠现象，可适用于低通、高通、带通或带阻等各种分段常数数字滤波器的设计。

(2) 模拟域频率与数字域频率之间呈非线性变换关系，引入了非线性频率失真，使得一个线性相位的模拟滤波器经双线性变换法后得到的是一个非线性相位的数字滤波器。

5.5.5 模拟滤波器的数字化方法

双线性变换法是目前最普遍采用的设计方法。一般来说，当着眼于滤波器的瞬态响应

时，采用脉冲响应不变法较好，而在其他情况下，大多采用双线性变换法。而且双线性变换法对进行变换的滤波器类型没有限制，能直接用于低通、高通、带阻、带阻等各种类型的滤波器设计。

利用模拟滤波器设计 IIR 数字低通滤波器的步骤如下：

（1）确定数字低通滤波器的技术要求：ω_p、ω_s、α_p、α_s。如果给出的是模拟技术要求 Ω_p、Ω_s、α_p、α_s，可利用公式 $\omega=\Omega T$ 将边界频率进行转换。

（2）将数字低通滤波器的技术指标转换成模拟低通滤波器的技术指标。

如果采用脉冲响应不变法，边界频率的转换关系为

$$\Omega=\omega/T$$

如果采用双线性变换法，边界频率的转换关系为

$$\Omega=\frac{2}{T}\tan\frac{\omega}{2}$$

（3）按照模拟低通滤波器的技术指标设计模拟低通滤波器。

（4）将模拟滤波器 $H_a(s)$，从 s 平面转换到 z 平面，得到数字低通滤波器系统函数 $H(z)$。

例 5-12 已知归一化模拟低通原型滤波器的传输函数为 $H_a(s)=\dfrac{1}{s^2+\sqrt{2}s+1}$，试用双线性变换法设计一个数字低通滤波器，其 3dB 截止频率 $f_c=1\text{kHz}$，采样频率 $f_s=4\text{kHz}$，写出数字低通滤波器的系统函数 $H(z)$。

分析 题目给出的是归一化模拟低通传输函数，为了得到满足指标要求的模拟低通传输函数，需要“去归一化”，方法是用 s/Ω_c 代替 $H_a(s)$ 中的 s。同时，由于要求采用双线性变化法设计数字滤波器，因此去归一化中的 Ω_c 应用“畸变”后的 Ω_c' 代替。

本题需先对 Ω_c 进行“预畸变”得到 Ω_c'，然后将 s/Ω_c' 代入 $H_a(s)$，去归一化得到新的 $H_a(s)$，最后对新的 $H_a(s)$ 进行双线性变换。

解 （1）预畸变，即

$$\Omega_c'=\frac{2}{T}\tan\frac{2\pi f_c T}{2}=\frac{2}{T}\tan\frac{2\pi\times 1000}{2\times 4000}=\frac{2}{T}$$

（2）去归一化，用 s/Ω_c' 代替 $H_a(s)$ 中的 s，即

$$H_a(s)=\frac{1}{\left(\dfrac{s}{\Omega_c'}\right)^2+\sqrt{2}\left(\dfrac{s}{\Omega_c'}\right)+1}=\frac{1}{\left(\dfrac{T}{2}\right)^2 s^2+\sqrt{2}\left(\dfrac{T}{2}\right)s+1}$$

（3）采用双线性变换法，得

$$H(z)=H_a(s)\Big|_{s=\frac{2}{T}\cdot\frac{1-z^{-1}}{1+z^{-1}}}=\frac{1}{\left(\dfrac{1-z^{-1}}{1+z^{-1}}\right)^2+\sqrt{2}\left(\dfrac{1-z^{-1}}{1+z^{-1}}\right)+1}$$

5.5.6 微课视频

5.5.6 MATLAB 实现

MATLAB 信号处理工具箱提供了实现双线性变换法的工具函数。函数 bilinear 可实现模拟 s 域到数字 z 域的双线性不变映射。对于不同形式模拟滤波器模型，函数有不同调用格式。常用的一种调用格式为：

```
[bz,az] = bilinear(b,a,fs)
```

式中，b 和 a 分别为模拟滤波器的分子和分母多项式系数向量；fs 为采样频率，单位为 Hz；bz 和 az 分别为数字滤波器分子和分母多项式系数向量。

例 5-13 已知 $f_p=0.3\text{kHz}$，$\alpha_P=1\text{dB}$，$f_s=0.2\text{kHz}$，$\alpha_s=20\text{dB}$，$T=1\text{ms}$，利用双线性变换法设计一个切比雪夫Ⅰ型数字高通滤波器。

解 MATLAB 主要实现程序如下：

```
Rp = 1;Rs = 20;T = 0.001;fp = 300;fs = 200;
%求出待设计的数字滤波器的边界频率
wp = 2 * pi * fp * T;ws = 2 * pi * fs * T;
%预畸变
wp1 = (2/T) * tan(wp/2);ws1 = (2/T) * tan(ws/2);
%设计模拟滤波器
[n,wn] = cheb1ord(wp1,ws1,Rp,Rs,'s'); [b,a] = cheby1(n,Rp,wn,'high','s');
%双线性变换
[bz,az] = bilinear(b,a,1/T);
[db,mag,pha,grd,w] = freqz_m(bz,az); plot(w/pi,db); axis([0,1, - 30,2])
```

程序运行结果如图 5-28 所示。

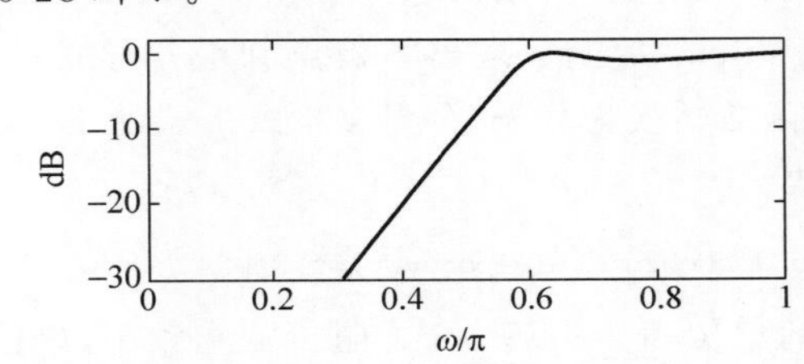

图 5-28 切比雪夫Ⅰ型数字高通滤波器幅频特性

5.6 IIR 数字滤波器的频率变换及应用

5.6.1 IIR 数字滤波器的频率变换及 MATLAB 实现

5.6.1
微课视频

设计 IIR 数字滤波器时常常借助于模拟滤波器，即先将所需要的数字滤波器技术要求转换为一个低通模拟滤波器的技术要求，然后设计这个模拟低通原型滤波器。在得到低通模拟滤波器的传输函数 $H(p)$［或 $H(s)$］后，再变换为所需要的数字滤波器的系统函数 $H(z)$。

将 $H(p)$［或 $H(s)$］变换为 $H(z)$ 的方法有两种。一种是先将设计出来的模拟低通原型滤波器通过频率变换成所需要的模拟高通、带通或带阻滤波器，然后再利用脉冲响应不变法或双线性变换法将其变换为相应的数字滤波器，变换过程如图 5-29(a)所示。这种方法的频率变换是在模拟滤波器之间进行的。另一种方法是先将设计出来的模拟低通原型滤波器通过脉冲响应不变法或双线性变换法转换为归一化数字低通滤波器，最后通过频率变换把数字低通滤波器变换成所需要的数字高通、带通或带阻滤波器，变换过程如图 5-29(b)所示。这种方法的频率变换是在数字滤波器之间进行的。

对于第一种方法，重点是模拟域频率变换，即如何由模拟低通原型滤波器转换为截止频率不同的模拟低通、高通、带通、带阻滤波器。转换公式在 5.3.5 节中已有论述，这里结合 MATLAB 编程，介绍一下它的一般实现步骤。具体步骤如下：

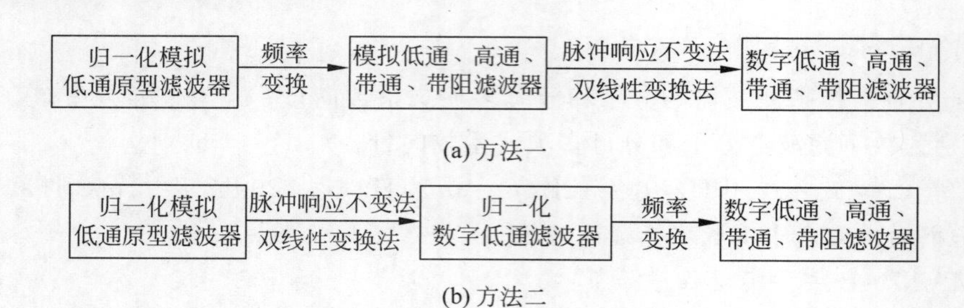

图 5-29　数字高通、带通及带阻滤波器的设计方法

(1) 确定所需类型数字滤波器的技术指标。

(2) 将所需类型数字滤波器的技术指标转换成模拟滤波器的技术指标。

(3) 将所需类型模拟滤波器技术指标转换成模拟低通滤波器技术指标(具体转换公式参考 5.3.4 节)。

(4) 设计模拟低通滤波器。

在 MATLAB 中，步骤(3)、(4)的实现一般是先利用 buttord、cheb1ord、cheb2ord、ellipord 等函数求出满足性能要求的模拟低通原型阶数 N 和 3dB 截止频率 ω_c，然后利用 buttap、cheb1ap、cheb2ap、ellipap 等函数求出零极点和增益形式的模拟低通滤波器传输函数 $H(s)$，最后利用 zp2tf 函数转换为分子、分母多项式形式的 $H(s)$。

① 最小阶数选择函数。

```
[n,wn] = buttord/cheb1ord/cheb2ord/ellipord(wp,ws,Rp,Rs,'s')
```

其中，wp 为通带截止频率，单位为 rad/s；ws 为阻带截止频率，单位为 rad/s；Rp 为通带波动，单位为 dB；Rs 为阻带最小衰减，单位为 dB；'s'表示模拟滤波器(默认时该函数适用于数字滤波器，但 wp 和 ws 需归一化处理，保证取值为 0～1)；函数返回值 n 为模拟滤波器的最小阶数；wn 为模拟滤波器的截止频率(－3dB 频率)，单位为 rad/s。该函数适用低通、高通、带通、带阻滤波器。

对于高通滤波器，wp＞ws。对于带通和带阻滤波器存在两个过渡带，wp 和 ws 均应为包含两个元素的向量，分别表示两个过渡带的边界频率，这时返回值 wn 也为两个元素的向量。

② 模拟低通原型函数。

```
[z,p,k] = buttap(n)/cheb1ap(n,Rp)/cheb2ap(n,Rs)/ellipap(n,Rp,Rs)
```

参数 z、p 和 k 分别为滤波器的零极点和增益，n 为滤波器的阶次。采用上述函数所得到的原型滤波器的传输函数为零极点和增益形式，需要和函数[b,a]＝zp2tf(z,p,k)配合使用，以转化为多项式形式。

(5) 将模拟低通通过频率变换，转换成所需类型的模拟滤波器。

在 MATLAB 中，可利用的 lp2lp、lp2hp、lp2bp、lp2bs 等函数来实现。

低通到低通的频率变换[b1,a1]＝lp2lp(b,a,w0)，其中，w0 为低通滤波器的截止频率(rad/s)。

低通到高通的频率变换[b1,a1]＝lp2hp(b,a,w0)，其中，w0 为高通滤波器的截止频率(rad/s)。

低通到带通的频率变换[b1,a1]=lp2bp(b,a,w0,Bw),其中,w0为带通滤波器的中心频率,Bw为带通滤波器的带宽。当滤波器通带的下截止频率为w1,上截止频率为w2时,w0=sqrt(w1 * w2),Bw=w2−w1。

低通到带阻的频率变换[b1,a1]=lp2bs(b,a,w0,Bw),其中,w0为带阻滤波器的中心频率,Bw为带阻滤波器的带宽。当滤波器通带的下截止频率为w1,上截止频率为w2时,w0=sqrt(w1 * w2),Bw=w2−w1。

(6) 将所需类型的模拟滤波器转换成所需类型的数字滤波器。可利用MATLAB中的impinvar、bilinear函数实现。

需要说明的是,MATLAB信号处理工具箱也提供了模拟滤波器设计的完全工具函数:butter、cheby1、cheby2、ellip、besself,用户只需一次调用就可完成以上第(3)~(5)步的设计工作,这样可以大大简化仿真的工作量。这些工具函数既适用于模拟滤波器设计,也适用于数字滤波器。

① 巴特沃思滤波器:

```
[b,a] = butter(n,wn,'ftype','s')
```

其中,n为滤波器阶数;wn为滤波器截止频率;'s'为模拟滤波器,缺省时为数字滤波器。'ftype'为滤波器类型:'high'表示高通滤波器,截止频率wn;'stop'表示带阻滤波器,wn=[w1,w2](w1<w2);'ftype'缺省时表示为低通或带通滤波器。如是低通、高通滤波器时,wn为截止频率;如是带通或带阻滤波器时,wn=[w1,w2](w1<w2)。b、a分别为滤波器传输函数分子、分母多项式系数向量。滤波器传输函数具有下列形式:

$$H_a(s)=\frac{B(s)}{A(s)}=\frac{b_1s^n+b_2s^{n-1}+\cdots+b_{n+1}}{a_1s^n+a_2s^{n-1}+\cdots+a_{n+1}}$$

② 切比雪夫滤波器:

```
[b,a] = cheby1(n,Rp,wn,'ftype','s')或[b,a] = cheby2(n,Rs,wn,'ftype','s')
```

③ 椭圆滤波器:

```
[b,a] = ellip(n,Rp,Rs,wn,'ftype','s')
```

例5-14 用双线性变换法设计一个切比雪夫Ⅰ型数字带通滤波器,设计指标为:$\alpha_P=1\text{dB}$,$\omega_{P1}=0.4\pi$,$\omega_{P2}=0.6\pi$,$\alpha_s=40\text{dB}$,$\omega_{s1}=0.2\pi$,$\omega_{s2}=0.8\pi$,$T=1\text{ms}$。

解 根据以上实现步骤,MATLAB程序如下。

```
%确定所需类型数字滤波器的技术指标
Rp = 1;Rs = 40;T = 0.001;
wp1 = 0.4 * pi;wp2 = 0.6 * pi;ws1 = 0.2 * pi;ws2 = 0.8 * pi;
%将所需类型数字滤波器的技术指标转换成模拟滤波器的技术指标
wp3 = (2/T) * tan(wp1/2);wp4 = (2/T) * tan(wp2/2);
ws3 = (2/T) * tan(ws1/2);ws4 = (2/T) * tan(ws2/2);
%将所需类型模拟滤波器技术指标转换成模拟低通滤波器技术指标,设计模拟滤波器
wp = [wp3,wp4];ws = [ws3,ws4];
[n,wn] = cheb1ord(wp,ws,Rp,Rs,'s'); [z,p,k] = cheb1ap(n,Rp); [b,a] = zp2tf(z,p,k);
%频率变换
w0 = sqrt(wp3 * wp4);Bw = wp4 - wp3;
[b1,a1] = lp2bp(b,a,w0,Bw);
%双线性变换法
```

```
[bz,az] = bilinear(b1,a1,1/T);
[db,mag,pha,grd,w] = freqz_m(bz,az); plot(w/pi,db); axis([0,1,-50,2]);
```

程序运行结果如图 5-30 所示。

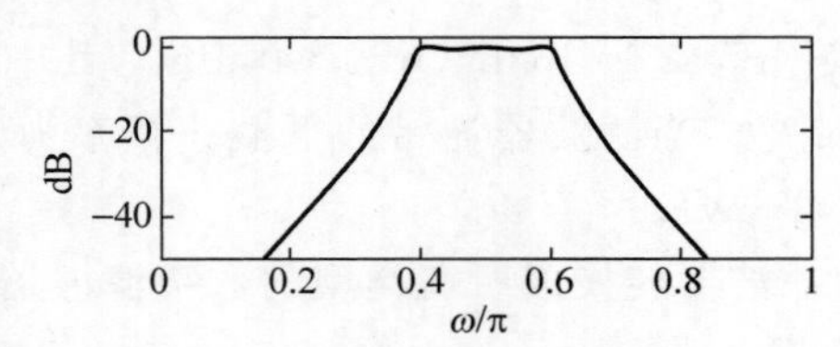

图 5-30　切比雪夫Ⅰ型数字带通滤波器幅频特性

对于第二种方法，由于其频率变换是在离散域内进行的，因而可以避免脉冲响应不变法由于频率响应混叠严重而不适合用于设计高通、带阻滤波器的限制。表 5-8 列出了数字低通到其他类型滤波器的频率变换关系式，进一步的讨论可参考文献[22]。

表 5-8　数字滤波器的频率变换

变换类型	变换关系 $z^{-1}=G(z^{-1})$	变换参数
低通→低通	$\dfrac{z^{-1}-a}{1-az^{-1}}$	$a=\dfrac{\sin\dfrac{\omega_r-\omega_p}{2}}{\sin\dfrac{\omega_r+\omega_p}{2}}$ 其中 ω_r、ω_p 分别为低通原型滤波器和所需要设计的滤波器的通带截止频率
低通→高通	$-\dfrac{z^{-1}+a}{1+az^{-1}}$	$a=-\dfrac{\cos\dfrac{\omega_p+\omega_r}{2}}{\cos\dfrac{\omega_p-\omega_r}{2}}$
低通→带通	$-\dfrac{z^{-2}-\dfrac{2ak}{k+1}z^{-1}+\dfrac{k-1}{k+1}}{\dfrac{k-1}{k+1}z^{-2}-\dfrac{2ak}{k+1}z^{-1}+1}$	$a=\dfrac{\cos\dfrac{\omega_{p2}+\omega_{p1}}{2}}{\cos\dfrac{\omega_{p2}-\omega_{p1}}{2}},k=\tan\dfrac{\omega_r}{2}\cot\dfrac{\omega_{p2}-\omega_{p1}}{2}$ 其中 ω_{p2}、ω_{p1} 分别为所需要设计的滤波器的通带上限、下限截止频率
低通→带阻	$\dfrac{z^{-2}-\dfrac{2ak}{1+k}z^{-1}+\dfrac{1-k}{1+k}}{\dfrac{1-k}{1+k}z^{-2}-\dfrac{2ak}{1+k}z^{-1}+1}$	$a=\dfrac{\cos\dfrac{\omega_{p2}+\omega_{p1}}{2}}{\cos\dfrac{\omega_{p2}-\omega_{p1}}{2}},k=\tan\dfrac{\omega_r}{2}\tan\dfrac{\omega_{p2}-\omega_{p1}}{2}$

通过频率变换可以实现不同类型滤波器之间的相互转换，方便了滤波器的设计，下面举一个例子说明。

例 5-15　假设某模拟滤波器 $H_a(s)$是一个高通滤波器，通过 $s=\dfrac{z+1}{z-1}$映射为数字滤波器 $H(z)$，求所得数字滤波器 $H(z)$为何种类型的通带滤波器。若 $H(z)$是一个低通滤波器，$H(-z)$又为何种类型的通带滤波器。

分析　滤波器的通带类型，一般通过选择一些特殊点进行近似判别。对于模拟滤波器而言，$\Omega=0$(或 $s=0$)和 $\Omega=\infty$(或 $s=\infty$)是其两个特殊点。判断时，若 $H_a(0)>H_a(\infty)$，则为低通滤波器；反之，则为高通滤波器。若出现 $H_a(0)=H_a(\infty)$的情况，则还要判断 $H_a(0)$或 $H_a(\infty)$与 $H_a(\Omega_0)$的大小关系，Ω_0 为$[0,\infty]$中某一值，若 $H_a(0)<H_a(\Omega_0)$则为带通滤波器，反之则为带阻滤波器。

对于数字滤波器，$\omega=0$(或 $z=1$)和 $\omega=\pi$(或 $z=-1$)则是其两个特殊点。为了判断数字滤波器是低通还是高通，只需比较 $H(e^{j\omega})$在 $\omega=0$ 和 $\omega=\pi$ 两点处值的大小。而带通和带阻滤波器则还要比较与 ω_0 取$[0,\pi]$中某一值时 $H(e^{j\omega})$的大小。

解 (1) 模拟滤波器为高通，通带中心在 $\Omega=\infty$处。由于频率变换时，只是频率进行映射，而幅度的相对关系不发生变化，因此只要找到 ω 与 Ω 的关系，就可得到数字滤波器的通带中心。

由题意，s 与 z 的关系为

$$s=\frac{z+1}{z-1}$$

取 $s=j\Omega, z=e^{j\omega}$，得

$$j\Omega=\frac{e^{j\omega}+1}{e^{j\omega}-1}\Rightarrow e^{j\omega}=\frac{j\Omega+1}{j\Omega-1}$$

当 $\Omega=0$ 时，$\omega=\pi$；当 $\Omega=\infty$时，$\omega=0$。变换将模拟高通中心频率 $\Omega=\infty$映射到 $\omega=0$处，而数字低通滤波器的通带在 $\omega=0$，故数字滤波器为低通滤波器。

(2) $H(z)$是一个低通滤波器，因而通带位于 $z=1$。通过 $z_1=-z$ 所得到的滤波器 $H(-z)$，其通带位于 $z_1=-1$，故 $H(-z)$为高通滤波器。

5.6.2 IIR 滤波器的应用实例——人体脉象分析预处理

人体生物信号种类繁多，包括电生理信号，如心电信号、脑电信号、肌电信号；非电生理信号，如心音、脉搏、颈动脉搏动、呼吸、鼾声等；生理特征信号，如指纹、掌形、面部、虹膜、步态等；其他信号，如医院化验得到的生化信息、DNA 基因信息、超声等医学图像信息等。其中，脉搏是中医人体脉象分析的基础。中医是我国传统文化的瑰宝，在我国中医理论中，一直有候脉诊病的做法，其理论依据为心脏搏动是形成脉象的动力，气血是形成脉象的物质基础，脉象反映了整个机体的植物神经和内分泌系统的机能状态，通过研究脉象与心、脉、气、血的关系，形成了通过脉象诊断人体健康的一整套中医理论。我国正在推进"面向 2035 人工智能在中医药领域的应用战略研究"，在互联网医疗模式下，借助于新开发的健康腕表、智能脉诊仪等智能医疗器械，将实时采集的患者脉搏波、心率值、心电波和血压值等体质数据实时传送给云诊断平台，再利用高精度诊断算法给出初步诊断结果。

人体脉象信号的采集可以利用压力传感器或光电脉搏波传感器完成。人体脉搏波信号是典型的时间序列，具有准周期性。图 5-31(a)和图 5-31(b)所示为采集到的脉搏波信号及其频谱图，采样频率 $f_s=200\text{Hz}$。脉搏波信号在采集过程中，容易受到诸如工频、肌电等人体和外部因素的干扰，对后续脉搏波信号的分析产生较大影响。为了减少干扰信号的影响，需要对采集到的原始信号进行预处理，这就用到了本章介绍的方法。由于脉搏波信号频率主要限定在 10Hz 之内，为此可设计一个五阶巴特沃思低通滤波器完成信号的滤波，截止频率设置为 10Hz。图 5-31(c)～图 5-31(e)显示了利用脉冲响应不变法设计的巴特沃思低通

滤波器的幅频响应及滤波后的脉搏波信号及其频谱。

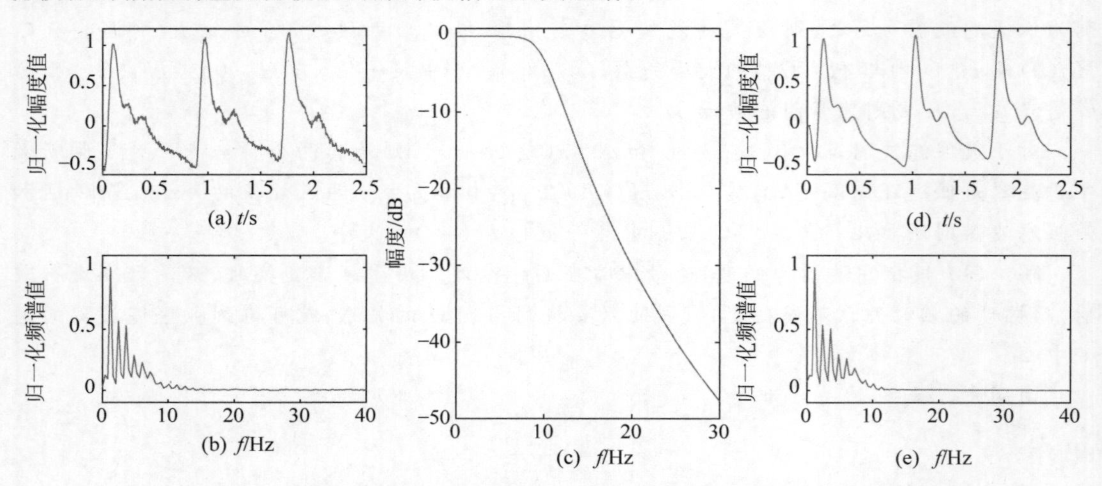

图 5-31 五阶巴特沃思低通滤波器幅频响应及滤波前后脉搏波信号及其频谱

根据中医理论，一个完整的脉搏波包括一个上升支、一个下降支及5个特征点（始射点、主波峰值点、潮波峰值点、降中峡谷点和重搏波峰值点），根据这些关键点再结合脉搏周期等参数即可获得脉搏波信号的时域特征，从而可以分为浮、沉、迟、数、滑、涩等28种脉象。后续还可进一步利用信号处理方法提取脉搏波频域或时域特征，如功率谱、倒谱、小波系数或经验模态分解系数等，即可利用人工智能方法，如支持向量机、深度神经网络等完成对脉搏波的分类与识别。目前，基于多模态的生物医学信号处理是当前研究的热点。学习完第6章内容，大家还可以尝试设计FIR滤波器完成对脉搏波信号的预处理。对其他人体生物信号处理的方法类似。

5.7 IIR 数字滤波器的直接设计法

前面介绍的IIR数字滤波器设计方法是通过先设计模拟滤波器，再进行 s 平面到 z 平面的映射达到设计数字滤波器的目的。这种设计方法实际上是数字滤波器的一种间接设计方法，而且幅频特性受到所选模拟滤波器特性的限制。对于要求任意幅度特性的滤波器，则不适合采用这种方法。本节介绍在数字域直接设计IIR数字滤波器的设计方法，这种算法需要借助于最优化设计理论和迭代算法逼近所需的滤波器。首先初始化一个系统函数，然后计算该滤波器的幅频响应，并与要求的滤波器的幅频响应进行数学上的比较，当出现失配时，调整滤波器的系数值并重新计算，直到找到满足要求的滤波器幅频响应的系统函数为止。

由于这种逼近所需滤波器的方法常常需要解线性的或非线性的联立方程组，需要计算机完成大量的计算工作，所以也称为数字滤波器的计算机辅助设计。采用计算机辅助设计技术逼近任意频率响应特性，可以有多种方法，例如零极点累试法、最小平方逆滤波法、最小均方误差法、最小 p 误差法和线性规划法等。本节只介绍零极点累试法和最小均方误差法。在下面的讨论中，我们只限于导出各种方法的设计方程的公式，而不去讨论数值计算的细节。

5.7.1 零极点累试法

在第 2 章中讲到了系统函数的零极点分布对系统频率响应的影响，通过前面的分析可以看到：系统极点位置主要影响系统幅频响应的峰值位置及尖锐程度，零点主要影响频率响应的谷值位置及下凹程度，通过零极点位置可以定性地确定系统的幅频响应。

基于上述理论提出了一种直接设计 IIR 数字滤波器的方法，这种设计方法是根据滤波器的幅频响应先确定零极点位置，再按照确定的零极点位置写出系统函数，画出幅频特性曲线，并与希望得到的 IIR 数字滤波器进行比较，如果不满足要求，可以通过移动零极点位置或增减零极点数量进行修正。这种修正是多次的，因此称为零极点累试法。零极点位置并不是随意确定的，需要注意以下几点：

(1) 极点必须位于 z 平面单位圆内，以保证数字滤波器的因果稳定性。

(2) 零极点若为复数必须共轭成对，以保证系统函数为 z 的有理分式。

下面通过一个例子，说明零极点累试法的实现过程。

例 5-16　设计一个数字带通滤波器，通带中心频率 $\omega_0=\pi/2\text{rad}$，当 $\omega=\pi$ 和 $\omega=0$ 时，幅度衰减到 0。

解　根据题意确定零极点位置。

设极点为 $z_{1,2}=r\mathrm{e}^{\pm\mathrm{j}\pi/2}$，零点为 $z_{3,4}=\pm1$，零极点分布图如图 5-32(a)所示。数字带通滤波器的系统函数为

$$H(z)=A\frac{(z-1)(z+1)}{(z-r\mathrm{e}^{\mathrm{j}\pi/2})(z-r\mathrm{e}^{-\mathrm{j}\pi/2})}$$

上式中 A 为待定系数，如果要求在 $\omega=\pi/2\text{rad}$ 处，幅度为 1，即 $\left|H(\mathrm{e}^{\mathrm{j}\omega})\right|_{\omega=\pi/2}=1$，则 $A=(1-r^2)/2$。

取 $r=0.6$，$r=0.9$，分别画出数字带通滤波器的幅频响应，如图 5-32(b)所示。从图中可以看出，极点越靠近单位圆(r 约接近 1)，带通特性越尖锐。

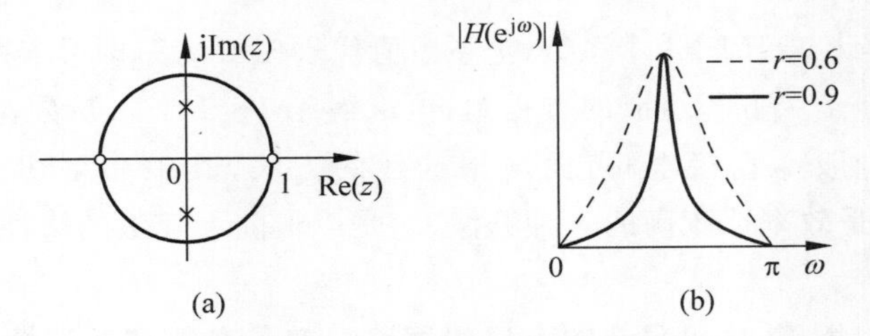

图 5-32　零极点累试法设计 IIR 数字滤波器

5.7.2 最小均方误差法

滤波器设计的目的是要使所得到的数字滤波器的频率响应 $H(\mathrm{e}^{\mathrm{j}\omega})$ 尽可能地逼近所要求的频率响应 $H_\mathrm{d}(\mathrm{e}^{\mathrm{j}\omega})$，使它们之间的误差最小。为了表示它们之间的差别，就需要规定一种误差判别准则。最小均方误差准则是使用较多的一种，它是施泰利兹(K. Steiglitz)于 1970 年提出的。

已知在一组离散频率点 ω_i $(i=1,2,\cdots,N)$ 上所要求的频率响应 $H_\mathrm{d}(\mathrm{e}^{\mathrm{j}\omega})$ 的值为

$H_d(e^{j\omega_i})$，假定实际求出的频率响应为 $H(e^{j\omega})$，那么，在这些给定离散频率点上，所要求的频率响应的幅值与求出的实际频率响应幅值的均方误差为

$$E=\sum_{i=1}^{N}[\,|H(e^{j\omega_i})|-|H_d(e^{j\omega_i})|\,]^2 \tag{5-96}$$

设计的目的是调整各 $H(e^{j\omega_i})$，即调整 $H(e^{j\omega})$ 的系数，使 E 为最小，这样得到的 $H(e^{j\omega})$ 作为 $H_d(e^{j\omega_i})$ 的逼近值。

实际滤波器 $H(e^{j\omega})$ 常采用二阶的级联形式表示，因为这种结构的频率响应对系数变化的灵敏度低（这使系数量化造成的误差减小），便于调整频率响应，而且在最优化过程中计算导数较为方便。设

$$H(z)=A\prod_{i=1}^{M}\frac{1+a_iz^{-1}+b_iz^{-2}}{1+c_iz^{-1}+d_iz^{-2}}=AG(z) \tag{5-97}$$

将从式(5-97)得到的 $H(e^{j\omega})=H(z)\big|_{z=e^{j\omega}}$ 代入式(5-96)，可以看出，均方误差 E 是 $a_i, b_i, c_i, d_i\,(i=1,2,\cdots,M)$ 及 A 的函数，所以 E 是 $4M+1$ 个未知参量的函数。

将这 $4M+1$ 个参量用矢量 $\boldsymbol{\theta}$ 表示为

$$\boldsymbol{\theta}=[a_1,b_1,c_1,d_1,\cdots,a_M,b_M,c_M,d_M,A] \tag{5-98}$$

则均方误差 E 是 $\boldsymbol{\theta}$ 的函数，记为 $E(\boldsymbol{\theta})$。设计的目的就是要找到 $\boldsymbol{\theta}$ 的最优值 $\boldsymbol{\theta}^*$，使均方误差为最小，即 $E(\boldsymbol{\theta}^*)\leqslant E(\boldsymbol{\theta})$，这就是最小均方误差准则。此准则追求的目标是使总的逼近误差为最小，但不排除在个别频率点上有较大的误差，特别是在滤波器的过渡带附近。采用此准则的优点是有较成熟的数学解法。

一般来说，求误差函数 $E(\boldsymbol{\theta})$ 的最小值，可令它的各一阶偏导数为 0，即

$$\frac{\partial E(\boldsymbol{\theta})}{\partial |A|}=0,\quad \frac{\partial E(\boldsymbol{\theta})}{\partial a_i}=0,\quad \frac{\partial E(\boldsymbol{\theta})}{\partial b_i}=0,\quad \frac{\partial E(\boldsymbol{\theta})}{\partial c_i}=0,\quad \frac{\partial E(\boldsymbol{\theta})}{\partial d_i}=0,\quad i=1,2,\cdots,M \tag{5-99}$$

利用计算机就可以解出这 $4M+1$ 个系数，把系数值代入式(5-97)，即可求得所设计的 $H(z)$。

理论上，解 $4M+1$ 个方程组成的方程组，可求得 $4M+1$ 个未知数，这就是 $\boldsymbol{\theta}^*$。但实际求解起来很困难，一般不直接求解，而采用迭代的方法，其中弗莱切·鲍威尔（Fletcher Powell）的优化算法是效率比较高的一种算法，它是以最陡下降法的线性搜索为主的一种混合型算法。

最优化过程比较烦琐，这里只介绍大概的思路。它是在得到滤波器的理想特性与实际特性之间的误差函数后，找到使误差函数最小的自变量的一组数据。选定这组数据为滤波器系统函数的各系数或零极点，这样就得到了所求的数字滤波器的系统函数。寻找一组最佳参数使误差函数最小的过程即为最优化过程，其方法即为最优化算法。

令 $Q(\boldsymbol{X})$ 表示误差函数，$\boldsymbol{X}$ 是它的自变量向量，设

$$\boldsymbol{X}=[x_1,x_2,\cdots,x_N],\quad N\text{ 为正整数}$$

$x_i\,(i=1,2,\cdots,N)$ 是待求的一组参数。首先设定 $\boldsymbol{X}$ 的初值 $\boldsymbol{X}(0)$，然后按一定方向寻找 $\boldsymbol{X}$ 的下一个值 $\boldsymbol{X}(i)$，使 $Q(\boldsymbol{X})$ 的值以较快的速度下降。每找到一个 $\boldsymbol{X}(i)$，都需要计算 $Q(\boldsymbol{X}(i))$ 和梯度

$$\nabla Q=\left[\frac{\partial Q}{\partial x_1},\frac{\partial Q}{\partial x_2},\cdots,\frac{\partial Q}{\partial x_N}\right] \tag{5-100}$$

当 $Q(\boldsymbol{X}(i))$下降到一定程度,以至于使

$$|Q(\boldsymbol{X}(i))|-|Q(\boldsymbol{X}(i-1))|<\varepsilon \tag{5-101}$$

且

$$|\nabla Q|<\varepsilon \tag{5-102}$$

时,认为此时 $\boldsymbol{X}(i)$即为所寻求的最佳参数。整个过程必须借助于计算机,采用迭代方法完成。

应当指出,这种最小化方法只涉及幅度函数。由于并未对传输函数的零极点作任何限制,最优化算法的结果,得到的参量值可能相当于一个不稳定的滤波器,也就是可能有位于单位圆外的极点 p_i。此时,可级联一个全通网络将单位圆外的极点反射到单位圆内镜像位置上(用 $1/p_i$ 来代替 p_i)。这样处理后不会影响幅频特性的形状,但整个级联后的系统却变成了一个稳定的滤波器。

将所有单位圆外的极点反射到单位圆内后,可再次运行此最优化程序,直到达到一个新的最小点为止。如果要求滤波器是最小相位的,可以把单位圆外的零点反射到单位圆内。

需要注意,上面所说的 ω_i 值可以是均匀分布的,也可以不是均匀分布的。这样,设计起来就比较灵活,可视情况决定不同滤波区域抽样点的间隔。

5.8 IIR 数字滤波器的相位均衡

设计 IIR 数字滤波器时,只考虑了幅频特性,没有考虑相位特性。因此,所设计的 IIR 数字滤波器的相位特性一般都是非线性的。为了补偿这种相位失真,必须给滤波器级联一个时延均衡器,也就是说要对 IIR 数字滤波器进行相位均衡。

5.8.1 全通滤波器的群时延特性

全通滤波器的幅频特性对所有频率均为常数或 1,而其相位特性却随频率变化而变化,即

$$H_{\mathrm{ap}}(\mathrm{e}^{\mathrm{j}\omega})=|H_{\mathrm{ap}}(\mathrm{e}^{\mathrm{j}\omega})|\mathrm{e}^{\mathrm{j}\varphi(\omega)}=\mathrm{e}^{\mathrm{j}\varphi(\omega)} \tag{5-103}$$

式(5-103)表明,信号通过全通滤波器后,幅度谱不发生变化,仅相位谱发生变化,形成纯相位滤波。因此,全通滤波器是一种纯相位滤波器,经常用于相位均衡,以使系统的群延时特性保持为一个常数,故又称为时延均衡器。

全通滤波器的系统函数可以写成如下形式:

$$H_{\mathrm{ap}}(z)=\prod_{k=1}^{N}\frac{z^{-1}-z_k^*}{1-z_kz^{-1}} \tag{5-104}$$

显然,极点 z_k 与零点 $1/z_k^*$ 互为共轭倒数关系。

全通滤波器的频率响应可以表示为

$$H_{\mathrm{ap}}(z)=\prod_{k=1}^{N}\frac{\mathrm{e}^{-\mathrm{j}\omega}-z_k^*}{1-z_k\mathrm{e}^{-\mathrm{j}\omega}} \tag{5-105}$$

对于一个因果稳定的全通系统来说,其极点全部位于单位圆内部。

对于 $z_k = re^{j\theta}$ 的一阶全通滤波器，由式(5-105)可求出相位函数为

$$\varphi_1(\omega) = \arg \frac{e^{-j\omega} - re^{-j\theta}}{1 - re^{j\theta}e^{-j\omega}} = -\omega - 2\arctan \frac{r\sin(\omega - \theta)}{1 - r\cos(\omega - \theta)} \tag{5-106}$$

于是可得出此一阶全通系统的群时延特性为

$$\tau(\omega) = -\frac{d\varphi(\omega)}{d\omega} = \text{grd}\frac{e^{-j\omega} - re^{-j\theta}}{1 - re^{j\theta}e^{-j\omega}} = \frac{1 - r^2}{1 + r^2 - 2r\cos(\omega - \theta)} = \frac{1 - r^2}{|1 - re^{j\theta}e^{-j\omega}|^2} \tag{5-107}$$

图 5-33 显示了 $z_k = 0.9(\theta = 0, r = 0.9)$ 和 $z_k = -0.9(\theta = \pi, r = 0.9)$ 两种情况下一阶全通系统的相位、群时延特性曲线。由图可以看出，由于 $r < 1$，因果全通系统的相位在 $0 < \omega < \pi$ 内总是非正的，而对群时延的贡献总是正的。由于高阶全通滤波器的群时延就是如式(5-107)的一些正的项之和，所以一个系统函数为有理函数的全通滤波器的群时延总是正的。

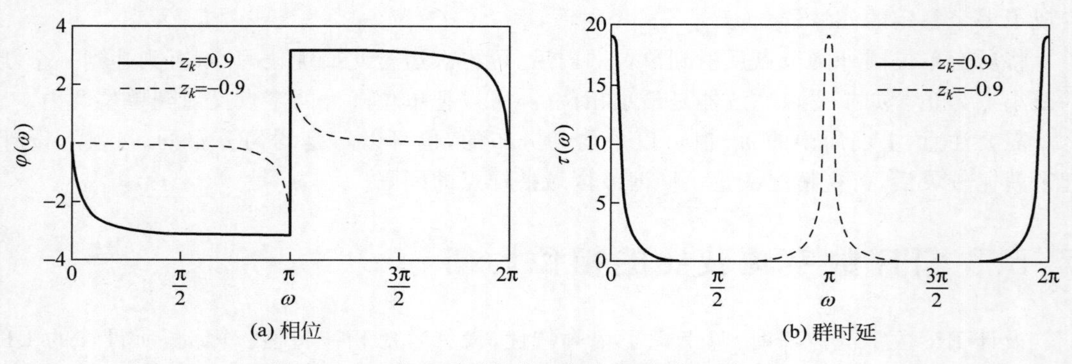

图 5-33 一阶全通系统的频率响应（相位和群时延）

全通滤波器有很多用途，除可用作相位（或群时延）失真的补偿之外，还可用于最小相位系统，以及用于把数字低通滤波器变换到其他类型的滤波器的频率变换中等。

5.8.2 IIR 数字滤波器的群时延均衡

为了补偿 IIR 数字滤波器产生的相位非线性失真，需在其后面接入一个均衡器进行相位均衡，使其群时延特性得到改善。设 $H_c(z)$ 为一个待补偿的 IIR 滤波器的系统函数，$H_{ap}(z)$ 为所要设计的群时延均衡器（全通滤波器）的系统函数，两者连接的框图如图 5-34 所示。

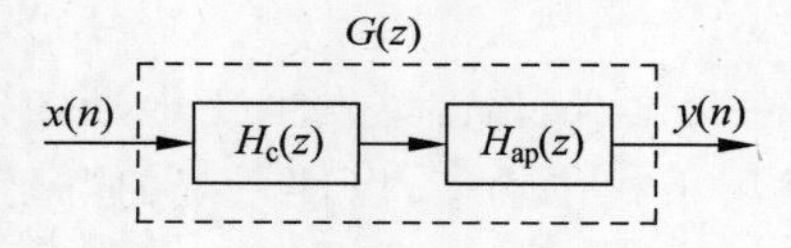

图 5-34 利用全通滤波器进行失真补偿的框图

由图可知，接入群时延均衡器后整个系统的频率响应为

$$G(e^{j\omega}) = H_c(e^{j\omega})H_{ap}(e^{j\omega}) \tag{5-108}$$

由于 $|H_{ap}(e^{j\omega})| = 1$，所以 $|G(e^{j\omega})| = |H_c(e^{j\omega})|$。

均衡后整个系统总的群时延为

$$\text{grd}[G(e^{j\omega})] = \text{grd}[H_c(e^{j\omega})] + \text{grd}[H_{ap}(e^{j\omega})] \tag{5-109}$$

理想的情况是，均衡后整个系统总的群时延为 0，此时有

$$\tau_d(\omega) = \text{grd}[H_{ap}(e^{j\omega})] = -\text{grd}[H_c(e^{j\omega})] \tag{5-110}$$

其中，$\tau_{\mathrm{d}}(\omega)$为所设计均衡器的群时延。一般来说，可使均衡后整个系统总的群时延为一个常数，设 $\mathrm{grd}[G(\mathrm{e}^{\mathrm{j}\omega})]=\tau$，$\mathrm{grd}[H_{\mathrm{c}}(\mathrm{e}^{\mathrm{j}\omega})]=\tau_{\mathrm{c}}(\omega)$，则群时延均衡器应有的时延特性为

$$\tau_{\mathrm{d}}(\omega)=\tau-\tau_{\mathrm{c}}(\omega) \tag{5-111}$$

$\tau_{\mathrm{d}}(\omega)$就是希望设计的群时延均衡器的群时延特性。假设实际设计的群时延均衡器的群时延为 $\tau(\omega)$，利用最小 p 误差法可得到所设计的群时延均衡器的误差函数为

$$E=\sum_{i=1}^{N}W(\omega_i)[\tau(\omega_i)-\tau_{\mathrm{d}}(\omega_i)]^p \tag{5-112}$$

若取 $p=2$，则 E 为均方误差函数。有了误差函数，就可以用相应的计算机辅助优化设计的方法进行群时延均衡器的最佳设计了。

本章小结

本章主要介绍了数字滤波器的基本概念、模拟滤波器的设计过程、利用模拟滤波器的理论设计 IIR 数字滤波器的方法，以及 IIR 数字滤波器的直接设计方法等，其主要内容包括以下几个方面：

(1) 数字滤波器是一个时域离散系统，按其单位脉冲响应 $h(n)$的长短可分为 IIR 滤波器和 FIR 滤波器；按频率响应的通带特性分为低通、高通、带通、带阻和全通滤波器。数字滤波器的频率响应以 2π 为周期，所以低频在 ω 为 $0,2\pi,4\pi,\cdots$附近，高频在 ω 为 $\pi,3\pi,5\pi,\cdots$附近。

数字滤波器的频率响应 $H(\mathrm{e}^{\mathrm{j}\omega})$一般为复函数，表示为 $H(\mathrm{e}^{\mathrm{j}\omega})=|H(\mathrm{e}^{\mathrm{j}\omega})|\mathrm{e}^{\mathrm{j}\varphi(\omega)}$。对 IIR 滤波器，重点讨论幅频响应，其相频响应一般为非线性相位。其主要指标包括通带截止频率 ω_{p}、阻带截止频率 ω_{s}、通带最大衰减 α_{p} 及阻带最小衰减 α_{s}。

IIR 滤波器是利用模拟滤波器理论设计的数字滤波器，就是由模拟低通原型滤波器的传输函数 $H_{\mathrm{a}}(s)$求出相应的数字低通原型滤波器的系统函数 $H(z)$。转换方法的优劣主要从稳定性和逼近程度来考察，工程上常用的转换方法有脉冲响应不变法和双线性变换法。

(2) 模拟滤波器是 IIR 滤波器设计的基础。模拟滤波器的技术指标与数字滤波器类似。在设计模拟滤波器时，先将待设计的模拟滤波器技术指标转换为模拟低通原型滤波器技术指标，然后设计模拟低通原型滤波器，再通过频率变换(原型变换)将模拟低通滤波器转换为所需的滤波器。

常用模拟滤波器有巴特沃思滤波器、切比雪夫滤波器、椭圆滤波器等。巴特沃思滤波器的特点是通带和阻带内都具有平坦的幅度特性。切比雪夫滤波器的幅频特性在通带(Ⅰ型)或阻带(Ⅱ型)内具有等波纹特性。椭圆滤波器在通带和阻带内都具有等波纹幅频特性。

滤波器的阶数通常定义为传输函数的极点数，就同一滤波器而言，以上三种滤波器总是阶数越高，过渡带越窄，曲线越陡。三种滤波器之间比较，如果对过渡带的要求相同，则选用椭圆滤波器所需要的阶数最低，切比雪夫滤波器次之，巴特沃思滤波器最高。若从设计的复杂性和参数的灵敏度来看，情况正好相反。

(3) 脉冲响应不变法是从时域出发，使 $h(n)$等于 $h_{\mathrm{a}}(t)$的采样值，由于实现了时域采样，因而时域逼近良好，但数字滤波器的频谱为模拟滤波器频谱的周期延拓，所以存在频谱

混叠效应。当 $H_a(s)$ 只有单阶极点 $H_a(s)=\sum_{i=1}^{N}\frac{A_i}{s-s_i}$ 时，变换后数字滤波器 $H(z)=\sum_{i=1}^{N}\frac{A_i}{1-e^{s_iT}z^{-1}}$。

s 平面与 z 平面的映射关系为 $z=e^{sT}$。由于 s 平面到 z 平面的非单值映射关系，s 平面上每一条宽为 $2\pi/T$ 的横带，都将重复地映射到整个 z 平面上。所以，当模拟滤波器的最高频率高于 $\Omega_s=\pi/T_s$ 时，便会产生频率混叠现象。

这种变换方法的优点是时域逼近良好和模拟频率与数字频率之间呈线性关系，即 $\omega=\Omega T$，缺点是会产生频率混叠现象，只适用于带限模拟滤波器的设计，如低通、带通滤波器。

(4) 双线性变换法由于采用了非线性压缩，从而实现 s 平面到 z 平面的单值映射，模拟滤波器和数字滤波器的映射关系为 $H(z)=H_a(s)\Big|_{s=\frac{2}{T}\cdot\frac{1-z^{-1}}{1+z^{-1}}}$。其优点是不会产生频率混叠现象，适用具有分段常数频率特性的任意滤波器的设计，缺点是模拟频率与数字频率是非线性关系，即 $\Omega=\frac{2}{T}\tan\frac{\omega}{2}$。

双线性变换法所得的数字频率响应将产生"畸变"，可以采用"预畸变"的方法来补偿。"预畸变"就是将临界模拟频率事先加以畸变，然后经变换后正好映射到所需要的数字频率上。具体做法为：先由 Ω_p 按线性变换关系求出 $\omega_p(\omega=\Omega T)$，再代入式 $\Omega=\frac{2}{T}\tan\frac{\omega}{2}$，求出 $\Omega'_p=\frac{2}{T}\tan\frac{\omega_p}{2}=\frac{2}{T}\tan\frac{\Omega_p T}{2}$。这在利用双线性变换法设计数字滤波器时一定要注意！

(5) 非低通滤波器的设计方法可通过频率变换实现，具体方法为：①确定所需类型数字滤波器的技术指标；②将所需类型数字滤波器的技术指标转换成模拟滤波器的技术指标；③由频率变换将所需类型模拟滤波器技术指标转换成模拟低通原型滤波器指标；④设计模拟低通原型滤波器；⑤将模拟低通原型通过频率变换，转换成所需类型的模拟滤波器；⑥选择合适的变换方法(脉冲响应不变法或双线性变换法)，将 $H_a(s)$映射为 $H(z)$。

(6) 脉冲响应不变法和双线性变换均属于数字滤波器的一种间接设计方法，幅频特性受到所选模拟滤波器特性的限制。对于要求任意幅度特性的滤波器，可采用在数字域直接设计 IIR 滤波器的方法，这种算法需要借助于最优化设计理论和迭代算法来逼近所需的滤波器。常用方法包括零极点累试法、最小平方逆滤波法、最小均方误差法、最小 p 误差法和线性规划法等。

(7) IIR 数字滤波器的设计，由于只考虑了幅频特性，没有考虑相位特性。因此，所设计的 IIR 数字滤波器的相位特性一般都是非线性的。为了补偿这种相位失真，可以给滤波器级联一个时延均衡器，常用均衡器为全通滤波器。

习题

5-1 设 $H_a(s)=\frac{1}{s^2+5s+6}$，试用脉冲响应不变法和双线性变换法将其转换为数字滤波器,采样周期 $T=2\text{s}$。

5-2 设 $h_a(t)$ 表示一模拟滤波器的单位冲激响应

$$h_a(t)=\begin{cases} e^{-0.9t}, & t\geqslant 0 \\ 0, & t<0 \end{cases}$$

用脉冲响应不变法,将此模拟滤波器转换成数字滤波器。确定系统函数 $H(z)$,并把 T 作为参数,证明:T 为任何值时,数字滤波器都是稳定的,并说明数字滤波器近似为低通滤波器还是高通滤波器。

5-3 一个采样数字处理低通滤波器如图题 5-3 所示,$H(z)$的截止频率 $\omega_c=0.2\pi$,整个系统相当于一个模拟低通滤波器,令采样频率 $f_s=1\text{kHz}$,问等效于模拟低通的截止频率 f_c 为多少?若采样频率 f_s 分别改变为 5kHz、200Hz,而 $H(z)$不变,问这时等效于模拟低通的截止频率又各为多少?

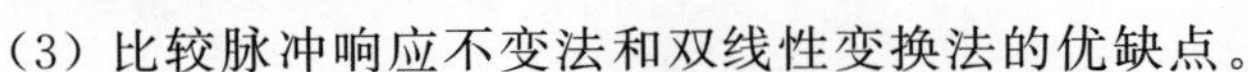

图题 5-3

5-4 图题 5-4 所示是由 RC 组成的模拟滤波器。

(1) 写出传输函数 $H_a(s)$,判断并说明是低通还是高通滤波器;

(2) 选用一种合适的转换方法将 $H_a(s)$转换成数字滤波器 $H(z)$,设采样周期为 T;

(3) 比较脉冲响应不变法和双线性变换法的优缺点。

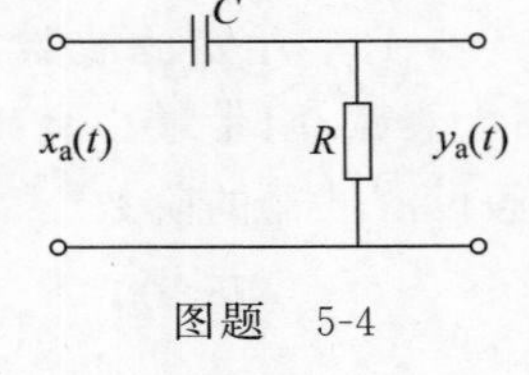

图题 5-4

5-5 某数字滤波器的系统函数为

$$H(z)=\frac{2}{1-0.5z^{-1}}-\frac{1}{1-0.25z^{-1}}$$

如果该滤波器是用双线性变换法设计得到的,且 $T=2\text{s}$,求可以作为原型的模拟滤波器的传输函数 $H_a(s)$。

5-6 一个二阶连续时间滤波器的系统函数为 $H_a(s)=\dfrac{1}{s-a}+\dfrac{1}{s-b}$,其中,$a<0$,$b<0$ 都是实数。用脉冲响应不变法将模拟滤波器 $H_a(s)$变换为数字滤波器 $H(z)$,抽样周期 $T=2\text{s}$,并确定 $H(z)$的极点和零点位置。

5-7 用脉冲响应不变法设计一个数字低通滤波器,已知模拟低通原型滤波器传输函数为 $H_a(s)=\dfrac{2}{s^2+3s+2}$,模拟截止频率 $f_c=1\text{kHz}$,采样频率 $f_s=4\text{kHz}$。

(1) 求数字低通滤波器的系统函数 $H(z)$。

(2) 该数字滤波器的截止频率为多少?

(3) 一个以 2kHz 频率采样的输入信号通过该数字滤波器后,输出信号的最大频率范围为多少?

(4) 若保持 $H(z)$不变,采样频率 f_s 提高到原来的 4 倍,则该低通滤波器截止频率有什么变化?

5-8　某二阶模拟低通滤波器的传输函数为 $H_a(s)=\dfrac{\Omega_c^2}{s^2+\sqrt{3}\Omega_c s+3\Omega_c^2}$，试用双线性变换法设计一个数字低通滤波器，其 3dB 截止频率 $f_c=1\text{kHz}$，采样频率 $f_s=4\text{kHz}$，写出数字低通滤波器的系统函数 $H(z)$。

5-9　用双线性变换法设计一个三阶巴特沃思高通数字滤波器（要求预畸变），采样频率 $f_s=6\text{kHz}$，3dB 截止频率为 1.5kHz，已知三阶巴特沃思滤波器的归一化低通原型滤波器传输函数为 $H_a(s)=\dfrac{1}{s^3+2s^2+2s+1}$，求高通滤波器的系统函数 $H(z)$。

5-10　用脉冲响应不变法设计一个数字低通滤波器，已知模拟低通原型滤波器传输函数为 $H_a(s)=\dfrac{2}{s^2+3s+2}$，模拟截止频率 $f_c=1\text{kHz}$，采样频率 $f_s=4\text{kHz}$。

（1）求数字低通滤波器的系统函数 $H(z)$。

（2）如果采用双线性变换法设计该数字低通滤波器，求预畸变后的模拟低通截止频率 Ω_c'。

5-11　用双线性变换法设计 IIR 数字滤波器时，为什么要“预畸变”？如何“预畸变”？

5-12　试从以下几个方面比较脉冲响应不变法和双线性变换法的特点：基本思路，如何从 s 平面映射到 z 平面，频率变换的线性关系。

5-13　给定滤波器参数 f_p、f_s、α_p、α_s、T（分别表示通带截止频率、阻带截止频率、通带最大衰减、阻带最小衰减、采样周期），说明采用双线性变换法设计 IIR 数字滤波器的步骤（假设滤波器的阶数 N，各种归一化模拟原型 LPF 的传输函数 $H_a(s)$都可以查表得到）。

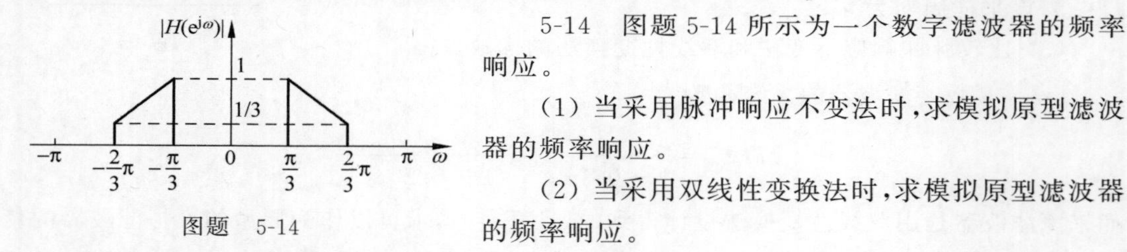

图题　5-14

5-14　图题 5-14 所示为一个数字滤波器的频率响应。

（1）当采用脉冲响应不变法时，求模拟原型滤波器的频率响应。

（2）当采用双线性变换法时，求模拟原型滤波器的频率响应。

5-15　假设某模拟滤波器 $H_a(s)$是一个低通滤波器，又知 $H(z)=H_a(s)\Big|_{s=\frac{z+1}{z-1}}$，数字滤波器 $H(z)$的通带中心位于下面哪种情况？并说明原因。

（1）$\omega=0$（低通）。

（2）$\omega=\pi$（高通）。

（3）除 0 或 π 以外的某一频率（带通）。

5-16　系统函数为 $H(z)$，单位脉冲响应为 $h(n)$的一个数字滤波器的频率响应

$$H(e^{j\theta})=\begin{cases}A, & |\theta|\leqslant\theta_c\\ 0, & \theta_c<|\theta|\leqslant\pi\end{cases}$$

其中，$0<\theta_c<\pi$，通过变换 $z=-z_1^2$，将这个滤波器变换成一个新滤波器，即

$$H_1(z_1)=H(z)\Big|_{z=-z_1^2}$$

（1）求原低通滤波器 $H(z)$的频率变量 θ 与新滤波器 $H_1(z_1)$的频率变量 ω 之间的关系式。

(2) 画出新滤波器的频率响应 $H_1(e^{j\omega})$，并判断这是哪一种通带滤波器。

(3) 写出用 $h(n)$ 表示 $h_1(n)$ 的表达式。

5-17 在利用脉冲响应不变法和双线性变换法将一个模拟滤波器变换为数字滤波器时，针对下面列出的几种情况，试分析采用哪一种(或两种)变换方法可以得出要求的结果。

(1) 最小相位模拟滤波器(所有极点和零点均在 s 左半平面上)变换为最小相位数字滤波器。

(2) 模拟全通滤波器(极点在左半平面 $-s_i$ 处，而零点在对应的右半平面 s_i 处)变换为数字全通滤波器。

(3) $H(e^{j\omega})\big|_{\omega=0}=H_a(j\Omega)\big|_{\Omega=0}$。

(4) 模拟带阻滤波器变换为数字带阻滤波器。

(5) 设 $H_1(z)$、$H_2(z)$和 $H(z)$分别由 $H_{a1}(s)$、$H_{a2}(s)$和 $H_a(s)$变换得到，若 $H_a(s)=H_{a1}(s)H_{a2}(s)$，则 $H(z)=H_1(z)H_2(z)$。

(6) 设 $H_1(z)$、$H_2(z)$和 $H(z)$分别由 $H_{a1}(s)$、$H_{a2}(s)$和 $H_a(s)$变换得到，若 $H_a(s)=H_{a1}(s)+H_{a2}(s)$，则 $H(z)=H_1(z)+H_2(z)$。

5-18 已知某数字滤波器的系统函数为 $H(z)=\dfrac{1+z^{-1}}{1+0.5z^{-1}}$：

(1) 画出系统的频率响应，并分析这一系统是哪一种通带滤波器？

(2) 在上述系统中，用下列差分方程表示的网络代替它的 z^{-1} 延时单元：

$$y(n)=x(n-1)-\frac{1}{2}x(n)+\frac{1}{2}y(n-1)$$

试问变换后的数字滤波器又是哪一种通带滤波器？为什么？

5-19 已知模拟滤波器的幅度平方函数为 $|H_a(j\Omega)|^2=\dfrac{4}{6+5\Omega^2+\Omega^4}$，求 $H_a(s)$，画出它的零极点分布图，并用脉冲响应不变法将其转换为数字滤波器(已知 $T=10^{-4}$s)。

5-20 用双线性变换法设计一个巴特沃思数字低通滤波器，截止频率为 $f_c=1$kHz，采样频率 $f_s=25$kHz，在 12kHz 处阻带衰减为−30dB。求其差分方程，并画出滤波器的幅频响应。

5-21 用脉冲响应不变法设计一个三阶巴特沃思数字低通滤波器，截止频率为 $f_c=1$kHz，设采样频率 $f_s=6.283$kHz。

5-22 用双线性变换法设计一个三阶切比雪夫数字高通滤波器，采样频率为 $f_s=8$kHz，截止频率为 $f_c=2$kHz，通带波动 3dB。

5-23 用双线性变换法设计一个满足下面指标要求的数字带阻巴特沃思滤波器：通带上下边带各为 0～95Hz 和 105～500Hz，通带波动为 3dB，阻带为 99～101Hz，阻带衰减为 20dB，取样频率为 1kHz。

第 6 章

CHAPTER 6

FIR 数字滤波器的设计

6.1 引言

IIR 数字滤波器(也称 IIR 滤波器)的优点是可以利用模拟滤波器设计的结果,而模拟滤波器的设计有大量图表可查,方便简单。但它也有明显的缺点:相位的非线性将引起频率的色散(表明信号的各个频率成分被延迟了不同的时间,在时域这不利于信号波形的保持),若需线性相位,要采用全通网络进行相位校正,这使滤波器的设计变得复杂,成本也高。

高保真语音处理、图像处理及数据传输要求系统线性相位、任意幅度,FIR 数字滤波器(也称 FIR 滤波器)能够满足要求。其一,FIR 数字滤波器很容易做到严格的线性相位,同时可以具有任意的幅度特性;其二,FIR 数字滤波器的单位脉冲响应是有限长的,因而滤波器一定是稳定的;其三,只要经过一定的延时,任何非因果有限长序列都能变成因果的有限序列,因而总能用因果系统来实现;其四,FIR 数字滤波器由于单位脉冲响应是有限长的,因而可以用 FFT 算法来实现过滤信号,可以大大提高运算效率。

本章重点是具有线性相位的 FIR 数字滤波器,对非线性相位的 FIR 数字滤波器一般可以用 IIR 数字滤波器代替。FIR 数字滤波器的设计方法和 IIR 数字滤波器的设计方法有很大的不同,FIR 数字滤波器的设计任务是选择有限长度的 $h(n)$,使传输函数 $H(e^{j\omega})$满足要求。本章主要介绍线性相位 FIR 数字滤波器的特点及其 4 种设计方法:窗函数法、频率采样法、等波纹逼近法和简单整系数法。

6.2 线性相位 FIR 数字滤波器的特点

本节主要介绍 FIR 数字滤波器具有线性相位的条件,线性相位 FIR 数字滤波器的幅度特性及其零点位置。

6.2.1 微课视频

6.2.1 线性相位条件

对于长度为 N 的单位脉冲响应 $h(n)$,频率响应为

$$H(e^{j\omega})=\sum_{n=0}^{N-1}h(n)e^{-j\omega n} \tag{6-1}$$

$H(e^{j\omega})$可以表示为

$$H(e^{j\omega})=|H(e^{j\omega})|e^{j\varphi(\omega)}=H(\omega)e^{j\theta(\omega)} \tag{6-2}$$

式中，$H(\omega)$表示幅度特性，$\theta(\omega)$表示相位特性，$|H(e^{j\omega})|$表示幅频特性，$\varphi(\omega)$表示相频特性。注意，$H(\omega)$为ω的实函数，可正可负，而$|H(e^{j\omega})|$总是正值。

$H(e^{j\omega})$线性相位是指$\theta(\omega)$是ω的线性函数，即

$$\theta(\omega)=-\tau\omega,\quad \tau\text{ 为常数} \tag{6-3}$$

或者

$$\theta(\omega)=\theta_0-\tau\omega,\quad \theta_0\text{ 是起始相位} \tag{6-4}$$

以上两种情况都满足群时延是一个常数的条件，即

$$\frac{d\theta(\omega)}{d\omega}=-\tau$$

一般地，称满足式(6-3)的是第一类线性相位；满足式(6-4)的为第二类线性相位。

如果FIR数字滤波器的单位脉冲响应$h(n)$为实序列，而且满足以下任意条件：

偶对称 $$h(n)=h(N-1-n) \tag{6-5}$$

奇对称 $$h(n)=-h(N-1-n) \tag{6-6}$$

其对称中心在$n=(N-1)/2$处，则该FIR数字滤波器具有准确的线性相位。其中式(6-5)为第一类线性相位条件，式(6-6)为第二类线性相位条件。

下面给出线性相位条件的推导与证明。

1. *h*(*n*)偶对称的情况

$$h(n)=h(N-1-n),\quad 0\leqslant n\leqslant N-1 \tag{6-7}$$

其系统函数为

$$H(z)=\sum_{n=0}^{N-1}h(n)z^{-n}=\sum_{n=0}^{N-1}h(N-1-n)z^{-n} \tag{6-8}$$

将$m=N-1-n$代入式(6-8)中，即

$$H(z)=\sum_{m=0}^{N-1}h(m)z^{-(N-1-m)}=z^{-(N-1)}\sum_{m=0}^{N-1}h(m)z^{m}$$

可以得到

$$H(z)=z^{-(N-1)}H(z^{-1}) \tag{6-9}$$

改写成

$$\begin{aligned}H(z)&=\frac{1}{2}[H(z)+z^{-(N-1)}H(z^{-1})]=\frac{1}{2}\sum_{n=0}^{N-1}h(n)[z^{-n}+z^{-(N-1)}z^{n}]\\&=z^{-\left(\frac{N-1}{2}\right)}\sum_{n=0}^{N-1}h(n)\left[\frac{z^{-\left(n-\frac{N-1}{2}\right)}+z^{\left(n-\frac{N-1}{2}\right)}}{2}\right]\end{aligned} \tag{6-10}$$

滤波器的频率响应为

$$H(e^{j\omega})=H(z)\big|_{z=e^{j\omega}}=e^{-j\omega\left(\frac{N-1}{2}\right)}\sum_{n=0}^{N-1}h(n)\cos\left[\omega\left(\frac{N-1}{2}-n\right)\right] \tag{6-11}$$

可以看到，当$h(n)$是实序列时，上式的Σ以内全部是标量，如果将频率响应用相位函数$\theta(\omega)$及幅度函数$H(\omega)$表示，即

$$H(e^{j\omega})=H(\omega)e^{j\theta(\omega)} \tag{6-12}$$

那么有

$$H(\omega)=\sum_{n=0}^{N-1}h(n)\cos\left[\omega\left(\frac{N-1}{2}-n\right)\right] \tag{6-13}$$

$$\theta(\omega)=-\omega\left(\frac{N-1}{2}\right) \tag{6-14}$$

式(6-13)的幅度函数 $H(\omega)$ 是标量函数，可以包括正值、负值和零，而且是 ω 的偶函数和周期函数；而 $|H(\mathrm{e}^{\mathrm{j}\omega})|$ 取值大于或等于零，两者在某些 ω 值上相位相差 π。式(6-14)的相位函数 $\theta(\omega)$ 具有严格的线性相位，如图 6-1 所示。

2. $h(n)$奇对称的情况

$$h(n)=-h(N-1-n),\quad 0\leqslant n\leqslant N-1 \tag{6-15}$$

其系统函数为

$$\begin{aligned}H(z)&=\sum_{n=0}^{N-1}h(n)z^{-n}=-\sum_{n=0}^{N-1}h(N-1-n)z^{-n}\\&=-\sum_{m=0}^{N-1}h(m)z^{-(N-1-m)}=-z^{-(N-1)}\sum_{m=0}^{N-1}h(m)z^{m}\end{aligned}$$

因此

$$H(z)=-z^{-(N-1)}H(z^{-1}) \tag{6-16}$$

同样可以改写成

$$\begin{aligned}H(z)&=\frac{1}{2}[H(z)-z^{-(N-1)}H(z^{-1})]=\frac{1}{2}\sum_{n=0}^{N-1}h(n)[z^{-n}-z^{-(N-1)}z^{n}]\\&=z^{-\left(\frac{N-1}{2}\right)}\sum_{n=0}^{N-1}h(n)\left[\frac{z^{-\left(n-\frac{N-1}{2}\right)}-z^{\left(n-\frac{N-1}{2}\right)}}{2}\right]\end{aligned} \tag{6-17}$$

其频率响应为

$$\begin{aligned}H(\mathrm{e}^{\mathrm{j}\omega})&=H(z)\big|_{z=\mathrm{e}^{\mathrm{j}\omega}}=\mathrm{j}\mathrm{e}^{-\mathrm{j}\omega\left(\frac{N-1}{2}\right)}\sum_{n=0}^{N-1}h(n)\sin\left[\omega\left(\frac{N-1}{2}-n\right)\right]\\&=\mathrm{e}^{-\mathrm{j}\left(\frac{N-1}{2}\right)\omega+\mathrm{j}\frac{\pi}{2}}\sum_{n=0}^{N-1}h(n)\sin\left[\omega\left(\frac{N-1}{2}-n\right)\right]\end{aligned} \tag{6-18}$$

当 $h(n)$ 是实序列时，有

$$H(\omega)=\sum_{n=0}^{N-1}h(n)\sin\left[\omega\left(\frac{N-1}{2}-n\right)\right] \tag{6-19}$$

$$\theta(\omega)=-\omega\left(\frac{N-1}{2}\right)+\frac{\pi}{2} \tag{6-20}$$

幅度函数 $H(\omega)$ 可以包括正值、负值和零，而且是 ω 的奇函数和周期函数。相位函数既是线性相位，又包括 $\pi/2$ 的相移，如图 6-2 所示。

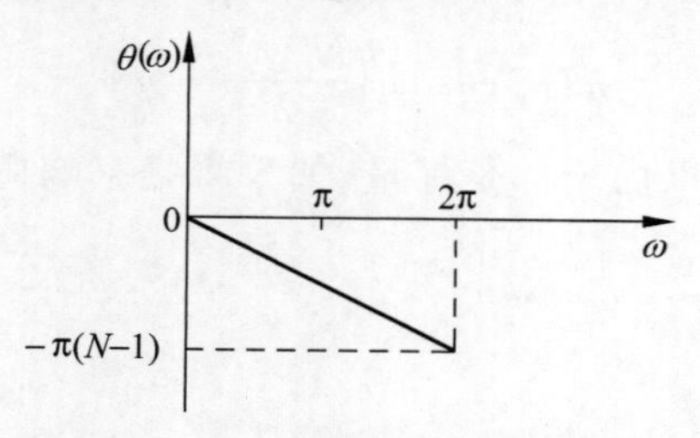

图 6-1　$h(n)$偶对称时线性相位特性

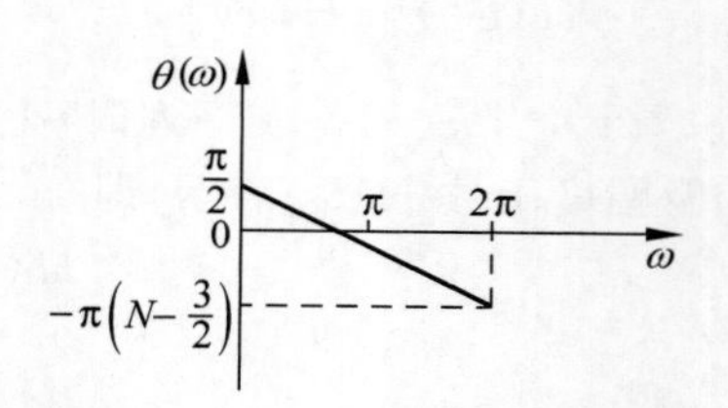

图 6-2　$h(n)$奇对称时线性相位特性

6.2.2 幅度函数特点

6.2.2
微课视频

由于$h(n)$的长度N分为偶数和奇数两种情况，因而$h(n)$可以有4种类型，分别如图6-3和图6-4所示，分别对应于4种线性相位FIR数字滤波器。下面分4种情况讨论其幅度特性的特点。

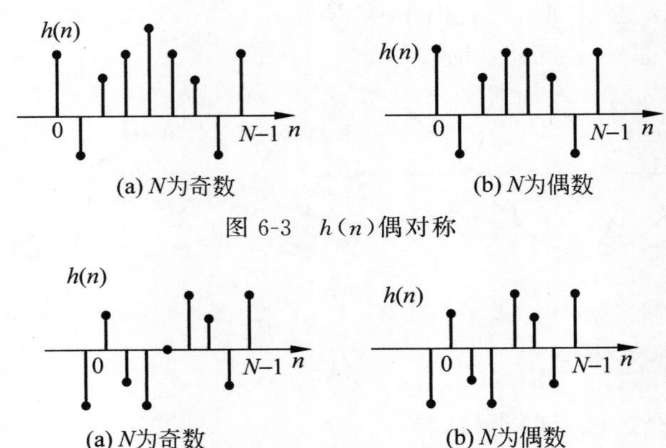

图6-3 $h(n)$偶对称

图6-4 $h(n)$奇对称

1. 第一种类型（Ⅰ型）：$h(n)$为偶对称，N为奇数

从$h(n)$偶对称的幅度函数

$$H(\omega)=\sum_{n=0}^{N-1}h(n)\cos\left[\omega\left(\frac{N-1}{2}-n\right)\right]$$

可以看出，不但$h(n)$对于$(N-1)/2$呈偶对称，满足$h(n)=h(N-1-n)$，而且$\cos\left[\omega\left(\frac{N-1}{2}-n\right)\right]$也对$(N-1)/2$呈偶对称，满足

$$\cos\left\{\omega\left[\frac{N-1}{2}-(N-1-n)\right]\right\}=\cos\left[-\omega\left(\frac{N-1}{2}-n\right)\right]=\cos\left[\omega\left(\frac{N-1}{2}-n\right)\right]$$

因此，可以将Σ内两两相等的项合并，即$n=0$项与$n=N-1$项合并，$n=1$项与$n=N-2$项合并，以此类推。但是，由于N是奇数，两两合并的结果必然余下中间一项，即$n=(N-1)/2$项是单项，无法和其他项合并，这样幅度函数就可以表示为

$$H(\omega)=h\left(\frac{N-1}{2}\right)+\sum_{n=0}^{(N-3)/2}2h(n)\cos\left[\omega\left(\frac{N-1}{2}-n\right)\right]$$

再进行一次换元，即令$n=\frac{N-1}{2}-m$，则上式可改写为

$$H(\omega)=h\left(\frac{N-1}{2}\right)+\sum_{m=1}^{(N-1)/2}2h\left(\frac{N-1}{2}-m\right)\cos(\omega m) \tag{6-21}$$

可表示为

$$H(\omega)=\sum_{n=0}^{(N-1)/2}a(n)\cos(\omega n) \tag{6-22}$$

式中

$$\begin{cases} a(0)=h\left(\dfrac{N-1}{2}\right) \\ a(n)=2h\left(\dfrac{N-1}{2}-n\right), \quad n=1,2,\cdots,(N-1)/2 \end{cases} \tag{6-23}$$

式(6-22)中的 $\cos(\omega n)$ 项对 $\omega=0,\pi,2\pi$ 皆为偶对称，如图 6-5 所示。因此幅度函数 $H(\omega)$ 对于 $\omega=0,\pi,2\pi$ 也呈偶对称，如图 6-6 所示。

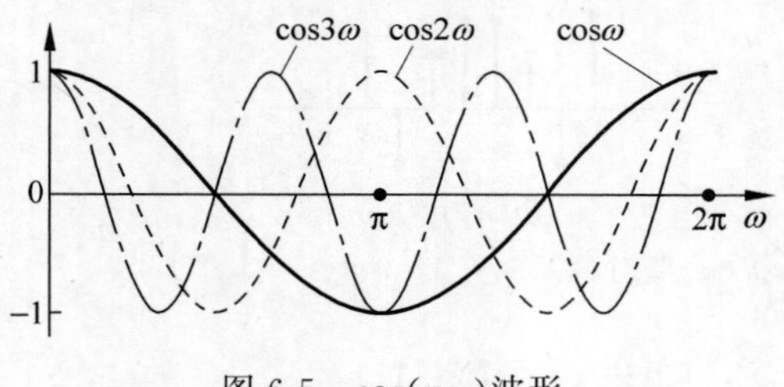

图 6-5 cos(nω)波形

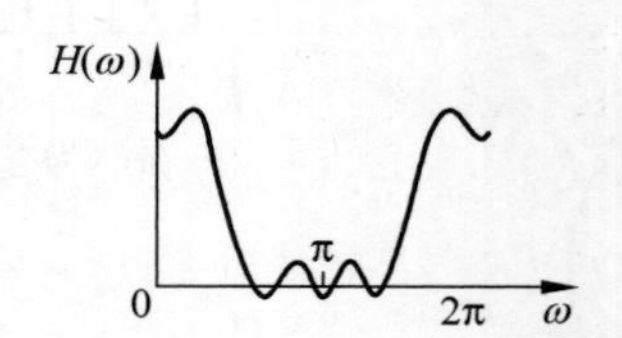

图 6-6 Ⅰ型 FIR 滤波器幅度函数

Ⅰ型 FIR 滤波器的特点如下：

(1) 相位曲线是经过原点的直线。

(2) 幅度函数 $H(\omega)$ 对 $\omega=0,\pi,2\pi$ 点偶对称。

(3) Ⅰ型 FIR 滤波器既可以用作低通滤波器(幅度特性在 $\omega=0$ 处不为零)，也可以用作高通滤波器(幅度特性在 $\omega=\pi$ 处不为零)，还可以用作带通和带阻滤波器，所以应用最为广泛。

2. 第二种类型(Ⅱ型)：$h(n)$ 为偶对称，N 为偶数

推导过程和前面 N 为奇数的情况相似，不同点是由于 N 为偶数，因此式(6-13)中无单独项，全部可以两两合并得

$$H(\omega)=\sum_{n=0}^{N/2-1} 2h(n)\cos\left[\omega\left(\frac{N-1}{2}-n\right)\right]$$

令 $n=\dfrac{N}{2}-m$，代入上式可得

$$H(\omega)=\sum_{m=1}^{N/2} 2h\left(\frac{N}{2}-m\right)\cos\left[\omega\left(m-\frac{1}{2}\right)\right]$$

因此

$$H(\omega)=\sum_{n=1}^{N/2} b(n)\cos\left[\omega\left(n-\frac{1}{2}\right)\right] \tag{6-24}$$

$$b(n)=2h\left(\frac{N}{2}-n\right), \quad n=1,2,\cdots,N/2 \tag{6-25}$$

式(6-24)中的 $\cos\left[\omega\left(n-\dfrac{1}{2}\right)\right]$ 项在 $\omega=\pi$ 时，幅度为 0，且关于 $\omega=\pi$ 呈奇对称，如图 6-7 所示。因此当 $\omega=\pi$ 时幅度函数 $H(\pi)=0$，由此可知 $H(z)$ 在 $z=\mathrm{e}^{\mathrm{j}\pi}=-1$ 处必然有一个零点，同时 $H(\omega)$ 也对 $\omega=\pi$ 呈奇对称；当 $\omega=0$ 或 2π 时，$\cos\left[\omega\left(n-\dfrac{1}{2}\right)\right]=1$ 或 -1，余弦项对 $\omega=0,2\pi$ 为偶对称，幅度函数 $H(\omega)$ 对于 $\omega=0,2\pi$ 也呈偶对称，其幅度函数 $H(\omega)$ 如图 6-8 所示。

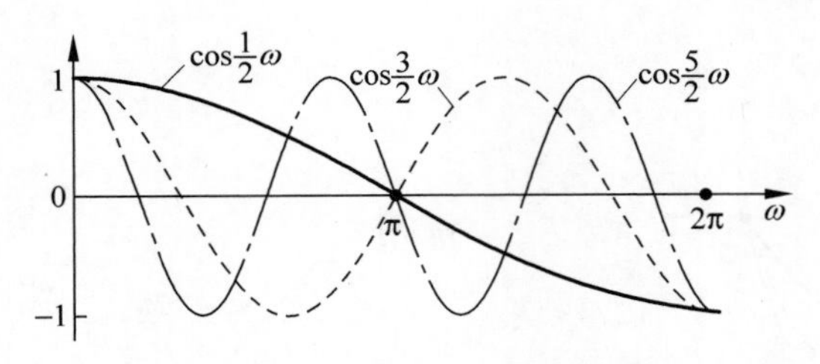

图 6-7 cos[(n−1/2)ω]波形

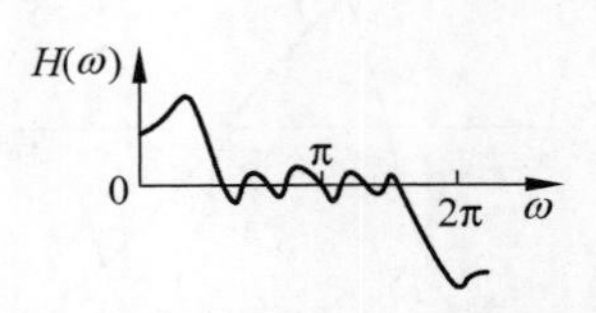

图 6-8 Ⅱ型 FIR 滤波器幅度函数

Ⅱ型 FIR 滤波器的特点如下：

(1) 相位曲线是经过原点的直线。

(2) 幅度函数 $H(\omega)$对 $\omega=0,2\pi$ 点偶对称，对 π 点奇对称。

(3) 如果数字滤波器在 $\omega=\pi$ 处不为零，例如高通滤波器、带阻滤波器，则不能用这类数字滤波器来设计。

3. 第三种类型(Ⅲ型)：$h(n)$为奇对称，N 为奇数

利用 $h(n)$奇对称的幅度函数

$$H(\omega)=\sum_{n=0}^{N-1}h(n)\sin\left[\omega\left(\frac{N-1}{2}-n\right)\right]$$

由于 $h(n)$对于$(N-1)/2$ 呈奇对称，即 $h(n)=-h(N-1-n)$，当 $n=(N-1)/2$ 时，有

$$h\left(\frac{N-1}{2}\right)=-h\left(N-1-\frac{N-1}{2}\right)=-h\left(\frac{N-1}{2}\right)$$

因此，$h\left(\frac{N-1}{2}\right)=0$，即 $h(n)$奇对称时，中间项一定为零。此外，在幅度函数式(6-19)中，$\sin\left[\omega\left(\frac{N-1}{2}-n\right)\right]$ 也对$(N-1)/2$ 呈奇对称。

$$\sin\left\{\omega\left[\frac{N-1}{2}-(N-1-n)\right]\right\}=\sin\left[-\omega\left(\frac{N-1}{2}-n\right)\right]=-\sin\left[\omega\left(\frac{N-1}{2}-n\right)\right]$$

因此，在 Σ 中第 n 项和第$(N-1-n)$项是相等的，将这两两相等的项合并，共合并为$(N-1)/2$ 项，即

$$H(\omega)=\sum_{n=0}^{(N-3)/2}2h(n)\sin\left[\omega\left(\frac{N-1}{2}-n\right)\right]$$

令 $n=\frac{N-1}{2}-m$，则上式可改写为

$$H(\omega)=\sum_{m=1}^{(N-1)/2}2h\left(\frac{N-1}{2}-m\right)\sin(\omega m) \tag{6-26}$$

因此

$$H(\omega)=\sum_{n=1}^{(N-1)/2}c(n)\sin(\omega n) \tag{6-27}$$

$$c(n)=2h\left(\frac{N-1}{2}-n\right),\quad n=1,2,\cdots,(N-1)/2 \tag{6-28}$$

$\sin(\omega n)$在 $\omega=0,\pi,2\pi$ 处都为零，并对这些点呈奇对称，如图 6-9 所示。因此幅度函数 $H(\omega)$在 $\omega=0,\pi,2\pi$ 处为零，即 $H(z)$在 $z=\pm1$ 上都有零点，且 $H(\omega)$对于 $\omega=0,\pi,2\pi$ 也呈奇对称，如图 6-10 所示。

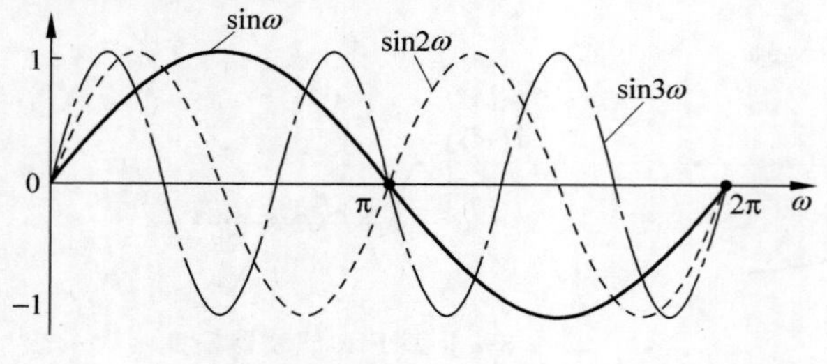

图 6-9 sin(nω)波形

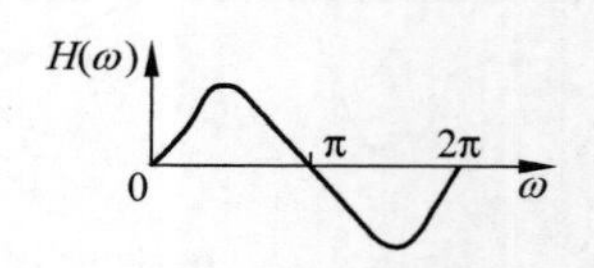

图 6-10 Ⅲ型 FIR 滤波器幅度函数

Ⅲ型 FIR 滤波器的特点如下：

（1）相位曲线是截距为$\frac{\pi}{2}$且斜率为$-\frac{N-1}{2}$的直线。

（2）幅度函数 $H(\omega)$对于 $\omega=0,\pi,2\pi$ 呈奇对称。

（3）如果数字滤波器在 $\omega=0,\pi$ 处不为零，例如低通滤波器、高通滤波器、带阻滤波器，则不适合用这类数字滤波器来设计。

4. 第四种类型(Ⅳ型)：$h(n)$为奇对称，N 为偶数

和前面情况 3 的推导类似，不同点是由于 N 为偶数，因此式(6-19)中无单独项，全部可以两两合并得

$$H(\omega)=\sum_{n=0}^{N-1}2h(n)\sin\left[\omega\left(\frac{N-1}{2}-n\right)\right]=\sum_{n=0}^{N/2-1}2h(n)\sin\left[\omega\left(\frac{N-1}{2}-n\right)\right]$$

令 $n=N/2-m$，则有

$$H(\omega)=\sum_{m=1}^{N/2}2h\left(\frac{N}{2}-m\right)\sin\left[\omega\left(m-\frac{1}{2}\right)\right]$$

因此

$$H(\omega)=\sum_{m=1}^{N/2}d(n)\sin\left[\omega\left(n-\frac{1}{2}\right)\right] \tag{6-29}$$

式中

$$d(n)=2h\left(\frac{N}{2}-n\right),\quad n=1,2,3,\cdots,N/2 \tag{6-30}$$

当 $\omega=0,2\pi$ 时，$\sin\left[\omega\left(n-\frac{1}{2}\right)\right]=0$，且对 $\omega=0,2\pi$ 呈奇对称，当 $\omega=\pi$ 时，$\sin\left[\omega\left(n-\frac{1}{2}\right)\right]=-1$ 或 1，则 $\sin\left[\omega\left(n-\frac{1}{2}\right)\right]$ 对 $\omega=\pi$ 呈偶对称，如图 6-11 所示。因此 $H(\omega)$在 $\omega=0,2\pi$ 处为零，即 $H(z)$在 $z=1$ 处有一个零点，且 $H(\omega)$对 $\omega=0,2\pi$ 也呈奇对称，对 $\omega=\pi$ 也呈偶对称，如图 6-12 所示。

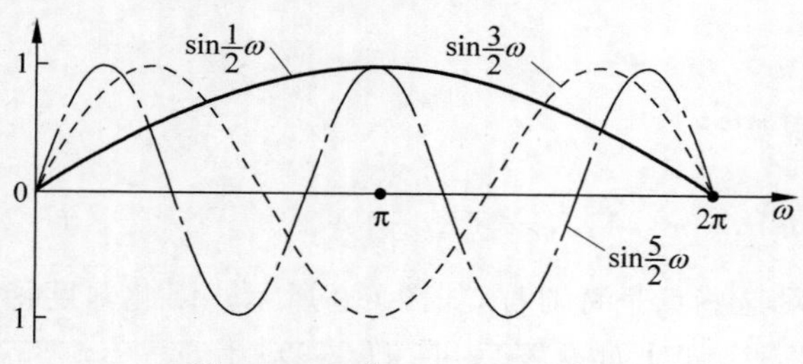

图 6-11 sin[(n−1/2)ω]波形

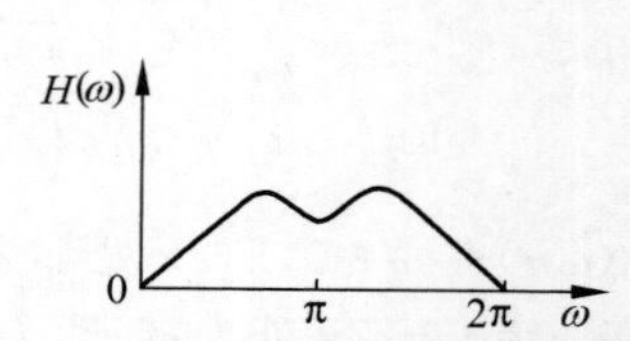

图 6-12 Ⅳ型 FIR 数字滤波器幅度函数

Ⅳ型 FIR 滤波器的特点如下：

(1) 相位曲线是截距为$\frac{\pi}{2}$且斜率为$-\frac{N-1}{2}$的直线。

(2) 幅度函数 $H(\omega)$对 $\omega=0,2\pi$ 呈奇对称，对 $\omega=\pi$ 呈偶对称。

(3) 如果数字滤波器在 $\omega=0$ 处不为零，例如低通滤波器、带阻滤波器，则不适合用这类数字滤波器来设计。

最后，将这 4 种线性相位 FIR 滤波器的特性示于表 6-1 中。

表 6-1　4 种线性相位 FIR 滤波器

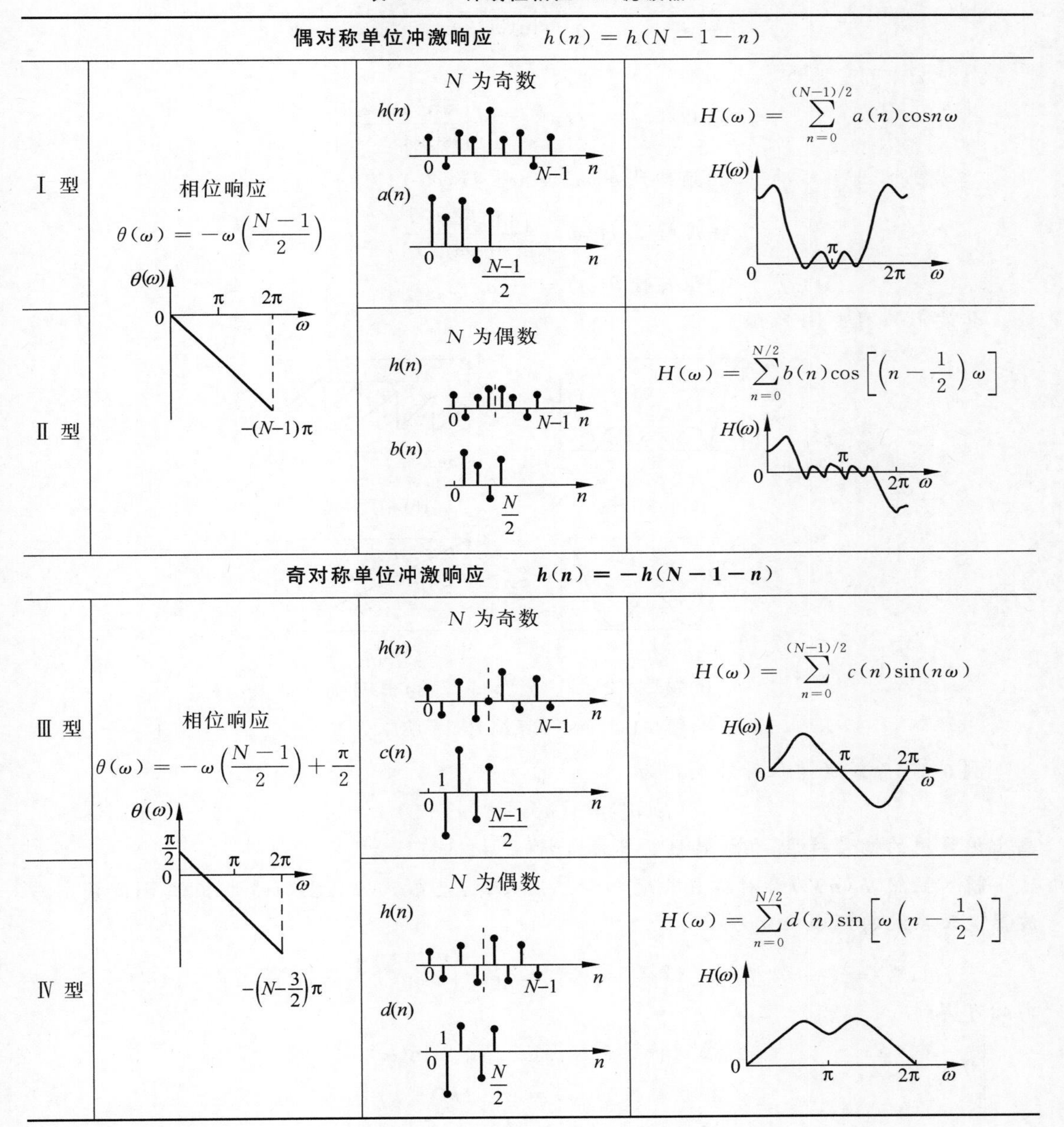

偶对称单位冲激响应 $h(n)=h(N-1-n)$			
Ⅰ型	相位响应 $\theta(\omega)=-\omega\left(\frac{N-1}{2}\right)$	N 为奇数	$H(\omega)=\sum_{n=0}^{(N-1)/2} a(n)\cos n\omega$
Ⅱ型		N 为偶数	$H(\omega)=\sum_{n=0}^{N/2} b(n)\cos\left[\left(n-\frac{1}{2}\right)\omega\right]$
奇对称单位冲激响应 $h(n)=-h(N-1-n)$			
Ⅲ型	相位响应 $\theta(\omega)=-\omega\left(\frac{N-1}{2}\right)+\frac{\pi}{2}$	N 为奇数	$H(\omega)=\sum_{n=0}^{(N-1)/2} c(n)\sin(n\omega)$
Ⅳ型		N 为偶数	$H(\omega)=\sum_{n=0}^{N/2} d(n)\sin\left[\omega\left(n-\frac{1}{2}\right)\right]$

在实际使用时，一般来说，Ⅰ型适合构成低通、高通、带通、带阻滤波器；Ⅱ型适合构成低通、带通滤波器；Ⅲ型适合构成带通滤波器；Ⅳ型适合构成高通、带通滤波器。

例 6-1 如果系统的单位脉冲响应为

$$h(n)=\begin{cases}1, & 0\leqslant n\leqslant 4\\ 0, & 其他\end{cases}$$

画出该系统的幅频特性、相频特性及其幅度特性、相位特性。

解 显然，这是第一种类型的线性相位FIR数字滤波器。该系统的频率响应为

$$H(e^{j\omega})=\sum_{n=0}^{4}e^{-j\omega n}=\frac{1-e^{-j5\omega}}{1-e^{-j\omega}}=e^{-j2\omega}\ \frac{\sin(5\omega/2)}{\sin(\omega/2)}=|H(e^{j\omega})|e^{j\varphi(\omega)}=H(\omega)e^{j\theta(\omega)}$$

由此可得到

$$幅频特性\ |H(e^{j\omega})|=\left|\frac{\sin(5\omega/2)}{\sin(\omega/2)}\right|$$

$$相频特性\ \varphi(\omega)=\arg[H(e^{j\omega})]$$

$$幅度特性\ H(\omega)=\frac{\sin(5\omega/2)}{\sin(\omega/2)}$$

$$相位特性\ \theta(\omega)=-2\omega$$

其波形如图6-13所示。

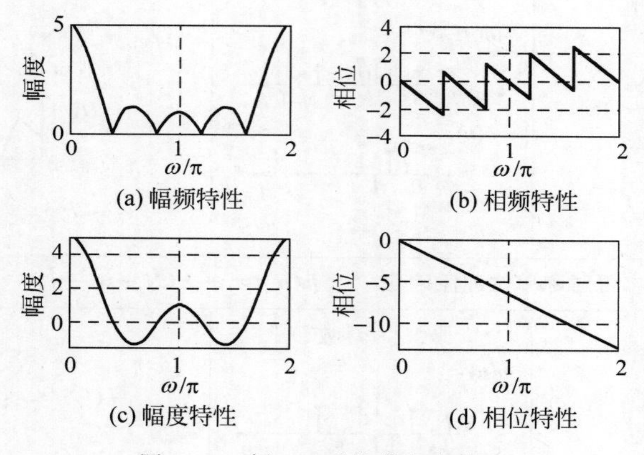

图6-13 例6-1系统的频率响应

例 6-2 系统的单位脉冲响应为

$$h(n)=\delta(n)-\delta(n-2)$$

画出该系统的幅频特性、相频特性及其幅度特性、相位特性。

解 显然，$h(n)$为奇对称且长度$N=3$，因此，这是第三种类型的线性相位FIR数字滤波器。该系统的频率响应为

$$H(e^{j\omega})=1-e^{-j2\omega}=e^{-j\omega}(e^{j\omega}-e^{-j\omega})=je^{-j\omega}[2\sin(\omega)]=e^{j(-\omega+\frac{\pi}{2})}[2\sin(\omega)]$$

由此可得到

$$幅频特性\ |H(e^{j\omega})|=|2\sin(\omega)|$$

$$相频特性\ \varphi(\omega)=\arg[H(e^{j\omega})]$$

$$幅度特性\ H(\omega)=2\sin(\omega)$$

$$相位特性\ \theta(\omega)=-\omega+\frac{\pi}{2}$$

其波形如图 6-14 所示。

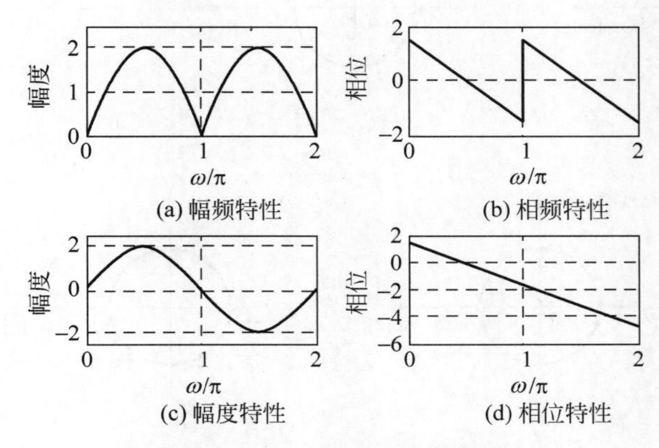

图 6-14 例 6-2 系统的频率响应

6.2.3 线性相位 FIR 数字滤波器的零点位置

6.2.3 微课视频

由式(6-9)与式(6-16)可以看到,线性相位 FIR 滤波器的系统函数有以下特点:

$$H(z)=\pm z^{-(N-1)}H(z^{-1}) \tag{6-31}$$

因此,若 $z=z_i$ 是 $H(z)$的零点,即 $H(z_i)=0$,则它的倒数 $z=1/z_i=z_i^{-1}$ 也一定是 $H(z)$的零点,因为 $H(z_i^{-1})=\pm z_i^{(N-1)}H(z_i)=0$。由于 $h(n)$是实数,$H(z)$的零点必成共轭对出现,所以 $z=z_i^*$ 及 $z=(z_i^*)^{-1}$ 也一定是 $H(z)$的零点,因而线性相位 FIR 滤波器的零点必是互为倒数的共轭对。这种互为倒数的共轭对有 4 种可能性:

(1) z_i 既不在实轴,也不在单位圆上,则零点是互为倒数的两组共轭对,如图 6-15(a)所示。

(2) z_i 不在实轴上,但是在单位圆上,则共轭对的倒数是它们本身,故此时零点是一组共轭对,如图 6-15(b)所示。

(3) z_i 在实轴上但不在单位圆上,只有倒数部分,无复共轭部分,零点对如图 6-15(c)所示。

(4) z_i 既在实轴上又在单位圆上,此时只有一个零点,有两种可能,或位于 $z=1$,或位于 $z=-1$,分别如图 6-15(d)、图 6-15(e)所示。

由幅度特性的讨论可知,Ⅱ型的线性相位滤波器由于 $H(\pi)=0$,因此必然有单根 $z=-1$。Ⅳ型的线性相位滤波器由于 $H(0)=0$,因此必然有单根 $z=1$。而Ⅲ型的线性相位滤波器由于 $H(0)=H(\pi)=0$,因此这两种单根 $z=\pm1$ 都必须有。

了解了线性相位 FIR 滤波器的特点,便可根据实际需要选择合适类型的 FIR 滤波器,同时设计时需遵循有关的约束条件。例如:Ⅲ、Ⅳ型,对于任何频率都有一固定的 $\pi/2$ 相移,一般微分器及 $\pi/2$ 相移器采用这两种情况,而选频性滤波器则用Ⅰ、Ⅱ型。下面只讨论线性相位 FIR 滤波器的设计方法,因为它是使用最多的滤波器。

例 6-3 一个线性相位 FIR 滤波器的单位脉冲响应是实数的,且 $n<0$ 和 $n>6$ 时 $h(n)=0$。如果 $h(0)=1$ 且系统函数在 $z=0.5\mathrm{e}^{\mathrm{j}\pi/3}$ 和 $z=3$ 各有一个零点,$H(z)$的表达式

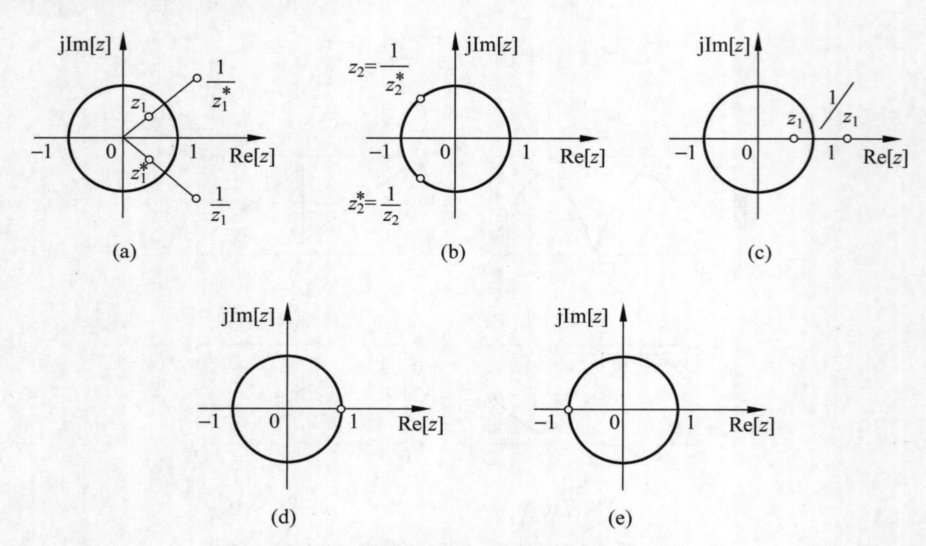

图 6-15 线性相位 FIR 滤波器的零点位置图

是什么？

解 因为 $n<0$ 和 $n>6$ 时 $h(n)=0$，且 $h(n)$ 是实值，所以当 $H(z)$ 在 $z=0.5\mathrm{e}^{\mathrm{j}\pi/3}$ 有一个复零点时，则在它的共轭位置 $z=0.5\mathrm{e}^{-\mathrm{j}\pi/3}$ 处一定有另一个零点。这个零点共轭对产生如下的二阶因子：

$$H_1(z)=(1-0.5\mathrm{e}^{\mathrm{j}\pi/3}z^{-1})(1-0.5\mathrm{e}^{-\mathrm{j}\pi/3}z^{-1})=1-0.5z^{-1}+0.25z^{-2}$$

线性相位的约束条件需要在这两个零点的倒数位置上有零点，所以 $H(z)$ 同样必须包括如下的有关因子：

$$H_2(z)=[1-(0.5\mathrm{e}^{\mathrm{j}\pi/3})^{-1}z^{-1}][1-(0.5\mathrm{e}^{-\mathrm{j}\pi/3})^{-1}z^{-1}]=1-2z^{-1}+4z^{-2}$$

系统函数还包含一个 $z=3$ 的零点，同样线性相位的约束条件需要在 $z=1/3$ 处也有一个零点。于是，$H(z)$ 还具有如下因子：

$$H_3(z)=(1-3z^{-1})\left(1-\frac{1}{3}z^{-1}\right)$$

可得 $H(z)=A(1-0.5z^{-1}+0.25z^{-2})(1-2z^{-1}+4z^{-2})(1-3z^{-1})\left(1-\frac{1}{3}z^{-1}\right)$，最后，多项式中零阶项的系数为 A，为使 $h(0)=1$，必定有 $A=1$。

6.3 窗函数法设计 FIR 数字滤波器

6.3.1 设计方法

6.3.1 微课视频

设计 FIR 数字滤波器最简单的方法是窗函数法。这种方法一般是先给定所要求的理想滤波器的频率响应 $H_\mathrm{d}(\mathrm{e}^{\mathrm{j}\omega})$，要求设计一个 FIR 滤波器，其频率响应为 $H(\mathrm{e}^{\mathrm{j}\omega})$ 去逼近理想的频率响应 $H_\mathrm{d}(\mathrm{e}^{\mathrm{j}\omega})$。然而，窗函数法设计 FIR 数字滤波器是在时域进行的，因此，必须首先由理想频率响应 $H_\mathrm{d}(\mathrm{e}^{\mathrm{j}\omega})$ 的傅里叶反变换推导出对应的单位脉冲响应 $h_\mathrm{d}(n)$，即

$$h_\mathrm{d}(n)=\frac{1}{2\pi}\int_{-\pi}^{\pi}H_\mathrm{d}(\mathrm{e}^{\mathrm{j}\omega})\mathrm{e}^{\mathrm{j}\omega n}\mathrm{d}\omega \tag{6-32}$$

由于 $H_{d}(e^{j\omega})$是矩形频率特性,故 $h_{d}(n)$一定是无限长且非因果的,对称轴位于 $n=0$,而要设计的是因果 FIR 滤波器系统,其 $h(n)$必定是有限长且因果的,对称轴位于 $n=\frac{N-1}{2}$,所以要采取两个措施得到 $h(n)$。第一,通过加窗将无限长序列截断成有限长序列,即

$$h(n)=h_{d}(n)w(n) \tag{6-33}$$

其中,$w(n)$是一个长度为 N 的有限长窗函数序列。为了实现线性相位 FIR 滤波器,在截取时要保留 $h_{d}(n)$的对称性,为此 $w(n)$对称轴位于 $n=0$,此时截断得到的 $h(n)$是有限长但非因果的;第二,通过移位将非因果序列变为因果序列。以上所述为窗函数法设计 FIR 数字滤波器的思路,如图 6-16 所示。

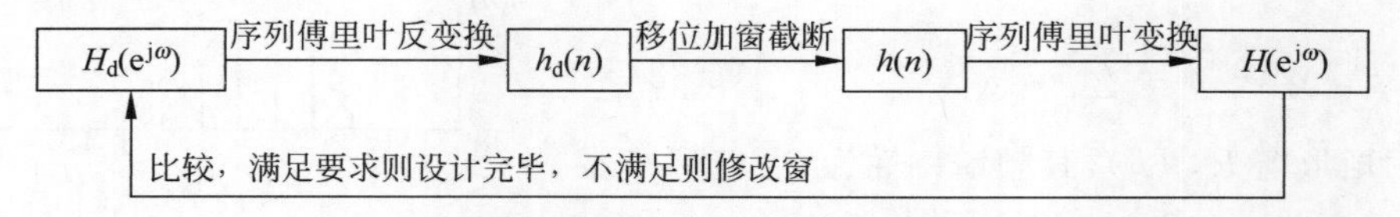

图 6-16 窗函数法设计 FIR 数字滤波器的思路

根据序列傅里叶变换的时移特性 $\text{DTFT}[x(n-\alpha)]=X(e^{j\omega})e^{-j\omega\alpha}$,序列时域移位相当于频域乘以一个附加因子 $e^{-j\omega\alpha}$,因此为了简化设计步骤,实际在给出理想滤波器的频率响应 $H_{d}(e^{j\omega})$表达式时,都给出了附加因子 $e^{-j\omega\alpha}$,这样在具体设计时就可省略移位这一步。下面通过实例说明窗函数法设计线性相位 FIR 数字滤波器的过程。

例如,要求设计一个 FIR 低通数字滤波器,假设理想低通滤波器的频率响应为

$$H_{d}(e^{j\omega})=\begin{cases}e^{-j\omega\alpha}, & |\omega|\leqslant\omega_{c}\\ 0, & \omega_{c}<|\omega|\leqslant\pi\end{cases} \tag{6-34}$$

其幅频特性如图 6-17 所示。

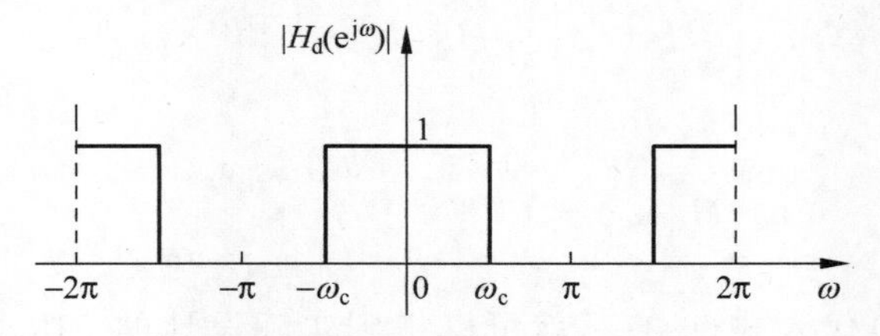

图 6-17 理想低通滤波器的幅频特性

式(6-34)中频率响应 $H_{d}(e^{j\omega})$表达式包含了附加因子 $e^{-j\omega\alpha}$,其相应的单位脉冲响应 $h_{d}(n)$为

$$h_{d}(n)=\frac{1}{2\pi}\int_{-\omega_{c}}^{\omega_{c}}e^{-j\omega\alpha}e^{j\omega n}d\omega=\frac{\sin[\omega_{c}(n-\alpha)]}{\pi(n-\alpha)} \tag{6-35}$$

$h_{d}(n)$如图 6-18(a)所示,它是一个中心点在 α 的偶对称、无限长、非因果序列。为了构造一个长度为 N 的线性相位滤波器,只有将 $h_{d}(n)$截取一段,并保证截取的一段对$(N-1)/2$偶对称,故中心点 α 必须取 $\alpha=(N-1)/2$。设截取的一段用 $h(n)$表示,若采用如图 6-18(b)所示的矩形窗 $w(n)=R_{N}(n)$截断,则 $h(n)$为

$$h(n)=h_{d}(n)\cdot R_{N}(n) \tag{6-36}$$

$h(n)$如图 6-18(c)所示。

6.3.2
微课视频

6.3.2 加窗对 FIR 数字滤波器幅度特性的影响

由复卷积定理可知，时域相乘，频域卷积，故$h(n)$的频率特性

$$H(e^{j\omega})=\frac{1}{2\pi}\int_{-\pi}^{\pi}H_d(e^{j\theta})W(e^{j(\omega-\theta)})d\theta \tag{6-37}$$

$H(e^{j\omega})$能否逼近$H_d(e^{j\omega})$取决于窗函数的频谱特性$W(e^{j\omega})$

$$W(e^{j\omega})=\sum_{n=0}^{N-1}w(n)e^{-j\omega n} \tag{6-38}$$

这里选用矩形窗$R_N(n)$，其频谱特性为

$$W_R(e^{j\omega})=\sum_{n=0}^{N-1}e^{-j\omega n}=\frac{1-e^{-j\omega N}}{1-e^{-j\omega}}=e^{-j\left(\frac{N-1}{2}\right)\omega}\frac{\sin(\omega N/2)}{\sin(\omega/2)} \tag{6-39}$$

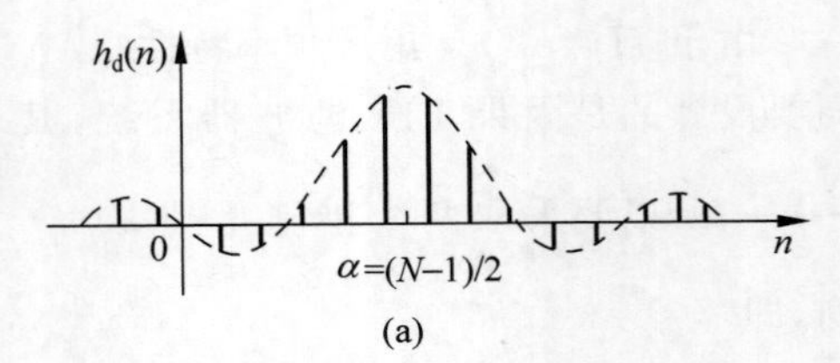

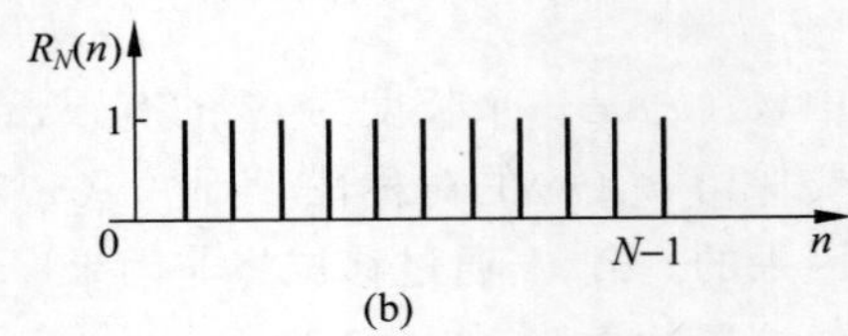

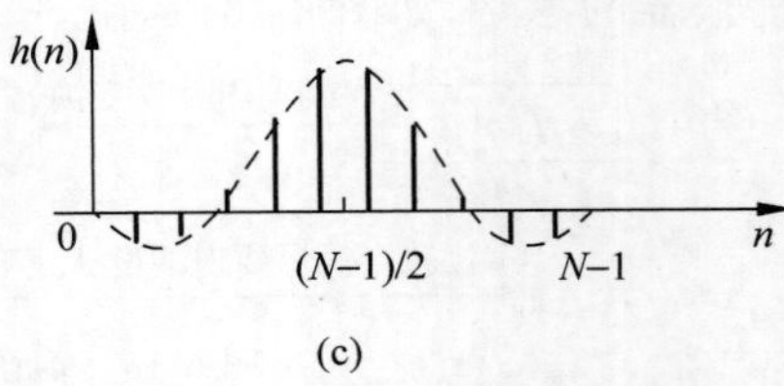

图 6-18 理想低通的单位脉冲响应、矩形窗及截取后波形

其幅度函数为

$$W_R(\omega)=\frac{\sin(\omega N/2)}{\sin(\omega/2)} \tag{6-40}$$

式(6-40)对应的$W_R(\omega)$是周期函数，如图 6-19(b)所示。主瓣(通常主瓣定义为原点两边第一个过零点之间的区域)宽度为$4\pi/N$，两侧有许多衰减振荡的旁瓣。

若将理想滤波器的频率响应写成

$$H_d(e^{j\omega})=H_d(\omega)e^{-j\left(\frac{N-1}{2}\right)\omega} \tag{6-41}$$

则其幅度特性

$$H_d(\omega)=\begin{cases}1, & |\omega|\leqslant\omega_c\\ 0, & \omega_c<|\omega|\leqslant\pi\end{cases} \tag{6-42}$$

将式(6-39)和式(6-41)代入式(6-37)，就可以得到实际设计的 FIR 数字滤波器频率响应$H(e^{j\omega})$

$$\begin{aligned}H(e^{j\omega})&=\frac{1}{2\pi}\int_{-\pi}^{\pi}H_d(\theta)e^{-j\left(\frac{N-1}{2}\right)\theta}W_R(\omega-\theta)e^{-j\left(\frac{N-1}{2}\right)(\omega-\theta)}d\theta\\&=e^{-j\left(\frac{N-1}{2}\right)\omega}\frac{1}{2\pi}\int_{-\pi}^{\pi}H_d(\theta)W_R(\omega-\theta)d\theta\end{aligned} \tag{6-43}$$

显然，由式(6-43)可知，按照上述思路设计得到的 FIR 滤波器具有第一类线性相位，接下来着重讨论加窗对 FIR 滤波器幅度特性的影响。

同样设

$$H(e^{j\omega})=H(\omega)e^{-j\left(\frac{N-1}{2}\right)\omega} \tag{6-44}$$

则由式(6-43)可知，设计得到的 FIR 滤波器的幅度特性为

$$H(\omega)=\frac{1}{2\pi}\int_{-\pi}^{\pi}H_{\mathrm{d}}(\theta)W_{\mathrm{R}}(\omega-\theta)\mathrm{d}\theta \tag{6-45}$$

式(6-45)说明，设计得到的 FIR 滤波器的幅度特性是理想低通滤波器幅度特性与窗函数幅度特性的卷积，卷积过程可用图 6-19 说明。图 6-19(a)是理想低通的幅度函数，图 6-19(b)是 $\omega=0$ 时的矩形窗幅度函数，图 6-19(a)和图 6-19(b)两个函数卷积的结果如图 6-19(g)所示，它是归一化 $H(\omega)/H(0)$ 的幅度函数。

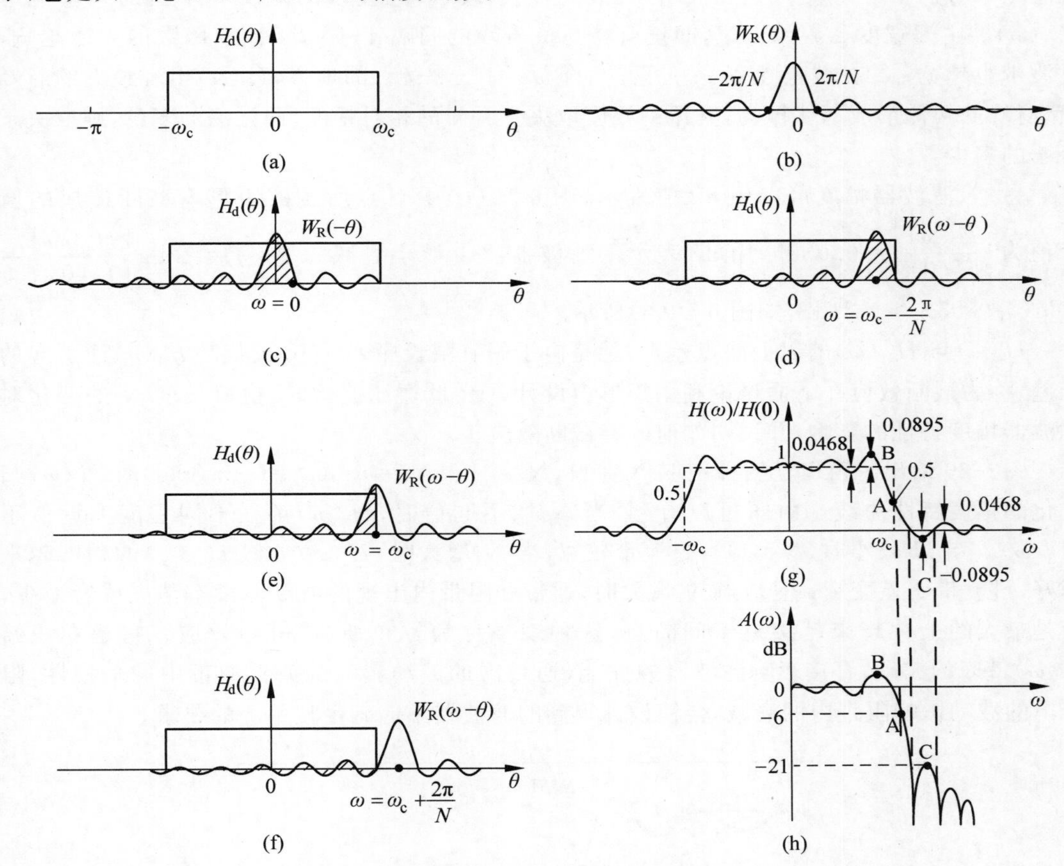

图 6-19 矩形窗对理想低通幅度特性的影响

为了观察卷积给 $H(\omega)$ 带来的过渡和波动，只看几个特殊的频率点：

(1) $\omega=0$ 时，如图 6-19(c)所示，$H(0)$ 等于 $W_{\mathrm{R}}(\theta)$ 在 $\omega=-\omega_c$ 到 $\omega=+\omega_c$ 一段的积分面积，通常 $\omega_c\gg 2\pi/N$，$H(0)$ 实际上近似等于 $W_{\mathrm{R}}(\theta)$ 的全部积分(θ 为 $-\pi\sim+\pi$)面积，幅度归一化为 1。

(2) $\omega=\omega_c-2\pi/N$ 时，如图 6-19(d)所示，$W_{\mathrm{R}}(\omega-\theta)$ 的全部主瓣都在 $H_{\mathrm{d}}(\theta)$ 的通带($|\omega|\leqslant\omega_c$)之内，因此卷积结果有最大值，即 $H(\omega_c-2\pi/N)$ 为最大值，频率响应出现正肩峰。

(3) $\omega=\omega_c$ 时，如图 6-19(e)所示，$H_{\mathrm{d}}(\theta)$ 刚好与 $W_{\mathrm{R}}(\omega-\theta)$ 的一半重叠，因此卷积值刚好是 $H(0)$ 的一半，即 $H(\omega_c)/H(0)=1/2$。

(4) $\omega=\omega_c+2\pi/N$ 时，如图 6-19(f)所示，$W_{\mathrm{R}}(\omega-\theta)$ 的全部主瓣都在 $H_{\mathrm{d}}(\theta)$ 的通带($|\omega|\leqslant\omega_c$)之外，而通带内的旁瓣负的面积大于正的面积，因而卷积结果达到最小值，频率响应出现负肩峰。

当$\omega>\omega_c+2\pi/N$时，随着ω的继续增大，卷积值将随着$W_R(\omega-\theta)$的旁瓣在$H_d(\theta)$的通带内面积的变化而变化，$H(\omega)$将围绕着零值波动；当ω由$\omega_c-2\pi/N$向通带内减小时，$W_R(\omega-\theta)$的右旁瓣进入$H_d(\theta)$的通带，使得$H(\omega)$值围绕$H(0)$值而波动。

比较图6-19(a)和图6-19(g)可以看到，对$h_d(n)$加窗函数处理后，$H(\omega)$与原理想低通$H_d(\omega)$存在以下两点差别：①$H(\omega)$将$H_d(\omega)$在截止频率处的间断点变成了连续曲线，使理想频率特性不连续点处边沿加宽，形成一个过渡带，过渡带的宽度等于窗的频率响应$W_R(\omega)$的主瓣宽度$\Delta\omega=4\pi/N$，即正肩峰与负肩峰的间隔$4\pi/N$，因此窗函数的主瓣越宽，过渡带也越宽；②在截止频率ω_c的两边，即$\omega=\omega_c\pm2\pi/N$的地方，$H(\omega)$出现最大的肩峰值，肩峰的两侧形成起伏振荡，其振荡幅度取决于旁瓣的相对幅度，而振荡的多少，则取决于旁瓣的多少。

另外，滤波器幅度可以用dB值表示，图6-19(g)中C点所示的矩形窗截断造成的肩峰值为$\left|\frac{H(\omega)}{H(0)}\right|=0.0895$，用dB表示的滤波器阻带最小衰减为$A(\omega)=20\lg\left|\frac{H(\omega)}{H(0)}\right|=20\lg(0.0895)\approx-21\text{dB}$，如图6-19(h)所示。

$H(\omega)$与$H_d(\omega)$的以上两点差别，就是由于用有限长序列$h(n)$去代替$h_d(n)$而引起的误差，称为截断效应。下面讨论利用矩形窗设计FIR低通滤波器时，窗口长度N的变化对滤波器幅度特性的影响，并说明如何改善截断效应。

图6-20给出了窗口长度分别取$N=11$，$N=31$和$N=51$，$\omega_c=0.2\pi(\text{rad})$时$H(\omega)$归一化的幅度特性曲线。由图可以看到，当$N$取不同值时，$H(\omega)$都在不同程度上近似于$H_d(\omega)$。当$N$较小时($N=11$)，过渡带较宽，当$N$增大时，$H(\omega)$近似$H_d(\omega)$的程度越来越好，过渡带明显变窄；但是当$N$增大时，通带和阻带内出现的波纹并没有消失或者减少，只是最大的上冲越来越接近于间断点，这种现象称为吉布斯(Gibbs)效应。它是卷积给$H(\omega)$带来的波动，直接影响滤波器的性能，通带内的波动影响滤波器通带中的平稳性，阻带内的波动影响阻带内的衰减，会使设计得到的滤波器不能满足技术上的要求。

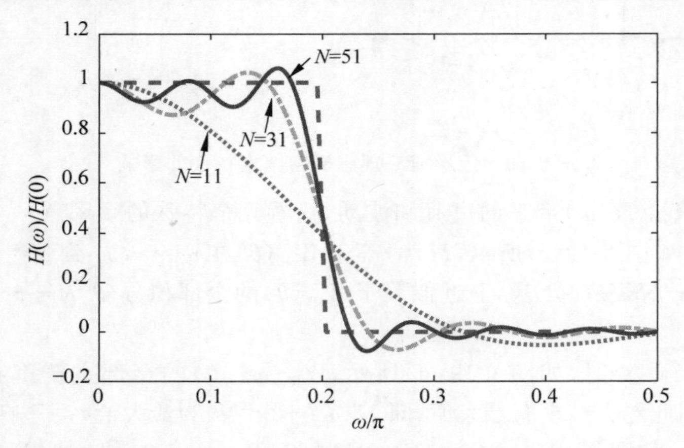

图6-20 窗口长度N分别取不同值时的归一化幅度特性曲线($\omega_c=0.2\pi\text{rad}$)

这里所讨论的内容和在2.2.1节讨论的关于DTFT的收敛问题是一致的。实际上，在对$h_d(n)$进行自然截断时，$H(\omega)$是对$H_d(\omega)$在最小平方意义上的逼近。

由图6-20可以看到，增加窗函数的窗口长度N，不能减少吉布斯效应的影响。下面以矩形窗为例，分析增加 N 时，窗函数幅度特性 $W_R(\omega)$ 的变化，进一步分析这一结论的正确性。在主瓣附近，$W_R(\omega)$ 可近似为

$$W_R(\omega)=\frac{\sin(\omega N/2)}{\sin(\omega/2)}\approx\frac{\sin(\omega N/2)}{\omega/2}=N\,\frac{\sin x}{x} \tag{6-46}$$

式中，$x=\omega N/2$。当截取长度 N 增加时，只会减小过渡带宽度($4\pi/N$)，而不能改变主瓣与旁瓣幅值的相对比例，同样也不会改变肩峰的相对值。这个相对比例是由窗函数形状决定的，与 N 无关。换句话说，增加窗函数的窗口长度 N 只能相应地减少过渡带，而不能改变肩峰值。由于肩峰值的大小直接影响通带特性和阻带衰减，所以对滤波器的性能影响较大。例如，在矩形窗情况下，最大相对肩峰值为 8.95%，N 增加时，$2\pi/N$ 减小，起伏振荡变密，最大相对肩峰值则总是 8.95%。

以上分析说明，调整窗口长度 N 可以有效地控制过渡带的宽度，减小带内波动以及加大阻带衰减(即减小吉布斯效应)只能从改变窗函数的形状上找解决方法。如果能找到的窗函数形状，使其谱函数的主瓣包含更多的能量，则相应旁瓣幅度就减少了。旁瓣的减小可使通带、阻带波动减小从而加大阻带衰减，但这样总是以加宽过渡带为代价的。

6.3.3 常用窗函数

6.3.3
微课视频

矩形窗截断造成的肩峰值为 8.95%，阻带最小衰减为 −21dB，这个衰减量在工程上常常是不够大的。为了加大阻带衰减，只能改变窗函数的形状。

从以上讨论中看出，窗函数的形状及长度的选择很关键，一般希望窗函数满足两项要求：

(1) 窗谱主瓣尽可能地窄，以获取较陡的过渡带。

(2) 尽量减少窗谱的最大旁瓣的相对幅度，也就是能量尽量集中于主瓣，这样使肩峰和波纹减小，就可增大阻带的衰减。

但是这两项要求是不能同时满足的。当选用主瓣宽度较窄时，虽然得到较陡的过渡带，但通带和阻带的波动明显增加；当选用最小的旁瓣幅度时，虽能得到平坦的幅度响应和较小的阻带波纹，但过渡带加宽，即主瓣会加宽。因此，实际所选用的窗函数往往是它们的折中。在保证主瓣宽度达到一定要求的前提下，适当牺牲主瓣宽度以换取相对旁瓣的抑制。以上是从幅度特性的改善对窗函数提出的要求。

需要说明一点，下面介绍的窗函数均为偶对称函数，用其所设计的 FIR 滤波器均具有线性相位特性。窗的宽度为 N，可为奇数或者偶数，且窗的对称中心在 $(N-1)/2$ 处，即均为因果函数。设计 FIR 滤波器常用的窗函数有如下几种。

1. 矩形窗(Rectangle Window)

长度为 N 的矩形窗函数定义为

$$w(n)=R_N(n)=\begin{cases}1, & 0\leqslant n\leqslant N-1\\ 0, & \text{其他}\end{cases}$$

其频率响应为

$$W_R(e^{j\omega})=W_R(\omega)e^{-j\left(\frac{N-1}{2}\right)\omega}$$

其中，幅度函数为

$$W_R(\omega)=\frac{\sin(\omega N/2)}{\sin(\omega/2)} \tag{6-47}$$

矩形窗的主瓣宽度为 $4\pi/N$，最大旁瓣幅度为 -13dB，所设计滤波器的最小阻带衰减为 -21dB。矩形窗是一种最简单的窗函数，21dB 的阻带衰减在实际应用中是远远不够的，其最小阻带衰减性能是所有窗函数中最差的。

2. 三角形窗(Bartlett Window)(又称巴特利特窗)

为了改善矩形窗造成的强烈的吉布斯效应，巴特利特提出了一种逐渐过渡的三角窗形式，它是由两个长度为 $N/2$ 的矩形窗进行线性卷积得到的，定义为

$$w(n)=\begin{cases}\dfrac{2n}{N-1}, & 0\leqslant n\leqslant \dfrac{N-1}{2}\\[2mm] 2-\dfrac{2n}{N-1}, & \dfrac{N-1}{2}\leqslant n\leqslant N-1\end{cases} \tag{6-48}$$

其频率响应为

$$\begin{aligned}W(e^{j\omega})&=\frac{2}{N-1}\left\{\frac{\sin\left[\left(\dfrac{N-1}{4}\right)\omega\right]}{\sin(\omega/2)}\right\}^2 e^{-j\left(\frac{N-1}{2}\right)\omega}\\&\approx\frac{2}{N}\left(\frac{\sin(N\omega/4)}{\sin(\omega/2)}\right)^2 e^{-j\left(\frac{N-1}{2}\right)\omega},\quad N\gg 1\end{aligned} \tag{6-49}$$

三角形窗的主瓣宽度为 $8\pi/N$，所设计滤波器的最小阻带衰减为 -25dB。三角形窗与矩形窗比较，阻带衰减有所改善，但代价是比矩形窗主瓣宽度增加一倍。

3. 汉宁窗(Hanning Window)

汉宁窗又称升余弦窗。主要思路是：通过矩形窗谱的合理叠加减小旁瓣面积。汉宁窗的定义为

$$w(n)=\sin^2\left(\frac{\pi n}{N-1}\right)R_N(n)=\frac{1}{2}\left[1-\cos\left(\frac{2\pi n}{N-1}\right)\right]R_N(n) \tag{6-50}$$

其频率响应为

$$\begin{aligned}W(e^{j\omega})&=\left\{0.5W_R(\omega)+0.25\left[W_R\left(\omega-\frac{2\pi}{N-1}\right)+W_R\left(\omega+\frac{2\pi}{N-1}\right)\right]\right\}e^{-j\left(\frac{N-1}{2}\right)\omega}\\&=W(\omega)e^{-j\left(\frac{N-1}{2}\right)\omega}\end{aligned} \tag{6-51}$$

当 $N\gg1$ 时，$N-1\approx N$，所以窗函数的幅度函数为

$$W(\omega)=0.5W_R(\omega)+0.25\left[W_R\left(\omega-\frac{2\pi}{N}\right)+W_R\left(\omega+\frac{2\pi}{N}\right)\right] \tag{6-52}$$

汉宁窗频谱的形成过程如图 6-21 所示。由式(6-52)和图 6-21 可以看到 3 个不同加权值的矩形窗谱相叠加，使旁瓣互相抵消，能量更集中在主瓣。

汉宁窗的主瓣宽度为 $8\pi/N$，最大旁瓣幅度为 -31dB，所设计滤波器的最小阻带衰减为 -44dB。

4. 海明窗(Hamming Window)

海明窗又称改进的升余弦窗。系数稍作变动使叠加后效果更好。

$$w(n)=\left[0.54-0.46\cos\left(\frac{2\pi n}{N-1}\right)\right]R_N(n) \tag{6-53}$$

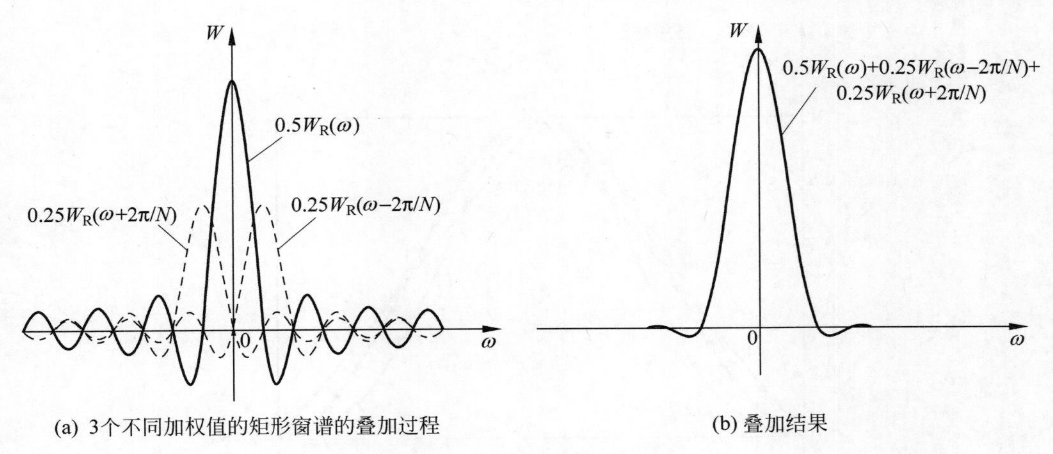

(a) 3个不同加权值的矩形窗谱的叠加过程

(b) 叠加结果

图 6-21 汉宁窗频谱

其幅度函数为

$$W(\omega)=0.54W_{\mathrm{R}}(\omega)+0.23\left[W_{\mathrm{R}}\left(\omega-\frac{2\pi}{N-1}\right)+W_{\mathrm{R}}\left(\omega+\frac{2\pi}{N-1}\right)\right]$$

$$\approx 0.54W_{\mathrm{R}}(\omega)+0.23\left[W_{\mathrm{R}}\left(\omega-\frac{2\pi}{N}\right)+W_{\mathrm{R}}\left(\omega+\frac{2\pi}{N}\right)\right] \tag{6-54}$$

海明窗的主瓣宽度为 $8\pi/N$，最大旁瓣幅度为-41dB，所设计滤波器的最小阻带衰减为-53dB。与汉宁窗相比，主瓣宽度相同，为 $8\pi/N$，但旁瓣又被进一步压低，结果可将99.963%的能量集中在窗谱的主瓣内。

5. 布莱克曼窗(Blackman Window)

为了进一步抑制旁瓣，对升余弦窗函数再加上一个二次谐波的余弦分量，变成布莱克曼窗，故又称二阶升余弦窗。

$$w(n)=\left[0.42-0.5\cos\left(\frac{2\pi n}{N-1}\right)+0.08\cos\left(\frac{4\pi n}{N-1}\right)\right]R_N(n) \tag{6-55}$$

其幅度函数为

$$W(\omega)=0.42W_{\mathrm{R}}(\omega)+0.25\left[W_{\mathrm{R}}\left(\omega-\frac{2\pi}{N-1}\right)+W_{\mathrm{R}}\left(\omega+\frac{2\pi}{N-1}\right)\right]+$$

$$0.04\left[W_{\mathrm{R}}\left(\omega-\frac{4\pi}{N-1}\right)+W_{\mathrm{R}}\left(\omega+\frac{4\pi}{N-1}\right)\right] \tag{6-56}$$

式(6-56)表明，幅度函数由 5 部分叠加而成，这 5 部分的叠加，使旁瓣得到大大的抵消，能量更有效地集中在主瓣中，不过主瓣宽度又增加了一倍。布莱克曼窗的主瓣宽度为 $12\pi/N$，最大旁瓣幅度为-57dB，所设计滤波器的最小阻带衰减为-74dB。

图 6-22 给出了设计 FIR 滤波器常用的 5 种窗函数，图 6-23 是 $N=51$ 时这 5 种窗函数的傅里叶变换。

由图 6-23 可以看出，随着窗函数形状的变化，旁瓣衰减加大，但主瓣宽度也相应地加宽了。图 6-24 是利用这 5 种窗函数对同一指标 $N=51$、截止频率 $\omega_c=0.5\pi$ 设计的 FIR 线性相位低通滤波器频率特性。

6. 凯塞窗(Kaiser Window)

以上几种窗函数是各以一定主瓣加宽为代价换取某种程度的旁瓣抑制，而凯塞窗则是

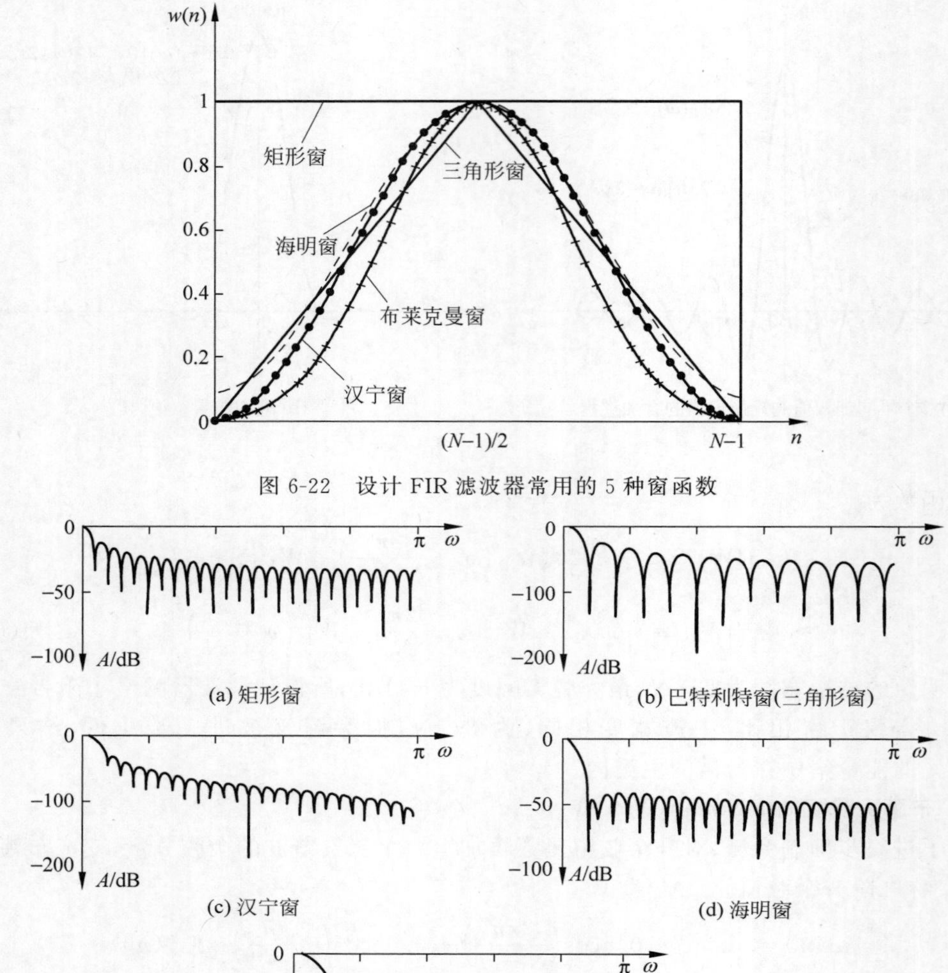

图 6-22　设计 FIR 滤波器常用的 5 种窗函数

图 6-23　各种窗函数的傅里叶变换($N=51$)，$A=20\lg|W(\omega)/W(0)|$

全面地反映主瓣与旁瓣衰减之间的交换关系，可以在它们两者之间自由地选择它们的比重。

凯塞窗是一种适应性较强的可调整窗，其窗函数的表达式为

$$w(n)=\frac{I_0(\beta\sqrt{1-[1-2n/(N-1)]^2})}{I_0(\beta)},\quad 0\leqslant n\leqslant N-1 \tag{6-57}$$

式中，$I_0(x)$是第一类变形零阶贝塞尔函数，β 是一个可自由选择的参数，它可以同时调整主瓣宽度与旁瓣电平。β 越大，则 $w(n)$窗越窄，而频谱的旁瓣越小，但主瓣宽度也相应增加。因而改变 β 值就可对主瓣宽度与旁瓣衰减进行选择，零阶贝塞尔函数的曲线如图 6-25 所示，凯塞窗函数的曲线如图 6-26 所示。一般选择 $4<\beta<9$，这相当于旁瓣幅度与主瓣幅度的比值由 3.1%变到 0.047%(−30～−67dB)。

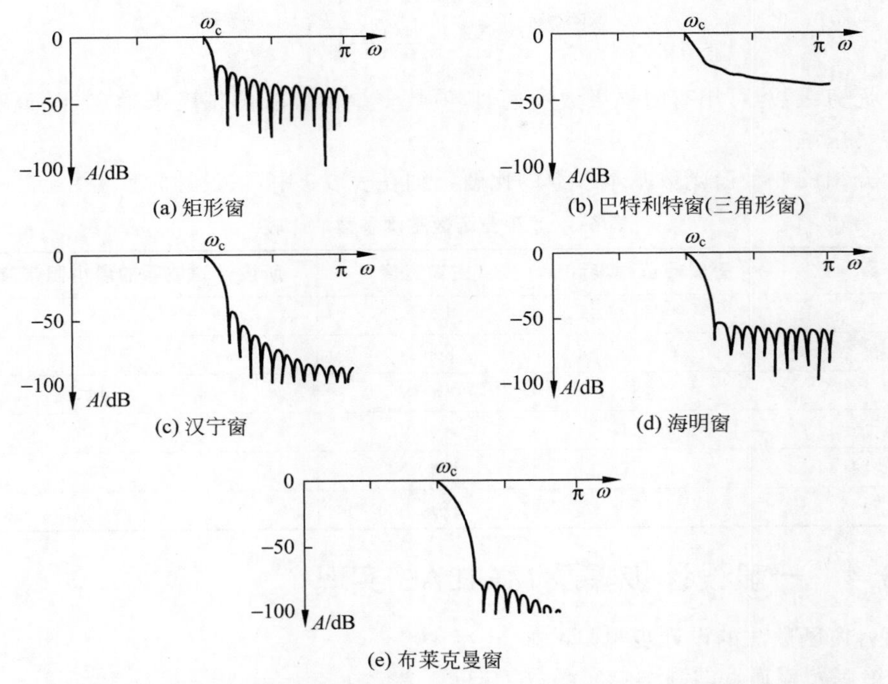

图 6-24　理想低通滤波器加窗后的幅度响应($N=51$),$A=20\lg|H(\omega)/H(0)|$

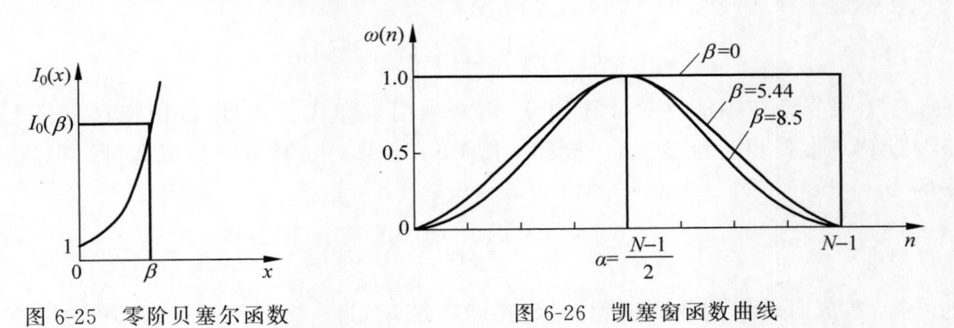

图 6-25　零阶贝塞尔函数　　　　图 6-26　凯塞窗函数曲线

凯塞窗在不同 β 值下的性能指标归纳在表 6-2 中。

表 6-2　凯塞窗β值与滤波器性能的关系

β值	过　渡　带	通带波纹/dB	阻带最小衰减/dB
2.120	$3.00\pi/N$	±0.27	−30
3.384	$4.46\pi/N$	±0.0864	−40
4.538	$5.86\pi/N$	±0.0274	−50
5.658	$7.24\pi/N$	±0.008 68	−60
6.764	$8.64\pi/N$	±0.002 75	−70
7.865	$10.0\pi/N$	±0.000 868	−80
8.960	$11.4\pi/N$	±0.000 275	−90
10.056	$12.8\pi/N$	±0.000 087	−100

虽然凯塞窗没有初等函数的解析表达式,但是在设计凯塞窗时,对零阶变形贝塞尔函数可采用无穷级数来表达,即

$$I_0(x)=\sum_{k=0}^{\infty}\left[\frac{1}{k!}\left(\frac{x}{2}\right)^k\right]^2 \tag{6-58}$$

这个无穷级数，可用有限项级数去近似，项数多少由要求的精度来确定，因而采用计算机是很容易求解的。

以上介绍的 6 种窗函数基本参数的比较归纳在表 6-3 中，供设计时参考。

表 6-3　6 种窗函数基本参数的比较

窗　函　数	旁瓣峰值幅度/dB	主瓣宽度	所设计滤波器的最小阻带衰减/dB
矩形窗	−13	$4\pi/N$	−21
三角形窗	−25	$8\pi/N$	−25
汉宁窗	−31	$8\pi/N$	−44
海明窗	−41	$8\pi/N$	−53
布莱克曼窗	−57	$12\pi/N$	−74
凯塞窗($\beta=7.865$)	−57	$10\pi/N$	−80

6.3.4
微课视频

6.3.4　一般设计步骤及 MATLAB 实现

下面将窗函数法的设计步骤归纳如下：

(1) 给定希望逼近的频率响应函数 $H_d(e^{j\omega})$。

(2) 求出单位脉冲响应 $h_d(n)$：

$$h_d(n)=\frac{1}{2\pi}\int_{-\pi}^{\pi}H_d(e^{j\omega})e^{j\omega n}d\omega$$

如果 $H_d(e^{j\omega})$很复杂或不能直接计算积分，则必须用求和代替积分，以便在计算机上计算，也就是要计算离散傅里叶反变换，一般都采用 FFT 计算。将积分限分成 M 段，也就是令采样频率为 $\omega_k=2\pi k/M,k=0,1,\cdots,M-1$，则有

$$h_M(n)=\frac{1}{M}\sum_{k=0}^{M-1}H_d(e^{j\frac{2\pi}{M}k})e^{j\frac{2\pi}{M}kn} \tag{6-59}$$

频域的采样，造成时域序列的周期延拓，延拓周期是 M，即

$$h_M(n)=\sum_{r=-\infty}^{\infty}h_d(n+rM) \tag{6-60}$$

由于 $h_d(n)$有可能是无限长的序列，因此严格说，必须当 $M\to\infty$ 时，$h_M(n)$才能等于 $h_d(n)$而不产生混叠现象，即 $h_d(n)=\lim\limits_{M\to\infty}h_M(n)$。实际上，由于 $h_d(n)$随 n 的增加衰减很快，一般只要 M 足够大，即 $M\gg N$，近似就足够了。

(3) 由过渡带宽及阻带最小衰减的要求，可选定窗形状，并估计窗口长度 N。设待求滤波器的过渡带用 $\Delta\omega$ 表示，它近似等于窗函数主瓣宽度。因过渡带 $\Delta\omega$ 近似与窗口长度成反比，$N\approx A/\Delta\omega$，A 取决于窗口形式，A 参数选择参考表 6-3。例如，矩形窗 $A=4\pi$，海明窗 $A=8\pi$ 等，按照过渡带及阻带衰减情况，选择窗函数形式，原则是在保证阻带衰减满足要求的情况下，尽量选择主瓣窄的窗函数。

(4) 计算所设计的 FIR 滤波器的单位脉冲响应。

$$h(n)=h_d(n)w(n),\quad 0\leqslant n\leqslant N-1$$

(5) 由 $h(n)$求 FIR 滤波器的系统函数 $H(z)$：

$$H(z)=\sum_{n=0}^{N-1}h(n)z^{-n}$$

整个设计过程可用MATLAB编程实现，可以多选择几种窗函数来试探，从而设计出性能良好的FIR滤波器。在设计中需要使用以下几类函数：

(1) 各种窗函数。矩形窗：win＝boxcar(N)；三角形窗：win＝bartlett(N)；汉宁窗：win＝hanning(N)；海明窗：win＝hamming(N)；布莱克曼窗：win＝blackman(N)；凯塞窗：win＝kaiser(N,beta)，其中，参数N为窗函数的长度，参数beta需要根据待设计的滤波器的阻带衰减查表6-2得出。

(2) 理想低通单位脉冲响应计算函数hd＝ideal_lp(wc,N)。函数ideal_lp非MATLAB软件自带函数，属于特殊函数，作用是计算3dB通带截止频率为ω_c的理想低通滤波器的单位脉冲响应，N为理想滤波器的长度，函数代码如下：

```
function hd = ideal_lp(wc,N);
alpha = (M-1)/2; n = [0: 1: (M-1)]; m = n - alpha + eps;        % 加一个小数以避免零作除数
hd = sin(wc * m)./(pi * m);
```

(3) 频率响应计算函数[db,mag,pha,grd,w]＝freqz_m(h,1)。特殊函数freqz_m的作用是由FIR滤波器的单位脉冲响应$h(n)$得到频率响应的幅度、相位及群时延，函数代码在上一章已有介绍。

例6-4　用矩形窗、汉宁窗和布莱克曼窗设计FIR低通滤波器，设$N=11,\omega_c=0.2\pi\text{rad}$。

解　用理想低通滤波器作为逼近滤波器，按照式(6-34)，有

$$h_d(n)=\frac{\sin(\omega_c(n-\alpha))}{\pi(n-\alpha)},\quad 0\leqslant n\leqslant 10$$

$$\alpha=\frac{1}{2}(N-1)=5$$

$$h_d(n)=\frac{\sin(0.2\pi(n-5))}{\pi(n-5)},\quad 0\leqslant n\leqslant 10$$

用汉宁窗设计：

$$h(n)=h_d(n)w_{Hn}(n),\quad 0\leqslant n\leqslant 10$$

$$w_{Hn}(n)=0.5\left(1-\cos\frac{2\pi n}{10}\right)R_{11}(n)$$

用布莱克曼窗设计：

$$h(n)=h_d(n)w_{Bl}(n),\quad 0\leqslant n\leqslant 10$$

$$w_{Bl}(n)=\left(0.42-0.5\cos\frac{2\pi n}{10}+0.08\cos\frac{2\pi n}{10}\right)R_{11}(n)$$

本题采用MATLAB编程实现，主要程序如下：

```
%汉宁窗
N = 11; n = [0: 1: N-1]; Wc = 0.2 * pi;
hd = ideal_lp(Wc,N);
w_han = (hanning(N))';
h = hd. * w_han
[db,mag,pha,grd,w] = freqz_m(h,1);
plot(w/pi,db);
```

```
%矩形窗
w_han = (boxcar(N))'
%布莱克曼窗
w_han = (blackman(N)) '
```

仿真波形如图 6-27 所示。由图可见，在 $N=11$，$\omega_c=0.2\pi\text{rad}$ 的相同条件下，使用矩形窗函数设计的低通滤波器幅度特性曲线的过渡带最窄，但其阻带上的相应衰减最小；相反使用布莱克曼窗函数设计的低通滤波器幅度特性曲线的过渡带最宽，但其阻带上的相应衰减最大；汉宁窗介于两者之间。

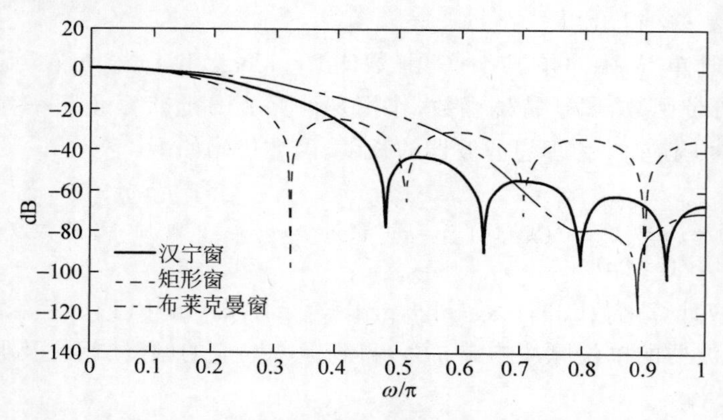

图 6-27 3 种窗函数设计的 FIR 低通滤波器频率响应

例 6-5 根据下列技术指标，设计一个 FIR 低通滤波器。

通带截止频率 $\omega_p=0.2\pi\text{rad}$，通带允许波动 $\alpha_p=0.25\text{dB}$；

阻带截止频率 $\omega_s=0.3\pi\text{rad}$，阻带衰减 $\alpha_s=50\text{dB}$。

解 查表 6-3 可知，海明窗和布莱克曼窗均可提供大于 50dB 的衰减。但海明窗具有较小的过渡带，从而具有较小的长度 N。

根据题意，所要设计的滤波器的过渡带为

$$\Delta\omega=\omega_s-\omega_p=0.3\pi-0.2\pi=0.1\pi$$

由表 6-3 可知，利用海明窗设计的滤波器的过渡带宽 $\Delta\omega=8\pi/N$，所以低通滤波器单位脉冲响应的长度为

$$N=\frac{8\pi}{\Delta\omega}=\frac{8\pi}{0.1\pi}=80$$

3dB 通带截止频率为

$$\omega_c=\frac{\omega_s+\omega_p}{2}=0.25\pi$$

由式(6-35)可知，理想低通滤波器的单位脉冲响应为

$$h_d(n)=\frac{\sin[\omega_c(n-\alpha)]}{\pi(n-\alpha)},\quad \alpha=\frac{N-1}{2}$$

海明窗为

$$w(n)=\left[0.54-0.46\cos\left(\frac{2\pi n}{N-1}\right)\right]R_N(n)$$

则所设计的滤波器的单位脉冲响应为

$$h(n)=\frac{\sin[\omega_c(n-\alpha)]}{\pi(n-\alpha)}\cdot\left[0.54-0.46\cos\left(\frac{2\pi n}{N-1}\right)\right]R_N(n),\quad N=80$$

所设计的滤波器的频率响应为

$$H(e^{j\omega})=\sum_{n=0}^{N-1}h(n)e^{-j\omega n}$$

本题采用MATLAB编程实现，主要程序如下：

```
%初始条件设置
Wp = 0.2 * pi; Ws = 0.3 * pi; Rp = 0.25; Rs = 50;
N = 80; n = [0: 1: N - 1];
Wc = (Ws + Wp)/2;
%由窗函数法得到h(n)
hd = ideal_lp(Wc,N);
w_han = (hamming(N))';
h = hd. * w_han
%频域幅度、相位、群时延
[db,mag,pha,grd,w] = freqz_m(h,1);
%画图语句
subplot(2,2,1); plot(w/pi,db); xlabel('\omega/\pi'); ylabel('dB');
subplot(2,2,2); plot(w/pi,pha); xlabel('\omega/\pi'); ylabel('pha');
subplot(2,2,3); stem(n,h,'.'); xlabel('n'); ylabel('h(n)');
subplot(2,2,4); stem(n,w_han,'.'); xlabel('n'); ylabel('Hamming window');
```

仿真结果如图6-28所示。图6-28(a)是实际低通滤波器的幅频特性$|H(e^{j\omega})|$，单位为dB。滤波器长度$N=80$，实际阻带衰减为$\alpha_s=53$dB，通带波动为$\alpha_p=0.0316$dB，均满足设计要求；图6-28(b)是相频特性图，可以看到是线性相位的；图6-28(c)是实际低通滤波器的单位脉冲响应$h(n)$；图6-28(d)是海明窗函数时域波形。

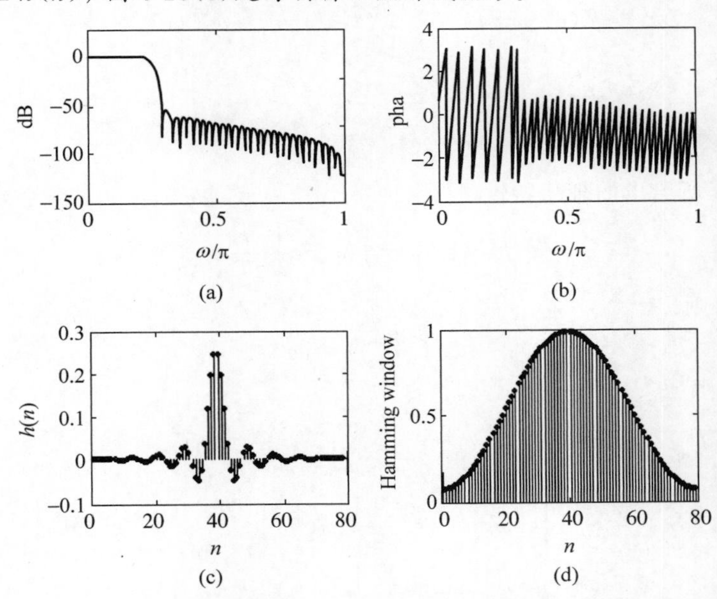

图6-28 海明窗设计FIR数字滤波器的仿真结果

例题6-4和6-5都是利用窗函数法进行第一类线性相位FIR数字滤波器的设计，其单位脉冲响应对$(N-1)/2$呈偶对称，即$h(n)=h(N-1-n)$。而第二类线性相位FIR数字滤波器的单位脉冲响应对$(N-1)/2$呈奇对称，即$h(n)=-h(N-1-n)$，其频率响应除具有线性相位外，还具有$\pi/2$的相移，因而可用于设计离散时间微分器。

例 6-6 利用窗函数(海明窗)法设计一数字微分器，逼近图 6-29 所示的理想微分器特性，并绘出其幅频特性。

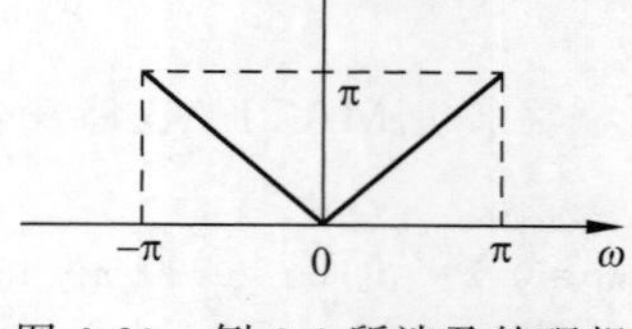

图 6-29 例 6-6 所涉及的理想微分器特性

解 由于连续信号存在微分，而时域离散信号和数字信号的微分不存在，因而本题要求设计的数字微分器是指用数字滤波器近似实现模拟微分器，即用数字差分滤波器近似模拟微分器。下面先推导理想差分器的频率响应函数。

设模拟微分器的输入和输出分别为$x(t)$和$y(t)$，即

$$y(t)=k\frac{dx(t)}{dt}$$

令$x(t)=e^{j\Omega t}$，则

$$y(t)=jk\Omega e^{j\Omega t}=jk\Omega x(t)$$

对上式两边采样(时域离散化)，得到

$$y(nT)=jk\Omega x(nT)=jk\frac{\omega}{T}x(nT)$$

$$Y(e^{j\omega})=\text{DTFT}[y(nT)]=j\frac{k}{T}\omega X(e^{j\omega})$$

其中$\omega=\Omega T$，T为采样间隔。将$x(nT)$和$y(nT)$分别作为数字微分器的输入和输出序列，并用$H_d(e^{j\omega})$表示数字理想微分器的频率响应函数，则

$$Y(e^{j\omega})=H_d(e^{j\omega})X(e^{j\omega})=j\frac{k}{T}\omega X(e^{j\omega})$$

即

$$H_d(e^{j\omega})=j\frac{k}{T}\omega$$

根据题中图 6-29 所给出的理想特性可知

$$|H_d(e^{j\omega})|=|\omega|=\left|j\frac{k}{T}\omega\right|$$

所以应取$k=T$，则

$$H_d(e^{j\omega})=j\omega$$

相应的单位脉冲响应为

$$\begin{aligned}h_d(n)&=\text{IDFT}[H_d(e^{j\omega})]=\frac{1}{2\pi}\int_{-\pi}^{\pi}j\omega e^{j\omega n}d\omega\\&=\frac{1}{2\pi n}\int_{-\pi}^{\pi}\omega de^{j\omega n}=\frac{1}{2\pi n}\left[\omega e^{j\omega n}\Big|_{\omega=-\pi}^{\omega=\pi}-\int_{-\pi}^{\pi}e^{j\omega n}d\omega\right]\\&=\frac{\cos(n\pi)}{n}-\frac{\sin(n\pi)}{\pi n^2},\quad n\neq 0\end{aligned}$$

按照窗函数的要求，需将$h_d(n)$延时$\tau=(N-1)/2$，则逼近频率响应函数$H'_d(e^{j\omega})$应由$j\omega$变为

$$H'_d(e^{j\omega})=j\omega e^{-j\omega\tau}=\omega e^{-j\left(\omega\tau-\frac{\pi}{2}\right)}$$

延时 τ 的单位脉冲响应 $h'_d(n)$ 对应变为

$$\begin{aligned}h'_d(n)&=\mathrm{IDFT}[H'_d(e^{j\omega})]=\frac{1}{2\pi}\int_{-\pi}^{\pi}j\omega e^{-j\omega\tau}e^{j\omega n}d\omega\\&=\frac{1}{2\pi}\left\{\frac{e^{j\omega(n-\tau)}}{[j(n-\tau)^2]}[j(n-\tau)\omega-1]\right\}\Bigg|_{-\pi}^{\pi}\\&=\frac{1}{2\pi}\cdot\frac{1}{(n-\tau)^2}\{2(n-\tau)\pi\cos[\pi(n-\tau)]-2\sin[\pi(n-\tau)]\}\\&=\frac{\cos((n-\tau)\pi)}{n-\tau}-\frac{\sin((n-\tau)\pi)}{\pi(n-\tau)^2},\quad n\neq\tau\end{aligned}$$

式中的 $h_d(n)$ 是无限长非因果序列，工程应用中一般采用长度为 N 点的 FIR 微分器来逼近理想的离散时间微分器，因此要加窗函数 $w(n)$ 将 $h_d(n)$ 截取为 N 点长的因果序列，加窗后得到

$$\begin{aligned}h(n)&=h_d(n)w(n)\\&=\left(\frac{\cos((n-\tau)\pi)}{n-\tau}-\frac{\sin((n-\tau)\pi)}{\pi(n-\tau)^2}\right)w(n),\quad n\neq\tau\end{aligned}$$

由 $h_d(n)$ 的表达式可以看出无论窗长 N 取奇数或偶数，$h(n)$ 都将满足对 $n=(N-1)/2$ 处呈奇对称，即

$$h(n)=-h(N-1-n)$$

同时当 N 为奇数时，所设计的一定是Ⅲ型线性相位 FIR 微分器，当 N 为偶数时，所设计的一定是Ⅳ型线性相位 FIR 微分器。另外由图 6-29 所示可知，微分器的幅度响应随频率增大线性上升，当频率 $\omega=\pi$ 时，达到最大值，所以只有 N 为偶数的情况 4 的幅度特性才能满足全频带微分器的时域和频域要求。因为 N 是偶数，τ 则为正整数减去 1/2，$h(n)$ 表达式中的第一项 $\frac{\cos((n-\tau)\pi)}{n-\tau}$ 为 0，只存在第二项，再代入 $\tau=(N-1)/2$ 后，得到用窗函数法设计的 FIR 数字微分器的单位脉冲响应 $h(n)$ 的通用表达式为

$$h(n)=-\frac{\sin((n-\tau)\pi)}{\pi(n-\tau)^2}w(n)=-\frac{\sin((n-(N-1)/2)\pi)}{\pi(n-(N-1)/2)^2}w(n),N\text{ 为偶数}$$

选定滤波器长度 N 和窗函数类型，就可以直接按上式得到设计结果。本题要求的海明窗，其窗函数为

$$w_{\mathrm{Hm}}(n)=\left(0.54-0.46\cos\frac{2\pi n}{N-1}\right)R_N(n)$$

将海明窗函数式代入 FIR 数字微分器的单位脉冲响应的通用表达式中，得到 $h(n)$ 的表达式为

$$h(n)=-\frac{\sin\left(\left(n-\frac{N-1}{2}\right)\pi\right)}{\pi\left(n-\frac{N-1}{2}\right)^2}\left(0.54-0.46\cos\frac{2\pi n}{N-1}\right)R_N(n)$$

本题对 3 种不同的长度 $N=30,N=50$ 和 $N=51$，用 MATLAB 计算单位脉冲响应

$h(n)$和幅频特性函数,并绘图,程序如下:

```
%初始条件设置
Wp = 0.2 * pi; Ws = 0.3 * pi; Rp = 0.25; Rs = 50;
%用海明窗设计线性相位 FIR 微分器
clear; close ;
% N1 = 30
N1 = 30; n1 = 0: N1 - 1; tao1 = (N1 - 1)/2;
h1n = sin((n1 - tao1) * pi)./(pi * (n1 - tao1).^2). * (hamming(N1))';
[db1,mag1,pha1,grd1,w1] = freqz_m(h1n,1);
% N2 = 50
N2 = 50; n2 = 0: N2 - 1; tao2 = (N2 - 1)/2;
h2n = sin((n2 - tao2) * pi)./(pi * (n2 - tao2).^2). * (hamming(N2))';
[db2,mag2,pha2,grd2,w2] = freqz_m(h2n,1);
% N3 = 51
N3 = 51; n3 = 0: N3 - 1; tao3 = (N3 - 1)/2;
h3n = [cos((n3 - tou) * pi)./(n3 - tou) - sin((n3 - tou) * pi)./(pi * (n3 - tou).^2)]. * (hamming
(N3))';
h3n((N3 - 1)/2 + 1) = 0;    %因为该点分母为 0,无定义,所以赋值为 0
[db3,mag3,pha3,grd3,w3] = freqz_m(h3n,1);
%绘图
subplot(321); stem(n1,h1n,'.'); grid; subplot(322); plot(w1/pi,mag1); grid
subplot(323); stem(n2,h2n,'.'); grid; subplot(324); plot(w2/pi,mag2); grid
subplot(325); stem(n3,h3n,'.'); grid; subplot(326); plot(w3/pi,mag3); grid
```

数字微分器的单位脉冲响应和幅频特性函数曲线仿真结果如图 6-30 所示,由图可见,当滤波器长度 N 为偶数时,逼近效果好。但 N 为奇数时(本程序中 $N=51$),逼近误差很大,这一结论与本节对Ⅱ型线性相位滤波器,N 为奇数时不能实现高通滤波特性的理论一致。

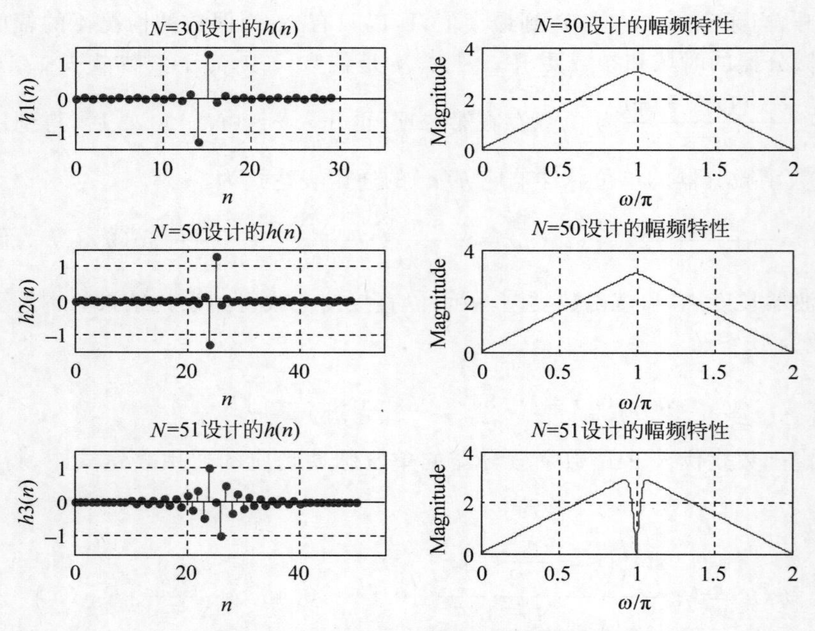

图 6-30 数字微分器的单位脉冲响应和幅频特性函数曲线

6.4 频率采样法设计 FIR 数字滤波器

6.4.1 设计方法

6.4.1
微课视频

窗函数法是从时域出发，把理想的 $h_{\mathrm{d}}(n)$ 用一定形状的窗口函数截取成有限长的 $h(n)$，以此 $h(n)$ 近似理想的 $h_{\mathrm{d}}(n)$。

频率采样法则是从频域出发，把给定的理想频率响应 $H_{\mathrm{d}}(\mathrm{e}^{\mathrm{j}\omega})$ 加以等间隔采样

$$H_{\mathrm{d}}(\mathrm{e}^{\mathrm{j}\omega})\Big|_{\omega=\frac{2\pi}{N}\cdot k}=H_{\mathrm{d}}(k) \tag{6-61}$$

然后，以此 $H_{\mathrm{d}}(k)$ 作为实际 FIR 滤波器频率特性的采样值 $H(k)$，即令

$$H(k)=H_{\mathrm{d}}(k)=H_{\mathrm{d}}(\mathrm{e}^{\mathrm{j}\omega})\Big|_{\omega=\frac{2\pi}{N}\cdot k},\quad k=0,1,\cdots,N-1 \tag{6-62}$$

由于有限长序列 $h(n)$ 和它的 DFT 是一一对应的，因此可以由频域的这 N 个采样值通过 IDFT 来唯一确定有限长序列 $h(n)$，即

$$h(n)=\frac{1}{N}\sum_{k=0}^{N-1}H(k)W_N^{-nk}\quad n=0,1,2,\cdots,N-1 \tag{6-63}$$

式中，$h(n)$ 为待设计的滤波器的单位脉冲响应。其系统函数 $H(z)$ 和频率响应 $H(\mathrm{e}^{\mathrm{j}\omega})$ 分别为

$$H(z)=\sum_{n=0}^{N-1}h(n)z^{-n} \tag{6-64}$$

$$H(\mathrm{e}^{\mathrm{j}\omega})=\sum_{n=0}^{N-1}h(n)\mathrm{e}^{-\mathrm{j}\omega n} \tag{6-65}$$

以上就是频率采样法设计滤波器的基本思路，如图 6-31 所示。

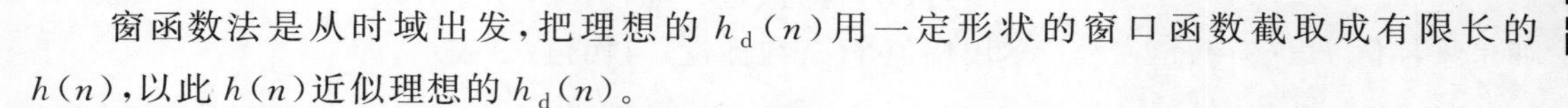

图 6-31 频率采样法设计 FIR 数字滤波器的思路

此外，根据 $H(z)$ 的内插公式，也可由这 N 个频域采样值内插恢复出 FIR 滤波器 $H(z)$ 及 $H(\mathrm{e}^{\mathrm{j}\omega})$。

$$H(z)=\frac{1-z^{-N}}{N}\sum_{k=0}^{N-1}\frac{H(k)}{1-W_N^{-k}z^{-1}} \tag{6-66}$$

$$H(\mathrm{e}^{\mathrm{j}\omega})=\frac{1-\mathrm{e}^{-\mathrm{j}\omega N}}{N}\sum_{k=0}^{N-1}\frac{H(k)}{1-W_N^{-k}\mathrm{e}^{-\mathrm{j}\omega}} \tag{6-67}$$

6.4.2 线性相位 FIR 滤波器的约束条件

6.4.2
微课视频

如果要线性相位的 FIR 滤波器，则其采样值 $H(k)$ 的幅度和相位一定要满足 6.2 节所讨论的 4 种类型线性相位 FIR 滤波器的约束条件，这些条件已归纳在表 6-1 中。

1. Ⅰ型线性相位 FIR 滤波器，即 $h(n)$ 偶对称，长度 N 为奇数情况

由表 6-1 可知，对于Ⅰ型 FIR 滤波器

$$H(\mathrm{e}^{\mathrm{j}\omega})=H(\omega)\mathrm{e}^{\mathrm{j}\theta(\omega)} \tag{6-68}$$

式中

$$\theta(\omega)=-\omega\left(\frac{N-1}{2}\right) \tag{6-69}$$

Ⅰ型线性相位 FIR 滤波器幅度函数 $H(\omega)$关于 $\omega=0,\pi,2\pi$ 为偶对称，即

$$H(\omega)=H(2\pi-\omega) \tag{6-70}$$

如果采样值 $H(k)=H(\mathrm{e}^{\mathrm{j}2\pi k/N})$，用幅值 H_k（纯标量）与相角 θ_k 表示，即

$$H(k)=H(\mathrm{e}^{\mathrm{j}2\pi k/N})=H_k\mathrm{e}^{\mathrm{j}\theta_k} \tag{6-71}$$

并在 $\omega=0\sim2\pi$ 之间等间隔采样 N 点

$$\omega_k=\frac{2\pi}{N}k,\quad k=0,1,\cdots,N-1$$

将 $\omega=\omega_k$ 代入式(6-69)与式(6-70)中，并写成 k 的函数，得到

$$\theta_k=-\frac{2\pi}{N}k\left(\frac{N-1}{2}\right)=-\pi k\left(1-\frac{1}{N}\right) \tag{6-72}$$

$$H_k=H_{N-k} \tag{6-73}$$

由式(6-73)可知，H_k 满足偶对称要求。

2. Ⅱ型线性相位 FIR 滤波器，即 $h(n)$偶对称，N 为偶数情况

对于Ⅱ型 FIR 滤波器，$H(\mathrm{e}^{\mathrm{j}\omega})$的表达式仍为

$$H(\mathrm{e}^{\mathrm{j}\omega})=H(\omega)\mathrm{e}^{\mathrm{j}\theta(\omega)}$$

$$\theta(\omega)=-\omega\left(\frac{N-1}{2}\right)$$

因此有

$$\theta_k=-\frac{2\pi}{N}k\left(\frac{N-1}{2}\right)=-\pi k\left(1-\frac{1}{N}\right)$$

但是，其幅度函数 $H(\omega)$关于 $\omega=\pi$ 是奇对称的，关于 $\omega=0,2\pi$ 为偶对称

$$H(\omega)=-H(2\pi-\omega) \tag{6-74}$$

所以，这时的 H_k 也应满足奇对称要求

$$H_k=-H_{N-k} \tag{6-75}$$

3. Ⅲ型线性相位 FIR 滤波器，即 $h(n)$奇对称，N 为奇数情况

对于Ⅲ型 FIR 滤波器，$H(\mathrm{e}^{\mathrm{j}\omega})$的表达式为

$$H(\mathrm{e}^{\mathrm{j}\omega})=H(\omega)\mathrm{e}^{\mathrm{j}\theta(\omega)}$$

式中

$$\theta(\omega)=-\omega\left(\frac{N-1}{2}\right)+\frac{\pi}{2} \tag{6-76}$$

Ⅲ型线性相位 FIR 滤波器幅度函数 $H(\omega)$关于 $\omega=0,\pi,2\pi$ 为奇对称，即

$$H(\omega)=-H(2\pi-\omega) \tag{6-77}$$

将 $\omega=\omega_k=2\pi k/N$ 代入式(6-76)与式(6-77)中，并写成 k 的函数，得

$$\theta_k=-\frac{2\pi}{N}k\left(\frac{N-1}{2}\right)+\frac{\pi}{2}=-\pi k\left(1-\frac{1}{N}\right)+\frac{\pi}{2} \tag{6-78}$$

$$H_k=-H_{N-k} \tag{6-79}$$

即 H_k 满足奇对称要求。

4. Ⅳ型线性相位 FIR 滤波器，即 $h(n)$ 奇对称，N 为偶数情况

对于Ⅳ型 FIR 滤波器，$H(e^{j\omega})$的表达式仍为

$$H(e^{j\omega}) = H(\omega)e^{j\theta(\omega)} \tag{6-80}$$

$$\theta(\omega) = -\omega\left(\frac{N-1}{2}\right) + \frac{\pi}{2} \tag{6-81}$$

但是，其幅度函数 $H(\omega)$关于 $\omega=\pi$ 是偶对称的，关于 $\omega=0,2\pi$ 为奇对称，即

$$H(\omega) = H(2\pi - \omega)$$

所以，这时的 H_k 也应满足偶对称要求：$H_k = H_{N-k}$，而 θ_k 则与前面式(6-78)相同。

6.4.3 逼近误差

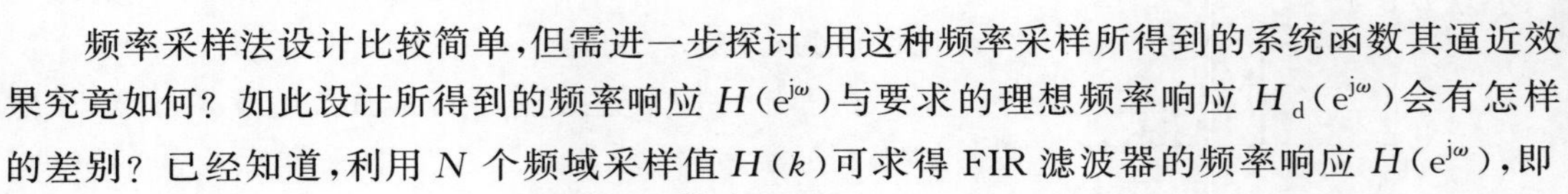

6.4.3
微课视频

频率采样法设计比较简单，但需进一步探讨，用这种频率采样所得到的系统函数其逼近效果究竟如何？如此设计所得到的频率响应 $H(e^{j\omega})$与要求的理想频率响应 $H_d(e^{j\omega})$会有怎样的差别？已经知道，利用 N 个频域采样值 $H(k)$可求得 FIR 滤波器的频率响应 $H(e^{j\omega})$，即

$$H(e^{j\omega}) = \sum_{k=0}^{N-1} H(k)\Phi\left(\omega - \frac{2\pi}{N}k\right) \tag{6-82}$$

式中，$\Phi(\omega)$是内插函数

$$\Phi(\omega) = \frac{\sin(\omega N/2)}{N\sin(\omega/2)}e^{-j\omega(N-1)/2} \tag{6-83}$$

上式表明，在各频率采样点 $\omega=2\pi k/N, k=0,1,\cdots,N-1$ 上，$\Phi(\omega-2\pi k/N)=1$，因此，采样点上滤波器的实际频率响应和理想频率响应数值严格相等，采样点之间的频率响应是由各采样点的加权内插函数的延伸叠加而成的，因而有一定的逼近误差，误差大小取决于理想频率响应曲线形状。理想频率响应特性变化越平缓，则内插值越接近理想值，逼近误差越小。例如，图 6-32(a)中的理想特性是一梯形响应，变化很缓和，因而采样后逼近效果就较好。反之，如果采样点之间的理想频率特性变化越陡，则内插值与理想值的误差就越大，因而在理想频率特性的不连续点附近，就会产生肩峰和起伏。例如，图 6-32(b)是一个矩形的理想特性，它在频率采样后出现的肩峰和起伏就比梯形特性大得多。

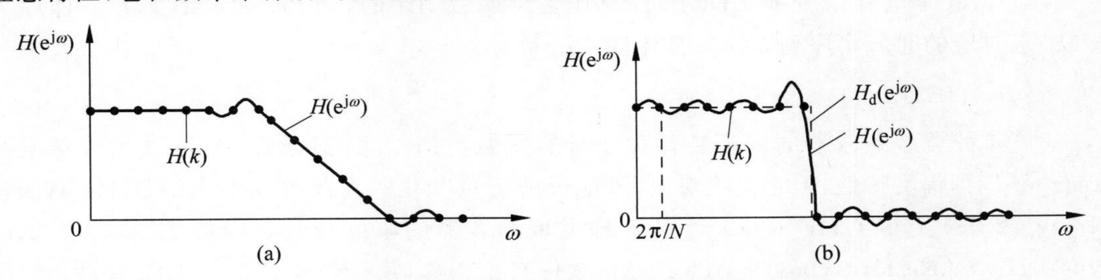

图 6-32　内插后梯形与矩形理想特性频率采样的响应

6.4.4 过渡带采样的最优设计

如图 6-33 所示，在频率响应的过渡带内插入一个(H_{c1})或两个(H_{c1}, H_{c2})或三个(H_{c1}, H_{c2}, H_{c3})采样点，这些点上采样最佳值由计算机算出。这样就增加了过渡带，减小了频带边缘的突变，减小了通带和阻带的波动，因而增大了阻带最小衰减。这些采样点上的

取值不同，效果也就不同，从式(6-82)可看出，每一个频率采样值都要产生一个与内插函数 $\sin(N\omega/2)/\sin(\omega/2)$ 成正比，并且在频率上位移 $2\pi k/N$ 的频率响应，而 FIR 滤波器的频率响应就是 $H(k)$ 与内插函数 $\Phi(\omega-2\pi k/N)$ 的线性组合。如果精心设计过渡带的采样值，就有可能使它的相邻频带波动得以减小，从而设计出较好的滤波器。一般过渡带取一、二、三点采样值即可得到满意结果，在低通滤波器设计中，不加过渡采样点时，阻带最小衰减为 −20dB，一点过渡采样的最优化设计阻带最小衰减可提高 −44～−54dB，二点过渡采样的最优化设计为 −65～−75dB，而加三点过渡采样的最优化设计为 −95～−85dB。

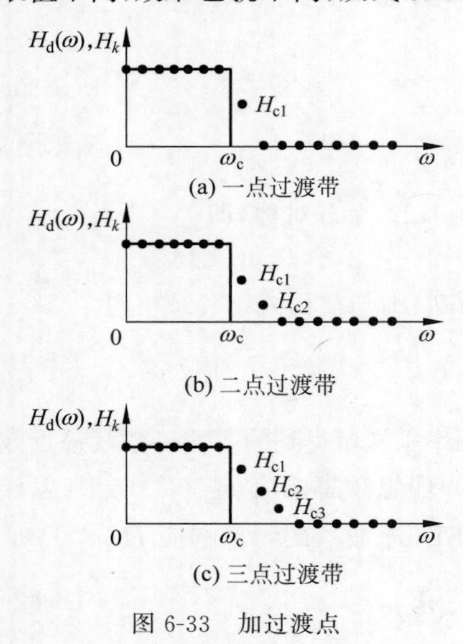

图 6-33　加过渡点

在理想特性不连续点处人为加入过渡采样点，虽然加宽了过渡带，但缓和了边缘上两采样点之间的突变，将有效地减少起伏振荡，提高阻带衰减。一般来说，加入的过渡点越多，其阻带衰减越大，过渡带相应越宽。通常加入 1～3 个过渡点已能取得很好的效果。至于过渡点的值，可以由计算机通过线性最优化技术确定。

6.4.5 一般设计步骤及 MATLAB 实现

频率采样法设计线性相位 FIR 滤波器的一般步骤如下：

(1) 由设计要求选择滤波器的种类。

(2) 根据线性相位的约束条件，确定 H_k 和 θ_k，进而得到 $H(k)$。

(3) 将 $H(k)$ 代入内插公式得到所设计滤波器的频率响应 $H(e^{j\omega})$。

按上面步骤可用 MATLAB 编程实现基于频率采样法的 FIR 滤波器。设计中需要用到以下几类函数：

(1) 离散傅里叶反变换(IDFT)计算函数。函数 ifft 的作用是由频率上的采样序列 $H(k)$ 求对应的时域实序列 $h(n)$，具体调用语句为

```
h = real(ifft(H,N));
```

(2) 4 种类型滤波器的幅度特性大小计算函数。MATLAB 程序中，可以用特殊函数 freqz_m 计算幅度特性，但它是绝对值，不能反映正负变化。为此可以采用函数 Hr_type1、Hr_type2、Hr_type3、Hr_type4 计算 4 种类型滤波器的幅度特性。函数 Hr_type1、Hr_type2、Hr_type3、Hr_type4 非 MATLAB 软件自带函数，属于特殊函数。下面主要介绍函数 Hr_type1 和 Hr_type2 的代码。

函数 Hr_type1 为Ⅰ型 FIR 滤波器的幅度特性计算函数，函数代码为

```
function [Hr,w,a,L] = Hr_Type1(h);
M = length(h); L = (M-1)/2;
a = [h(L+1) 2*h(L: -1: 1)];
n = [0: 1: L]; w = [0: 1: 500]'*pi/500; Hr = cos(w*n)*a';
```

函数 Hr_type2 为Ⅱ型 FIR 滤波器的幅度特性计算函数，函数代码为

```
function [Hr,w,b,L] = Hr_Type2(h);
M = length(h); L = M/2;
b = 2 * h(L: -1: 1);
n = [0: 1: L]; n = n - 0.5; w = [0: 1: 500]' * pi/500; Hr = cos(w * n) * b';
```

其中,a、b 分别为Ⅰ型、Ⅱ型 FIR 滤波器的系数；L 为滤波器的阶数；h 为滤波器的脉冲响应；w 的取值范围为$[0,\pi]$。

例 6-7 利用频率采样法设计一个线性相位 FIR 低通滤波器,已知

(1) 采样点数 $N=33$,$\omega_c=\pi/2\text{rad}$。

(2) 采样点数 $N=33$,$\omega_c=\pi/2\text{rad}$；设置一个过渡点$|H(k)|=0.39$。

(3) 采样点数 $N=34$,$\omega_c=\pi/2\text{rad}$,设置两个过渡点$|H_1(k)|=0.5925$,$|H_2(k)|=0.1099$。

6.4.5
微课视频

解 (1) 首先选择滤波器的种类。由于要设计的是低通滤波器,且 N 为奇数,故选择Ⅰ型 FIR 滤波器,于是有

$$\theta_k=-k\pi\left(1-\frac{1}{N}\right)=-\frac{32}{33}k\pi,\quad k=0,1,\cdots,32$$

由 $\omega_c=\dfrac{2\pi}{N}k$,确定通带内的采样点数。

因为
$$\frac{\pi}{2}=\frac{2\pi}{33}k$$

所以
$$k=\frac{33}{4}$$

取整数 $k=8$,应在通带内设置 9 个采样点($k=0\sim8$),第 10 个采样点已在通带截止频率之外,处于阻带内。

根据 $H_k=H_{N-k}$,可得 H_k 为

$$H_k=\begin{cases}1, & k=0\sim8,k=25\sim32\\0, & k=9\sim24\end{cases}$$

因此

$$H(k)=\begin{cases}\mathrm{e}^{-\mathrm{j}\frac{32}{33}k\pi}, & k=0\sim8,k=25\sim32\\0, & k=9\sim24\end{cases}$$

将 $H(k)$代入 $H(\mathrm{e}^{\mathrm{j}\omega})$内插公式即得所设计滤波器的频率响应。

(2) 选择滤波器的种类。由于要设计的是低通滤波器,且 N 为奇数,故选择Ⅰ型 FIR 滤波器,于是有

$$\theta_k=-k\pi\left(1-\frac{1}{N}\right)=-\frac{32}{33}k\pi,\quad k=0,1,\cdots,32$$

由 $\omega_c=\dfrac{2\pi}{N}k$,确定通带内的采样点数。

因为
$$\frac{\pi}{2}=\frac{2\pi}{33}k$$

所以
$$k=\frac{33}{4}$$

取整数 $k=8$，应在通带内设置 9 个采样点（$k=0\sim8$），第 10 个采样点已在通带截止频率之外，处于阻带内，可将第 10 点设为过渡点。

根据 $H_k=H_{N-k}$，可得 H_k 为

$$H_k=\begin{cases}1, & k=0\sim8, k=25\sim32\\ 0.39, & k=9,24\\ 0, & k=10\sim23\end{cases}$$

因此

$$H(k)=\begin{cases}\mathrm{e}^{-\mathrm{j}\frac{32}{33}k\pi}, & k=0\sim8, k=25\sim32\\ 0.39\mathrm{e}^{-\mathrm{j}\frac{32}{33}k\pi}, & k=9,24\\ 0, & k=10\sim23\end{cases}$$

将 $H(k)$ 代入 $H(\mathrm{e}^{\mathrm{j}\omega})$ 内插公式即得所设计滤波器的频率响应。

(3) 选择滤波器的种类。由于要设计的是低通滤波器，且 N 为偶数，故选择Ⅱ型 FIR 滤波器，于是有

$$\theta_k=-k\pi\left(1-\frac{1}{N}\right)=-\frac{33}{34}k\pi,\quad k=0,1,\cdots,33$$

由 $\omega_c=\frac{2\pi}{N}k$，确定通带内的采样点数。

因为
$$\frac{\pi}{2}=\frac{2\pi}{34}k$$

所以
$$k=\frac{34}{4}$$

取整数 $k=8$，应在通带内设置 9 个采样点（$k=0\sim8$），第 10 个采样点已在通带截止频率之外，可将第 10、11 点设为过渡点。

根据 $H_k=-H_{N-k}$，可得 H_k 为：$H_k=1(k=0\sim8)$，$0.5925(k=9)$，$0.1099(k=10)$，$-0.1099(k=24)$，$-0.5925(k=25)$，$-1(k=26\sim33)$，0（其他）。

因此

$$H(k)=\begin{cases}\mathrm{e}^{-\mathrm{j}\frac{33}{34}k\pi}, & k=0\sim8\\ 0.5925\mathrm{e}^{-\mathrm{j}\frac{33}{34}k\pi}, & k=9\\ 0.1099\mathrm{e}^{-\mathrm{j}\frac{33}{34}k\pi}, & k=10\\ -0.1099\mathrm{e}^{-\mathrm{j}\frac{33}{34}k\pi}, & k=24\\ -0.5925\mathrm{e}^{-\mathrm{j}\frac{33}{34}k\pi}, & k=25\\ -\mathrm{e}^{-\mathrm{j}\frac{33}{34}k\pi}, & k=26\sim33\\ 0, & \text{其他}\end{cases}$$

将 $H(k)$ 代入 $H(e^{j\omega})$ 内插公式即得所设计滤波器的频率响应。

本题用 MATLAB 编程实现，其主要程序如下：

(1) 采样点数 $N=33, \omega_c=\pi/2\text{rad}$；

```
%初始条件设置
N = 33; alpha = (N - 1)/2; k = 0: N - 1; wk = (2 * pi/N) * k;
Hk = [ones(1,9),zeros(1,16),ones(1,8)];
angH = - alpha * (2 * pi)/N * k; H = Hk. * exp(i * angH);
%由频率采样法得到 h(n)
h = real(ifft(H,N));
%频域幅度、相位、群时延
[db,mag,pha,grd,w] = freqz_m(h,1);
[Hr,ww,a,L] = Hr_Type1(h);    % N = 33,偶对称,I 型 FIR 滤波器
%画图语句
subplot(3,2,1);
plot(ww/pi,Hr,wk(1: 33)/pi,Hk(1: 33),'o'); title('幅度特性');
axis([0,1, - 0.5,1.2]);
subplot(3,2,2); plot(w/pi,db); axis([0,1, - 100,10]); title('幅频特性');
```

(2) 采样点数 $N=33, \omega_c=\pi/2\text{rad}$；设置一个过渡点 $|H(k)|=0.39$；

```
N = 33; alpha = (N - 1)/2; k = 0: N - 1; wk = (2 * pi/N) * k;
Hk = [ones(1,9),0.39,zeros(1,14),0.39,ones(1,8)];
…
[Hr,ww,a,L] = Hr_Type1(h); % N = 33,偶对称,I 型 FIR 滤波器
```

(3) 采样点数 $N=34, \omega_c=\pi/2\text{rad}$，设置两个过渡点 $|H_1(k)|=0.5925$，$|H_2(k)|=0.1099$。

```
N = 34; alpha = (N - 1)/2; k = 0: N - 1; wk = (2 * pi/N) * k;
Hk = [ones(1,9),0.5925,0.1099,zeros(1,13), - 0.1099, - 0.5925, - ones(1,8)];
…
[Hr,ww,a,L] = Hr_Type2(h); % N = 34,奇对称,II 型 FIR 滤波器
```

仿真结果如图 6-34 所示。图 6-34(a)是没有插入过渡点的时域和频域波形；图 6-34(b)是插入一个过渡点的时域和频域波形；图 6-34(c)是插入两个过渡点的时域和频域波形。可见，随着过渡点的增加，阻带衰减明显增大，但过渡带也在增加。

例 6-8　利用频率采样法设计一个线性相位 FIR 带通滤波器，已知采样点数 $N=34$，理想频率特性为

$$|H(e^{j\omega})|=\begin{cases}1, & 0.2\pi\leqslant|\omega|\leqslant 0.6\pi\\0, & \text{其他}\end{cases}$$

解　首先选择滤波器的种类。由于要设计的是带通，且 N 为偶数，可以选择 II 型或者 IV 型 FIR 滤波器，这里选择 II 型第一类线性相位滤波器。

$$\theta_k=-k\pi\left(1-\frac{1}{N}\right)=-\frac{33}{34}k\pi,\quad k=0,1,\cdots,33$$

由 $\omega_c=\frac{2\pi}{N}k$，确定通带内的采样点数，由于

$$\omega_{c1}=0.2\pi=\frac{2\pi}{34}k\Rightarrow k=3.4$$

$$\omega_{c2}=0.6\pi=\frac{2\pi}{34}k\Rightarrow k=10.2$$

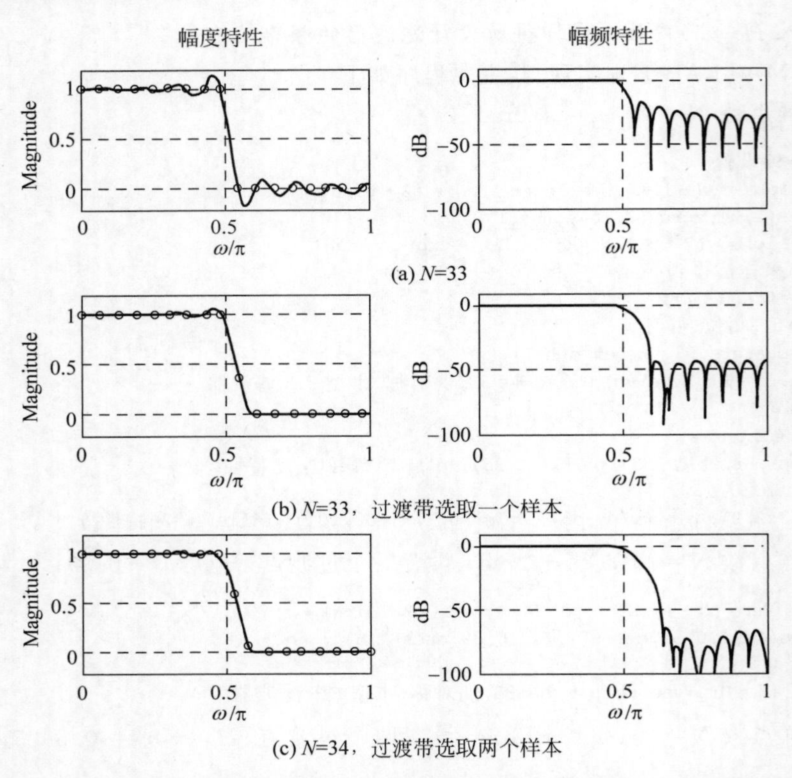

图 6-34　频率采样法设计线性 FIR 数字滤波器的幅度特性和幅频特性

上边界位于 3、4 之间，下边界位于 10、11 之间，所以可得

$$H_k=\begin{cases}1, & k=4\sim 10\\ -1, & k=24\sim 30\\ 0, & \text{其他}\end{cases}$$

```
% N = 34,奇对称,Ⅱ型带通滤波器
N = 34; alpha = (N-1)/2; k = 0: N-1; wk = (2 * pi/N) * k;
Hk = [zeros(1,4),ones(1,7),zeros(1,13), - ones(1,7),zeros(1,3)];
angH = - alpha * (2 * pi)/N * k; H = Hk. * exp(i * angH);
h = real(ifft(H,N));
[db,mag,pha,grd,w] = freqz_m(h,1);
[Hr,ww,a,L] = Hr_Type2(h);
subplot(1,2,1); plot(ww/pi,Hr,wk(1: 34)/pi,Hk(1: 34),'o');
axis([0,2, - 1.2,1.2]);
subplot(1,2,2); plot(w/pi,db); axis([0,2, - 100,10]); grid;
```

$N=34$ 时，采用频率采样法设计的线性相位 FIR 带通滤波器的频率特性如图 6-35 所示。由图 6-35(a)可以看到滤波器幅度关于 $\omega=\pi$ 奇对称，ω 在通带$[0,\pi]$区域有 7 个采样点，幅度为$+1$，ω 在通带$[\pi,2\pi]$区域有 7 个采样点，幅度为-1，阻带上有 20 个采样点，且幅度均为零。图 6-35(b)为线性相位 FIR 带通滤波器的幅频特性图。

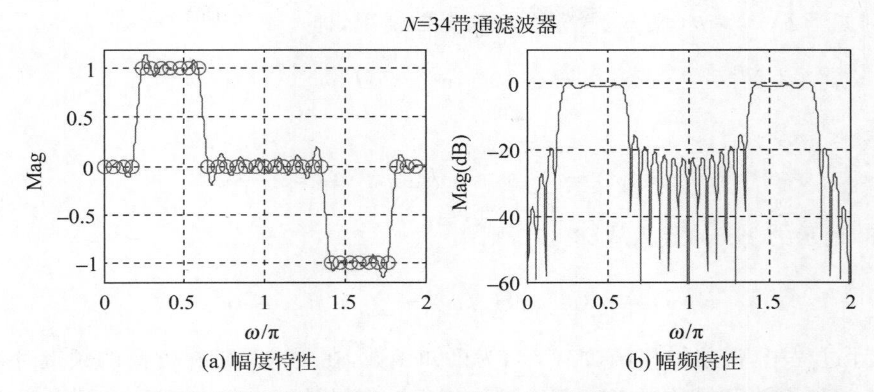

图 6-35　频率采样法设计线性相位 FIR 带通滤波器的幅度特性和幅频特性

6.5　等波纹逼近法设计 FIR 数字滤波器

前面介绍了两种 FIR 滤波器的方法，其中频率采样法是直接在频域采样，在采样点上保证了设计的滤波器 $H(e^{j\omega})$和希望的滤波器 $H_d(e^{j\omega})$幅度值相等，而在采样点之间是用内插函数和 $H_d(k)$相乘的线性组合形成的，这样使频域不连续点附近误差大，且边界频率不易控制；而窗函数法中是用窗函数直接截取希望设计的滤波器的 $h_d(n)$的一段，作为滤波器的 $h(n)$，这是一种时域逼近法。如果用 $E(e^{j\omega})$表示 $H_d(e^{j\omega})$和所设计滤波器 $H(e^{j\omega})$之间的频率响应误差

$$E(e^{j\omega}) = H_d(e^{j\omega}) - H(e^{j\omega}) \tag{6-84}$$

其均方误差为

$$e^2 = \frac{1}{2\pi}\int_{-\pi}^{+\pi} |E(e^{j\omega})|^2 d\omega \tag{6-85}$$

则可证明采用矩形窗时，均方误差 e^2 是最小的。注意：这里的最小是指在整个频带上均分最小，它保证了具有最窄的过渡带，但由于吉布斯效应，使过渡带附近的通带内具有较大的上冲，而阻带衰减过小，为此，考虑选用其他窗函数用加宽过渡带的方法来换取阻带衰减的加大和通带的平稳性。然而，这些窗函数的使用已不再是最小均方误差设计法，因此，以上两种设计法为使整个频域满足技术要求，平坦区域必然超过技术要求。本节介绍的等波纹逼近是利用切比雪夫逼近理论，使其在要求逼近的整个范围内，误差分布是均匀的，所以也称为最佳一致意义下的逼近。与窗函数法及频率采样法相比，当要求滤波特性相同时，阶数可以比较低。

6.5.1　等波纹逼近准则

设希望设计的滤波器幅度特性为 $H_d(\omega)$，实际设计的滤波器幅度特性为 $H(\omega)$，其加权误差 $E(\omega)$可表示为

$$E(\omega) = W(\omega)\ |H_d(\omega) - H(\omega)| \tag{6-86}$$

式中，$W(\omega)$为误差加权函数，它是为在通带或阻带要求不同的逼近精度而设计的。

为设计具有线性相位的 FIR 滤波器，其单位脉冲响应 $h(n)$必须有限长且满足线性相

位条件，例如当 $h(n)=h(N-1-n)$，N 为奇数情况，即

$$H(e^{j\omega})=e^{-j\frac{N-1}{2}\omega}H(\omega) \tag{6-87}$$

式中

$$H(\omega)=\sum_{n=0}^{L}a(n)\cos\omega n,\quad L=\frac{N-1}{2} \tag{6-88}$$

将式(6-88)表示的 $H(\omega)$ 代入式(6-86)，则

$$E(\omega)=W(\omega)\left|H_d(\omega)-\sum_{n=0}^{L}a(n)\cos\omega n\right| \tag{6-89}$$

在设计过程中，误差加权函数 $W(\omega)$ 为已知函数，在要求逼近精度高的频带时，$W(\omega)$ 取值大，在要求逼近精度低的频带时，$W(\omega)$ 取值小。在设计滤波器时，$W(\omega)$ 可以假设为

$$W(\omega)=\begin{cases}\dfrac{1}{k}, & 0\leqslant|\omega|\leqslant\omega_p, k=\dfrac{\delta_1}{\delta_2}\\ 0, & \omega_s<|\omega|\leqslant\pi\end{cases} \tag{6-90}$$

式中，δ_1 为通带波纹峰值，δ_2 为阻带波纹峰值。切比雪夫逼近的问题是选择 $L+1$ 个系数 $a(n)$，使式(6-89)表示的加权误差 $E(\omega)$ 的最大绝对值最小，即

$$\min\{\max_{0\leqslant\omega\leqslant\pi}|E(\omega)|\} \tag{6-91}$$

切比雪夫交错点组定理指出：如果 $H(\omega)$ 是 L 个余弦函数的组合，即

$$H(\omega)=\sum_{n=0}^{L}a(n)\cos\omega n \tag{6-92}$$

那么 $H(\omega)$ 是 $H_d(\omega)$ 的最佳一致逼近多项式的充要条件是：ω 在$[0,\pi]$区间内至少应存在 $L+2$ 个交错点，$0\leqslant\omega_0<\omega_1<\cdots<\omega_{L+1}\leqslant\pi$，使得

$$E(\omega_k)=-E(\omega_{k+1}),\quad k=0,1,\cdots,L \tag{6-93}$$

且

$$|E(\omega_k)|=\max_{0\leqslant\omega\leqslant\pi}|E(\omega)|,\quad k=0,1,\cdots,L+1 \tag{6-94}$$

按照该准则设计的滤波器通带或阻带具有等波动性质。虽然切比雪夫交错点组定理确定了最优滤波器必须有的极值频率（或波动）最少数目，但是可以有更多的数目。例如，一个低通滤波器可以有 $L+2$ 个或 $L+3$ 个极值频率，有 $L+3$ 个极值频率的低通滤波器称作超波纹滤波器。

6.5.2 线性相位 FIR 数字滤波器的设计

设希望设计的滤波器是线性相位低通滤波器，其幅度特性为

$$H_d(\omega)=\begin{cases}1, & 0\leqslant|\omega|\leqslant\omega_p\\ 0, & \omega_s<|\omega|\leqslant\pi\end{cases} \tag{6-95}$$

其误差容限如图 6-36 所示，其中 $0\leqslant\omega\leqslant\omega_p$ 范围内最大误差为 δ_1，$\omega_s\leqslant\omega\leqslant\pi$ 范围内最大误差为 δ_2。按等波纹设计特性所设计的滤波器的幅度特性 $H(\omega)$ 如图 6-37(a)所示，$H_d(\omega)$ 与 $H(\omega)$ 间的误差如图 6-37(b)所示，这一误差具有等波纹分布特性。

设单位脉冲响应长度为 N。如果知道了 ω 在$[0,\pi]$上的 $L+2$ 个交错点频率 ω_0，

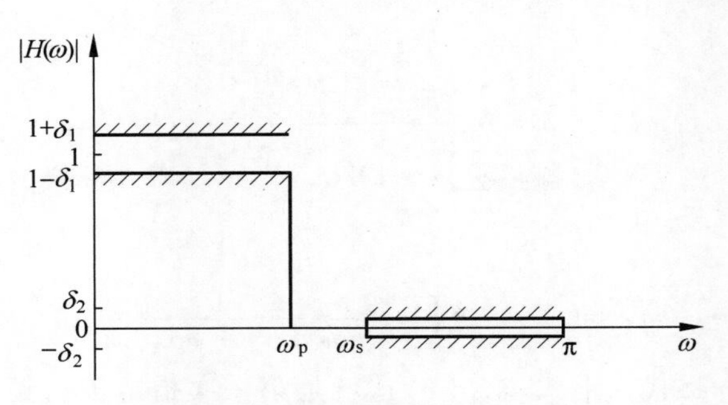

图 6-36　低通滤波器的误差容限

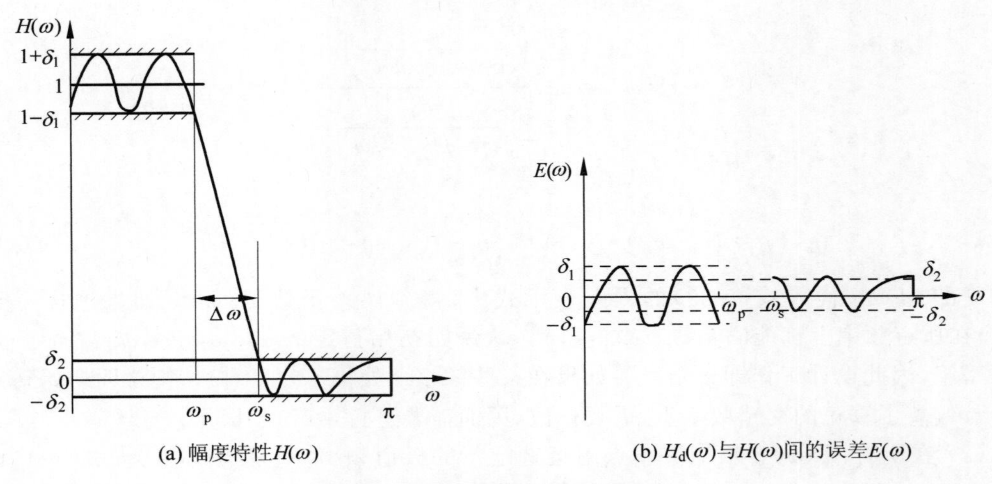

(a) 幅度特性$H(\omega)$　　(b) $H_d(\omega)$与$H(\omega)$间的误差$E(\omega)$

图 6-37　低通滤波器等波纹逼近

$\omega_1,\cdots,\omega_{L+1}$，按照式(6-89)，并由交错点组定理可以得到

$$W(\omega_k)[H_d(\omega_k)-H(\omega_k)]=(-1)^k\delta,\quad k=0,1,\cdots,L+1 \tag{6-96}$$

式中 $\delta=\max\limits_{0\leqslant\omega\leqslant\pi}|E(\omega)|$，是最大的加权误差绝对值，这些关于未知数 $a(0),\cdots,a(L)$以及 δ 的方程可以写成下面矩阵的形式：

$$\begin{bmatrix} 1 & \cos(\omega_0) & \cdots & \cos(L\omega_0) & 1/W(\omega_0) \\ 1 & \cos(\omega_1) & \cdots & \cos(L\omega_1) & -1/W(\omega_1) \\ \vdots & \vdots & & \vdots & \vdots \\ 1 & \cos(\omega_L) & \cdots & \cos(L\omega_L) & (-1)^L/W(\omega_L) \\ 1 & \cos(\omega_{L+1}) & \cdots & \cos(L\omega_{L+1}) & (-1)^{L+1}/W(\omega_{L+1}) \end{bmatrix} \begin{bmatrix} a(0) \\ a(1) \\ \vdots \\ a(L) \\ \delta \end{bmatrix} = \begin{bmatrix} H_d(\omega_0) \\ H_d(\omega_1) \\ \vdots \\ H_d(\omega_L) \\ H_d(\omega_{L+1}) \end{bmatrix} \tag{6-97}$$

解式(6-97)，可以唯一地求出系数 $a(n)$，$n=0,1,\cdots,L$ 以及误差 δ，由 $a(n)$可以求出最佳滤波器的单位脉冲响应 $h(n)$。但实际上交错点组的频率 $\omega_0,\omega_1,\cdots,\omega_{L+1}$ 是不知道的，且直接求解式(6-97)也是比较困难的。为此 J. H. Mollellan 等人利用数值分析中的 Remez 算法，靠逐次迭代求出交错频率组，具体步骤如下：

(1) 在 $0\leqslant\omega\leqslant\pi$ 频域区间内等间隔地选取 $L+2$ 个频率点 $\omega_k(k=0,1,\cdots,L+1)$，作为交错点组的初始猜测位置，然后用下式计算 δ，即

$$\delta=\frac{\sum_{k=0}^{L+1}a_kH_d(\omega_k)}{\sum_{k=0}^{L+1}(-1)^ka_k/W(\omega_k)} \tag{6-98}$$

式中

$$a_k=(-1)^k\prod_{i=0,i\neq k}^{L+1}\frac{1}{\cos(\omega_i)-\cos(\omega_k)} \tag{6-99}$$

把 $\omega_k(k=0,1,\cdots,L+1)$ 代入上式，求出 δ，这就是第一次指定极值频率的偏差值。然后利用拉格朗日插值公式得到 $H(\omega)$，即

$$H(\omega)=\frac{\sum_{k=0}^{L}\left(\frac{a_k}{\cos\omega-\cos\omega_k}\right)c_k}{\sum_{k=0}^{L}\frac{a_k}{\cos\omega-\cos\omega_k}} \tag{6-100}$$

式中

$$c_k=H_d(\omega_k)-(-1)^k\frac{\delta}{W(\omega_k)},\quad k=0,1,\cdots,L \tag{6-101}$$

把求得的 $H(\omega)$ 代入式(6-89)的误差表示式中，得到误差函数 $E(\omega)$。如果这样得到的 $E(\omega)$ 在所有频率上都能满足 $|E(\omega)|\leqslant|\delta|$，这说明初始猜定的 $\omega_0,\omega_1,\cdots,\omega_{L+1}$ 恰好是交错频率组，因此设计工作即告结束。如果在某些频率点处 $|E(\omega)|>|\delta|$，则说明初始猜定的频率点偏离了真正的交错频率点，需要修改，因而需要进行第(2)步操作。

(2) 在所有 $|E(\omega)|>|\delta|$ 频率点附近选定新的极值频率，重复式(6-98)～式(6-101)的计算，分别得到新的 δ、$H(\omega)$ 和 $E(\omega)$。

如此重复迭代，由于每次新的交错点频率都是 $E(\omega)$ 的局部极值点，因此按式(6-98)计算的 $|\delta|$ 是递增的，但最后收敛到 $|\delta|$ 自身的上限，此时 $H(\omega)$ 也就最佳一致地逼近 $H_d(\omega)$。若再进行一次迭代，$E(\omega)$ 的峰值将不会大于 $|\delta|$，到此迭代结束。然后对 $H(\omega)$ 求 IDFT，从而得到滤波器的单位脉冲响应 $h(n)$。

图 6-38 画出了 Remez 交换算法的流程图。该算法占用内存较少，运算时间短，效率高。实践表明，如果初始估计极值频率点为均匀分配，那么一般只需 5 次左右迭代即可找到要求的极值频率。

6.5.3 MATLAB 实现

MATLAB 信号处理工具箱提供了等波纹逼近法设计 FIR 滤波器的专用工具函数。

1）调用 remezord 函数确定 remez 函数所需参数

```
[N,f0,m0,W] = remezord(fedge,mval,dev,f)
```

2）调用 remez 函数进行设计

```
hn = remez(N,f0,m0,W);
```

例 6-9 利用等波纹逼近法设计一个具有线性相位的 FIR 低通滤波器，要求通带截止频率 $f_p=800\text{Hz}$，阻带截止频率 $f_s=1000\text{Hz}$，通带波纹 $\alpha_p=0.5\text{dB}$，最小阻带衰减 $\alpha_s=40\text{dB}$，采样频率为 4000Hz。

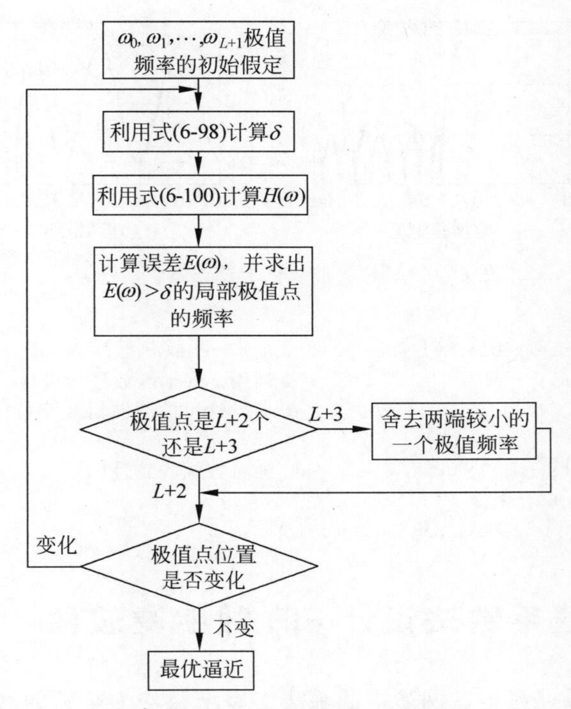

图 6-38 Remez 交换算法的流程图

解 先由题意计算设计参数：① 利用公式 $\alpha_p=-20\log_{10}(1-\delta_1)\text{dB}$ 与 $\alpha_s=-20\log_{10}(\delta_2)\text{dB}$，计算每个频带所需的波纹 $\delta_1=0.0559$，$\delta_2=0.01$，可表示成 dev=[0.0559 0.01]；②单位为 Hz 的频带截止频率 fedge=[800 1000]；③每个频带所需的幅度值 mval=[1,0]；④单位为 Hz 的采样频率 4000。

利用计算机编程实现一个阶数 $N=28$ 的Ⅰ型 FIR 滤波器，计算出来的增益响应如图 6-39(a)所示，而通带波纹的细节如图 6-39(b)所示。所设计的滤波器的通带波纹和最小阻带衰减分别为 0.6dB 和 38.7dB，它们并不满足给定的指标。接下来，如图 6-40(a)、图 6-40(b)所示，将滤波器阶数 N 增加为 30，发现通带波纹和最小阻带衰减分别是 0.5dB 和 40.02dB，现在它们满足设计要求了。

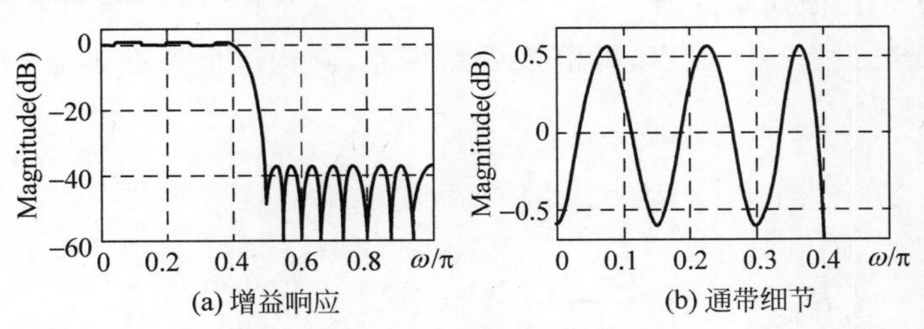

图 6-39 FIR 等波纹低通滤波器，$N=28$

其 MATLAB 主要程序如下：

```
clear; close all
fedge = [800 1000];                          % 输入给定指标
mval = [1 0];
dev = [0.0559 0.01];
```

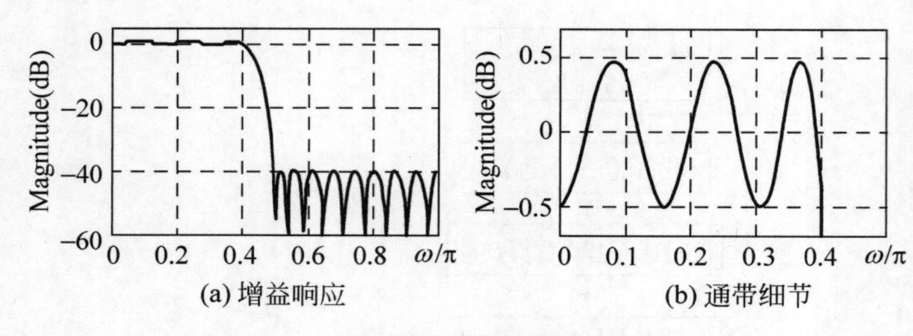

图 6-40 FIR 等波纹低通滤波器，$N=30$

```
f = 4000;
[N,f0,m0,W] = remezord(fedge,mval,dev,f)    % 确定 remez 函数所需参数
hn = remez(N,f0,m0,W);                      % 调用 remez 函数进行设计
hw = fft(hn,512);                           % 求设计出的滤波器频率特性
w = [0: 511] * 2/512;
plot(w,20 * log10(abs(hw))); grid;          % 画对数幅频特性图
axis([0,max(w)/2, - 60,5]);
xlabel('\omega/\pi'); ylabel('Magnitude(dB)');
```

6.6 简单整系数法设计 FIR 数字滤波器

简单整系数滤波器是指滤波网络中的乘法支路增益均为整数的滤波器，其优点是乘法运算速度快，仅通过少量的移位和相加操作（左移一位可实现乘 2 运算；左移一位再加移位前的数据可实现乘 3 运算，其他整数相乘运算可以此类推）即可实现，该滤波器适合实时信号处理场合。简单整系数滤波器的设计既可以建立在极点、零点抵消的基础上，又可以通过多项式拟合的方法实现，本节仅对前一种方法进行介绍。

6.6.1 设计方法

如第 2 章例 2-21 所述，在单位圆上等间隔分布 N 个零点，即构成梳状滤波器。现在只要在梳状滤波器的相应零点处加入必要的极点，进行零极点相互抵消，就可以设计各种简单整系数线性相位 FIR 滤波器。

1. 线性相位 FIR 低通滤波器

如果在 $z=1$ 处设置一个极点，抵消该处的零点，则构成低通滤波器，其系统函数和频率响应分别为

$$H_{\mathrm{LP}}(z)=\frac{1-z^{-N}}{1-z^{-1}} \tag{6-102}$$

$$H_{\mathrm{LP}}(\mathrm{e}^{\mathrm{j}\omega})=\frac{1-\mathrm{e}^{-\mathrm{j}\omega N}}{1-\mathrm{e}^{-\mathrm{j}\omega}}=\mathrm{e}^{-\mathrm{j}(N-1)\omega/2}\,\frac{\sin(\omega N/2)}{\sin(\omega/2)} \tag{6-103}$$

取 $N=8$ 时，其零极点分布及幅频特性曲线分别如图 6-41(a)、图 6-41(b)所示。显然，该线性相位 FIR 滤波器具有低通特性，系数全为整数 1。

2. 线性相位 FIR 高通滤波器

如果在 $z=-1$ 处设置一个极点，抵消该处的零点，则构成高通滤波器，其系统函数和频率响应分别为

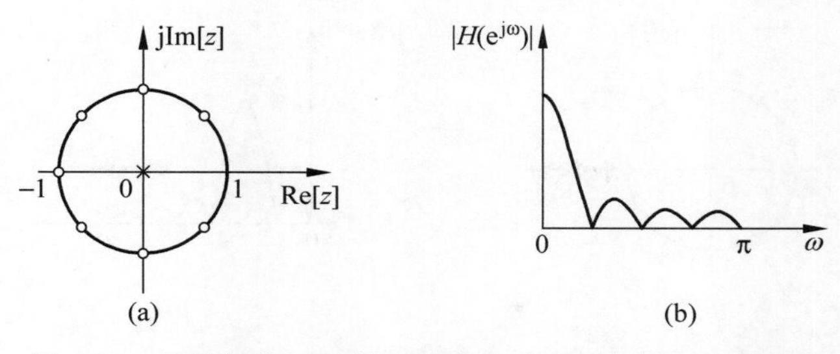

图 6-41 线性相位 FIR 低通滤波器零极点分布及幅频特性

$$H_{\mathrm{HP}}(z)=\frac{1-z^{-N}}{1+z^{-1}} \tag{6-104}$$

$$H_{\mathrm{HP}}(\mathrm{e}^{\mathrm{j}\omega})=\frac{1-\mathrm{e}^{-\mathrm{j}\omega N}}{1+\mathrm{e}^{-\mathrm{j}\omega}}=\mathrm{e}^{-\mathrm{j}[(N-1)\omega/2-\pi/2]}\ \frac{\sin(\omega N/2)}{\cos(\omega/2)} \tag{6-105}$$

N 为偶数时才能保证式(6-104)所示的 $H_{\mathrm{HP}}(z)$在 $z=-1$ 处有零点。若取 $N=8$ 时，其零极点分布及幅频特性曲线分别如图 6-42(a)、图 6-42(b)所示。显然，该线性相位 FIR 滤波器具有高通特性，系数全为整数。

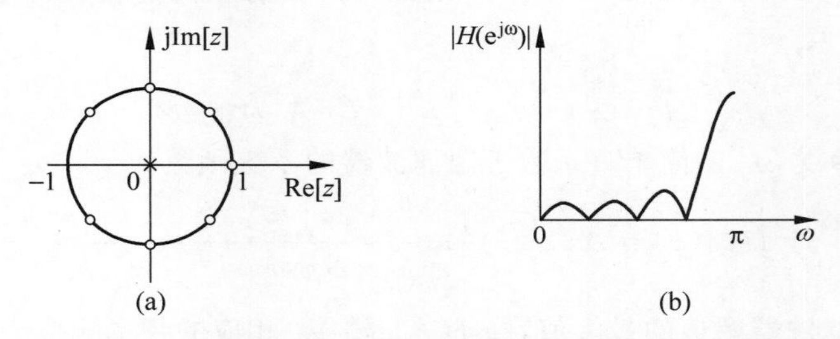

图 6-42 线性相位 FIR 高通滤波器零极点分布及幅频特性

3. 线性相位 FIR 带通滤波器

构成简单整系数带通滤波器需要在通带中心设置一对共轭极点，抵消掉梳状滤波器的一对零点，形成带通特性，假设带通滤波器的中心频率为 $\omega_0(0<\omega_0<\pi)$，设置的一对共轭极点为 $z=\mathrm{e}^{\pm\mathrm{j}\omega_0}$，其系统函数和频率响应分别为

$$H_{\mathrm{BP}}(z)=\frac{1-z^{-N}}{(1-\mathrm{e}^{\mathrm{j}\omega_0}z^{-1})(1-\mathrm{e}^{-\mathrm{j}\omega_0}z^{-1})}=\frac{1-z^{-N}}{1-2\cos\omega_0 z^{-1}+z^{-2}} \tag{6-106}$$

$$H_{\mathrm{BP}}(\mathrm{e}^{\mathrm{j}\omega})=\mathrm{e}^{-\mathrm{j}[(N-1)\omega/2-\pi/2]}\ \frac{\sin(\omega N/2)}{\cos\omega-\cos\omega_0} \tag{6-107}$$

为了保证 $H_{\mathrm{BP}}(z)$的系数均为整数，式(6-106)中的 $2\cos\omega_0$ 只能取 1、0、−1，ω_0 只能对应取 $\pi/3$、$\pi/2$ 和 $2\pi/3$，即 ω_0 对应的中心模拟频率 f_0 只能位于 $f_s/6$、$f_s/4$ 和 $f_s/3$ 处，f_s 为采样频率。随着中心频率的选择受限，N 的取值也将受限，例如，为了在 $\omega_0=\pm\pi/3$ 处安排极点以抵消掉原梳状滤波器在该处的零点，原梳状滤波器的零点数为$\dfrac{2\pi}{\pi/3}=6$，即 $N=6$ 或 6 的整数倍。

若取 $N=12$，$\omega_0=\pi/3$ 时，其零极点分布及幅频特性曲线分别如图 6-43(a)、图 6-43(b)所示。显然，该线性相位 FIR 滤波器具有带通特性，系数全为整数。

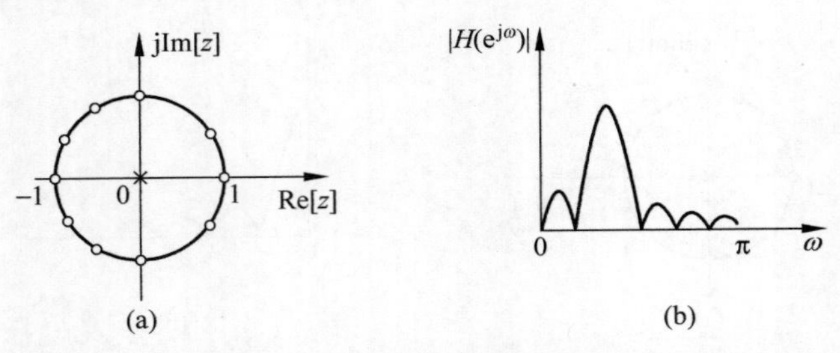

图 6-43　线性相位 FIR 带通滤波器零极点分布及幅频特性

4. 线性相位 FIR 带阻滤波器

一个中心频率为 ω_0 的简单整系数带阻滤波器，可以用一个全通滤波器减去一个中心频率为 ω_0 的带通滤波器构成，其系统函数为

$$H_{BS}(z)=H_{AP}(z)-H_{BP}(z) \tag{6-108}$$

其中 $H_{BP}(z)$ 如式(6-106)所示，$H_{AP}(z)$ 为

$$H_{AP}(z)=Az^{-m},\quad m \text{ 为正整数}, A \text{ 为常数} \tag{6-109}$$

为了得到 $H_{BS}(z)$，必须保证 $H_{AP}(z)$ 和 $H_{BP}(z)$ 具有相同的相位特性，因此式(6-109)可以写成

$$H_{AP}(z)=Az^{-\left(\frac{N}{2}-1\right)},\quad A \text{ 为常数} \tag{6-110}$$

这样，一个中心频率为 ω_0 的简单整系数带阻滤波器的系统函数为

$$H_{BS}(z)=Az^{-\left(\frac{N}{2}-1\right)}-\frac{1-z^{-N}}{1-2\cos\omega_0 z^{-1}+z^{-2}} \tag{6-111}$$

式中，A 应取带通滤波器幅值的最大值，即 $H_{BP}(e^{j\omega_0})$。相应的频率响应为

$$H_{BS}(e^{j\omega})=e^{-j(N-1)\omega/2}\ \frac{\cos(\omega N/2)}{\cos\omega-\cos\omega_0} \tag{6-112}$$

6.6.2　简单整系数 FIR 数字滤波器的优化设计

以图 6-44 所示的低通幅频特性为例，其阻带截止频率一般定义为幅频特性第一旁瓣峰值的频率，即 $\omega_s=3\pi/N$，通带带宽 BW 为 3dB，其指标为

$$\alpha_p=20\lg\left|\frac{H_{LP}(0)}{H_{LP}(BW)}\right|=20\lg\left|\frac{1}{\alpha}\right|=20\lg\left|\frac{1}{1/\sqrt{2}}\right|=3\text{dB}$$

$$\alpha_s=20\lg\left|\frac{H_{LP}(0)}{H_{LP}(\omega_s)}\right|=20\lg\left|\frac{N}{\beta}\right|$$

式中，$\alpha=\frac{1}{\sqrt{2}}$，$\omega_s=3\pi/N$。

假设 $N=12$，即可求得此时低通滤波器的阻带最小衰减 α_s。

因为

$$|H_{LP}(0)|=12,\quad |H_{LP}(\omega_s)|=\left|\frac{\sin\left(\frac{12}{2}\cdot\frac{3\pi}{12}\right)}{\sin\left(\frac{1}{2}\cdot\frac{3\pi}{12}\right)}\right|=\frac{1}{0.383}=\beta$$

$$\alpha_s = 20\lg\left|\frac{H_{LP}(0)}{H_{LP}(\omega_s)}\right| = 20\lg\left|\frac{N}{\beta}\right| = 20\lg(12\times 0.383)\text{dB} \approx 13.25\text{dB}$$

可见，$N=12$ 时低通滤波器的阻带最小衰减 α_s 不到 14dB，这在实际应用中远远不能满足要求。同样道理，用极点、零点抵消方法设计的高通、带通数字滤波器的阻带性能均很差，这是由 sinc 函数较大的旁瓣引起的。那么，为了加大阻带衰减，就要减少旁瓣与主瓣的相对幅度，可以在单位圆上设置二阶以上的高阶零点，而另外加上二阶以上的高阶极点抵消一个或几个高阶零点，这样做能使滤波器阻带衰减加大。例如，在单位圆 $z=1$ 处安排一个 k 阶零点，且在单位圆 $z=1$ 处安排一个 k 阶极点，即此滤波器的系统函数为

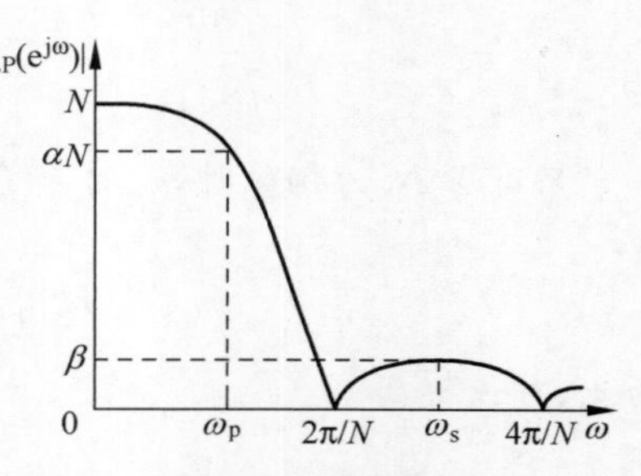

图 6-44 低通幅频特性示意图

$$H'_{LP}(z) = \left(\frac{1-z^{-N}}{1-z^{-1}}\right)^k \tag{6-113}$$

式中，k 为滤波器的阶数。同样，用极点、零点抵消方法设计高通、带通数字滤波器时，均可以取上述 $H_{HP}(z)$、$H_{BP}(z)$的 k 次方改善阻带衰减性能。

由上分析可知，简单整系数滤波器设计就是根据给定的设计指标确定 N 与 k。以低通滤波器为例，根据给定的设计指标如通带衰减 α_p、阻带衰减 α_s、通带带宽 BW、截止频率 ω_s 等确定 N 和 k。

（1）由阻带指标确定 k

$$\alpha_s = 20\lg\left|\frac{H_{LP}(0)}{H_{LP}(\omega_s)}\right|^k = 20\lg\left|\frac{N}{\dfrac{\sin(\omega_s N/2)}{\sin(\omega_s/2)}}\right|^k = 20\lg\left|\frac{3\pi/2}{\sin(3\pi/2)}\right|^k \tag{6-114}$$

（2）由通带指标确定 N

$$\alpha_p = 20\lg\left|\frac{H_{LP}(0)}{H_{LP}(\text{BW})}\right|^k = 20\lg\left|\frac{H_{LP}(0)}{H_{LP}(\omega_p)}\right|^k = 20\lg\left|\frac{N\sin(\omega_p/2)}{\sin(N\omega_p/2)}\right|^k \tag{6-115}$$

6.6.3 参数求解及 MATLAB 实现

下面再以高通滤波器设计为例，介绍上述优化设计方法的参数求解及 MATLAB 实现。

例 6-10 设计一个高通滤波器，要求截止频率 $f_p=21$kHz，通带最大衰减为 3dB，阻带最小衰减为 27dB，采样频率为 $f_s=5\times10^4$ Hz。

解 （1）由阻带指标确定 k。

$\alpha_s=27$dB 对应的频点 ω_s 可由图 6-42(b)确定，因为在单位圆上等间隔分布 N 个零点，所以 $H_{HP}(e^{j\omega})$在$[0,2\pi]$上共有 $N-1$ 个零点（$\omega=\pi$ 处的零点被极点抵消），间距为 $2\pi/N$，其中离通带最近的旁瓣峰值出现在 $\pi-3\pi/N$ 处，因此应满足 $\omega_s=\pi-3\pi/N$ 时的衰减为 α_s。

$$\alpha_s = 20\lg\left|\frac{H_{HP}(\pi)}{H_{HP}(\omega_s)}\right|^k = 20k\lg\left|\frac{H_{HP}(\pi)}{H_{HP}(\omega_s)}\right| = 27$$

式中，$|H_{HP}(\pi)|=N$。

$$|H_{HP}(\omega_s)|=\left|\frac{\sin\left[\frac{N}{2}\left(\pi-\frac{3\pi}{N}\right)\right]}{\cos\left[\frac{1}{2}\left(\pi-\frac{3\pi}{N}\right)\right]}\right|=\left|\frac{\cos(N\pi/2)}{\sin(3\pi/2N)}\right|$$

只有当 N 为偶数时，α_s 才有意义，此时 $|H_{HP}(\omega_s)|=\left|\frac{1}{\sin(3\pi/2N)}\right|$，且当 N 较大时，

$$|H_{HP}(\omega_s)|=\left|\frac{1}{\sin(3\pi/2N)}\right|=\frac{2N}{3\pi}$$

由此，可以得到

$$\alpha_s\approx 20k\lg\left|\frac{3\pi}{2}\right|=27$$

所以 $k=2.0053$，取 $k=2$。

(2) 由通带指标确定 N。

通带带宽和通带衰减为

$$\mathrm{BW}=2\pi\left(\frac{1}{2}f_s-f_p\right)\Big/f_s=\frac{2\pi(25-21)\times10^3}{5\times10^4}=\frac{4\pi}{25}$$

$$\alpha_p=20\lg\left|\frac{H_{HP}(\pi)}{H_{HP}(\omega_p)}\right|^k$$

式中，$|H_{HP}(\omega_p)|=|H_{HP}(\pi-\mathrm{BW})|=\left|\frac{\sin[N(\pi-\mathrm{BW})/2]}{\cos[(\pi-\mathrm{BW})/2]}\right|$。

因为 N 为偶数，有

$$|\sin[N(\pi-\mathrm{BW})/2]|=|\sin(N\mathrm{BW}/2)|,\quad |\cos[(\pi-\mathrm{BW})/2]|=|\sin(\mathrm{BW}/2)|$$

即

$$|H_{HP}(\omega_p)|=|H_{HP}(\pi-\mathrm{BW})|=\left|\frac{\sin(N\mathrm{BW}/2)}{\sin(\mathrm{BW}/2)}\right|$$

所以

$$\alpha_p=20\lg\left|\frac{H_{HP}(\pi)}{H_{HP}(\omega_p)}\right|^k=20\lg\left|\frac{N\sin(\mathrm{BW}/2)}{\sin(N\mathrm{BW}/2)}\right|^k$$

当 BW 较小时，$\sin(\mathrm{BW}/2)\approx\mathrm{BW}/2$，令 $N\mathrm{BW}/2=x$，则

$$\alpha_p\approx 20k\lg\left|\frac{x}{\sin x}\right|=-20k\lg\left|\frac{\sin x}{x}\right|$$

在 BW 处 $\frac{\sin x}{x}$ 恒为正，所以有

$$\frac{\sin x}{x}=10^{-\alpha_p/20k}=10^{-3/40}=0.8414$$

将 $\frac{\sin x}{x}$ 展成泰勒级数

$$\frac{\sin x}{x}=1-\frac{x^2}{3!}+\frac{x^4}{5!}-\cdots$$

取前两项近似得到

$$1-\frac{x^2}{3!}\approx 0.8414$$

解得 $x=0.9755=NBW=N\dfrac{4\pi}{50}$，$N=3.8814$，取 $N=4$。

由此设计的高通滤波器系统函数为

$$H(z)=\left(\frac{1-z^{-4}}{1+z^{-1}}\right)^2=\frac{1-2z^{-4}+z-8}{1+2z^{-1}+z^{-2}}$$
$$=1-2z^{-1}+3z^{-2}-4z^{-3}+3z^{-4}-2z^{-5}+z^{-6}$$

本题采用 MATLAB 编程实现，其主要程序如下：

```
clear; clf;
% 高通滤波器的幅频特性
N = 4; wp = 21 * pi/25; ws = 0.25 * pi; ap = 3,as = 27;
w = linspace(0,pi,1024);
H = (sin(w * N /2)./cos(w/2)). * exp( - j * ( N - 1) * w/2 - pi/2);
subplot(221); plot(w/pi,H); axis([0 1 0 1]);
xlabel('\omega/\pi'); ylabel('幅度'); grid on;
subplot(222); plot(w/pi,20 * log(abs(H))),
xlabel('\omega/\pi'); ylabel('幅度(dB)'); grid on;
% 取 k 次方后高通滤波器的幅频特性
k1 = ap/20/log10(N /(sin(wp * N /2)/cos(wp/2)));
k2 = as/20/log10(N /(sin(ws * N /2)/cos(ws/2)));
k = max(k1,k2);
H = (sin(w * N /2)./cos(w/2)).^k. * exp( - j * ( N - 1) * w/2 - pi/2);
subplot(223); plot(w/pi,abs(H)/(N.^(k - 1)));
xlabel('\omega/\pi'); ylabel('幅度'); grid on;
subplot(224); plot(w/pi,20 * log(abs(H)/(N.^(k - 1)))); axis([0 1 - 150 0]);
xlabel('\omega/\pi'); ylabel('幅度(dB)'); grid on;
```

其仿真波形如图 6-45 所示，比较图 6-45(a)和图 6-45(b)可以看出，取 k 次方后的高通滤波器阻带衰减明显加大。

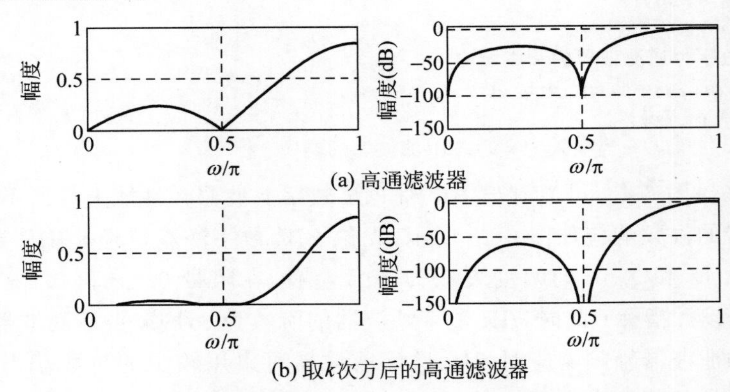

图 6-45　简单整系数法设计的 FIR 高通滤波器幅频特性

6.7　FIR 和 IIR 数字滤波器的比较

6.7
微课视频

FIR 数字滤波器和 IIR 数字滤波器数学公式的表示形式不同，设计方法也不同，那么它们的性能、结构等也一定有区别，下面通过滤波器实例设计进行二者的比较。

例 6-11 用 MATLAB 分别设计一个 IIR 和 FIR 数字带通滤波器，设计指标：$\alpha_p=1\text{dB}$，$\omega_{p1}=0.4\pi$，$\omega_{p2}=0.6\pi$，$\alpha_s=50\text{dB}$，$\omega_{s1}=0.2\pi$，$\omega_{s2}=0.8\pi$，$T=1\text{ms}$。

设输入信号为 $x(n)=\sin 0.44\pi n$，$n=0,1,\cdots,200$，分别求 IIR 和 FIR 数字滤波器的输出。

解 MATLAB 程序如下：

```
%确定所需类型数字滤波器的技术指标
Rp = 1; Rs = 50; T = 0.001;
wp1 = 0.4 * pi; wp2 = 0.6 * pi; ws1 = 0.2 * pi; ws2 = 0.8 * pi;
%IIR 数字带通滤波器的设计
wp3 = (2/T) * tan(wp1/2); wp4 = (2/T) * tan(wp2/2);
ws3 = (2/T) * tan(ws1/2); ws4 = (2/T) * tan(ws2/2);
%将所需类型模拟滤波器技术指标转换成模拟低通滤波器技术指标,设计模拟滤波器
wp = [wp3,wp4]; ws = [ws3,ws4];
[n,wn] = ellipord(wp,ws,Rp,Rs,'s'); [z,p,k] = ellipap(n,Rp,Rs); [b,a] = zp2tf(z,p,k);
%频率变换
w0 = sqrt(wp3 * wp4); Bw = wp4 - wp3;
[b1,a1] = lp2bp(b,a,w0,Bw);
%双线性变换法求出 IIR 数字带通滤波器的频率响应
[bz,az] = bilinear(b1,a1,1/T);
[db,mag,pha,grd,w] = freqz_m(bz,az);
N = 200; n = [0: 1: N - 1];
x = sin(0.44 * pi * n);
y1 = filter(bz,az,x); %当输入为 x 时,IIR 滤波器的响应 y1
%FIR 数字带通滤波器的设计
Wc1 = (ws1 + wp1)/2; Wc2 = (ws2 + wp2)/2;
%窗函数法得到 h(n)
M = 40; m = [0: 1: M - 1];
hd = ideal_lp(Wc1,M) - ideal_lp(Wc2,M);
w_han = (hamming(M))';
h = hd. * w_han
%求出 FIR 数字带通滤波器的频率响应
[db,mag,pha,grd,w] = freqz_m(h,1);
x = sin(0.44 * pi * n);
y2 = filter(h,1,x); %当输入为 x 时,FIR 滤波器的响应 y2
```

比较图 6-46～图 6-48，可以看出 IIR 和 FIR 数字滤波器在性能上有所不同。

带通滤波器的幅频响应如图 6-46 所示，无论 FIR 数字滤波器还是 IIR 数字滤波器，在通带截止频率 0.4π 和 0.6π 处幅度衰减为 1dB 左右，在阻带 0.2π 和 0.8π 处幅度衰减为 50dB 左右，满足设计指标；此时，IIR 数字滤波器的阶数为 3，FIR 数字滤波器的阶数为 40，可见实现相同的滤波器幅频响应时，IIR 数字滤波器可以用较少的阶数获得很高的选择特性。带通滤波器的相频响应如图 6-47 所示，IIR 数字滤波器为非线性相位，相反 FIR 数字滤波器可以得到严格的线性相位，可见 IIR 数字滤波器可以用较少阶数获得高选择特性是以相位的非线性为代价的。信号 $x(n)=\sin 0.44\pi n$ 分别通过 IIR 和 FIR 数字带通滤波器的输出如图 6-48 所示，IIR 数字滤波器输出在 10 个采样点左右产生稳定输出，FIR 数字滤波器在 30 个采样点左右才产生稳定输出，也就是在相同滤波器设计指标下，FIR 数字滤波器如果需要获得较高的选择性，要用较多的存储器和较多次的运算，成本比较高，信号时延也较大，而 IIR 数字滤波器能用较少的阶数获得很高的选择特性，自然所用存储单元少，运

算次数少,所需时延也小。

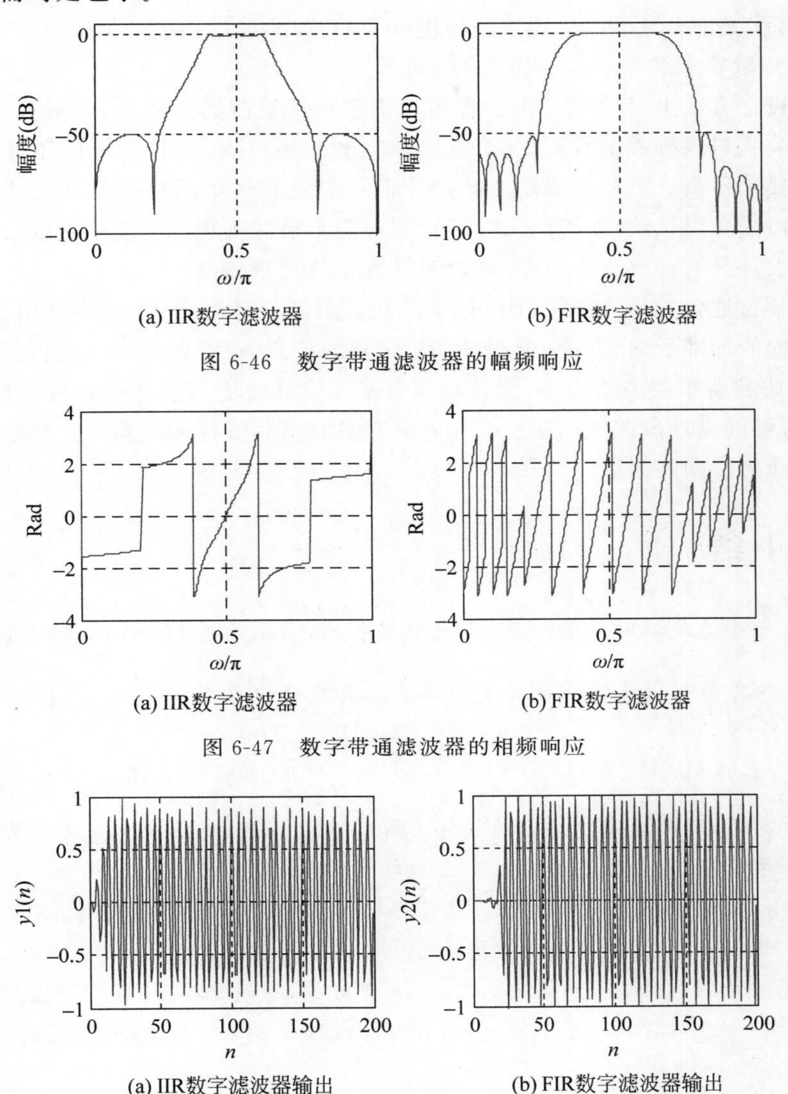

(a) IIR数字滤波器　(b) FIR数字滤波器

图 6-46　数字带通滤波器的幅频响应

(a) IIR数字滤波器　(b) FIR数字滤波器

图 6-47　数字带通滤波器的相频响应

(a) IIR数字滤波器输出　(b) FIR数字滤波器输出

图 6-48　$x(n)=\sin 0.44\pi n$ 分别通过 IIR 和 FIR 数字带通滤波器

然而,FIR 数字滤波器的这些缺点是相对于非线性相位的 IIR 数字滤波器比较而言的。如果按相同的选择性和相同的相位线性要求,那么 IIR 数字滤波器就必须加全通网络进行相位校正,因此同样要大大增加滤波器的节数和复杂性。所以如果相位要求严格一点,那么采用 FIR 数字滤波器不仅在性能上而且在经济上都将优于 IIR 数字滤波器。

除了上述所说的性能有区别之外,IIR 和 FIR 数字滤波器在结构、设计方法和适用环境均有不同之处。

首先在结构上,IIR 数字滤波器必须采用递归型结构,极点位置必须在单位圆内,否则,系统将不稳定。此外,在这种结构中,由于运算过程中对序列的四舍五入处理,有时会引起微弱的寄生振荡。相反,FIR 数字滤波器主要采用非递归结构,不论在理论上还是在实际的有限精度运算中都是稳定的，运算误差也较小。同时，FIR 数字滤波器的单位脉冲响应为有限长序列，求系统输出时可以采用快速傅里叶变换算法，通过重叠相加或重叠保留算法提高运算速度，IIR 数字滤波器不能使用这些方法。

其次在设计方法上，IIR 数字滤波器可以借助模拟滤波器的成果，一般都有有效的封闭函数的设计公式可供准确的计算，又有许多数据和表格可查，设计计算的工作量比较小，对计算工具的要求不高。FIR 数字滤波器设计则一般没有封闭函数的设计公式，窗函数法虽然仅仅对窗口函数可以给出计算公式，但计算通阻带衰减等仍无显式表达式。一般，FIR 数字滤波器的设计只有计算程序可循，因此对计算工具要求较高。

最后从各自适合的环境来说，IIR 数字滤波器虽然设计简单，但主要是用于设计频率特性为分段常数的标准低通、高通、带通、带阻、全通滤波器，往往脱离不了模拟滤波器的格局。而 FIR 数字滤波器则要灵活得多，尤其是频率采样设计法更容易适应各种幅度特性和相位特性的要求，可以设计出理想的正交移相器、理想微分器、线性调频器等各种滤波器，因而有更大适应性和更广阔的天地。

本章小结

(1) FIR数字滤波器时域特性$h(n)$是有限长的，系统函数$H(z)$的收敛域为$0<|z|<\infty$，具有稳定和容易实现线性相位的突出优点。其差分方程为$y(n)=\sum_{m=0}^{N-1}h(m)x(n-m)=\sum_{r=0}^{N-1}b_r x(n-r)$，系统函数是$H(z)=\sum_{r=0}^{N-1}b_r z^{-r}=\sum_{n=0}^{N-1}h(n)z^{-n}$，这里$b_r=h(n)$。

(2) 线性相位 FIR 数字滤波器的条件：$h(n)$为实序列，且满足偶对称或者奇对称。

(3) 线性相位 FIR 数字滤波器幅度函数特点：

Ⅰ型($h(n)$为偶对称，N为奇数)：幅度函数对$\omega=0,\pi,2\pi$点偶对称，可以用作低通、高通、带通和带阻滤波器的设计，应用广泛；

Ⅱ型($h(n)$为偶对称，N为偶数)：对π点奇对称，不适合高通、带阻滤波器的设计；

Ⅲ型($h(n)$为奇对称，N为奇数)：对$\omega=0,\pi,2\pi$奇对称，不适合低通、高通和带阻滤波器的设计；

Ⅳ型($h(n)$为奇对称，N为奇数)：对$\omega=0,2\pi$奇对称，不适合低通、带阻滤波器的设计。

(4) 线性相位 FIR 数字滤波器的零点是互为倒数的共轭对。

(5) 窗函数法设计 FIR 数字滤波器。

① 设计方法：首先由理想频率响应$H_d(e^{j\omega})$的傅里叶反变换推导出对应的无限长且非因果的单位脉冲响应$h_d(n)$，然后用有限长的窗函数$w(n)$截断$h_d(n)$，从而得到有限长的$h(n)$，最后对$h(n)$作序列的傅里叶变换得到表征 FIR 数字滤波器的频率响应$H(e^{j\omega})$。(注意截断得到的$h(n)$满足对称性，这样得到线性相位 FIR 数字滤波器。)

② 加窗对 FIR 数字滤波器幅度特性的影响及改进：

产生截断效应：通带阻带之间产生过渡带，长度等于窗函数的主瓣宽度；通带阻带内产生波动。

调整窗口长度 N 可以有效地控制过渡带的宽度，减小带内波动以及加大阻带衰减只能从改变窗函数的形状上找解决方法。

③ 窗函数的选取原则：窗谱主瓣尽可能地窄，以获取较陡的过渡带；尽量减少窗谱的最大旁瓣的相对幅度，也就是能量尽量集中于主瓣，这样使肩峰和波纹减小，就可增大阻带的衰减。

(6) 频率采样法设计 FIR 数字滤波器。

① 设计方法：首先对连续的理想频率响应 $H_d(e^{j\omega})$ 在 $\omega=[0,2\pi]$ 上进行 N 点等间隔采样，得到 N 个离散的采样点 $H(k)$，然后对 $H(k)$ 进行 N 点 IDFT，得到有限长的 $h(n)$，最后对 $h(n)$ 作序列的傅里叶变换得到表征 FIR 数字滤波器的频率响应 $H(e^{j\omega})$。

② 在理想特性不连续点处人为加入过渡采样点，虽然加宽了过渡带，但缓和了边缘上两采样点之间的突变，将有效地减少起伏振荡，提高阻带衰减。

(7) 等波纹逼近法设计 FIR 数字滤波器。

① 等波纹逼近准则：用 $E(e^{j\omega})$ 表示 $H_d(e^{j\omega})$ 和所设计滤波器 $H(e^{j\omega})$ 之间的频率响应误差，如果 $H(e^{j\omega})$ 是 L 个余弦函数的组合，即 $H(\omega)=\sum_{n=0}^{L}a(n)\cos\omega n$，可以利用切比雪夫交错点组定理确定最优滤波器必须有的极值频率(或波动)最少数目。

② 按照等波纹逼近准则设计的滤波器通带或阻带具有等波动性质。

(8) 简单整系数法设计 FIR 数字滤波器。

① 设计方法：梳状滤波器的系统函数为 $H(z)=1-z^{-N}=\frac{z^N-1}{z^N}$，在 $z=1$ 处设置一个极点，抵消该处的零点，则构成低通滤波器；在 $z=-1$ 处设置一个极点，抵消该处的零点，则构成高通滤波器；在通带中心设置一对共轭极点，抵消掉梳状滤波器的一对零点，形成带通特性；一个中心频率为 ω_0 的简单整系数带阻滤波器，可以用一个全通滤波器减去一个中心频率为 ω_0 的带通滤波器构成。

② 用零极点抵消方法设计的滤波器阻带性能很差，这是由 sinc 函数较大的旁瓣引起的，为了加大阻带衰减，就要减少旁瓣与主瓣的相对幅度，可以在单位圆上设置二阶以上的高阶零点，而另外加上二阶以上的高阶极点抵消一个或几个高阶零点。

习题

6-1　已知某离散线性时不变系统的单位脉冲响应为

$$h(n)=\frac{1}{10}[\delta(n)+0.9\delta(n-1)+2.1\delta(n-2)+0.9\delta(n-3)+\delta(n-4)]$$

(1) 该系统是否是线性相位的？若不是，则说明原因；若是，则判断它是哪种类型的线性相位系统。

(2) 求出该系统的频率响应，写出其幅度特性和相位特性。

(3) 列举该系统适合设计的通带滤波器类型。

6-2　已知一个线性相位 FIR 系统有零点 $z=1$，$z=e^{j\frac{2\pi}{3}}$，$z=0.5e^{-j\frac{3\pi}{4}}$，$z=\frac{1}{4}$。

(1) 还会有其他零点吗？如果有，请写出。

(2) 这个系统的极点在 z 平面的什么位置？它是稳定系统吗？

(3) 这个系统的冲激响应 $h(n)$ 的长度最少是多少？

6-3 已知第一类线性相位 FIR 数字滤波器的单位脉冲响应长度为 16，其 16 个频域幅度采样值中的前 9 个为：$H(0)=12, H(1)=8.34, H(2)=3.79, H(3)\sim H(8)=0$。根据第一类线性相位 FIR 数字滤波器幅度特性 $H(\omega)$ 的特点，求其余 7 个频域幅度采样值。

6-4 用矩形窗设计线性相位低通滤波器，逼近滤波器传输函数 $H_d(e^{j\omega})$ 为

$$H_d(e^{j\omega})=\begin{cases}e^{-j\omega\alpha}, & |\omega|\leqslant\omega_c\\0, & \omega_c<|\omega|\leqslant\pi\end{cases}$$

(1) 求理想低通的单位脉冲响应 $h_d(n)$；

(2) 写出用矩形窗设计的 $h(n)$ 表达式，并确定 α 与 N 的关系；

(3) N 取奇数或偶数对滤波特性有什么影响？

6-5 利用矩形窗、升余弦窗、改进余弦窗和布莱克曼窗设计线性相位 FIR 低通数字滤波器。要求通带截止频率 $\omega_c=\dfrac{\pi}{4}\text{rad}, N=21$。求出分别对应的单位脉冲响应，绘出它们的幅频特性并进行比较。

6-6 利用频率采样法设计一线性相位 FIR 低通滤波器，给定 $N=21$，通带截止频率 $\omega_c=0.15\pi\text{rad}$，求出 $h(n)$，为了改善其频率响应应采取什么措施？

6-7 有两个滤波器，其单位脉冲响应分别为 $h_1(n)$ 和 $h_2(n)$，它们之间的关系是 $h_1(n)=(-1)^n h_2(n)$。若 $h_2(n)$ 为一低通滤波器，试证明滤波器 $h_1(n)$ 是一个高通滤波器。

6-8 用矩形窗设计一线性相位 FIR 高通滤波器，逼近滤波器传输函数 $H_d(e^{j\omega})$ 为

$$H_d(e^{j\omega})=\begin{cases}e^{-j\omega\alpha}, & \omega_c\leqslant|\omega|\leqslant\pi\\0, & \text{其他}\end{cases}$$

(1) 求该理想高通的单位脉冲响应 $h_d(n)$。

(2) 写出用矩形窗设计的 $h(n)$ 表达式，并确定 α 与 N 的关系。

(3) N 取奇数或偶数有无限制？

6-9 图题 6-9 所示分别为两个系统的单位脉冲响应 $h(n)$，试说明哪一个系统可以实现线性相位滤波器。为什么？若为线性相位滤波器，画出其相应的相位特性曲线，并指出时延为多少。

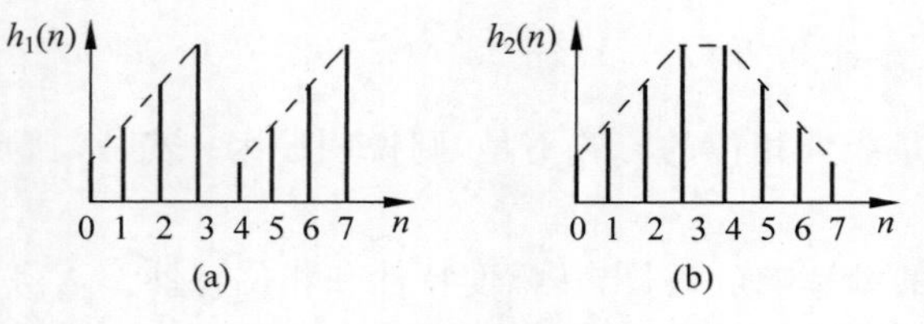

图题 6-9

6-10 用汉宁窗设计一个线性相位 FIR 低通滤波器，截止频率 $\omega_c=\pi/4\text{rad}$，窗口长度

N 分别为 15 和 33。要求在这两种窗口长度下，分别求出 $h(n)$，绘出对应的幅度特性和相位特性，观察 3dB 和阻带最小衰减，总结窗口函数长度对滤波特性的影响。

6-11　用窗函数法设计一线性相位 FIR 低通滤波器，设计指标为

$$\omega_p = 2.5\pi\text{rad},\quad \omega_s = 0.3\pi\text{rad},\quad \alpha_p = 0.25\text{dB},\quad \alpha_s = 50\text{dB}$$

选择一个适当的窗函数，确定脉冲响应，并给出所设计的滤波器的频率响应图。

6-12　用频率采样法设计线性相位 FIR 低通滤波器，要求通带截止频率为 $\omega_c = \frac{\pi}{16} \pm \frac{\pi}{32}$rad，过渡带宽度 $\Delta\omega \leqslant \frac{\pi}{32}$，阻带最小衰减 $\alpha_s = 40$dB，写出采样点 $H(k)$的表达式。

6-13　利用频率采样法设计一个线性相位 FIR 低通滤波器，要求写出 $H(k)$的具体表达式。已知条件分别为：

(1) 采样点数 $N=33$，$\omega_c = 0.2\pi$rad。

(2) 采样点数 $N=33$，$\omega_c = 0.2\pi$rad；设置一个过渡点$|H(k)| = 0.42$。

(3) 采样点数 $N=34$，$\omega_c = 0.2\pi$rad，设置两个过渡点$|H_1(k)| = 0.6125$，$|H_2(k)| = 0.1109$。

6-14　设计一个 FIR 低通滤波器，其截止频率为 1500Hz，阻带的起始频率为 2000Hz，通带的最大纹波为 0.01，阻带衰减为 60dB，采样频率为 8000Hz。

6-15　图题 6-15 所示，两长度为 8 的有限长序列 $h_1(n)$和 $h_2(n)$是循环位移关系，试问：

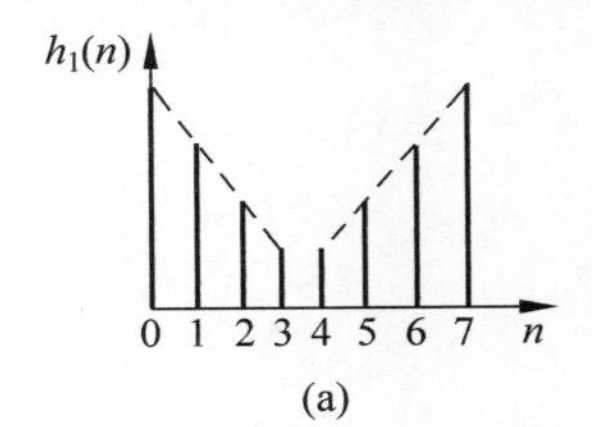

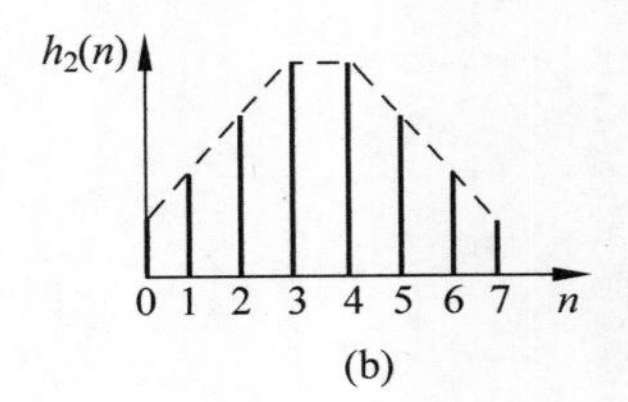

图题　6-15

(1) 它们的 8 点离散傅里叶变换的幅度是否相等？

(2) 以 $h_1(n)$和 $h_2(n)$作为单位脉冲响应，可构成两个 FIR 低通滤波器，试问这两个滤波器的性能是否相同？

6-16　设低通滤波器的单位脉冲响应与传输函数分别为 $h(n)$和 $H(e^{j\omega})$，截止频率为 ω_c。如果另一个滤波器的单位脉冲响应为 $h_1(n)$，它与 $h(n)$的关系是 $h_1(n) = 2h(n)\cos\omega_0 n$，且 $\omega_c < \omega_0 < (\pi - \omega_c)$，试问滤波器 $h_1(n)$是一个什么滤波器？（低通、高通或者带通）

6-17　用矩形窗设计线性相位 FIR 高通滤波器，要求过渡带不超过 $\pi/8$rad，希望逼近的理想高通滤波器频率响应函数 $H_d(e^{j\omega})$为

$$H_d(e^{j\omega}) = \begin{cases} e^{-j\omega\alpha}, & \omega_c \leqslant |\omega| \leqslant \pi \\ 0, & \text{其他} \end{cases}$$

(1) 写出所设计的线性相位高通滤波器的单位脉冲响应 $h(n)$的表达式；

(2) 说明 N 的选取原则，并确定 α 为多少？（已知矩形窗过渡带宽度近似值为 $4\pi/N$）。

6-18　试证明在用等波纹逼近法设计线性相位 FIR 数字滤波器时，如果冲激响应

$h(n)$奇对称，并且其长度 N 为偶数，那么幅度特性函数 $H(\omega)$的极值数 N_e 的约束条件为$N_e \leqslant \frac{N}{2}$。

6-19　设计一个简单整系数低通数字滤波器，要求截止频率 $f_p=400\text{Hz}$，采样频率 $f_s=1200\text{Hz}$，通带最大衰减 3dB，阻带最小衰减 40dB，并作频率响应图。

6-20　简述数字滤波器的两个主要分类 IIR 和 FIR 数字滤波器的特点。

6-21　一个模拟信号 $x_a(t)$通过一个模拟低通滤波器，滤波器的截止频率 $f_c=2\text{kHz}$，过渡带宽度 $\Delta f=500\text{Hz}$，阻带衰减为 40dB，该滤波器以数字方式实现，如图题 6-21 所示。

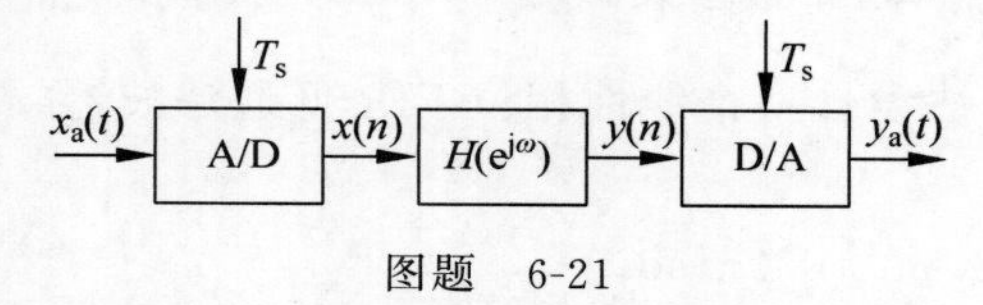

图题　6-21

试采用窗函数法设计一个可以满足模拟滤波器技术指标的数字滤波器，采样频率 $f_s=10\text{kHz}$。

第7章 数字滤波器结构与有限字长效应

CHAPTER 7

7.1 引言

7.1 微课视频

一般时域离散系统或网络可以用差分方程、单位脉冲响应以及系统函数进行描述。在前面已经讲过，一个数字滤波器可以用系统函数表示为

$$H(z)=\frac{\sum_{r=0}^{M}b_rz^{-r}}{1+\sum_{k=1}^{N}a_kz^{-k}}=\frac{Y(z)}{X(z)} \tag{7-1}$$

由式(7-1)可以得出表示输入输出关系的常系数线性差分方程为

$$y(n)=\sum_{r=0}^{M}b_rx(n-r)-\sum_{k=1}^{N}a_ky(n-k) \tag{7-2}$$

数字滤波器可以用通用计算机上的软件或专用硬件完成对输入信号的处理(运算)。为此，有必要用可计算方法描述输入输出关系。下面用一个具体的可计算算法来说明此意图。考虑如下一阶因果线性时不变无限冲激响应数字滤波器

$$y(n)=b_0x(n)+b_1x(n-1)-a_1y(n-1) \tag{7-3}$$

已知初始条件 $y(-1)$ 和输入 $x(n)$ 在 $n=-1,0,1,2,\cdots$ 的值，利用式(7-3)可以得出 $y(n)$ 在 $n=0,1,2,\cdots$ 的值为

$$\begin{aligned}
y(0)&=b_0x(0)+b_1x(-1)-a_1y(-1)\\
y(1)&=b_0x(1)+b_1x(0)-a_1y(0)\\
y(2)&=b_0x(2)+b_1x(1)-a_1y(1)\\
&\vdots
\end{aligned}$$

这样就可以计算出任意 n 时刻的值。

在数学中，式(7-1)和式(7-2)是等效的，并且还可以用不同的等效方程表示，所以在数字滤波器的实现过程中就表现出不同的运算结构，结构不同不仅会影响到总的计算量，还会影响到计算精度。用数字的方法实现，就会涉及数字精度的问题，因为数字系统的每一个数总是用有限字长的二进制数码表示的。这种有限字长的二进制数码表示，必定会带来误差。例如

$$H_1(z)=\frac{1}{1-0.8z^{-1}+0.15z^{-2}}$$

$$H_2(z)=\frac{-1.5}{1-0.3z^{-1}}+\frac{2.5}{1-0.5z^{-1}}$$

$$H_3(z)=\frac{1}{1-0.3z^{-1}}\cdot\frac{1}{1-0.5z^{-1}}$$

可以证明以上 $H_1(z)=H_2(z)=H_3(z)$，但它们具有不同的运算结构。本章首先简单介绍数字滤波器结构的基本单元，然后分别讨论 IIR 和 FIR 数字滤波器（以下简称 IIR 和 FIR 滤波器）结构，并采用 MATLAB 函数实现这些结构。

7.2 基本结构单元

线性时不变数字滤波器的算法可以用延时器、乘法器、加法器这三个基本单元来描述。

延时器（移位器或存储器）：这个单元将信号延迟一个样本，如图 7-1(a)所示。它用一个移位寄存器实现。

乘法器：这是一个单输入单输出的单元，如图 7-1(b)所示，不明确标出的增益就理解为乘以系数 1。

加法器：这个单元有两个输入和一个输出，如图 7-1(c)所示。

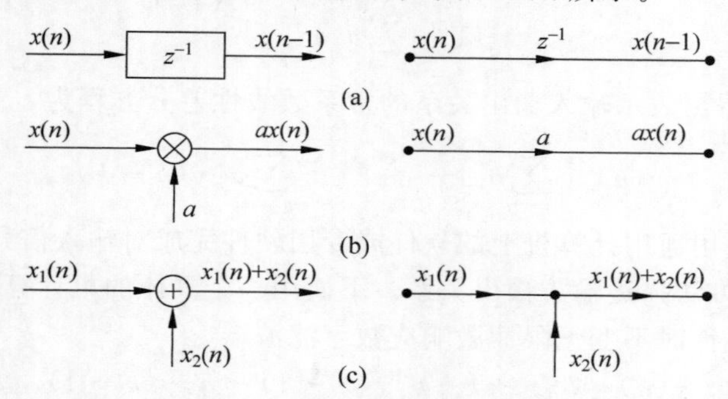

图 7-1　基本运算的方框图表示及信号流图表示

这些基本单元可以用两种方法表示——方框图法和信号流图法，因而一个数字滤波器的结构也有这样两种表示法。图 7-1 中，左边一列是方框图表示，右边一列是信号流图表示。用方框图表示能够一目了然地看到系统运算的步骤，乘法运算、加法运算次数，以及所用存储单元的多少等。下面以一个一阶数字滤波器为例进行说明。例如：

$$y(n)=b_0x(n)+b_1x(n-1)-a_1y(n-1)$$

结构如图 7-2 所示。

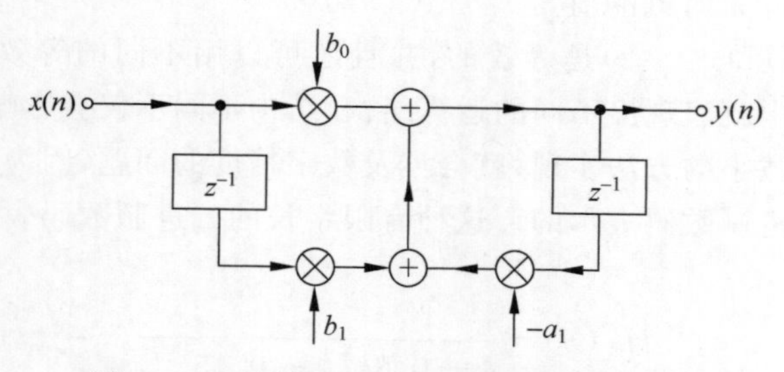

图 7-2　一阶数字滤波器结构（方框图表示）

为了简单起见，运算结构常用信号流图来表示，图 7-2 所示的一阶滤波器的结构可以用图 7-3 的信号流图来表示。

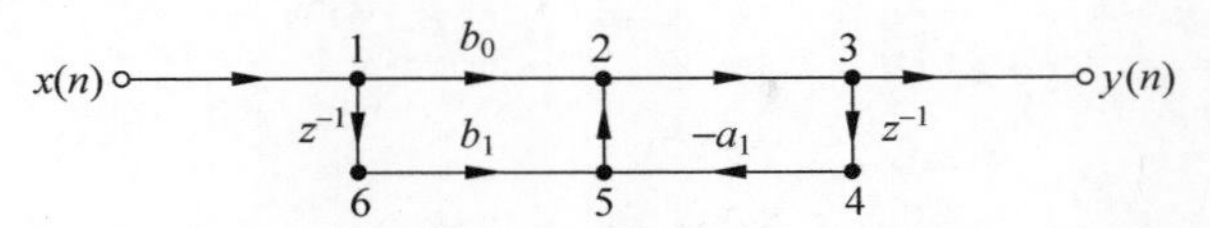

图 7-3　一阶数字滤波器结构(信号流图表示)

由图 7-3 可以看出，信号流图是用节点与有向支路描述连续或离散系统的。图中圆点称为节点，输入 $x(n)$的节点称为源节点或输入节点，输出 $y(n)$称为吸收节点或输出节点。每个节点处的信号称为节点变量。另外还有一个输入多个输出的分支节点(节点 1 和 3)和多个输入一个输出的相加节点(节点 2 和 5)。

在以后的章节都只采用信号流图分析数字滤波器结构，实际上，在前面第 4 章分析的快速傅里叶变换的运算过程就是采用的一种蝶形流图法。

运算结构不同，所需的存储单元及乘法次数不同，前者影响运算的复杂性，后者影响运算的速度。此外在有限精度情况下，运算结构的误差、稳定性也是不同的。

一般将数字滤波器网络结构分为两类：一类称为有限长脉冲响应网络，简称 FIR；另一类称为无限长脉冲响应网络，简称 IIR。这两类不同的网络结构各有自己的特点，下面将分类叙述。

7.3　IIR 滤波器的基本网络结构

无限长单位脉冲响应(IIR)滤波器的特点：

(1) 系统的单位冲激响应 $h(n)$是无限长的。

(2) 信号流图中含有反馈支路。

(3) 系统函数 $H(z)$在有限 z 平面($0<|z|<\infty$)上有极点，存在不稳定现象。

对于同一种函数 $H(z)$，基本网络结构有三种：直接型、级联型和并联型，其中直接型又分为直接Ⅰ型和直接Ⅱ型。

7.3.1　直接型

7.3.1 微课视频

一个 N 阶 IIR 滤波器的系统函数可写为

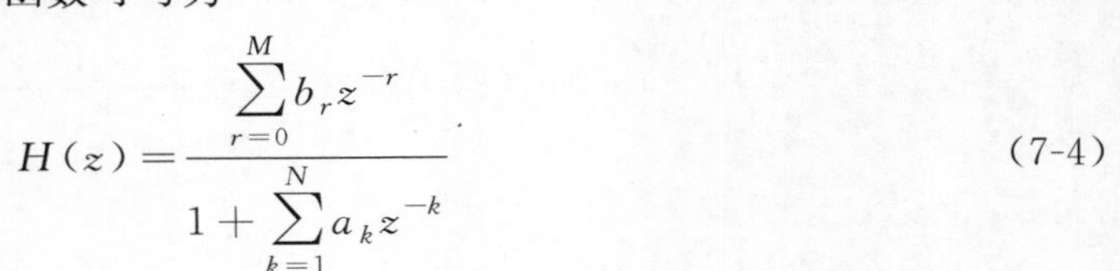

$$H(z)=\frac{\sum_{r=0}^{M} b_r z^{-r}}{1+\sum_{k=1}^{N} a_k z^{-k}} \tag{7-4}$$

其对应的差分方程为

$$y(n)=\sum_{r=0}^{M} b_r x(n-r)-\sum_{k=1}^{N} a_k y(n-k) \tag{7-5}$$

式(7-4)可以写成两个系统相乘，即 $H(z)=H_1(z)\cdot H_2(z)$，其中，

$$H_1(z)=\frac{U(z)}{X(z)}=\sum_{r=0}^{M} b_r z^{-r} \tag{7-6}$$

$$H_2(z)=\frac{Y(z)}{U(z)}=\frac{1}{1+\sum_{k=1}^{N}a_k z^{-k}} \tag{7-7}$$

其对应的差分方程为

$$u(n)=\sum_{r=0}^{M}b_r x(n-r) \tag{7-8}$$

$$y(n)=u(n)-\sum_{k=1}^{N}a_k y(n-k) \tag{7-9}$$

按照式(7-8)及式(7-9)，可以直接画出网络结构，再将两者级联，则可得到IIR系统的直接Ⅰ型结构，如图7-4所示。在以下所讨论的结构图中，除非另外声明，都假设$M=N$。

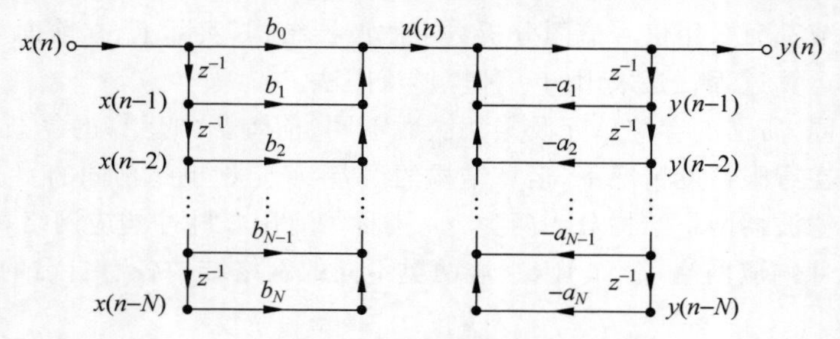

图7-4 直接Ⅰ型结构

从差分方程表达式(7-5)可以看出，系统的输出$y(n)$由两部分构成：第一部分$\sum_{r=0}^{M}b_r x(n-r)$是一个对输入$x(n)$的M阶延时链结构，每阶延时抽头后加权相加，构成一个横向结构网络；第二部分$\sum_{k=1}^{N}-a_k y(n-k)$是一个对输出$y(n)$的$N$阶延时链结构，每阶延时抽头后加权相加，构成由输出到输入的反馈网络。由这两部分相加构成IIR数字滤波器的直接Ⅰ型网络结构。在$M=N$时，从图7-4上可以看出，直接Ⅰ型结构需要$2N$个延时器和$2N+1$个乘法器。另外该结构的系数a_k、b_r不是直接决定单个零极点，因而不能很好地进行滤波器性能控制。

由于系统是线性的，显然$H(z)=H_2(z)\cdot H_1(z)$成立，即级联次序不会影响系统总结果，按照该式，相当于把图7-4中两部分交换位置。

$$H(z)=H_2(z)\cdot H_1(z)=\frac{1}{1+\sum_{k=1}^{N}a_k z^{-k}}\cdot\sum_{r=0}^{M}b_r z^{-r} \tag{7-10}$$

$$H_2(z)=\frac{W(z)}{X(z)}=\frac{1}{1+\sum_{k=1}^{N}a_k z^{-k}} \tag{7-11}$$

$$H_1(z)=\frac{Y(z)}{W(z)}=\sum_{r=0}^{M}b_r z^{-r} \tag{7-12}$$

信号先经过反馈网络，输出中间变量$w(n)$，再将$w(n)$通过前向网络$H_1(z)$，得系统输出$y(n)$。观察图7-5会发现，对中间节点变量$w(n)$进行时延的两条延时链中同一水平线上的两个延时单元的内容是完全相同的,因而可以把它们合并,得到如图 7-6 所示的结构,从而节省了一半的延时单元,这种结构称为直接Ⅱ型结构。该结构实现 N 阶滤波器(一般 $N \geqslant M$)只需 N 级延时单元,所需延时单元最少,故该结构又称典范型。

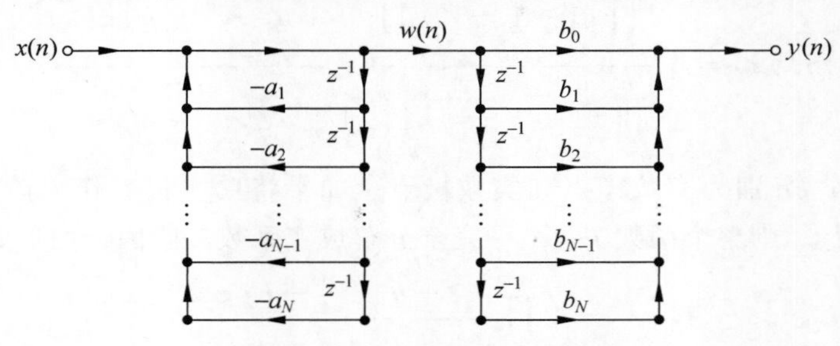

图 7-5 直接Ⅰ型交换结构

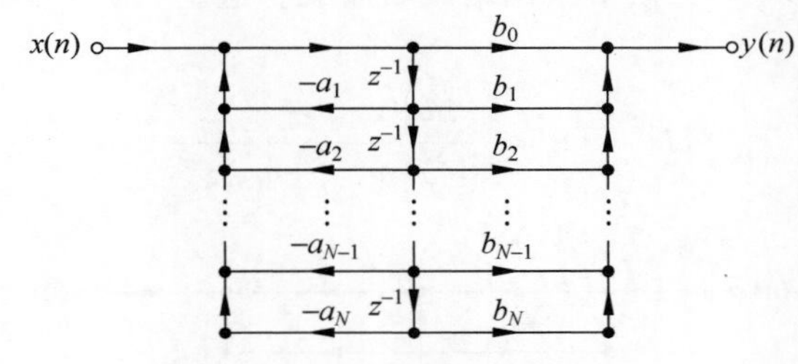

图 7-6 直接Ⅱ型结构

例 7-1 设 IIR 滤波器系统函数为

$$H(z)=\frac{1-3z^{-1}+11z^{-2}-27z^{-3}+18z^{-4}}{16+12z^{-1}+2z^{-2}-4z^{-3}-z^{-4}}$$

画出该滤波器的直接Ⅱ型结构。

解 其差分方程为

$$\begin{aligned}&16y(n)+12y(n-1)+2y(n-2)-4y(n-3)-y(n-4)\\&=x(n)-3x(n-1)+11x(n-2)-27x(n-3)+18x(n-4)\end{aligned}$$

按差分方程可直接画出直接Ⅱ型结构,如图 7-7 所示。

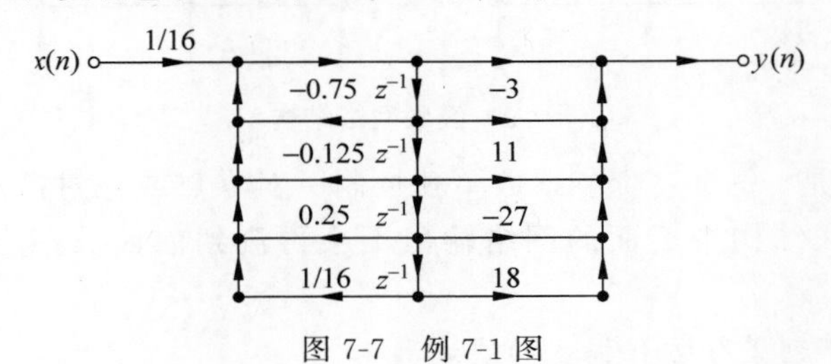

图 7-7 例 7-1 图

7.3.2 级联型

7.3.2
微课视频

式(7-4)表示的系统函数 $H(z)$中,分子分母均为多项式,对分子分母进行因式分解,得

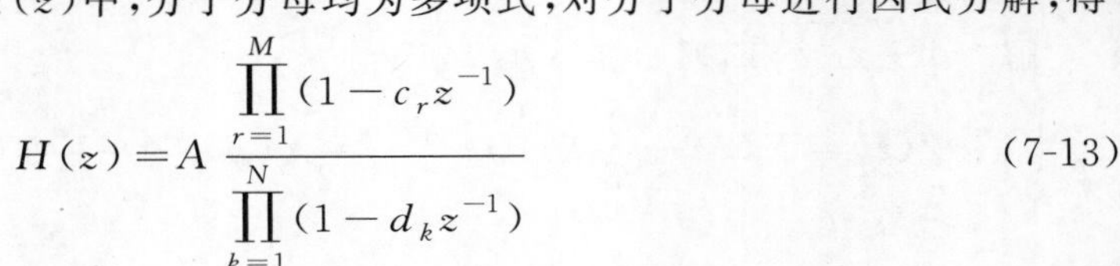

$$H(z)=A\frac{\prod_{r=1}^{M}(1-c_r z^{-1})}{\prod_{k=1}^{N}(1-d_k z^{-1})} \tag{7-13}$$

由于 a、b 均为实数，因此零点 c_r 和极点 d_k 或者为实根，或者为共轭复根。将每一对共轭因子合并起来，构成一个实系数的二阶因子，得

$$H(z)=A\frac{\prod_{r=1}^{M_1}(1-g_rz^{-1})\prod_{r=1}^{M_2}(1+b_{1r}z^{-1}+b_{2r}z^{-2})}{\prod_{k=1}^{N_1}(1-p_kz^{-1})\prod_{k=1}^{N_2}(1+a_{1k}z^{-1}+a_{2k}z^{-2})} \tag{7-14}$$

式(7-14)中，g_r、p_k 分别为实数零点和实数极点。如果将单实根看作二阶因子的特例，即 a_{2k}、b_{2r} 为零的情形，则整个函数 $H(z)$ 可完全分解成实系数二阶因子的形式

$$H(z)=A\prod_{i=1}^{L}\frac{(1+b_{1i}z^{-1}+b_{2i}z^{-2})}{(1+a_{1i}z^{-1}+a_{2i}z^{-2})} \tag{7-15}$$

这样，滤波器就可以用若干个二阶节子网络级联而成。这些二阶节子网络也称为二阶节，一般形式为

$$H_i(z)=\frac{1+b_{1i}z^{-1}+b_{2i}z^{-2}}{1+a_{1i}z^{-1}+a_{2i}z^{-2}} \tag{7-16}$$

其结构如图 7-8 所示。

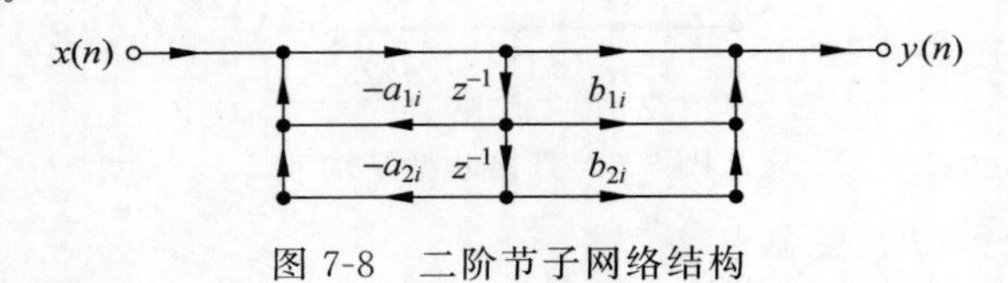

图 7-8　二阶节子网络结构

整个滤波器则是它们的级联

$$H(z)=A\prod_{i=1}^{L}H_i(z) \tag{7-17}$$

其结构如图 7-9 所示。

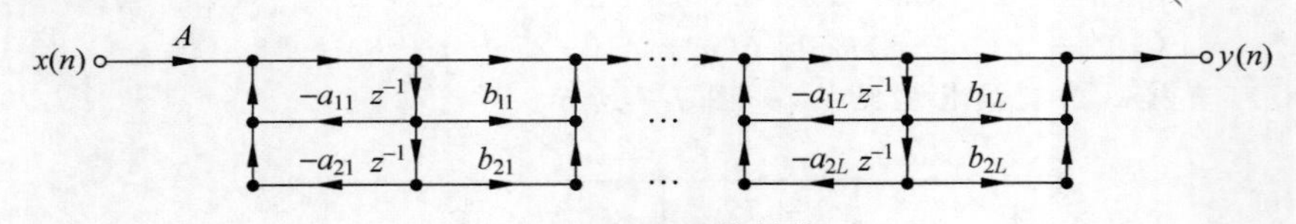

图 7-9　级联网络结构

级联结构的特点是：每个二阶节系数单独控制一对零点或一对极点，有利于控制频率响应，调整方便。级联结构中后面的网络输出不会再流到前面，运算误差的积累比直接型小。

例 7-2　已知由下列差分方程描述的滤波器

$$y(n)=x(n)-\frac{1}{3}x(n-1)-\frac{1}{12}x(n-2)-\frac{3}{4}y(n-1)-\frac{1}{8}y(n-2)$$

画出它的级联结构。

解　由差分方程，写出其系统函数为

$$Y(z)=X(z)-\frac{1}{3}X(z)z^{-1}-\frac{1}{12}X(z)z^{-2}-\frac{3}{4}Y(z)z^{-1}-\frac{1}{8}Y(z)z^{-2}$$

$$H(z)=\frac{Y(z)}{X(z)}=\frac{1-\frac{1}{3}z^{-1}-\frac{1}{12}z^{-2}}{1+\frac{3}{4}z^{-1}+\frac{1}{8}z^{-2}}=\frac{\left(1-\frac{1}{2}z^{-1}\right)\left(1+\frac{1}{6}z^{-1}\right)}{\left(1+\frac{1}{4}z^{-1}\right)\left(1+\frac{1}{2}z^{-1}\right)}$$

$$=\frac{\left(1-\frac{1}{2}z^{-1}\right)}{\left(1+\frac{1}{4}z^{-1}\right)}\cdot\frac{\left(1+\frac{1}{6}z^{-1}\right)}{\left(1+\frac{1}{2}z^{-1}\right)}=\frac{\left(1+\frac{1}{6}z^{-1}\right)}{\left(1+\frac{1}{4}z^{-1}\right)}\cdot\frac{\left(1-\frac{1}{2}z^{-1}\right)}{\left(1+\frac{1}{2}z^{-1}\right)}$$

级联结构如图 7-10 所示。

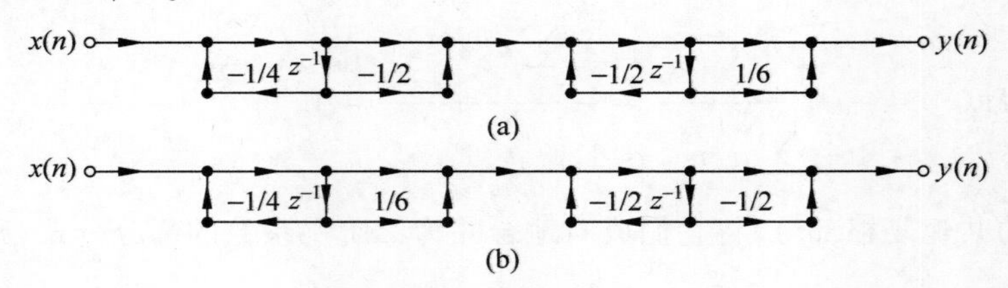

图 7-10　例 7-2 图

在实际应用中，结构比较复杂的滤波器，求其级联结构过程中，因式分解比较复杂，针对这种情况，可以借助于 MATLAB 工具进行分析。

例 7-3　已知由下列差分方程描述的滤波器

$$16y(n)+12y(n-1)+2y(n-2)-4y(n-3)-y(n-4)$$
$$=x(n)-3x(n-1)+11x(n-2)-27x(n-3)+18x(n-4)$$

画出它的级联结构。

解　由差分方程，写出其系统函数为

$$H(z)=\frac{1-3z^{-1}+11z^{-2}-27z^{-3}+18z^{-4}}{16+12z^{-1}+2z^{-2}-4z^{-3}-z^{-4}}$$

应用 MATLAB 函数 dir2cas：

```
[b] = [1 -3 11 -27 18];       % 直接型的分子多项式系数
[a] = [16 12 2 -4 -1];        % 直接型的分母多项式系数
[b0,B,A] = dir2cas(b,a)       % 直接型到级联型的形式转换
```

运行结果：

```
b0 = 0.0625
B =
       1.0000     0.0000     9.0000
       1.0000    -3.0000     2.0000
A =
       1.0000     1.0000     0.5000
       1.0000    -0.2500    -0.1250
```

则其对应的系统函数为

$$H(z)=\frac{1+9z^{-2}}{1+z^{-1}+0.5z^{-2}}\cdot 0.0625\cdot\frac{1-3z^{-1}+2z^{-2}}{1-0.25z^{-1}-0.125z^{-2}}$$

级联结构如图 7-11 所示。

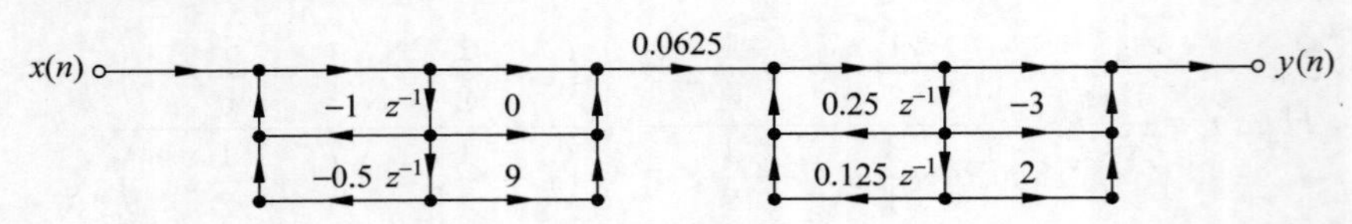

图 7-11　例 7-3 图

7.3.3
微课视频

7.3.3　并联型

将 $H(z)$ 展成部分分式的形式，设 $M=N$，就得到并联型的 IIR 滤波器的系统函数为

$$H(z)=\frac{\sum_{r=0}^{M} b_r z^{-r}}{1+\sum_{k=1}^{N} a_k z^{-k}}=\frac{\sum_{r=0}^{N} b_r z^{-r}}{1+\sum_{k=1}^{N} a_k z^{-k}}=A_0+\sum_{k=1}^{N}\frac{A_k}{1-d_k z^{-1}} \tag{7-18}$$

对于其中 d_k 的共轭复根部分，将它们成对地合并为二阶实系数的部分分式，则

$$H(z)=A_0+\sum_{k=1}^{L_1}\frac{A_k}{1-p_k z^{-1}}+\sum_{k=1}^{L_2}\frac{b_{0k}+b_{1k}z^{-1}}{1+a_{1k}z^{-1}+a_{2k}z^{-2}} \tag{7-19}$$

式中，$N=L_1+2L_2$，这样可用 L_1 个一阶网络，L_2 个二阶网络以及一个增益常数 A_0 表达 $H(z)$，式(7-19)可以改写为

$$H(z)=H_0(z)+\sum_{k=1}^{L_1}H_{1k}(z)+\sum_{k=1}^{L_2}H_{2k}(z) \tag{7-20}$$

则得并联型结构如图 7-12 所示。

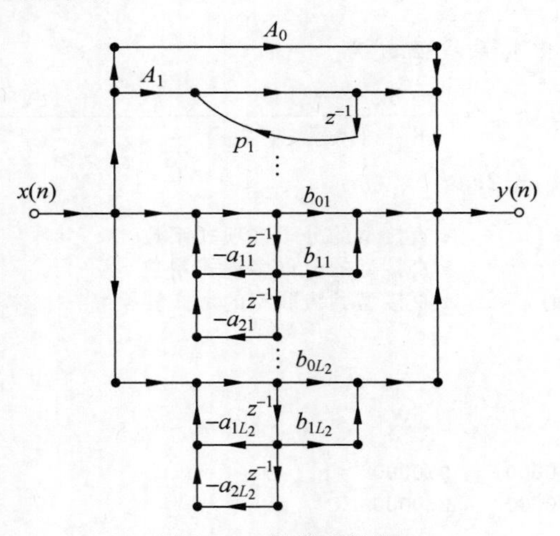

图 7-12　并联型结构

并联结构的特点是：可以单独调整极点位置，但不能像级联那样直接控制零点，因为零点只是各二阶节网络的零点，并非整个系统函数的零点；误差最小，因为并联型各基本节的误差互不影响，所以比级联误差还少；运算速度高，因为可同时对输入信号进行运算。

例 7-4　已知由下列差分方程描述的滤波器

$$y(n)=x(n)-\frac{1}{3}x(n-1)-\frac{1}{12}x(n-2)-\frac{3}{4}y(n-1)-\frac{1}{8}y(n-2)$$

画出它的并联结构。

解　由差分方程，写出其系统函数为

$$H(z)=\frac{Y(z)}{X(z)}=\frac{1-\frac{1}{3}z^{-1}-\frac{1}{12}z^{-2}}{1+\frac{3}{4}z^{-1}+\frac{1}{8}z^{-2}}=\frac{z^2-\frac{1}{3}z-\frac{1}{12}}{z^2+\frac{3}{4}z+\frac{1}{8}}$$

$$=\frac{z^2-\frac{1}{3}z-\frac{1}{12}}{z^2+\frac{3}{4}z+\frac{1}{8}}=1+\frac{-\frac{13}{12}z-\frac{5}{24}}{z^2+\frac{3}{4}z+\frac{1}{8}}$$

$$=1+\frac{-\frac{4}{3}}{z+\frac{1}{2}}+\frac{\frac{1}{4}}{z+\frac{1}{4}}=1+\frac{-\frac{4}{3}z^{-1}}{1+\frac{1}{2}z^{-1}}+\frac{\frac{1}{4}z^{-1}}{1+\frac{1}{4}z^{-1}}$$

并联结构图如图7-13所示。

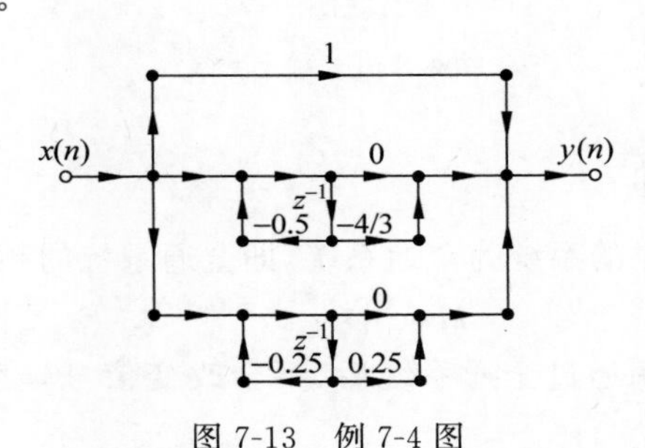

图7-13　例7-4图

例7-5　已知由下列差分方程描述的滤波器

$$16y(n)+12y(n-1)+2y(n-2)-4y(n-3)-y(n-4)$$
$$=x(n)-3x(n-1)+11x(n-2)-27x(n-3)+18x(n-4)$$

画出它的并联结构。

解　根据差分方程，得出对应系统函数为

$$H(z)=\frac{1-3z^{-1}+11z^{-2}-27z^{-3}+18z^{-4}}{16+12z^{-1}+2z^{-2}-4z^{-3}-z^{-4}}$$

应用MATLAB函数dir2par：

```
[b] = [1 - 3 11 - 27 18];
[a] = [16 12 2 - 4 - 1];
[b0,B,A] = dir2par(b,a)   % 直接型到并联型的形式转换
```

运行结果：

```
b0 = - 18
B =
       - 10.0500   - 3.9500
         28.1125   - 13.3625
A =
        1.0000     1.0000     0.5000
        1.0000   - 0.2500   - 0.1250
```

则其对应的系统函数为

$$H(z)=-18+\frac{-10.05-3.95z^{-1}}{1+z^{-1}+0.5z^{-2}}+\frac{28.1125-13.3625z^{-1}}{1-0.25z^{-1}-0.125z^{-2}}$$

并联结构如图 7-14 所示。

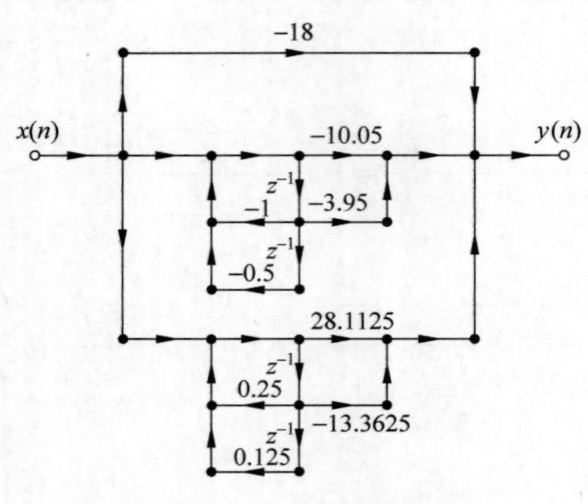

图 7-14 例 7-5 图

7.3.4 全通系统

定义幅频特性为常数 k 的系统为全通系统，即全通系统的频率响应函数为

$$H(e^{j\omega})=ke^{j\varphi(\omega)} \tag{7-21}$$

式(7-21)中 k 通常取 1，表明通过全通系统后，不会改变信号幅度谱的相对关系，改变的仅是信号的相位谱。

全通系统的系统函数一般形式为

$$H(z)=\frac{\sum_{k=0}^{N}a_kz^{-N+k}}{\sum_{k=0}^{N}a_kz^{-k}}=\frac{z^{-N}+a_1z^{-N+1}+a_2z^{-N+2}+\cdots+a_N}{1+a_1z^{-1}+a_2z^{-2}+\cdots+a_Nz^{-N}} \tag{7-22}$$

式中，$a_0=1,a_1,a_2,\cdots,a_N$ 为实数。系统函数还可以表示为二阶节级联形式

$$H(z)=\prod_{k=1}^{(\frac{N+1}{2})}\frac{z^{-2}+a_{1k}z^{-1}+a_{2k}}{a_{2k}z^{-2}+a_{1k}z^{-1}+1} \tag{7-23}$$

由式(7-23)可见，全通系统的系统函数的分子、分母多项式系数相同，排列次序相反。这样的系统函数的幅频特性必为 1，因为

$$H(z)=\frac{\sum_{k=0}^{N}a_kz^{-N+k}}{\sum_{k=0}^{N}a_kz^{-k}}=z^{-N}\frac{\sum_{k=0}^{N}a_kz^{k}}{\sum_{k=0}^{N}a_kz^{-k}}=z^{-N}\frac{Q(z^{-1})}{Q(z)} \tag{7-24}$$

式中，$Q(z)=\sum_{k=0}^{N}a_kz^{-k}$。因为 a_k 均为实数，所以

$$Q(z^{-1})\Big|_{z=e^{j\omega}}=Q(e^{-j\omega})=Q^*(e^{j\omega})$$

$$|H(e^{j\omega})| = \left|\frac{Q^*(e^{j\omega})}{Q(e^{j\omega})}\right| = 1 \tag{7-25}$$

全通系统的零极点互为倒数关系，即若 z_k 是 $H(z)$的实零点，则 $1/z_k$ 必为 $H(z)$的实极点 p_k，即满足如下关系

$$z_k p_k = 1$$

当 $H(z)$的分子、分母多项式系数均为实数时，$H(z)$若有复数零极点，则一定是共轭成对的，使得复数零极点必为四个一组成对出现，即若 z_k 是 $H(z)$的复零点，则 z_k^* 亦为 $H(z)$的零点，对应的极点为 $1/z_k=p_k$、$1/z_k^*=p_k^*$。四个一组的零极点分布示意图如图 7-15 所示。

由图 7-15 可见，零点 z_k 与极点 p_k^*、零点 z_k^* 与极点 p_k 互为共轭倒数关系，即若 $1/z_k$ 是 $H(z)$的零点，则 z_k^* 一定是 $H(z)$的极点。因此全通系统的系统函数的另一种常用表示形式为

$$H(z) = \prod_{k=1}^{N} \frac{z^{-1} - z_k}{1 - z_k^* z^{-1}} \tag{7-26}$$

式中，N 是全通系统的阶。当 N 为奇数时，至少有一对实数零极点。

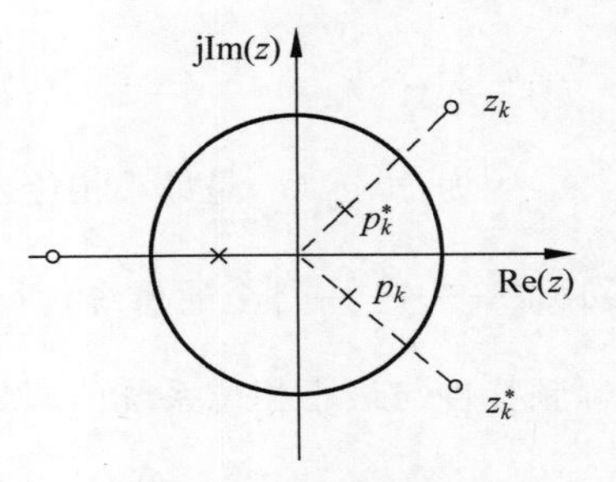

图 7-15　全通滤波器一组零极点示意图

N 阶全通系统的相位函数为

$$\varphi(\omega) = N\pi \tag{7-27}$$

利用相位函数的变化，全通系统可作相位校正或相位平衡。例如一个衰减特性良好，相位特性较差的 IIR 滤波器可以与全通系统级联，使得所实现的系统幅度与相位均满足设计要求。

全通系统可与其他系统组合实现不同功能的系统，例如带阻滤波系统就可由全通系统与带通系统组合。在 IIR 滤波器系统设计的原型变换中，也用到了全通系统。

7.3.5　最小相位系统

所有极点在单位圆内的因果稳定系统，若所有零点也在单位圆内，则称为最小相位系统，记为 $H_{\min}(z)$；而所有零点在单位圆外，则称为最大相位系统，记为 $H_{\max}(z)$；零点在单位圆内、外的则称为"混合相位"系统。

一个非最小相位系统可以由一个最小相位系统与一个全通系统级联组合，即

$$H(z) = H_{\min}(z) H_{\mathrm{ap}}(z) \tag{7-28}$$

式中，$H_{\mathrm{ap}}(z)$是全通系统函数。

最小相位系统与全通系统组成的非最小相位系统的零极点分布示意图如图 7-16 所示。图 7-16(a)是非最小相位系统的零极点图；图 7-16(b)是最小相位系统的零极点图；图 7-16(c)是全通系统的零极点图。

证明　$H(z)$为只有一个零点(多个零点类推)在单位圆外的非最小相位系统，设该零点为 $1/z_0$，$|z_0|<1$，$H(z)$可表示为一个最小相位系统 $H_{1\min}(z)$与该零点因子相乘，即

$$H(z) = H_{1\min}(z)(z^{-1} - z_0) = H_{1\min}(z)(z^{-1} - z_0)\frac{1 - z_0^* z^{-1}}{1 - z_0^* z^{-1}}$$

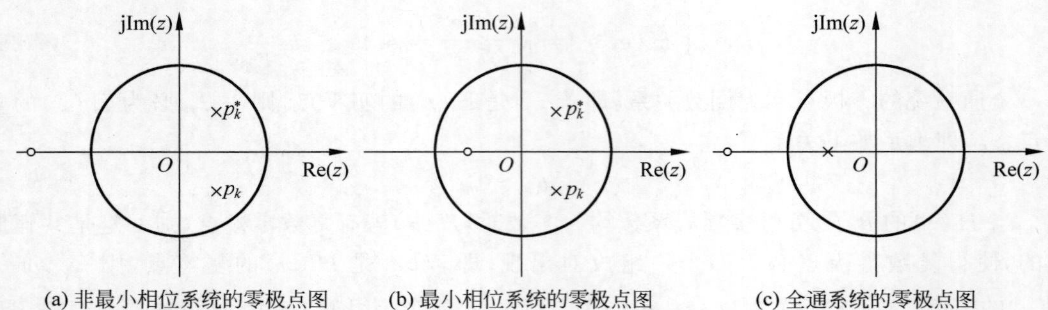

图 7-16　非最小相位系统、最小相位系统和全通系统的零极点分布

$$=H_{1\min}(z)(1-z_0^*z^{-1})\frac{z^{-1}-z_0}{1-z_0^*z^{-1}} \tag{7-29}$$

因为 $H_{1\min}(z)$是最小相位系统，故 $H_{1\min}(z)(1-z_0^*z^{-1})$亦为最小相位系统，由式(7-26)可知$\frac{z^{-1}-z_0}{1-z_0^*z^{-1}}$是全通系统，所以 $H(z)=H_{\min}(z)H_{ap}(z)$。不难得到非最小相位系统的幅频特性与最小相位系统的幅频特性相等，即

$$|H(e^{j\omega})|=|H_{\min}(e^{j\omega})| \tag{7-30}$$

式(7-30)的结论在实际应用中非常有用。在后续的滤波器最优化设计中，如果将非最小相位系统所有单位圆外的零点 z_k 用 $1/z_k^*$ 代替时，可以得到幅频特性相同的最小相位系统。类似地，若将系统所有单位圆外的极点 z_k 用 $1/z_k^*$ 代替时，可以确保系统稳定，而又不会改变系统幅频特性的相对关系。

利用上述相关关系及 Z 变换的初值定理可以证明，幅频特性相同的所有因果稳定系统，最小相位系统的响应延迟与能量延迟最小。

因为

$$H(z)=H_{\min}(z)H_{ap}(z)$$

由初值定理

$$\lim_{z\to\infty}H(z)=h(0)=h_{\min}(0)h_{ap}(0)$$

$$\lim_{z\to\infty}H_{\min}(z)=h_{\min}(0)$$

由于

$$\lim_{z\to\infty}|H_{ap}(z)|=\prod_{k=1}^{N}\lim_{z\to\infty}\left|\frac{z^{-1}-z_k}{1-z_k^*z^{-1}}\right|=\prod_{k=1}^{N}|z_k|=h_{ap}(0)$$

因果稳定系统的$|z_k|<1$，所以

$$|h(0)|<|h_{\min}(0)| \tag{7-31}$$

式(7-31)表明，幅频特性相同的所有因果稳定系统，最小相位系统对单位脉冲 $\delta(n)$的响应延迟最小。

若定义 n 在 $0\sim m$ 范围内单位脉冲响应 $h(n)$的能量

$$E(m)=\sum_{n=0}^{m}h^2(n),\quad 0\leqslant m<\infty \tag{7-32}$$

则

$$\sum_{n=0}^{m} h_{\min}^{2}(n) \geqslant \sum_{n=0}^{m} h^{2}(n) \tag{7-33}$$

又已知$|H(e^{j\omega})|=|H_{\min}(e^{j\omega})|$，即

$$\int_{-\pi}^{\pi} |H(e^{j\omega})|^{2} d\omega = \int_{-\pi}^{\pi} |H_{\min}(e^{j\omega})|^{2} d\omega \tag{7-34}$$

由帕斯瓦尔定理，有

$$\sum_{n=0}^{\infty} h_{\min}^{2}(n) = \sum_{n=0}^{\infty} h^{2}(n) \tag{7-35}$$

式(7-33)说明$h_{\min}(n)$的能量集中在n较小的时间段内，即能量延迟最小。

在信号检测、解卷积等实际应用中逆系统(或逆滤波器)都有重要作用，如信号检测中的信道均衡器的实质是设计信道的逆滤波器，而最小相位系统的逆系统一定存在。

因果稳定系统$H(z)=B(z)/A(z)$，其逆系统为

$$H_{N}(z)=\frac{1}{H(z)}=\frac{A(z)}{B(z)} \tag{7-36}$$

当且仅当$H(z)$为最小相位系统时，其逆系统$H_{N}(z)$才是因果稳定的。

7.4　FIR 滤波器的基本网络结构

FIR 滤波器的特点：

(1) 系统的单位脉冲响应$h(n)$是有限长的。

(2) 系统函数$H(z)$在$|z|>0$平面上，只有零点，没有极点，所有极点都在$z=0$处，滤波器永远是稳定的。

(3) 结构上主要是非递归结构，但有些结构也包含反馈的递归部分，比如频率采样结构。

一个有限长脉冲响应滤波器有如下形式的系统函数

$$H(z)=b_0+b_1 z^{-1}+\cdots+b_{N-1} z^{1-N}=\sum_{n=0}^{N-1} b_n z^{-n} \tag{7-37}$$

其脉冲响应

$$h(n)=\begin{cases} b_n, & 0 \leqslant n \leqslant N-1 \\ 0, & \text{其他} \end{cases} \tag{7-38}$$

对应差分方程表示为

$$y(n)=b_0 x(n)+b_1 x(n-1)+\cdots+b_{N-1} x(n-N+1) \tag{7-39}$$

FIR 滤波器有直接型、级联型、频率采样型和线性相位型 4 种结构。

7.4.1　直接型(卷积型)

7.4.1
微课视频

系统函数为

$$H(z)=\sum_{n=0}^{N-1} h(n) z^{-n} \tag{7-40}$$

其差分方程为

$$y(n)=\sum_{m=0}^{N-1}h(m)x(n-m) \tag{7-41}$$

这正是线性时不变系统的卷积和公式，按此公式直接画出结构如图 7-17 所示，这种结构称为直接型网络结构或者称为卷积型结构。直接型的转置结构如图 7-18 所示。

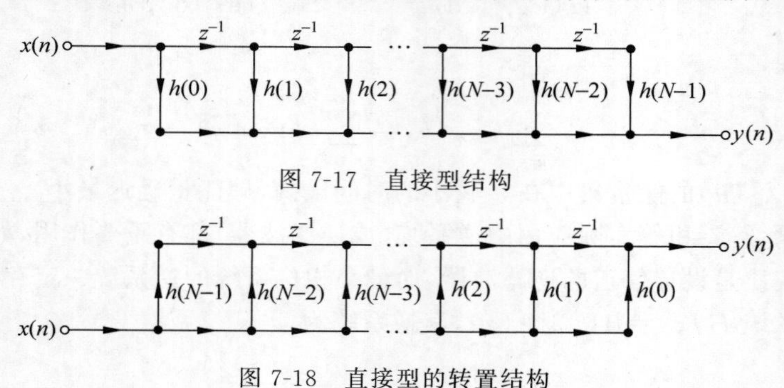

图 7-17　直接型结构

图 7-18　直接型的转置结构

在 MATLAB 中，直接型结构是用含有系数$\{b_n\}$的行向量 $\boldsymbol{b}$ 描述的，用 filter 函数实现结构。其中向量 $\boldsymbol{a}$ 被置于标量 1。

例 7-6　已知 FIR 滤波器的单位脉冲响应为

$$h(n)=\delta(n)+0.3\delta(n-1)+0.72\delta(n-2)+0.11\delta(n-3)+0.21\delta(n-4)$$

试画出其直接型结构。

解
$$H(z)=1+0.3z^{-1}+0.72z^{-2}+0.11z^{-3}+0.21z^{-4}$$

直接型结构如图 7-19 所示。

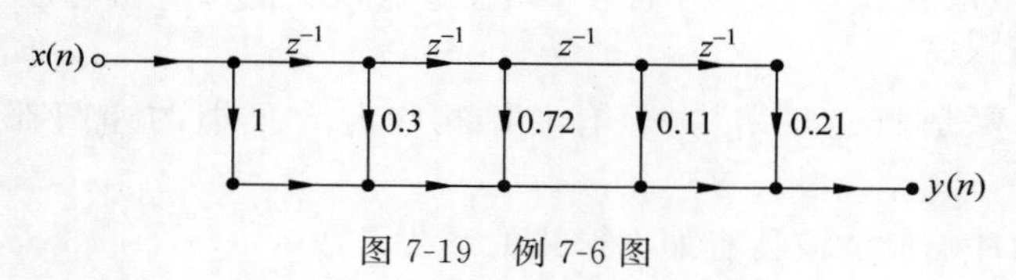

图 7-19　例 7-6 图

7.4.2　级联型

将式 $H(z)=\sum_{n=0}^{N-1}h(n)z^{-n}$ 进行因式分解，可得

$$H(z)=\sum_{n=0}^{N-1}h(n)z^{-n}=\prod_{i=1}^{M}(a_{0i}+a_{1i}z^{-1}+a_{2i}z^{-2}) \tag{7-42}$$

即可以由多个二阶节级联实现，每个二阶节用横截型（直接型）结构实现，如图 7-20 所示。这种结构的每个二阶节以控制一对零点，因而可在需要控制零点时使用。但是它所需要的系数却比横截型多，所以乘法运算量也比较大。

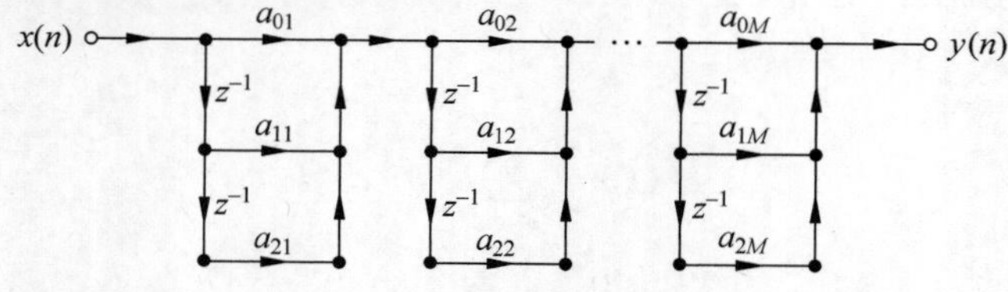

图 7-20　级联型结构

例 7-7 已知 FIR 滤波器的系统函数

$$H(z)=1+0.3z^{-1}+0.72z^{-2}+0.11z^{-3}+0.21z^{-4}$$

试画出其级联型(直接型)结构。

解 采用 MATLAB 函数 dir2cas：

```
[b] = [1 0.3 0.72 0.11 0.21];
[C,B,A] = dir2cas(b,1)
```

运行结果：

```
C =1
B =
        1.0000    0.2514    1.5744
        1.0000    0.0486    0.1334
A =
        1    0    0
        1    0    0
```

则得

$$H(z)=(1+0.2514z^{-1}+1.5744z^{-2})(1+0.0486z^{-1}+0.1334z^{-2})$$

其级联型结构如图 7-21 所示。

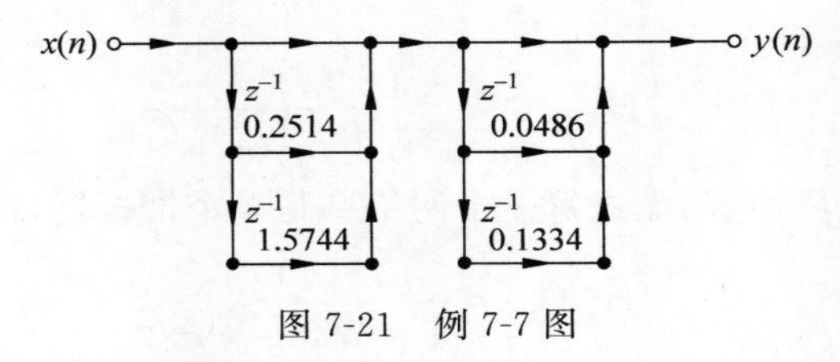

图 7-21 例 7-7 图

7.4.3 频率采样型

7.4.3
微课视频

在前面已经介绍过频率采样理论，把一个 N 点有限长序列的 Z 变换 $H(z)$ 在单位圆上做 N 等分采样得到 $\widetilde{H}(k)$，其主值序列就等于 $h(n)$ 的离散傅里叶变换 $H(k)$。用 $H(k)$ 表示 $H(z)$ 的内插公式为

$$H(z)=(1-z^{-N})\cdot\frac{1}{N}\cdot\sum_{k=0}^{N-1}\frac{H(k)}{1-W_N^{-k}z^{-1}} \tag{7-43}$$

式中 $H(k)$ 是频率采样值，公式为

$$H(k)=H(z)\Big|_{z=W_N^{-k}}=\sum_{n=0}^{N-1}h(n)W_N^{nk} \tag{7-44}$$

也就是 $h(n)$ 的离散傅里叶变换。

式(7-43)为 FIR 滤波器提供了另外一种网络结构，即频率采样型结构。

设 $H_c(z)=1-z^{-N}$，$H_k(z)=\dfrac{H(k)}{1-W_N^{-k}z^{-1}}$，则式(7-43)可以写成

$$H(z)=H_c(z)\cdot\frac{1}{N}\cdot\sum_{k=0}^{N-1}H_k(z)$$

其中 $H_c(z)=1-z^{-N}$ 是一个 FIR 子系统，是由 N 节延时单元构成的梳状滤波器，令

$$H_c(z)=1-z^{-N}=0$$

则

$$z_i=e^{j\frac{2\pi}{N}i}=W_N^{-i},\quad i=0,1,\cdots,N-1$$

即 $H_c(z)$在单位圆上有 N 个等间隔角度的零点，它的频率响应为

$$H_c(e^{j\omega})=1-e^{-j\omega N}=2je^{-j\frac{\omega N}{2}}\sin\left(\frac{\omega N}{2}\right)$$

因而幅频响应为 $$|H_c(e^{j\omega})|=\left|2\sin\left(\frac{\omega N}{2}\right)\right|$$

其网络结构及幅频响应如图 7-22 所示。

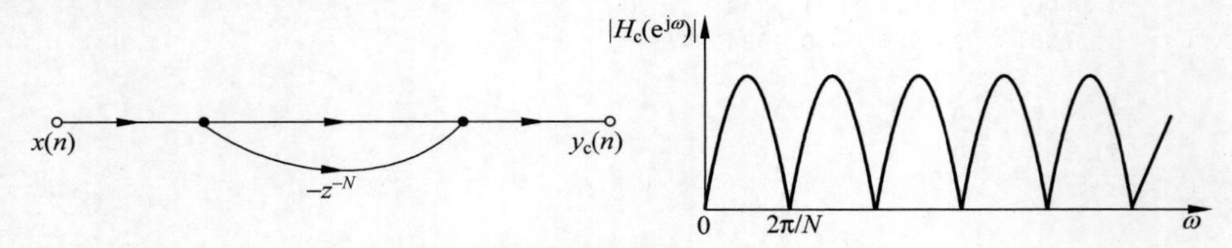

图 7-22 梳状滤波器网络结构及幅频响应

级联的第二部分为

$$\sum_{k=0}^{N-1}H_k(z)=\sum_{k=0}^{N-1}\frac{H(k)}{1-W_N^{-k}z^{-1}}\tag{7-45}$$

它是由 N 个一阶网络并联组成，而这每一个网络都是一个谐振器，即

$$H_k(z)=\frac{H(k)}{1-W_N^{-k}z^{-1}}\tag{7-46}$$

令 $H_k(z)$分母为零，即

$$1-W_N^{-k}z^{-1}=0$$

得此一阶网络在单位圆上的一个极点为

$$z_k=W_N^{-k}=e^{j\frac{2\pi}{N}k}$$

这个谐振器的极点正好与梳状滤波器的一个零点（$i=k$）相抵消，从而使这个频率$\left(\omega=\frac{2\pi}{N}k\right)$上的频率响应等于 $H(k)$，这样 N 个谐振器的 N 个极点正好与梳状滤波器的 N 个零点相抵消，从而在 N 个频率采样点$\left(\omega=\frac{2\pi}{N}k,k=0,1,\cdots,N-1\right)$的频率响应就分别等于 N 个 $H(k)$值。

N 个并联谐振器与梳状滤波器级联后，得到如图 7-23 所示的频率采样结构。

这种结构中并联支路上的系数 $H(k)$就是频率采样值，因而可以直接控制滤波器的频率响应。但结构中所乘的系数 $H(k)$及 W_N^{-k} 都是复数，增加了乘法次数和存储量，而且所有极点都在单位圆上，由系数 W_N^{-k} 决定。而系统的稳定性是由位于单位圆上的 N 个零极点抵消实现的。实际上，寄存器字长都是有限的，由于有限字长效应的存在，可能使零极点不能完全抵消，从而影响系统的稳定性。

为了克服频率采样结构稳定性问题，对频率采样结构作以下修正。

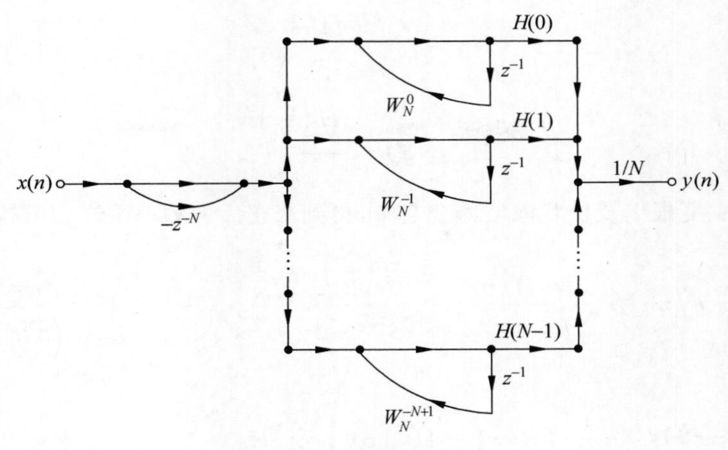

图 7-23　频率采样结构

将单位圆上的零极点向单位圆内收缩一点，收缩到半径为 r 的圆上，取 $r<1$，且 $r\approx1$。此时 $H(z)$ 为

$$H(z)=(1-r^N z^{-N})\cdot\frac{1}{N}\cdot\sum_{k=0}^{N-1}\frac{H_r(k)}{1-rW_N^{-k}z^{-1}} \tag{7-47}$$

$H_r(k)$ 为新采样点上的采样值，但是由于 $r\approx1$，因此 $H_r(k)\approx H(k)$，即

$$H_r(k)=H(z)\big|_{z=rW_N^{-k}}\approx H(z)\big|_{z=W_N^{-k}}=H(k)$$

所以

$$H(z)\approx(1-r^N z^{-N})\cdot\frac{1}{N}\cdot\sum_{k=0}^{N-1}\frac{H(k)}{1-rW_N^{-k}z^{-1}} \tag{7-48}$$

由 DFT 的共轭对称性知道，如果 $h(n)$ 为实序列，则其傅里叶变换 $H(k)$ 关于 $\frac{N}{2}$ 点共轭对称，即 $H(k)=H^*(N-k)$，且有 $W_N^{-k}=W_N^{N-k}$。将 $H_k(z)$ 和 $H_{N-k}(z)$ 合并为一个二阶网络，记为 $H_k(z)$，则

$$\begin{aligned}H_k(z)&=\frac{H(k)}{1-rW_N^{-k}z^{-1}}+\frac{H(N-k)}{1-rW_N^{-(N-k)}z^{-1}}\\&=\frac{H(k)}{1-rW_N^{-k}z^{-1}}+\frac{H^*(k)}{1-r(W_N^{-k})^*z^{-1}}\\&=\frac{\beta_{0k}+\beta_{1k}z^{-1}}{1-z^{-1}2r\cos\left(\frac{2\pi}{N}k\right)+r^2z^{-2}},\quad\begin{cases}k=1,2,\cdots,\frac{N-1}{2}, & N\text{ 为奇数}\\k=1,2,\cdots,\frac{N}{2}-1, & N\text{ 为偶数}\end{cases}\end{aligned} \tag{7-49}$$

其中

$$\beta_{0k}=2\mathrm{Re}[H(k)]$$

$$\beta_{1k}=-2r\mathrm{Re}[H(k)W_N^k]$$

除了共轭复根外，$H(z)$ 还有实根。当 N 为偶数时，有一对实根 $z=\pm r$，因而对应的一阶网络为

$$H_0(z)=\frac{H(0)}{1-rz^{-1}}$$

$$H_{N/2}(z)=\frac{H\left(\frac{N}{2}\right)}{1+rz^{-1}}$$

将谐振器的实根、复根以及梳状滤波器合起来，得到修正后的频率采样型结构，即

$$\begin{aligned}H(z)&=(1-r^Nz^{-N})\frac{1}{N}\left[\frac{H(0)}{1-rz^{-1}}+\frac{H\left(\frac{N}{2}\right)}{1+rz^{-1}}+\sum_{k=1}^{\frac{N}{2}-1}\frac{\beta_{0k}+\beta_{1k}z^{-1}}{1-z^{-1}2r\cos\left(\frac{2\pi}{N}k\right)+r^2z^{-2}}\right]\\&=(1-r^Nz^{-N})\frac{1}{N}\left[H_0(z)+H_{\frac{N}{2}}(z)+\sum_{k=1}^{\frac{N}{2}-1}H_k(z)\right]\end{aligned} \tag{7-50}$$

修正结构如图 7-24 所示。

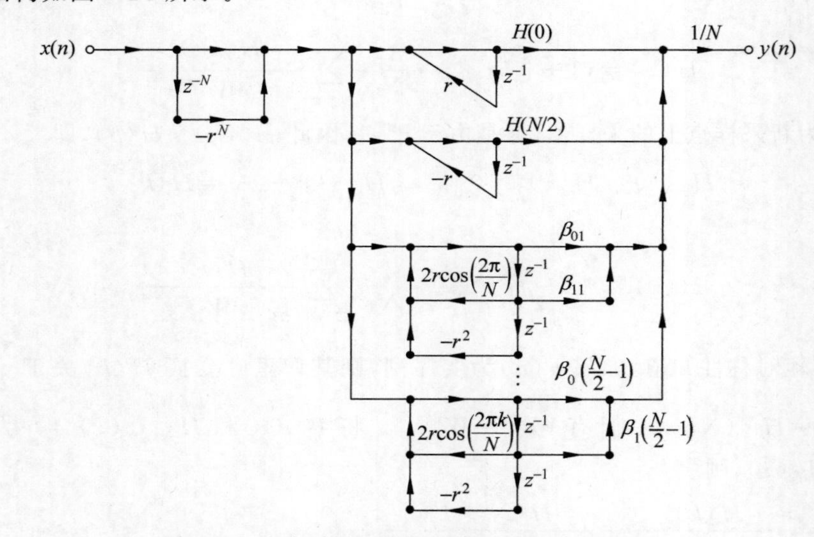

图 7-24　频率采样型结构的修正结构（N 为偶数）

当 N 为奇数时，有一个实根 $z=r$，因而对应的一阶网络为

$$H_0(z)=\frac{H(0)}{1-rz^{-1}}$$

将谐振器的实根、复根以及梳状滤波器合起来，得到修正后的频率采样型结构。

$$\begin{aligned}H(z)&=(1-r^Nz^{-N})\frac{1}{N}\left[\frac{H(0)}{1-rz^{-1}}+\sum_{k=1}^{\frac{(N-1)}{2}}\frac{\beta_{0k}+\beta_{1k}z^{-1}}{1-z^{-1}2r\cos\left(\frac{2\pi}{N}k\right)+r^2z^{-2}}\right]\\&=(1-r^Nz^{-N})\frac{1}{N}\left[H_0(z)+\sum_{k=1}^{\frac{(N-1)}{2}}H_k(z)\right]\end{aligned} \tag{7-51}$$

修正结构如图 7-25 所示。

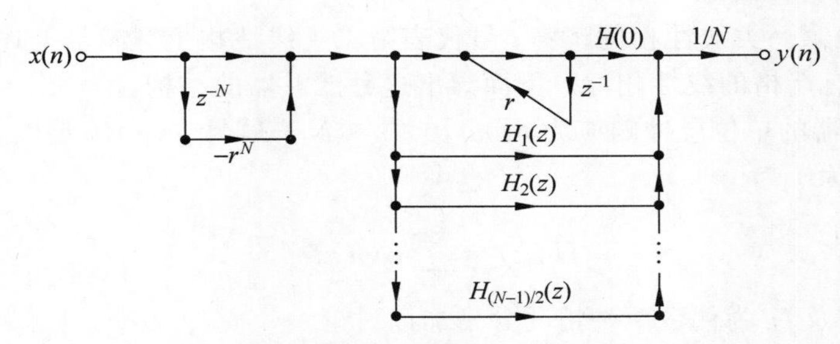

图 7-25　频率采样型结构的修正结构(N 为奇数)

例 7-8　设 $h(n)=\{1/9,2/9,3/9,2/9,1/9\}$，求并画出频率采样型结构。

解　只要直接调用 dir2fs 函数程序即可，语句如下：

```
[h] = [1,2,3,2,1]/9;
[C,B,A] = dir2fs(h)
```

运行结果：

```
C = [ 0.5818     0.0849     1.0000]
B = [ -0.8090     0.8090; 0.3090   -0.3090]
A = [1.0000   -0.6180     1.0000; 1.0000     1.6180     1.0000; 1.0000   -1.0000     0]
```

因为 $M=5$ 是奇数，因此只有一个一阶节环。

$$H(z)=\frac{1-z^{-5}}{5}\left[0.5818\frac{-0.809+0.809z^{-1}}{1-0.618z^{-1}+z^{-2}}+0.0849\frac{0.309-0.309z^{-1}}{1+1.618z^{-1}+z^{-2}}+\frac{1}{1-z^{-1}}\right]$$

频率采样型结构如图 7-26 所示。

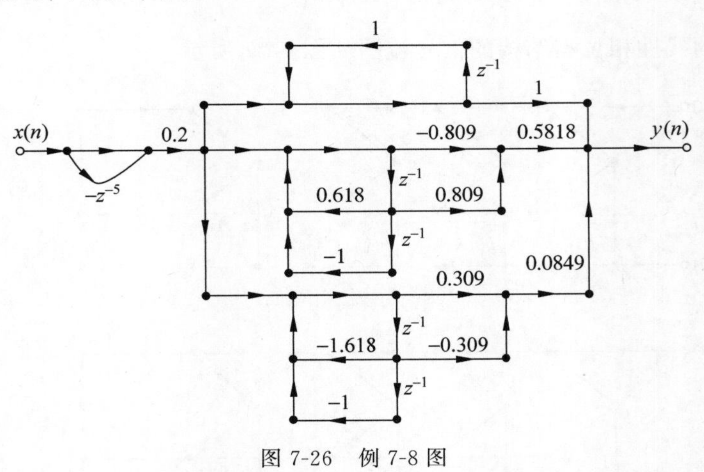

图 7-26　例 7-8 图

7.4.4　线性相位型

数据传输以及图像处理都需要系统具有线性相位型结构，FIR 滤波器的一个突出优点就是线性相位，由于它的脉冲响应是有限长的，因此很容易做到线性相位。

前面章节讲过，FIR 滤波器线性相位的条件是：$h(n)$是实序列且对$(N-1)/2$ 偶对称或奇对称，即

$$h(n)=\pm h(N-n-1)$$

式中，“＋”号代表第一类线性相位；“－”号代表第二类线性相位。满足上述条件，那么这种FIR滤波器就具有严格的线性相位。下面导出这种滤波器的结构。

设FIR滤波器的单位脉冲响应为$h(n)$，$0\leqslant n\leqslant N-1$，且$h(n)$满足以上任一种对称条件。其系统函数为

$$H(z)=\sum_{n=0}^{N-1}h(n)z^{-n}$$

下面对N为奇数及N为偶数两种情况分别加以讨论。

当N为奇数时

$$H(z)=\sum_{n=0}^{N-1}h(n)z^{-n}=\sum_{n=0}^{\frac{N-1}{2}-1}h(n)z^{-n}+h\left(\frac{N-1}{2}\right)z^{-\frac{N-1}{2}}+\sum_{n=\frac{N-1}{2}+1}^{N-1}h(n)z^{-n}\tag{7-52}$$

在第二个Σ式中，令$n=N-m-1$，再将m换成n，可得

$$H(z)=\sum_{n=0}^{\frac{N-1}{2}-1}h(n)z^{-n}+h\left(\frac{N-1}{2}\right)z^{-\frac{N-1}{2}}+\sum_{n=0}^{\frac{N-1}{2}-1}h(N-n-1)z^{-(N-1-n)}\tag{7-53}$$

代入线性相位奇偶对称的条件$h(N-n-1)=\pm h(n)$，可得

$$H(z)=\sum_{n=0}^{\frac{N-1}{2}-1}h(n)[z^{-n}\pm z^{-(N-1-n)}]+h\left(\frac{N-1}{2}\right)z^{-\frac{N-1}{2}}\tag{7-54}$$

其中，方括号内的“＋”号表示$h(n)$是偶对称，代表第一类线性相位；“－”号表示$h(n)$是奇对称，代表第二类线性相位。$h(n)$为奇对称时，$h\left(\frac{N-1}{2}\right)=0$，由式(7-54)，画出$N$为奇数时，FIR滤波器的线性相位型结构的信号流图如图7-27所示。

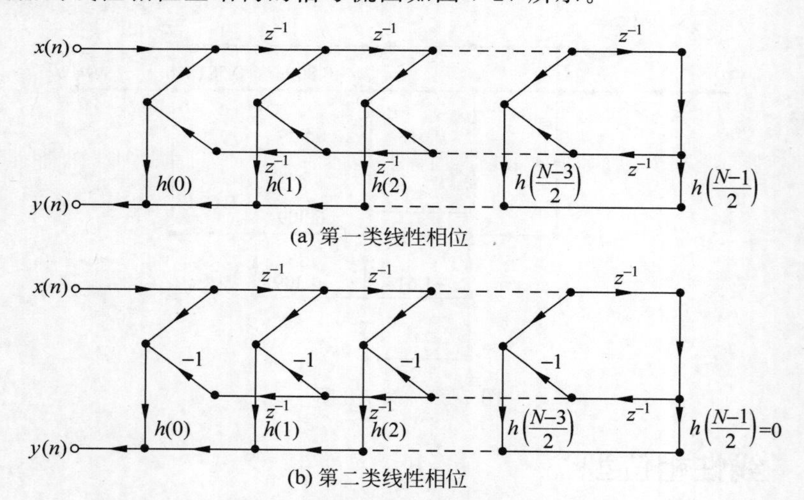

图7-27 FIR滤波器线性相位型结构的信号流图（N为奇数）

当N为偶数时

$$H(z)=\sum_{n=0}^{N-1}h(n)z^{-n}=\sum_{n=0}^{\frac{N}{2}-1}h(n)z^{-n}+\sum_{n=\frac{N}{2}}^{N-1}h(n)z^{-n}$$

在第二个 $\sum$ 式中，令 $n=N-m-1$，再将 m 换成 n，可得

$$H(z)=\sum_{n=0}^{\frac{N}{2}-1}h(n)z^{-n}+\sum_{n=0}^{\frac{N}{2}-1}h(N-n-1)z^{-(N-1-n)}$$

代入线性相位奇偶对称条件 $h(N-n-1)=\pm h(n)$，可得

$$H(z)=\sum_{n=0}^{\frac{N}{2}-1}h(n)[z^{-n}\pm z^{-(N-1-n)}] \tag{7-55}$$

其中，方括号内的"+"号表示 $h(n)$ 是偶对称，代表第一类线性相位；"−"号表示 $h(n)$ 是奇对称，代表第二类线性相位。由式(7-55)，画出 N 为偶数时，FIR 滤波器的线性相位型结构的信号流图如图 7-28 所示。

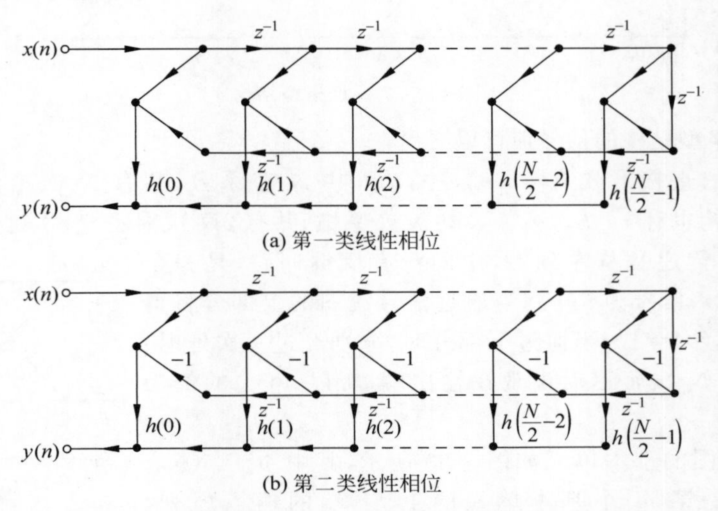

图 7-28　FIR 滤波器线性相位型结构的信号流图（N 为偶数）

从以上结构的信号流图不难看出，线性相位型结构所需的乘法次数为 $N/2$（N 为偶数）或 $(N+1)/2$（N 为奇数），而通常的直接型结构则需 N 次乘法，所以线性相位 FIR 滤波器要比直接型结构节省一半数量的乘法次数。对差分方程可以变形为

$$\begin{aligned}y(n)&=b_0x(n)+b_1x(n-1)+\cdots+b_1x(n-M+2)+b_0x(n-M+1)\\&=b_0[x(n)+x(n-M+1)]+b_1[x(n-1)+x(n-M+2)]+\cdots\end{aligned}$$

可见，线性相位型结构本质上仍是一种直接型结构，只不过是为节省乘法次数而以不同的方式画出来而已。

7.5　数字滤波器的格型结构

前几节分别讨论了 FIR 滤波器和 IIR 滤波器的常见结构形式。1973 年，Gay 和 Markel 提出了一种新的系统结构形式，即格型结构（Lattice 结构）。事实证明，这是一种很有用的结构，该结构在语音处理、功率谱估计及自适应滤波等方面得到了广泛的应用。下面分别讨论全零点系统、全极点系统及极零点系统的格型结构。

7.5.1 全零点(FIR)系统的格型结构

一个 N 阶 FIR 滤波器的转移函数 $H(z)$ 为

$$H(z)=B(z)=\sum_{i=0}^{N} b_i z^{-i}=1+\sum_{i=1}^{N} b_N^{(i)} z^{-i}=B_N(z) \tag{7-56}$$

系数 $b_N^{(i)}$ 表示 N 阶 FIR 系统的第 i 个系数，并假定式(7-56)中 $H(z)=B(z)$ 的首项系数为 1，该系统的格型结构如图 7-29 所示。

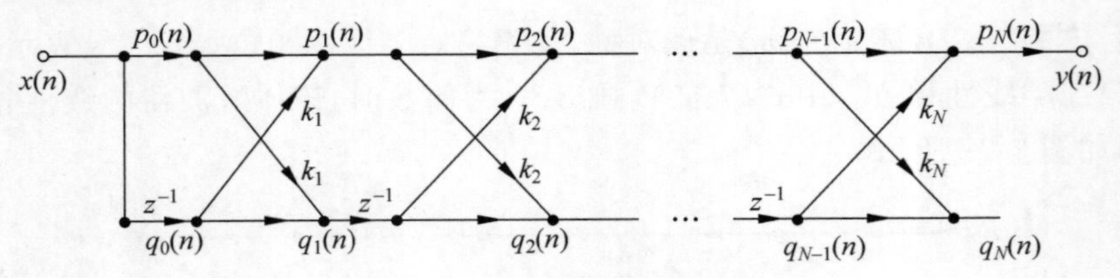

图 7-29 全零点格型结构

由图 7-29 格型结构的信号流可以看出：

(1) $H(z)$ 的直接形式有 $b_1,b_2,\cdots,b_N$，共 N 个系数，共有 N 次乘法，N 次延迟；$H(z)$ 的格型结构也有 $k_1,k_2,\cdots,k_N$ 共 N 个系数，共有 $2N$ 次乘法，N 次延迟。

(2) 信号的传递是从左到右，中间没有反馈回路，是一个 FIR 系统。若输入信号为 $\delta(n)$，当通过信号流图的上部分将得到输出 $y(0)=h(0)=1$。当通过下部分时，分别经过一次延迟、二次延迟，直到 N 次延迟后出现在输出端，所以 $h(n)$ 的值为 $y(1),\cdots,y(N)$。

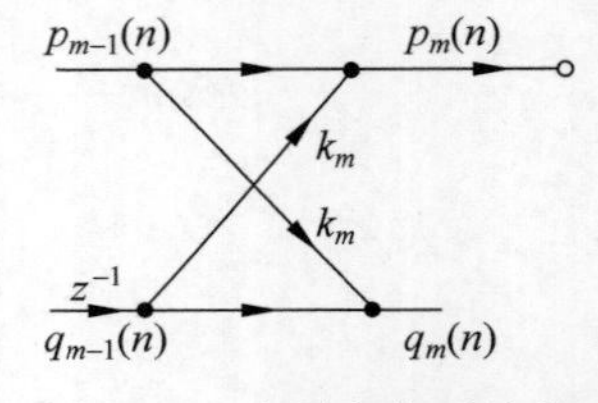

图 7-30 全零点格型结构基本单元

(3) 信号流图的基本单元如图 7-30 所示，其中 $p_{m-1}(n)$、$q_{m-1}(n)$ 分别是第 m 个基本单元的上、下端的输入序列，$p_m(n)$、$q_m(n)$ 分别是第 m 个基本单元的上、下端的输出序列，它们有如下关系：

$$p_m(n)=p_{m-1}(n)+k_m q_{m-1}(n-1),\quad m=1,2,\cdots,N \tag{7-57}$$

$$q_m(n)=k_m p_{m-1}(n)+q_{m-1}(n-1),\quad m=1,2,\cdots,N \tag{7-58}$$

且有

$$p_0(n)=q_0(n)=x(n),y(n)=p_N(n)$$

(4) 若定义

$$B_m(z)=P_m(z)/P_0(z)=1+\sum_{i=1}^{m} b_m^{(i)} z^{-i},\quad m=1,2,\cdots,N \tag{7-59a}$$

$$R_m(z)=Q_m(z)/Q_0(z),\quad m=1,2,\cdots,N \tag{7-59b}$$

其中 $B_m(z)$、$R_m(z)$ 分别是由输入端 $x(n)$ 至第 m 个基本单元后所对应系统的转移函数，$B_m(z)$ 对应上端输出，$R_m(z)$ 对应下端输出。当 $m=N$ 时，$B_m(z)=B(z)$。显然 $B_m(z)$ 是 $B_{m-1}(z)$ 再级联上一个如图 7-30 所示的基本单元后所构成的较高一级的 FIR 系统，由此可见，格型结构有着非常规则的结构形式。

下面讨论如何由给定的系数 $b_1,b_2,\cdots,b_N$ 求出格型结构的参数 $k_1,k_2,\cdots,k_N$。对式(7-57)、式(7-58)进行 Z 变换，得

$$P_m(z)=P_{m-1}(z)+k_m z^{-1}Q_{m-1}(z) \tag{7-60}$$

$$Q_m(z)=k_m P_{m-1}(z)+z^{-1}Q_{m-1}(z) \tag{7-61}$$

将上述两式分别除以 $P_0(z)$,$Q_0(z)$,再由式(7-59)的定义,有

$$\begin{bmatrix}B_m(z)\\R_m(z)\end{bmatrix}=\begin{bmatrix}1 & k_m z^{-1}\\k_m & z^{-1}\end{bmatrix}\begin{bmatrix}B_{m-1}(z)\\R_{m-1}(z)\end{bmatrix} \tag{7-62}$$

及

$$\begin{bmatrix}B_{m-1}(z)\\R_{m-1}(z)\end{bmatrix}=\begin{bmatrix}1 & k_m\\zk_m & z\end{bmatrix}\begin{bmatrix}B_m(z)\\R_m(z)\end{bmatrix}/(1-k_m^2) \tag{7-63}$$

上面两式给出了格型结构中由低阶到高阶或由高阶到低阶转移函数的递推关系,但该递推关系同时包含 $B(z)$和 $R(z)$。再由式(7-59)的定义,有 $B_0(z)=R_0(z)=1$,则

$$B_1(z)=B_0(z)+k_1 z^{-1}R_0(z)=1+k_1 z^{-1}$$

$$R_1(z)=k_1 B_0(z)+z^{-1}R_0(z)=k_1+z^{-1}$$

即

$$R_1(z)=z^{-1}B_1(z^{-1})$$

令 $m=2,3,\cdots,N$,可推出 $R_m(z)=z^{-m}B_m(z^{-1})$,将该式代入式(7-60)及式(7-61),有

$$B_m(z)=B_{m-1}(z)+k_m z^{-m}B_{m-1}(z^{-1}) \tag{7-64}$$

$$B_{m-1}(z)=[B_m(z)-k_m z^{-m}B_m(z^{-1})]/(1-k_m^2) \tag{7-65}$$

这样,就分别得到了由低阶到高阶或由高阶到低阶转移函数的递推关系,这种关系式中仅包含有 $B(z)$。

下面再给出 k_m 及滤波器系数的递推关系。

将式(7-59)及式(7-60)关于 $B_m(z)$,$B_{m-1}(z)$的定义分别代入式(7-64)和式(7-65),利用特定系数法,可得到如下两组递推关系:

$$\begin{cases}b_m^{(m)}=k_m\\ b_m^{(i)}=b_{m-1}^{(i)}+k_m b_{m-1}^{(m-i)}\end{cases} \tag{7-66}$$

$$\begin{cases}k_m=b_m^{(m)}\\ b_{m-1}^{(i)}=(b_m^{(i)}-k_m b_m^{(m-i)})/(1-k_m^2)\end{cases} \tag{7-67}$$

其中 $i=1,2,\cdots,m-1$; 而 $m=1,2,\cdots,N$。

实际工作中,一般是首先给出 $H(z)=B(z)=B_N(z)$,这样就可以按如下步骤求出 k_1,k_2,$\cdots$,k_N:

(1) 由式(7-66)及式(7-67)首先得到

$$k_N=b_N^{(N)}$$

(2) 根据式(7-67),由 k_N 及系数 $b_N^{(1)},b_N^{(2)},\cdots,b_N^{(N)}$,求得 $B_{N-1}(z)$的系数 $b_{N-1}^{(1)}$,$b_{N-1}^{(2)},\cdots,b_{N-1}^{(N-1)}$,则得 $k_{N-1}=b_{N-1}^{(N-1)}$。

(3) 重复步骤(2),可求出 $k_N,k_{N-1},\cdots,k_1$ 和 $B_{N-1}(z),B_{N-2}(z),\cdots,B_1(z)$。

MATLAB 语言的信号处理函数(工具箱)更容易解决该问题,只要以 $B_N(z)$的系数

$\{b_i\}$为参数调用函数 dir2latc 即可得到格型结构网络参数$\{k_i\}$，函数 latc2dir 实现相反的转换。

例 7-9 FIR 滤波器由如下差分方程给定：

$$y(n)=x(n)+\frac{13}{24}x(n-1)+\frac{5}{8}x(n-2)+\frac{1}{3}x(n-3)$$

求其格型结构系数，并画出格型结构图。

解 对差分方程两边进行 Z 变换，得 $H(z)=B_3(z)$

$$H(z)=B_3(z)=1+\sum_{i=1}^{3}b_3^{(i)}z^{-i}=1+\frac{13}{24}z^{-1}+\frac{5}{8}z^{-2}+\frac{1}{3}z^{-3}$$

即

$$b_3^{(1)}=\frac{13}{24},b_3^{(2)}=\frac{5}{8},b_3^{(3)}=\frac{1}{3}$$

(1) $k_3=b_3^{(3)}=\frac{1}{3}$

(2) 由式(7-67)可得

$$b_2^{(1)}=(b_3^{(1)}-k_3b_3^{(2)})/(1-k_3^2)=\left(\frac{13}{24}-\frac{5}{24}\right)\bigg/\frac{8}{9}=\frac{3}{8}$$

$$b_2^{(2)}=(b_3^{(2)}-k_3b_3^{(1)})/(1-k_3^2)=\frac{1}{2}$$

$$k_2=b_2^{(2)}=\frac{1}{2}$$

(3)
$$b_1^{(1)}=(b_2^{(1)}-k_2b_2^{(1)})/(1-k_2^2)=\frac{1}{4}$$

$$k_2=b_1^{(1)}=\frac{1}{4}$$

或只要直接调用 MATLAB 中的 dir2latc 函数即可，语句如下：

```
b = [1,13/24,5/8,1/3];
[K] = dir2latc(b)
```

运行结果：

```
K =
    1.0000    0.2500    0.5000    0.3333
```

$H(z)$的格型结构如图 7-31 所示。

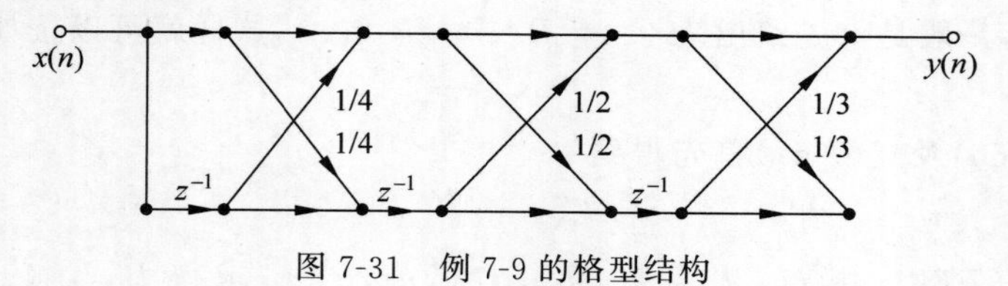

图 7-31 例 7-9 的格型结构

7.5.2 全极点(IIR)系统的格型结构

全极点(IIR)系统的格型结构可以根据 FIR 系统的格型结构开发。设一个全极点系统函数由下式给定：

$$H(z)=\frac{1}{A(z)}=\frac{1}{1+\sum_{i=1}^{N}a_N^{(i)}z^{-i}}=\frac{1}{A_N(z)} \tag{7-68}$$

与式(7-56)比较可知，$H(z)=\frac{1}{A_N(z)}$是FIR系统$B_N(z)=A_N(z)$的逆系统。因此可以按照系统求逆准则得到$H(z)=\frac{1}{A_N(z)}$的格型结构如图7-32所示，系统求逆步骤如下：

(1) 将输入至输出的无延时通路全部反向，并将该通路的常数值支路增益变成原常数值的倒数(此处为1)。

(2) 将指向这条新通路各节点的其他支路增益乘以−1。

(3) 将输入与输出交换位置。

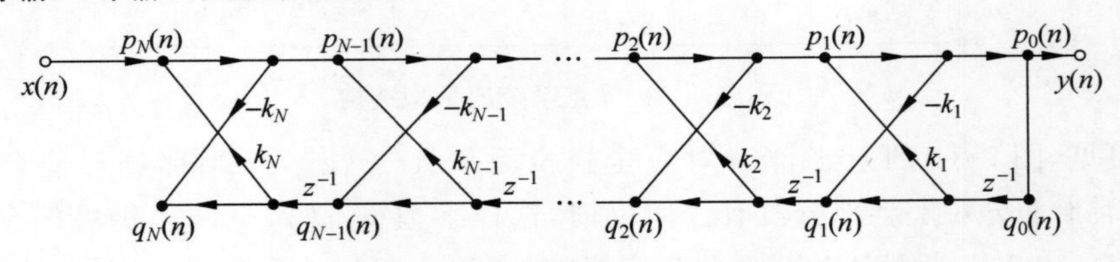

图7-32　全极点(IIR)滤波器的格型结构

例7-10　设全极点IIR滤波器系统函数为

$$H(z)=\frac{1}{A(z)}=\frac{1}{1+\frac{13}{24}z^{-1}+\frac{5}{8}z^{-2}+\frac{1}{3}z^{-3}}$$

求其格型结构。

解　$$B(z)=A(z)=1+\frac{13}{24}z^{-1}+\frac{5}{8}z^{-2}+\frac{1}{3}z^{-3}=1+\sum_{i=1}^{3}b_3^{(i)}z^{-i}$$

即　$$N=3,\quad b_3^{(1)}=\frac{13}{24},b_3^{(2)}=\frac{5}{8},b_3^{(3)}=\frac{1}{3}$$

由例7-9方法，求得FIR格型结构网络系数：$k_1=\frac{1}{4},k_2=\frac{1}{2},k_3=\frac{1}{3}$，可画出全极点IIR格型结构如图7-33所示。

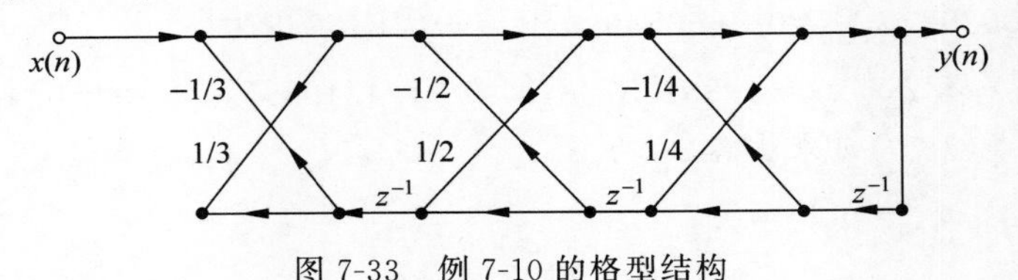

图7-33　例7-10的格型结构

7.5.3　极零点系统的格型结构

一般的滤波器系统函数既包含零点，又包含极点，可用全极点格型结构作为其基本构造模块。

$$H(z)=\frac{B(z)}{A(z)}=\frac{\sum_{r=0}^{N} b_N^{(r)} z^{-r}}{1+\sum_{k=1}^{N} a_N^{(k)} z^{-k}} \tag{7-69}$$

式(7-69)的格型结构如图7-34所示，分析可以看出：若 $c_1=c_2=\cdots=c_N=0$，而 $c_0=1$，图7-34就变成了全极点系统的格型结构；若 $k_1=k_2=\cdots=k_N=0$，那么图7-34则变成一个 N 阶的FIR系统直接形式。

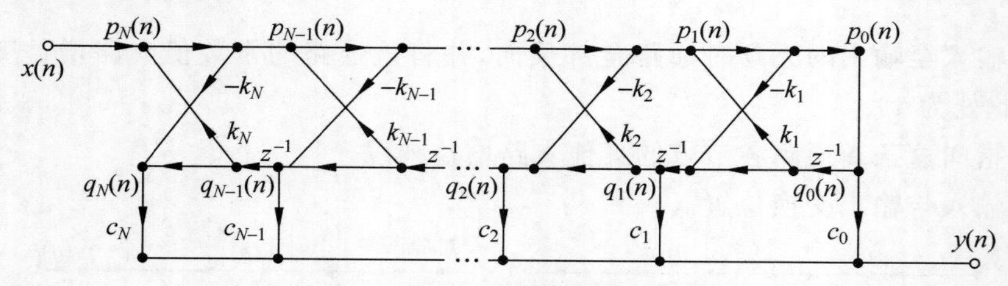

图7-34 极零点系统的格型结构

由此可见，图7-34的上半部分对应全极点系统 $1/A(z)$，下半部分对应全零点系统 $B(z)$。但下半部分对上半部分没有任何反馈，这样参数 $k_1,k_2,\cdots,k_N$ 仍可按全极点系统的方法求出。由于上半部分对下半部分有影响，所以 c_i 和 b_i 不会完全相同。极零点系统格型结构的主要问题是参数 c_i 的求解，这里仅给出求解参数 $c_0,c_1,\cdots,c_N$ 的一般递推公式。

$$\begin{cases} c_k=b_N^{(k)}-\sum_{m=k+1}^{N} c_m a_m^{(m-k)}, & k=0,1,\cdots,N-1 \\ c_N=b_N^{(N)} \end{cases} \tag{7-70}$$

在该递推式中，先求出 c_N，然后顺次求出 $c_{N-1},c_{N-2},\cdots,c_0$。下面举例说明。

例7-11 已知

$$H(z)=\frac{1-0.5z^{-1}+0.2z^{-2}+0.7z^{-3}}{1-1.8313708z^{-1}+1.4319595z^{-2}-0.448z^{-3}}$$

求该系统的格型结构。

解 按照例题7-9的方法，可以求出 $k_1=-0.8433879$，$k_2=0.7650549$，$k_3=-0.448$ 及 $a_2^{(1)}=-1.4886262$，$a_2^{(2)}=0.7650549$，$a_1^{(1)}=-0.84333879$。

由所给 $H(z)$，有 $a_3^{(1)}=-1.83133708$，$a_3^{(2)}=1.4319595$，$a_3^{(3)}=-0.448$。

利用递推公式(7-70)可求出各 c_i 为

$$c_3=b_3^{(3)}=0.7$$

$$c_2=b_3^{(2)}-c_3a_3^{(1)}=1.4819596$$

$$c_1=b_3^{(1)}-c_2a_2^{(1)}-c_3a_3^{(2)}=0.7037122$$

$$c_0=b_3^{(0)}-c_1a_1^{(1)}-c_2a_2^{(2)}-c_3a_3^{(3)}=0.7733219$$

或采用MATLAB程序实现：

```
b=[1,-0.5,0.2,0.7];
a=[1,-1.8313708,1.4319595,-0.448];
```

```
[K,C] = tf2latc(b,a)
K =  - 0.8434 0.7651   - 0.4480
C = 0.7733  0.7037  1.4820  0.7000
```

其格型结构如图 7-35 所示。

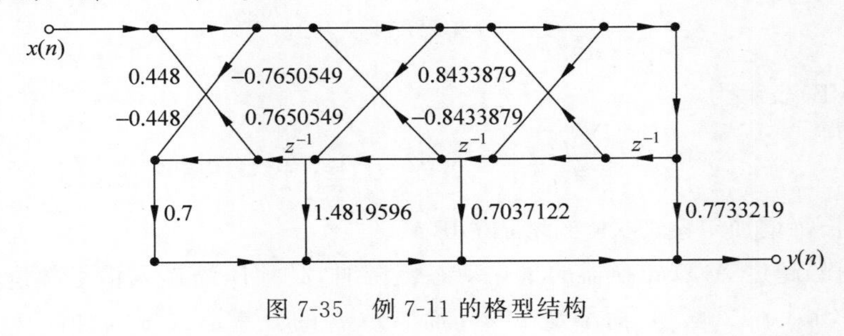

图 7-35　例 7-11 的格型结构

7.6　有限字长效应

数字信号处理技术实现时，信号序列值及参加运算的各个参数都必须用二进制的形式存储在有限长的寄存器中；运算中二进制的乘法会使位数增多，这样运算的中间结果和最后结果还必须再按一定长度进行尾数处理。例如序列值 0.8012 用二进制表示为：$(0.110011010\cdots)_2$，如果用 7 位二进制表示，那么序列值为$(0.110011)_2$，其十进制为 0.796875，与原序列值的差值为 $0.8102-0.796875=0.004325$，该差值是因为用有限位二进制数表示序列值形成的误差，称为量化误差。这种量化误差产生的原因是用有限长的寄存器存储数字引起的，因此也称为有限寄存器长度效应。这种量化效应在数字信号处理技术实现中，一般表现在以下几方面：A/D 量化效应、数字网络中参数量化效应、数字网络中运算量化效应、FFT 中量化效应等。随着数字计算机的发展，计算机字长由 8 位、16 位、32 位提高到 64 位；数字信号处理专用芯片近几年发展也尤其迅速，不仅处理快速，位数也多达 32 位；另外，高精度的 A/D 转换器也已商品化。随着计算位数的增加，量化误差大大减少，对于一般数字信号处理技术的实现，可以不考虑这些量化效应。但是对于要求成本低，用硬件实现时，或者要求高精度的硬件实现时，这些量化效应问题也是重要问题。因此，对于有限字长效应，仅介绍一般基本概念和基本处理方法。

7.6.1　输入信号的量化效应

模数(A/D)转换器就是将输入模拟信号 $x_a(t)$转换为 b 位数字信号输出的器件。典型的 b 值为 12，但也有 b 值低至 8 或高至 20 的情况。A/D 转换器在概念上可把转换视为两级过程：第一级产生序列 $x(n)=x_a(t)\big|_{t=nT}=x(nT)$，这里 $x(n)$以无限精度表示；第二级对每个取样序列 $x(n)$进行截尾或舍入的量化处理，从而给出序列 $\hat{x}(n)$。

如果信号 $x(n)$值量化后，用 $\hat{x}(n)$表示，量化误差用 $e(n)$表示，则

$$e(n)=\hat{x}(n)-x(n)$$

一般地，$x(n)$是随机信号，那么 $e(n)$也是随机的，经常将 $e(n)$称为量化噪声。为了便于分析，一般假设 $e(n)$是与 $x(n)$不相干的平稳随机序列，且是具有均匀分布特性的白噪声。设采用定点补码制，截尾法的统计平均值为$-q/2$，方差为 $q^2/12$；舍入法的统计平均值为 0，

方差也为 $q^2/12$，这里 $q=2^{-b}$。很明显字长愈长，量化噪声方差愈小。

在对模拟采样信号进行数字处理时，往往把量化误差看作加性噪声序列，此时利用功率信噪比作为信号对噪声的相对强度的量度是适宜的。对于舍入情况，功率信噪比为

$$\frac{\sigma_x^2}{\sigma_e^2}=\frac{\sigma_x^2}{q^2/12}=12q^{-2}\sigma_x^2=(12\times 2^{2b})\sigma_x^2 \tag{7-71}$$

用分贝(dB)表示为

$$\mathrm{SNR}=10\lg\left(\frac{\sigma_x^2}{\sigma_e^2}\right)=6.02b+10.79+10\lg(\sigma_x^2) \tag{7-72}$$

可见，字长每增加1位，SNR约增加6dB。

当输入信号超过A/D转换器的量化动态范围时，必须压缩输入信号幅度，因而待量化的信号是 $Ax(n)(0<A<1)$，而不是 $x(n)$，而 $Ax(n)$ 的方差是 $A^2\sigma_x^2$，故有

$$\mathrm{SNR}=10\lg\left(\frac{A^2\sigma_x^2}{\sigma_e^2}\right)=6.02b+10.79+10\lg(\sigma_x^2)+20\lg(A) \tag{7-73}$$

将式(7-72)与式(7-73)比较可见，压缩信号幅度，将使信噪比受到损失。

由上述讨论可以看出，量化噪声的方差与A/D转换的字长有关，字长越长，q 越小，量化噪声越小。但输入信号 $x_a(t)$ 本身有一定的信噪比，如果A/D转换器的量化单位增量比 $x_a(t)$ 的噪声电平小，此时增加A/D的字长并不能改善量化信噪比，反而提高了噪声的量化精度，是没有必要的。

当已量化的信号通过一线性系统时，输入的误差或量化噪声也会以误差或噪声的形式在最后的输出中表现出来。在一个线性系统 $H(z)$ 的输入端，加上一个量化序列 $\hat{x}(n)=x(n)+e(n)$，如图7-36所示，则系统的输出为

$$\hat{y}(n)=\hat{x}(n)*h(n)=[x(n)+e(n)]*h(n)=x(n)*h(n)+e(n)*h(n)$$

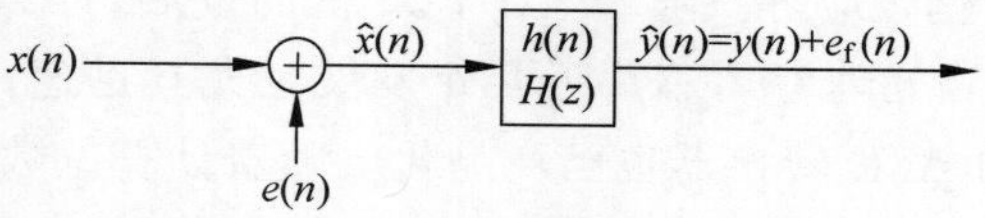

图7-36 量化噪声通过线性系统

因此，输出噪声可以表示为

$$e_f(n)=e(n)*h(n)$$

如果 $e(n)$ 是舍入噪声，那么输出噪声的方差为

$$\begin{aligned}\sigma_f^2&=E[\sigma_f^2(n)]=E\left[\sum_{m=0}^{\infty}h(m)e(n-m)\sum_{l=0}^{\infty}h(l)e(n-l)\right]\\&=\sum_{m=0}^{\infty}\sum_{l=0}^{\infty}h(m)h(l)E[e(n-m)e(n-l)]\end{aligned}$$

输入噪声 $e(n)$ 为白色的，$e(n)$ 序列的各变量之间互不相关，则

$$E[e(n-m)e(n-l)]=\delta(m-l)\sigma_e^2$$

得到输出噪声的方差为

$$\sigma_f^2=\sum_{m=0}^{\infty}\sum_{l=0}^{\infty}h(m)h(l)\delta(m-l)\sigma_e^2=\sigma_e^2\sum_{m=0}^{\infty}h^2(m) \tag{7-74}$$

根据帕斯瓦尔定理

$$\sum_{m=0}^{\infty} h^2(m) = \frac{1}{2\pi \mathrm{j}} \oint_C H(z) H(z^{-1}) \frac{\mathrm{d}z}{z}$$

$H(z)$ 的全部极点在单位圆内，$\oint_C$ 是沿单位圆逆时针方向的积分，将它代入式(7-74)，得

$$\sigma_{\mathrm{f}}^2 = \sigma_{\mathrm{e}}^2 \cdot \frac{1}{2\pi \mathrm{j}} \oint_C H(z) H(z^{-1}) \frac{\mathrm{d}z}{z} \tag{7-75}$$

或

$$\sigma_{\mathrm{f}}^2 = \frac{\sigma_{\mathrm{e}}^2}{2\pi} \cdot \int_{-\pi}^{\pi} |H(\mathrm{e}^{\mathrm{j}\omega})|^2 \mathrm{d}\omega \tag{7-76}$$

7.6.2 数字滤波器的系数量化效应

理想数字滤波器的系统函数为

$$H(z) = \frac{\sum_{r=0}^{N} b_r z^{-r}}{1 + \sum_{k=1}^{N} a_k z^{-k}} = \frac{B(z)}{A(z)} \tag{7-77}$$

由理论设计出的理想数字滤波器系统函数的各个系数 b_r，a_k 都是无限精度的，但在实际应用实现时，滤波器的所有系数必须以有限长的二进制码形式存放在存储器中，因而必须对理想的系数值加以量化，量化后的系数会与原系数有偏差，也就造成了滤波器零极点位置发生偏移，也就是系统的实际频率响应与原设计的频率响应有偏离，甚至在情况严重时，z 平面单位圆内极点会偏移到单位圆外，系统会不稳定。

系数量化对滤波器性能的影响除了与字长有关，还与滤波器的结构形式密切相关，因而选择合适的结构，对减小系数量化的影响是非常重要的，分析数字滤波器系数量化的目的在于选择合适的字长，以满足频率响应指标的要求。

当系统的结构形式不同时，系统在系数“量化宽度”值相同的情况下受系数量化影响的大小是不同的，这就是系数对系数量化的灵敏度。设 b_r 和 a_k 是按直接型结构设计定下来的式(7-77)中的系数，经过量化后的系数用 $\hat{b}_r$ 和 $\hat{a}_k$ 表示，量化误差用 Δb_r 和 Δa_k 表示，那么，

$$\hat{a}_k = a_k + \Delta a_k \tag{7-78}$$

$$\hat{b}_r = b_r + \Delta b_r \tag{7-79}$$

则实际实现的系统函数为

$$\hat{H}(z) = \frac{\sum_{r=0}^{N} \hat{b}_r z^{-r}}{1 + \sum_{k=1}^{N} \hat{a}_k z^{-k}} \tag{7-80}$$

设 $\hat{H}(z)$ 的极点为 $z_i + \Delta z_i$，$i=1,2,\cdots,N$。Δz_i 为极点位置偏差量，它是由于系数偏差 Δa_k 引起的，经过推导，可以得到 a_k 系数的误差引起的第 i 个极点位置的变化量为

$$\Delta z_i = \sum_{k=1}^{N} \frac{z_i^{N-k}}{\prod\limits_{\substack{l=1 \\ l \neq i}}^{N} (z_i - z_l)} \Delta a_k \quad i = 1, 2, \cdots, N \tag{7-81}$$

式中分母中每一个因子 $z_i - z_l$ 是一个由极点 z_l 指向极点 z_i 的矢量，而整个分母正是所有其他极点 $z_l(l \neq i)$ 指向该极点 z_i 的矢量积。这些矢量越长，即极点彼此间的距离越远时，极点位置灵敏度就越低；这些矢量越短，即极点彼此越密集时，极点位置灵敏度越高。在如图 7-37(a) 与图 7-37(b) 所示的滤波器的极点分布图中，图 7-37(a) 中极点间的距离比图 7-37(b) 长，因此图 7-37(a) 中极点的位置灵敏度比图 7-37(b) 小，也就是在相同的系数量化下所造成的极点位置误差图 7-37(a) 比图 7-37(b) 要小。

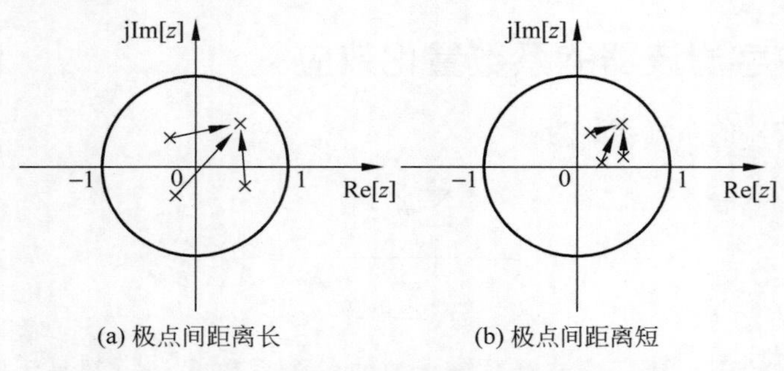

图 7-37　极点位置灵敏度与极点间距离的关系

另一方面，高阶直接型结构滤波器的极点数目多而密集，低阶直接型滤波器极点数数目少而稀疏，因此，高阶直接型滤波器极点位置将比低阶的对系数误差要敏感得多。级联型和并联型则不同于直接型，在级联和并联结构中，每一对共轭复极点是单独用一个二阶子系统实现的，其他二阶子系统的系数变化对本节子系统的极点位置不产生任何影响，由于每对极点仅受系数量化的影响，每个子系统的极点密度比直接型高阶网络稀疏得多。因此，极点位置受系数量化的影响比直接型结构要小得多。

7.6.3　数字滤波器的运算量化效应

在定点制运算中，二进制乘法的结果位数可能变长，需要对尾数进行截尾或者舍入处理，从而引起量化误差，这一现象称为乘法量化效应。在浮点制中，无论乘法还是加法都可能使二进制的位数加长，因此，浮点制的乘法和加法都要考虑量化效应。下面仅介绍定点制的乘法量化效应。

对于典型的相乘可表示为

$$y(n) = ax(n)$$

实现相乘运算的信号流图如图 7-38(a) 所示。图 7-38(b) 表示有限精度乘积 $\hat{y}(n)$，$[\cdot]_R$ 表示舍入运算。乘积运算舍入处理所带来的舍入误差影响，可看作无限精度乘法运算的结果与噪声 $e(n)$ 相加，这就是如图 7-38(c) 所示的定点制舍入运算噪声统计模型。在此模型中，需对实现滤波器所出现的各种噪声源作如下假设：

(1) 误差 $e(n)$ 是白噪声序列。

(2) $e(n)$ 在量化间隔中均匀分布。

(3) 误差序列 $e(n)$ 与输入序列 $x(n)$ 不相关。

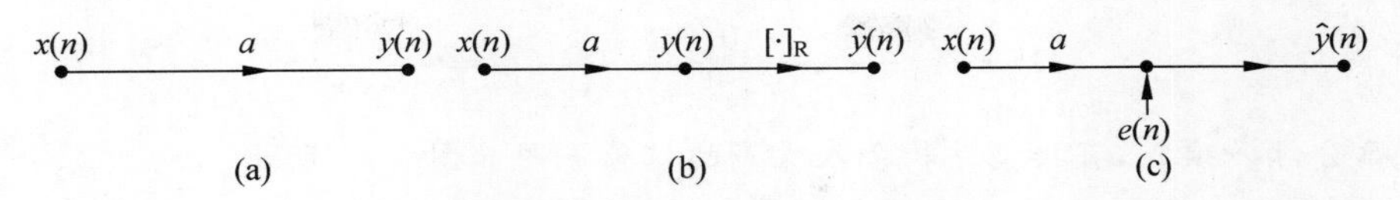

图 7-38　定点制舍入运算噪声统计模型

根据上述假设，则舍入误差 $e(n)$ 在 $\left(-\frac{1}{2}2^{-b},\frac{1}{2}2^{-b}\right]$ 范围内是均匀分布的，则平均值 $E[e(n)]=0$，方差为 $\sigma_e^2=\frac{2^{-2b}}{12}=\frac{q^2}{12}$。

如果 $y(n)$ 是没有进行尾数处理而是由 $x(n)$ 产生的输出，则经过定点制舍入处理后的实际输出可表示为

$$\hat{y}(n)=y(n)+e_f(n) \tag{7-82}$$

式中，$e_f(n)$ 是各噪声源 $e(n)$ 所造成的总输出误差。

1. IIR 滤波器的有限字长效应

现在分析一阶 IIR 滤波器。其差分方程为

$$y(n)=ay(n-1)+x(n),\quad n\geqslant 0,\ |a|<1$$

它含有乘积项，将引入一个舍入误差，其等效统计模型如图 7-39 所示。

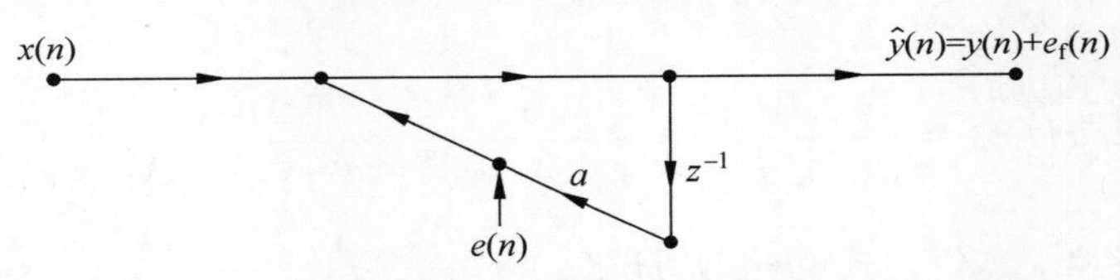

图 7-39　一阶 IIR 滤波器的舍入运算噪声等效统计模型

系统的单位脉冲响应为

$$h(n)=a^n u(n)$$

系统函数为

$$H(z)=\frac{z}{z-a}$$

由于 $e(n)$ 是叠加在输入端的，故由 $e(n)$ 造成的输出误差为

$$e_f(n)=e(n)*h(n)=e(n)*a^n u(n)$$

根据式(7-74)或式(7-75)可求得

$$\sigma_f^2=\frac{\sigma_e^2}{1-a^2}=\frac{q^2}{12(1-a^2)}=\frac{2^{-2b}}{12(1-a^2)}$$

可见字长 b 越大，输出噪声越小。

例 7-12　一个二阶低通数字滤波器，系统函数为

$$H(z)=\frac{0.04}{(1-0.9z^{-1})(1-0.8z^{-1})}$$

采用定点制舍入运算，尾数作舍入处理，分别计算直接型、级联型、并联型三种结构的舍入误差。

解　(1) 直接型

$$H(z)=\frac{0.04}{1-1.7z^{-1}+0.72z^{-2}}=\frac{0.04}{A(z)}$$

$A(z)$表示分母多项式，直接型结构舍入噪声的信号流图如图 7-40 所示。

图 7-40 中 $e_0(n)$、$e_1(n)$、$e_2(n)$ 是系数 0.04、1.7、-0.72 相乘后引入的舍入噪声。采用线性叠加的方法，从图 7-40 上可看出输出噪声 $e_f(n)$ 是这 3 个舍入噪声通过网络 $H_0(z)=1/A(z)$ 形成的。

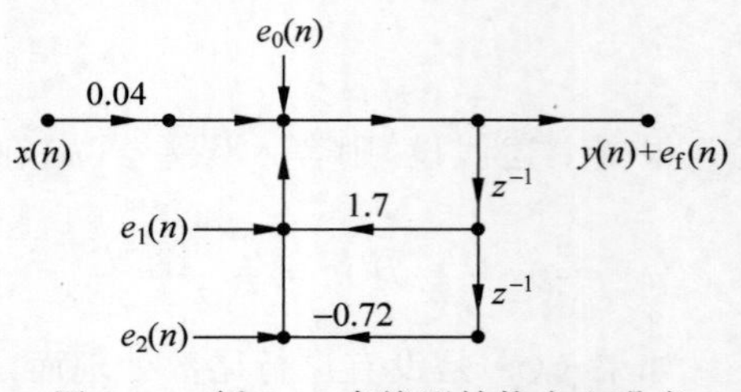

图 7-40 例 7-12 直接型结构舍入噪声信号流图

$$e_f(n)=[e_0(n)+e_1(n)+e_2(n)]*h_0(n)$$

$h_0(n)$是 $H_0(z)$的单位脉冲响应。输出噪声的方差为

$$\sigma_f^2=\frac{3\sigma_e^2}{j2\pi}\oint_c\frac{1}{A(z)A(z^{-1})}\frac{dz}{z}$$

将 $\sigma_e^2=q^2/12$ 和 $A(z)=(1-0.9z^{-1})(1-0.8z^{-1})$代入，利用留数定理，可得到

$$\sigma_f^2=22.4q^2$$

(2) 级联型

将 $H(z)$分解为

$$H(z)=\frac{0.04}{1-0.9z^{-1}}\cdot\frac{1}{1-0.8z^{-1}}=\frac{0.04}{A_1(z)}\cdot\frac{1}{A_2(z)}$$

图 7-41 中，噪声 $e_0(n)$、$e_1(n)$通过 $H_1(z)=\dfrac{1}{A_1(z)A_2(z)}$网络，而噪声 $e_2(n)$只通过 $H_2(z)=\dfrac{1}{A_2(z)}$网络，因此

$$e_f(n)=[e_0(n)+e_1(n)]*h_1(n)+e_2(n)*h_2(n)$$

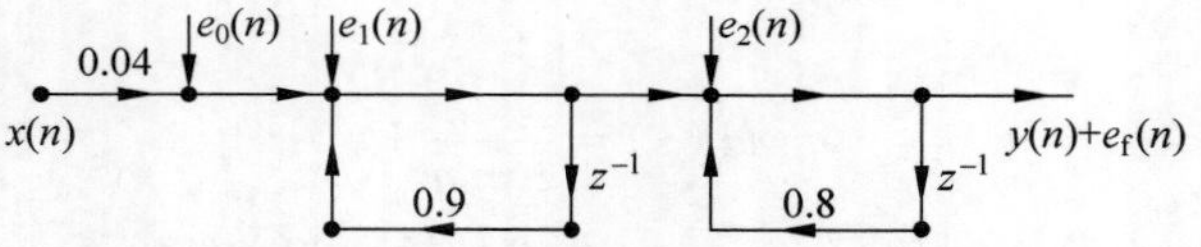

图 7-41 级联型结构舍入噪声信号流图

$h_1(n)$、$h_2(n)$分别是 $H_1(z)$和 $H_2(z)$的单位脉冲响应，则输出噪声的方差为

$$\sigma_f^2=\frac{2\sigma_e^2}{2\pi}\oint_c\left(\frac{1}{jA_1(z)A_1(z^{-1})A_2(z)A_2(z^{-1})}\right)\frac{dz}{z}+\frac{\sigma_e^2}{2\pi}\oint_c\left(\frac{1}{jA_2(z)A_2(z^{-1})}\right)\frac{dz}{z}$$

将 $\sigma_e^2=q^2/12$ 和 $A(z)=(1-0.9z^{-1})(1-0.8z^{-1})$代入，利用留数定理，可得到

$$\sigma_f^2=15.2q^2$$

(3) 并联型

将 $H(z)$分解为部分分式，即

$$H(z)=\frac{0.36}{1-0.9z^{-1}}+\frac{-0.32}{1-0.8z^{-1}}=\frac{0.36}{A_1(z)}+\frac{-0.32}{A_2(z)}$$

其信号流图如图 7-41 所示。

由图 7-42 可知，并联型结构总共有 4 个系数，也就是有 4 个噪声系数，其中噪声 $e_0(n)$、$e_1(n)$ 只通过网络 $1/A_1(z)$，噪声 $e_2(n)$、$e_3(n)$ 只通过网络 $1/A_2(z)$，因此输出噪声的方差为

$$\sigma_f^2 = \frac{2\sigma_e^2}{2\pi}\oint_c \left(\frac{1}{\mathrm{j}A_1(z)A_1(z^{-1})}\right)\frac{\mathrm{d}z}{z} + \frac{2\sigma_e^2}{2\pi}\oint_c \left(\frac{1}{\mathrm{j}A_2(z)A_2(z^{-1})}\right)\frac{\mathrm{d}z}{z}$$

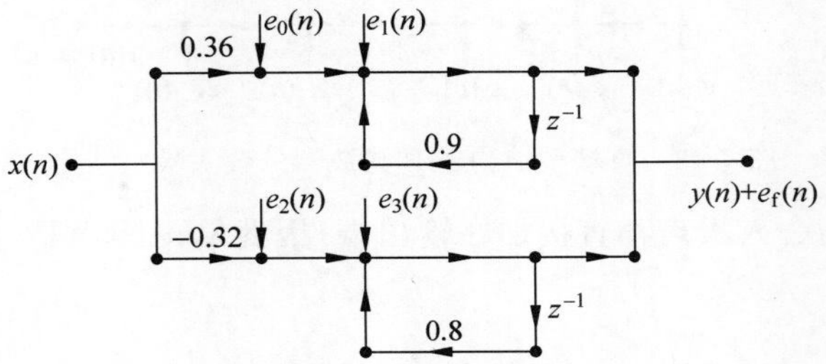

图 7-42　并联型结构舍入噪声信号流图

将 $\sigma_e^2 = q^2/12$ 和 $A_1(z) = (1-0.9z^{-1})$、$A_2(z) = (1-0.8z^{-1})$ 代入，利用留数定理，可得到

$$\sigma_f^2 = 1.34q^2$$

比较这三种结构的输出误差大小，可知直接型结构的输出误差最大，并联型结构的输出误差最小。这是因为在直接型结构中所有舍入误差都要经过全部网络的反馈环节，因此，这些误差在反馈过程中积累起来，致使总误差很大。在级联型结构中，每个舍入误差只通过其后面的反馈环节，而不通过它前面的反馈环节，因而误差比直接型小。在并联结构中，每个并联网络的舍入误差仅仅通过本网络的反馈环节，与其他并联网络无关，因此误差最小。

2. FIR 滤波器的有限字长效应

FIR 滤波器无反馈环节，不会造成舍入误差的积累，舍入误差的影响比同阶 IIR 滤波器小，不会产生非线性振荡。下面以直接型结构为例分析 FIR 滤波器的有限字长效应。

一个 N 阶 FIR 滤波器的系统函数可表示为

$$H(z) = \sum_{n=0}^{N-1} h(n)z^{-n}$$

在无限精度下，直接型结构的差分方程为

$$y(n) = \sum_{m=0}^{N-1} h(m)x(n-m)$$

有限精度运算时

$$\hat{y}(n) = \sum_{m=0}^{N-1} [h(m)x(n-m)]_R = y(n) + e_f(n)$$

每一次相乘后产生一个舍入噪声，即

$$[h(m)x(n-m)]_R = h(m)x(n-m) + e_m(n)$$

故

$$y(n) + e_f(n) = \sum_{m=0}^{N-1} h(m)x(n-m) + \sum_{m=0}^{N-1} e_m(n)$$

得到输出噪声为

$$e_{\mathrm{f}}(n)=\sum_{m=0}^{N-1}e_m(n)$$

其结构如图 7-43 所示。

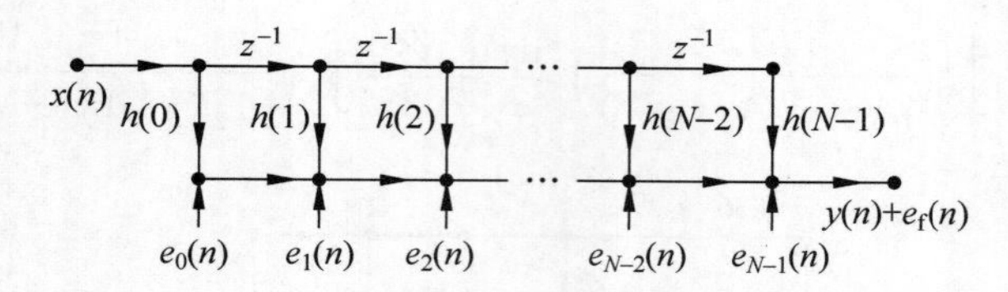

图 7-43　直接型结构 FIR 滤波器的舍入噪声结构

由此可知，所有的舍入噪声都直接加在输出端，因此输出噪声是这些噪声的简单求和，则有

$$\sigma_{\mathrm{f}}^2=N\sigma_{\mathrm{e}}^2=N\frac{q^2}{12}$$

输出噪声方差与字长有关，也与阶数 N 有关，N 越高，运算误差越大，或者说在运算精度相同的情况下，阶数越高的滤波器需要的字长越长。

本章小结

(1) IIR 滤波器的基本结构形式有直接型、级联型和并联型三种。

① 在直接型中，Ⅰ型结构能够简单直观地实现滤波器的传递函数，但需要延时器较多；Ⅱ型结构比Ⅰ型结构延时器减少了一半，具有最少延迟单元数，被级联型和并联型的子系统所采用。但两种结构都存在系统任何一个参数(a_k,b_r)的变化直接影响系统零极点的变化，不容易控制零极点，并且有限字长效应影响最大。

② 级联型结构是通过因式分解的方法，将系统函数转化为多个二阶节相乘的形式实现整个系统，由于可以通过各个二阶节控制零极点的位置，灵活方便，因此可以很方便地控制系统的传输特性，与直接型结构相比，有限字长效应较小。

③ 并联型结构是通过将系统函数进行部分分式展开，系统输出为各个子系统输出之和，实现简单，运算速度快；由于各个子系统产生的误差互不影响，有限字长效应最小。但只能单独调整极点的位置，而不能直接调整零点。

(2) FIR 滤波器的基本结构有直接型、级联型、频率采样型及线性相位型。

① 直接型结构是以直观的形式直接实现差分方程，物理概念明确，实现简单。

② 级联型结构可以单独控制每个子系统的零点，但运算时间长，运算大，需延时器多。

③ 频率采样型结构可以有效地调整频响特性，便于标准化、模块化；但系统的稳定是靠位于单位圆上的 N 个零极点对消来保证的。实际上有限字长效应可能使零极点不能完全对消，从而影响系统稳定性；同时要求乘法器完成复数乘法运算，这对硬件实现是不方便的。为了克服上述缺点，可以采用修正频率采样结构的方法。

④ 线性相位型本质上属于直接型，但乘法次数比直接型减少了一半。

(3) 格型滤波器具有模块化结构，便于实现高速并行处理，且一个 N 阶格型滤波器可以产生从 1 阶到 N 阶的 N 个横向滤波器的输出性能；同时它具有对有限字长的舍入误差不灵敏等优点。

(4) 系数的量化会引起滤波器性能的偏差和零极点位置的偏移，严重时会使系统失去稳定性。数字信号处理系统中运算过程的有限字长效应所造成的误差与运算方式、滤波器的结构和字长有关。量化效应在很大程度上依赖于实现具体的信号处理算法时所选择的滤波器(或算法)的结构形式。对于IIR滤波器来说，并联型和级联型误差较小，而直接型误差最严重。

习题

7-1　按照下面所给的系统函数，求出该系统的两种形式的实现方案：直接型Ⅰ和直接型Ⅱ。

$$H(z)=\frac{2+0.6z^{-1}+3z^{-2}}{1+5z^{-1}+0.8z^{-2}}$$

7-2　已知某数字系统的系统函数为

$$H(z)=\frac{z^3}{(z-0.4)(z^2-0.6z+0.25)}$$

试分别画出其级联型、并联型结构。

7-3　已知FIR滤波器的单位脉冲响应为

$$h(n)=\delta(n)+0.3\delta(n-1)+0.7\delta(n-2)+0.11\delta(n-3)+0.12\delta(n-4)$$

(1) 试求出该滤波器的系统函数。

(2) 试分别画出其直接型、级联型结构。

7-4　设滤波器差分方程为

$$y(n)=x(n)+x(n-1)+\frac{1}{3}y(n-1)+\frac{1}{4}y(n-2)$$

(1) 试求该滤波器的系统函数。

(2) 画出该滤波器的直接Ⅰ型、直接Ⅱ型网络结构。

7-5　设某FIR数字滤波器的系统函数为

$$H(z)=\frac{1}{6}(1+5z^{-1}+7z^{-2}+5z^{-3}+z^{-4})$$

试画出该滤波器的线性相位结构。

7-6　一个线性时不变系统的单位脉冲响应为

$$h(n)=\begin{cases}a^n, & 0\leqslant n\leqslant 7\\ 0, & \text{其他}\end{cases}$$

(1) 画出该系统的直接型FIR结构。

(2) 证明该系统的系统函数为

$$H(z)=\frac{1-a^8z^{-8}}{1-az^{-1}}$$

并由该系统函数画出由FIR系统和IIR系统级联而成的结构。

(3) 比较题(1)和(2)两种系统实现方法，哪一种需要较多的延迟器？哪一种实现需要较多的运算次数？

7-7 设滤波器差分方程为

$$y(n)=x(n)+\frac{1}{3}x(n-1)+\frac{3}{4}y(n-1)-\frac{1}{8}y(n-2)$$

用直接Ⅰ型、Ⅱ型以及全部一阶节的级联型、并联型结构实现它。

7-8 已知滤波器单位脉冲响应为 $h(n)=\begin{cases}0.2^n, & 0\leqslant n\leqslant 5\\ 0, & \text{其他}\end{cases}$，试画出横截型结构。

7-9 用横截型和级联型结构实现以下系统函数：

$$H(z)=(1-1.4142z^{-1}+z^{-2})(1+z^{-1})$$

7-10 试问：用什么结构可以实现以下单位脉冲响应

$$h(n)=\delta(n)-3\delta(n-3)+5\delta(n-7)$$

7-11 某 FIR 滤波器系统函数为 $H(z)=(2+z^{-1})(b_1+2z^{-1}+b_2z^{-2})$

(1) 试求 b_1、b_2，使该 FIR 滤波器具有第一类线性相位（b_1、b_2 为实数）。

(2) 画出该滤波器的直接型结构。

7-12 一个 IIR 滤波器由以下系统函数表征

$$H(z)=2\left(\frac{1+z^{-2}}{1-0.6z^{-1}+0.36z^{-2}}\right)\left(\frac{3-z^{-1}}{1-0.65z^{-1}}\right)\left(\frac{1+2z^{-1}+z^{-2}}{1+0.49z^{-2}}\right)$$

试用 MATLAB 方法确定并画出直接Ⅱ型、包含二阶直接Ⅱ型基本节的级联型和并联型结构的信号流图。

7-13 已知 FIR 滤波器的 16 个频率采样值为

$H(0)=12$，$H(1)=3-\mathrm{j}\sqrt{3}$，$H(2)=1+\mathrm{j}$，$H(3)$ 到 $H(13)$ 都为零，$H(14)=1-\mathrm{j}$，$H(15)=3+\mathrm{j}\sqrt{3}$

求滤波器的频率采样型结构。（设选择修正半径 $r=1$，即不修正极点位置。）

7-14 用频率采样型结构实现传递函数 $H(z)=\dfrac{5-2z^{-3}-3z^{-6}}{1-z^{-1}}$，$N=6$，修正半径 $r=0.9$。

7-15 已知 FIR 滤波器 $N=5$，$h(n)=\delta(n)-\delta(n-1)+\delta(n-4)$，计算一个 $N=5$ 的频率采样型结构，修正半径 $r=0.9$。

7-16 假设低通滤波器的系统函数为

$$H(z)=\frac{1}{1-2.9425z^{-1}+2.8934z^{-2}-0.9508z^{-3}}$$

分析系统量化对极点位置的影响。

7-17 已知网络系统函数为

$$H(z)=\frac{0.4+0.2z^{-1}}{1-1.7z^{-1}+0.72z^{-2}}$$

网络采用定点补码制，尾数处理采用舍入法。分别计算直接型、级联型和并联型结构输出噪声功率。

第8章 多采样率数字信号处理

CHAPTER 8

8.1 引言

前面几章讨论的内容都是把采样频率 f_s 看作固定值,但是,在实际中经常会遇到采样频率的变换问题,即要求一个数字系统能工作在多采样率情况下:①实际的数字系统中,不同的处理环节需要不同的采样频率,例如在音频世界,就存在着多种采样频率,得到的立体声信号(Stereo Signal)所用的采样频率是48kHz,CD产品用的采样率是44.1kHz,而数字音频广播用的是32kHz,所以同一首音乐,从录音、制作成CD唱盘到数字音频广播,采样频率要多次变化;②信号原来的采样频率不合适,如采样频率过高,数据量太大,因此存储量大,计算负担重,传输时需要大的带宽;③当需要将数字信号在两个或多个具有独立时钟的数字系统之间传递时,则要求该数字信号的采样率要能根据时钟的不同而转换。

以上这些应用都要求进行采样率的转换,或者要求系统工作在多采样率状态。目前,多采样率数字信号处理已经成为数字信号处理学科中的一个重要内容。

实现采样率转换的方法是:①将离散序列 $x(n)$ 经过D/A变换成模拟信号 $x(t)$,再经A/D变换对 $x(t)$ 重新采样;②直接在数字域对信号进行采样频率的变换,即基于原数字序列,用信号处理的方法实现采样率转换。第一种方法要再一次受到D/A变换和A/D变换的量化误差的影响,影响计算精度;第二种方法则没有这个问题,即不会引入另外的误差。

减小采样率的过程称为信号的"抽取"(Decimation),增加采样率的过程称为信号的"插值"(Interpolation)。抽取和插值是多采样率数字信号处理的基本环节。抽取和插值有时是整数倍的,有时是有理分数倍的,下面分别介绍。先讨论抽取和插值的一般概念,然后讨论它们的滤波器实现问题。

8.2 序列的整数倍抽取和插值

8.2.1 序列的整数倍抽取

假设想把采样率减小为原来的 $1/M$(M 为整数),对于新的采样周期 $T_2=MT_1$(设 T_1 是原模拟信号 $x_a(t)$ 的采样间隔),重新采样信号为

$$x_d(n)=x_a(nT_2)=x_a(nMT_1)=x(nM) \tag{8-1}$$

可见把采样率减小为原来的 $1/M$(M 为整数)可以通过取 $x(n)$ 的所有第 M 个采样完

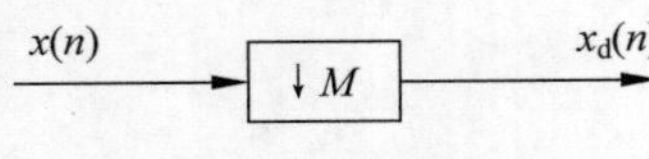

图 8-1 下采样器

成。完成这个操作的系统称为下采样器，如图 8-1 所示。其中，$M=T_2/T_1$，称为抽取因子，M 为整数时，这样的抽取称为序列的整数倍抽取。

所以实现序列的整数倍抽取最简单的方法是从 $x(n)$ 中每 M 个点中抽取一个，依次组成一个新的序列。$M=5$ 时，序列的抽取过程如图 8-2 所示。其中图 8-2(a)为原序列，图 8-2(d)为抽取后的序列。

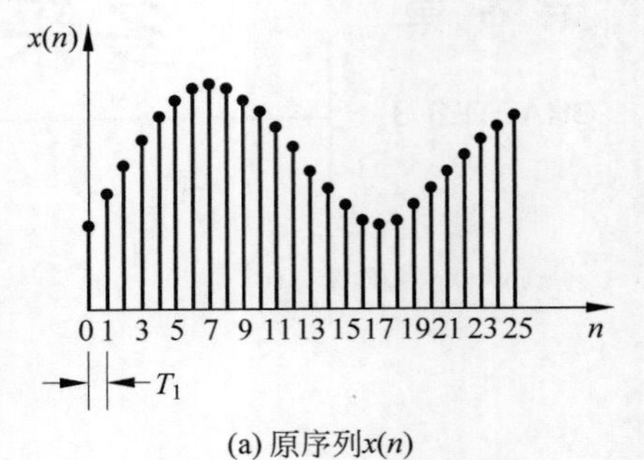

(a) 原序列$x(n)$

信号的时域整数倍抽取过程看起来比较简单，只需要每 M 个点或者每隔 $M-1$ 个点中抽取一个就可以了，但抽取降低了采样频率，一般会产生频谱混叠现象，具体分析如下：

首先定义一个中间序列 $x_p(n)$，它是将 $x(n)$ 进行脉冲采样得到的，其定义为

$$x_p(n)=\begin{cases}x(n), & n=0,\pm M,\pm 2M,\cdots \\ 0, & \text{其他}\end{cases} \tag{8-2}$$

或写为

$$\begin{aligned}x_p(n)&=x(n)p(n)\\&=x(n)\sum_{m=-\infty}^{\infty}\delta(n-mM)\end{aligned} \tag{8-3}$$

式中，$p(n)$是一脉冲串序列，它在 M 的整数倍处的值为 1，其余为零。$p(n)$ 和 $x_p(n)$ 的波形分别如图 8-2(b)和图 8-2(c)所示。

(b) 脉冲串序列$p(n)$

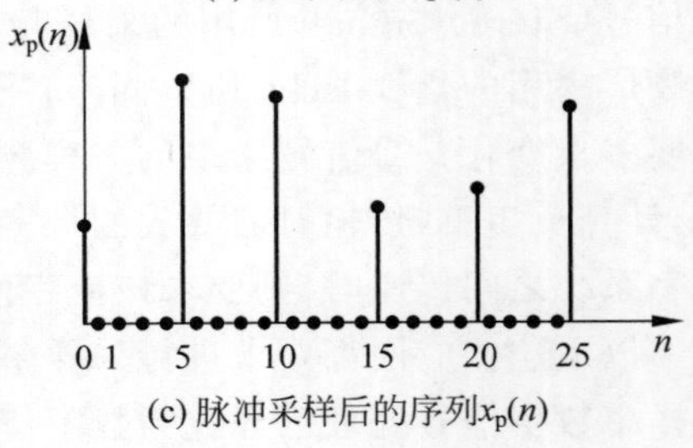

(c) 脉冲采样后的序列$x_p(n)$

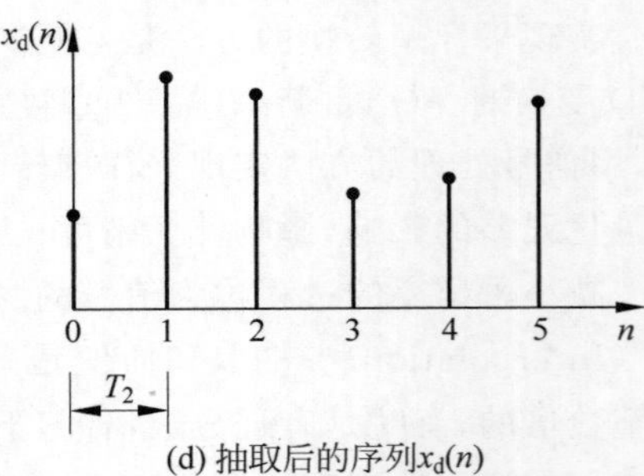

(d) 抽取后的序列$x_d(n)$

图 8-2 序列的抽取过程示意图($M=5$)

$x_p(n)$的序列傅里叶变换(DTFT)是

$$\begin{aligned}X_p(e^{j\omega})&=\frac{1}{2\pi}X(e^{j\omega})*FT\left\{\sum_{m=-\infty}^{\infty}\delta(n-mM)\right\}\\&=\frac{1}{2\pi}X(e^{j\omega})*\frac{2\pi}{M}\sum_{k=0}^{M-1}\delta\left(\omega-\frac{2\pi k}{M}\right)\\&=\frac{1}{M}\sum_{k=0}^{M-1}X\left(e^{j\left(\omega-\frac{2\pi k}{M}\right)}\right)\end{aligned} \tag{8-4}$$

$x_d(n)=x(nM)$的序列傅里叶变换(DTFT)是

$$\begin{aligned}X_d(e^{j\omega})&=\sum_{n=-\infty}^{\infty}x_d(n)e^{-j\omega n}=\sum_{n=-\infty}^{\infty}x(nM)e^{-j\omega n}\\&=\sum_{n=-\infty}^{\infty}x_p(nM)e^{-j\omega n}=X_p(e^{j\omega/M})\end{aligned} \tag{8-5}$$

由式(8-4)和式(8-5)可得到 $X(e^{j\omega})$与 $X_d(e^{j\omega})$的关系为

$$X_d(e^{j\omega})=\frac{1}{M}\sum_{k=0}^{M-1}X(e^{j(\omega-2\pi k)/M}) \tag{8-6}$$

式(8-6)表明,抽取后的信号序列的频谱 $X_{\mathrm{d}}(\mathrm{e}^{\mathrm{j}\omega})$ 是原序列频谱 $X(\mathrm{e}^{\mathrm{j}\omega})$ 先作 M 倍的扩展,再在 ω 轴上每隔 $2\pi/M$ 的移位叠加。

例如,设某信号序列的频谱 $X(\mathrm{e}^{\mathrm{j}\omega})$ 如图 8-3(a)所示,如果 $M=3$,由式(8-6)可得 $X_{\mathrm{d}}(\mathrm{e}^{\mathrm{j}\omega})=\frac{1}{3}X(\mathrm{e}^{\mathrm{j}\omega/3})+\frac{1}{3}X(\mathrm{e}^{\mathrm{j}(\omega-2\pi)/3})+\frac{1}{3}X(\mathrm{e}^{\mathrm{j}(\omega-4\pi)/3})$,这 3 项的意义分别是:将 $X(\mathrm{e}^{\mathrm{j}\omega})$ 作 3 倍的扩展,如图 8-3(b)所示,将 $X(\mathrm{e}^{\mathrm{j}\omega})$ 作 3 倍扩展后移动 2π,如图 8-3(c)所示,将 $X(\mathrm{e}^{\mathrm{j}\omega})$ 作 3 倍扩展后移动 4π,如图 8-3(d)所示,然后将这 3 项叠加形成抽取后的频谱图,如图 8-3(e)所示。

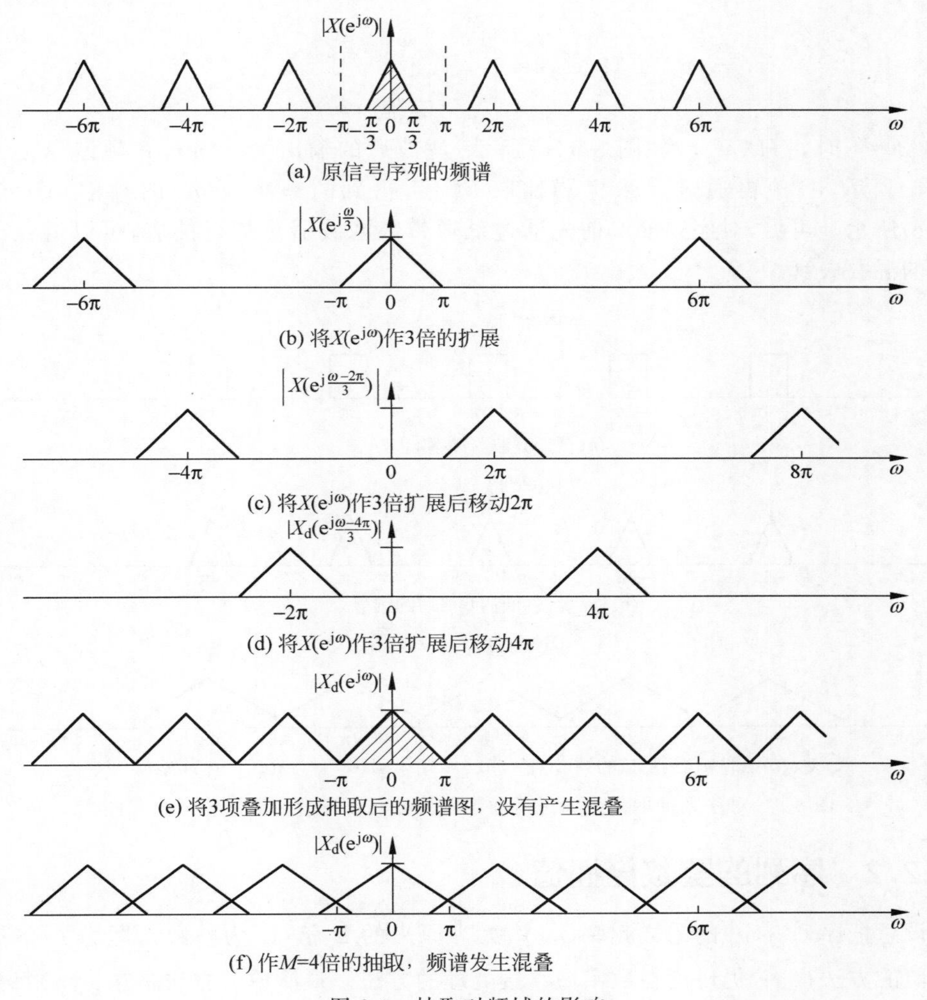

图 8-3 抽取对频域的影响

一般来说,若原序列的采样频率 f_{s} 满足奈奎斯特采样定理,即 $f_{\mathrm{s}}\geqslant 2f_{\mathrm{c}}$($f_{\mathrm{c}}$ 为模拟信号最高频率),则采样的结果不会发生频谱的混叠。当再作 M 倍抽取时,只要原序列一个周期的频谱限制在 $|\omega|\leqslant\frac{\pi}{M}$ 范围内,则抽取后信号 $x_{\mathrm{d}}(n)$ 的频谱不会发生混叠失真,如图 8-3(e)所示。由此可以看到,当 $f_{\mathrm{s}}\geqslant 2Mf_{\mathrm{c}}$ 时,抽取的结果不会发生频谱的混叠。但由于 M 是可变的,所以很难要求在不同的 M 下都能保证 $f_{\mathrm{s}}\geqslant 2Mf_{\mathrm{c}}$,例如,图 8-3 中,当 $M=4$

时，结果就出现了频谱的混叠，如图 8-3(f)所示。

所以为了防止混叠，在抽取前加一个反混叠滤波器，压缩其频带，即在下采样前用一个截止频率为 $\omega_c=\dfrac{\pi}{M}$ 的低通滤波器对 $x(n)$ 进行滤波，去除 $X(e^{j\omega})$ 中 $|\omega|>\dfrac{\pi}{M}$ 的成分。这样做虽然牺牲了一部分高频内容，但总比混叠失真好。图 8-4 所示的是一个低通滤波器和一个下采样器的级联，称为抽取器。

$x(n) \rightarrow \boxed{h(n)} \xrightarrow{v(n)} \boxed{\downarrow M} \rightarrow y(n)$

图 8-4　抽取器

图 8-4 中，$h(n)$ 为一理想低通滤波器，即

$$H(e^{j\omega})=\begin{cases}1, & |\omega|\leqslant\dfrac{\pi}{M}\\ 0, & \text{其他}\end{cases} \tag{8-7}$$

当 $M=4$ 时，$|H(e^{j\omega})|$ 如图 8-5(a)所示，滤波后的输出为 $v(n)$，其频谱 $|V(e^{j\omega})|$ 如图 8-5(b)所示，$v(n)$ 再通过下采样器抽取 M 倍，得到的输出 $y(n)$ 的频谱 $|Y(e^{j\omega})|$ 如图 8-5(c)所示。可见，对序列抽取前先通过低通带限滤波器再进行抽取，可以避免产生频率响应的混叠失真。

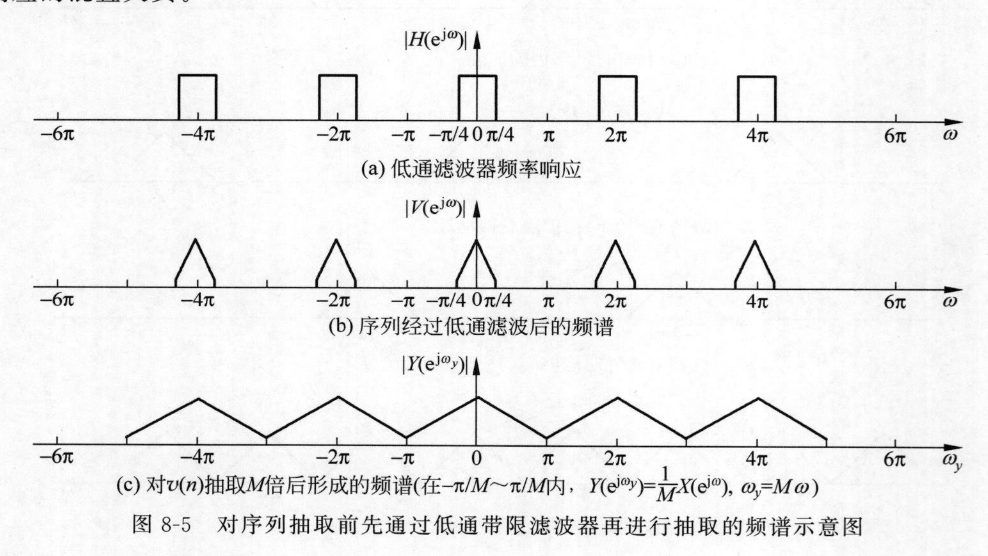

图 8-5　对序列抽取前先通过低通带限滤波器再进行抽取的频谱示意图

8.2.2　序列的整数倍插值

假设想把序列 $x(n)$ 的采样频率 f_s 增大为原来的 L 倍（L 为整数），即为 L 倍插值结果。插值的方法很多，仍讨论在数字域直接处理的方法。最简单的方法是在 $x(n)$ 每相邻两点之间补 $L-1$ 个零，然后再对该信号作低通滤波处理，即可求得 L 倍插值的结果。插值系统的框图如图 8-6 所示，图中 $\boxed{\uparrow L}$ 表示在 $x(n)$ 的相邻采样点间补 $L-1$ 个零，称为零值插值器或上采样器，即

$x(n) \rightarrow \boxed{\uparrow L} \xrightarrow{v(n)} \boxed{h(n)} \rightarrow y(n)$

图 8-6　插值系统的框图

$$v(n)=\begin{cases}x(n/L), & n=0,\pm L,\pm 2L,\cdots\\ 0, & \text{其他}\end{cases} \tag{8-8}$$

序列的插值示意图如图 8-7 所示。可以看出，序列的插值是靠先插入 $L-1$ 个零值得到

$v(n)$，然后将 $v(n)$ 通过数字低通滤波器，通过此低通滤波器后，这些零值点将不再是零，从而得到插值的输出 $y(n)$。

下面讨论插值系统在频域的描述。设原序列的频谱为 $X(e^{j\omega})$，如图 8-8(a)所示，通过采样器后，得到

$$V(e^{j\omega_y}) = \sum_{n=-\infty}^{\infty} v(n)e^{-j\omega_y n} = \sum_{n=-\infty}^{\infty} x(n/L)e^{-j\omega_y n} = \sum_{k=-\infty}^{\infty} x(k)e^{-j\omega_y kL} \tag{8-9}$$

因此得到信号插值前后频域的关系为

$$V(e^{j\omega_y}) = X(e^{jL\omega_y}) = X(e^{j\omega_x}) \tag{8-10a}$$

或

$$V(z) = X(z^L) \tag{8-10b}$$

式中，$\omega_x=\omega=L\omega_y$。因为 $X(e^{j\omega})$ 的周期是 2π，所以 $V(e^{j\omega_y})$ 的周期是 $2\pi/L$。上式说明，$V(e^{j\omega_y})$ 在 $(-\pi/L\sim\pi/L)$ 内等于 $X(e^{j\omega})$，这相当于将 $X(e^{j\omega})$ 作了周期压缩，如图 8-8(b)所示。可以看到，插值后，在原 $X(e^{j\omega})$ 的一个周期 $(-\pi\sim\pi)$ 内，$V(e^{j\omega_y})$ 变成了 L 个周期，多余的 $L-1$ 个周期称为 $X(e^{j\omega})$ 的镜像。要做到 $|\omega|\leqslant\dfrac{\pi}{L}$ 时，$V(e^{j\omega_y})$ 单一地等于 $X(e^{j\omega})$，必须要去除镜像频谱。去除镜像的目的实质上是解决所插值的为零的点的问题，方法为滤波，即插值后需采用低通滤波器以截取 $V(e^{j\omega_y})$ 的一个周期，也就是去除多余的镜像。为此，令

$$H(e^{j\omega_y}) = \begin{cases} G, & |\omega_y| \leqslant \dfrac{\pi}{L} \\ 0, & \text{其他} \end{cases} \tag{8-11}$$

式中，滤波器增益 G 为常数，一般情况下，为保证 $y(0)=x(0)$，应取 $G=L$。证明如下：

$$\begin{aligned} y(0) &= \frac{1}{2\pi}\int_{-\pi}^{\pi} Y(e^{j\omega_y})e^{j\omega_y\cdot 0}d\omega_y = \frac{1}{2\pi}\int_{-\pi/L}^{\pi/L} X(e^{jL\omega_y})\cdot H(e^{j\omega_y})d\omega_y \\ &= \frac{G}{2\pi}\int_{-\pi/L}^{\pi/L} X(e^{jL\omega_y})d\omega_y = \frac{G}{L}\,\frac{1}{2\pi}\int_{-\pi}^{\pi} X(e^{j\omega_x})d\omega_x = \frac{G}{L}x(0) \end{aligned}$$

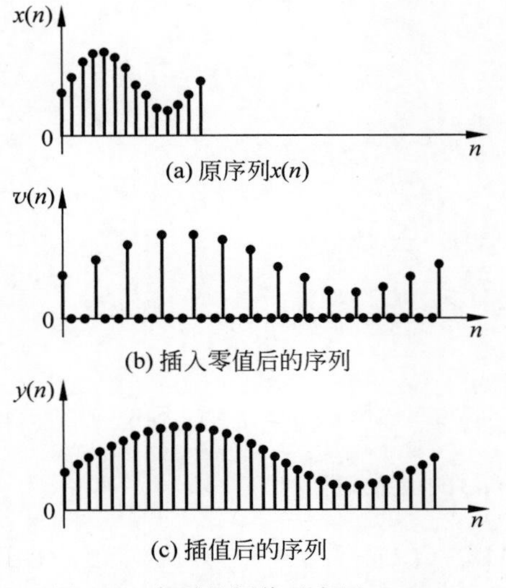

图 8-7　序列的插值示意图($L=3$)

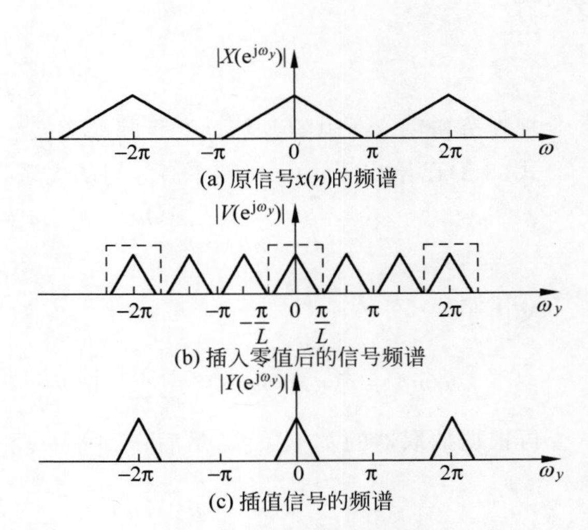

图 8-8　插值过程的频域解释($L=3$)

式中，$\omega_x = L\omega_y$。可见，当 $G=L$ 时，$y(0)=x(0)$。

$H(e^{j\omega_y})$的波形如图 8-8(b)虚线所示，则

$$\begin{aligned} Y(e^{j\omega_y}) &= V(e^{j\omega_y})H(e^{j\omega_y}) = X(e^{jL\omega_y})H(e^{j\omega_y}) \\ &= L \cdot X(e^{jL\omega_y}), \quad |\omega_y| \leqslant \frac{\pi}{L} \end{aligned} \tag{8-12}$$

其波形如图 8-8(c)所示。实际上，插值的频域过程图 8-8(a)、图 8-8(b)、图 8-8(c)与插值的时域过程图 8-7(a)、图 8-7(b)、图 8-7(c)是对应的。

8.3 有理倍数的采样率转换

对给定的信号 $x(n)$，若希望将采样率转变为 L/M 倍，可以先将 $x(n)$作 M 倍的抽取，再作 L 倍的插值来实现，或者是作 L 倍的插值再作 M 倍的抽取。但是，一般来说，抽取使 $x(n)$的数据点减小，会产生信息的丢失，因此，合理的方法是先对信号作插值，然后再抽取，如图 8-9 所示。图 8-9(a)中，插值和抽取级联工作，两个滤波器工作在同样的采样频率下，所以可将它们合并成一个，如图 8-9(b)所示，而 $h(n)$的频率响应为

$$H(e^{j\omega}) = \begin{cases} L, & 0 \leqslant |\omega| \leqslant \min\left(\dfrac{\pi}{L}, \dfrac{\pi}{M}\right) \\ 0, & 其他 \end{cases} \tag{8-13}$$

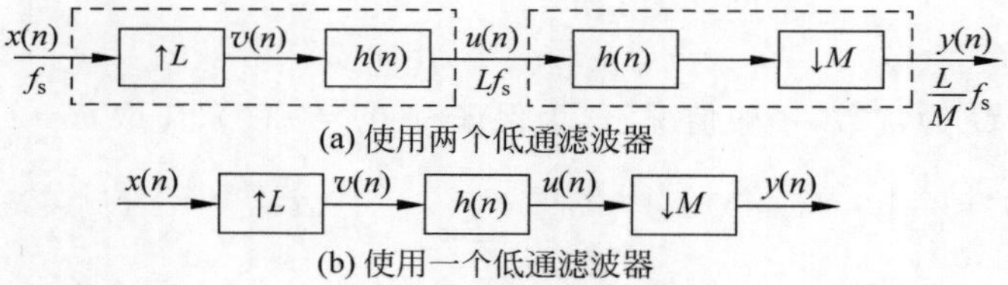

(a) 使用两个低通滤波器

(b) 使用一个低通滤波器

图 8-9　插值和抽取的级联实现

这里有

$$\omega = \frac{2\pi f}{L f_s}$$

现在分析图 8-9 中的各部分信号间的关系。

式(8-8)已给出了 $x(n)$和 $v(n)$之间的关系，即

$$v(n) = \begin{cases} x(n/L), & n = 0, \pm L, \pm 2L, \cdots \\ 0, & 其他 \end{cases} \tag{8-14}$$

又由于

$$u(n) = v(n) * h(n) = \sum_{k=-\infty}^{\infty} v(n-k)h(k) = \sum_{k=-\infty}^{\infty} h(n-Lk)x(k) \tag{8-15}$$

再根据抽取器的基本关系，最后得到 $y(n)$和 $x(n)$的关系，即

$$y(n) = u(Mn) = \sum_{k=-\infty}^{\infty} h(Mn-Lk)x(k) \tag{8-16}$$

令

$$k=\left\lfloor \frac{Mn}{L} \right\rfloor - i \tag{8-17}$$

式中$\lfloor p \rfloor$表示求小于或等于p的最大整数，这样可以得到式(8-16)的另外一种表示形式，即

$$y(n)=\sum_{i=-\infty}^{\infty} h\left(Mn-\left\lfloor \frac{Mn}{L} \right\rfloor L+iL\right)x\left(\left\lfloor \frac{Mn}{L} \right\rfloor - i\right) \tag{8-18}$$

由于

$$Mn-\left\lfloor \frac{Mn}{L} \right\rfloor L = Mn \bmod L = \langle Mn \rangle_L$$

最后得到$y(n)$和$x(n)$的关系为

$$y(n)=\sum_{i=-\infty}^{\infty} h(iL+\langle Mn \rangle_L)x\left(\left\lfloor \frac{Mn}{L} \right\rfloor - i\right) \tag{8-19}$$

由式(8-19)可以看出，$y(n)$可看作将$x(n)$通过一个时变滤波器后所得到的输出。记该时变系统的单位脉冲响应为$g(n,m)$，即

$$g(n,m)=h(nL+\langle Mm \rangle_L),\quad -\infty < n,m < +\infty \tag{8-20}$$

对$g(n,m)$，在8.4.2节将进一步讨论。

再分析$y(n)$和$x(n)$的频域关系。

根据图8-9，由式(8-15)的卷积关系，得

$$U(\mathrm{e}^{\mathrm{j}\omega_v})=V(\mathrm{e}^{\mathrm{j}\omega_v})H(\mathrm{e}^{\mathrm{j}\omega_v})=X(\mathrm{e}^{\mathrm{j}L\omega_v})H(\mathrm{e}^{\mathrm{j}\omega_v}) \tag{8-21}$$

而

$$Y(\mathrm{e}^{\mathrm{j}\omega_y})=\frac{1}{M}\sum_{k=0}^{M-1}U(\mathrm{e}^{\mathrm{j}(\omega_y-2\pi k)/M})$$

将式(8-21)代入上式，得

$$Y(\mathrm{e}^{\mathrm{j}\omega_y})=\frac{1}{M}\sum_{k=0}^{M-1}X(\mathrm{e}^{\mathrm{j}(L\omega_y-2\pi k)/M})H(\mathrm{e}^{\mathrm{j}(\omega_y-2\pi k)/M}) \tag{8-22}$$

式中，

$$\omega_y=M\omega_v=\frac{M}{L}\omega_x \tag{8-23}$$

当滤波器频率响应$H(\mathrm{e}^{\mathrm{j}\omega_v})$逼近理想特性(注意其幅值为$L$)时，则式(8-22)可以写为

$$Y(\mathrm{e}^{\mathrm{j}\omega_y})=\begin{cases}\dfrac{L}{M}X(\mathrm{e}^{\mathrm{j}L\omega_y/M}), & 0\leqslant|\omega_y|\leqslant\min\left(\pi,\dfrac{M\pi}{L}\right)\\ 0, & 其他\end{cases} \tag{8-24}$$

下面用一个简单例题说明有理倍数的采样率转换。

例 8-1 若对信号$x_{\mathrm{a}}(t)$以采样频率8kHz采样，而想导出的是以采样频率10kHz采样就可以得到的离散时间信号。如何进行？

解 按如下倍数改变采样频率：$\dfrac{L}{M}=\dfrac{10}{8}=\dfrac{5}{4}$，这可以通过以系数5上采样$x(n)$，然后用截止频率$\omega_{\mathrm{c}}=\dfrac{\pi}{5}$，增益为5的一个低通滤波器过滤上采样信号，再以系数4下采样滤波信号后来完成。

8.4 多采样率转换滤波器的设计

前面介绍了按整倍数 M 抽取、按整倍数 L 插值和按 L/M 倍采样率转变三种采样率的转换。接下来讨论采样率转换系统中滤波器的实现方法。

通过前面的讨论可知，采样率转换的问题转换为抗混叠滤波器和镜像滤波器的设计问题。而 FIR 滤波器具有绝对稳定，容易实现线性相位特性，特别是容易实现高效结构等突出优点，因此一般多采用 FIR 滤波器实现采样率转换滤波器。

8.4.1 直接型 FIR 滤波器结构

若将图 8-9 中的采样率转换滤波器采用直接型 FIR 滤波器实现，则该系统实现结构如图 8-10 所示，其中采样率转换因子 L/M 为有理数。直接型 FIR 滤波器结构概念清楚，实现简单。但该系统存在资源浪费、运算效率低的问题，因为滤波器的所有乘法和加法运算都是在系统中采样率最高处完成，势必增加系统成本，又由于零值内插时在输入序列 $x(n)$ 的相邻样值之间插入 $L-1$ 个零值，当 L 比较大时，进入 FIR 滤波器的信号大部分为零，其乘法运算的结果也大部分为零，造成许多无效的运算，降低了处理器的资源利用效率。此外，由于在最后的抽取过程中，FIR 滤波器的每 M 个输出值中只有一个有用，即有 $M-1$ 个输出样值的计算是无用的，同样造成资源浪费。因此，图 8-10 所示的直接型 FIR 滤波器结构运算效率和资源利用率很低。

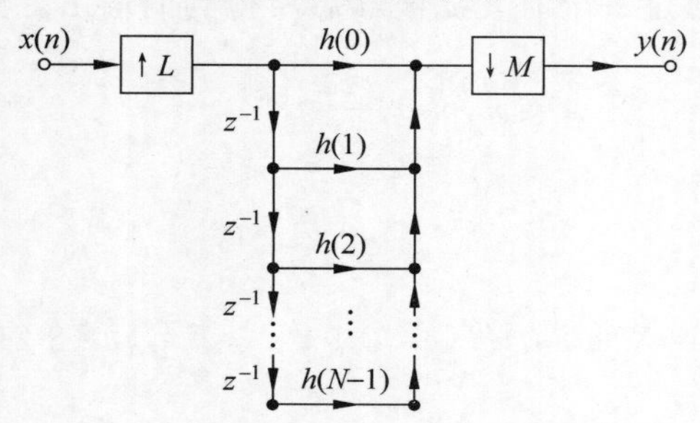

图 8-10 采样率转换滤波器的直接型 FIR 滤波器结构

解决方法是：设法将乘法运算移到系统中采样率最低处，以使每秒钟内的乘法次数最小，最大限度减小无效的运算，则可得到高效结构。高效计算方法的具体原则是：插值时，乘以零的运算不要做；抽取前，要舍弃的点就不要再计算。

下面具体讨论。

1. 整倍数 M 抽取系统的直接型 FIR 滤波器结构

图 8-4 所示的按整倍数 M 抽取器的直接型 FIR 滤波器实现结构如图 8-11(a)所示。该结构中 FIR 滤波器 $h(n)$ 是工作在高采样率 f_s 状态，$x(n)$ 的每一个点都要和滤波器的系数相乘，但在输出 $y(n)$ 中，每 M 个样值中只抽取一个作为最终的输出，丢弃了其中 $M-1$ 个样值，即产生 $M-1$ 个无效运算，所以该结构运算效率很低。

为了提高运算效率，可以将图 8-11(a)中的抽取操作嵌入 FIR 滤波器结构中，如图 8-11(b)所示，先对输入的 $x(n)$ 做抽取，然后再与 $h(n)$，$n=0,1,\cdots,N-1$ 相乘，所得输出与原结构输出相同，即这两个图是等效的。

图 8-11(a)中，抽取器在 Mn 时刻开通，选通 FIR 滤波器的一个输出作为抽取系统输出序列的一个样值，即

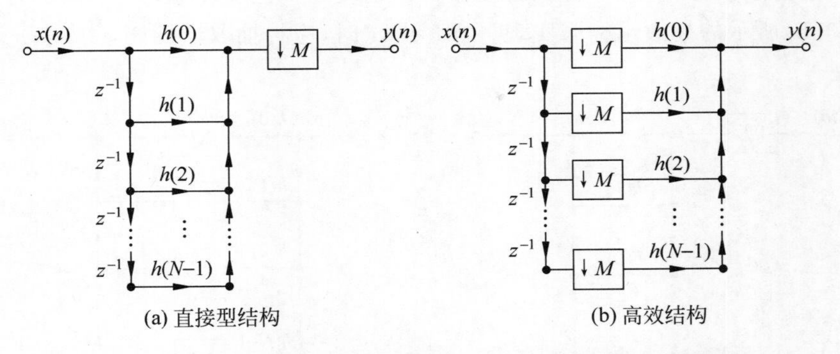

图 8-11　按整倍数 M 抽取器的直接型 FIR 滤波器实现及高效结构

$$y(n)=\sum_{k=0}^{N-1}h(k)x(Mn-k) \tag{8-25}$$

而图 8-11(b) 中抽取器是在 Mn 时刻同时开通，选通 FIR 滤波器输入信号 $x(n)$ 的一组延时信号：$x(Mn)$，$x(Mn-1)$，$x(Mn-2)$，…，$x(Mn-N+1)$，再进行乘法、加法运算，得到抽取系统输出序列的一个样值 $y(n)=\sum_{k=0}^{N-1}h(k)x(Mn-k)$，可见它与式(8-25)输出的 $y(n)$ 完全相同，即图 8-11(a) 和图 8-11(b) 的功能是完全等效的。但图 8-11(b) 的运算量仅是图 8-11(a) 的$\frac{1}{M}$，所以图 8-11(b) 是图 8-11(a) 的高效实现结构。

2. 整倍数 L 插值系统的直接型 FIR 滤波器结构

图 8-6 所示的按整倍数 L 插值系统的直接型 FIR 滤波器实现结构如图 8-12 所示。同样，该结构中 FIR 滤波器是工作在高采样率 Lf_s 状态，结构运算效率很低。

如果直接将图 8-12 中的零值内插器移到 FIR 滤波器结构中的 N 个乘法器之后，就会变成先滤波后插值，这就改变了原来的运算次序。必须通过等效变换，进而得出相应的直接型 FIR 滤波器高效结构。

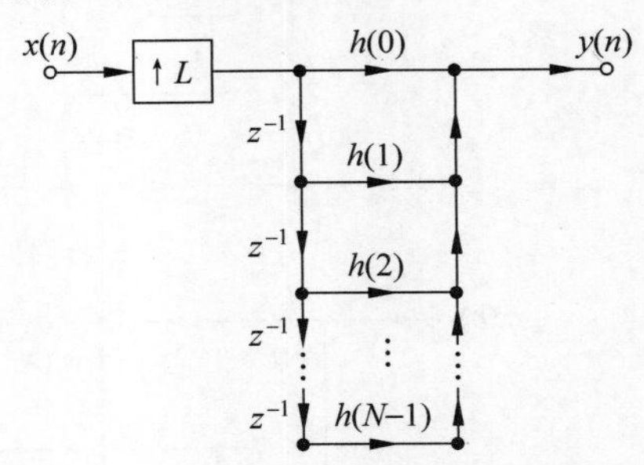

图 8-12　整倍数 L 插值的直接型 FIR 滤波器结构

先将直接型 FIR 滤波网络部分进行转置，将原 FIR 滤波网络的延迟链变换到滤波器的右侧，如图 8-13(a)，然后仿照抽取的做法，将内插器嵌入 FIR 滤波网络中的 N 个乘法器之后，得到图 8-13(b)的结构。

由图 8-13(a)和图 8-13(b)可见，加到延迟链上的信号完全相等，所以二者的功能完全等效。但图 8-13(b)中的所有乘法运算在低采样率 f_s 下实现，运算量仅是图 8-13(a)的$\frac{1}{L}$，所以图 8-13(b)是图 8-13(a)的高效实现结构。

3. 按有理数因子$\frac{L}{M}$采样率转换系统的高效 FIR 滤波器结构

设计思想与前面介绍的整倍数 M 抽取和整倍数 L 插值一样，就是尽量使 FIR 滤波器工作在最低采样率状态。FIR 滤波器实现结构分别基于按整倍数 L 插值的高效 FIR 滤波

器结构和按整倍数 M 抽取的高效 FIR 滤波器结构设计。但要注意，当 $L>M$ 时，应将插值器用图 8-13(b)所示的高效结构来实现；当 $L<M$ 时，应将抽取器用图 8-11(b)所示的高效结构来实现。

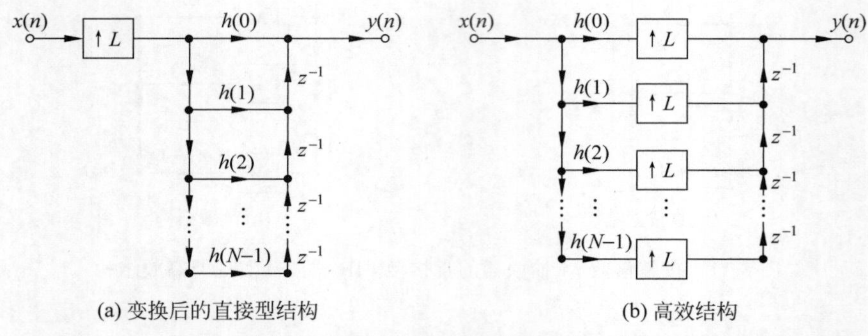

(a) 变换后的直接型结构　　(b) 高效结构

图 8-13　变换后的整倍数 L 插值的直接型 FIR 滤波器实现及高效结构

需要指出的是，在上面的讨论中，如果 FIR 滤波器设计为线性相位滤波器，则根据 $h(n)$ 的对称性，又可以使乘法计算量减小一半。例如，当 $h(n)$ 满足偶对称，N 为偶数时，具有线性相位的 FIR 滤波器的高效抽取结构如图 8-14(a)所示，N 为奇数时，具有线性相位的 FIR 滤波器的高效插值结构如图 8-14(b)所示。

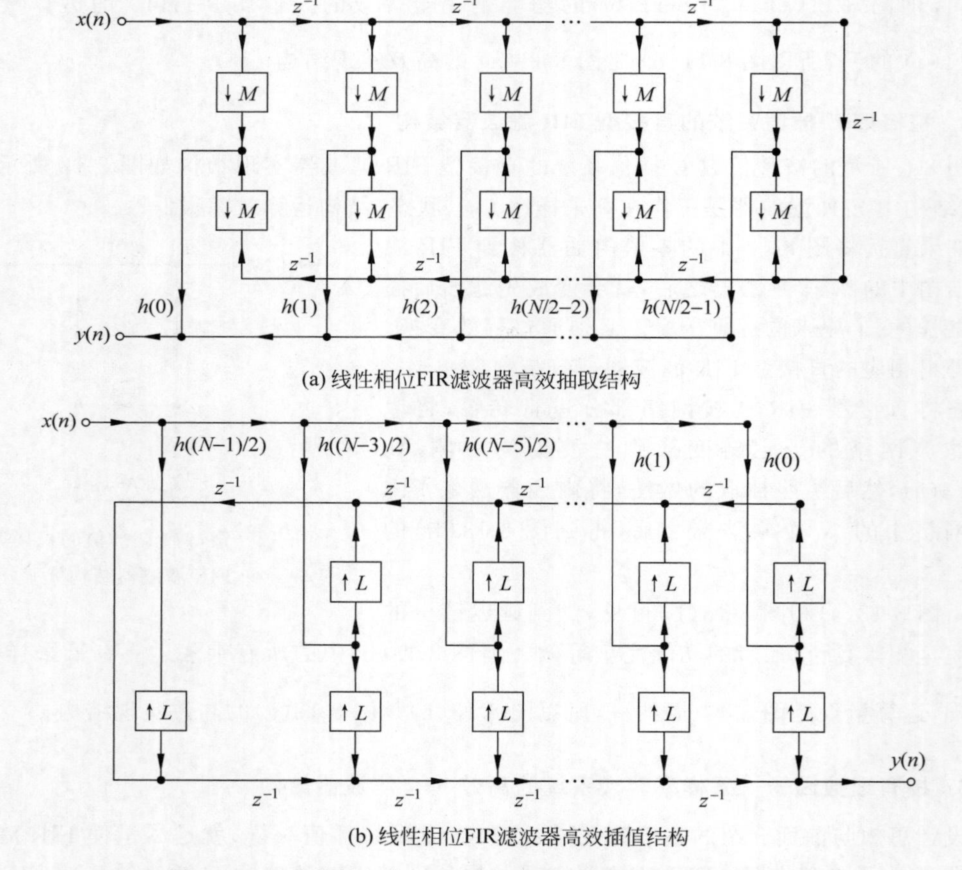

(b) 线性相位FIR滤波器高效插值结构

图 8-14　具有线性相位的 FIR 滤波器的高效抽取和插值结构

8.4.2 多相滤波器实现

多相滤波器组是按整数因子内插或抽取的另一种高效实现结构。多相滤波器组由 k 个长度为 $N/k(k=M$ 或 $L)$ 的子滤波器构成,且这 k 个子滤波器轮流分时工作,所以称为多相滤波器。

1. 抽取器的高效多相 FIR 结构

与图 8-11(b)的抽取器的高效 FIR 结构一样,下面导出抽取的高效多相结构。将式(8-25)重写为

$$y(n)=\sum_{k=0}^{N-1}h(k)x(Mn-k) \tag{8-26}$$

$h(n)$是一个线性时不变系统,而从 $x(n)$到 $y(n)$的整个抽取系统则是线性时变系统。假设 $N=9,M=3$。式(8-26)中,与 $h(0)$相乘的是 $x(Mn)$,即$\{x(n),x(n+3),x(n+6),\cdots\}$,与 $h(1)$相乘的是$\{x(n-1),x(n+2),x(n+5),\cdots\}$,而与 $h(3)$相乘的是$\{x(n-3),x(n),x(n+3),\cdots\}$,它正是输入 $h(0)$的序列的延迟,延迟量为 M。同样,输入 $h(4)$、$h(5)$的序列也分别是输入 $h(1)$、$h(2)$的序列的延迟。因而,可以将抽取结构分成 M 组,即可导出抽取的高效多相结构。

一般都是取 $h(n)$的点数 N 是 M 的整数倍,即 $N/M=Q$。在式(8-26)中,令 $k=Mq+i$,其中 $i=0,1,\cdots,M-1,q=0,1,\cdots,Q-1$,这样可以保证 k 在$[0,N-1]$范围内,则该方程可重写为

$$y(n)=\sum_{i=0}^{M-1}\sum_{q=0}^{Q-1}h(Mq+i)x[M(n-q)-i] \tag{8-27}$$

利用式(8-27)可以把抽取结构分成 $M=3$ 组,每一组都是完全相似的 $Q=3$ 个系数的 FIR 子系统,如图 8-15 所示。图中左边的两个单位延迟 z^{-1} 如同一个和原采样率同步的波段开关,把输入序列 $x(n)$分成了三组,每组依次相差一个延迟。各组经 $M=3$ 倍的抽取后,再将各组的 $x(n)$分配给每一个滤波器。

图中三个子滤波器结构相同,仅是滤波器的系数相差了 M 个延迟,称这些滤波器为多相滤波器。定义

$$p_k(n)=h(k+nM),\quad k=0,1,\cdots,M-1,n=0,1,\cdots,N/M-1 \tag{8-28}$$

为多相滤波器的每一个子滤波器的单位脉冲响应,如 $p_0(n)=\{h(0),h(3),h(6)\}$,$p_1(n)=\{h(1),h(4),h(7)\}$,$p_2(n)=\{h(2),h(5),h(8)\}$,它们就是图中各子滤波器的系数。可以看到,多相滤波器 $p_k(n)(k=0,1,\cdots,M-1)$都是工作在低采样率(f_s/M)下的线性时不变滤波器。于是对给定 M 的情况,可由图 8-15 得到抽取器的多相 FIR 高效结构,如图 8-16 所示。

2. 内插器的高效多相 FIR 结构

仿照上述讨论,L 倍内插器的多相滤波器的单位脉冲响应为

$$p_k(n)=h(k+nL),\quad k=0,1,\cdots,L-1,n=0,1,\cdots,N/L-1$$

这样就将原滤波器的 $h(n)$分成了 N/L 个子滤波器,如图 8-17 所示。同样 $N=9$,$L=3$ 时的内插器的多相 FIR 高效结构如图 8-18 所示。

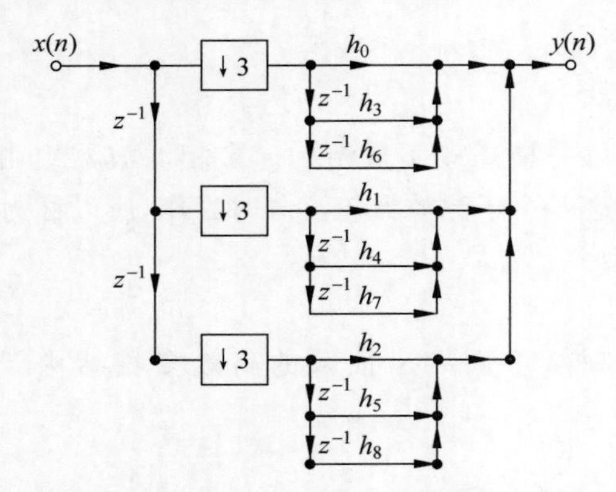

图 8-15　$N=9,M=3$ 时，抽取器的多相 FIR 高效结构

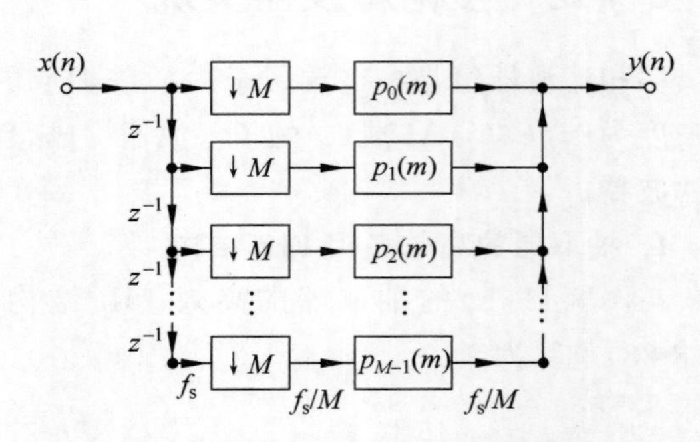

图 8-16　抽取器的多相 FIR 高效结构

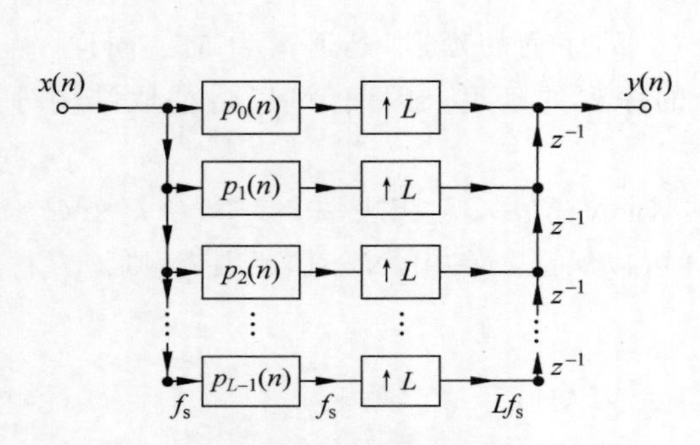

图 8-17　插值器的多相 FIR 高效结构

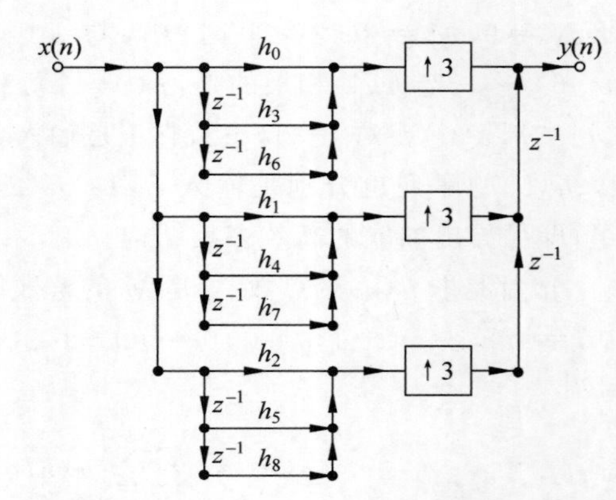

图 8-18　$N=9,L=3$ 时，插值器的多相 FIR 高效结构

3. L/M 倍采样率转换滤波器的高效多相 FIR 结构

在前面抽取和内插滤波器结构的基础上，继续讨论 L/M 倍采样率转换滤波器的结构问题。

由式(8-20)，多相滤波器的脉冲响应是

$$g(n,m)=h(nL+\langle Mm\rangle_L),\quad n=0,1,\cdots,K-1,m=0,1,\cdots,L-1 \tag{8-29}$$

式中，$K=N/L$。

由式(8-29)可以看出，利用下标映射关系，长度为 N 的 FIR 滤波器被分成了 L 组子滤波器，即 $g(n,l)$，其中 $n=0,1,\cdots,K-1,l=0,1,\cdots,L-1$，每个子滤波器的长度都为 K。

根据上述多相结构的思想，把前面讨论的式(8-18)和式(8-19)改写并根据这两个式子再改写为另一个式子，这三个本质上等价的式子分别如下：

$$y(n)=\sum_{i=0}^{K-1}h\left(Mn-\left\lfloor\frac{Mn}{L}\right\rfloor L+iL\right)x\left(\left\lfloor\frac{Mn}{L}\right\rfloor-i\right) \tag{8-30a}$$

$$y(n)=\sum_{i=0}^{K-1}h(iL+\langle Mn\rangle_L)x\left(\left\lfloor\frac{Mn}{L}\right\rfloor-i\right) \tag{8-30b}$$

$$y(n)=\sum_{i=0}^{K-1}g(i+\langle n\rangle_L)x\left(\left\lfloor\frac{Mn}{L}\right\rfloor-i\right) \tag{8-30c}$$

现结合式(8-30c)讨论一下 L/M 倍采样率转换滤波器的工作原理。

根据所给定的 M、L，设计一个低通滤波器 $h(n)$ 使之逼近理想滤波器的频率特性，即

$$H(\mathrm{e}^{\mathrm{j}\omega})=\begin{cases}L, & 0\leqslant|\omega|\leqslant\min\left(\dfrac{\pi}{L},\dfrac{\pi}{M}\right)\\ 0, & \text{其他 }\omega\end{cases} \tag{8-31}$$

为有效计算及保证线性相位，一般采用 FIR 滤波器，即需要满足 $h(n)=h(N-1-n)$，N 取 L 的整数倍，$N=KL$。

分析式(8-30c)可以看出，输入数据 $x(n)$ 的序号按 $\left\lfloor\frac{Mn}{L}\right\rfloor$ 转换，对一个固定的 n，每次随 n 负向减 1。例如，当 $N=30$，$L=5$，$M=2$ 时，$K=6$，其输出分别是

$$y(0)=\sum_{n=0}^{5}g(n,0)x(0-n)$$

$$y(1)=\sum_{n=0}^{5}g(n,1)x(0-n)$$

$$y(2)=\sum_{n=0}^{5}g(n,2)x(0-n)$$

$$y(3)=\sum_{n=0}^{5}g(n,3)x(1-n)$$

$$y(4)=\sum_{n=0}^{5}g(n,4)x(1-n)$$

$$y(5)=\sum_{n=0}^{5}g(n,0)x(2-n)$$

$$\vdots$$

对输出 $y(0)$、$y(1)$、$y(2)$，使用的是同一组输入数据块，对 $y(3)$、$y(4)$，也是使用的是同一组输入数据块，由此，对输出 $y(n)$，n 每变一次，输入数据块的序号只有当 Mn/L 为整数时才发生变化。根据以上特点，得到图 8-19 所示的采样率转换高效结构。

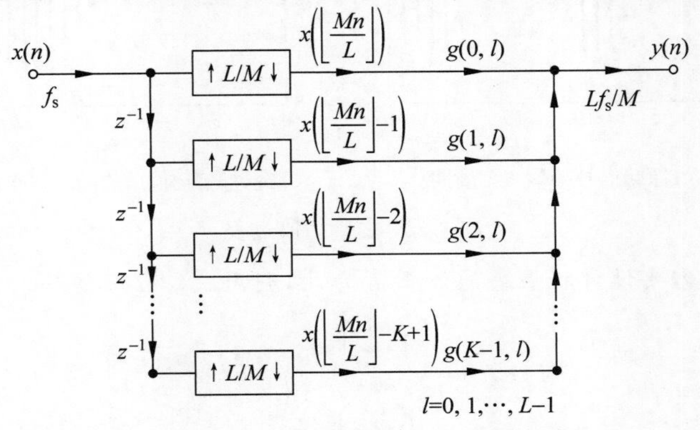

图 8-19 L/M 倍采样率转换的高效结构

8.5 多采样转换滤波器的 MATLAB 实现

例 8-2 令 $x(n)=\sin(2\pi nf/f_{\mathrm{s}})$，$f/f_{\mathrm{s}}=1/12$，请编程实现该题的要求，并给出每一种情况下的数字低通滤波器的频率特性及频率转换后的信号图形，并解释所得结果。

（1）作 $L=2$ 倍的插值，每个周期为 24 点。

（2）作 $M=3$ 倍的抽取，每个周期为 4 点。

（3）作 $L/M=2/3$ 倍的抽样率转换，每个周期为 8 点。

解 因为 $\omega_0=2\pi f/f_{\mathrm{s}}=\pi/6$，$N=12$。实现采样率转换的关键是设计出高性能的低通滤波器，即设计的滤波器通带尽量平坦，阻带衰减尽量大，过渡带尽量窄，且是线性相位。这里，我们采用海明窗。

（1）对于插值，需要设计去镜像的滤波器。为此，利用式(8-11)，令

$$H(\mathrm{e}^{\mathrm{j}\omega})=\begin{cases}L=2, & |\omega|\leqslant\dfrac{\pi}{L}=\dfrac{\pi}{2}\\ 0, & \text{其他}\end{cases}$$

采用海明窗，阶次 $N=33$，所得单位脉冲响应和幅频响应分别如图 8-20(a)、图 8-20(b)所示，经 $L=2$ 倍插值后的波形如图 8-20(c)、图 8-20(d)所示。

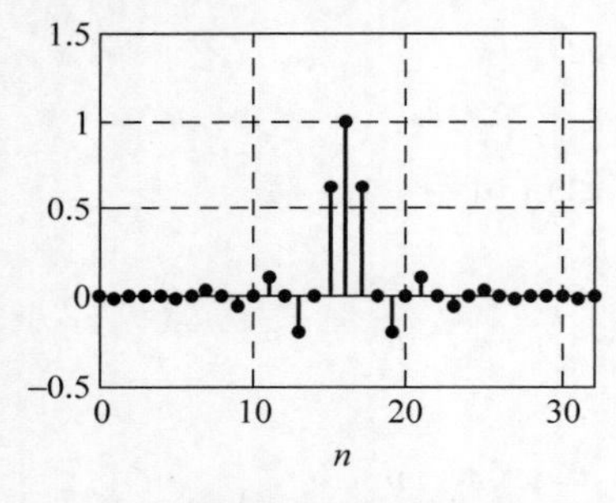

(a) 2倍插值所用滤波器$h(n)$

(b) 2倍插值所用滤波器的幅频响应

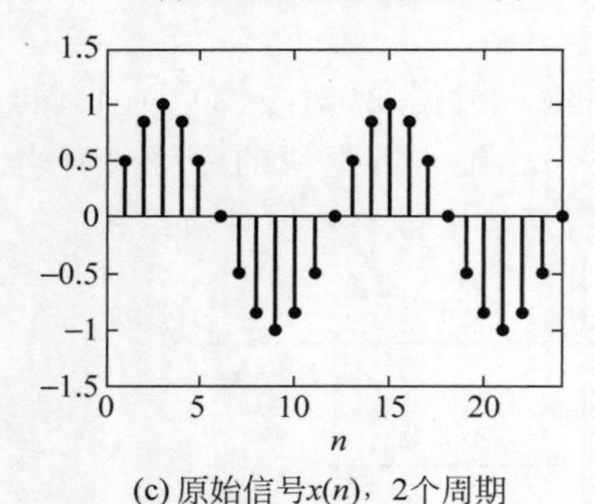

(c) 原始信号$x(n)$，2个周期

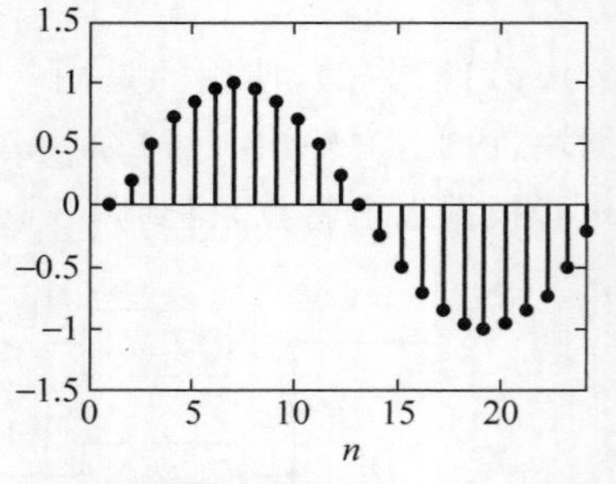

(d) 经过2倍插值后的$y(n)$，1个周期

图 8-20 2 倍插值过程

（2）对于抽取，需要设计抗混叠滤波器。为此，利用式(8-7)，令

$$H(\mathrm{e}^{\mathrm{j}\omega})=\begin{cases}1, & |\omega|\leqslant\dfrac{\pi}{M}=\dfrac{\pi}{3}\\ 0, & \text{其他}\end{cases}$$

同样取阶次 $N=33$,所得单位脉冲响应和幅频响应分别如图 8-21(a)、图 8-21(b)所示,经 $M=3$ 倍抽取后的波形如图 8-21(c)、图 8-21(d)所示。

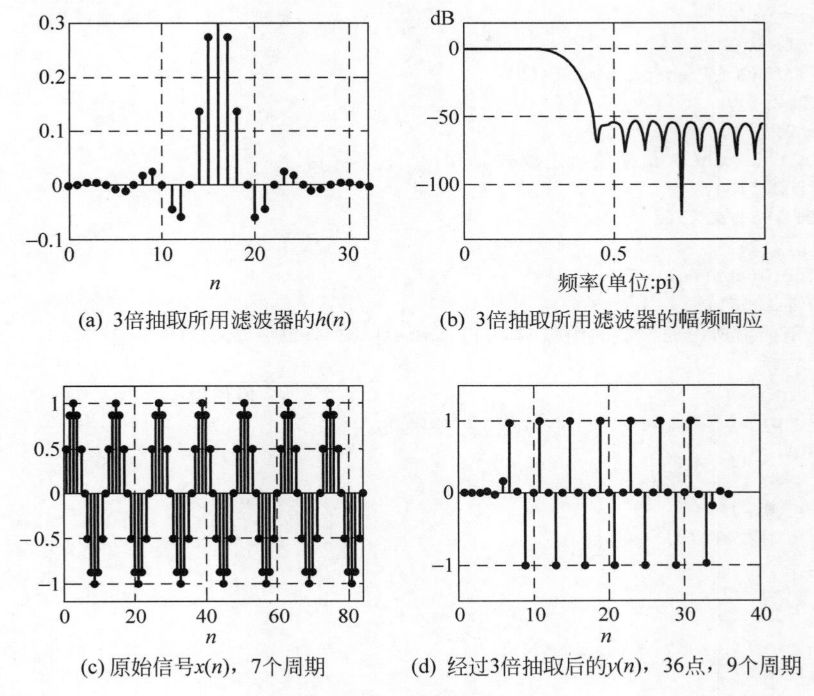

(a) 3倍抽取所用滤波器的$h(n)$　(b) 3倍抽取所用滤波器的幅频响应

(c) 原始信号$x(n)$，7个周期　(d) 经过3倍抽取后的$y(n)$，36点，9个周期

图 8-21　3 倍抽取过程

(3) 对于分数倍采样率转换,需要设计插值和抽取共用的滤波器。为此,利用式(8-13),令

$$H(\mathrm{e}^{\mathrm{j}\omega})=\begin{cases}L=2, & 0\leqslant|\omega|\leqslant\min\left(\dfrac{\pi}{L},\dfrac{\pi}{M}\right)=\pi/3\\ 0, & \text{其他}\end{cases}$$

同样取阶次 $N=33$,经 $L/M=2/3$ 倍抽取后的波形如图 8-22 所示。所得单位脉冲响应和幅频响应波形略,与前面类似。

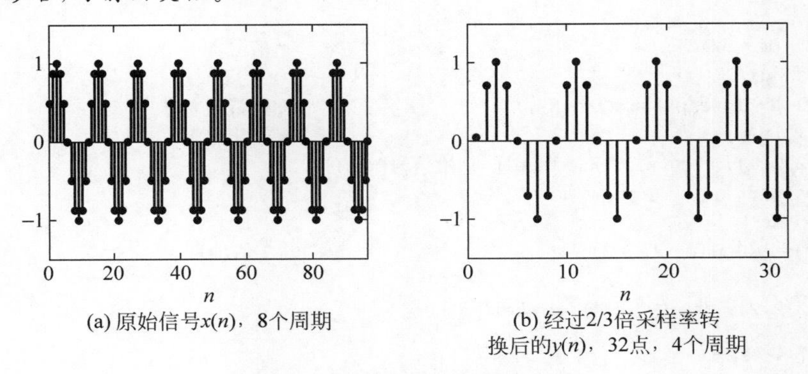

(a) 原始信号$x(n)$，8个周期　(b) 经过2/3倍采样率转换后的$y(n)$，32点，4个周期

图 8-22　2/3 倍采样率转换前后的波形

主要程序如下:

(1) 插值过程

```
%去镜像滤波器设计
N = 33; wc = pi/2;                                              %海明窗,去镜像滤波器
n = 0: N - 1; L = 2;
hn2 = L * fir1(N - 1,wc/pi,hamming(N));
subplot(2,2,1);
stem(n,hn2,'.');
xlabel('n'); title('2 倍插值所用滤波器 h(n)');
hw = fft(hn2,512);
w = 2 * [0: 255]/512;
subplot(2,2,2);
H = 20 * log10(abs(hw))
plot(w,H(1: 256));
title('2 倍插值所用滤波器的幅频响应'); xlabel('频率(单位: pi)');
%插值
n = 1: 24;                                                      %2 倍插值
x = sin(2 * pi * n/12); subplot(2,2,1); stem(n,x,'.');
y = zeros(1,24);
for m = 1: 24
    if mod(m,2) == 0
        y(m) = x(m/2);
    else
        y(m) = 0;
    end
end
N = 33; wc = pi/2;                                              %海明窗
hdn = 2 * fir1(N - 1,wc/pi,hamming(N));
yn = conv(hdn,y); subplot(2,2,2); stem(n,yn(16: 39),'.');
```

(2) 抽取过程

```
%混叠滤波器设计
N = 33; wc = pi/3; n = 0: N - 1;
hn2 = fir1(N - 1,wc/pi,hamming(N));
subplot(2,2,1); stem(n,hn2,'.'); axis([0 35 -0.1 0.3]); xlabel('n');
hw = fft(hn2,512); w = 2 * [0: 255]/512;
subplot(2,2,2); H = 20 * log10(abs(hw)); plot(w,H(1: 256)); xlabel('频率(单位: pi)');
%抽取
n = 1: 84;
x = sin(2 * pi * n/12); ;                                       %信号源
N = 33; wc = pi/3;
hn2 = fir1(N - 1,wc/pi,hamming(N));                             %抗混叠滤波器
y = conv(x,hn2);                                                %输出信号
subplot(2,2,1); stem(x,'.'); xlabel('原始信号 x(n)');
y1 = zeros(1,36);
for m = 1: 36
    y1(m) = y(1 + (m - 1) * 3);                                 %3 倍抽取
end
subplot(2,2,2); stem(y1,'.'); xlabel('n');
```

(3) 采样率转换

```
n = 1: 96;
x = sin(2 * pi * n/12); subplot(2,2,1); stem(n,x,'.'); xlabel('n');
y = zeros(1,96);
```

```
for m = 1: 96
    if mod(m,2) == 0
        y(m) = x(m/2);
    else
        y(m) = 0;
    end
end
N = 33; wc = pi/3;                                        %海明窗
hdn = 2 * fir1(N - 1,wc/pi,hamming(N));
yn = conv(hdn,y)
y1 = zeros(1,37);
for m = 1: 37
    y1(m) = yn(1 + (m - 1) * 3);                          %3倍抽取
end
subplot(2,2,2); stem(y1(6: 37),'.'); xlabel('n')
```

在MATLAB信号处理工具箱中，还提供了专门的抽取函数decimate、内插函数interp。

抽取函数：decimate。

格式：y = decimate(x,r)。

功能：对离散时间信号向量x按抽取因子r抽取，得到信号向量y，相当于降低了采样率r倍。向量y的长度是原信号向量x长度的1/r倍。

内插函数：interp。

格式：y = interp(x,r)。

功能：对离散时间信号向量x按内插因子r内插，得到信号向量y，相当于提高了采样率r倍。向量y的长度是原信号向量x长度的r倍。

本章小结

(1) 多采样率转换的基础是序列的抽取和插值内容，这是为解决实际中经常遇到的采样频率的变换问题而提出来的。

① 减小采样率的过程称为信号的“抽取”，整数倍抽取最简单的方法是将$x(n)$中每M个点中抽取一个，依次组成一个新的序列。抽取后的信号序列的频谱$X_d(e^{j\omega})$是原信号频谱$X(e^{j\omega})$先作M倍的扩展再在ω轴上每隔$2\pi/M$的移位叠加。当$f_s \geqslant 2Mf_c$时，抽取的结果不会发生频谱的混叠。为了防止混叠，一般在抽取前加反混叠滤波器。

② 增加采样率的过程称为信号的“插值”。整数倍插值最简单的方法是在$x(n)$每相邻两个点之间补$L-1$个零。插值后的频谱周期是插值前的频谱周期的$1/L$倍，即插值后频谱作了周期压缩，且出现了多余的镜像频谱。去除镜像频谱的方法为滤波，即插值后需采用低通滤波器去除多余的镜像。

③ 若要实现分数L/M倍的采样率转变，合理的方法是先对信号作插值，然后再抽取。

(2) 采样率转换的问题转换为抗混叠滤波器和镜像滤波器的设计问题，一般采用FIR数字滤波器。滤波器的结构有很多种，这里主要介绍了直接型FIR数字滤波器实现及高效结构。限于篇幅，其他内容，请读者参考其他文献。

习题

8-1　已知序列 $x(n)$ 的傅里叶变换如图题 8-1 所示，试画出下列三组序列所对应的傅里叶变换：

$$x_1(n)=\begin{cases}x(n), & n=3k, k=0,\pm 1,\pm 2,\cdots \\ 0, & n\neq 3k\end{cases}$$

$$x_2(n)=x(3n)$$

$$x_3(n)=\begin{cases}x\left(\dfrac{n}{3}\right), & n=3k, k=0,\pm 1,\pm 2,\cdots \\ 0, & n\neq 3k\end{cases}$$

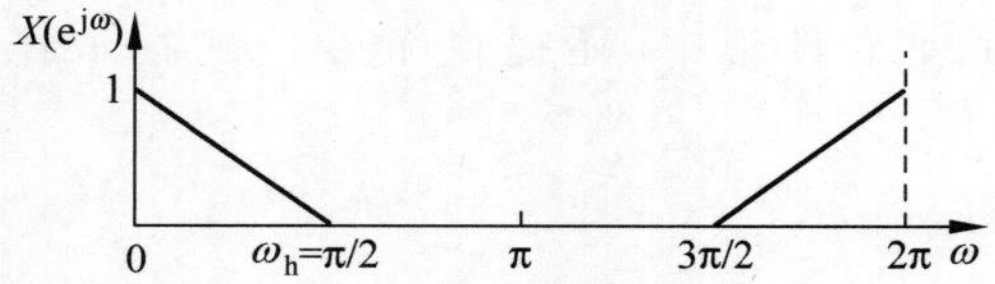

图题　8-1

8-2　什么叫信号的抽取和插值？若一个多采样率系统如图题 8-2 所示，且输入信号已知，试将该系统的工作过程填入表题 8-1 中。

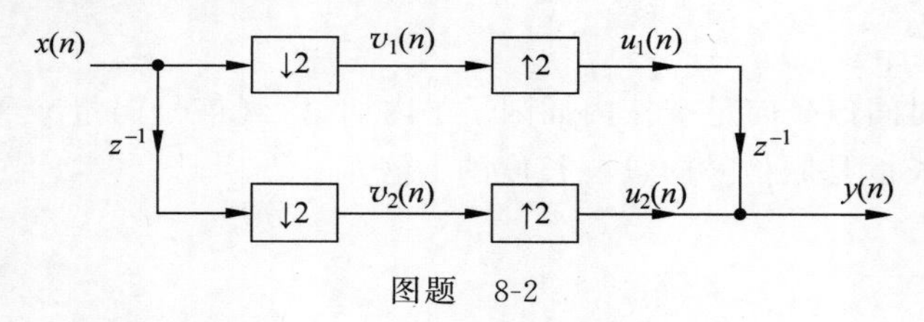

图题　8-2

表题　8-1

n	0	1	2	3	4	5	6	7
$x(n)$	$x(0)$	$x(1)$	$x(2)$	$x(3)$	$x(4)$	$x(5)$	$x(6)$	$x(7)$
$v_1(n)$								
$v_2(n)$								
$u_1(n)$								
$u_2(n)$								
$u_1(n-1)$								
$y(n)$								

8-3　某插值系统如图题 8-3(a)所示，系统中的 $h(n)$ 是图题 8-3(a)右边所示的 5 点序列。图题 8-3(b)是图题 8-3(a)的等效实现，其中 $h_1(n)$、$h_2(n)$、$h_3(n)$ 的长度不超过 3 点 $(0\leqslant n\leqslant 2)$。试求：对任意给定的 $x(n)$，正确选择 $h_1(n)$、$h_2(n)$、$h_3(n)$ 与 $h(n)$ 的关系，使两系统等效，即输出 $y_1(n)=y_2(n)$。

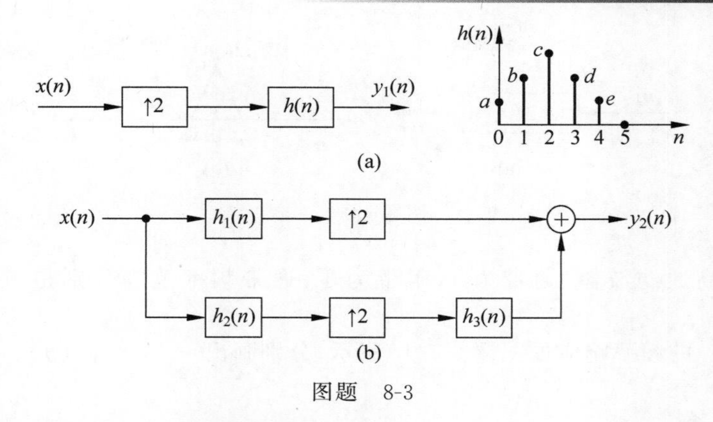

图题　8-3

8-4　已知两个多采样率系统如图题 8-4 所示。

(1) 写出 $Y_1(z)$、$Y_2(z)$、$Y_1(\mathrm{e}^{\mathrm{j}\omega})$、$Y_2(\mathrm{e}^{\mathrm{j}\omega})$的表达式。

(2) 若 $L=M$，试分析这两个系统是否等效，即 $y_1(n)$是否等于 $y_2(n)$，并说明理由。

(3) 若 $L\neq M$，试说明 $y_1(n)$等于 $y_2(n)$的充要条件是什么，并说明理由。

图题　8-4

8-5　已知序列 $x(n)$和它的频谱分别如图题 8-5(a)、图题 8-5(b)所示。由 $x(n)$得到两个新序列 $x_{\mathrm{p}}(n)$和 $x_{\mathrm{d}}(n)$，其中 $x_{\mathrm{p}}(n)$是当采样周期为 2 时，对 $x(n)$采样得到的，而 $x_{\mathrm{d}}(n)$则是对 $x(n)$进行 2 倍抽取得到的，即

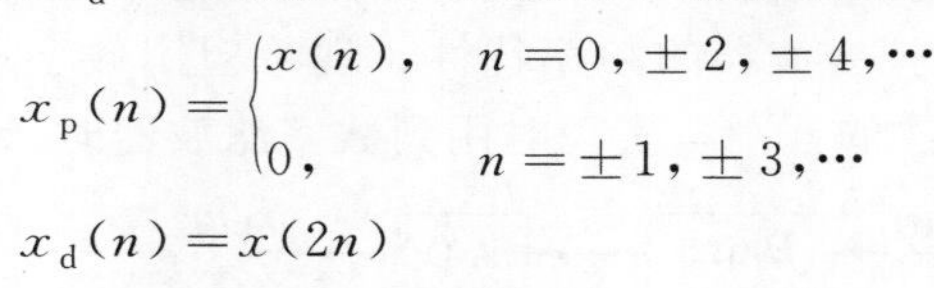

$$x_{\mathrm{p}}(n)=\begin{cases}x(n), & n=0,\pm 2,\pm 4,\cdots \\ 0, & n=\pm 1,\pm 3,\cdots\end{cases}$$

$$x_{\mathrm{d}}(n)=x(2n)$$

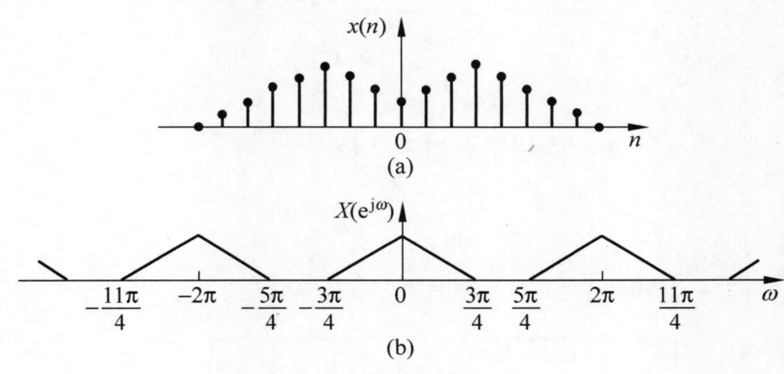

图题　8-5

(1) 由图题 8-5(a)画出 $x_{\mathrm{p}}(n)$和 $x_{\mathrm{d}}(n)$的波形。

(2) 由图题 8-5(b)画出 $x_{\mathrm{p}}(n)$和 $x_{\mathrm{d}}(n)$的频谱波形。

8-6　某抽取器如图题 8-6(a)所示，已知某模拟信号 $x_{\mathrm{a}}(t)$的频谱如图题 8-6(b)所示，其最高频率为 f_{h}，若对该信号以 $f_{\mathrm{s}}\geqslant 2f_{\mathrm{h}}$ 进行采样，形成 $x(n)$，然后通过图题 8-6(a)所示的抽取器，得到抽取后的信号 $x_{\mathrm{d}}(n)$，试分析并分别画出以下波形：原序列的频谱 $|X(\mathrm{e}^{\mathrm{j}\Omega T})|$（以 Ω 为变量）、原序列的频谱 $|X(\mathrm{e}^{\mathrm{j}\omega})|$（以 ω 为变量）、抽取序列($M=2$)的频谱 $|X_{\mathrm{d}}(\mathrm{e}^{\mathrm{j}\Omega MT})|$（以 Ω 为变量）、抽取序列($M=2$)的频谱 $|X_{\mathrm{d}}(\mathrm{e}^{\mathrm{j}\omega'})|$（以 $\omega'=M\Omega T$ 为变量）。

8-7　在图题 8-7(a)所示的系统中，已知 $H_0(z)$、$H_1(z)$、$H_2(z)$分别是理想的实系数

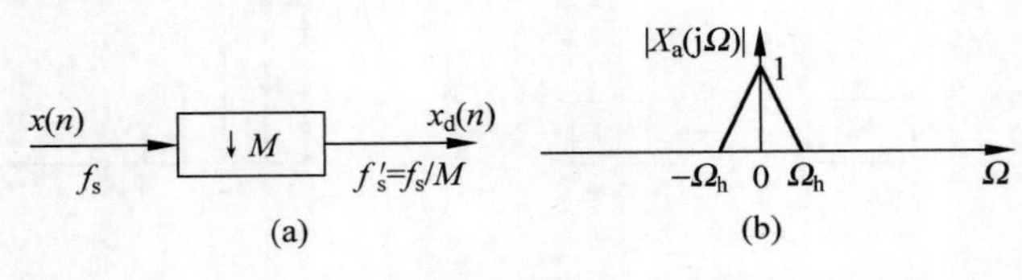

图题 8-6

的低通、带通和高通滤波器，通带为1，阻带为零，通带频率范围分别是 $0\sim\frac{\pi}{3}$、$\frac{\pi}{3}\sim\frac{2\pi}{3}$、$\frac{2\pi}{3}\sim\pi$，已知 $x(n)$ 的频率响应如图题 8-7(b)所示，分别画出 $y_0(n)$、$y_1(n)$、$y_2(n)$ 的频谱的幅频响应。

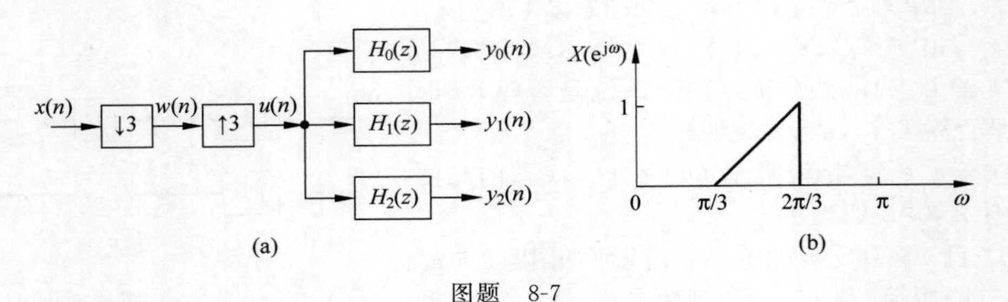

图题 8-7

8-8　已知序列 $x_1(n)$ 由图题 8-8(a)所示的系统得到，序列 $x_2(n)$ 由图题 8-8(b)所示的系统得到，图题 8-8(c)为模拟滤波器的频率特性。现希望用数字域方法直接从 $x_1(n)$ 得到 $x_2(n)$，试给出具体实现方法的框图。实现时用到数字滤波器时，请给出具体指标要求。

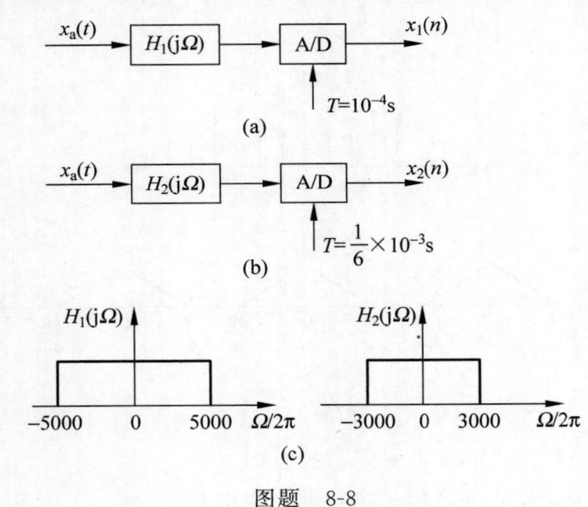

图题 8-8

8-9　令 $x(n)=\sin(2\pi nf/f_s)$，$f/f_s=1/16$，请编程实现该题的要求，并给出每一种情况下的数字低通滤波器的频率特性及频率转换后的信号图形，并解释所得结果。

(1) 作 $L=3$ 倍的插值，每个周期为 48 点。

(2) 作 $M=4$ 倍的抽取，每个周期为 4 点。

(3) 作 $L/M=3/4$ 倍的采样率转换，每个周期为 12 点。

8-10　产生一个正弦信号，每个周期 40 个点，分别用 interp、decimate 作 $L=2$，$M=3$

的插值与抽取，再用 resample 作 2/3 倍的采样率转换，给出信号的波形。

8-11　对时域正弦序列 $x(n)=\sin(2\pi\cdot0.12n)$ 进行 3 倍内插和 3 倍抽取操作，画出原始序列、内插序列和抽取序列的时域波形。又假设输入序列是一个带限实信号，截止频率为 $\pi/3$，频谱如图题 8-11 所示，试分析输入序列内插 3 倍、抽取 3 倍后的输出频谱变化。

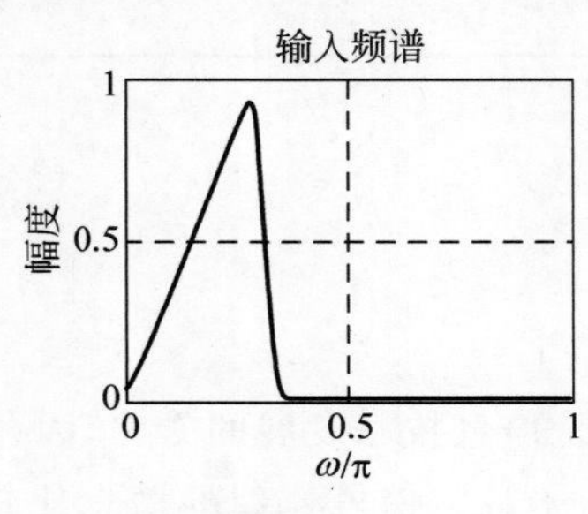

图题　8-11

第9章 数字信号处理实验

CHAPTER 9

人类进入信息时代，数字化是信息技术发展的方向，因此数字信号的处理已成为许多工程技术人员必不可少的知识。由于数字信号处理的概念比较抽象，再加上其数值计算又比较烦琐，因此，国外很早就开始把 MATLAB 用于数字信号处理的教学过程中，并取得了很好的效果，现在 MATLAB 已经成为解决数字信号处理问题的公认的标准软件。

为了推动数字信号处理课程的发展和改革，使它更好地与国际接轨，在本书中，每一章都给出了 MATLAB 例题和习题。这些例题和习题，是对书中基本内容的补充和提高。通过这些例题和习题，可以帮助同学们弄清一些重要的概念，并学会利用计算机软件解决在理论学习中不易解决的问题。MATLAB 上机实验是课程学习的重要实践环节，它不仅能帮助大家灵活运用课程的基本内容，加深对课程基本概念的理解，而且对以后深入学习和应用信号处理知识，解决一些具体问题，都会有很大的帮助。因此，在本书中安排了 MATLAB 上机实验，同学们可以选做其中的实验内容。另外，本章最后还配有上机习题，可以作为课程实验练习和上机考试的习题。

9.1 实验开发工具 MATLAB 基础

MATLAB 是由美国 MathWorks 公司推出的软件产品，MATLAB 是 Matrix Laboratory（矩阵实验室）的缩写，它的基本数据单元是不需要指定维数的矩阵。强大的计算功能和极高的编程效率、良好的交互性、丰富的图形函数以及可用于多种学科的工具箱是 MATLAB 的主要特点。目前，MATLAB 的发展早已大大超出了“矩阵实验室”的范围。

9.1.1 MATLAB 语言

1. 简介

MATLAB 语言由一些简单的命令组成，这些命令即为基本的语句，它们可以在窗口下执行，也可以由命令串以及控制语句和说明语句组成程序。

1）MATLAB 的各种文件

MATLAB 中包括 5 种文件：M 文件，以.m 为扩展名；数据文件，以.mat 为扩展名；图形文件，以.fig 为扩展名；MEX 文件，以.mex 或.dll 为扩展名；模型和仿真文件，模型文件以.mdl 为扩展名，仿真文件以.s 为扩展名。

2）MATLAB的搜索路径

为了使编制好的程序在MATLAB中执行，必须设置搜索路径。

利用菜单“File\Set Path”选项打开路径设置(Set Path)对话框，将用户自己建立的目录加入MATLAB的目录系统中，以便所编制的文件能够在MATLAB环境中直接调用。

对输入命令的解释，MATLAB按以下顺序进行：

(1) 检查它是否是工作空间中的变量，如是，则显示变量内容。

(2) 检查它是否是嵌入函数，如是，则运行。

(3) 检查它是否是子函数。

(4) 检查它是否是私有函数。

(5) 检查它是否是位于MATLAB搜索路径范围内的函数文件或脚本文件。

如果有两个以上的情况与输入的命令相匹配，MATLAB将只执行第一个匹配。

2. 语言基础

1）基本概念

常量是程序语句中取不变值的那些量，变量是在程序运行中其值可以改变的量，变量由变量名表示。变量名可以由字母、数字和下画线混合组成，但必须以字母开头，字符长度不能大于31。变量命名区分大小写。

MATLAB中有一些特殊常量和变量。

(1) 变量ans：指示当前未定义变量名的答案。

(2) 常数eps：表示浮点相对精度。该变量值作为一些MATLAB函数计算的相对浮点精度，按IEEE标准，$eps=2^{-52}$，近似为2.2204e-16。

(3) 常数Inf：表示无穷大。当输入或计算中有除以0时产生Inf。

(4) 虚数单位i、j：复数的虚部单位。

(5) NaN：表示不定型值，是由0/0运算产生的。

(6) 常数pi：表示圆周率π。

(7) 向量：是一个数学量，一个n维的行向量是一个$1\times n$阶的矩阵，而列向量则当成$n\times 1$阶的矩阵。

(8) 数组：不是一个数学量，一维数组的数学原型是向量，二维数组的数学原型是矩阵。此外，还有多维数组。

(9) 矩阵：是一个数学概念，其运算有严格的数学定义。

(10) 函数：是一个数学量。最一般的引用格式是：函数名(参数1,参数2,…)，常用函数有exp(指数)、log(常用对数)、log2(以2为底的对数)、sqrt(平方根)、abs(绝对值)、angel(幅角)、conj(共轭)、real(实部)、imag(虚部)；sin(正弦)、cos(余弦)、tan(正切)和cot(余切)等。

2）矩阵运算

对于一般的矩阵，MATLAB的生成方法有多种。最简单的方法是从键盘直接输入矩阵元素。直接输入矩阵元素时应注意：各元素之间用空格或逗号隔开，用分号或回车结束矩阵行，用中括号把矩阵所有元素括起来。例如：x=[2,pi/2,sqrt(3),3+5i]或x=[1 2 3; 4 5 6; 7 8 9]等。也可以采用

```
x = a: inc: b
```

其中，inc 为采样点之间的间隔，即步长，可以取正数或负数；inc 可以省略，默认其取值为 1。例如：x=0：0.01：100，表示产生一个一维行矩阵 x，矩阵第一个元素为 0，最后一个元素为 100。或者

```
x = linspace(a,b,n)
```

该函数的含义为：在线性空间上，行向量（或矩阵）的值从 a 到 b，数据个数为 n，默认 n 为 100。

对于特殊的矩阵可直接调用 MATLAB 的函数生成，例如：

函数 zeros 生成全 0 矩阵，调用格式为 B=zeros(m,n)，表示生成 m×n 的全 0 阵。

函数 ones 生成全 1 矩阵，调用格式为 B=ones(m,n)，表示生成 m×n 的全 1 阵。

函数 eye 生成单位阵，调用格式为 B=eye(m,n)，表示生成 m×n 矩阵，其中对角线元素全为 1，其他元素为 0。

rand(m,n)用来产生一个 m×n 的均匀分布的随机矩阵，而 randn(m,n)用来产生一个 m×n 的高斯分布的随机矩阵。

矩阵生成完后，可以通过矩阵下标，对矩阵进行插入子块、提取子块和重排子块的操作。有两种下标方法：全下标和单下标（按列的先后顺序用单个数码顺序地连续编号）。例如，A(m,n)表示提取第 m 行第 n 列元素；A(:,n)表示提取第 n 列元素；A(m,:)表示提取第 m 行元素；A(m1:m2,n1:n2)表示提取第 m1 行到第 m2 行和第 n1 列到第 n2 列的所有元素（提取子块）。

矩阵常用的代数运算包括转置、四则运算与幂运算。

符号“'”或“.'”均表示转置，对于实矩阵用“'”符号或“.'”求转置结果是一样的；然而对于含复数的矩阵，则“'”将同时对复数进行共轭处理，而“.'”则只是将其排列形式进行转置。

一般的加“+”、减“−”、乘“*”、除“/”、幂“^”等操作符在 MATLAB 中有不同的意义，这些操作均针对矩阵操作，即代表矩阵的加、减、乘、除及乘方运算。此外，还有点乘“.*”表示两个矩阵的对应元素乘；点除“./”表示两个矩阵的对应元素相除。这些操作符同样适用于标量操作。幂次通常用标量表示，例如 A^P，表示 A 的 P 次方。而“.^”为计算对应元素的幂，A.^P 为两个大小相同的矩阵进行操作，P 中的每一个元素作为 A 中对应元素的幂次，P 为标量是一特例，完成与 A^P 相同的操作。

3. 绘图功能

MATLAB 提供了丰富的绘图功能，其中，“help graph2d”可得到所有画二维图形的命令，“help graph3d”可得到所有画三维图形的命令。下面介绍常用的二维图形命令。

1）基本的绘图命令

```
plot(x,y);
plot(x,y,'option'); % 选项参数 option 定义了图形曲线的颜色、线型及标示符号
plot(x1,y1,'option1',x2,y2,'option2',…)
```

x1,y1 给出的数据分别为 x,y 轴坐标值，option1 为选项参数，以逐点连折线的方式绘制 1 个二维图形；同时类似地绘制第二个二维图形等。选项：'--'虚线；':'实线；'.'用点号标出数据点；'o'用圆圈标出数据点。还有表示颜色选项的，如'r'表红色，'k'表黑色，'g'表绿色，'b'表蓝色等，默认为蓝色。

例 9-1 画出函数 $y=\mathrm{e}^{-t/3}$ 和 $y=\mathrm{e}^{-t/3}\sin 3t$ 的曲线。

解 MATLAB 编程如下：

```
t = 0: pi/50: 4 * pi;
y = exp( - t/3);
y1 = exp( - t/3). * sin(3 * t);
plot(t,y,'r',t,y1,'b')
```

2）选择图像

figure(1),figure(2),…,figure(n)：用于打开不同的图形窗口，以便绘制不同的图形。

3）显示或隐藏坐标网格

grid on：在所画出的图形坐标中加入栅格；grid off：除去图形坐标中的栅格。

4）hold on：把当前图形保持在屏幕上不变，同时允许在这个坐标内绘制另外一个图形；hold off：使新图覆盖旧的图形。

5）设定轴的范围

```
axis([xmin xmax ymin ymax])
```

6）图形标注

title('字符串')：在所画图形的最上端显示说明该图形标题的字符串。

xlabel('字符串'),ylabel('字符串')：设置 x,y 坐标轴的名称。

7）图例

legend('字符串 1','字符串 2',…,'字符串 n')：在屏幕上开启一个小视窗，然后依据绘图命令的先后次序，用对应的字符串区分图形上的线。

8）subplot(m,n,k)：分割图形显示窗口命令。其中，m 为上下分割个数，n 为左右分割个数，k 为子图编号。

9）semilogx：绘制以 x 轴为对数坐标（以 10 为底），y 轴为线性坐标的半对数坐标图形。

semilogy：绘制以 y 轴为对数坐标（以 10 为底），x 轴为线性坐标的半对数坐标图形。

10）其他应用型绘图指令，可用于数值统计分析或离散数据处理等，包括条形图 bax(x,y)；饼图 pie(y,x)；阶梯图 stairs(x,y)；离散图 stem(x,y)。

4. MATLAB 程序设计

1）MATLBA 程序的基本设计原则

（1）%后面的内容是程序的注解，要善于运用注解使程序更具可读性。

（2）养成在主程序开头用 clear 指令清除变量的习惯，以消除工作空间中其他变量对程序运行的影响。但注意在子程序中不要用 clear。

（3）参数值要集中放在程序的开始部分，以便维护。要充分利用 MATLAB 工具箱提供的指令执行所要进行的运算，在语句行之后输入分号使其及中间结果不在屏幕上显示，以提高执行速度。

（4）程序尽量模块化，也就是采用主程序调用子程序的方法，将所有子程序合并在一起执行全部的操作。

（5）充分利用 Debugger 进行程序的调试（设置断点、单步执行、连续执行），并利用其他工具箱或图形用户界面（GUI）的设计技巧，将设计结果集成到一起。

(6) 设置好 MATLAB 的工作路径，以便程序运行。

2) MATLAB 程序的基本组成结构

%说明

清除命令：清除工作空间中的变量和图形(clear，close)。

定义变量：包括全局变量的声明及参数值的设定。

逐行执行命令：指 MATLAB 提供的运算指令或工具箱提供的专用命令。

… … …

控制循环 ←　：包含 for，if then，switch，while 等语句

逐行执行命令

… … …

end ←

绘图命令：将运算结果绘制出来。

3) M 文件的编辑

M 文件有两种形式：脚本文件(Script File)和函数文件(Function File)。

脚本文件以.m 格式进行存取，包含一连串的 MATLAB 指令和必要的注解。运行过程中产生的所有变量均是命令工作空间变量，没有输入参数，也不会返回参数。

函数文件由函数定义行(关键字 function)开始，格式为：

```
function[out1,out2,…] = filename(in1,in2,…)
```

其他包括：

H1 行：帮助文件的第一行，以(%)开头，供 lookfor 指令查询时使用。

帮助文本：在函数定义行后面，以(%)开头，用以说明函数的作用及有关内容。以供 help 命令查询时使用。

函数体：包含了全部的用于完成计算及给输出参数赋值等工作的语句。

9.1.2 交互式仿真 Simulink

1. 简介

Simulink 是 MATLAB 软件的扩展，是实现动态系统建模和仿真的一个软件包，它与 MATLAB 语言的主要区别在于用户交互接口是基于 Windows 的模型化图形输入，其结果是使得用户可以把更多的精力投入系统模型的构建上，而非语言的编程上。

1990 年，MathWorks 软件公司为 MATLAB 提供了新的控制系统模型图输入与仿真工具，并命名为 SIMULAB，该工具很快就在控制工程界获得了广泛的认可，使得仿真软件进入了模型化图形组态阶段。但因其名字与当时比较著名的软件 SIMULA 类似，所以 1992 年 MathWorks 公司正式将该软件更名为 Simulink。在 MATLAB 命令窗口中直接输入 Simulink 即可运行 Simulink。

2. 模型的创建

模块是建立 Simulink 模型的基本单元，模块的基本操作包括选取模块、复制和删除模块、模块的参数和属性设置、模块外形的调整、模块的连接等。

3. 仿真的配置和运行

建立起系统模型之后，就可以对模型进行动态仿真。进行仿真可以使用 Simulink 模型窗口中菜单 Simulation 下的命令。

仿真运行之前一般需要对仿真参数进行设置。仿真参数设置包括 Solver、Workspace I/O Page、Diagnostics 和 Real-Time Workshop 等。其中，Solver 选项中步长参数需要特别设置。对于变步长模式，用户可以设置最大的和推荐的初始步长参数，缺省情况下，步长自动地确定，它由值 auto 表示。Maximum Step Size(最大步长参数)：它决定了解法器能够使用的最大时间步长，它的默认值为“仿真时间/50”，即整个仿真过程中至少取 50 个采样点，但这样的取法对于仿真时间较长的系统则可能带来采样点过于稀疏，而使仿真结果失真。Initial Step Size(初始步长参数)：一般建议使用默认值 auto 即可。详细设置方法请参阅帮助文件。

设置完后，选择 Simulink 菜单下的 start 选项启动仿真，如果模型中有些参数没有定义，则会出现错误信息提示框。如果一切设置无误，则开始仿真运行，结束时系统会发出一声鸣叫。

4. 子系统封装技术

子系统可以理解为一种“容器”，它将一组相关的模块封装起来。组合模块有两种方法：一种方法是采用 Ports&Subsystems 模块库中的 Subsystem 功能模块，利用其编辑区设计组合新的功能模块；另一种方法是将现有的多个功能模块组合起来，形成新的功能模块。

对于很大的 Simulink 模型，通过自定义功能模块可以简化图形，减少功能模块的个数，有利于模型的分层构建。

9.1.3 滤波器设计分析工具 FDATool

在实际工程中常常遇到滤波器设计和分析工具，而它的设计与分析过程以及计算都相当复杂。MATLAB 中的滤波器设计分析工具很好地解决了这个问题。FDATool(Filter Design and Analysis Tool)是一个功能强大的数字滤波器设计分析工具，它涵盖了信号处理工具箱中所有的滤波器设计方法，利用它可以方便地设计出满足各种性能指标的滤波器，并可查看该滤波器的各种分析工具。

在命令窗中运行 FDATool 命令可打开该工具。FDATool 的界面分上下两个部分：上面部分显示有关滤波器的信息，下面部分用来指定设计参数，如图 9-1 所示。采用 FDATool 设计滤波器的一般步骤如下：

(1) 在 Response Type 下选择滤波器类型：低通、高通、带通、带阻、微分器、Hilbert 变换器、多带、任意频率响应等；然后在 Design Method 下选择一个合适的设计方法。

(2) 在 Filter Order 下选择滤波器阶数，可以使用满足要求的最小滤波器阶数或直接指定滤波器的阶数。

(3) 根据前两步选择的设计方法，设置 Options 下显示的与该方法对应的可调节参数。

(4) 在 Frequency Specifications 和 Magnitude Specifications 下指定设计指标。

一般来说，不同的滤波器类型和设计方法需要不同的设计参数。对于某些设计方法(如多带 FIR 等纹波滤波器设计时)，这两个面板会合并为一个面板。

设置完所有的设计指标后，单击 Design Filter 按钮即可完成滤波器的设计。

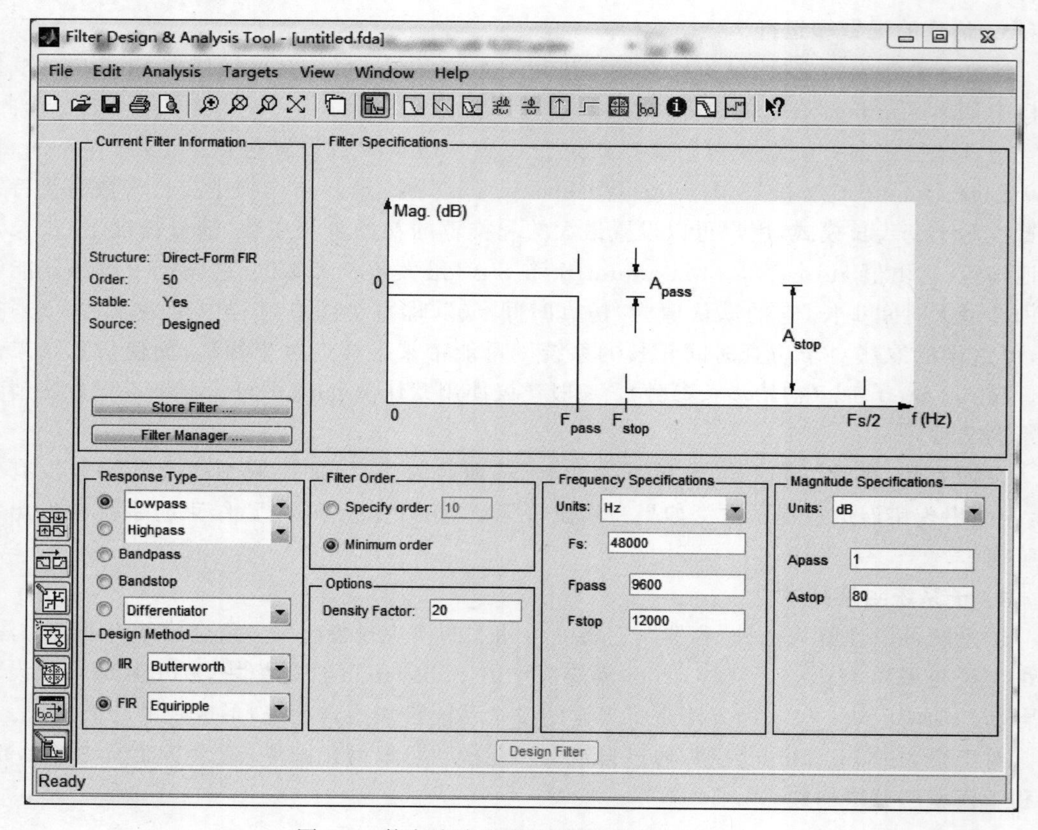

图 9-1　数字滤波器设计分析工具 FDATool

此外，通过 FDATool 的工具条还可以查看设计的滤波器性能；使用菜单 Edit→Convert 命令可以转换当前滤波器的结构；使用菜单 File→Export 命令可以导出或保存设计结果等。

以上介绍了 FDATool 启动时默认显示的滤波器设计分析界面。此外，单击 FDATool 左侧工具栏内的按钮，还可以显示其他几个设计分析界面，这里就不再介绍了。

这里以一个例子，说明如何应用 FDAtool 进行滤波器的设计与分析。

例 9-2　设计一个切比雪夫Ⅱ型带通滤波器，阻带上限频率为 14.4kHz，下限频率为 7.2kHz，通带上限频率为 12kHz，下限频率为 9.6kHz，其通带波纹为 1dB，阻带衰减为 60dB，采样频率为 48kHz。

解　按照 FDAtool 设计的步骤首先设置滤波器类型、滤波器设计方法、滤波器阶数、滤波器频率参数、滤波器幅度参数等，设置完毕后的界面如图 9-2 所示。

单击滤波器显示区下方的 Design Filter 按钮，就得到所设计的滤波器了。在 FDAtool 窗口右上方位置的显示区内显示出设计的滤波器幅度响应图，如图 9-3 所示。这是一个 10 阶 IIR 带通滤波器，名为 untitled. fda。为了便于再次调用该滤波器，可用 File 菜单中的 Save Session 或 Save Session As 命令将该滤波器更名保存。

为了对滤波器的时域和频域特性进行观察和分析，FDAtool 提供了专门的滤波器分析工具区。选择 Analysis 菜单中的 Magnitude Response 命令，在滤波器显示区将显示该滤波器的幅度响应图，同理可以分析该滤波器的相位响应图、群延迟特性、单位冲激响应特性等。

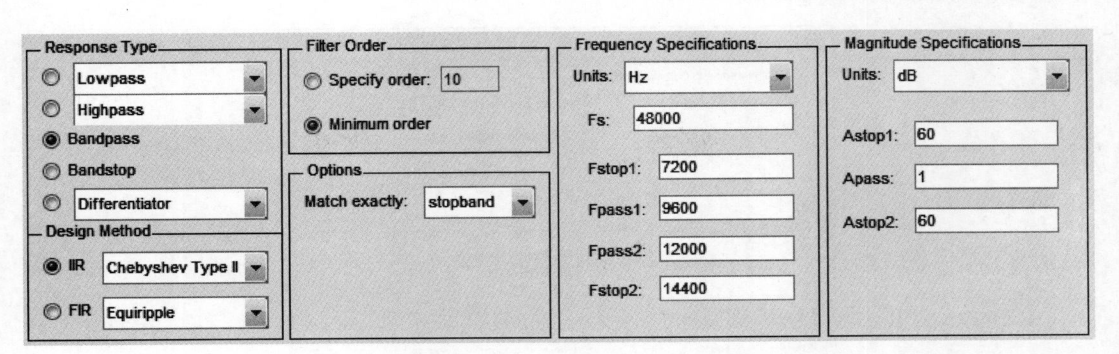

图 9-2 切比雪夫Ⅱ型带通滤波器参数设置界面

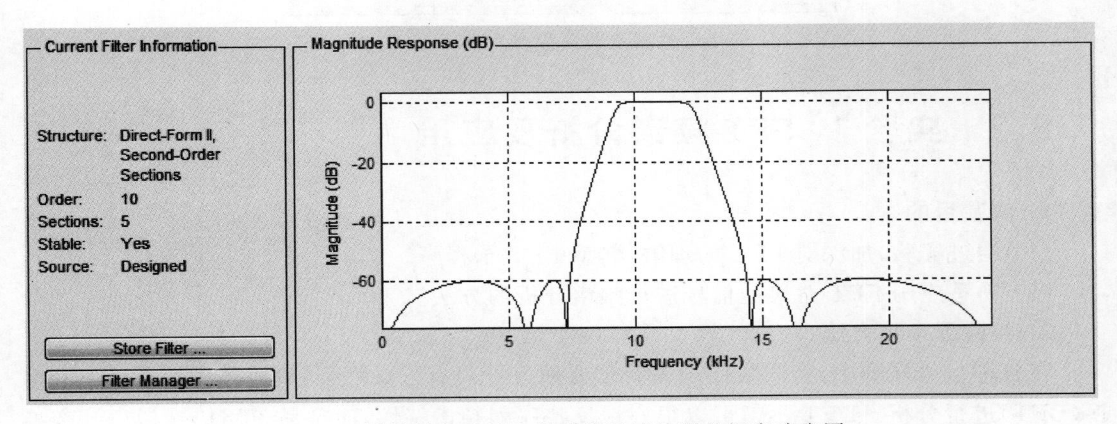

图 9-3 设计的切比雪夫Ⅱ型带通滤波器的幅度响应图

图 9-4 为滤波器的零极点特性图。设计出滤波器的参数之后，若要用实际的 DSP 芯片实现该滤波器，需要编写通用的语言，以便向 DSP 所需要的汇编语言转换；若用 C 语言实现，可以应用 FDAtool 工具产生 DSP-C 语言头文件，具体操作为：在 Targets 菜单中，选择 Generate C Header 命令即可出现图 9-5 所示的界面，选择输出数据的类型，则可得到所需的 C 语言头文件。有关 DSP 硬件实现的详细内容，可参考“数字信号处理器原理及应用”中的实验内容。

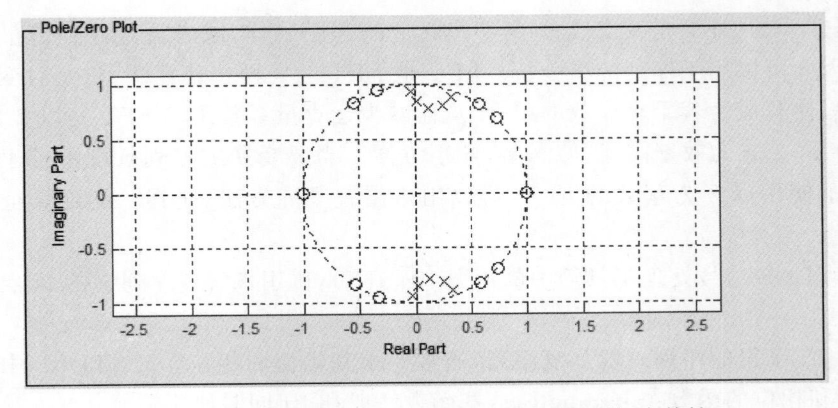

图 9-4 设计的切比雪夫Ⅱ型带通滤波器的零极点特性

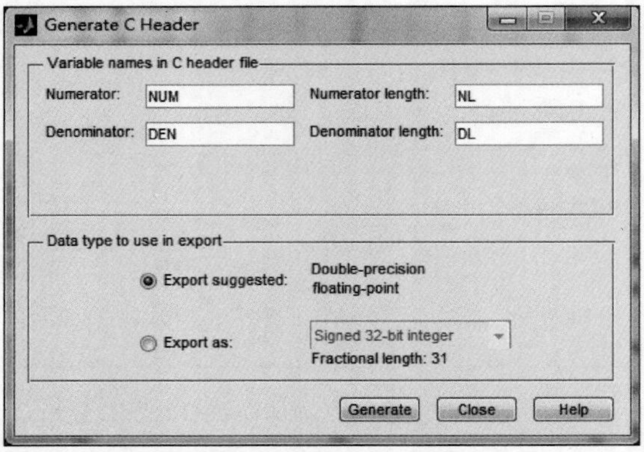

图 9-5　应用带通滤波器系数产生 DSP-C 语言头文件

9.2　实验 1：FFT 频谱分析及应用

1. 实验目的

(1) 通过实验，加深对 FFT 的理解，熟悉 FFT 子程序。

(2) 熟悉应用 FFT 对典型信号进行频谱分析的方法。

2. 实验原理与方法

在各种信号序列中，有限长序列占有重要地位。对有限长序列，可以利用离散傅里叶变换(DFT)进行分析。DFT 不但可以很好地反映序列频谱特性，而且易于用快速傅里叶变换(FFT)在计算机上实现。

设序列为 $x(n)$，长度为 N，其 DFT 定义为

$$X(k)=\sum_{n=0}^{N-1}x(n)W_N^{nk},\quad k=0,1,\cdots,N-1$$

反变换为

$$x(n)=\frac{1}{N}\sum_{k=0}^{N-1}X(k)W_N^{-kn},\quad n=0,1,\cdots,N-1$$

有限长序列的 DFT 是其 Z 变换在单位圆上的等距采样，或者说是序列傅里叶变换的等距采样，因此可以用于序列的谱分析。FFT 是 DFT 的一种快速算法，它是对变换式进行一次次分解，使其成为若干小点数的组合，从而减少运算量。常用的 FFT 是以 2 为基数的，其长度 $N=2^M$。它的效率高，程序简单，使用方便。当要变换的序列长度不等于 2 的整数次方时，为了使用以 2 为基数的 FFT，可以用末尾补零的方法，使其长度延长至 2 的整数次方。

在 MATLAB 信号处理工具箱中的函数 fft(x,N)，可用来实现序列 x 的 N 点快速傅里叶变换。

经函数 fft 求得的序列一般是复序列，通常要求其幅值和相位。MATLAB 中提供了求复数的幅值和相位的函数：abs、angle，这些函数一般和 fft 同时使用。

3. 实验内容

(1) 模拟信号 $x(t)=2\cos(4\pi t)+5\cos(8\pi t)$，以 $t=0.01n\ (n=0:N-1)$ 进行采样：

①求 $N=40$ 点 FFT 的幅度频谱,从图中能否观察出信号的两个频率分量?②提高采样点数,如 $N=128$,再求该信号的幅度频谱,此时幅度频谱发生了什么变化?信号的两个模拟频率和数字频率各为多少?FFT 频谱分析结果与理论上是否一致?

(2) 一个连续信号含三个频率分量,经采样得以下序列

$$x(n)=\sin 2\pi\times 0.15n+\cos 2\pi\times(0.15+\Delta f)n+\cos 2\pi\times(0.15+2\Delta f)n,\quad n=0,1,\cdots,N-1$$

已知 $N=16$,Δf 分别为 1/16、1/64,观察其频谱;当 $N=64$、128,Δf 不变,其结果有何不同?为什么?分析参数变化对频率分辨率的影响。

(3) 被噪声污染的信号,很难看出所包含的频率分量,如一个由 50Hz 和 120Hz 正弦信号构成的信号,受零均值随机噪声的干扰,数据采样率为 1000Hz。选取合适的采样点数,试用 FFT 函数分析其信号频率成分,并绘制出信号的时域和频域波形。

(4) 已知 AM 调幅信号 $x(t)=[A_0+m(t)]\cos\omega_c t$,其中 $m(t)=A\cos\Omega t$,以采样频率 f_s,采样长度 N,对信号 $x(t)$进行采样,频率分辨率为 1Hz。求采样信号的频谱和功率谱,并验证不发生频谱泄露的条件。

注:在 MATLAB 中,可用 Y=fft(y,N)和 P=Y. * conj(Y)/N 求信号功率谱。

(5) 双音多频(DTMF)信号是将拨号盘上的 0~F 共 16 个数字,用音频范围的 8 个频率表示的一种编码方式。8 个频率分为高频群和低频群两组,分别作为列频和行频。每个字符的信号由来自列频和行频的两个频率的正弦信号叠加而成。频率组合方式如表 9-1 所示。

表 9-1 双音多频(DTMF)信号频率组合方式

频　　率	1209Hz	1336Hz	1477Hz	1633Hz
697Hz	1	2	3	A
770Hz	4	5	6	B
852Hz	7	8	9	C
941Hz	*/E	0	#/F	D

用计算机声卡采集一段电话双音多频(DTMF)拨号数字 0~9 的数据,采用快速傅里叶变换分析这 10 个号码拨号时的频谱,并与理论值进行比较。

(6) 研究高密度频谱与高分辨率频谱。

频率分辨率是指所用的算法能将信号中两个靠得很近的谱峰分开的能力。由于信号末尾补零没有对原信号增加任何新的信息,因此不能提高频率分辨率,但可以减小栅栏效应,所得到的频谱称为高密度频谱。在维持采样频率 f_s 不变的情况下,为提高分辨率只能增加采样点数 N,此时所得到的频谱称为高分辨率频谱。

设有连续信号

$$x_a(t)=\cos(2\pi\times 6.5\times 10^3 t)+\cos(2\pi\times 7\times 10^3 t)+\cos(2\pi\times 9\times 10^3 t)$$

以采样频率 $f_s=32$kHz 对信号 $x_a(t)$采样,分析下列几种情况的幅频特性:①采集数据长度 $N=16$ 点,作 $N=16$ 的 FFT;采集数据长度 $N=16$ 点,补零到 256 点,作 256 点的 FFT;②采集数据长度 $N=64$ 点,作 $N=64$ 的 FFT;采集数据长度 $N=64$ 点,补零到 256 点,作 256 点的 FFT;③采集数据长度 $N=256$ 点,作 $N=256$ 点的 FFT。

观察以上几幅不同的幅频特性曲线,分析和比较它们的特点,并说明形成的原因。

注：在 MATLAB 中，可用 zeros 函数实现填零运算，例如 x1=[x(1：1：16)，zeros(1，240)]。

4. 实验报告

(1) 简述实验目的和原理。

(2) 按实验步骤附上实验信号序列和幅频特性曲线，分析所得到的图形，说明参数改变对时域和频域的影响。

(3) 什么是高密度频谱？什么是高分辨率频谱？说明实验内容(6)中为区分三个频率分量至少应采集多少个样本？为什么？

(4) 总结实验中的主要结论。

(5) 收获与建议。

9.3 实验 2：IIR 数字滤波器的设计

1. 实验目的

(1) 掌握脉冲响应不变法和双线性变换法设计 IIR 数字滤波器的具体方法和原理，熟悉双线性变换法和脉冲响应不变法设计低通、高通、带通、带阻 IIR 数字滤波器的计算机编程。

(2) 观察双线性变换法和脉冲响应不变法设计的数字滤波器的频域特性，了解双线性变换法和脉冲响应不变法的特点和区别。

(3) 熟悉巴特沃思滤波器、切比雪夫滤波器和椭圆滤波器的频率特性。

2. 实验原理与方法

IIR 数字滤波器的设计方法可以用图 9-6 概括，本实验主要掌握 IIR 数字滤波器的第一种方法，即利用模拟滤波器设计 IIR 数字滤波器，这是 IIR 数字滤波器设计最常用的方法。利用模拟滤波器设计，需要将模拟域的 $H_a(s)$ 转换为数字域 $H(z)$，最常用的转换方法为脉冲响应不变法和双线性变换法。

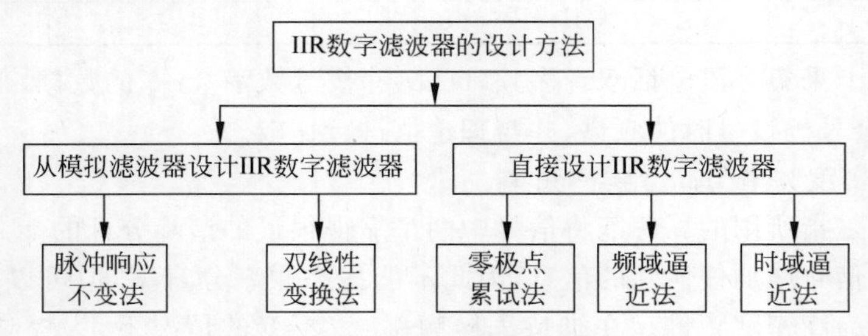

图 9-6 IIR 数字滤波器的设计方法图

1) 脉冲响应不变法

用数字滤波器的单位脉冲响应序列 $h(n)$ 模仿模拟滤波器的冲激响应 $h_a(t)$，让 $h(n)$ 正好等于 $h_a(t)$ 的采样值，即

$$h(n)=h_a(nT)$$

其中 T 为采样间隔。如果以 $H_a(s)$ 及 $H(z)$ 分别表示 $h_a(t)$ 的拉普拉斯变换及 $h(n)$ 的 Z 变换，则

$$H(z)\Big|_{z=e^{sT}}=\frac{1}{T}\sum_{k=-\infty}^{\infty}H_a\left(s-j\frac{2\pi}{T}k\right)$$

在 MATLAB 中,可用函数 impinvar 实现从模拟滤波器到数字滤波器的脉冲响应不变映射。

2) 双线性变换法

s 平面与 z 平面之间满足下列映射关系:

$$s=\frac{2}{T}\frac{1-z^{-1}}{1+z^{-1}}\quad 或 \quad z=\frac{T/2+s}{T/2-s}$$

s 平面的虚轴单值地映射于 z 平面的单位圆上,s 平面的左半平面完全映射到 z 平面的单位圆内。双线性变换不存在频率混叠问题。

在 MATLAB 中,可用函数 bilinear 实现从模拟滤波器到数字滤波器的双线性变换映射。

双线性变换是一种非线性变换,即 $\Omega=\frac{2}{T}\tan\frac{\omega}{2}$,这种非线性引起的幅频特性畸变可通过预畸得到校正。

3) 设计步骤

在 IIR 数字滤波器的设计过程中,模拟滤波器的设计是关键。模拟滤波器的设计一般是采用分步设计的方式,这样设计原理非常清楚,具体步骤如前面 5.6 节所述。MATLAB 信号处理工具箱也提供了模拟滤波器设计的完全工具函数:butter、cheby1、cheby2、ellip、besself,用户只需一次调用就可完成模拟滤波器的设计,这样虽简化了模拟滤波器的设计过程,但设计原理却被屏蔽了。

模拟滤波器设计完成之后,利用 impinvar 或 bilinear 函数将模拟滤波器映射为数字滤波器,即完成了所需数字滤波器的设计。

在 MATLAB 信号处理工具箱中,通常用 R_p 和 R_s 来表示 α_p 和 α_s。

3. 实验内容

(1) 参照本书 5.6 节所述滤波器设计步骤,利用双线性变换法设计一个切比雪夫Ⅰ型数字高通滤波器,观察通带损耗和阻带衰减是否满足要求。已知滤波器的指标为 $f_p=0.3\text{kHz}$,$\alpha_p=1.2\text{dB}$,$f_s=0.2\text{kHz}$,$\alpha_s=20\text{dB}$,$T=1\text{ms}$。

(2) 已知 $f_p=0.2\text{kHz}$,$\alpha_p=1\text{dB}$,$f_s=0.3\text{kHz}$,$\alpha_s=25\text{dB}$,$T=1\text{ms}$,分别用脉冲响应不变法和双线性变换法设计一个巴特沃思数字低通滤波器,观察所设计数字滤波器的幅频特性曲线,记录带宽和衰减量,检查是否满足要求。比较这两种方法的优缺点。

(3) 设计一个数字带通滤波器,通带范围为 $0.25\pi\sim0.45\pi$,通带内最大衰减为 3dB,0.15π 以下和 0.55π 以上为阻带,阻带内最小衰减为 15dB,试采用 Butterworth 或 ellip(椭圆)函数模拟低通滤波器设计。

(4) 利用双线性变换法设计一个带宽为 0.08π 的 10 阶椭圆带阻滤波器以滤除数字频率为 0.44π 的信号,选择合适的阻带衰减值,画出幅度响应。产生下面序列的 201 个样本

$$x(n)=\sin 0.44\pi n,\quad n=0,1,\cdots,200$$

并将它通过这个带阻滤波器进行处理(filter 函数),讨论所得到的结果。

4. 实验报告

(1) 简述实验目的和原理。

（2）按实验步骤附上所设计的滤波器传递函数 $H(z)$ 及相应的幅频特性曲线，定性分析所得到的图形，判断设计是否满足要求。

（3）总结脉冲响应不变法和双线性变换法的特点及设计全过程。

（4）收获与建议。

9.4 实验3：FIR 数字滤波器的设计

1. 实验目的

（1）掌握用窗函数法设计 FIR 数字滤波器的原理和方法，熟悉相应的计算机编程。

（2）了解用频率采样法设计 FIR 数字滤波器的原理和实现。

（3）熟悉线性相位 FIR 数字滤波器的幅频特性和相频特性。

（4）了解不同窗函数对滤波器性能的影响。

2. 实验原理与方法

1）窗函数法

窗函数法设计线性相位 FIR 数字滤波器的步骤如下：

（1）确定理想滤波器 $H_d(e^{j\omega})$ 的特性。

（2）由 $H_d(e^{j\omega})$ 求出 $h_d(n)$：本实验中，可利用特殊函数 hd=ideal_lp(wc,N)计算出截止频率为 wc 的理想低通滤波器的单位脉冲响应 $h_d(n)$，对于高通、带通、带阻滤波器单位脉冲响应的计算，利用傅里叶变换的线性特点，也可以由该函数运算实现。

（3）选择适当的窗函数，并根据线性相位条件确定窗函数的长度 N，本实验中，N 实际上在第(2)步求 $h_d(n)$ 时已经确定下来了。

（4）由 $h(n)=h_d(n)w(n)$，$0\leqslant n\leqslant N-1$，得出单位脉冲响应 $h(n)$。

（5）对 $h(n)$ 作离散时间傅里叶变换，得到 $H(e^{j\omega})$。

对于所求的 $H(e^{j\omega})$，分析其幅频特性，若不满足要求，可适当改变窗函数形式或长度 N，重复上述设计过程，以得到满意的结果。

2）频率采样法

频率采样法是从频域出发，将给定的 $H_d(e^{j\omega})$ 加以等间隔采样，然后以 $H_d(k)$ 作为实际数字滤波器的频率特性的采样值 $H(k)$，即令

$$H(k)=H_d(e^{j\omega})\Big|_{\omega=\frac{2\pi}{N}k}=H_d(k),\quad k=0,1,\cdots,N-1$$

由于有限长序列 $h(n)$ 和它的 DFT 是一一对应的，因此可以由频域的这 N 个采样值通过 IDFT 唯一确定有限长序列 $h(n)$，同时根据 $H(z)$ 的内插公式，也可由这 N 个频域采样值内插恢复出 FIR 数字滤波器的 $H(z)$ 及 $H(e^{j\omega})$。

实验时，首先根据设计要求选择滤波器的种类（Ⅰ、Ⅱ、Ⅲ、Ⅳ型滤波器），然后根据线性相位的约束条件，确定 H_k 和 θ_k，进而得到 $H(k)$。在由 $H(k)$ 内插求 $H(e^{j\omega})$ 时，可利用 MATLAB 中的函数 h=real(ifft(H, N))和[db, mag, pha, grd, w]= freqz_m(h, 1)实现。

3. 实验内容

（1）用窗函数法设计一个线性相位 FIR 低通滤波器，设计指标为

$$\omega_p=0.3\pi,\omega_s=0.5\pi,\alpha_p=0.25\text{dB};\alpha_s=50\text{dB}$$

① 选择一个合适的窗函数，取 $N=15$，确定脉冲响应，并给出所设计的滤波器的频率响应图，分析它是否满足设计要求。

② 若取 $N=45$，重复这一设计，观察幅频和相位特性变化，分析长度 N 变化的影响。

③ 保持 $N=45$ 不变，改变窗函数(如由海明窗变为布莱克曼窗)，观察并记录窗函数对滤波器幅频特性的影响，比较两种窗的特点。

(2) 用凯塞(Kaiser)窗设计一个数字带通滤波器，设计指标为

低阻带：$\omega_{s1}=0.2\pi, \alpha_s=60\text{dB}$；低通带：$\omega_{p1}=0.35\pi, \alpha_p=1\text{dB}$

高通带：$\omega_{p2}=0.65\pi, \alpha_p=1\text{dB}$；高阻带：$\omega_{s2}=0.8\pi, \alpha_s=60\text{dB}$

提示：带通滤波器的幅频特性可以利用两个低通滤波器相减实现，如图 9-7 所示。根据傅里叶变换的线性特点，其对应的单位脉冲响应 $h_d(n)$ 也为两个低通滤波器的单位脉冲响应相减。因此，实验时，带通滤波器的 $h_d(n)$ 也可以通过简单调用特殊函数 ideal_lp(wc, N)获得，从而简化了设计过程。

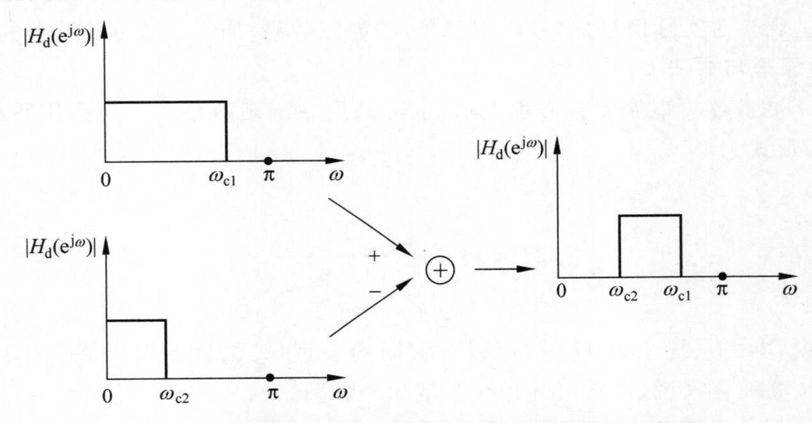

图 9-7　利用两个低通滤波器得到带通滤波器的示意图

思考：如果设计一个高通或带阻滤波器，其 $h_d(n)$ 又如何获得？参照上述指标，给出相应程序，观察设计结果。

(3) 用频率采样法设计一个低通滤波器，已知 $\omega_p=0.2\pi, \omega_s=0.35\pi, \alpha_p=1\text{dB}, \alpha_s=50\text{dB}$，如图 9-8 所示，试问：

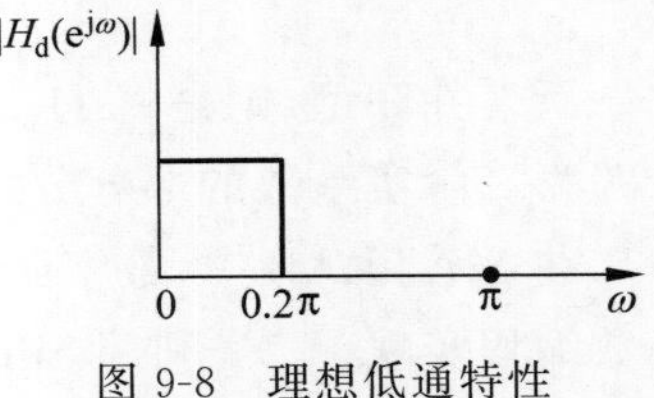

图 9-8　理想低通特性

① 采样点数 $N=33$，过渡带设置 1 个采样点，$H(k)=0.5$，最小阻带衰减为多少，是否满足设计要求？

② 采样点数 $N=34$，过渡带设置 2 个采样点，$H_1(k)=0.5925$，$H_2(k)=0.1099$，最小阻带衰减为多少，是否满足设计要求？

(4) 已知线性相位数字 Hilbert 变换器的理想单位脉冲响应为

$$h_d(n)=\begin{cases}\dfrac{2}{\pi}\cdot\dfrac{\sin^2\pi(n-\alpha)/2}{n-\alpha}, & n\neq\alpha\\ 0, & n=\alpha\end{cases}$$

试用汉宁窗设计一个长度为 25 的数字 Hilbert 变换器，画出时域和频域响应图。

4. 实验报告

(1) 简述实验目的及实验原理。

(2) 按实验步骤画出所设计滤波器的 $h(n)$ 及相应的幅频和相频特性曲线，比较它们的性能，说明不同的窗函数对滤波器性能的影响。

(3) 窗函数法和频率采样法的特点，归纳设计中的主要公式。

(4) 收获与建议。

9.5 实验 4：数字滤波器结构及 Simulink 仿真实现

1. 实验目的

(1) 熟悉数字滤波器的基本结构，掌握数字滤波器的计算机仿真方法。

(2) 熟悉 Simulink 模块的基本操作。

(3) 通过观察对实际信号(如心电图信号)的滤波效果，加强对数字滤波器的感性理解。

2. 实验原理与方法

一个数字滤波器可以用差分方程表示，也可以用系统函数表示。当采用系统函数表示时，它的一般形式为

$$H(z)=\frac{\sum_{r=0}^{M}b_r z^{-r}}{1+\sum_{k=1}^{N}a_k z^{-k}}$$

一般来说，同一系统函数 $H(z)$ 可以有不同的表现形式，因此可以采用不同的结构实现。对于 IIR 滤波器来说，最常用的是级联型和并联型。

所谓级联型是把滤波器用若干二阶子网络级联起来构成，每个二阶子网络采用直接Ⅱ型结构来实现。其系统函数的形式为

$$H(z)=\prod_{i=1}^{N}\frac{1+b_{1i}z^{-1}+b_{2i}z^{-2}}{1+a_{1i}z^{-1}+a_{2i}z^{-2}}$$

所谓并联型，则是将 $H(z)$ 表示成部分分式展开形式，再将其中的共轭复根部分成对的合并为二阶实系数的部分分式。

在 MATLAB 中，数字滤波器的实现及仿真有两种方法：一是利用 filter 函数或 fftfilt 函数编程实现；二是利用 Simulink 仿真模块实现。本实验采用第二种方法。

Simulink 是对动态系统进行建模、仿真和分析的一个软件包，它支持离散时间系统、连续和离散混合系统，因此可以使用它进行数字滤波器的动态仿真。

在 Simulink 中，可以使用 Discrete Filter 模块实现二阶子网络。

例 9-3 某一个六阶巴特沃思数字低通滤波器的系统函数为

$$H(z)=\frac{0.0007378(1+z^{-1})^6}{(1-1.2686z^{-1}+0.7051z^{-2})(1-1.0106z^{-1}+0.3583z^{-2})(1-0.9044z^{-1}+0.2155z^{-2})}$$

(1) 采用级联型结构实现该数字低通滤波器；

(2) 观察对实际心电图信号的滤波效果。

人体心电图信号在测量过程中往往受到工业高频干扰，所以必须经过低通滤波处理。

已知某一实际心电图信号的采样序列如下：

$x(n)=[-4,-2,0,-4,-6,-4,-2,-4,-6,-6,-4,-4,-6,-6,-2,6,12,8,0,-16,-38,-60,-84,-90,-66,-32,-4,-2,-4,8,12,12,10,6,6,6,4,0,0,0,0,0,-2,-4,0,0,0,-2,-2,0,0,-2,-2,-2,-2,0]$，共 56 点。

解 (1) 滤波器的系统函数 $H(z)$ 可以写成以下形式

$$H(z)=\prod_{k=1}^{3} H_k(z)=\frac{A(1+2z^{-1}+z^{-2})}{1-B_k z^{-1}-C_k z^{-2}}$$

其中，$A=0.09036, B_1=1.2686, C_1=-0.7051, B_2=1.0106, C_2=-0.3583, B_3=0.9044, C_3=-0.2155$。

$H(z)$ 由三个二阶子网络 $H_1(z)$、$H_2(z)$ 和 $H_3(z)$ 级联组成，如图 9-9 所示。

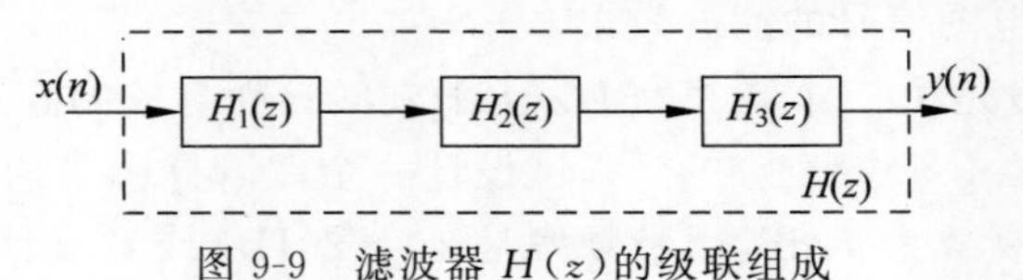

图 9-9 滤波器 $H(z)$ 的级联组成

在 Simulink 中，可以使用 Discrete Filter 模块实现图 9-9 所示的二阶子网络，如图 9-10 所示。

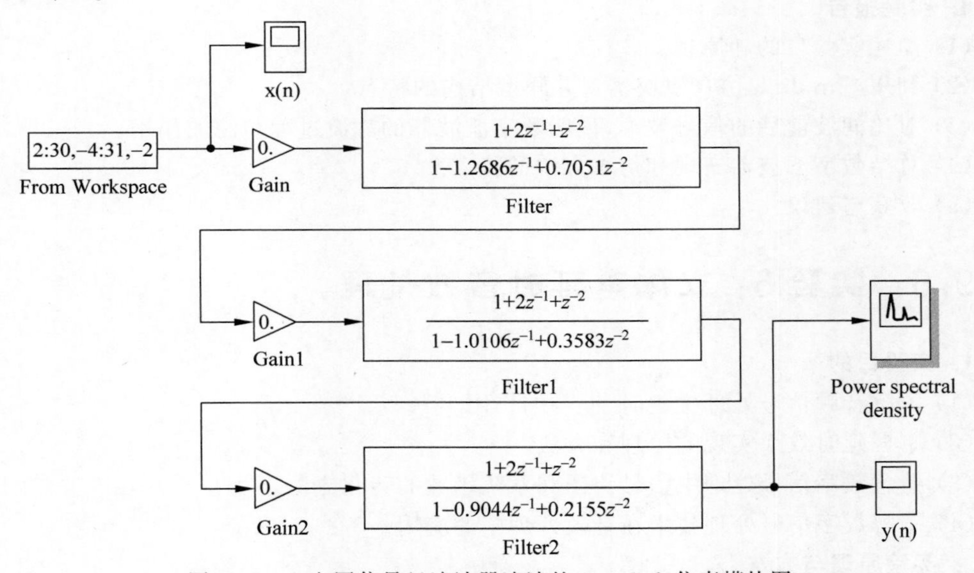

图 9-10 心电图信号经滤波器滤波的 Simulink 仿真模块图

(2) 仿真结果如图 9-11 所示。由图 9-11 可以看出，经过滤波后的心电图波形消除了高频干扰。

3. 实验内容

(1) 某一个六阶巴特沃思数字低通滤波器的系统函数如下：

$$H(z)=\frac{0.2871-0.4466z^{-1}}{1-0.1297z^{-1}+0.6949z^{-2}}+\frac{-2.1428+1.1454z^{-1}}{1-1.0691z^{-1}+0.3699z^{-2}}+\frac{1.8558-0.6304z^{-1}}{1-0.9972z^{-1}+0.2570z^{-2}}$$

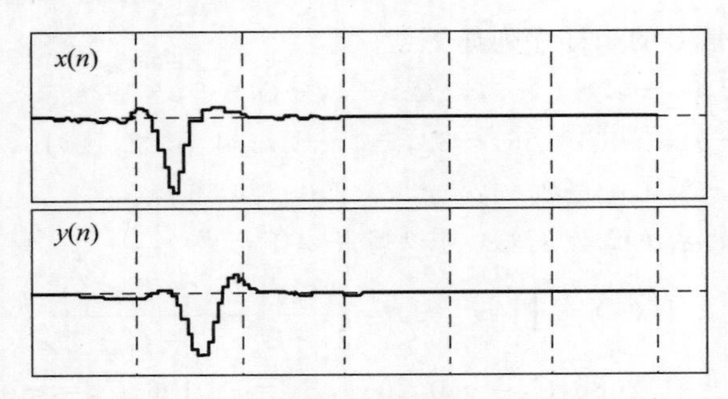

图 9-11 滤波前后的心电图波形

① 利用 Simulink 仿真模块，采用并联型结构实现该数字低通滤波器。

② 观察对实际心电图信号的滤波效果。

(2) 已知信号 $s(t)$ 是由三个频率（5Hz、15Hz、30Hz）组成的正弦波，$s(t)=\sin(2\pi\times 5\times t)+\sin(2\pi\times 15\times t)+\sin(2\pi\times 30\times t)$，试设计一个四阶椭圆带通 IIR 滤波器，带内起伏为 0.1dB，最小的阻带衰减为 40dB，通带频率是 10～20Hz（或者设计其他类型的 FIR 滤波器，指标自定），对已知的信号进行滤波，并画出滤波前后信号的波形图、频谱图及滤波器的幅频特性图。

4. 实验报告

(1) 简述实验目的和原理。

(2) 利用 Simulink 仿真模块实现并联型结构的特点。

(3) 对比滤波前后的信号波形，说明数字滤波器的滤波过程与滤波作用。

(4) 总结数字滤波器实现和仿真方法的特点。

(5) 收获与建议。

9.6 实验 5：立体声延时音效处理

1. 实验目的

(1) 了解音频信号处理中延时、混响的作用。

(2) 掌握延时效果实现的原理和方法。

(3) 熟悉数字信号处理中信号流图和系统函数的转化方法。

(4) 了解数字信号处理技术在音效处理中的应用。

2. 实验原理与方法

在音效处理中，延时或混响用于产生多重音响效果。把音频信号存储在电子器件中，延迟一段时间后再传送出去的电子设备叫作延时器；而混响器是在延时电路中将延时输出的信号反馈回输入端，进行多次延时处理得到回声效果，这种回声效果也就是混响效果。立体声延时音效实现原理框图如图 9-12 所示。图中，z^{-L}、z^{-R} 分别为左、右声道的延时器；$x_L(n)$、$x_R(n)$ 分别为左、右声道的输入部分；b_L、b_R、c_L、c_R、d_L、d_R 均为增益部分；$G_L(z)$ 与 $G_R(z)$ 是左、右声道延时反馈部分，它构成了混响的一部分。延时单元使用的是低通混响延时器，其系统函数为

$$H(z)=\frac{z^{-M}}{1-z^{-M}G(z)}$$

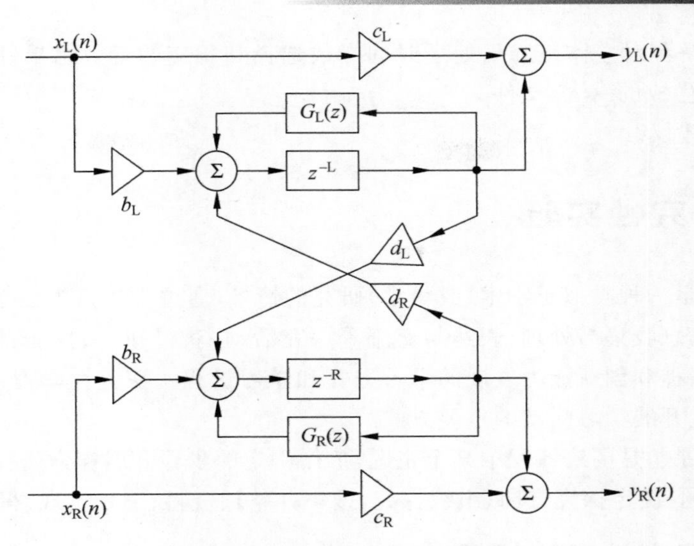

图 9-12　立体声延时音效原理框图

式中，M 为延时单元(图中分别用 L、R 表示，这里用 M 统一表示)，$G(z)$是反馈滤波器(图中分别用 $G_L(z)$、$G_R(z)$表示，这里用 $G(z)$统一表示)，既可以是 FIR 滤波器，又可以是 IIR 滤波器。上述两种延时器通过交叉反馈系数共同作用于左、右声道中，其 z 域输入输出关系如下：

$$Y_L(z)=H_{LL}(z)X_L(z)+H_{LR}(z)X_R(z)$$

$$Y_R(z)=H_{RL}(z)X_L(z)+H_{RR}(z)X_R(z)$$

其中，$H_{LL}(z)$、$H_{RR}(z)$ 为直接系统函数；$H_{LR}(z)$、$H_{RL}(z)$为交叉系统函数。

3. 实验内容

(1) 根据给出的乘法器和反馈滤波器 $G_L(z)$与 $G_R(z)$，计算直接和交叉系统函数 $H_{LL}(z)$、$H_{LR}(z)$、$H_{RL}(z)$和 $H_{RR}(z)$的表达式，并计算在①$d_L=0,d_R\neq0$；②$d_L\neq0$，$d_R=0$；③$d_L=0,d_R=0$ 三种特殊情况下的运算结果。

(2) 考虑简单反馈滤波器的情况：$G_L(z)=a_L,G_R(z)=a_R$。对于给定的延时 z^{-L} 和 z^{-R}，写出描述该框图的时域运算的差分方程。

(3) 用 MATLAB 编程实现上述立体声延时音效处理算法，在以下两种情况下计算左、右声道输出 $y_L(n)$、$y_R(n)$，取 $n=0,1,\cdots,299$。

① $x_L(n)=u(n)-u(n-5),x_R(n)=0$，左、右延时分别取 $L=30,R=70$，乘法器的取值为

$$a_L=a_R=0.6,b_L=b_R=1,c_L=c_R=0,d_L=d_R=0.3$$

② $d_L=0.3,d_R=0$，其余参数不变。

(4) 用 MATLAB 的 audioread. m 函数读取一段立体声音乐，时间控制在 1s 左右，代替(3)中的输入。对语音信号进行频谱分析，画出语音信号时域波形和频谱图。

(5) 任意调整延时处理器的各个参数，再分析其频谱，并与原始信号频谱进行比较。用 MATLAB 的 audiowrite. m 函数生成. wav 文件，通过声卡播放处理声音效果，并记录相应的参数。

4. 实验报告

(1) 简述实验目的和原理。

(2) 完成实验中要求的各种推导和计算。

(3) 描述并解释对立体声音乐处理时的参数选择和相应的音效结果，附上处理的音乐源文件和处理后生成的.wav文件。

(4) 收获与建议。

9.7 探究性实验

探究性学习是一种类似于学术(或科学)研究的情景，通过学生自主独立地发现问题、实验、操作、调查、信息收集与处理、表达与交流等探究活动，获得知识、技能、情感与态度的发展，特别是探索精神和创新能力发展的学习方式和学习过程。探究性学习已代替传统的接受学习，成为学生开展学习活动的重要方式。

探究性实验课题是围绕课程中某个主题，依循一定的步骤开展探索研究性学习，具体步骤包括：提出问题、决定探究方向、组织探究、搜集并整理资料、编程实现、得出结论等。

9.7.1 探究性实验课题

这里给出几个数字信号处理相关的探究性课题，供同学选择课题内容时参考。

1. 音频均衡器的设计与实现

均衡器是对音频信号进行处理最重要的工具之一，它可以改变音频信号的成分比、频率响应特性曲线、频带宽度等。均衡器广泛应用于各种音响系统。

设计一个7频段音频均衡器，每个频段的中心频率如表9-2所示，取每个频段的3dB带宽为中心频率的一半。给出音频均衡器的实现框图、MATLAB实现。

表9-2 均衡器各频段中心频率及3dB带宽

中心频率/Hz	100	200	400	1000	2500	6000	15 000
3dB带宽/Hz	50	100	200	500	1250	3000	7500

2. 语音信号变声处理系统

语音信号变声处理系统在网络KTV、游戏、语音聊天等方面被广泛使用，其原理是通过改变声音输入的频率，进而改变声音的音调和音色，从而使得输出的声音与输入的声音完全不同。例如，电视台经常针对某些事件的知情者进行采访，为了保护知情者，经常改变说话人的声音。

研究表明，在说话人的特征中，基音频率位于特征之首，在很大程度上反映了个人的特征。表9-3显示了男声、女声和童声基频、共振峰频率关系表。在进行性别变声时，主要考虑基频和共振峰频率的变化。当基频伸展，共振峰频率也同时伸展时，可由男声变成女声，女声变成童声。为了获得自然度、真实感较好的变声效果，基频和共振峰频率通常必须各自独立地伸缩变化。

表9-3 男声、女声和童声基频、共振峰频率关系表

人　群	基频分布	共振峰频率分布
男声	50～180Hz	偏低
女声	160～380Hz	中
童声	400～1000Hz	偏高

本课题采集一段男性语音信号并混进加性噪声，用 FFT 进行频谱分析，根据噪声频谱分布情况，分别用窗函数法和双线性变换法设计相应的数字滤波器进行滤波，得出滤波后信号的时域波形和频谱，并对滤波前后的信号搬移和改变基频、语速，实现语音至小孩的声音、女性的声音和老人的声音的改变。

3. 心电信号发生器的设计

通过阅读相关文献，给出心电信号的数学模型，实现对心电信号的 Simulink 仿真；叠加干扰信号，设计数字滤波器滤除干扰；对信号进行频谱分析。在此基础上，实现实验内容的相关拓展。

① 了解不同类型人群心电信号的特征及比较；学习通过心电信号各特征波的间隔幅值判断病人病情的原理和方法；学习对心电信号进行预处理的原理和过程；了解心电信号检测仪器的实现原理和应用；了解并学习利用 Simulink 仿真心电信号的基本原理及方法。

② 实验扩展。在完成正常心电信号仿真的基础上，通过调节参数等措施，实现对如早搏、心肌梗死等异常心电信号的仿真；计算心跳持续时间信息，与标准值相比较，设计心跳异常预警系统等。

主要参考文献：

[1] 孙晖，赵菁．信号分析与处理综合性实验设计与实现[J]．实验技术与管理，2012，29(7)：161-163.

4. 数字上、下变频器设计及其在通信系统中的应用

数字变频是软件无线电的关键技术之一，通过使用数字信号处理的方法将数字信号搬移到更高或更低的频率，同时将数字信号的采样频率提高或降低。数字变频在频率搬移的同时需要改变采样频率，否则不满足采样定理，通常由乘法器、数字控制振荡器、内插或抽取单元组成。

设计一个数字下变频器，实现对采样速率为 32.768MHz 的输入信号进行混频和抽取处理，并将其转换到 64kHz 采样速率。已知调制信号为语音信号，频率范围为 300～3000Hz；滤波器阻带衰减≥80dB，通带衰减≤2dB。

5. 压缩感知及其在通信系统的应用

压缩感知(Compressed Sensing，CS)自 2006 年由 Donoho 等人正式提出以来，作为一种新的信号采集理论，由于其打破了 Shannon-Nyquist(香农-奈奎斯特)采样理论的局限，受到了相关领域学者的广泛关注。

传统的信号采集和处理过程主要包括采样、压缩、传输和解压缩四个部分。其采样过程必须满足香农采样定理，即采样频率必须大于信号最高频率的 2 倍。信号压缩时先对信号进行某种变换，如离散余弦变换或小波变换，然后对少数绝对值较大系数和位置进行压缩编码，舍弃零或接近于零的系数。但是，这种压缩实际上是一种严重的资源浪费，因为大量的采样数据在压缩过程中被丢弃了，而它们对于信号来说是不重要的。从这个意义而言，带宽不能本质地表达信号的信息，基于信号带宽的奈奎斯特(Nyquist)采样机制是冗余的。

压缩感知对信号的采样、压缩编码一步完成，利用信号的稀疏性，以远低于奈奎斯特采样速率对信号进行非自适应测量编码，如图 9-13 所示。压缩感知理论指出，当信号在某个变换域是稀疏的或可压缩的，可以利用与变换矩阵非相干的测量矩阵将变换系数线性投影为低维观测向量，同时这种投影保持了重建信号所需的信息，通过进一步求解稀疏最优化问题就能够从低维观测向量精确地或高概率精确地重建原始高维信号。在该理论框架下，采样速率不再取决于信号的带宽，而在很大程度上取决于两个基本准则：稀疏性和非相干性，或者稀疏性和等距约束性。压缩传感的优点在于信号的投影测量数据量远远小于传统采样方法所获的数据量，突破了香农采样定理的瓶颈，使得高分辨率信号的采集成为可能。

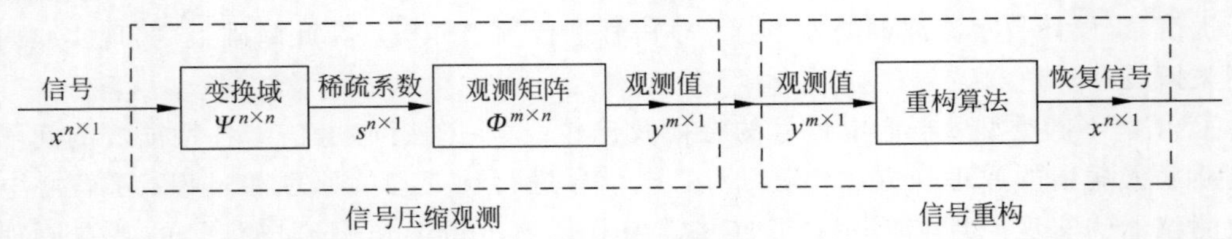

图 9-13 信号压缩观测与重构

压缩感知理论主要包括信号稀疏表示、测量矩阵设计与重构算法三个部分。信号稀疏表示是信号可压缩感知的先决条件，测量矩阵是获取信号结构化表示的手段，重构算法则是实现信号重构的保证。

阅读相关文献，以压缩感知在无线信道估计、无线传感网络、网络拓扑、认知无线电等领域的应用场景，任选其一进行仿真实现。

主要参考文献：

[1] Hayashi K, Nagahara M, Tanaka T. A User's Guide to Compressed Sensing for Communications Systems[J]. Ieice Transactions on Communications, 2013, E96-B(3): 685-712.

9.7.2 探究性实验案例——趣味图像解密

趣味图像解密是一个综合利用数字信号处理、图像处理和程序设计探究图像合成技术奥秘的典型案例。通过该技术，人们可以创造出一些根据距离远近而发生改变的广告画面，为平面广告技术带来新的创意。开发设计中，涉及“数字信号处理”课程中的傅里叶变换、谱分析、线性相位、加窗、滤波器，以及 MATLAB 和 Java 的使用等相关知识与技术方法。

1. 实验内容与任务

名为“玛丽莲·爱因斯坦”的趣味图像如图 9-14 所示，远看是玛丽莲·梦露，近看是爱因斯坦；放大看是爱因斯坦，缩小看是玛丽莲·梦露。以 MATLAB 为仿真平台，应用数字信号处理 FFT 频谱分析和线性相位 FIR 滤波理论，解密这幅图像。

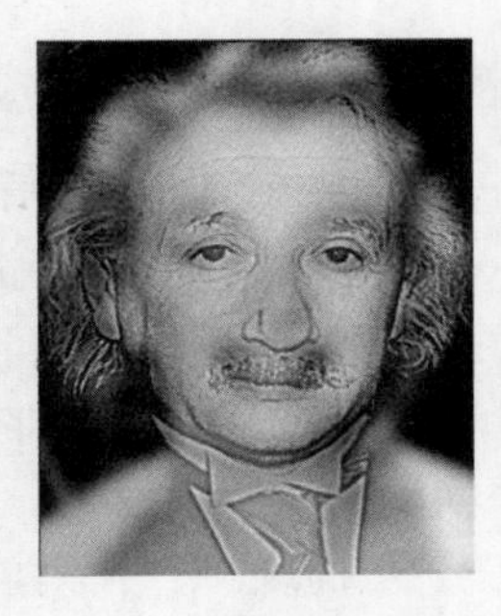

图 9-14 玛丽莲·爱因斯坦(图片来自网络)

基础任务：

(1) 对图 9-14 图像信号进行频谱分析，初步确定待设计滤波器参数。

(2) 设计二维线性相位低通和高通滤波器，对图 9-14 图像信号进行滤波分离。

(3) 调整窗函数的类型，调试高通和低通滤波器的截止频率，获得理想的分离图像。

拓展任务：

给出如图 9-15 所示两幅原始图像，仿真实现趣味图像合成，并分析影响图像合成效果的因素。

高阶任务：

设计 Android 手机 App，在手机上实时实现不同的趣味图像合成，将图像合成变得简单易实施。

2. 实验过程及要求

学生以 3～5 人为一组，通过贯穿数字信号处理核心知识模块的探究实验，熟练掌握频谱分析和数字滤波器设计理论，将所学理论运用到实际中解决问题。

(1) 课前预习：图像与其傅里叶变换系数之间的关系，学习如何根据图像频谱图确定滤波器参数；学习利用窗函数法设计线性相位二维 FIR 滤波器原理。

(2) 趣味图像分离：对图 9-14 图像信号进行 FFT 变换得到其频谱图，确定待设计的滤波器参数；选择窗函数，设计线性相位二维 FIR 低通滤波器和高通滤波器，基于 MATLAB 分离图像。

(3) 趣味图像合成：对图 9-15(a)和图 9-15(b)两幅原始图像信号进行频谱分析，并分别进行高通和低通滤波，仿真实现图像合成；进一步分析滤波器截止频率差距、频率通道等对图像合成效果的影响。

(a) 爱因斯坦

(b) 玛丽莲

图 9-15　两幅原始图像(图片来自网络)

(4) 设计 Android 手机 App：基于 OpenCV for Android 开发，利用 OpenCV 的 Java API 实时实现图像合成。

(5) 提交报告和汇报答辩。

3. 实验原理

1) 图像频谱分析理论

二维离散傅里叶变换对为

$$F(u,v)=\sum_{x=0}^{M-1}\sum_{y=0}^{N-1}f(x,y)\mathrm{e}^{-\mathrm{j}2\pi\left(\frac{xu}{M}+\frac{yv}{N}\right)} \tag{9-1}$$

$$f(x,y)=\frac{1}{MN}\sum_{u=0}^{M-1}\sum_{v=0}^{N-1}F(u,v)\mathrm{e}^{\mathrm{j}2\pi\left(\frac{xu}{M}+\frac{yv}{N}\right)} \tag{9-2}$$

式中 $x,u=0,1,\cdots,M-1$；$y,v=0,1,\cdots,N-1$。

设 $f(x,y)$是一幅 $M\times N$ 的图像，其频谱示意如图 9-16 所示。图像的二维频谱对应着图像像素值在两个相互垂直方向上的变化程度，频谱图中沿 u、v 方向在 $u,v=0,N/2,N-1$ 三点处的频率分别为 $f_0=0$，$f_{N/2}=f_c=f_s/2$（f_c 为信号的最高截止频率，f_s 为采样频率），$f_{N-1}=0$。因而，频谱图的四个角 $(0,0)$、$(0,M-1)$、$(N-1,0)$ 和 $(N-1,M-1)$ 处沿 u 和 v 方向的频率分量为 0，频谱图中心 $(N/2,M/2)$ 处沿 u 和 v 方向的频率分量为最大值 f_c。由于图像中能量主要集中在低频分量上，即频谱图四个角区域能量较大，但四个角范围较小且不集中，实际中不利于图像分析，因此利用周期性和共轭对称性对频谱图坐标移位，使高频成分分布于四周，所有低频成分集中于频谱图中心，对图 9-16 进行频谱移位后，相当于 A、D 对调，B、C 对调。因此，对图像进行 FFT 频谱分析之后，得到的频谱图中间部分为低频分量，越向外部扩展频率越高。

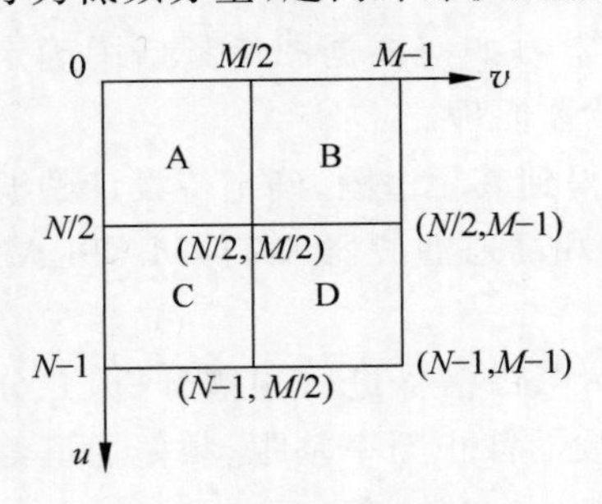

图 9-16　频谱示意图

2）图像滤波理论

（1）二维线性相位条件。

输入信号经过系统后，输出一定会延时。当含有多个频率分量的输入信号经过非线性相位系统，各个信号的频率分量延时时间不等，产生相位失真，因此输出信号是发生相位失真后叠加在一起的各个频率分量之和，和输入信号波形将不一致。很明显非线性相位系统不适合处理图像信号，为了使输出图像信号和输入图像信号波形保持一致，应该选用二维线性相位系统。

通过对第 6 章线性相位 FIR 滤波器内容的学习，我们知道如果一维 FIR 系统的单位脉冲响应 $h(n)$ 为实数，而且满足以下任意条件

$$\text{偶对称}\quad h(n)=h(N-1-n) \tag{9-3}$$

$$\text{奇对称}\quad h(n)=-h(N-1-n) \tag{9-4}$$

其对称中心在 $n=(N-1)/2$ 处，则该一维 FIR 系统具有准确的线性相位。与一维线性相位条件类似，如果二维 FIR 系统的单位脉冲响应 $h(n_1,n_2)$ 为实数，则其线性相位条件变为

$$\text{中心对称}\quad h(n_1,n_2)=h(N_1-1-n_1,N_2-1-n_2) \tag{9-5}$$

$$\text{中心反对称}\quad h(n_1,n_2)=-h(N_1-1-n_1,N_2-1-n_2) \tag{9-6}$$

其二维对称中心分别在 $n_1=(N_1-1)/2$ 和 $n_2=(N_2-1)/2$ 处。

（2）线性相位二维 FIR 滤波器。

线性相位二维 FIR 滤波器在时域上可以用有限长单位脉冲响应表示为

$$h(n_1,n_2)=w(n_1,n_2)h_d(n_1,n_2) \tag{9-7}$$

式中 $w(n_1,n_2)$ 是二维的窗函数，$h_d(n_1,n_2)$ 是理想滤波器的无限长单位脉冲响应，其二维对称中心分别在 $\alpha=(N_1-1)/2$ 和 $\beta=(N_2-1)/2$ 处。时域相乘，对应的频域为卷积关系，因此线性相位二维 FIR 滤波器的频率响应为

$$H(\omega_1,\omega_2)=\frac{1}{\pi^2}\iint H_d(\Omega_1,\Omega_2)W(\omega_1-\Omega_1,\omega_2-\Omega_2)\mathrm{d}\Omega_1\Omega_2 \tag{9-8}$$

上式表明，对无限长单位脉冲响应加窗的效果等价于在频域用 $W(\omega_1,\omega_2)$ 对 $H_d(\omega_1,\omega_2)$ 进行平滑。下面是用 MATLAB 所提供的函数 fwind1，选择海明窗设计的线性相位二维 FIR 低通滤波器的程序代码。图 9-17 和图 9-18 分别为线性相位二维 FIR 低通、高通滤波器的三维立体仿真波形。

```
%线性相位二维FIR低通滤波器代码
[f1,f2] = freqspace(51,'meshgrid');
hd = ones(51);
r = sqrt(f1.^2 + f2.^2);
hd((r > 0.15)) = 0; % % 低通
mesh(f1,f2, hd)
h = fwind1(hd,hamming(51));
freqz2(h);
title('基于海明窗的低通幅度')
```

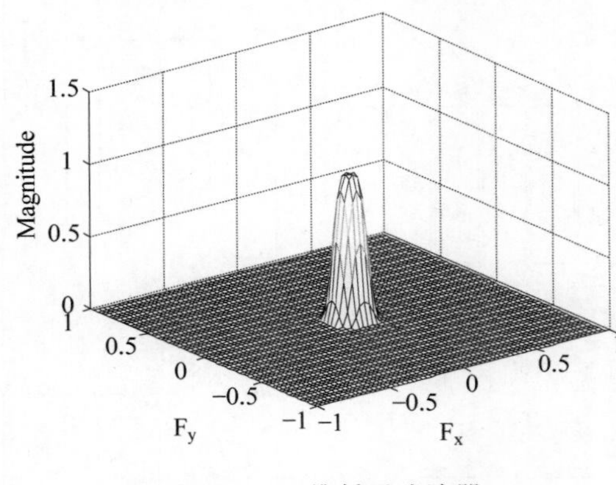

图 9-17　二维低通滤波器

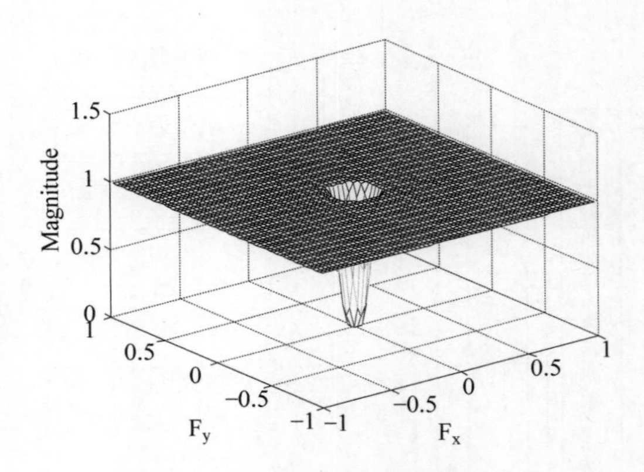

图 9-18　二维高通滤波器

图像信号经高通滤波后只会留下边缘细节，经低通滤波后滤除了边缘细节，因而得到的图像会比原图像变得模糊。

4. 实验方案

1）趣味图像分离

实验基本任务要求学生将图 9-14 所给的“玛丽莲·爱因斯坦”图像进行分离处理，其方案如图 9-19 所示。

第一步：将图 9-14 信号载入 MATLAB 中，用二维 FFT 算法对图像信号进行离散傅里叶变换，然后进行频谱分析，确定图像信号的频带范围，确定二维高通和低通滤波器的指标，包括二维高通和低通滤波器的通带截止频率、阻带截止频率、过渡带宽度、通带最大衰减和阻带最小衰减，以便成功分离混合图像。

第二步：根据二维滤波器的阻带最小衰减，选择窗函数的类型，所选窗函数阻带最小衰减应大于待滤波图像信号的阻带最小衰减，当窗函数选好以后，如果设计的滤波器的过渡带仍然太宽，可以适当增加窗函数的长度（滤波器的阶数）N，来减小过渡带对滤波效果的影响；同时，根据二维滤波器的频率指标，可以得到理想二维高通滤波器的单位脉冲响应 $h_d(n_1,n_2)$，根据公式 $h(n_1,n_2)=w(n_1,n_2)h_d(n_1,n_2)$，即可获得待设计的二维高通的单位脉冲响应 $h(n_1,n_2)$。同理，可获得待设计的二维低通滤波器的单位脉冲响应 $h'(n_1,n_2)$。此时 $h(n_1,n_2)$ 和 $h'(n_1,n_2)$ 为有限长矩阵，且为偶对称，均满足线性相位条件。

第三步：由设计出的 $h(n_1,n_2)$ 和 $h'(n_1,n_2)$ 对图像信号分别实现高通和低通滤波处理。以高通滤波为例，将高通滤波器的单位脉冲响应 $h(n_1,n_2)$ 和输入的图像信号序列 $x(n_1,n_2)$ 均补零到 $L\times L$ 点，再进行 $L\times L$ 点的二维 FFT，求得 $H(k_1,k_2)$ 和 $X(k_1,k_2)$，再将 $Y(k_1,k_2)=X(k_1,k_2)\cdot H(k_1,k_2)$ 进行 $L\times L$ 点 IFFT 变换，即可求得滤波后的爱因

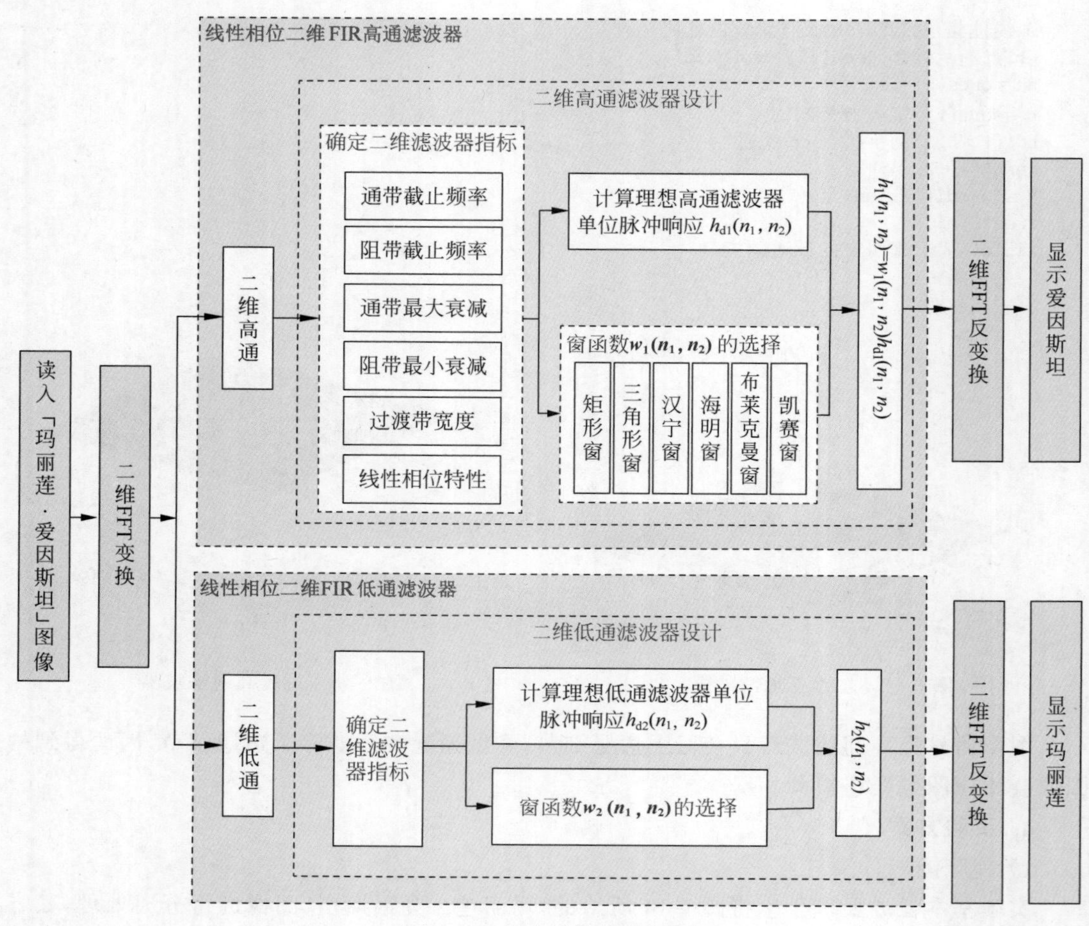

图 9-19　趣味图像分离方案

斯坦图像信号序列 $y_1(n_1, n_2)$。同样道理，也可以求得低通滤波后的玛丽莲图像信号序列 $y_2(n_1, n_2)$。

2）趣味图像合成

假设 I_1、I_2 分别为原始图像 9-15(a)和图 9-15(b)的傅里叶变换，G_1、G_2 分别为两个截止频率不同的线性相位 FIR 低通滤波器的频率响应，$1-G_1$ 表示线性相位 FIR 高通滤波器，则可按式(9-9)合成图像 H

$$H = I_1 \cdot (1 - G_1) + I_2 \cdot G_2 \tag{9-9}$$

合成图像 H 是近似于图 9-14 所示趣味图像的傅里叶变换，趣味图像合成方案简图如图 9-20 所示。首先要将“爱因斯坦”和“玛丽莲”图像信号载入 MATLAB，对两幅图像信号分别进行二维 FFT 频谱分析；确定好二维高通和低通的 FIR 滤波器设计指标之后，利用窗函数法设计线性相位二维 FIR 低通和高通滤波器，分别实现图 9-15(a)的高通滤波和图 9-15(b)的低通滤波；然后根据式(9-9)在频域中合成趣味图像 H，此时 H 为合成图像的傅里叶变换；最后对 H 作二维 FFT 反变换，显示输出合成图像“玛丽莲·爱因斯坦”。

然后，为了进一步提高学生的拓展和项目协作能力，要求他们调整 MATLAB 程序设计参数，细究低通和高通滤波器的截止频率交点位置对图像分离和合成效果的影响，如截止频率交点位置越高越好，还是越低越好，或者交点幅度下降到多少 dB 时效果比较好；将图 9-15 中的爱因斯坦与玛丽莲图像相互交换频率通道，即原来高通的图像现在为低通的图像，原来低通的图像现在为高通的图像，比较合成图像效果。

3）手机 App 实时实现趣味图像合成

为了使趣味图像合成变得简单易实施，且具有推广性，在实验高阶任务中要求学生小组基于 OpenCV for Android 开发 App，利用 OpenCV 的 Java API 实现趣味图像合成。首先考虑使用 App 的用户如何获取输入图像。设计了三个来源：一是从手机图库中获取图像；二是通过拍照获取图像；三是使用 App 自带的示例图像。然后关于图像合成部分，算法原理方案同图 9-20。手机 App 终端界面，设计了滑块组件，通过调整参数 σ_1 和 σ_2 的值实现不同滤波器参数的动态调整，并最优显示合成图片。

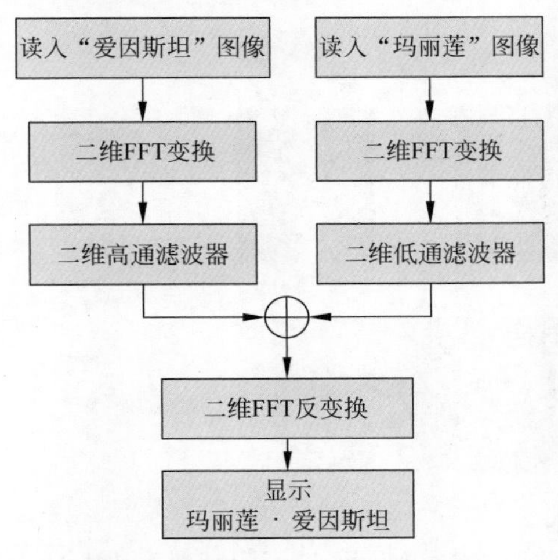

图 9-20　趣味图像合成方案简图

5. 实验结果

图 9-21 为某组学生基于 MATLAB GUI 的趣味图像分离示例，由图可知为了将原“玛

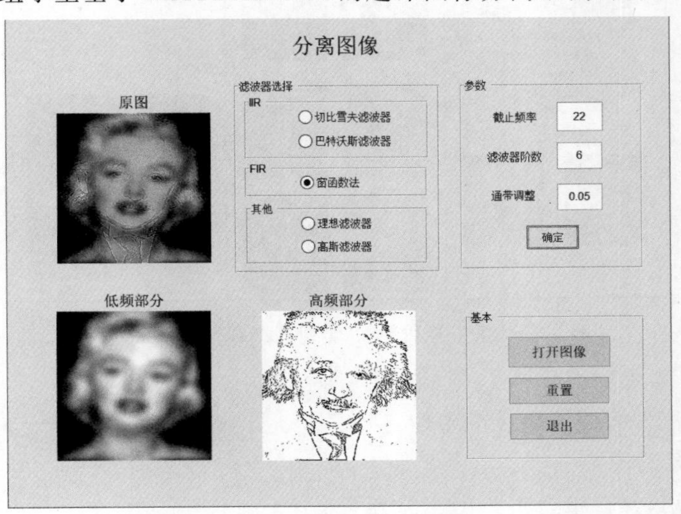

图 9-21　基于 MATLAB GUI 的趣味图像分离示例

丽莲·爱因斯坦”图像进行滤波分离，分别获得原图像中的低频部分“玛丽莲”和高频部分“爱因斯坦”，该组学生共设计了 IIR、FIR 和其他三大类型五种具体的参数可调的低通和高通滤波器进行效果比对，实践证明利用窗函数法设计的 FIR 滤波器进行滤波分离效果最佳。图 9-22 为基于 MATLAB GUI 的趣味图像合成示例，学生小组首先分别利用窗函数法设计的 FIR 高通和低通滤波器对输入的“爱因斯坦”和“玛丽莲”的图像进行滤波预处理，然后合成图像，并通过观察合成效果调整滤波器参数，最终达到大图像看起来是爱因斯坦，小图像看起来是玛丽莲的实验效果。图 9-23 为基于手机 App 实现的趣味图像合成示例，App 界面分别给出了两张原始图像，及其经过低通与高通滤波前后的频谱图、预处理图和合成图像，同时小组同学在手机 App 上也实现了猫和狗、自行车和摩托车、以及鱼和潜艇的图像合成，不同图像的合成通过低通、高通滤波器的参数调整达到期望的效果。

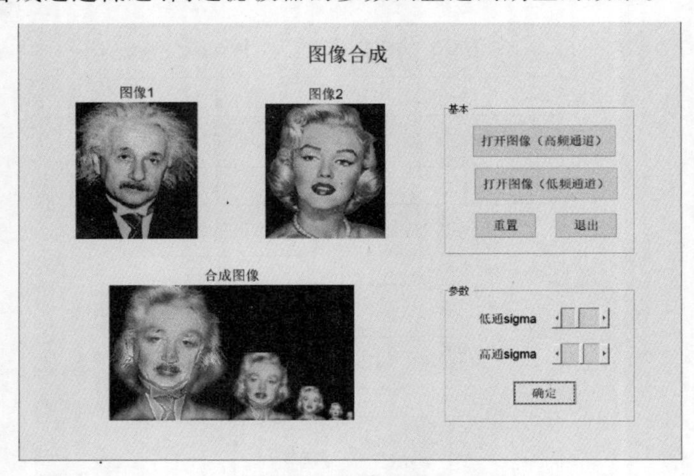

图 9-22　基于 MATLAB GUI 的趣味图像合成示例

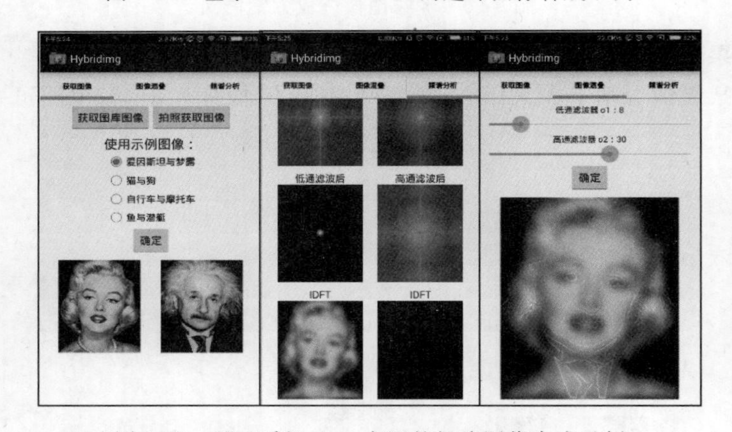

图 9-23　基于手机 App 实现的趣味图像合成示例

6. 实验报告要求

探究性实验报告需要反映以下工作。

(1) 实验方案论证。

实验方案规划，并在报告中给出实验方案框图。

(2) 理论计算与推导。

对输入图像信号进行二维 FFT 变换，依据图像频谱图设计合适的二维 FIR 滤波器。首先得到理想二维滤波器的单位脉冲响应 $h_d(n_1,n_2)$，根据公式 $h(n_1,n_2)=w(n_1,n_2)h_d(n_1,n_2)$，即可获得待设计的二维 FIR 滤波器的单位脉冲响应 $h(n_1,n_2)$，对 $h(n_1,n_2)$ 和输入图像信号 $x(n_1,n_2)$ 分别作 $L\times L$ 点的二维 FFT 变换，得到 $Y(k_1,k_2)=X(k_1,k_2)\cdot H(k_1,k_2)$，再对 $Y(k_1,k_2)$ 进行 $L\times L$ 点 IFFT 变换，即可求得滤波后的图像信号 $y_1(n_1,n_2)$。

(3) 设计仿真分析。

应用 MATLAB 仿真软件或者手机 App，获得并分析输入图像信号和滤波后图像信号的时域和频域图形，当改变二维滤波器阶数和换用不同窗函数时，分析二维滤波器频率响应曲线的变化。

(4) 数据处理分析。

观察图像信号经过二维 FFT 变换后得到的频带图，确定所需线性相位二维 FIR 滤波器的参数，设计滤波器。观察输出趣味分离图像和合成图像的效果，并与原图像信号进行对比；观察改变阶数和换用不同窗函数时二维滤波器的频率响应曲线，了解不同窗函数的特点。

(5) 实验结果总结并回答探究问题。

7. 考核要求与方法

(1) 探究性实验考核节点、时间和标准。

① 要求学生小组笔试考试前一周完成探究性实验任务，提交探究性实验报告，并进行汇报答辩。

② 基础任务要求：对输入图像信号经过频谱分析和滤波后，能够成功分离趣味图像。

③ 拓展任务要求：综合影响图像合成效果因素，对输入的两幅图像信号分别经过 FFT 变换、滤波和 FFT 反变换后，成功合成趣味图像。

④ 高阶任务要求：在 Android 手机上实现 App，通过简明的界面、可动态调整的参数，实时实现不同趣味图像的合成。

(2) 探究性实验考核方法。

① 基础任务：成功分离趣味图像，且分离效果好。 (25%)

② 拓展任务：成功合成图像，且合成效果好。 (25%)

③ 高阶任务：Android 手机 App 上能够实时合成图像，参数可调。 (10%)

④ 公演答辩：讲解作品，验收答辩。 (20%)

⑤ 实验报告：考核实验报告的规范性、完整性以及探究问题的回答情况。 (20%)

9.8 上机习题

配合课程的学习和实验编写了 MATLAB 上机习题部分，它可作为课程实验练习和上机考试的习题。

1. 对于由下列系统函数描述的线性时不变系统，求：①零极点图；②输入 $x(n)=3\cos(\pi n/3)u(n)$ 时的输出 $y(n)$。

(1) $H(z)=\frac{z+1}{z-0.5}$，因果系统；

(2) $H(z)=\frac{1+z^{-1}+z^{-2}}{1+0.5z^{-1}-0.25z^{-2}}$，稳定系统。

2. 已知一个因果、线性、时不变系统由下列差分方程描述：

$$y(n)=y(n-1)+y(n-2)+x(n-1)$$

(1) 画出该系统的单位脉冲响应；

(2) 判断该系统是否稳定。

3. 已知因果系统

$$y(n)=0.8y(n-1)+0.5y(n-2)+2x(n)$$

(1) 画出零极点图；(2)画出 $H(e^{j\omega})$的幅度和相位；(3)求脉冲响应 $h(n)$。

4. 一个数字滤波器的差分方程为

$$y(n)=x(n)+x(n-1)+0.9y(n-1)-0.81y(n-2)$$

(1) 用 freqz 函数画出该滤波器的幅频和相频曲线，注意在 $\omega=\pi/3$ 和 $\omega=\pi$ 时的幅度和相位值；

(2) 产生信号 $x(n)=\sin(\pi n/3)+5\cos(\pi n)$的 200 个点并使其通过滤波器，画出输出波形 $y(n)$。把输出的稳态部分与 $x(n)$比较，讨论滤波器如何影响两个正弦波的幅度和相位。

5. 对于下列序列，计算：①N 点循环卷积 $x_3(n)=x_1(n)⊛x_2(n)$；②线性卷积 $x_4(n)=x_1(n)*x_2(n)$；③误差序列 $e(n)=x_3(n)-x_4(n)$。

(1) $x_1(n)=\{1,1,1,1\}$，$x_2(n)=\cos(\pi n/4)R_6(n)$，$N=8$；

(2) $x_1(n)=\{1,-1,1,-1\}$，$x_2(n)=\{1,0,-1,0\}$，$N=5$；

(3) $x_1(n)=\cos(2\pi n/N)R_{16}(n)$，$x_2(n)=\sin(2\pi n/N)R_{16}(n)$，$N=32$；

(4) $x_1(n)=(0.8)^n R_{10}(n)$，$x_2(n)=(-0.8)^n R_{10}(n)$，$N=15$。

6. 给定序列 $x_1(n)$和 $x_2(n)$为

$$x_1(n)=\{2,1,1,2\},x_2(n)=\{1,-1,-1,1\}$$

(1) 计算 $N=4,7,8$ 时的循环卷积 $x_1(n)⊛x_2(n)$；

(2) 计算线性卷积 $x_1(n)*x_2(n)$；

(3) 利用计算结果，求出在 N 点区间上线性卷积和循环卷积相等所需要的最小 N 值。

7. $x(n)$是一 8 点序列：

$$x(n)=\begin{cases}2, & 0\leqslant n\leqslant 7\\ 0, & \text{其他}\end{cases}$$

(1) 计算离散时间傅里叶变换 $X(e^{j\omega})$，并且画出它的幅频和相频曲线。

(2) 分别计算 $x(n)$的 8 点和 16 点 DFT。

8. 已知 12 点序列 $x(n)=\{1,2,3,4,5,6,6,5,4,3,2,1\}$：

(1) 求出 $x(n)$的 DFT $X(k)$，画出它的幅频和相频曲线(使用 stem 函数)；

(2) 用 MATLAB 画出 $x(n)$的 DTFT $X(e^{j\omega})$的幅度和相位曲线；

(3) 采用 hold 函数把两图放在一幅图里，验证题(1)中的 DFT 是 $X(e^{j\omega})$的采样。

9. 对模拟信号 $x_a(t)=2\sin(4\pi t)+5\cos(16\pi t)$在 $t=0.01n$，$n=0,1,2,\cdots,N-1$ 上采

样,得到 N 点序列,用 N 点 DFT 得到对 $x_a(t)$ 幅度谱的估计。若 $N=40$、60、128,试问哪一个 N 值能提供最精确的 $x_a(t)$ 的幅度谱?为什么?

10. 在题 9 的基础上,取 $N=128$,并在信号中加入噪声(正态)$w(t)$

$$x_a(t)=2\sin(4\pi t)+5\cos(16\pi t)+0.8w(t)$$

试比较有无噪声时的信号谱(注:正态噪声 $w(t)$ 在 MATLAB 中用 randn(1,N)实现)。

11. 已知信号 $s(t)$ 是由三个频率(5Hz、15Hz、30Hz)组成的正弦波

$$s(t)=\sin(2\pi\times5\times t)+\sin(2\pi\times15\times t)+\sin(2\pi\times30\times t)$$

在 $t=0.01n, n=0,1,2,\cdots,N-1$ 上采样得到 N 点序列,求 $N=512$ 点的信号 $s(t)$ 的 FFT。

12. 已知信号由 15Hz 幅值为 0.5 的正弦信号和 40Hz 幅值为 2 的正弦信号组成,数据采样频率为 100Hz。绘制 N=128 点的 DFT 的幅频图和 $N=1024$ 点的 DFT 的幅频图。

13. 一个由 60Hz 和 200Hz 正弦信号构成的信号受零均值随机噪声的干扰,比较难看出所包含的频率分量。若数据采样率为 1000Hz,试用 FFT 函数来分析其信号频率成分。

14. 为了说明高密度频谱和高分辨率频谱之间的区别,考察序列

$$x(n)=\cos(0.48\pi n)+\cos(0.52\pi n)$$

求出它基于有限个样本的频谱。

(1) 当 $0\leqslant n\leqslant10$ 时,确定并画出 $x(n)$ 的离散傅里叶变换。

(2) 当 $0\leqslant n\leqslant100$ 时,确定并画出 $x(n)$ 的离散傅里叶变换。

15. 设 $x(n)=10(0.8)^n, 0\leqslant n\leqslant10$ 为 11 点序列:

(1) 画出 $x((n+4))_{11}R_{11}(n)$,也就是向左循环移位 4 个样本的序列;

(2) 画出 $x((n+4))_{15}R_{15}(n)$,也就是假定 $x(n)$ 为 15 点序列,向右循环移位 3 个样本的序列。

16. 利用 DFT 实现两序列的卷积运算,并研究 DFT 点数与混叠的关系。

给定 $x(n)=nR_{16}(n), h(n)=R_8(n)$,用 FFT 和 IFFT 分别求线性卷积和混叠结果输出($N=16,32$),并画出相应图形。

17. 设计一个阻带截止频率为 200Hz 的九阶切比雪夫 Ⅰ 型数字高通滤波器,$\alpha_p=0.5$dB,采样频率为 1000Hz。

18. 编程设计一个四阶巴特沃思滤波器,利用 filter 函数,对实际心电图信号进行滤波,并画出滤波前后心电图信号的波形和频谱图。

已知某一实际的受到工业高频干扰的心电图信号的采样序列如下:

$x(n)=[-4,-2,0,-4,-6,-4,-2,-4,-6,-6,-4,-4,-6,-6,-2,6,12,8,0,-16,-38,-60,-84,-90,-66,-32,-4,-2,-4,8,12,12,10,6,6,6,4,0,0,0,0,0,-2,-4,0,0,0,-2,-2,0,0,-2,-2,-2,-2,0]$

19. 已知信号 $s(t)=\sin(2\pi\times5\times t)+\sin(2\pi\times15\times t)+\sin(2\pi\times30\times t)$,试设计一个四阶椭圆带通 IIR 滤波器,带内起伏为 0.1dB,最小的阻带衰减为 40dB,通带频率是 10~20Hz,利用 filter 函数,对已知的信号进行滤波,并画出滤波前后信号的波形图、频谱图及滤波器的幅频特性图。

20. 一信号含有两个频率分量 100Hz 和 130Hz,现要将 130Hz 分量衰减 50dB,而通过的 100Hz 分量衰减小于 2dB。设计一个最小阶次的切比雪夫 Ⅰ 型数字滤波器完成这个滤波功能,画出幅度响应并对设计予以确认。

21. 已知 $H_a(s)=\dfrac{s+1}{s^2+5s+6}$，分别用脉冲响应不变法、双线性变换法，利用 impinvar 及 bilinear 函数求系统函数 $H(z)$，选择 $T=1\text{s}$。

22. 设计一个切比雪夫Ⅰ型数字带通滤波器，要求：通带范围 100～250Hz，阻带上限 300Hz，下限 50Hz，通带内波纹小于 3dB，阻带为 −30dB（设采样频率为 1000Hz）。

23. 设计一个 BP DF，取样频率 $f_s=2000\text{Hz}$，BP DF 技术要求：①通带范围 300～400Hz，衰减不大于 3db；②在 200Hz 以下，500Hz 以上衰减大于 18db；③巴特沃思型。

24. 用切比雪夫Ⅰ型滤波器原型设计一个低通数字滤波器（采用双线性变换），满足：

$$\omega_p=0.2\pi,\alpha_p=1\text{dB},\omega_s=0.3\pi,\alpha_s=15\text{dB}$$

25. 利用切比雪夫Ⅱ型滤波器原型设计低通数字滤波器，满足：

$$\omega_p=0.2\pi,\alpha_p=1\text{dB},\omega_s=0.4\pi,\alpha_s=25\text{dB}$$

要求写出滤波器的系统函数（级联形式），指出滤波器阶数，并画出幅频和相频特性曲线。

26. 利用椭圆滤波器原型设计低通数字滤波器，满足：

$$\omega_p=0.2\pi,\alpha_p=1\text{dB},\omega_s=0.3\pi,\alpha_s=15\text{dB}$$

要求写出滤波器的系统函数（级联形式），指出滤波器阶数，并画出幅频和相频特性曲线。

27. 利用双线性变换设计数字巴特沃思滤波器，满足：

$$\omega_p=0.4\pi,\alpha_p=1.5\text{dB},\omega_s=0.6\pi,\alpha_s=20\text{dB}$$

要求写出滤波器的系统函数（并联形式），指出滤波器阶数，并画出幅频和相频特性曲线。

28. 利用切比雪夫Ⅰ型滤波器原型设计高通数字滤波器，满足：

$$\omega_p=0.6\pi,\alpha_p=1\text{dB},\omega_s=0.4586\pi,\alpha_s=15\text{dB}$$

要求写出滤波器的系统函数（级联形式），指出滤波器阶数，并画出幅频和相频特性曲线。

29. 利用切比雪夫Ⅱ型滤波器原型设计带通数字滤波器，满足：

$$\omega_s=[0.25\pi,0.8\pi],\omega_p=[0.4\pi,0.7\pi],\alpha_p=1\text{dB},\alpha_s=40\text{dB}$$

要求指出滤波器阶数，并画出幅频和相频特性曲线。

30. 用椭圆原型设计数字低通滤波器，满足下列要求：

通带边缘频率：$0.4\pi,\alpha_p=1\text{dB}$；阻带边缘频率：$0.5\pi,\alpha_s=60\text{dB}$

用 ellip 函数和 bilinear 函数进行设计，并对结果进行比较。

31. 利用双线性变换方法，设计一个带宽为 0.08π 的十阶椭圆带阻滤波器以滤除数字频率为 $\omega=0.44\pi$ 的信号，选择合理的阻带衰减值，画出幅度响应，使序列

$$x(n)=\sin(0.44\pi n),\quad n=0,\cdots,200$$

的 201 个样本，通过此带阻滤波器，解释所得的结果。

32. 设计一个切比雪夫Ⅱ型带通滤波器，要达到的要求为 $\omega_{p1}=60\text{Hz},\omega_{p2}=80\text{Hz}$，$\omega_{s1}=55\text{Hz},\omega_{s2}=85\text{Hz},\alpha_p=0.5\text{dB},\alpha_s=60\text{dB},f_s=200\text{Hz}$。

33. 设计一个巴特沃思高通数字滤波器。特性为：通带边界频率为 300Hz，通带波纹小于 1dB，阻带边界频率为 200Hz，阻带衰减大于 20dB，采样频率为 1000Hz。

34. 试用双线性变换方法设计一个切比雪夫Ⅱ型带通滤波器，使其幅频特性逼近一个具有以下技术指标的模拟切比雪夫Ⅱ型高通滤波器：$\omega_s=2\pi\times1\text{kHz},\omega_p=2\pi\times1.4\text{kHz}$，在 ω_s 处的最小衰减为 15dB，在 ω_p 处的最大衰减不超过 0.3dB，抽样频率为 20kHz。

35. 试用双线性变换方法设计一个带通椭圆滤波器，使其幅频特性逼近一个具有以下

技术指标的模拟带通滤波器：$\omega_{p1}=10\text{Hz}$，$\omega_{p2}=20\text{Hz}$，在通带内的最大衰减不超过0.5dB，在阻带内的最小衰减为50dB，抽样频率为100Hz。

36. 设采样频率为1000Hz，设计一个带通滤波器，性能指标如下：通带范围为100～250Hz，阻带上限为300Hz，阻带下限为50Hz，通带内波纹小于3dB，阻带为－30dB，要求用最小的阶实现。

37. 设采样频率为1000Hz，设计一个带阻滤波器，性能指标如下：阻带范围为50～300Hz，阻带上限大于250Hz，阻带下限小于100Hz，通带内波纹小于3dB，阻带为－30dB，要求用最小的阶实现。

38. 设计一个椭圆带通滤波器，它的指标如下：

通带：$0.4\pi\sim0.6\pi$，波动1dB；阻带：$0.3\pi\sim0.75\pi$；阻带衰减：40dB。

39. 已知 $h(n)=\{-4,1,-1,-2,5,6,6,5,-2,-1,1,-4\}$，该滤波器是哪种类型滤波器？画出该滤波器的振幅响应 $H(\omega)$ 和频域响应。

40. 分别用矩形窗、汉宁窗、海明窗和布莱克曼窗设计线性相位FIR低通滤波器。要求通带截止频率 $\omega_c=\frac{\pi}{4}\text{rad}$，$N=21$。求出分别对应的单位脉冲响应和幅频特性，绘出波形并进行比较。

41. 用汉宁窗设计一个线性相位FIR低通数字滤波器，截止频率 $\omega_c=\frac{\pi}{4}\text{rad}$，窗口长度 $N=15,33$。要求在两种窗口长度下，分别求出 $h(n)$，绘出对应的幅频特性和相位特性，观察3dB和20dB带宽，总结窗口函数长度对滤波特性的影响。

42. 窗口长度 $N=33$，通带截止频率 $\omega_c=\frac{\pi}{4}\text{rad}$，用4种窗函数设计线性相位FIR低通滤波器，绘出对应的幅频特性和相位特性，观察3dB带宽以及阻带最小衰减值，比较4种窗函数对滤波器特性的影响。

43. 用海明窗设计一个带通滤波器，技术指标为

$$\text{低阻带边缘：}0.3\pi\text{；高阻带边缘：}0.6\pi,\alpha_s=50\text{dB}$$

$$\text{低通带边缘：}0.4\pi\text{；高通带边缘：}0.5\pi,\alpha_p=0.5\text{dB}$$

画出设计的滤波器的脉冲响应和幅度响应(dB值)。

44. 用汉宁窗设计技术设计一个带阻滤波器，技术指标为

$$\text{低阻带边缘：}0.4\pi\text{；高阻带边缘：}0.6\pi,\alpha_s=40\text{dB}$$

$$\text{低通带边缘：}0.3\pi\text{；高通带边缘：}0.7\pi,\alpha_p=0.5\text{dB}$$

画出设计的滤波器的脉冲响应和幅度响应(dB值)。

45. 用凯塞窗设计技术设计一个高通滤波器，技术指标为

$$\text{阻带边缘：}0.4\pi,\alpha_s=60\text{dB}\text{；通带边缘：}0.6\pi,\alpha_p=0.5\text{dB}$$

画出设计的滤波器的脉冲响应和幅度响应(dB值)。

46. 用窗函数法设计一个线性相位FIR低通滤波器，设计指标为

$$\omega_p=0.25\pi,\omega_s=0.3\pi,\alpha_p=0.25\text{dB},\alpha_s=50\text{dB}$$

选择一个适当的窗函数，确定脉冲响应，并给出所设计的滤波器的频率响应图。

47. 用布莱克曼窗设计一个数字带通滤波器，设计指标为

$$\omega_{s1}=0.2\pi,\omega_{s2}=0.8\pi,\alpha_s=60\text{dB}$$

$$\omega_{p1}=0.35\pi,\omega_{p2}=0.65\pi,\alpha_p=1\text{dB}$$

48. 用频率采样法设计一个低通滤波器，已知 $\omega_p=0.3\pi$，$\omega_s=0.45\pi$，$\alpha_p=1\text{dB}$，$\alpha_s=55\text{dB}$，试问：

(1) 采样点数 $N=31$，过渡带设置1个采样点，$H(k)=0.5$，最小阻带衰减为多少？是否满足设计要求？

(2) 采样点数 $N=32$，过渡带设置2个采样点，$H_1(k)=0.58$，$H_2(k)=0.12$，最小阻带衰减为多少？是否满足设计要求？

49. FIR低通滤波器阶数为40，截止频率为200Hz，采样频率为 $f_s=1\text{kHz}$，试设计此滤波器并对信号 $x(t)=\sin(2\pi f_1 t)+\sin(2\pi f_2 t)$ 滤波，$f_1=50\text{Hz}$，$f_2=250\text{Hz}$，选取滤波器输出的第81个采样点到第241个采样点之间的信号并与对应的输入信号进行比较。

50. 设计采样频率为1kHz，阻带频率为100～200Hz的100阶的带阻FIR滤波器，并对信号 $x(t)=\sin(2\pi f_1 t)+\sin(2\pi f_2 t)$ 滤波，$f_1=50\text{Hz}$，$f_2=150\text{Hz}$，并与对应的输入信号进行比较。

参考文献

[1] 程佩青.数字信号处理教程[M].4版.北京：清华大学出版社，2013.

[2] 胡广书.数字信号处理——理论、算法与实现[M].3版.北京：清华大学出版社，2012.

[3] 应启珩，冯一云，等.离散时间信号分析和处理[M].北京：清华大学出版社，2001.

[4] 丁玉美，高西全.数字信号处理[M].2版.西安：西安电子科技大学出版社，2002.

[5] 陈后金，薛健，胡健，等.数字信号处理[M].3版.北京：高等教育出版社，2018.

[6] (美)A.V.奥本海姆，R.W.谢弗著.离散时间信号处理[M].黄建国，刘树棠，张国梅，译.3版.北京：电子工业出版社，2015.

[7] Orfanidis S J.信号处理导论(影印版)[M].北京：清华大学出版社，1999.

[8] 张小虹.数字信号处理[M].2版.北京：机械工业出版社，2008.

[9] 吴镇扬.数字信号处理[M].2版.北京：高等教育出版社，2010.

[10] 邓立新，曹雪虹，张玲华.数字信号处理学习辅导及习题详解[M].北京：电子工业出版社，2003.

[11] 陈怀琛.数字信号处理教程——MATLAB释义与实现[M].北京：电子工业出版社，2004.

[12] (美)海因斯 M H.数字信号处理[M].张建华，卓力，张延华，译.北京：科学出版社，2002.

[13] 姚天任.数字信号处理(简明版)[M].北京：清华大学出版社，2012.

[14] 伯晓晨，李涛，等.MATLAB工具箱应用指南[M].北京：电子工业出版社，2000.

[15] 刘顺兰，吴杰.数字信号处理[M].西安：西安电子科技大学出版社，2003.

[16] Proakis J G，Manolakis D G.数字信号处理：原理、算法与应用(影印版)[M].3版.北京：中国电力出版社，2004.

[17] 门爱东，苏菲，王雷，等.数字信号处理[M].2版.北京：科学出版社，2009.

[18] 楼顺天，李博菡.基于MATLAB的系统分析与设计——信号处理[M].西安：西安电子科技大学出版社，1998.

[19] Oppenheim A V.离散时间信号处理(影印版)[M].2版.北京：清华大学出版社，2005.

[20] 俞卞章.数字信号处理[M].西安：西北工业大学出版社，2002.

[21] 陶然，张惠云，王越.多采样率数字信号处理理论及其应用[M].北京：清华大学出版社，2007.

[22] 宗孔德，胡广书.数字信号处理[M].北京：清华大学出版社，1988.

[23] 黄文梅，熊桂林，杨勇.信号分析与处理——MATLAB语言及应用[M].长沙：国防科技大学出版社，2000.

[24] 何方白，张德民，等.数字信号处理[M].北京：高等教育出版社，2009.

[25] 张立材，王民.数字信号处理[M].北京：人民邮电出版社，2008.

[26] 郑君里，应启珩.信号与系统[M].2版.北京：高等教育出版社，2000.

[27] 张宗橙，张玲华，曹雪虹.数字信号处理与应用[M].南京：东南大学出版社，1997.

[28] Mitra S K.数字信号处理——基于计算机的方法[M].孙洪，余翔羽，译.北京：电子工业出版社，2005.

图书资源支持

感谢您一直以来对清华大学出版社图书的支持和爱护。为了配合本书的使用，本书提供配套的资源，有需求的读者请扫描下方的“书圈”微信公众号二维码，在图书专区下载，也可以拨打电话或发送电子邮件咨询。

如果您在使用本书的过程中遇到了什么问题，或者有相关图书出版计划，也请您发邮件告诉我们，以便我们更好地为您服务。

我们的联系方式：

地　　址：北京市海淀区双清路学研大厦 A 座 714

邮　　编：100084

电　　话：010-83470236　010-83470237

资源下载：http://www.tup.com.cn

客服邮箱：tupjsj@vip.163.com

QQ：2301891038（请写明您的单位和姓名）

教学资源・教学样书・新书信息

人工智能科学与技术
人工智能|电子通信|自动控制

资料下载・样书申请

书圈

用微信扫一扫右边的二维码，即可关注清华大学出版社公众号。